第五届深基础工程发展论坛论文集

中国建筑业协会深基础施工分会 　王新杰
山东鑫国基础工程有限公司　　 　王庆军　　主编

知识产权出版社
全国百佳图书出版单位

图书在版编目（CIP）数据

第五届深基础工程发展论坛论文集／王新杰，王庆军主编．—北京：知识产权出版社，2015.3
ISBN 978-7-5130-3374-9

Ⅰ．①第…　Ⅱ．①王…②王…　Ⅲ．①深基础—工程施工—文集　Ⅳ．①TU473.2-53

中国版本图书馆 CIP 数据核字（2015）第 045505 号

责任编辑：陆彩云　徐家春

第五届深基础工程发展论坛论文集
DIWUJIE SHEN JICHU GONGCHENG FAZHAN LUNTAN LUNWENJI

中国建筑业协会深基础施工分会　王新杰
山东鑫国基础工程有限公司　王庆军　　主编

出版发行：知识产权出版社 有限责任公司	网　　址：http：//www.ipph.cn		
电　话：010－82004826	http：//www.laichushu.com		
社　　址：北京市海淀区马甸南村 1 号	邮　编：100088		
责编电话：010－82000860 转 8573	责编邮箱：xujiachun625@163.com		
发行电话：010－82000860 转 8101/8102	发行传真：010－82000893/82003279		
印　　刷：北京中献拓方科技发展有限公司	经　销：各大网上书店、新华书店及相关专业书店		
开　　本：787mm×1092mm　1/16	印　张：24		
版　次：2015 年 3 月第 1 版	印　次：2015 年 3 月第 1 次印刷		
字　　数：756 千字	定　价：80.00 元		

ISBN 978-7-5130-3374-9

组织委员会

荣誉主任：许溶烈
主　　任：张晋勋
副 主 任：高文生　刘元洪
秘 书 长：孙金山　邱德隆　沙　安　郭传新
委　　员（按姓氏笔划排列）：

丁建隆　于好善　万长富　王　翔　王凤良　王玉吉　王庆军　王宗禄　王柳松　孔庆华　孔繁年
艾　严　朱存立　刘长文　刘占坤　刘国庆　刘忠池　刘富波　严　谨　齐金良　李　哲　李　锋
李永红　林　登　杨　松　杨　剑　杨明友　陈建海　张　久　张雅强　林恩波　金　艺　孟广义
项炳泉　赵志强　郝　跃　郝新民　要建纲　宫　萍　贺德新　袁　鸿　郭　杨　唐　勇　黄志文
黄志明　曹荣夏　曹高峻　龚秀刚　龚新晖　章伟达　彭志勇

顾问委员会

主　　任：孙　钧
副 主 任：史佩栋　石来德　刘金砺　王吉望　何毅良（港）　　胡邵敏（台）
委　　员（按姓氏笔划排列）：

王立忠　王晓冬　王锺琦　刘世明　刘汉龙　刘兴旺　刘松玉　刘国彬　李广信　李镜培　张　雁
陈祥福　忽延泰　郑　刚　赵锡宏　施祖元　顾宝和　高大钊　唐晓武　益德清　黄　强　黄宏伟
黄茂松　寇秉厚　樊良本

学术委员会

主　　任：王新杰
副 主 任：史佩栋　龚晓南　俞清瀚（台）　　沈小克　周国钧　宫剑飞
委　　员（按姓氏笔划排列）：

王　梅　王卫东　王宗禄　王继忠　王景军　文　哲　孔纲强　孔继东　孔清华　叶世建　邓亚光
史海鸥　丛蔼森　冯玉国　仲建军　刘　钟　刘金波　刘俊伟　许厚材　严　平　李　玲　李　虹
李仁民　李式仁　李显忠　李耀良　杨生贵　宋福渊　吴洁妹　张立超　张忠海　张越胜　陈仁朋
陈明辉　陈福坤　林　坚　林本海　罗东林　金　淮　金国喜　周兆弟　周同和　周建明　周浩亮
赵　军　赵伟民　钟显奇　贾嘉陵　徐方才　郭建国　黄文龙　黄均龙　龚维明　梁专明　康景文
彭桂皎　韩　荣　焦家训　楚华栋　虞兴福　管自立

编辑委员会

主　　任：王新杰　王庆军
副 主 任：许厚材
委　　员（按姓氏笔画排序）：

王　菲　王贵平　左传文　孙金山　张建军　张春雨　高成双

序 言

第五届深基础工程发展论坛又如期而至，本届论坛与往届不同的是：随着论坛影响力的快速提升，随着科技的不断进步，论坛辐射力更广了，与会的单位更多了，参加论坛的人更众了，研讨的内容更深了，展示的技术、专利及成果也更新更先进了。这些新的变化，标志着深基础工程发展论坛与时俱进，与行业同行，同发展相应，步入了一个新的阶段。

本届论坛由中国建筑业协会深基础施工分会、中国土木工程学会土力学及岩土工程分会桩基础学术委员会、中国工程机械学会桩工机械分会共同主办，杭州南联土木工程科技有限公司、杭州南联地基基础工程有限公司、杭州杭重工程机械有限公司 、阿特拉斯科普柯（上海）贸易有限公司协办，《基础工程》杂志社承办，得到了重庆市建筑业协会基础工程分会、杭州结构地基处理研究会深基础工程专业委员会、广东省土木建筑学会、宁波市土木工程学会地基基础学术委员会、山东省深基础工程协会等地方协会、学会的大力支持，同时还得到了清华大学、同济大学、浙江大学、北京工业大学、广州大学、东南大学、重庆大学、郑州大学等高等院校的学术支持。论坛围绕"深基础工程在我国经济持续发展中的担当"为主题，资深专家、著名学者、行业名流、业界精英等与会同志对我国近年来深基础工程建设在国家经济发展中作出的重要贡献和当前行业存在的问题以及如何因应新形势的要求进行了全面分析与深入探究。

围绕主题，这次论坛在研讨内容和推介新科技上展现了"新常态"，更关注质量、效益和环境生态问题。除了充分演示过去一年来一系列新技术、新工法、新设备、新专利等最新成果外，同时还收到了有特色的、专业性的论文。这里所选的的只是其中的一部分。这些论文与专利技术，既有资深专家学者的理论新探索，也有一线工程技术人员的实践新真知，内容囊括地基、勘测、桩基、地下连续墙、盾构施工、工程机械等整个深基础工程产业链的各个方面，皆经论坛学术委员会严格甄后汇编成册。这些论文与专利技术提出的新思路、新观点、新方法，具有较高的学术水平与应用价值。

2015 年是完成基础设施建设"十二五"发展规划各项目标任务的收官之年，同国家转方式、优结构，发展速度相对放缓相适应，深基础工程行业也步入了更为平衡的发展期，随着提升国内区域发展和国际"一带一路"的战略实施，抓住公共消费型基础建设（如：高铁、地铁、城镇化）投资加大的机遇，深基础工程发展将沐浴新的春风，并筑梦成真，愿深基础工程发展论坛越办越成功！

论坛学术委员会主任

王新杰[1]

2015 年 3 月

---

[1] 王新杰先生，男，1937 年出生，教授高工，原北京市城建设计研究院院长，中国地铁工程咨询公司总经理。现任中国建筑业协会深基础施工分会首席顾问，对我国地铁建设和北京城建作出了重大贡献。

目 录

试验研究

设备研究与制造

综 合

桩在我国成为世界第二大经济体中的担当

史佩栋

1 概述

根据国际货币基金组织（IMF）有关世界各国 GDP 数据的报告，我国自改革开放后，在 21 世纪初是世界第七大经济体；至 2007 年超过德国成为世界第三大经济体；至 2010 年超过日本成为世界第二大经济体。日本则终结了自 1966 年以来长达 45 年仅次于美国的历史。

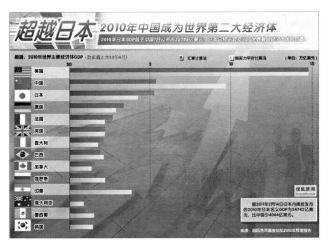

图 1 我国 GDP 超越日本，成为世界第二大经济体

如图 1 所示，可以看到当前我国与美国，以及居我国之后的传统的工业国家日、德、法、英、意和新兴的巴西、加拿大、俄、印、澳、墨、韩等国与我国在 GDP 之间分别存在的具体差距，亦即，可以概括知道当今世界经济的总体格局。

最近，国际媒体援引 IMF 新的报告称，根据购买力平价计算标准测算，中国的 GDP 在 2014 年已达到 17.6 万亿美元；美国则为 17.4 万亿美元；亦即认为中国已超过美国成为世界第一大经济体。这反映了国际社会对于我国经济增长成就的认可。对我国经济前景看好。但吾人仍应清醒地认识到，从人均 GDP 和经济发展质量及模式制度上看，我国要成为世界第一大经济体尚存在相当的距离。

我国 GDP 的飞速增长，乃源于改革开放以来我国经济建设各个方面的飞速发展。对此，本章不拟展开论述，以免远离手册主题。且说如今，我国高速铁路的里程已居世界第一；高速公路的里程已居世界第一；城市地铁（轨道交通）的建设规模已超过世界其他国家的总和；我国已成为世界头号造桥大国和头号建筑大国。而进一步追本溯源，我国的高铁、地铁、公路、桥梁和高楼大厦等建构筑物——这些发展经济的命脉和脊梁，无不有赖于桩基础的有力支承。换言之，桩在我国成为世界第二大经济体的伟大事业中，虽隐身地下却担负着莫大的重任和使命。

图 2 桩托起城市中各种建构筑物

图 3 打桩施工场景

有云，"桩托起了高铁，托起了桥梁，托起了高楼大厦！"甚至说，桩"托起了一个又一个城市，不断改变乡的天际线！"这些美丽的诗句亦非太过夸张，因为放眼我国城乡大地，处处都存在着用桩支承的各种建构筑物，或者迎面而来的就是正在打桩施工的场景，如图2和图3所示。

桩是促进我国经济发展的隐藏地下的巨大推手。

2　桩与我国的铁路建设

我国的铁路肇始于1876年清代由外国人修建的上海吴淞铁路；1881年，中国人修筑了第一条铁路——唐山至胥各庄铁路。1909年，中国人自己勘测、设计、施工，由我国铁路之父、清代第一批出国留洋幼童、先贤詹天佑（1861—1919年）主持建造的第一条铁路——京张铁路通车（全长200km）。随后至1949年我国有铁路2.18万公里，其中勉强能通车的有1.1万公里。

中华人民共和国成立后，新建第一条干线——成渝铁路——于1952年通车。至1978年全国铁路运营里程达到5.2万公里。至2000年底，达到6.8万公里，其间经过数次大提速，使我国铁路驶了上发展快车道。

我国的高铁建设肇始于1999年，2002年建成通车，长404公里的秦沈客运专线。后来，该专线并入京哈线的区间车段（图2）。

图4　我国第一条高铁秦沈客运专线位置

2005年7月，我国具有完全自主知识产权、属世界一流水平、长115km的京津城际高速铁路开工，于2008年8月竣工通车运营。

2009年12月，世界上一次建成里程最长、工程类型最复杂的京港高铁武广段（长1068.8km）建成通车运营。

2010年2月，世界上第一条建于湿陷性黄土地区、连接我国中部和西部、长505km的郑西高速铁路通车运营。

2012年12月，世界上第一条建于高寒地区、长421km的哈大高铁通车运营，它将我国东北三省主要城市连为一线，即使在冬季也可以200km的时速驰骋在高寒地区。

至2012年年底，我国高铁总里程达到9356km。

至2013年，随着宁杭、杭甬、盘营高铁、向莆高铁相继开通，我国高铁四纵干线基本成型，总运营里程达到10463km，约占世界高铁运营总里程23000km的46%，短短10余年间，就超越发达国家长达半个世纪发展高铁的总里程而跃居世界首位。

2014年年底，杭（州）、长（沙）高铁开通运营，长931km，从而往南可与京广高铁接轨；往西南可到达桂林、柳州、南宁。

所谓四纵四横客运专线是指连接我国各省会城市和大城市之间的长途高速铁路。北京至广州的高铁，长2000多千米，是目前世界上最长的高铁线路。按照国家近期规划，至2020年四纵四横高铁客运专线全长将达到16000km；同时铁路总运营里程达到12万千米，为改革开放前的2.3倍，为新中国成立国前的5.5倍。以扩大中西部铁路网为主的开发性新线41000km则列入中长期规划，如图5～图7所示。

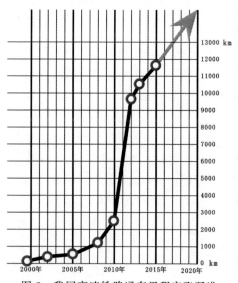

图5　我国高速铁路通车里程突飞猛进

图 6　2020 年我国的高速铁路网

图 7　我国高速铁路网基本构架图

图 8　向莆高铁泰宁中心站位置图

此处仅如前文所述，以莆高铁线上（图 8）地处赣闽边境、隶属于福建省的一个偏僻的县城泰宁为例，它山灵水灵，集世界自然遗产、世界地质公园、国家 5A 级旅游景区、国家十佳魅力名镇之优势于一身，以往却鲜有游客光临。如今，向莆高铁设中心站于泰宁，它与既有的高速公路网相通，又近邻南昌、福州、武夷山、厦门等航空港（图 6）相得益彰，紧扣当今国家着力发展第三产业之方针，为世人引领又一旅游胜地，其社会经济效益自不待言。

高铁由于需跨越江河湖川和既有铁路公路，主要采用高架无砟道床，实行封闭运行。高铁的路堤路基、桥梁涵洞和站场等建筑设施均因地制宜采用不同类型的桩基支承，其中部分采用了钢管桩，大部分采用旋挖钻孔混凝土灌注桩及其他成孔方法的混凝土灌注桩。

值得注意的是，在我国已建的高铁线路中，桥梁的里程常占线路全长的很大百分率。可随机举例，例如，京沪高铁全长 1302km，其中有桥梁 238 座，占线路全长的 70.7%，其中昆山特大桥、南京大胜关长江大桥、淮河特大桥、黄河特大桥等在设计施工上创造了多个中国乃至世界第一；又如武广客运专线全长 1068.8km，其中有桥梁 661 座，占线路全长的 41.4%；郑西客运专线全长 505km，其中有桥梁 137 座，占线路全长的 62%；宁杭高铁全长 249km，其中有桥梁 48 座，占线路全长的 63%；南广高铁全长 577km，其中有桥梁 469 座，占线路全长的 31.7%；向莆高铁全长 632km，其中有桥梁 226 座，占线路全长的 28.5%；等等。

桥梁必然需要依靠承载/沉降性能远胜于支承路基或路堤的桩基础支承。这说明了桩在高铁建设中担负着十分艰巨的任务。关于高铁桥梁，本章将在第 5 节与公路桥梁及城市桥梁再作相关论述。

我国高铁迄今的试验时速最高达到了 486.1km/h，大量的试验和实测均表明，在此高速运行下高铁地基和桩基的沉降变形，特别是工后沉降，均能保证行车的安全性、可靠性、平顺稳定性和乘坐舒适性。我国高铁的行车速度已被公认为世界高铁的第一速度，这是集材料、铁路、车辆、机械、电气、通信、电子、电机、振动、自动化控制等一系列学科专业的高新尖端技术合力取得的成果，桩基础不露声色忝居其中作出应有贡献，分享了殊荣。

在高铁建设中，新建了北京南、天津、上海南、上海虹桥、武汉、杭州东等一大批现代化客站，它们分别与城市地铁、公交、出租车、民航等各种交通方式紧密衔接，功能完善，换乘便捷，形成了所在城市的现代化综合交通枢纽。为了满足其复杂的功能要求，建筑物的基坑开挖深度、难度、体量和复杂性大为增加。换言之，桩在这些深基坑支护工程中无不做出了重大贡献。

上海虹桥综合交通枢纽，如图9、图10所示，规划范围总用地约26.26平方公里；站房总建筑面积23万平方米，基坑开挖面积35万平方米，深度达34m。高铁客运年发送量6000万人次。它所汇集的交通方式之多（包括民航、高铁、地铁、磁悬浮、城际铁路、公交、出租车、长途巴士等），以及建筑规模和设计施工难度在国际上均属罕见。

图9　上海虹桥综合交通枢纽鸟瞰

图10　上海虹桥综合交通枢纽透视

杭州东站是亚洲最的大交通枢纽，是集多种交通方式和服务设施于一体的一个最新范例，是实现立体无缝交通换乘的特等站。站房主体建筑最高点离地面近40m，建筑物南北两边的站台无柱雨棚长109m，面积达7.4万平方米，总建筑面积约100万平方米，如图11、图12所示。如此庞大的站房建筑其静荷载及客流物流等动荷载无疑皆由深埋地下的桩基础承担而莫属。

杭州市将对火车东站周边地区9.3万平方公里的区域进行开发建设，打造集现代生产服务业和旅游集散地，包括居住、办公、商业、酒店、娱乐等功能于一体的城市新中心。

图11　杭州东综合交通枢纽外景

图12　杭州东综合交通枢纽内景

应当指出，近年来我国某些地方兴建的城际铁路与国家高铁干线出现了一些重复现象。例如，京津城际铁路与京沪高铁北京至天津段平行；沪宁城际铁路与京沪高铁上海至南京段平行；郑州至洛阳的城际铁路与郑西高铁的部分路段平行。这些平行路线必然影响其经济效益。

与兴建高铁的同时，我国普速铁路网"八纵八横"的建设也同步发展，应用了大量的桩基工程。其中尤为瞩目的是青藏高原的铁路桥梁墩台，大量采用了罕见的大直径挖孔桩，破解了在冻土、砾石、漂石和基岩中成孔和灌注两重难题。

贯通我国东西部的关键"瓶颈"、建于崇山峻岭、悬崖削壁、溶洞暗河之间，穿越古蜀道的宜（昌）万（州）铁路（见图13），是我国乃至全世界铁路建设中最困难、最复杂的线路之一。它全长仅 377km，耗资人民币 226 亿元，平均每公里逾 6000 万元，动员 5 万筑路大军，工期长达 7 年（2003/12—2010/12）。全线有桥梁 253 座，桥高超过 100m 的有 23 座，最高桥墩高达 128m，基础深入溶洞数十米，基础横截面甚至达数百至 1000m²，堪称举世罕见的特巨型混凝土灌注桩基础。

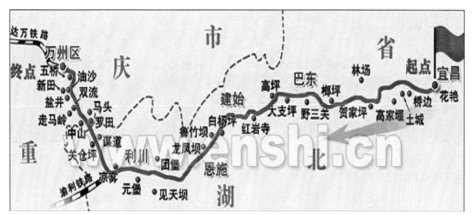

图 13 贯通悬崖峭壁的宜（昌）万（州）铁路

高速铁路是我国改革开放后经济技术发展最靓丽的名片之一。如今我国的高铁技术已输出至一些友好国家，又有一些国家相继在商谈中。

例如，我国承建的土耳其从其首都安卡拉至其最大城市伊斯坦布尔的高铁，长 553km，已于 2014 年 7 月建成通车。其第二期工程长 158km，又将续建。又如泰国政府已批准由我国承建总长为 1492km 的两条高铁，其中自廊开至玛它普港长 737km，自清孔至班帕钦长 655km。这些线路将是穿越泰国连通东南亚的交通大动脉，且与我国创议的 21 世纪丝绸之路和泛亚铁路规划颇相吻合。

2014 年 10 月，李克强总理访问俄罗斯期间，中俄两国已签署备忘录，将规划合作建设从莫斯科穿越蒙古国首都乌兰巴托到达中国北京——横跨欧亚大陆的一条高铁线路，长约 7000km，耗资约 2300 亿美元，工期约 5 年。我国在高铁建设上展示的能力举世瞩目。

3 桩与我国的城市地铁建设

城市地铁是城市地下轨道交通的总称和简称。城市地铁一般设计在地下运行，浅埋或深埋。由于城市地形地势地质等原因，以及建在非居民区、建在河流交汇处或既有铁路沿线等环境原因，某些线路需在地面运行，称为地面线，或在地上建造高架轨道运行，称为高架线；地面线和高架线合称为轻轨交通。城市地铁和轻轨交通统称为城市轨道交通。但人们在习惯上常用地铁一词涵盖其地下线、地面线和高架轻轨交通。

城市地下轨道交通是城市中最快速、最安全、最舒适、最节能、最环保，兼具运量最大的高密度交通运输系统和大众交通工具，常被称为"绿色交通"。如今，城市地下轨道交通已成为衡量城市经济规模及发展水平的重要标志。

我国城市地铁建设发端于 1956 年，因国家战备需要，由党中央作为军事机密任务直接下达给中国人民解放军铁道兵承担筹建的北京市长安街地下工程，其中经过数年探索，包括先后邀请两批苏联专家前来指导后，苏联专家毁约撤走，仍由我国专家自力更生，自行边学习、边设计、边完善的一段艰苦历程。

1965 年 2 月 4 日，毛主席作重要指示，决定修建北京地铁。此指示后被地铁业界乃至土木建筑业界奉为圭臬，称为"二四指示"，如图 14 所示。

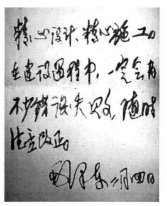

精心设计、精心施工。在建设过程中，一定会有不少错误、失败，随时注意改正。

毛泽东 二月四日

图 14 毛主席 1965 年 2 月 4 日对地铁建设的指示

1965 年 7 月 1 日，北京地铁一期工程开工典礼在八宝山隆重举行。党和国家领导人朱德、邓小平、彭真、罗瑞卿及时任北京军区司令员杨勇等出席并奠基，如图 15、图 16 所示。

图 15　北京地铁一期工程开工典礼，党和国家领导人出席，杨勇司令员（左 1）致词

图 16　党和国家领导人为北京地铁一期工程奠基

1971 年 1 月 15 日，北京地铁一号线亦即我国的第一条地铁建成通车，长 23.6km，其中大部分线路建在长安街地下（图 17），该线后经几次调整延伸，至 2000 年全长为 31.05km。

图 17　北京地铁一号线天安门东站站台候车厅竣工时内景

至 2014 年，自 20 世纪 90 年代初以来，我国的城市地铁建设进入了一个分批有序、快速发展的时期。北京、天津、上海、广州、深圳、南京、重庆、武汉、大连、长春 10 大城市和特大城市，加上稍后跟进的沈阳、成都、杭州、苏州、西安、哈尔滨、长沙、福州等 28 个城市，全国共 38 个大中城市已建成通车运营及正在建设施工的地铁总里程将近 6000km 之谱。其中：

上海：567　km/18 条线；北京：527km/18 条线；

天津：227　km/9 条线；广州：260km/9 条线；

南京：182　km/4 条线；深圳：177km/5 条线；

重庆：160　km/5 条线；武汉：95.6km/3 条线；

大连：259　km/7 条线；长春：117km/4 条线。

我国香港特区和台湾地区在 IMF 的统计中分别列为单独的经济体，但它们的经济发展与内地/大陆密切相关，地铁建设各有特色。

香港地铁始建于 1979 年，现有 3 条线路，全长 43.2km，其中地下线 34.4km。香港地铁由于开发地铁车站上盖物业和开发沿线土地与物业的创新实践取得成功，获得赢利，是全球唯一不需政府补贴的范例。

我国台湾地区称地铁为"捷运"系统，自 1997 年开通，至今在台北市有 13 条线，总长为 203.9km；高雄市 2 条线，总长为 42.7km；台中市 1 条线，总长为 16km，三地总长为 262.6km，发展迅速。

查考国外地铁发展情况，资料表明，伦敦地铁始建于 1856 年，是世界上第一条地铁，它于 1862 年 1 月 10 日通车运营，长约 7.2km。当时以蒸汽机车牵引地铁列车。后于 1890 年建成以电力机车索引的地铁，为世界第一条电气化地铁。发展至今，伦敦地铁有 12 条线路，总长约 421km，其中地下线 167km。

纽约地铁最初于 1868 年建成一条高架线，使用缆索索引，后因噪声及污染严重而被拆除。1907 年另建一条有 58％为地下线的地铁通车。目前，纽约地铁有 37 条线路，总长 443.2km，其中地下线 250km。

芝加哥地铁最初于 1892 年投入运营，总长

170.8km，其中有 90.8km 是高架线，地下线不足 18.3km，芝加哥地铁又称"L"或"eL"线地铁，它源于"elevated"（高架）之意。

巴黎地铁于 1900 年开始运营，至今有 14 条主线，2 条支线，总里程约 220km。

柏林地铁，始建于 1902 年，现有线路总长约 134km。

东京于 1927 年 12 月开通了亚洲最早的地铁，目前有 13 条线路，总长 312.6km。

大阪地铁始建于 1933 年，现有 8 条线路，总长 861km。

莫斯科地铁于 1935 年通车，长 11.6km，现有 17 条线路，总长约 212km。俄罗斯与独立体各国建有地铁网，全长约 590km。

斯德哥尔摩地铁始建于 1950 年，现有线路总长 110km，其中地下线 62km。

奥斯陆地铁始建于 1966 年，现有线路总长 100km，其中地下线 15km。

墨西哥城地铁始建于 1969 年，现有 21 条线路，总长 400km，修建在海拔 2300m 的高原上。

旧金山地铁始建于 1972 年，现有线路总长 115km，其中地下线 37.4km。

平壤地铁于 1973 年通车，现有二条线，全长 22.5km，最大埋深达 200m 左右，是世界上埋置最深的地铁。

首尔地铁于 1974 年通车，现有线路总长 116km，其中地下线 93km。

华盛顿地铁始建于 1976 年，现有线路总长 112km，其中地下线 52.8km。

新加坡地铁始建于 1987 年，现有线路总长 62km，其中地下线 18.9km。

在 1987 年之后，世界上又有若干城市兴建了地铁，但这些城市的地铁里程都仅数十公里。

追溯自 1856 年至今，世界上共有 40 多个国家和地区的 140 多个城市建有地铁，总里程（不包括我国）共约 5800km，其中欧洲约 2100km，亚洲约 1000km，北美约 1600km，南美约 500km。这说明我国的地铁建设虽起步晚于先进工业国家 100 余年，但到目前我大陆 38 个城市，加上港台二地 4 城市，地铁建设总规模已超过世界上 140 多个城市地铁里程总和的 10%；并且，按城市拥有地铁里程排名，上海、北京跃居世界第一和第二位，其线网分别见图 18 和 19。同时，上海、北京两地地铁日均客运量均已超过 1000 万人次，为世界上最繁忙的地铁系统。其次为纽约，日均 500 万人次。

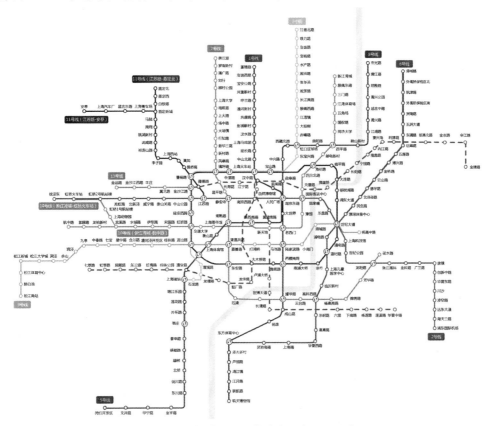

图 18　上海轨道交通运营线路示意（2014 年）

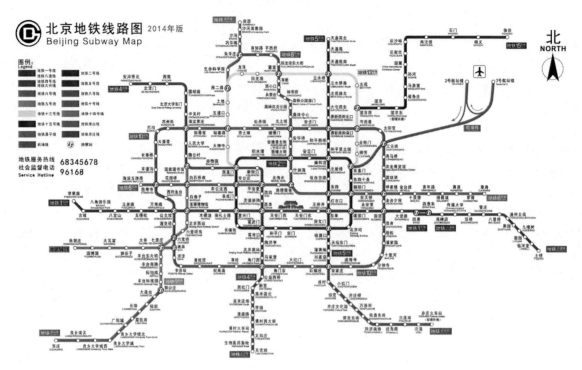

图 19 北京地铁工营运线路示意（2014 年）

对于城市地铁，人们通常认为地下隧道线应是地铁的主要部分。但国内外大量的工程实践证明，地下线相比于地面线和高架线，建设工期长、难度大、造价高。据统计，世界各国已建地铁系统约有 51%是地面线，13.6%是高架线，只有35.4%是地下隧道线。换言之，在地铁系统中约有 2/3 是地面线和高架线，1/3 是地下隧道线。本文前面所举国内和国外数十个城市，总体而言符合此规律。

基于上述情况，在地铁建设中桩承担了几大重任：

第一，桩要为地铁地面线的路基、桥墩和车站框架系统提供可靠的支承，并满足对其沉降的严苛要求，这些桩称为支承桩。

图 20 和图 21 分别是上海轨道交通虹桥路站车站结构的平面和剖面图，可以大致感知车站框架柱下桩顶承受的荷载之繁重，在设计中无须计入巨大的活荷载等。

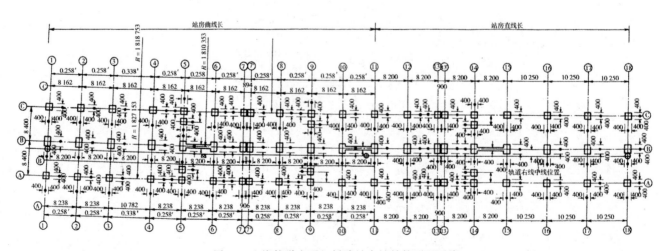

图 20 上海轨道交通虹桥路站车站结构平面示意

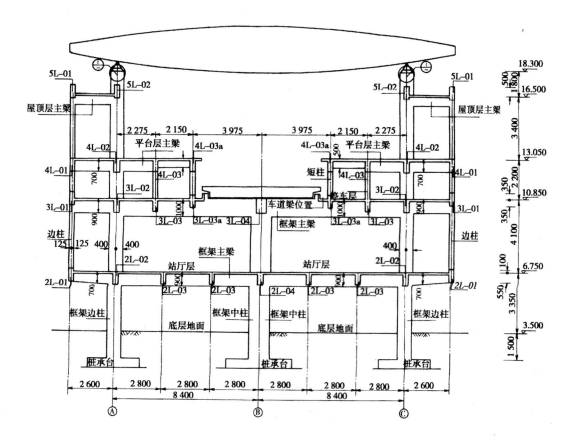

图 21　上海虹桥路站车站结构剖面示意

支承桩常用的桩型主要有预制节段体外预应力混凝土管桩、预制钢筋混凝土方桩、钻孔灌注桩、人工挖桩等。

第二，桩要为车站及其出入口等地下结构包括设在各条线路终端的维修保养车库车辆段、控制调度等场所以及盾构机出入井等的深大基坑开挖施工提供可靠的支护，此即支护桩、围护桩或围护结构。

由于城市地铁网络化运营必须实现二线、三线、四线等多线同台换乘、立体无缝对接，换乘站和换乘枢纽的基坑开挖面积和深度越来越大，围护结构的施工难度越来越大。

图 22 和 23 分别是上海轨道交通徐家汇三线换乘枢纽和世纪大道四线换乘枢纽的效果示意。

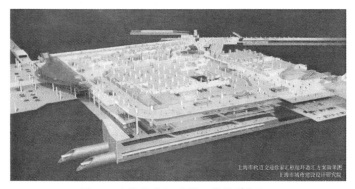

图 22　上海徐家汇地铁三线换乘枢纽

图 23　上海世纪大道地铁四线换乘枢纽

近年来，根据不同城市具体线路的地质条件和环境要求，我国各地因地制宜开发应用了多种深大基坑围护技术，例如钻孔咬合排桩、水泥土地连墙、钢筋混凝土地连墙、微型桩等等。

第三，对地下隧道掘进沿线及附近存在的建构筑物和历史文物保护单位等既有的桩基和地下设施及地下各种管道线路等，在经过慎密的勘测后，应先期分别采取保护隔离措施，打设加固、保护、隔离桩，如图24和图25所示。

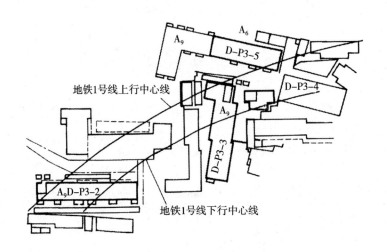

图24　地铁隧道位置与地面既有建构筑物相对平面示意

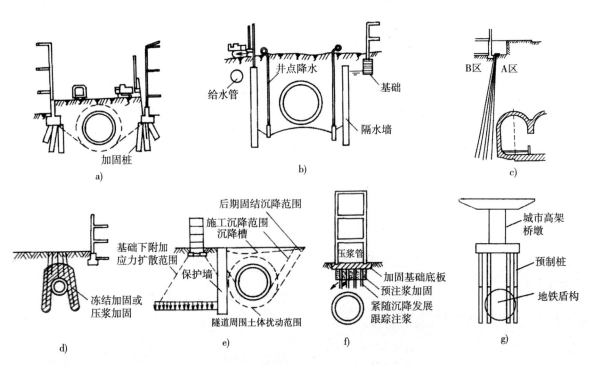

图25　对地下邻近既有基础工程等的保护性加固措施

所谓基础加固桩、保护桩、隔离桩等，它们不同于支承桩和围护桩，是将桩应用于上述非常规的特殊用途。近一二十年来，随着我国南北各地相继兴建地铁，以及旧城改造的需要，在这些方面已积累了丰富的工程实践经验和试验研究成果。

第四，在地铁线路行经之处，有的既有建构筑物需要进行"整体搬迁或移位"，有的需要进行基础托换，这些工作都需有桩的介入；有的被废弃的旧桩必须予以"清除"。已衍生了"基础托换"和"旧桩清除"两门新技术。

相关链接：地铁的起源

1850年，英国伦敦人口超过了250万人，成为当时世界上最大的城市，稠密的人口使伦敦变成了历史上第一个交通拥堵的城市。由于当时汽车尚未发明，拥堵在伦敦街上的是公共马车和私家马车。

一位名叫Charles Billson的律师觉察到伦敦市民对乡村居住环境的向往，敏锐地意识到改善城乡交通的意义和商机。他毅然决定修建一条运作于地下的铁路。经过数年的筹备、集资和规划、设计、试验与施工制造，并说服市议会获得了批准，世界上第一条地铁从伦敦市帕丁顿至法灵顿，长7.6km，于1856年开建，1863年1月10日建成通车运营。其地下隧道为单拱式砖砌结构，截面高5.18m，宽8.69m。车厢用木材制作，车辆用蒸汽机车牵引。因当时电力尚未供商业应用，照明设备是煤油灯。

图26 为1864年的一幅版画，描绘了当时伦敦市民搭乘地铁的情景。❶

4 桩与我国的公路建设

前两节所述高铁和城市地铁，皆属现代文明的基础设施。公路或道路古已有之。我国约在数千年前就有可供牛车拖拉或马车奔驰的道路。至清代，已形成了"官马大路""大路"和"小路"三级道路系统。所谓"官马大路"是指从京城至各省城的道路；"大路"是指从省城至重要城市的道路；"小路"是指从重要城市至普通市镇的道路。历史上"官马大路"约有数千华里之谱。

我国第一条公路约在清光绪晚年（1906）修建于我国十大名关之一位于广西凭祥市西南端的雍鸡关（现称友谊关）以与越南公路相接。此后历40余年至1949年，全国公路通车里程约为81000km，其中铺有沥青或水泥路面的仅300km。大部分公路路况甚差，晴天行车尘土飞扬，雨天泥泞不堪。

中华人民共和国成立初期，公路建设滞后于经济社会发展。历经30年而至1978年，全国公路通车里程约120000km，约为1949年的1.5倍。自改革开放后，公路建设获得迅速发展。又经30年

而至2008年，全国公路通车里程猛增至373万千米，为1978年的31.5倍。其中高速公路5.8万千米。

我国的高速公路建设肇始于1984年12月开工的沪嘉高速公路，长20.42km；

1987年12月，京津塘高速公路开工，长142.69km；后于1993年9月全线建成通车；

1988年3月，广佛高速公路通车，为我国第一条通车的高速公路；1988年11月沪嘉高速公路相继建成通车；

至1989年，全国高速公路通车里程达到211km；

1990年8月沈大高速公路通车，长1185.3km；

至1994年年底，高速公路通车里程达1603km；

自20世纪90年代后期，国家实施积极的财政政策加速基础设施建设，对高速公路的投资实行倾斜政策，高速公路建设进入了高速发展时期；

至1998年年底，高速公路通车里程达到8733km；

1999年济南至泰安高速公路通车，长78.6km；至1999年年底，全国高速公路通车里程达到11650km；

至2001年年底，京沈、京沪高速公路全线贯通，全国高速公路通车里程达到19000km；

至2002年年底，全国高速公路通车里程达到25200km；

至2003年年底，全国高速公路通车里程达到29800km；

至2004年年底，全国高速公路通车里程达到34200km；

2005年，北京与呼浩特高速公路贯通；至2005年年底，全国高速公路通车里程达到41000km；

至2006年年底，全国高速公路通车里程达到45400km；

至2007年年底，全国高速公路通车里程达到53600km；

至2008年年底，全国高速公路通车里程达到58000km；

至2010年年底，全国高速公路通车里程达

❶ 引自《凤凰周刊》Oct.2014中第29期，p93

到 74000km；

至 2011 年年底，全国高速公路通车里程达到 85000km；

至 2012 年年底，全国高速公路通车里程达到 95600km；

2013 年 6 月 20 日，国务院新闻办发布《国家公路网规划（2013—2030 年）》。根据此规划，国家高速公路网按照"实现有效连接、提升通道能力、强化区际联系、优化路网衔接"的思路，保持原国家高速公路网规划总体框架基本不变，补充连接新增 20 万以上城镇人口城市、地级行政中心、重要港口和重要国际运输通道，在运输繁忙的通道上布设平行路线，增设区际、省际通道和重要城际通道，适当增加有效提高路网运输效率的联络线。调整后的国家高速公路由 7 条首都放射线、11 条北南纵线、18 条东西横线以及地区环线、并行线、联络线等组成，简称为"国家 71118 网"，总里程约 11.8 万公里。是世界上规模最大的高速公路系统。

至 2013 年年底，我国高速公路通车里程达到 104000km，约占"71118 网"的 88.1%，已超过美国而居世界第一。

2014 年年底，为促进新疆自治区与中亚国家互惠经济外延发展而建设的自阿克苏至喀什的高速公路建成通车，长 428.5km。

目前，全国除西藏自治区外，所有省市区都已开通了高速公路。我国高速公路网覆盖了全国 10 多亿人口，其直接服务区的 GDP 约占全国 GDP 的 85% 以上。

如图 27 所示多条高速公路和国道线路密布在著名的浙江新安江和千岛湖的近旁，以拉动周边地区一系列古村古寺等景点和村镇乃至县城等的经济发展。

图 27　新安江和千岛湖附近的公路和景点

我国高速公路通车里程自 1984 年至今的发展轨迹如图 28 所示。国家高速公路网线路如图图 29 所示。

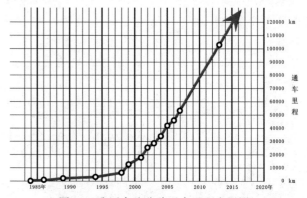

图 28　我国高速公路通车里程发展图

图 29　国家高速公路网线路图

我国国土广袤、幅员辽阔。数百万公里各种等级的公路与高速公路蜿蜒城乡大地，跨越江河湖川，贯通悬崖峭壁、盘旋崇山峻岭，变天堑为通途。此情景从空中俯瞰蔚为壮观，既是史无前例，也属世上罕见。

由于我国各地地形和地质条件复杂多变，作为公路路基的地面以下常分别埋藏着软土、黄土、红土、膨胀土、盐渍土、多年冻土等各种不良土层，且其埋深、厚度和性质不一，而进入山区又有泥石流和山体滑坡、冲沟溶洞等潜在危险。故追本溯源，此数百万公里高标准的公路路基、路堤之建成和边坡之稳定实非易事。从总体而言，如果说，我国公路建设者们学遍和选用了国内外各地关于难处理地基处理的工程经验，并不为过。而反之，若将我国公路建设者们完成我国数百万公里公路路基路堤的工程经验和创新实践加以整理汇编，则堪称当今世界关于此领域的最完备的教材、指南和手册。

在此领域概括而言，主要凭借水泥土搅拌桩、旋喷桩、碎石桩、锚杆桩、锚索桩等各种柔性桩及其衍生的新桩型、新技术经过试验研究分别在各适用地区、适用路线、适用路段应用起到了重要作用，取得了成功。

另一方面，我国疆域尤其是中东部地区水系纵横、河流密布，公路以桥梁为引导，依桥梁而前行。据有关部门统计，至 2009 年年底，我国已建成各类公路桥梁达 62.19 万座，计 2700 余万延米。公路桥梁大量地成功应用了各种不同类型、不同深度、不同规格的桩作为其墩台基础构件，

桩是桥梁深水基础中最为经济的基础形式。对此，将在下一节与铁路桥梁和城市道路桥梁一并论述。

桩对于我国公路建设做出了重要贡献。

5　桩与我国的桥梁建设

桥梁古已有之，民间相传先民架设树干以跨越沟壑溪谷，即是现代桥梁体系中梁桥的原始雏形。且此"创举"流传至今，当人们在偏僻山区遇到难以跨越的沟渠而却步时，常会想到在近旁找一些可以搭"桥"铺路的材料而不致于折返或绕行。

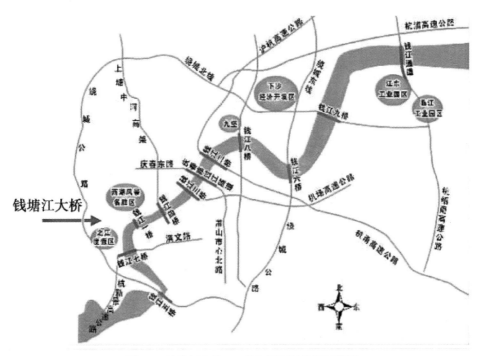

图 30　钱塘江上的 10 座大桥和两条越江隧道

我国由国人自己设计施工的第一座现代公路铁路两用桥梁是 1934 年 11 月 11 日开工、1937 年 9 月建成的杭州钱塘江大桥，采用了 1440 根、长 30m 的木桩。2006 年 5 月 25 日，钱塘江大桥经国务院批准列入第六批全国重点文物保护单位名单。

如今，杭州钱塘江上已架起了 10 座大桥，钱塘江大桥改称钱江一桥，如图 30 所示。钱塘江以南地区已成为杭州市的高新技术开发区。杭州已由"西湖时代"进入"钱塘江时代"。

中华人民共和国成立后兴建的第一座大桥是 1955 年 9 月开工、1957 年 10 月建成的武汉长江大桥如图 31 所示，全长 1670m，是我国历史上第一座横跨长江的公路铁路两用桥梁，它被称为"万里长江第一桥"。毛泽东主席曾为此桥题写"一桥

飞架南北，天堑变通途"的碑文。它首次采用管柱基础。2013 年 5 月 3 日，武汉长江大桥入选我国第七批全国重点文物保护单位名单。

图 31　武汉长江大桥

经过 60 余年尤其是自 20 世纪 90 年代开始的

桥梁建设的黄金时期以来，我国的江河百川乃至海湾外海，已布满了数以百万座计的各类桥梁。长虹卧波，千姿百态，异彩纷呈。我国已被公认为世界头号造桥大国。对此，本文自难以尽述，拟酌举若干具有代表性的桥梁作扼要介绍，并在本节之末以表列出88座桥梁的概况以供参考。

资料显示，长江及其正源流上的大桥已达百余座。如把金沙江和岷江至四川宜宾汇合后形成的滔滔东流的大江正式称为长江，则自宜宾至上海的长江上共有大桥89座，分布在四川、重庆、湖北、江西、安徽、江苏、上海等七省市境内。

江苏苏通长江公路大桥分南、北接线和主桥三大块，南接线长9.1km，北接线长15.1km，主桥全长2088m，主跨斜拉桥长1088m；是世界最长的斜拉桥，荣获美国国际桥梁协会George Richardson奖。该桥索塔高300.4m，为世界第一高桥塔。桥塔、桥墩基础采用了 Φ（2.5～2.8）m×（101～119）m长的钻孔灌注桩，如图32所示。

图 32 苏通长江公路大桥

江苏镇江至扬州的润扬长江大桥，全长35.66km，其南汊为悬索桥，跨径1490m，北汊为斜拉桥，南北塔基均采用 Φ2.8m 钻孔灌注桩，南北锚碇分别采用冻融排桩法和地连墙施工，如图33所示。

图 34 南京大胜关铁路桥

重庆朝天门长江大桥（图35），全长1741m，其中主桥长932m，为190m＋552m＋190m的中承式连续钢桁系杆拱桥，主跨552m，是世界第一拱桥，有两层桥面，上层为双向6车道和两侧人行道，下层为双向城市轻轨车道。灌注群桩基础加承台，每个承台基基桩为3排12根桩径为2.5m的群桩。

图 33 江苏润扬长江大桥

南京大胜关铁路桥，全长14.78km，是我国第一座高速铁路过江桥，也是世界最大可同时行车3种速度的大桥，即京沪高铁双线（300km/h），沪汉蓉普铁双线（200km/h）及南京城市地铁双线（80km/h），采用 Φ2.8m×112m（长）钻孔灌注桩，支承于泥岩土，如图34所示。

图 35 重庆朝天门长江大桥

上海长江大桥（图36），它与上海长江隧道共同组成上海隧桥，全长16.63km，其中道路6.66km，桥梁9.97km，桥面外侧预留轨道交通线路，是世界上最大公轨合建斜拉桥。桩端后压浆超长大直径钻孔灌注桩加承台，直径2.5～3.2m，桩长110m左右。

图36　上海长江大桥

在上海黄浦江上，自1971年松浦大桥建成改写了黄浦江上无大桥的历史之后，从1991年开始以平均每二年建成一座大桥的惊人速度，相继建成了南浦大桥、杨浦大桥、奉浦大桥、徐浦大桥、卢浦大桥和松浦二桥。这些大桥分别采用了不同类型的桩基础。

上海杨浦大桥如图37所示，它是上海市区内跨越黄浦江连接浦西老区与浦东开发区的重要通道，全长8354m，主桥长1178m，为双塔空间双索面组合梁斜拉桥。主塔基础采用钢管桩，辅助墩等采用钢筋混凝土预制桩基础。

图37　上海杨浦大桥

上海卢浦大桥如图38所示，位于上海市南部，是中承式系杆拱桥，跨度组合为100m＋500m＋100m，主跨采用Φ900mm钢管桩，并用Φ700mm水泥土搅拌桩加固地基。

图38　上海卢浦大桥

资料显示，黄河自其上游兰州、包头、银川，至中游三门峡、小浪底、洛阳、郑州、开封，而至下游滨州、新州，已建有30余座大桥特大桥。

郑州黄河公路大桥全长5549.86m，为28×20m＋62×50m＋47×40m的预应力混凝土简支梁桥，墩基均采用两根Φ2.2m、深65m的钻孔灌注桩，如图39所示。。

图39　郑州黄河公路大桥

晋陕黄河特大桥是大西客运专线"三隧一桥"重点控制工程之一，全长9969米，自西向东跨越黄河，连接山西、陕西两省，是目前我国高速铁路跨越黄河最长的桥梁，堪称"高铁黄河第一桥"，如图40所示。

图40　晋陕黄河特大桥

浙江杭州湾跨海大桥，全长36km，其总平面呈S形，是世界最长跨海大桥，630座桥墩采用了3550根钻孔灌注桩和5474根钢管桩，桩长71～

89m。如图 41 所示，该图右下角为建于大桥旁、支承于桩基础、面积达 1 万平方米的观景平台，也可作为船的只停靠点和加油站。

浙江嘉（兴）绍（兴）跨海大桥（图 42），是杭州湾上第二座大桥，全长 10.1km；主桥长 2680m，采用 $\Phi 3.8m\times110m$（长）的特大直径钻孔灌注桩，单桩混凝土灌注量达 1300m³，施工用的钢管护筒重达 40t。它是目前世界上最宽最长的多塔斜拉桥，主桥总宽达 55.6m，设双向 8 车道。由连续的 6 塔独柱与跨斜拉桥组成。大桥桥墩全部采用独立单桩设计。

图 41　杭州湾跨海大桥

图 42　嘉绍跨海大桥

浙江台州椒江二桥如图 43 所示，全长 8.09km，其中主桥长 3702 米。主跨为 480m 钻石型双塔双索面斜拉桥。采用 $\Phi 2.5m\times139m$（长）的钻孔灌注桩进入凝灰岩深度大于 3.5m，是我国迄今最长的钻孔灌注桩。

山东胶州湾海湾大桥如图 44 所示，也称青岛海湾大桥，跨胶州湾海域而建，将青岛市与近海岛屿黄岛相连接，是我国首座海上桥梁集群工程，全长 36.48km，开创了又一世界纪录。它采用了大直径钻孔灌注桩基础。

图 43　浙江台州椒江二桥

图 44　胶州湾海湾大桥

我国首座外海大桥，自上海南汇芦潮港至宁波大小洋山汇的东海大桥，全长 32.5km，对塔墩和辅助墩采用 Φ2.5m 长 110m 或长 85m 嵌岩钻孔灌注桩以及 Φ1.5m 长 60m 的钢管桩基础；其边墩采用 Φ1.5m 长 85m 钢管桩基础，并大规模成功应用了海上砂桩技术。东海大桥东侧 1km 以外海域的海上风力发电站规模为亚洲最大，共布置 34 台单机 3MW 的风力发电机，采用桩基支承，如图 45 所示。

a)

b)

图 45　东海大桥及风力发电站

在十二五规划中列为"舟山群岛新经济区"的连岛大桥，全长 50km，海域含西堠门大桥等 5 座大桥，构建了我国规模最大的桥路连接工程，全部采用大直径钻孔灌注桩。西堠门大桥主跨 1650m，是世界第二、我国第一长悬索桥，如图 46 所示。

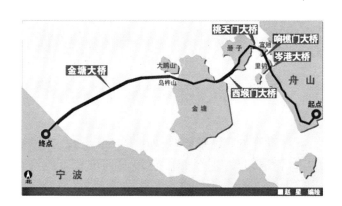

a)　舟山群岛连岛大桥平面位置

c)　西堠门大桥夜景

b)　西堠门大桥

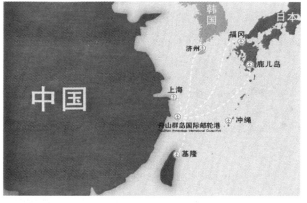

d) 舟山群岛——我国东部走向世界的重要海上门户

图 46　西堠门大桥

舟山拥有举世罕见的深水海岸线，适宜开发建港深水岸段 54 处，总长 279.4km，可通航 15 万吨级航道 13 条。群岛环抱，水深浪小，是我国建设大型现代化深水港的理想港址。舟山地处我国东部黄金海岸线与长江黄金水道交汇处，背靠长三角经济腹地，是我国东部沿海和长江流域走向世界的重要海上门户。与韩国釜山、日本长崎、我国台湾地区高雄和香港特区等一线港口构成近 500 海里等距离扇形海运网络，如图 46d) 所示。

举世瞩目的港珠澳大桥的地理位置及全线的组成与走向如图 47 所示，大桥总体俯视呈"Y"形。

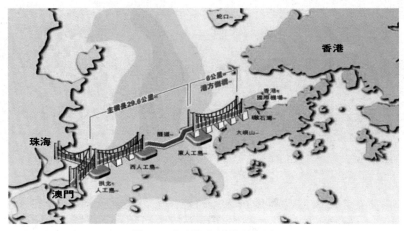

图 47　港珠澳大桥地理位置

港珠澳大桥是一座跨越珠江口伶仃洋海域的大型跨海通道工程，线路总长 55km，主体工程全长 29.6km，采用桥、岛、隧组合方式建造。其中海中桥梁（图 48），总长 22.9km，包括 3 座通航孔桥梁及 20.9km 非通航孔桥梁。深水区非通航孔桥位于潮流主航道，采用 110m 跨整幅钢箱连续梁桥＋整幅墩身方案，为减小桥梁的阻水率，增强桩基的抗震性能和延性，基础均采用了埋置式承台与钢管复合桩基础方案。钢管复合桩基础是近年来从苏通大桥等相关工程的实践经验中优化提升形成的一种桩基技术。

桥梁，如按桥梁主跨跨径统计，主跨 100m 以上的桥梁有 68 座；主跨 800m 以上的桥梁有 16 座；主跨 1000m 以上的桥梁有 13 座。如按桥梁结构体系统计，我国已建的梁桥、拱桥、斜拉桥和悬索桥的最大跨径分别达到了 330m（重庆石板坡长江大桥复线桥，为世界第一）、552m（重庆朝天门长江大桥，为世界第一）、1088m（苏通长江公路大桥，为世界第一）和 1650m（舟山西堠门大桥，为世界第二）。

毋庸赘述，桥梁的跨径越大，其所传递至墩台的荷载越大，则对基础结构的性能要求越高。我国大量工程实践表明，桩基础无一例外均能满足严苛的要求。

我国桥梁建设的辉煌成就促进了经济建设的高速发展，桥梁甚至已成为从海上走向世界的重要门户。现从中华人民共和国成立以来兴建的大量各类桥梁中酌选 89 座桥梁，将其主要性状及基础结构形式列于表 1。从中可以看到，绝大多数桥梁都采用了桩基础，有极个别采用了"管柱基础"，而"管柱基础"是在沉井中融入桩的理念的一种基础形式，二者协同工作，不言自明，桩在我国的桥梁建设中发挥了重要作用。

图 48　港珠澳大桥海中桥梁局部效果图

资料表明，至 2010 年年底，我国已建及在建

表 1　我国 89 座桥梁概况（1949—2015）

建成年份	桥梁名称	概　况
1956	武汉江汉桥	为武汉跨越汉水的公路桥，跨度为 $2\times20m+54m+88m+54m+2\times20m$，全部桥墩均系深桩基础，装配式钢筋混凝土 $\Phi40cm$ 和 $\Phi55cm$ 管桩
1957	武汉长江大桥	正桥为连续钢桁梁 3 联，每联 3 孔，每孔 128m，长 1156m 双层公、铁两用桥；首次采用管柱基础，钢围图外插打钢板桩，内插打钢筋混凝土管柱，最大水深 40m 左右，覆盖层厚 23m，基础深度 46m
1959	重庆白沙沱长江大桥	跨径为 $40m+3\times40m+4\times80m+9\times40m$，采用管柱基础；为穿过卵石层，采用加长底节钢靴，并采用"扩大钻孔直径，复振下沉"施工
1962	南昌赣江桥	主桥 $31.7m+7\times64m+31.4m$ 的公铁两用桥，采用 $\Phi5.8m$ 大型管柱基础
1965	江西肖江桥	桥式为 $6\times31.7m$ 预应力混凝土简支梁铁路桥，全长 212.4m，双壁钢壳空心沉井基础
1968	南京长江大桥	正桥除一孔 128m 简支外，其余 3 联、每联 3 孔、每孔 160m 的连续钢桁梁公铁两用桥，全长 6772m；水中基础采用四种形式：（1）重型混凝土沉井基础；（2）钢板桩围堰管柱基础，250 型振动打桩机将 $\Phi3.6m$ 预应力钢筋混凝土管柱打入土 47.5m；（3）钢沉井加管柱组合基础；（4）浮运钢筋混凝土沉井基础
1970	神州市闽江大桥	主桥为预应力钢筋混凝土 T 形刚构，基础均为 $10\Phi1.0m$ 和 $12\Phi1.0m$ 钻孔灌注桩，桩长 $26.5\sim33.3m$
1970	襄樊汉江桥	是焦枝线上的公铁两用桥，正桥 O 号台为钻孔灌注桩基础；1 号墩为圆形钢筋混凝土沉井基础；2 号墩为钢筋混凝土高低刃脚沉井；3 号墩为浮式钢沉井加钻孔桩组合基础；4 号墩为矩形钢筋混凝土沉井基础
1971	枝城长江大桥	主桥为 $5\times128m+4\times160m$ 下承式连续钢桁梁公铁两用桥，采用高低刃脚钢沉井，沉井最高 30m
1972	北镇黄河大桥	全桥长 1390.61m，共 47 孔，全桥 48 个墩台，其中 47 个墩台基础采用 $\Phi1.5$ 钻孔桩，深 107m
1976	上海黄浦大桥	正桥为 4 孔平弦三角形钢桁架、长 420m 公铁两用桥，水中三主墩，采用 $\Phi1.2m$、长 46m 的高桩承台钢管桩基础
1978	武汉江汉二桥	全桥 11 孔，长 566.2m，采用预应力钢筋混凝土 T 形刚构，两 T 构主墩采用沉井基础
1980	重庆长江大桥	全桥 8 孔、主跨 174m、总长 1120m；桥墩基础采用不同形式，2、3、4 号墩采用钢筋混凝土沉井基础，6 号墩采用大直径钻孔桩基础
1981	济南黄河桥	主桥是 $40m+94m+220m+94m+40m$ 的 5 跨预应力混凝土连续梁斜拉桥，其主塔墩为有 24 根 $\Phi1.5m$ 的钻孔桩基、桩长 $82\sim88m$，每根桩设计荷载为 12000kN
1985	天津塘沽海门大桥	是直升式公路开启桥，其水中墩基础采用 $\Phi1.2m$ 开口钢管桩，其余均为 $\Phi55m$ 钢筋混凝土管桩基础
1985	长东黄河桥	全长 10.3km，有 256 个墩台，基础为入土深 40m 钢筋混凝土沉井和钻孔灌注桩，有 8 个沉井，1259 根钻孔桩
1986	郑州黄河公路桥	全长 5549.86 米，为 $28\times20m+62\times50m+47\times40m$ 的预应力混凝土简支梁桥，墩基均采用两根 $\Phi2.2m$、深 65m 的钻孔灌注柱
1986	南防线茅岭江大桥	主桥为 $48m+80m+48m$ 的预应力钢筋混凝土箱梁公铁两用桥，主墩采用高承台多柱式钻孔桩基础，每墩 7$\Phi1.35m$ 钢柱桩，下端以 $\Phi1.25m$ 钻孔嵌入基岩
1987	广东肇庆西江桥	主桥为 $5\times114m$ 的五跨连续钢桁梁公铁两用桥，基础除采用钻孔桩、沉井及钢管柱外，还采用双承台钢管柱基础
1987	广东南海县西樵山大桥	主桥为 $125m+110m$ 的独塔钢筋混凝土斜拉桥，基础为 $31\Phi1.5m$ 钻孔灌柱桩
1987	天津永和大桥	主桥为 $25.15m+99.85m+260m+99.85m+25.15m$ 的预应力混凝土斜拉桥，两主塔墩为圆形沉井基础，其余墩台为钢筋混凝土管桩基础
1987	广州江村南北大桥	墩台基础除北桥 0 号台和 1 号墩为桩基外，其余均为钢筋混凝土沉井加冲孔灌注桩组合基础

建成年份	桥梁名称	概　况
1988	浙江温州飞云江桥	18×51m＋5×62m＋14×35m 的 37 孔预应力混凝土简支 T 梁公路桥，0 号墩和 1 号墩为钻孔桩基础；2～22 号墩为 60cm×60cm 预应力方桩基础；23～37 号墩为 45cm×45cm 实心方桩基础
1989	开封黄河公路桥	上部结构为预应力混凝土简支 T 梁，桥面连续；下部结构为单排双柱式墩加 Φ2.2m 钻孔灌注桩基础
1990	长沙湘江北大桥	主跨为 210m 的双塔扇形单索面预应力钢筋混凝土箱形梁斜拉桥，主塔墩采用 14Φ2.0m、长 24～29m 的钻孔桩基，并采用双壁钢围堰施工
1991	上海南浦大桥	
1991	厦门高集海峡桥	为 4.5m 等跨等截面连续梁桥，长 2070m，钢筋混凝土矩形薄壁双柱墩加钻孔灌注桩基础及预应力混凝土方桩基础
1991	杭州钱塘江二桥（彭埠大桥）	正桥为 45m＋65m＋14×80m＋65m＋45m 的 18 孔一联连续长 1340m 的预应力混凝土连续箱梁的公铁两用桥；采用钢围堰钻孔桩基础，桩直径 Φ1.5m 和 Φ2.2m，每墩 6～14 根桩不等，桩均钻入砾石土层
1993	上海杨浦大桥	主跨 604m 的双塔双索面结合梁斜拉桥，两个主塔墩采用钢管桩基础，辅助墩、锚墩、边墩均用钢筋混凝土预制桩
1993	珠海泥湾门大桥	主桥为预应力混凝土简支 T 梁，主墩基础为 Φ2.2m 钻孔灌注嵌岩桩
1994	九江长江大桥	正桥 11 孔、自北向南为两联 3×162m 连续钢桁梁、一联 180m＋216m＋180m 用柔性拱加肋的钢桁梁和一联 2×126m 连续钢桁梁，为公铁两用桥；1 号墩为 Φ20m、高 39m 的钢筋混凝土沉井基础并辅以泥浆套下沉；2 号墩为 Φ20m、高 43.5m 的浮运钢壳混凝土沉井基础；3 号、5～7 号墩为双壁钢围堰施工的 9Φ22.5m 钻孔桩基础；8～10 号墩为钢板桩围堰施工的 6～7Φ3.0m 大直径管柱钻孔基础
1994	黄石长江公路大桥	主桥为 162.5m＋3×245m＋162.5m 的五跨预应力连续刚构桥，6 个主墩基础均为 Φ3.0m 大直径嵌岩钻孔灌注桩高桩承台基础
1995	武汉长江二桥	主桥为 180m＋400m＋180m 的双塔双索面自锚式悬浮连续体系的预应力混凝土公路斜拉桥，全长 3227m；正桥水中墩 17 个，其中 0～7 号及 15、16 号墩采用 Φ1.5m 和 Φ2.5m 钻孔桩基础；8 号墩采用 Φ2.2m 钢管柱钻孔的高承台基础；9～14 号墩采用双壁钢围堰钻孔基础，钻孔桩有 9Φ2.0m、12Φ2.5m 和 21Φ2.5m 三种
1995	铜陵长江公路大桥	主桥为 80m＋90m＋190m＋432m＋190m＋90m＋80m 的 7 孔一联总长 1152m 的双塔双索面预应力钢筋混凝土公路斜拉桥；其 36 号基础均采用双壁钢围堰钻孔桩；3、6 号墩钢围堰外径分别为 24.8m 和 20.4m，分别为 49.10m 和 33.70m，其钻孔桩分别为 10Φ2.8m 和 6Φ2.8m；4、5 号墩钢围堰外径为 31m，高分别为 54.6m 和 49.6m，每墩有 Φ2.8m 钻孔桩 19 根
1995	广东三水大桥	主桥为 110m＋180m 独塔双索面斜拉桥，塔墩基础为 2 组各 8Φ2m 分离式低承台钻孔桩基础
1995	广东汕头海湾大桥	主桥为 154m＋452m＋154m 三跨双铰式预应力混凝土加劲箱梁公路悬索桥；两习塔墩基础为 Φ2.2m 钻孔桩基础，上下游各 6 根，桩群中心线距离 27m；在上下游桩群外侧各设 7m×11m 的单壁钢壳沉井，壳内为钢筋混凝土结构将桩身连结
1995	京九线泰和赣江大桥	桥墩深水基础施工采用双层薄壁钢筋混凝土围堰
1996	孙口黄河大桥	主河槽为 16 孔四联 4×108m 无竖杆连续钢桁梁，17 个水中桥墩均采用 Φ12～14m 轻型薄壁沉井基础，并采用空气幕辅助下沉
1996	宁波招宝山大桥	主跨为 258m 的带协作体系的预应力混凝土独塔斜拉桥，其 22 号主塔墩采用锁口钢管桩围堰作 20Φ2.5m 钻孔桩基础施工，承台为 40m×20m、高为 5.5m
1996	漤水大桥	318 国道的公路桥，其 3 号墩为 6Φ1.5m 高桩承台基础，承台为 10.7m×7.0m×2.5m，施工采用轻型吊箱围堰

建成年份	桥梁名称	概 况
1996	西陵长江大桥	主跨为 900m 的单跨双铰多钢悬索桥，主塔墩基础采用 Φ2.2m 钻孔桩嵌入基岩，北塔桩基深 20m、南塔桩基深 40m
1997	杭州钱江三桥（西兴大桥）	总长 5700m，主桥 1280m，南北高架行桥 4420m
1997	上海徐浦大桥	主跨 590m 的双索面结合梁斜拉桥，基础采用 Φ900mm、壁厚 20mm 的打入钢管桩，最大桩长 86m，桩打至设计标高后桩内除土并灌注水下混凝土
1997	广东虎门大桥	主桥为 302m+888m+348.5m 的钢箱梁悬索桥，西锚碇，为重力式锚碇，基础采用外径 61m、内径 59.4m、壁厚 80cm 的连续墙，其铺航道桥为三跨预应力混凝土连续刚构，主墩基础为 32Φ2m 钻孔桩基，水深 18m
1997	香港青马大桥	主桥为 300m+1377m+359m 钢悬索桥，马湾塔墩基础为 2 个混凝土沉井，沉井平面尺寸 28m×28m，深 18m，沉井下沉到岩层
1997	香港汀九桥	主桥为 3 塔 4 索面结合梁斜拉桥，塔墩基础为 52Φ2.5m 钻孔桩基础并配设防撞设施
1998	武汉江汉四桥	主跨 232m 的独塔预应力混凝土斜拉桥，主塔墩基础采用 14Φ3.0m 钻孔桩，桩长 56m
1999	宁波市大榭岛跨海大桥	主桥为 123.6m+170m+123.6m 的三跨预应力混凝土连续刚构公铁两用桥，2 主墩水深 30m，采用 12Φ2.8m 和 16Φ2.8m 钢管柱钻孔基础
1999	东莞南阁大桥	主桥为 35m+108m+35m 的装配式斜拉桥，主塔墩基础采用 8 根 Φ1.5m 钻孔灌注桩基础
1999	厦门海沧大桥西航道桥	为 78m+140m+78m+2×42m 连续刚构桥，主墩最大水深为 20m 左右，其水中 17~20 号墩均为 Φ2.0 钻孔灌注桩基础
1999	福州闽江四桥	主桥为 238m+179m 的独塔单索面预应力混凝土箱梁斜拉桥，主塔墩采用 16Φ2.5m 钻孔灌注桩基础
1999	江阴长江公路大桥	主桥为 336m+1385m+309m 单孔简支钢悬索桥；重力式锚碇为深埋矩形沉井基础，沉井平面为 69m×51m，埋深 58m，采用空气幕辅沉；北塔墩基础为 96Φ2.0m 钻孔桩，桩长 86m；南塔墩基础为 24Φ3.0m 钻孔桩，桩长为 35m
1999	荆沙长江公路大桥	全长 4177.6m，主桥由北池通航孔桥（主跨 500m 预应力混凝土斜拉桥）、三八洲桥、南汊通航孔桥（主跨 300m 预应力混凝土斜拉桥）组成，根据桥位地质条件，主桥基础全部采用钻孔灌注桩基础：有 5Φ2.0m、15Φ2.0m、22Φ2.0m 和 22Φ2.5m 几种，桩长 77.5~80.2m 和 86.4m
2000	广东崖门大桥	主跨为 338m 的双塔单索面斜拉桥，2 个主墩位于深水区，采用 18Φ3.0m 钻孔灌注桩基础，桩入土平均深度 60m，最大深度 80m，嵌岩最深达 46m
2000	泸州长江二桥	主桥为 145m+252m+54.75m 的不对称连续刚构桥，主槽深水墩基础采用钢沉井加 10Φ2.5m 嵌岩钻孔桩组合基础，钢沉井为 Φ21m、壁厚 1.6m
2000	山东东营利津黄河大桥	主桥为 40m+120m+310m+120m+40m 的五跨连续预应力混凝土斜拉桥，西塔墩基础采用 28Φ1.5m 钻孔灌注桩，深度 115m
2000	南京长江二桥北汊桥	为 90m+3×165m+90m 的五跨预应力混凝土连续梁，其水中墩采用 18Φ2.5m 钻孔灌注嵌岩桩，桩长 70m，嵌入微风化泥岩约 8m，承台采用钢吊箱围堰施工
2000	鄂黄长江公路大桥	主桥为 55m+200m+480m+200m+55m 双塔双索面预应力混凝土飘浮体系斜拉桥，主塔墩基础为 19Φ3.0m 钻孔嵌岩桩基础，嵌岩深度 25~30m，采用双壁钢围堰施工
2000	汕头礐石大桥	主桥为 100m+518m+100m 的混合梁斜拉桥，两主塔墩基础均为 16Φ2.5m 高桩承台钻孔桩基础，承台下桩自由长度约 26m
2000	台湾高（雄）屏（东）桥	为不对称的 180m+300m 二跨独塔斜拉桥，桩支承塔的底部，中间桩支承连接梁
2001	宜宾中坝金沙江大桥	主桥为 252m+175m 的独塔斜拉桥，主塔墩基础为 15Φ2.8m 钻孔嵌岩桩基础，桩长 26m，采用双壁钢围堰施工

2001	宜昌长江公路大桥	主跨为960m的双塔钢箱梁悬索桥，其主塔墩采用分离式桩基
2001	福州市青洲闽江大桥	主跨为605m的结合梁斜拉桥，两主塔墩基础分别采用42Φ2m打入钢管桩（桩长70m，打入覆盖层约40m，其下为Φ1.8m钻孔直达基岩）和14Φ3m钻孔桩，采用双壁钢围堰施工
2001	武汉军山长江公路大桥	主桥为60m＋204m＋460m＋204m＋60m双塔双索面半飘浮体系钢箱梁斜拉桥，主塔墩基础为19Φ2.5m钻孔灌注桩，最大桩长46.5m，采用异形双壁钢围堰施工
2001	芜湖长江大桥	主桥为180m＋312m＋180m公铁两用钢桁结合梁斜拉桥，两主塔墩分别采用19根和17根Φ3.0m钻孔灌注桩基；两边墩为8根Φ2.8m钻孔灌注桩基，施工采用Φ30.5m、壁厚1.4m、高52m的双壁钢围堰
2002	润扬长江公路大桥	北汊桥主桥为175.4m＋406m＋175.4m三跨钢箱梁斜拉桥，主塔基础均为24Φ2.5m钻孔灌注桩基；南汊桥主桥为470m＋1490m＋470m悬索桥，基础采用Φ65m、壁厚1.2m、深30m的圆筒形连续墙
2002	仙桃汉江公路大桥	主桥为50m＋82m＋180m三跨连续独塔预应力混凝土斜拉桥，主塔墩采用30Φ1.8m钻孔灌注桩基，桩长98m
2002	西藏通麦大桥	主跨为210m双塔双铰单跨悬索桥，主塔墩基均为5Φ1.5m钻孔灌注桩，桩长18m
2002	武汉阳逻长江公路大桥	主跨为1280m单跨双铰悬索桥，两塔墩基础分别为16Φ3m和24Φ3m钻孔灌注桩基
2003	上海卢浦大桥	中承式系杆拱桥，跨度组合为100m＋500m＋100m，主跨采用Φ900mm钢管桩，适合于上海软土地基，并用Φ700mm水泥土搅拌桩加固地基
2003	杭州钱江五桥（袁浦大桥）	全长3126m，弧形弯桥，主桥墩基础大体积混凝土承台施工，采用双壁钢围堰
2003	湖北鄂黄长江大桥	全长2690m，为5跨连续双塔双索面预应力混凝土斜拉桥，索塔基础采用Φ3m钻孔灌注桩
2004	杭州钱江四桥（复兴大桥）	双层双主拱钢管混凝土组合系杆拱桥，全长1376m，上层为双向6条车道，下层地铁、公交、车道及人行道
2005	东海大桥	全长32.5km，塔墩和辅助墩采用钻孔灌注桩，辅助墩采用钢管桩，蹍桥1km以外海域建有亚洲最大风电站，采用桩支承
2005	重庆菜园坝大桥	全长4km，为88m＋102m＋420m＋102m＋88m跨度中承式刚构钢箱系杆拱组合结构。挖孔灌注桩，桩径2.5m/4.1×4m方桩
2007	杭州钱江六桥（下沙大桥）	连续长度8230m，宽34.5m，是钱塘江上最长最宽的桥梁。其中跨江主桥长2400m，4个主墩，每个墩由26根钢筋混凝土基桩组成，基桩采用下部直径2m、上部直径2.3m的变径桩，其深度百米以上
2007	武汉阳逻长江大桥	全长2725m，其中主悬索桥为250m＋1280m＋440m，塔柱采用Φ2.0/Φ2.8钻孔桩基础
2008	舟山西堠门大桥	大桥长2.588km，为两跨连续钢箱梁悬索桥，世界最长钢箱梁悬索桥。大直径嵌岩群桩基础加承台，承台间系梁连成整体，直径2.8m，最大桩长55m
2008	杭州钱江八桥（九堡大桥）	全长1855m，是杭州东部对外联系要道
2008	杭州钱江九桥（江东大桥）	全长4332m，为国内罕见的空间缆自锚式悬索桥。桩基采用大直径超长钻孔灌注桩，持力层为极软岩，桩底采用后压浆技术
2008	重庆朝天门长江大桥	全长1741m，主桥长932m，采用190m＋552m＋190m的中承式连续钢桁系杆拱桥，主跨552m，是世界第一拱桥，有两层桥面，上层为双向6车道和两侧人行道，下层为双向城市轻轨车道。灌注群桩基础加承台，每个承台基基桩为3排12根桩径为2.5m的群桩

2008	香港昂船洲大桥	全长1596m,主跨1018m,为世界第二斜拉桥,圆形独柱式桥梁。钻孔灌注桩,桩径2.2~2.8m,桩长50~120m直达岩层
2008	上海长江大桥	它与上海长江隧道共同组成上海隧桥,全长16.63km,其中道路6.66km,桥梁9.97km,桥面外侧预留轨道交通线路,是世界上最大公轨合建斜拉桥。桩端后压浆超长大直径钻孔灌注桩加承台,直径2.5~3.2m,桩长110m左右
2008	舟山金塘桥	全长21.02km,主跨620m五跨钢箱梁斜拉桥,其他为整孔吊装、悬臂浇筑或整孔支架及移动模架现浇的预应力混凝土连续刚构及连续桥,下部主要采用钢管桩和钻孔灌注桩、现浇墩身和预制墩身结构
2009	苏通长江公路大桥	主桥全长2088m,斜拉桥主跨1088m;是世界最长的斜拉桥。索塔高300.4m,为世界第一高桥塔。桥塔、桥墩基础采用了Φ(2.5~2.8)m×(101~119)m长的钻孔灌注桩,共262根
2009	武汉天兴洲长江大桥	为公路铁路两用桥,主桥为双塔3索面斜拉桥,主跨95m+196m+504m+196m+95m=1086m,塔基采用Φ3.4m钻孔灌注桩
2011	杭州钱江铁路新桥	全长2222.22m,其中正桥1340m,主桥桥面有四条铁路线。采用钻孔桩基础
2012	杭州钱江七桥(之江大桥)	全长1746m,主桥为双塔双索面钢箱梁斜拉桥,采用拱形门式索塔。两主塔高97m,主桥478m。钻孔灌注桩加圆形承台,索塔基础桩基直径2.0m
2015	港珠澳大桥	线路总长55km,工程全长29.6km,采用桥、岛、隧组合方式建造。其中海中桥梁总长22.9km,包括3座通航孔桥梁及20.9km非通航孔桥梁。基础均采用埋置式承台与钢管复合桩基础方案

6 桩与我国的高楼大厦建设

世界著名媒体、英国《金融时报》2011年3月3日报道称,"中国已成为全球头号建筑大国"。

建筑物涵盖既广,且数量庞大。最令人瞩目的当推高楼大厦,亦即各类高层和大型建筑物,它们无不建造在桩基础之上。

我国历史上第一座高层建筑是1923年建成的上海字林西报大楼(高10层,40.2m);由此引发了在上海、广州、天津等沿海城市建造了数十座10层及以上的高楼。至抗日战争爆发而建设停止。其中1936年建成的上海国际饭店(高24层,82.5m)是民国时期的最高建筑物。

1968年建成的广州宾馆,高87.6m,超过了上海国际饭店的高度;1976年建成的广州白云宾馆,高112m,首座超过100m。自改革开放后,我国兴起了建造高层建筑之风,至今历30余年而方兴未艾。1990年建成的北京京广中心,高208m,首座超过200m;1996年建成的广州中天广场,高322m,首座超过300m;1998年建成的上海金茂大厦,高420m,首座超过400m;2003年建成的台北101大厦,高508m,首座超过500m;2014年建成的上海中心大厦,高632m,首座超过600m。上海中心大厦目前位居世界第二高楼,仅次于阿联酋迪拜的哈利法塔828m,160层。

图49所示了自1923年以来我国高层建筑高度攀升的轨迹。可以想象,一座座具有里程碑意义的高楼及高楼高度的攀升曲线,无异于像征着我国建筑科技文化和桩工技术发展的步伐,并从一个侧面反映了我国经济和科技发展的速度变化;该图所示曲线之下意味着覆盖了分布在全国各地不同高度各具特色的数万座高楼大厦,包括各种公寓住宅楼、商务办公楼、学校、医院、宾馆、会堂等公共建筑和为发展经济文化、改善民生、进行国内国际交流,乃至举办会展和体育赛事活动等而兴建的各种建构筑物。

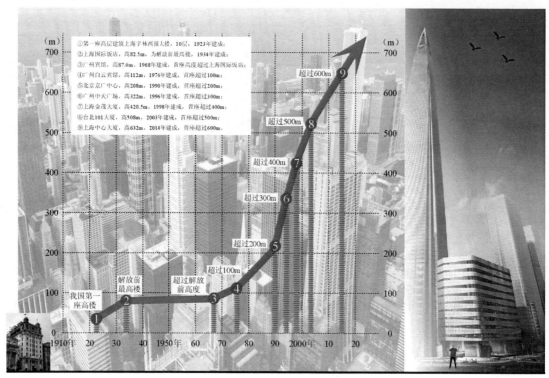

①第一座高层建筑上海字林西报大楼，10层，1923年建成；
②上海国际饭店，高82.5m，为解放前最高楼，1934年建成；
③广州宾馆，高87.6m，1968年建成，首座高度超过上海国际饭店；
④广州白云宾馆，高112m，1976年建成，首座超过100m；
⑤北京京广中心，高208m，1990年建成，首座超过200m；
⑥广州中天广场，高322m，1996年建成，首座超过300m；
⑦上海金茂大厦，高420.5m，1998年建成，首座超过400m；
⑧台北101大厦，高508m，2003年建成，首座超过500m；
⑨上海中心大厦，高632m，2014年建成，首座超过600m。

图49 "欲穷千里目，更上一层楼"——我国高楼高度攀升图（1923—2014）
（由方晓健绘制）

如今我国已建成和正在建设的高楼中高度超过600m者已有四座，分别如图50所示。

上海中心大厦：121层，高632m；武汉绿地中心（在建）：119层，高636m；深圳平安国际金融中心（在建）：118层，高660m。苏州中南中心（在建）：137层，高729m。

这些高楼均采用钻孔灌注桩基础。

图50 a) 上海中心大厦；b) 武汉绿地中心；c) 深圳平安国际金融中心；d) 及苏州中南中心

上海中心大厦之建成，在上海浦东新区构成了3座各具独特建筑风格、鼎足而立、总平面呈"品"字形的一组宏伟的摩天大楼建筑群（图51），为举世罕见，其总建筑面积达124.3万平方米，其主要参数见表2。

图 51 上海浦东新区鼎足而立的摩天大楼建筑群
（左—上海环球国际金融中心；中—金茂大厦；右—上海中心大厦）

表 2 上海浦东鼎足而立的摩天大楼建筑群的主要参数

高楼名称	建筑面积（m²）	高度（m）	地上层数	地下层数	桩型	桩数	桩长（m）
上海中心大厦	576000	632	121	5	钻孔桩	955	82~86
上海环球国际金融中心	377000	492	101	5	钻孔桩	1177	79
上海金茂大厦	290000	420	88	3	钢管桩	429	83

上海中心大厦是我国已建高楼中应用钻孔灌注桩混凝土数量最多的单体工程，基础面积 8280m²，筏板厚 6m，埋深 30m，采用钻孔灌注桩，桩径 1m，桩长核心筒内 86m，筒外 82m，建筑物总重量 80 万吨。桩筏基础为八角形，核心筒荷载集中区采用梅花形布桩，其他区域正交布桩，如图 52 所示。

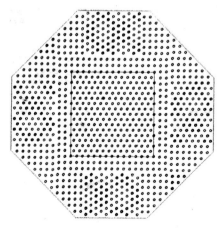

图 52 上海中心大厦布桩图

图 53 是 2010 上海世博会中国国家馆，呈现了

"东方之冠，鼎盛中华，天下粮仓，富庶百姓"的中国文化气质与精神。世博会结束后，更名为中华艺术馆。其总建筑面积为 10.6 万平方米，采用钢框架剪力墙结构体系，核心筒柱高 68m，屋顶边长 138m×138m。基础采用桩筏基础，桩为直径 850mm、800mm、600mm 的钻孔灌注桩。

图 53 上海世博会中国国家馆/中国国家艺术馆

图 54 北京 CCTV 新台大楼

北京 CCTV 新台址（图 54）以其罕见的建筑造型尤为引人瞩目，一号塔楼 52 层，高 234m，2 号塔楼 44 层，高 194m；其钢结构总重达 12 万吨，支承在 1200 根 45m 长的钻孔灌注桩基础上，整体筏板厚度达 10.9m。塔楼采用大直径超长钻孔灌注桩，通过桩端桩侧联合后注浆提高承载力从而减少变形。

北京"鸟巢"——中国国家体育场（图 55），是 2008 北京奥运会的主体育场，也是 2014 APEC 的主会场。它由巨大的门式钢架组成，其大跨度屋盖支撑在 24 根钢桁柱之上（柱距达 37.96m），其下为 24 个巨大的钢筋混凝土柱墩。采用钻孔灌注桩，并采用桩侧和桩端后压浆工艺提高桩基承载力，桩端持力层为卵石、圆砾层。桩径为 1000mm 和 800mm。

图 55　北京鸟巢

位于北京天安门广场东侧的中国国家博物馆是 21 世纪初建成的重大标志性建筑之一。它以中国历史博物馆、中国革命博物馆为基础，东扩 40m，下挖 2 层，上增 1 层（共 4 层）改建扩建而成，其体量由原 6.5 万平方米增加到近 20 万平方米，一跃而成为全球建筑面积最大的博物馆。其中艺术长廊净空高 28m，宽 30m，长 330m，面积近 1 万平方米，为全球最大的展厅。其地下藏品库房面积达 3 万平方米，如图 56 所示。

图 56　中国国家博物馆及其长廊内景

首都机场 T3 航站楼（图 57），是我国在 21 世纪初兴建的最大单体建筑项目，建筑面积 428 万平方米，采用 $\Phi800\sim1000$ 的钻孔混凝土灌注后压浆桩 1.8 万余根。

图 57　首都机场 T3 航站楼局部外景与内景

广州塔（图 58）由 454m 高的主塔和 156m 高的天线桅杆组成，总高 610m，是我国第一高塔，采用后压浆钻孔灌注桩群桩基础。

图 58　广州塔

广州珠江大厦（图 59）由塔楼和裙楼组成，塔楼高 309m，71 层；裙楼高 27m，3 层；地下室 5 层。总建筑面积 21 万平方米，其中地下室 4 万多平方米。它利用风能和太阳能自己发电，所生产的能源多于其消耗的能源，可出售给国家电网；其污水循环系统可回收雨水，是当今世界上最节能的高楼，受到国际上的广泛赞誉。

图 59　广州珠江大厦

我国从 21 世纪初开始在高楼大厦的钻孔桩中埋管连接地源热泵系统以制冷取暖，已在京、津、宁、沪、穗、冀、辽等地包括北京奥运村、上海虹桥交通枢纽站等一批重大建设项目中成功应用。

江苏南京华泰证券广场大楼（图 60）是利用上述技术的最大项目之一，该大楼建筑面积 23 万平方米，打设钻孔灌注桩 2275 根，埋管 35 万平方米，与传统空调系统相比，可节约能源 20％～40％，且可减少二氧化碳的排放。

图 60　南京利用地下热能的一座建筑物外景

高楼大厦地下室的深基坑开挖施工，皆需采用各种桩进行围护，其中包括地连墙、壁板桩以至锚杆和微型桩等，因地制宜，各选其长，优势互补。如今有的城市街区对邻近多座高楼的地下室进行成片开发，加以城市地铁、地下车库、地下商场、地下仓库、地下街、地下变电站、地下民防工事等相继兴建，开发利用地下空间的规模越来越大。上海、北京单项基坑开挖面积达 10 万～30 万平方米以上的地下综合体已达数十个。且基坑形式多变，深度越来越大。上海中心大厦地下 5 层挖深 31m；北京国家大剧院基坑深 40m，银泰中心基坑深 27m，苏州中心基坑深 22.5m；天津津塔基坑深 23.5m。近二十年来，深基坑、隧道与地下工程三学科及设计施工技术获得了迅猛发展。

上海世博会 500kV 地下变电站是我国首座全埋式大型变电站，也是亚洲乃至世界最大、最先进的地下变电站之一。该工程基坑直径 130m，开挖深度 34m。地基土特别软弱，采用全逆做法设计施工，取得了一批原创性技术成果（图 61）。

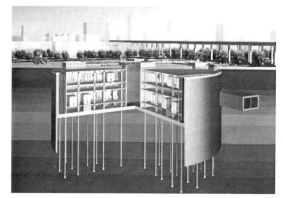

图 61　上海世博会 500kV 地下变电站

图 62 所示是天津 117 大楼（高 597m，117 层），重庆嘉陵帆影·国际经贸中心（468m，103 层）及沈阳国际金融中心（高 427m，89 层）；它们都支承在钻孔灌注桩上，分别是我国华北、西南和东北地区的第一高楼。

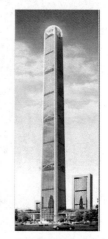

a）天津 117 大厦　　　　　　b）重庆嘉陵帆影·国际经贸中心　　　　c）沈阳国际金融中心

图 62　我国华北、西南和东北地区的第一高楼

以上概述了首都北京及上海、广州、深圳、天津、重庆等特大城市和一些省会城市特具标志意义的一些高楼大厦。实际上我国大陆 31 个省区市的主要城市和数百座二三线城市，按照国际高层建筑会议对高层建筑的定义（参见本节末相关链接），早已高楼林立。许多城市矗立着或即将竖起 400m 或 500m 以上的高楼，例如杭州西湖双子塔（400m）、南京紫峰大厦 450m）、宁波双子塔（480m）、广西防城港国际金融中心（528m）等皆是当地的第一高，如图 63 所示。

a）杭州西湖双子塔　　　　　b）南京紫峰大厦　　　　　c）宁波双子塔　　　　d）广西防城港国际金融中心

图 63　杭州等四城市的 400m 或 500m 以上的高楼

著名的江苏省华西村兴建了 74 层、高 328m 的"空中华西村大楼"，此高度与首都北京最高建筑物相持平，为我国农村第一高楼（图 64）。

空中华西村大楼高于日本和英国的最高楼，日本的最高楼是为迎接 2020 年奥运会而兴建的虎之门山大厦（高 247m，52 层）；英国的最高楼是伦敦的坎那瑞码头大厦（高 237m，50 层）。华西村大楼的兴建受到了国际著名媒体《纽约时报》等的关注。

图 64　我国农村第一高楼—空中华西村大楼

华西村大楼兼具会议、餐饮、宾馆、休闲、娱乐等设施和对内对外服务之功能，村民男女老幼可定期定时免费入住大楼享受休闲或度假。它为我国各地农村发展生产和繁荣经济提供了范例和借鉴。

半个多世纪之前"打桩"是高等学府的一门进修课程，如今它已成为我国城乡妇孺皆知的事物。桩改变了我国城乡的天际线，没有桩就没有我国的高楼大厦。

相关链接：关于高层建筑的表观特征与定义

世界各国对高层建筑的定义并不一致。

在世界高层建筑的故乡美国芝加哥乃至整个北美洲，曾认为高度在 22～25m 以上或 7 层以上的建筑为高层建筑。美国的高层建筑专家 C. H. Thornton 曾提出，凡层数在 40 层及高度在 152m 以下者为低高层建筑，层数在 40 层以上及高度在 152～365m 为高层建筑，超过 100 层及高度在 365m 以上者为超高层建筑。

德国规定，凡经常有人停留的最高一层的楼面距地面 22m 以上者为高层建筑。

法国规定，凡居住建筑高 50m 以上，其他建筑高 28m 以上者为高层建筑。

比利时以建筑物入口的路面以上，其高度达到 25m 者，作为高层建筑的起始点。

英国以高度在 24.3m 以上者为高层建筑。

日本曾把 8 层以上或建筑高度超过 45m 者称为高层建筑，后又把 30 层以上的旅馆、办公楼和 20 层以上的住宅称为高层建筑。

前苏联规定，10 层以上的住宅为高层住宅。

1972 年在美国宾夕法尼亚州伯利克市召开了国际高层建筑会议，对高层建筑的定义取得了较统一的认识，并将其划分为以下四类：

第一类高层建筑：9～16 层（最高到 50m）；

第二类高层建筑：17～25 层（最高到 75m）；

第三类高层建筑：26～40 层（最高到 100m）；

第四类超高层建筑：40 层以上，或高度在 100m 以上者。

1996 年，我国《高层建筑岩土工程勘察规范》（JGJ72—96）将高层建筑的起始点定为 8 层以上的建筑物，并包括高度在 50m 以上的重要构筑物和 100m 以上的高耸构筑物。1999 年我国《高层建筑箱形与筏形基础技术规范》（JGJ6—99）对高层建筑的含义未作任何说明。

高层建筑在英语中称为 tall building（高楼），也称为 high-rise building（高耸建筑）或 skyscraper（摩天大厦）。德语则称为 wolkenkratzer（凌云大厦）。

美国高层建筑和城市环境协会第 30 委员会曾组织世界各国的 32 位高层建筑知名专家集体撰写了一部巨著《高层建筑设计》（Architecture of Tall Buildings，Mc Graw-hill Inc，1995）。该书全面阐述了高层建筑设计的发展历史和新理论，指出："高层建筑并不以其高度或楼层数为定义。重要的准则在于它的设计是否在某些方面受到'高度'（tallness）的影响。高层建筑是它的高度会强烈地影响其规划、设计、构造和使用的建筑物；是它的高度会产生不同于某一时期或某一地方'一般'建筑的设计施工条件的建筑物。"并指出，超高层建筑（supertall building）是 70～80 层以上的高层建筑。

以上应是迄今各国专家对高层建筑的一个最具权威性的共识或界定。

与上述 tall building，high-rise building，skyscraper，wolkenkratzer 或 supertall building 等外文名词相对照，可以注意到，这些名词并没有包含任何"层数"的意义。而我国常称为"高层建筑"，似乎使此类建筑物局限于既高耸又具有很多楼层的建筑物。

——引自史佩栋"高层建筑的表观特征与定义"，见：史佩栋，高大钊，桂业琨. 高层建筑基础工程手册［M］. 北京：中国建筑工业出版社，2000：3～4.

7　本章小结

以上各节分别阐述了桩在我国铁路建设、城市地铁建设、公路建设、桥梁建设、高楼大厦建设等领域所发挥的重要作用。然而，桩尚涉及与经济发展攸关的港口码头建设、航空港建设、新能源开发建设、海洋海岛开发建设、旧城改造及新型城镇化建设，乃至国防科技和军事设施建设等诸多领域，由于本章篇幅有限，凡涉及国家机密，皆未能展开介绍。故查阅本手册全书，将可以进一步全面理解桩在我国经济发展乃至成为世界第二大经济体中的担当。

作为本章小节，尤须指出，桩基工程在我国经济建设各领域以及国际经济文化交流乃至体育赛事活动和会展场馆等方面持续地大量应用，它反过来又极大地促进了我国桩基工程设计施工技术水平和桩基学科理论水平的不断提高，各种新的桩型和创新技术不断产生，并且催生了我国的桩工机械产业和多个自主品牌。对于这些丰硕成果，本书将在后续各篇章中作系统的反映和阐述。

致谢：本文初稿承蒙高大钊、高文生、胡邵敏、王锺琦四位学长审阅指导，特此表示感谢；又蒙王菲、王晓桐、陈天恭三位学弟收集部分相关资料，也以此表示谢意！

参考文献

［1］　史佩栋．我国深基础工程技术发展现状与展望：21 世纪头 10 年情况综述［J］．岩土工程学报，2011.33［S2］：1-14.

［2］　史佩栋．我国深基础工程技术发展现状与展望：21 世纪头 10 年情况综述［J］．节略本．施工技术，2011.40（350）：1-9.

［3］　史佩栋．海峡两岸轨道交通建设与环境工程高级技术论坛［M］．北京：人民交通出版社，2008.

［4］　张庆贺，朱合华，庄荣，等．地铁与轻轨［M］．北京：人民出版社，2008.

［5］　丁大钧．中国桥梁建设新进展（1991— ）［M］．南京：东南大学出版社，2009.

［6］　肖汝诚，等．桥梁结构体系［M］．北京：人民交通出版社，2013.

［7］　姜友生．桥梁总体设计［M］．北京：人民交通出版社，2012.

［8］　刘自明．桥梁深水基础［M］．北京：人民交通出版社，2003.

［9］　史佩栋，高大钊，桂业琨．高层建筑基础工程手册［M］．北京：中国建筑工业出版社，2000.

［10］　史佩栋，高大钊，钱力航.21 世纪高层建筑基础工程［M］．北京：中国建筑工业出版社，2000.

试写桩的定义

程天森

摘　要：桩工程技术工作的对象"桩"是一个未明确的概念，明确了桩，才有可能将现为经验性知识的桩工程技术集成为体系性知识。为了讨论给桩下定义的思路和方法，试写桩的定义。经过反复试写桩定义所得出的结论，是给桩下定义时应：按基本用途划分桩；以全部子类桩为被定义项给桩下定义；用桩的位置、用途、尺度和置桩等 4 个方面的属性来表述桩的种差；通过比较桩体纵横截面的大小来表述桩的尺度属性；用置桩方法的应用结果和置桩过程的特点间接地表述桩的置桩属性。按上述结论给桩下的定义为：桩是在与被设置物的形状和大小相同的空间中设置的并在设置过程中不架立模板的、纵向截面大于横向截面的、改良和利用岩土或其一的、岩土中的建造体。

关键词：桩；位置属性；用途属性；尺度属性；置桩属性；建造体

1　引言

《建筑岩土工程勘察基本术语标准》JGJ 84－92 第 3.9.1.16 条术语是"桩"，在拟用于代替 JGJ 84－92 的征求意见稿[1]中没有"桩"；在 GB/T 50279－98《岩土工程基本术语标准》的术语中没有"桩"，在拟用于代替 GB/T 50279－98 的修改稿中，初稿[2]第 10.3.26 条术语是"桩"、征求意见稿[3]中没有"桩"。编制者踌躇于是否将"桩"列为标准术语，可见"桩"是一个重要的、未明确的概念。

桩是桩工程技术工作的对象，由于工作对象不明确，桩工程技术还只是经验性知识，明确了桩，则有可能将桩工程技术经验性知识集成为体系性知识。所以有必要明确桩。

桩是一个可以用属加种差来定义的概念[4]。受"桩主要指基础桩"传统观念[5]的束缚，已有的桩定义[2][5]，其只给部分子类桩、不给全部子类桩下定义，所以才未能明确桩。

因上所述，笔者开始试写桩定义，并在试写过程中发现了以下问题：

桩还没有一个明确、全面的外延定义，而桩的外延不全面，则不能给桩下定义。

已有的桩定义，其定义项的属和种差，是部分桩的属和种差、不是全部桩的属和种差，不能用来定义桩；

已有的桩定义，其用来表述种差中尺度方面属性的语词，是一个含混的语词，而含混的语词不能述清桩的尺度方面属性；

已有的桩定义，其用来表述种差中置桩方面属性的是置桩方法，而置桩方法是一个要靠被定义项"桩"来明确的概念，因此置桩方法不能用来直接地表述桩的置桩方面属性。

本文的创新点是：按基本用途划分桩；以全部子类桩为被定义项给桩下定义；用桩的位置、用途、尺度和置桩等 4 个方面的属性来表述桩的种差；通过比较桩体纵横截面的大小来表述桩的尺度属性；用置桩方法的应用结果和置桩过程的特点间接地表述桩的置桩属性；以全部子类桩为被定义项给桩下了一个定义。

2　桩的划分

定义规则（4）要求"定义项的外延与被定义项的外延必须是全同的"。如果被定义项的外延不明确，就不能断定所下定义是否符合定义规则（4）；如果被定义项的外延不全面，即便被定义项的外延明确，所下定义也不可能合乎实际。现在，桩还是一个外延既不明确又不全面的概念。因此，在给桩下内涵定义之前，应先给桩下一个既明确又全面桩的外延定义。划分是明确概念外延的逻辑方法，划分桩就是为了明确桩的外延。

业内提出的新概念"广义桩"，其所指的桩有作为基础结构的桩、作为围护（支护）结构的桩、作为地基处理或岩土加固的桩、以及作为其他用途的桩（例如标志桩、定位桩、系船桩、隔离桩等）[5]。

"广义桩"的外延并不明确。作为基础结构的桩、作为围护（支护）结构的桩是按用途分类的桩，作为地基处理或岩土加固的桩是按方法分类的桩，这样划分违反了内容为"每次划分必须按同一标准进行"的划分规则（3）。

"广义桩"的外延也不全面，因为其中至少遗漏了用于防渗的钢板桩。

桩是桩工程技术工作所完成的土木工程中涉及岩石、土的利用、处理或改良的实体，利用、改良岩土就是桩的基本用途。按基本用途划分桩，不可能遗漏任何一种桩，也不会违反划分规则。据此，将桩划分为：

利用桩、改良桩、改良并利用桩。

将利用桩进一步划分为基础桩、支挡桩、边坡加固桩和其他利用桩；将改良桩进一步划分为岩土加固桩和防渗桩。

解释如下。

利用桩是利用岩土承力的桩。

基础桩是将来自于建（构）筑物的力传递给岩土的桩。

支挡桩是具有将来自于上部水体或（和）岩土体的侧压力传递给下部岩土用途的桩。

边坡加固桩是将来自于不稳定状岩土体的力传递给稳定状岩土的桩。

其他利用桩如标桩、系船桩、篱笆桩、拴牛桩等。

改良桩是用于改良岩土的桩。

岩土加固桩是用来加固岩土的桩。

防渗桩是没有凌空面的挡水桩。

改良并利用桩是既改良岩土又利用岩土的、由改良桩桩体和利用桩桩体组成的桩。

桩或者是用来利用岩土、或者是用来改良岩土、或者是用来改良并利用岩土，没有例外者。所以，利用桩、改良桩、改良并利用桩就是桩的外延。

3　桩的属

桩的属指桩的并与桩相适的属。在外延比桩的外延宽的概念中，外延与桩的外延最接近的那个概念，就是桩的并与桩相适的属。

在已有的桩定义中，桩的属有杆件（如棍或柱）和构件（如细长构件、柱状构件、柱状支承构件、基础构件、结构构件、结构单元）。

"杆件"不是桩的属。因为至少有钢板桩不是杆件。

"构件"不是桩的属。因为至少有砂桩不是构件。

桩是一种物体。

物体可分为自然物体和人造物体；人造物体可以分为制造体和建造体，建造体可分为简易建造体和工程建造体。

简易建造体是一个或几个人用简易的工具建造的物体；工程建造体是生产、制造部门用比较大而复杂的设备建造的物体[6]。按难易程度，桩可分为简易桩和工程桩。简易桩如系牛桩等；工程桩如钻孔灌注桩等。

在物体、人造物体、建造体、简易建造体和工程建造体中，建造体是桩的并与桩相适的属。

4　桩的种差

在建造体之下有桩和其他建造体，桩不同于其他建造体的那些属性，就是桩的种差。桩的方面属性，是桩在某一方面不同于其他建造体的那些属性。桩的种差，是一个由以下4个方面的属性组成的复杂属性。

4.1　桩的位置属性

在已有的桩定义中，桩的位置属性分别为地里、地内、地基中、土体中。

"地基中"不是桩的位置属性。因为至少有抗滑桩不在地基中。

"土体中"不是桩的位置属性。因为至少有嵌岩桩的桩体不全都在土体中。

"地里""地内"是桩的位置属性。因为所有的桩都在地里或地内。不过，将地里或地内写成"岩土中"似乎更为合适。

建造体有：岩土中的建造体，如桩等；岩土外的建造体，如屋面。"岩土中"，其可以区别桩与岩土外的其他建造体，因此其是桩在位置方面的属性。

4.2　桩的用途属性

在已有的桩定义中，桩的用途属性概括起来有3种，即挤土、支承和传递荷载。

"挤土"不是桩的用途属性。因为至少有非挤土桩不具有这种属性。

"支承"不是桩的用途属性。因为至少有抗滑桩不具有这种属性。

"传递荷载"不是桩的用途属性，因为至少有砂桩不具有这种属性。

依照岩土工程的定义，桩工程是土木工程中涉及岩石、土的利用、处理或改良的科学技术。反过来说，桩是桩工程科学技术工作所完成的、土木工程中涉及岩土的利用、或改良的建造体。

在实际中，有的桩是用来利用岩土的、有的桩是用来改良岩土的、有的桩是用来利用并改良岩土的，将各种桩的用途概括起来，就是"改良和利用岩土或其一"。

岩土中的建造体有：改良和利用岩土或其一的建造体，如桩等；开拓地下空间的建造体，如导弹发射井等；开采地下矿藏的建造体，如水井等。"改良和利用岩土或其一"，其可以区别桩与不是用于改良和利用岩土或其一的、岩土中的其他建造体，因此其是桩在用途方面的属性。

4.3 桩的尺度属性

在已有的桩定义中，桩的尺度属性为横截面尺寸比长度小得多，其中包括棍、柱、细长。

"横截面尺寸比长度小得多"是一个含混的语词，其不能用来表述桩的尺度属性。因为，人们无法确定桩体的横截面的值比长度的值小多少。

桩的尺度属性，可以通过比较建造体纵向与横向截面的大小来表述。

建造体最先和最后进入岩土的两端，分别为始端和末端，纵向截面是沿中心线在始、末端之间剖开建造体所得的截面（中空体视为实心体），如果有多个纵向截面，取其中面积较大者；横向截面是与纵向截面正交的、建造体末端处的截面或平面（中空体视为实心体）。

改良和利用岩土或其一的、岩土中的建造体有：纵向截面小于横向截面的建造体，如桩；纵向截面大于横向截面的建造体，如防渗铺盖等。"纵向截面大于横向截面"，其可以区别桩与纵向截面小于横向截面的、改良和利用岩土或其一的、岩土中的其他建造体，因此其是桩在尺度方面的属性。

4.4 桩的置桩属性

已有桩定义的置桩属性分别为：插入；打入或压入；设置；沉入、打入或浇筑；设置；打入

法、钻孔法，预制法、灌注法；植入。

"插入；打入或压入"不是桩的置桩属性。因为至少有钻孔桩灌注桩不具有这种属性。

"沉入、打入或浇筑"，其不是桩的置桩属性。因为至少有散体桩不具有这种属性。

"打入法、钻孔法，预制法、灌注法"，它们不是桩的置桩属性。因为至少有一些散体桩是用夯入法设置的、至少有散体桩是用填入法设置的。

"设置；植入"，它们不是桩的置桩属性。因为，它们是桩和一些其他建造体共有的设置方法，不能用来区别桩和其他建造体。

置桩方法是一个没有定义的概念，具体的置桩方法又有数百种[7]之多，在桩定义中无法直接用置桩方法来表述置桩属性。

取出桩体后所留下的空间是桩孔，任何一种置桩方法，其被应用后的结果，都是将桩体设置在了桩孔中。

但桩定义不能写成"桩是设置在桩孔中的桩体"，这样写就会写出循环定义，因为"桩孔"和"桩体"都是要靠被定义项"桩"来明确的概念。

"桩体"，其可以表述为"被设置物"；"桩孔"，其可以表述为"与被设置物的形状和大小相同的空间"；"桩是设置在桩孔中的桩体"，其可以表述为"桩是在与被设置物的形状和大小相同的空间中设置的建造体"。

"与被设置物的形状和大小相同的空间"，其是置桩方法被应用后所产生的一种结果，因此其可以用来间接地表述桩的一部分置桩属性。

在与被设置物的形状和大小相同的空间中设置的建造体有：桩；以坑壁、槽壁为模板设置的建造体。

在以坑壁、槽壁为模板的坑、槽中设置建造体的过程中，按被设置物尺寸挖掘坑、槽和修整坑壁、槽壁，等同于架立模板；在向桩孔中设置桩体的过程中，则无需架立模板。因此"在设置过程中不架立模板"是桩的另一部分置桩属性。

纵向截面小于横向截面的、改良和利用岩土或其一的、岩土中的建造体，其中：有用开挖、回填方法设置的建造体如栽入地中的电杆，有用不开挖、不回填方法设置的建造体如桩；有通过架立模板设置的建造体如某些基础梁，有不通过架立模板设置的建造体如桩。"在与被设置物的形状和大小相同的空间中设置的并在设置过程中不架立模板的"，其可以区别桩与用开挖回填方式设

置的、或在与被设置物的形状和大小相同的空间中设置的但在设置过程中架立模板的、纵向截面大于横向截面的、改良和利用岩土或其一的、岩土中的其他建造体，因此其是桩在置桩方面的属性。

5 试写的桩定义

试写的桩定义为：桩是在与被设置物的形状和大小相同的空间中设置的并在设置过程中不架立模板的、纵向截面大于横向截面的、改良和利用岩土或其一的、岩土中的建造体。

试写的桩定义，其定义项所指的建造体有利用桩、改良桩、改良并利用桩。其中：利用桩有基础桩、支挡桩、边坡加固桩和其他利用桩；改良桩有岩土加固桩和防渗桩。

基础桩如桩基础中的桩、锚碇中的桩、岩石锚杆基础中的岩石锚杆、用沉井法设置的单桩基础。

支挡桩如排桩式挡土墙、兼有挡土和挡水作用的双作用地下连续墙、兼有挡土和承重作用的双作用地下连续墙、兼有挡土、挡水和承重作用的三作用地下连续墙。

边坡加固桩如抗滑桩、土钉、土层锚杆。

其他利用桩如标桩、系船桩、篱笆桩、拴牛桩。

岩土加固桩如：用振密与挤密法中的振冲法、挤密砂（碎石）桩法、爆炸加密法设置的建造体；用排水固结法设置的排水砂井、袋装砂井、塑料排水板；用灌入固化法中的高压喷射注浆法、挤密注浆法、深层搅拌法、灌浆法、固结灌浆法、化学灌浆法设置的建造体，以及用劈裂灌浆法设置的、用于加固土体的建造体；用加筋法设置的土钉。

防渗桩如用帷幕灌浆法或劈裂灌浆法设置的防渗帷幕、混凝土防渗墙、截水墙；钢板防渗墙、水泥土防渗墙。

改良和利用桩如复合载体夯扩桩。

印象中的桩指列为或未列为标准术语的、名称为桩的物体，其中不包括以"桩"喻物的充电桩、牙桩、桨桩等；非印象中的桩指与印象中的桩属性相同但名称不为桩的物体。

试写的桩定义，其定义项外延所指的建造体，有印象中的桩也有非印象中的桩。非印象中的桩

如：土钉；锚杆；地下连续墙；排水砂井；袋装砂井；塑料排水板；用灌入固化法和劈裂灌浆法设置的岩土加固体；用帷幕灌浆法或劈裂灌浆法设置的防渗体；用沉井法设置的单桩基础。

印象中的桩自然归类于桩；非印象中的桩，其与印象中的桩属性相同，理应归类于桩。

各种各样的桩，此前是分别归类于某种或某几种专业技术门类，并未曾归类于某一单元构件或单元组件，现在将非印象中的桩归类于桩，不会扰乱岩土工程学的概念体系。

试写的桩定义，经过对照，其符合定义规则；经过观察，其合乎实际；即便如此，其是否明确了桩，还有待于公论，现在还不能下结论。

6 结论

试写的桩定义未必就明确了桩，但经过反复试写桩定义，提供了一些给桩下定义的思路和方法，即按基本用途划分桩；以全部子类桩为被定义项给桩下定义；用桩的位置、用途、尺度和置桩等 4 个方面的属性来表述桩的种差；通过比较桩体纵横截面的大小来表述桩的尺度属性；用置桩方法的应用结果和置桩过程的特点间接地表述桩的置桩属性。

参考文献

[1] 行业标准编编制组.建筑岩土工程勘察基本术语标准（征求意见稿） [EB/OL]. doc88.com, 2014（8）.

[2] 国家标准编编制组.岩土工程基本术语标准（初稿） [EB/OL]. doc88.com, 2014（8）.

[3] 国家标准编编制组.岩土工程基本术语标准（征求意见稿）[EB/OL].doc88.com, 2014（8）.

[4] 金岳林.形式逻辑 [M].第 4 版.北京：人民出版社, 2006：1-64.

[5] 史佩栋.桩基工程手册（桩和桩基手册）[K].北京：人民交通出版社, 2008（2012年第 3 次印刷）, 14-15.

[6] 中国社会科学院语言研究所.现代汉语词典 [K].北京：商务印书馆, 1981：373.

[7] 沈保汉.桩基础施工技术现状及发展趋势浅谈 [J].建设机械技术与管理, 2005（3）.

解决老城区泊车难题的途径
——几种新型地下车库及建设新技术研发

严 平 严 谨

（浙江大学建筑工程学院　杭州南联土木工程科技有限公司　杭州南联地基基础工程有限公司）

1　研发背景

随着城市汽车时代的快速来临，汽车数量的增加与泊车位的有限矛盾越来越突出，尤其是旧城区的建筑格局已定，能增加的停车场或开发用停车库的建设用地已很有限。按常规思路，要解决不断涌现的汽车泊车位需求，是当今城市建设和运作的难题。

为解决泊车问题，通常是开发拓展一些城市边角区域建空中停车库、扩展小区或路边临时泊车等，然而这远不能满足快速增加的汽车泊车要求。向地下要空间建造停车库是解决城市泊车难题的必然途径。然而在城区尤其是老城区，建地下车库存在着建设场地稀缺、场地周边环境复杂、基坑开挖风险大、地下空间利用率低、泊车位少而且建设投资高的问题。

如何开发利用地下空间，探求和研发出具备如下优点的新型地下车库以及建造方法，是当今城市建设、管理和运行的重要任务：

一是占用建设用地少或不占用建设用地；

二是泊车数量能方便地增加，以满足不同区域对泊车数的需求；

三是地下空间结构受力合理可靠而且经济；

四是地下车库建造方法安全可靠，不影响或少影响城市地下管线和地面的正常使用。

这是解决老城区泊车难题的有效途径，是值得深入探索和研发的课题。

2　桶状地下车库介绍

桶状地下车库是我们新近研发的地下车库形式，是项系列发明，它包含了单螺旋双行车道地下车库、双螺旋单行车道地下车库、桶状全自动升降式地下车库、桶状人车同升降式地下车库和组合式桶状地下车库。这些新型地下车库均申报了国家专利并获授权。桶状地下车库的特点是利用其外围桶状结构的拱效应，有效地抵御地下外部水土侧压，这在老城区开发泊车位意义重大，为安全而又经济地向地下更深部开发奠定了基础。

2.1　单螺旋双行车道地下车库

这是一种桶状单螺旋双行车道地下车库（图1），行车人直接进入车库沿螺旋车道行驶至空泊车位，泊车后就近由电梯上升至地面；取车时由电梯下到泊车楼层，将车驶出车库。

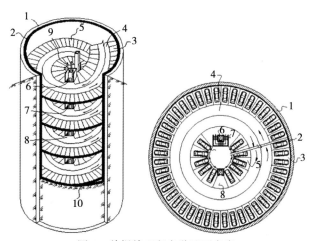

图1　单螺旋双行车道地下车库

这种车库由桶状的车库外墙、沿外墙螺旋坡道上分布的泊车位、螺旋双行车道、螺旋双行车道内侧的泊车位和内部的安全平台、电梯、楼梯以及用于通风配电的辅助设施组成。

为了充分利用地下空间增加车位，需要加大车库的开挖深度。随着深度的增加，周围土体对车库产生了巨大的侧压力，因此为了更有效地抵抗周围土层对车库的压力，同时降低工程造价和风险，车库整体形状呈桶形，充分发挥圆桶的拱效应，抵抗车库外层土体对车库的水土侧压力。

这种围护墙体呈圆桶状的围护结构，包括挡土止水帷幕和连续分布的围护桩体，其中挡土止水帷幕可以用连续的多轴强力搅拌水泥土桩、高压旋喷桩及高压注浆形成。围护桩体可以为钻孔灌注桩，也可以为多轴钻孔灌注桩、预制桩，还可以为在水泥搅拌桩中植入预制桩的桩体。围护墙体插入到车库底板下一定深度，能够在车库开挖阶段抵抗土压力，同时截断水流渗入车库，也能够在车库使用阶段作为竖向承重结构承受螺旋坡道荷载。

为了最大限度地利用空间、保证螺旋坡道的坡度平缓以及车库的安全、稳定，螺旋坡道的内径为 20～30m，外径为 46～56m，螺距为 2.2～3.0m，层数根据需要定。螺旋坡道采用现浇钢筋混凝土浇筑而成，也可采用钢骨架混凝土结构或全钢结构。螺旋双行车道宽为 5～10m。

2.2 双螺旋单行车道地下车库

这是一种桶状双螺旋单行车道地下车库，行车人也是直接沿螺旋从进车道行驶至空泊车位，泊车后由就近电梯上升至地面；取车时由电梯下到泊车楼层，将车由双行转换车道驶入出车螺旋车道，驶出车库。

这种车库由桶状的车库外墙、沿外墙双螺旋坡道上分布的泊车位、上下行车平行的双螺旋单车道，和用于行车转换上下车道的内部连接通道、内部的安全平台、电梯和楼梯以及用于通风配电的辅助设施所组成（图2）。

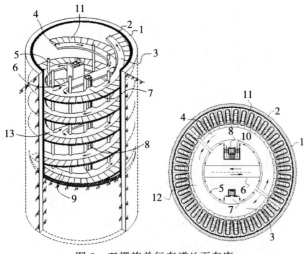

图 2　双螺旋单行车道地下车库

这种双螺旋单行车道的特点是上下车道完全分开，出车道和进车道在同一层之间设有双行转换车道，方便了汽车在出车道和进车道之间的转换行驶。双行转换车道宽为 3～6m，以便于汽车

能够单向避让行驶或同步双向行驶。

为了增加车位的数量，所述的双螺旋单行车道内侧可设与双行转换车道相连并在同一层的停车区，停车区通过支撑柱与车库底层连接。双螺旋单行车道内侧也可设沿车道连续分布的停车位。

车库的围护墙体与车库外墙整体为桶状，结合内部的螺旋坡道，共同形成圆桶形结构，充分发挥圆桶的拱效应，抵抗车库外层土体对车库的水土侧压力。围护墙体插入到车库底板下一定深度，能够在车库开挖阶段抵抗土压力，同时截断水流渗入车库，也能够在车库使用阶段作为竖向承重结构承受螺旋坡道荷载。

这种双螺旋单行车道的内径为 20～50m，泊车位的外径为 40～70m，螺距为 4.8～6.0m；所述的双螺旋单行车道宽为 3～9m。双螺旋单行车道采用现浇钢筋混凝土浇筑而成，也可采用钢骨架混凝土结构或全钢结构。

2.3 桶状全自动升降式地下车库

这是一种桶状全自动升降式地下车库，行车人在地表将车驶入泊车升降机内，人出来后，由控制系统自动将车泊入地下车库指定坐标或编号的空车位内；取车时只要输入坐标或编号，控制系统会自动将车输送到地面。

这种车库由桶状的车库外墙、层状平面分布的台阶式园环状楼板、中部泊车升降井、供检修人员上下的电梯和楼梯以及用于通风配电的辅助设施等组成。台阶式圆环状楼板的中部下凹的环内设有机械旋转圆环平台，其表面与圆环状楼板的外部楼面齐平。圆环状楼板的外部沿圆环分布有泊车位，泊车位上有输送汽车的平板车，泊车位与平板车一一对应，数量一致（图3）。

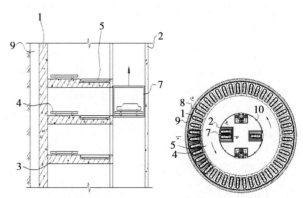

图 3　桶状全自动升降式地下车库

上述机械旋转圆环平台，能够沿圆周方向旋转，下端配置有电旋转驱动器，按控制器指令，

电动旋转驱动器驱动齿轮，带动圆环平台旋转，使装载汽车的平板车能够快捷、方便地进入指定的泊车位。上述平板车为电力驱动，车上设有电驱动器，电驱动器按控制器的指令移动，能够平移输送汽车进入旋转平台，然后通过升降机出入口，进入升降机内部空间；反过来也可从升降机出来进入旋转平台，旋转到位后进入泊车位。上述的升降井数量可根据需要设置，至少为一个。

所述的楼层板有若干层，相互平行并间隔一定距离，与车库外墙固定连接，与车库底层平行。为了尽可能地利用地下空间，泊车层高以汽车和平板车运行为宜，这样能够保证车库最大的停车数量。

为了保证每个楼层的安全，楼层底板靠近升降井一侧可以嵌入支撑柱，同时保证支撑柱不影响旋转车道的旋转。支撑柱可以根据荷载大小由结构计算确定。

为了充分利用地下空间增加车位，需要加大车库的开挖深度。随着深度的增加，周围土体对车库产生巨大的侧压力，因此为了更有效地抵抗周围土层对车库的压力，同时降低工程造价和风险，所述的车库整体形状呈桶形。

2.4　桶状人车同升降式地下车库

这是一种桶状人车同升降式地下车库，行车人将车直接驶入地面升降机内，下降至泊车楼层后将车驶入水平环状车道，沿环状车道行驶至泊车位泊车，然后就近由电梯上至地面；取车时由电梯下至泊车楼层，将车驶入升降机，上升至地面驶出。

这种车库由桶状的车库外墙、层层分布的环状泊车楼板、泊车升降机、供人上下的电梯和楼梯以及其他用于通风配电的辅助设施组成（图4）。

为了使人车能够快速上下，在车库内设置的人车同升降式升降机可以是一车一升降机，也可以是多车一升降机，并且根据需要可设置多个升降机。

这种车库外墙背离泊车楼层的一侧设有围护墙体，围护墙体与车库外墙共同形成圆桶形结构，充分发挥圆桶的拱效应，有效抵御外层土体对车库的侧压力。

上述四种桶状地下车库的地面只是体量占地很少的出入口，出入口可设计成为各种造型的景观建筑。此外，上述四种桶状地下车库也可视有限场地形状，建设为两端为圆弧的矩形状，虽受

力不是很合理，但如此可更好地利用地形，扩大车库面积，增加泊车位（图5）。

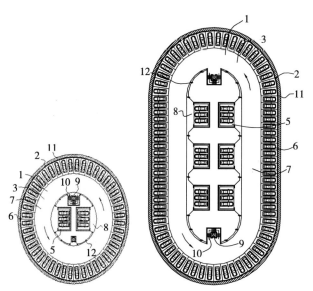

图4　桶状人车同升降式　　图5　车位分布
　　　地下车库组成示意

2.5　组合式桶状地下车库

老城区常因地面建筑已造好，地面零散的空地不足以提供充足的车位。用这些零散的空地单独建造功能齐全的地下车库会浪费空间，建造的泊车位少；盲目地向深度开发必增加建没成本和风险。为此，我们将这些单独的地下车库通过地下的汽车通道连接起来，形成一种系统的组合式地下车库，通过结合现场环境分布状况充分利用场地及地下空间，提供更多的泊车位（图6）。这种组合式地下车库，包括主车库、副车库以及用于连接主车库和副车库的汽车通道。

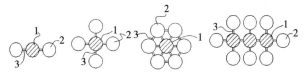

图6　组合式桶状地下车库

主车库除了沿桶状地下车库内的螺旋车道分布泊车位外，另一主要功能是用于提供整个车库内汽车的进出。为了保证汽车进出车库的顺畅，主车库内可以建造多个加宽的进出车道。主车库还可以选择升降式地下车库的做法，汽车进出采用多个人车升降式电梯通道。其中进出车道可以是单螺旋上下双车道，也可以是双螺旋上下单车道。

副车库的主要功能是提供泊车位。副车库可以是螺旋式楼板分布，也可以是圆环分层式楼板

分布，不论何种分布，在环状内布置有安全楼梯以及供人上下的电梯。根据需要，副车库可以建造用于运输汽车的进出车道或者升降式电梯，也可以为了提供更多的泊车位而取消进出车道或者升降式电梯的建造。

为了方便汽车找到泊车位，两个及两个以上的副车库间连接有汽车通道，保证汽车在某个副车库没有找到空闲泊车位的前提下，能够进入下个副车库。

各桶状车库之间的地下汽车通道可以是双行车道，净宽约6m，或单行车道，净宽约4m。

主车库、副车库除了运输车辆、泊车的功能，还可以增加控制中心。每个车库均设有信息输出装置，用于实时显示附近剩余空闲泊车位。其中主车库的数量可以为一个，也可以为多个；副车库的数量也可以为多个；两者的组合根据需要灵活选择。

这种桶状组合式地下车库针对旧城区零散不规则场地分布，充分利用单个桶状地下车库良好的受力性状、造价低、安全性高的优点，向地下深层发掘，利用地下汽车通道形成多桶组合式车库，使地下车库的功能分配更加合理，提高空间利用率。

3　路边条状地下车库介绍

路边条状地下车库是我们新近研发的地下车库形式，也是项系列发明。它包含了路边条状全自动升降式地下车库、路边条状人车共上下式地下车库、路边顶管式条状地下车库。这些新型地下车库均申报了国家专利并获授权。

这种路边条状地下车库无需专门规划建造用地，地下空间利用率高，通过利用行车道路旁的人行道或绿化带的地下空间来解决城市停车难的问题。道路旁人行道或绿化带对建造地下车库来说是取之不尽的，增加车库的长度或分段多建造几段地下车库得以满足。路边条状地下车库在地表仅建造一个或几个供上下泊车的小型出入口建筑，不影响道路的使用和美观。这项系列发明属于重要的理念性突破，从根本上找到了解决城市泊车问题的途径。

3.1　路边条状全自动升降式地下车库

这是一种路边条状全自动升降式地下车库（图7）。行车人在地表将车驶入泊车升降机内，人出来后，由控制系统自动将车泊入地下车库指定坐标或编号的空车位内；取车时只要输入坐标或编号，控制系统会自动将车输送到地面。

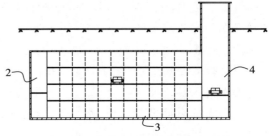

图7　路边条状全自动升降式地下车库

这种路边条状车库包括沿路边人行道或绿化带下面分布的长条形地下车库、路面的进出口、辅助泊车移位井、进出口内置的泊车垂直升降机、供检修的上下电梯或爬梯以及通风排水等电气水设备。

地下车库分为多层，层与层之间通过升降机连接，每层设有多个泊车位；地下车库各层与路面进出口通过内置有电梯的垂直升降井衔接；地下车库每层还设置有用于水平运载车辆的机电输送装置；地下车库设置有使机电输送装置、升降机、电梯三者相互配合协调的控制设备。

这种路边条状车库包括沿路边人行道或绿化带下面可以根据需要有各种分布：

一是泊车位沿汽车长边方向串联分布，即机械式的泊车位底盘是沿汽车长边方向串联分布和移动的，见图8a)；

二是当人行道或者绿化带较宽，并且泊车数目有需要扩大时，泊车位可以呈两列并排布置，见图8b)；

三是泊车位沿汽车短边方向串联分布，即机械式的泊车位底盘是沿汽车短边方向串联分布和移动的，见图8c)，等。

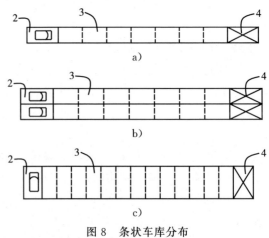

图8　条状车库分布

这种路边条状车库根据路面进出口和辅助泊车移位井的数量及分布有各种组合（图9），以满足泊车量和快速存取汽车的需求。

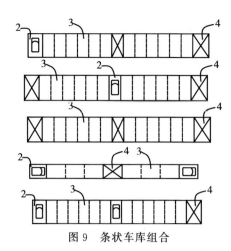

图9 条状车库组合

由于这种地下车库是全自动升降式的，不仅安全而且方便了泊车；同时在地表仅建造一个供上下泊车的小型出入口建筑，不影响道路的使用和美观。

这种路边条状全自动升降式地下车库的建造无需专门划出地块，在城市各行车道路边都可方便建造，而且建造的数量可以根据城市发展车辆增加的状况随时增加，地下车库的长度几乎不受限制，可以说方便地解决了当前城市汽车泊车难题。

3.2 路边条状人车共上下式地下车库

这是一种路边条状人车共上下式地下车库（图10）。行车人在地表将车驶入泊车出入口内，升降机下降到指定的地下车库层面，然后驶出升降机，沿条状地下库通道驶向泊车位，人从电梯上到地面；取车时人从电梯下到车库楼面，取出车后驶入升降机上升至地面。

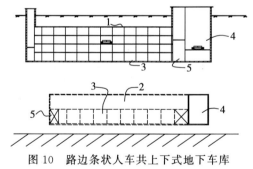

图10 路边条状人车共上下式地下车库

这种条状人车共上下式地下车库也可在出入口采用螺旋式车道，行车人可直接通过螺旋式车道将车驶入至地下车库楼层，泊好车后从就近电梯上升至地面；取车时由电梯下去，取车后由螺旋车道直接驶至地面（图11）。

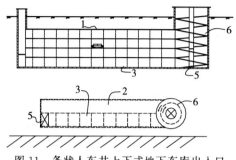

图11 条状人车共上下式地下车库出入口

这种地下车库分为多层，每层设有车辆通道和沿着车辆通道分布的泊车位；各层车辆通道与进出口相连，通过进出口的升降机上下输送，或通过螺旋车道直接上下行驶。地下车库进出口井内设置有贯穿各层用于输送人员的电梯和楼梯。其中楼梯至少两个，以符合人员消防疏散要求。

车辆通道可以单侧分布泊车位，也可以两侧均分布泊车位。在施工方案中采用单侧泊车位还是双侧泊车位，根据实际需要及现场情况决定。泊车位也可以为斜泊车位，有利于驾驶人员停车。

为了加快汽车的进出效率，可以设置多个路面进出口，并在进出口内设置多组垂直升降机，垂直升降机可以输送一辆汽车，也可以输送多辆汽车，具体数量根据需要确定。这种条状人车共上下式地下车库也可采用螺旋车道和泊车升降机共同组成，可以布置在地下车库的一端或者两端，也可以设置在中间，有需要的话，还可以在地下车库两端及中间均设置；甚至车库可以突破仅沿路边平行分布的格局，以适应各种场地的车库布局，提高泊车效率（图12）。

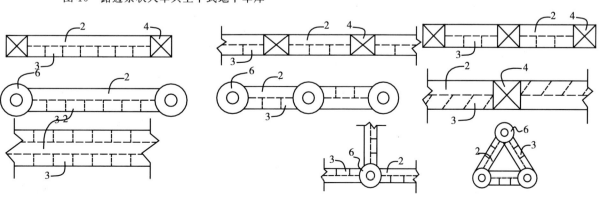

图12 车库布局

在这种条状车库多个通道口可以设置自动显示牌，用于显示各输送电梯的运行状况，方便驾驶员快速选择。

本发明与现有技术相比较，路边条状人车共上下的地下车库的建造无需专门划出地块，在城市各行车道路边都可方便建造，而且建造的数量可以根据城市发展车辆增加的状况随时增加，地下车库的长度几乎不受限制，可以沿行车道路的

方向延伸下去。

3.3 路边顶管式条状地下车库

这是一种路边地下管道组成的条状地下车库（图13）。其特点是施工建造速度快、对环境影响小、施工成本相对低廉，用现有相对成熟的地下顶管施工工艺，解决了传统施工地下车库存在的造价较高、周期较长的问题。

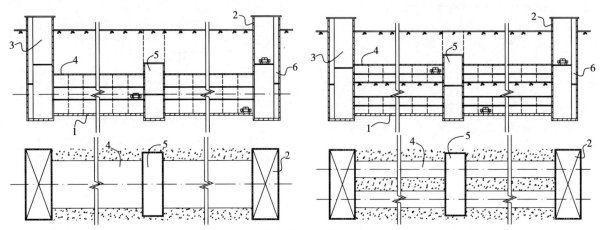

图13　路边顶管式条状地下车库

路边顶管式条状地下车库与路边条状全自动升降式地下车库和路边条状人车共上下式地下车库的区别，在于条状地下车库是采用预制管状构件通过地下顶管建造完成，由于管径所限，其泊车和取车一般是全自动升降式的。这种路边地下管道组成的条状地下车库的管道可以是单根或多

根上下左右排列组成。

这种地下车库的管道截面为矩形、正方形或圆形。泊车管道截面尺寸可大可小，最小应满足车辆长度方向串连泊车要求。根据管道截面尺寸，内设由钢结构形成的单层或多层泊车层，每层中设有单排或多排串联的泊车位（图14）。

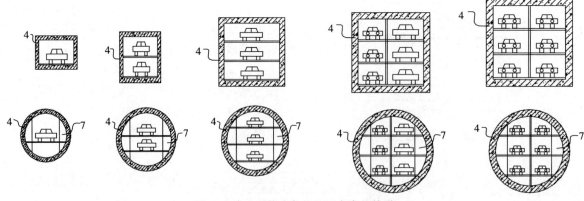

图14　路边顶管式条状地下车库的管道

这种路边地下管道车库，泊车层设置有用于运载车辆的机电输送装置；地下车库设置有中央控制设备控制整个地下车库，使车辆驶入路面进出口后，系统将自动就近下降泊车；待取车时，输入信息，将自动优化分配，将车辆输送至地面。

车库施工中通过顶管施工技术将多个管道从工

作井顶入，并按设计要求在工作井和接收井间形成单根或多根串、并联的泊车管道。工作井与接收井可以用作地下车库出入口的垂直升降井，也可以根据需要用作上下换位井。换位井中设置有机械装置用于提升泊车层上停泊的车辆或将车辆下降至泊车层。换位井可以设置在泊车管道的中间、端部或其

他符合设计的地方。换位井、路面进出口垂直升降井有多种组合方式，地下车库也有多种布置形式。地下车库可以呈"一"字形排布，见图15a）～i），

还可以呈"十"字形排布，见图15k）、"V"字形见（图15j））、三通形（图15l））等布置形式，以符合现场环境要求和功能需求。

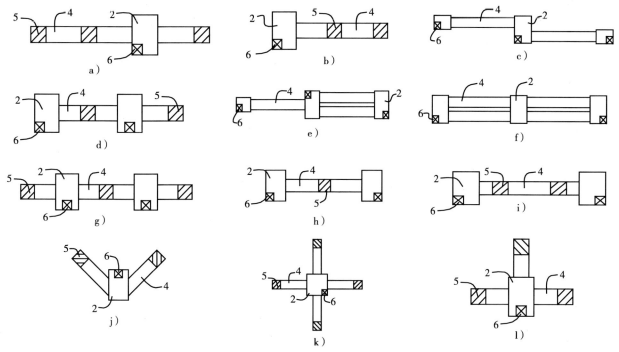

图15 地下车库的排布方式

4 桶状地下车库结构受力性状的研究

4.1 桶状地下车库结构受力性状的研究内容

桶状地下车库的结构具有独特性状，对这种结构的受力性状的研发要点如下。

（1）对这种桶状地下车库的内部结构开展研究。研究外缘与桶状外墙壁为支承，内缘由环状分布的立柱和螺旋环梁支撑下螺旋楼板承受竖向荷载的受力和变形性状；研究连续螺旋楼板受到由桶状地下车库外墙产生的水平挤压力下的受力和变形性状，这种水平挤压力沿螺旋线向将不断增加；研究连续螺旋楼板的结构形式，具体是板式和梁板式结构，尤其是内外侧螺旋环梁的功效等；研究内环结构柱、电梯楼梯及管道井的分布和受力；地下车库出入口的构造以及升降机房的设置，还包括出入口的建筑造型等。

（2）对这种桶状地下车库的外部结构开展研究。研究桶状外部水土压力的分布规律，尤其针对不同土层、不同桶径、不同桶深状况下水土压力的分布，研究考虑桶状土拱效应的大小及变化规律；研究地下室桶状外墙在外部水土压力作用下的受力变形性状，尤其是桶状外墙与内部连续螺旋楼板及内部环状立柱、电梯、楼梯及管道井的共同作用问题；研

究桶状地下车库的底板结构做法，尤其是工程桩的分布、承压和抗浮受力、承台做法等。

（3）对这种桶状地下车库的施工围护体系进行研究。研究围护墙的做法、常规顺作施工围护体系的分布、围护墙与地下车库墙的二墙合一受力性状、围护桩用作工程承压与抗浮及地下室外墙的一桩三用技术、围护排桩墙沿环向传力加强方法及起到拱效应问题、围护墙插入坑底深度防止基坑隆起失稳和管涌失稳问题、大深度状况下坑底土体的卸土回弹及高水头下渗流问题等。

（4）针对桶状螺旋式地下车库的螺旋掘进逆作建造方法进行研究。研究在开挖各阶段桶状围护墙与已浇筑螺旋楼板在外部水土压力下的受力变形问题；研究随开挖深度增加内部对已浇筑螺旋楼板作为支撑的临时加固问题；研究螺旋楼板在运土车荷重下的受力变形问题以及是否设临时加固问题；研究地下车库底板的逆作施工及防水问题；研究地下室外墙与围护桩的连接及一桩三用技术的具体应用问题；研究内部立柱的一桩多用反向施工技术及电梯楼梯间反向施工问题等。

（5）针对升降式地下车的逆作建造施工方法进行研究。研究在开挖各阶段桶状围护墙与已浇筑圆环楼板在外部水土压力下的受力变形问题；

研究随开挖深度增加内部对已浇筑圆环楼板作为支撑的临时加固问题;研究开挖土体从圆环楼板的中心区域用临时升降机运出问题;研究地下车库底板的逆作施工及防水问题;研究地下室外墙与围护桩的连接及一桩三用技术的具体应用问题;研究内部立柱的一桩多用逆作施工技术及电梯、楼梯间逆作施工问题等。

4.2 桶状螺旋式地下车库的三维数值分析

桶状螺旋式地下车库可以是自上而下开挖到底,然后自下而上层层完成螺旋楼板的常规施工方法,也可是自上而下先层层施工螺旋楼板到底

的逆作施工方法。对这二种工法,分别按考虑拱效应的简化杆系有限元法和三维数值分析法,对桶状螺旋式地下车库结构受力变形性状进行了初步分析,得出了有意义的结果,并建立了基于考虑拱效应的杆系有限元法的工程实用计算分析方法。限于篇幅此处仅列出显示这种桶状螺旋式地下车库受力性状的三维数值分析应力云图。

(1)桶状螺旋式地下车库的采用逆作建造方法的施工全过程应力云图。

a. 桶状围护结构的受力变形分析应力云图如图 16 所示。

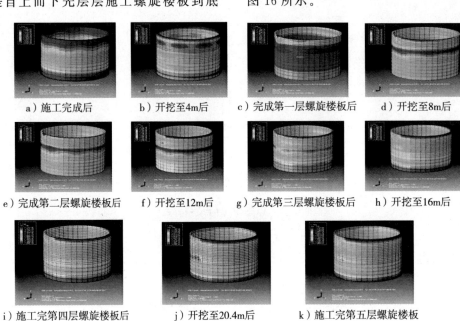

a)施工完成后   b)开挖至4m后   c)完成第一层螺旋楼板后   d)开挖至8m后

e)完成第二层螺旋楼板后   f)开挖至12m后   g)完成第三层螺旋楼板后   h)开挖至16m后

i)施工完第四层螺旋楼板后   j)开挖至20.4m后   k)施工完第五层螺旋楼板

图 16 桶状围护结构的受力变形分析应力云图

b. 螺旋楼板受力性状的三维数值分析应力云图如图 17 所示。

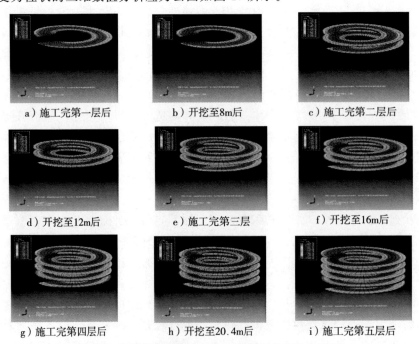

a)施工完第一层后   b)开挖至8m后   c)施工完第二层后

d)开挖至12m后   e)施工完第三层   f)开挖至16m后

g)施工完第四层后   h)开挖至20.4m后   i)施工完第五层后

图 17 螺旋楼板受力性状的三维数值分析应力云图

（2）桶状螺旋式地下车库的采用常规建造方法的施工全过程应力云图。

a. 桶状结构的受力变形分析应力云图如图 18 所示。

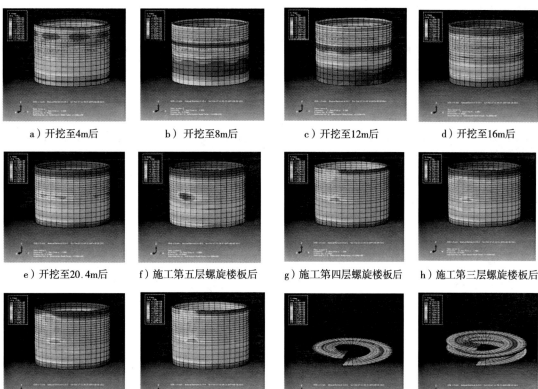

a）开挖至4m后　　b）开挖至8m后　　c）开挖至12m后　　d）开挖至16m后

e）开挖至20.4m后　f）施工第五层螺旋楼板后　g）施工第四层螺旋楼板后　h）施工第三层螺旋楼板后

i）施工第二层螺旋楼板后　j）施工第一层螺旋楼板后　k）第五层螺旋楼板完成　l）第四层螺旋楼板完成

图 18　桶状结构的受力变形分析应力云图

b. 螺旋楼板受力性状的三维数值分析应力云图如图 19 所示。

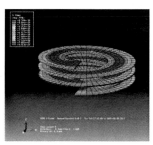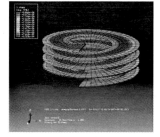

a）第三层螺旋楼板完成　　b）第二层螺旋楼板完成　　c）第一层螺旋楼板完成

图 19　螺旋楼板受力性状的三维数值分析应力云图

4.3　桶状螺旋式地下车库三维数值分析的初步结果

（1）桶状围护结构总体上来说受力比较均匀，整体开挖施工完成后的变形较小，能够承受较大的外侧水土压力。随着基坑的开挖，土体坑底竖向变形的增加，桶状围护结构有着一定的隆起，这样的隆起一方面也引发了桶状围护结构底部向内侧的变形。桶状围护结构整体上以承受轴向压力为主，各个截面的变形也比较均匀，桶状围护结构的轴向压力引起变形，从而引起围护结构的位移，从这一方面来说桶状围护结构的各个截面的位移比较均匀，而桶状围护结构自身的刚度决定了不均匀外力的抵抗能力。由于土体在实际工程施工当中是不均匀的，所以这种抵抗不均匀外力的能力决定了桶状围护结构的整体受力能力。

（2）在施工完成螺旋楼板后，桶状围护结构在螺旋楼板的起始和结束的两个截面处产生了应力集中，随着螺旋楼板的不断施工完成，这种应力集中现象有所减弱，这表明除了螺旋楼板自身的原因，桶状围护结构也利用了其自身的一定的抗不均匀应变的能力。但这种应力集中可能会导致桶状围护结构的破坏，应该在设计中予以加强，并避开接头或其他结构的薄弱截面。

桶状围护结构底部较强的内力是由坑底隆起引发的围护结构底部变形产生的。

（3）从两种不同方式的桶状围护结构开挖方法对比发现，最终的桶状围护结构受力形式十分接近，这基本上就是桶状围护结构最终的受力形式。然而在开挖过程中，常规做法引起的桶状围护结构应力和变形在开挖过程中都比较大，风险也比较大，这样一来，采用更为安全可靠的逆作建造方法就有着比较大的意义。

（4）从螺旋结构的应力云图分析，螺旋结构的受力基本为环状受力，能够发挥其环向抗力。螺旋楼板的内径和外径附近是应力较大的位置，在后续的螺旋楼板设计中应该对这些位置进行加强，包括设置圈梁等；加强这些位置的强度也有利于螺旋结构整体受力，使得应力应变比较均匀，不会产生较为薄弱的截面。

（5）在逆作建造方法中螺旋结构最大的应力发生在第四层螺旋楼板，这也是由桶状围护结构的变形引起的，基本上位于土体的最大外力和桶状围护结构的较大变形处。而在常规的建造方法中，第五层楼板最先施工，这也导致该层螺旋楼板承受了较大的外力。如果施工过程中的质量控制不到位也会产生变形破坏，不利于桶状螺旋式

地下车库的施工和安全。而随着其他螺旋楼板的加设，螺旋楼板整体的受力形态也与逆作建造方法中的受力形态接近。但总体上来说，逆作建造方法中的螺旋楼板整体受力比较均匀，而常规方法施工中的螺旋楼板整体中下层螺旋楼板的受力较大。这种受力形式也和土体和桶状围护结构的不同变形有关。在逆作建造方法中，随着螺旋楼板的不断增加，从开始就限制了土体和桶状围护结构的变形；而常规建造方法中是等土体和桶状围护结构的变形产生后再施工建造螺旋楼板，这就导致了下层螺旋楼板承受了较大的外力。在常规建造方法中，下层螺旋楼板施工引起的应力集中也比较大，不利于结构的安全。

（6）螺旋楼板中环部分有一定的竖向位移。这种位移可能导致了对桶状围护结构的一定的外力，因而在后续分析中，对螺旋楼板的支撑也显得比较重要，必须保证螺旋楼板本身结构的整体性。

5　桶状地下车库排桩围护—墙多用半逆作明挖建造方法

桶状地下车库排桩围护—墙多用半逆作明挖建造方法（图20a））解决了桶状升降式地下车库施工速度慢、工艺复杂的问题。这种桶状升降式地下车库的逆作建造方法的主要步骤及要点如下：

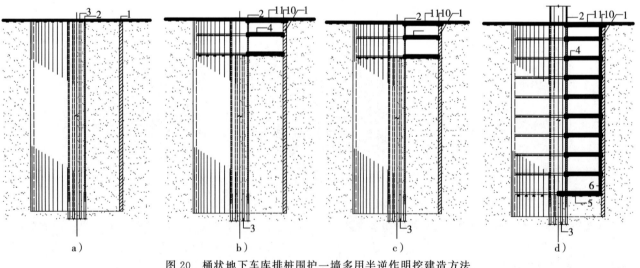

a）　　　　　　b）　　　　　　c）　　　　　　d）

图20　桶状地下车库排桩围护—墙多用半逆作明挖建造方法

（1）施工车库一周的桶状围护墙，同时施工内环立柱桩和电梯井、楼梯间的工程桩。

桶状升降式地下车库的桶状围护墙的几种常规做法是水泥搅拌桩（或旋喷桩）止水帷幕结合传统钻孔灌注排桩、咬合灌注桩排桩、预制钢筋混凝土工字形排桩。桶状围护墙应插入到地下车库底面以下一定深度，以满足地下车库施工过程中的抗侧向土压力和水压力的要求，确保地下车

库的正常开挖施工。桶状围护墙的内侧是钢筋混凝土现浇的地下车库外墙，其二者共同形成桶状挡土止水组合墙，抵抗车库使用阶段所受的外部水土压力。内环立柱桩以及承受电梯井、楼梯间荷重的工程桩采用钻孔桩。内环立柱桩的作用是在开挖施工期作为临时的支撑桩，并在地下车库完成后作为环状楼板的内环立柱。

（2）施工桶状围护墙顶的压顶环梁，车库圆

环顶板。压顶环梁与桶状围护墙整体浇筑，其作用是将桶状围护墙的排桩沿圆周连接成整体。

（3）开挖至车库地下一层楼板面底，完成环状楼板施工。

（4）从环状楼板中间区域向下开挖至下层环状楼板底面，同样浇筑下层环状楼板，如此逐层开挖施工至地下车库底面。

（5）施工地下车库底板后，自下而上逐层施工地下车库外墙，同时施工完成内环立柱和电梯井、楼梯间至地面。

土方开挖采用挖掘机从环状楼板中间区域的孔洞向下挖掘，施工的土方利用竖向取土斗从环状楼板中间的孔洞运至地面，再用普通运土车运走（图21）。

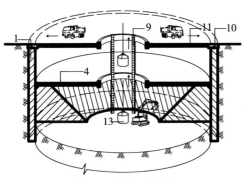

图21　挖掘机的进出

地下各层环状楼板应满足作为桶状车库的内支撑与围护墙共同抵抗外部侧向水土压力的要求，同时尚应满足作为今后车库使用阶段楼板的所有功能要求。

施工的各层环状楼板，层间距离可以根据承受侧向水土压力大小进行调节，车库的上部几层由于受侧向力较低，可以隔层先浇筑施工，如此可提高车库的开挖施工效率，而越向下，承受的侧向水土压力越大，可根据车库分层每层浇筑。上部隔层施工的楼板之间，根据车库的要求可采用后施工钢筋混凝土楼板结构夹入或采用轻钢楼板结构夹入，完成车库的层数要求。

通过逆作建造方法，自上而下分层施工，利用内环立柱桩与围护墙以及环状楼板形成整体共同用作支撑结构，加快了工程进度，节约了造价，具有施工简单，经济节约，受力性能好等优点。该施工技术已申报国家发明专利（实质审查中）。

6　桶状地下车库排桩围护螺旋掘进半逆作建造方法

针对桶状螺旋式地下车库在传统施工工艺中的种种缺点，此处提出了一种桶状螺旋式地下车库的螺旋掘进逆作建造方法。在桶状螺旋式地下车库的施工过程中，利用螺旋楼层作为施工开挖支撑，在施工完成桶状围护墙后，无需按照传统建造方法逐层设置支撑后再开挖，而是直接分段向下螺旋掘进开挖，即一边开挖一边利用土模施工浇筑螺旋楼板，直至向下螺旋掘进开挖至地下车库底面，施工完成地下车库底板后，再完成地下车库主楼结构施工，该方法主要步骤如下（图22）。

（1）施工地下车库一周的桶状围护墙，施工内环立柱桩和电梯井、楼梯间的工程桩；

（2）从地表开始向下分段螺旋掘进施工，土方开挖和运输沿已建的螺旋楼板采用普通中小型运土车直接螺旋上升输送至地面；

（3）螺旋楼板分段掘进施工至地下车库底面后，施工地下车库底板；

（4）地下车库底板施工完成后，自下而上分层施工桶状地下车库外墙，同时施工完成内环立柱，以及施工电梯井、楼梯间至地面。

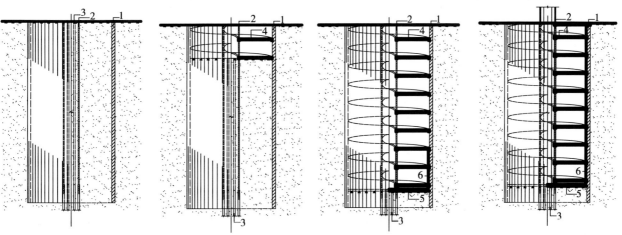

图22　地下车库主楼结构施工步骤

桶状螺旋式地下车库的螺旋掘进逆作建造方法的要点是先按施工图要求施工地下车库一周的桶状围护墙。桶状围护墙应插入到地下车库底面以下一定深度，以满足地下车库施工过程中的抗侧向土压力和水压力的要求，确保地下车库的正常开挖施工。桶状围护墙的内侧是钢筋混凝土现浇的地下车库外墙，其二者共同形成桶状挡土止水组合墙，抵抗车库使用阶段所受的外部水土压力。

在完成外围桶状围护墙、内环立柱桩和楼梯间、电梯井的工程桩后，可开始沿地下车库螺旋楼板分层向下掘进。在掘进的过程中分段制作土模，施工螺旋楼板。沿着螺旋楼板分段重复进行上述施工工序，直至向下开挖施工至地下车库底面止；施工时产生的土方，可以沿着已经建成的螺旋楼板用普通中小型运土车螺旋上升运输至地面（图23）。

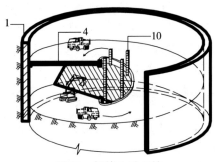

图 23　螺旋上升运输

地下车库的底板施工完成后，开始施工地下车库的桶状外墙、内环立柱以及电梯井、楼梯间。桶状外墙的具体做法是将桶状围护墙面整平，施工防水层，铺设钢筋，支模，通过螺旋楼板上的浇筑孔浇筑混凝土。同时完成该层平面内的内环立柱和电梯井、楼梯间的施工。重复上述工序，直至地面。最后施工地下车库的地面结构和附属设施。

以上为桶状螺旋式地下车库的单螺旋掘进逆作建造方法。当桶状螺旋式地下车库的螺旋为双螺旋时，与上述逆作建造方法的不同之处如下：在施工第一螺旋楼板时控制螺旋楼板的螺距，预留第二螺旋楼板的施工位置。在施工完成地下车库底板后，与地下车库桶状外墙施工的同时分层增加施工第二螺旋楼板，其他施工方法与单螺旋掘进反向建造方法相同。

这种通过螺旋逆作施工方法，自上而下分段掘进，施工螺旋楼板的同时运出土方，加快了工程进度，同时内环立柱桩与围护墙以及螺旋楼板形成整体共同用作支撑结构，具有施工简单、经济节约、受力性能好等优点。该施工技术已获国家发明专利授权。

7　路边条状地下车库排桩围护一墙多用的暗挖建造方法

由于城市道路明挖施工对城市运行影响较大，而且道路地下管线众多，因而开发条状地下车库的暗挖施工建造方法很有意义。这里介绍一种路边条状地下车库利用拼接钢支撑的一墙多用的暗挖建造方法。这种建造方法的施工次序及做法要点如下（图24）：

（1）沿地下车库一周打设围护桩墙。这种围护桩墙采用自行开发水泥搅拌或旋喷松动土形成水泥土帷幕，在施工水泥土帷幕的同时植入预制钢筋混凝土工字形桩或空心菱形桩，水泥土凝结后形成围护墙。这些植入的预制桩表面面向坑内一侧根据设计标高预埋了供连接拼接式支撑用钢板。在地下车库的车辆出入口区域与条状车库交界处的上部打设多排搅拌桩或旋喷桩，形成水泥土重力式挡墙，用作车辆出入口区域在交界处的开挖围护。

（2）施工车辆出入口区域的顶部压顶梁，向下开挖至地下一层车库顶板标高处，浇筑出入口区域一周的围图梁。围图梁平面呈矩形封闭状，使该层起到支撑作用。继续向下开挖一定深度（1人高度），有利横向掘进和设置支撑。

（3）由车辆出入口区域开始沿条状车库横向掘进。根据土性状况边掘进边安装拼接式型钢支撑。为提高工效，当有二个车辆出入口，可相向同时掘进。土体由车辆出入口区域起吊运出。

（4）当掘进一定距离，视土性一般3～5榀型钢支撑为一批，焊接水平横杆，在各榀钢支撑间安装镶拼式钢小板形成底模，浇筑混凝土，并间隔预留注浆管，待浇筑的混凝土达一定强度后压力注浆使顶板与上部土体间密实，形成条状地下车库的型刚骨架混凝土结构的顶板。如此连续掘进、安装拼接式支撑、分批次安装撑下钢模板、预理后浇筑墙板连接插筋、浇筑混凝土、注浆，最后完成车库顶板。

（5）车辆出入口开挖至地下第一层车库楼板面标高，浇筑车辆出入口区域的封闭围图梁，同时沿条状车库向内挖除楼板标高以上土体，平整地面，铺设钢筋，浇筑钢筋混凝土整板或肋板完成条状地下车库的楼板，而沿围护墙边缘每二根围护桩间，或隔二根围护桩预留一后浇孔做法。

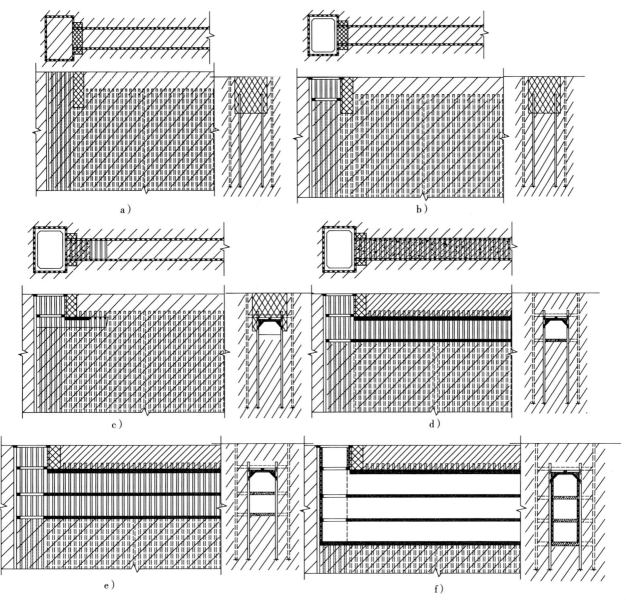

图 24　建造方法的施工次序

（6）从车辆出入口继续向下开挖到下一层地下车库的楼板标高，浇筑出入口区域一周的围图梁，沿条状车库向内挖除该层楼板标高以上土体，平整地面，同上施工完成该层楼板。

（7）从车辆出入口继续向下开挖到车库坑底，整体浇筑车辆出入口和条状地下车库的钢筋混凝土底板，然后由下向上，逐层紧贴围护墙浇筑地下车库外墙，同时将楼板预留孔区域补浇筑，直至接上顶板，交界处进行压力注浆确保密封。如此完成地下车库结构施工。

这种路边条状地下车库利用拼接钢支撑的一墙多用的暗挖建造方法具有施工机械简单、施工方法简便、施工速度快、造价低、对城市环境的影响小等优点。该暗挖施工方法已正式申报了国家发明专利。

8　路边条状地下车库排桩围护一墙多用半明挖逆作建造方法

这是一种路边条状地下车库一墙多用半明挖逆作建造方法。这种建造方法的施工次序及做法要点如下（图25）：

（1）沿地下车库一周按上述方法打设围护桩墙，此时条状地下车库区域围护桩墙也将上升至地面附近。

（2）施工车辆出入口和条状地下车库区域的顶部压顶梁，根据土性状况、周边环境状况以及车库顶板的埋深，决定是否在压顶梁处设临时支撑，然后明挖至顶板标高处。

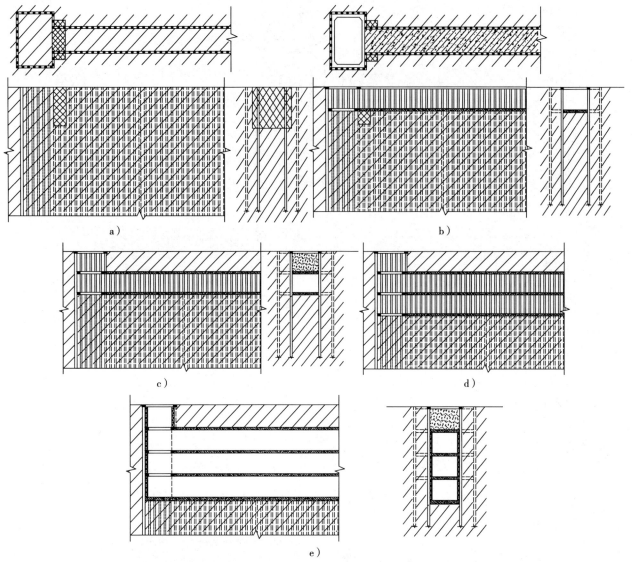

图 25　路边条状地下车库排桩围护一墙多用半明挖逆作施工次序和做法

（3）浇筑条状地下车库的钢筋混凝土顶板和车辆出入口区域的围图梁。完成顶板后可以恢复地下管线、回填恢复道路。然后先从车辆出入口区域向下开挖至地下一层车库楼板标高处，同时沿条形地下车库横向掘进挖除地下一层车库楼板标高以上土体，按上述一墙多用的暗挖建造方法施工完成条状车库的楼板结构。

（4）接下按上述一墙多用的暗挖建造方法层层向下开挖，施工楼板结构直至坑底，施工完底板后自下而上层层完成车库外墙施工，同时补浇筑墙边楼板预留的孔洞直至顶板，形成完整的地下车库结构。

路边条状地下车库一墙多用半明挖逆作建造方法相比上述暗挖方法区别在于条状车库的顶板施工直接采用明挖施工，如此施工简单方便，但对城市道路环境影响较大，下部采用暗挖的目的就是为减少开挖暴露周期，尽量减少对道路影响。

9　路边管状地下车库的顶管建造方法

这是一种路边管状地下车库的顶管建造方法。这种建造方法采用工厂化生产的预制钢筋混凝土顶管构件，运输到现场，通过汽车上下上入口，通过地下的边掘进边顶管技术，分段顶进形成管状地下车库。管状预制构件可大可小，小的仅可泊一排车辆，大的可在管内利用钢结构分隔成多层多排泊车线。管状预制构件通常为圆形，也可为矩形。管状预制构件可以是分节整体制作，也可以为运输方便每节分块制作，运输到现场后拼接成整体。

路边管状地下车库可以是由多排多层排列的泊单排车辆的小型管顶管形成，也可采用大型管单根顶管形成。下面以单根顶管的条状地下车库为例，介绍其建造的施工次序及做法要点如下（图26）：

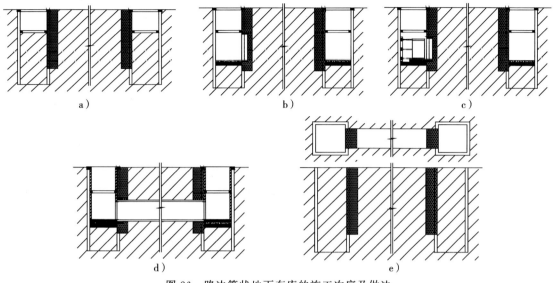

图26 路边管状地下车库的施工次序及做法

（1）沿路边管状地下车库两端的车辆出入口一周打设围护桩墙。这种围护桩墙采用自行开发水泥搅拌或旋喷松动土形成水泥土帷幕，在施工水泥土帷幕的同时植入预制钢筋混凝土工字形桩或空心菱形桩，水泥土凝结后形成围护墙。在车辆出入口的顶管区域打设多排搅拌桩或旋喷桩，形成水泥土重力式挡墙，用作车辆出入口与管状车库在交界处的开挖围护。

这两个车辆出入口中一个是顶管出发区，另一个是顶管接收终点区。顶管出发区的围护墙应考虑承受顶管中反力作用，应考虑顶管施工平面尺寸需求，还应考虑预制管件的吊放和挖掘土体的起吊外运。

（2）施工管状地下车库两端的车辆出入口区域的顶部压顶梁，向下开挖至管状地下车库管顶面标高处，浇筑出入口区域一周的围图梁。围图梁平面呈矩形封闭状，使起到该层支撑作用。

（3）两端管状地下车库继续向下开挖至管底面以下标高处，浇筑出入口区域的底板（对于多层排列的管状车库，此处应浇筑平面封闭围图梁）。然后在车辆上入口出发点的重力式水泥土挡墙上放样定出顶管形状尺寸，采用人工挖掘成形、支模、安放钢筋、浇筑混凝土使形成顶管出发点的护筒。同时在出发点底板面制作预制顶管导向底座与出发点护筒内表面一致，使吊装下来的预制管件放在导向底座上就已定位，可马上进行顶管操作。

在车辆出入口的接收点，根据顶管的进程，在接收围护墙面按顶管形状、标高挖除重力式挡墙水泥土，为顶管接收做准备。

（4）在出发点的围护墙面安装固定顶管用千斤顶台座架，该台座架按预制管件外围形状和标高一致分布所需的多台千斤顶，这些千斤顶配备了同步顶伸的液压控制系统，同时根据千斤顶顶升扬程，配备了可伸缩的顶管杆件。

（5）进行顶管施工。将预制管件第一节从出发点车辆出入口吊装进入到位在顶管导向底座上，开动顶管千斤顶横向顶管进入出发点顶管护筒内。人和机械在顶管内开始横向挖掘，将挖出土体用推车从车辆出入口吊出至地面运走，如此将第一节预制管顶推进。吊入第二节预制管，顶推与第一节预制管连接，二管的连接是在连接处凸凹槽内加压注入柔性快凝液状防水油膏并采用多点刚性焊接或螺栓连接，或焊接与螺栓连接混合应用，使形成整体。接下在严格的测量控制导向的措施下再掘进、运出土体、顶升推进。如此一节节顶推直至接收点车辆出入口。

（6）自下而上施工出发点和接收点车辆出入口的底板面层、四周的墙板以及顶管出发点和接收点与四周墙面的防水连接，使车辆出入口与顶管地下车库形成全封闭，以确保抵御地下水的渗流。

这种路边管状地下车库的顶管建造方法具有施工速度快、构件工厂化生产、顶管施工安全可靠、顶管设备简单、无需条状车库的围护桩墙、施工对城市道路影响小、工程造价低等优点。路边管状地下车库的顶管建造方法已正式申报了国家发明专利。

10　结语

随着城市建设的快速发展，城市泊车难已是通病，如何面对不断增加的汽车量，解决城区的泊车问题，是项有意义而且重要的课题。本文提出了桶状地下车库和路边条状地下车库，尤其是后者，是解决该泊车难题的重要途径。这二类特殊的地下车库尚处于研究开发的初期，希望本文能起到抛砖引玉作用。

参考文献

[1]　严平．单螺旋双行车道地下车库：中国，201120150904.4［P］. 2011-5-12.

[2]　严平．双螺旋单行车道地下车库：中国，201120183424.8［P］. 2011-5-30.

[3]　严平．人车同升降式地下车库：中国，201120471148.5［P］. 2011-11-21.

[4]　严平．桶状全自动升降式地下车库：中国，201120551388.6［P］. 2011-12-20.

[5]　严平．桶状螺旋式地下车库的螺旋掘进反向建造方法：中国，201210290138.0［P］. 2012-8-13.

[6]　严平．桶状升降式地下车库的反向建造方法：中国，201210290136.1 2012.8.13.

[7]　严平．组合式地下车库：中国，实用新型专利，201220431055.4［P］. 2012-8-28.

[8]　徐嘉迟．桶状螺旋式地下车库三维数值分析．杭州：浙江大学，2013.

[9]　严平．路边条状全自动升降式地下车库：中国，201420633332.9［P］. 2014-10-23.

[10]　严平．路边条状人车共上下的地下车库：中国，实201420633334.8［P］. 2014-10-23.

[11]　严平．顶管式条状地下车库：中国，201420396926.2［P］. 2014-7-11.

岩土工程"共同作用"的理论与思考

管自立

（温州同力岩土工程技术开发有限公司）

摘 要：本文从疏桩基础与有关岩土工程共同作用这一机理出发，通过天然地基接触应力与地下工程抗浮水位的确定，论述"共同作用"的基本概念与内函。

通过基坑支护结构与地下本构共同作用剖析和围海造地的基础、地坪的综合处理技术的共同工作，叙述如何发挥共同作用的正能量，避免负效应。并倡导岩土工程的计算简图作共同作用的系统成因分析，提出以边界条件、平衡条件、变位条件作通解。

关键词：共同作用；统解分析；应力应变释放期；成因分析；计算简图；双控设计；永久性挡水幕墙；围海造地；岩土哲学；判断推理；逻辑思维；辩证思维

1 引言

1987 年，笔者倡导了"疏桩基础"[1]，疏桩基础的本质就是建立在桩、土"共同作用"的理论。常规概念的群桩基础与疏桩基础的共同工作性状是不一样的，它表现为承载力的相互衰减，沉降量的重叠加大。以高层建筑抗力核心体系的桩基础而论，合理的桩位布置与计算简图就显得十分重要。如何发挥共同作用的正能量，避免负效应，这就成了岩土工笔者的职责与研究重点。

从天然地基出发，随着地基土的桩的含量增加，就渐变成互不相同的基础类别，有协力疏桩基础、控沉疏桩基础、常规桩基础等。从哲学观点而论，就是量变到质变定理。随着"共同作用"的理论发展，实践证明是解决岩土工程的重要方法。如何发掘岩土工程中起重性的对立面双方（或称主要矛盾），通过工程手段使之达到对立面的统一，这就成了岩土工程的哲学理论。

我国工程技术的突飞猛进需要我们进一步把理论土力学应用于实际工程，也就是张在明院士所论述的《工程实践中的土力学》[2]，并提出了"土力学是工程需求的产物，是从实践中产生"的论述。因此，可认为工程土力学与理论土力学的本质区别是它随着时代和工程实践而不断地发展、更新与完善。

尤其，当今我国前所未有的大规模岩土工程实践，给实用土力学注以新鲜内容是必然趋势。笔者根据近几十年的第一线工程实践，悟出以"共同作用"这一机理作为实用工程土力学的理论基础。把土力学与工程结构作为吻合的"共同作用"设计，其中包括：

（1）把系统成因的分析与机理作为岩土工程的最基本哲学理论，包括有效应力原理、饱和土固结理论、土体极限平衡理论的应用。

（2）把"弹（塑）性力学与理论土力学"相结合合作工程计算简图，建立边界条件、平衡条件、变位条件等作岩土工程的通解分析。

（3）把共同作用作"计算简图"的设计，应具有合理性、先进性、科学性，简称为"三性"，并将这"三性"作为工程设计的准则。

合理性是评定简图是否符合客观存在事实；先进性是评定简图所采用的手段与方法是否符合我国现行规范要求；科学性是评定简图对工程判断是否符合岩土工程的哲学原理。

纵观许多工程失事与浪费，都是由于计算简图缺乏周密考虑以致与实际情况相脱离。所以应该把计算简图的"三性"作为岩土工程设计的强制性的条文与图审工作的首要条件。

近年来"共同作用"一词频频出现在岩土工程中，这表明岩土工程技术在进步，出现了地基与加固体（桩体）的共同作用、桩基与桩间土（复合体）的共同作用，因而，出现了复合地基和复合桩基等基础形式。在结构上出现了上部结构与地基基础的共同作用。但是，真正意义上的以共同作用来作计算简图设计，离现实还有很大的距离。还需我们继续努力。以下就有关问题作探讨与思考。

2 共同作用的内涵与意义

所谓共同作用，确切地说，就是研究建筑物（构筑物）与岩土整合过程的系统成因分析的机理而建立起来的工程计算简图。通常应包括以下三个条件所建立起来的通解：

（1）边界条件：是指建筑物（构筑物）坐落的地基的水文、地质条件与施工环境条件等工况。

（2）平衡条件：是指建筑物（构筑物）承受的外荷、自重能力条件与极限受力状态承载力等工况。

（3）变位条件：是指建筑物（构筑物）自身刚度、变形特性与极限变位状态及稳定分析工况。

统解：是指按上述三个条件所确定建立起来的方程（工况）的计算简图的求解或工程的判断。

例举 1：

图 1 所示为一幢等高、等开间的砖混结构建筑物，由于坐落在不同地基上，所以出现完全不同分布的接触应力与变形特征[1]。

当坐落在基岩地基上，其地基的反力表现为直线分布，基础不发生弯曲形变。

当坐落在砂性地基上，其地基的反力表现为抛物线分布，基础为反向弯曲。

当坐落在黏性地基上，其地基的反力表现为马鞍形分布，基础为正向弯曲。

上述介绍的三类不同地基，是建立在结构与地基共同作用的计算简图上，就是根据建筑物与地基共同作用所建立的边界条件、平衡条件、变位条件的统解分析而求得的解答。把经典土力学与弹性力学作吻合协调的共同设计。

对建于软弱淤泥、黏土地基的建筑物，常见三大工程弊端即纵向怕裂、横向怕倾、竖向怕沉，笔者把它归为"三怕"。就是以共同作用作计算简图所提出的。如果离开了"共同作用"的基本分析，就无法解释三大工程弊端及提出的防治措施。如果延续平面设计理论，不作边界条件分析，人为地设定地基反力作直线分布，建筑物就不会发生纵向弯曲和出现裂缝。从而，就可能导致概念性的错误，认为建筑物出现裂缝都是地基不均造成的，而这一结论往往常见一些教材，这就是共同作用的内涵所在。

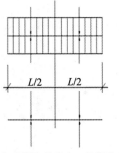

a）基岩地基反力：呈值分布
（基岩地基土）

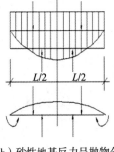

b）砂性地基反力呈抛物分布
（砂性地基土）

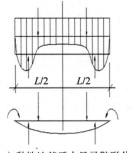

c）黏性地基反力呈马鞍形分布
（黏性地基土）

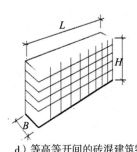

d）等高等开间的砖混建筑物
（坐落均地基土上建筑物）

图 1 建筑物与地基共同作用

例举 2：

图 2 所示为一个完全相同的地下构筑物，由于坐落在不同水文地质条件，所以出现完全不同的抗浮设计水位[1]。

当坐落在没有断裂的基岩水文地质上，属不透水的水文地质。地下水无法入侵地下室外围，此时，就没有地下水的储存空间，所以，不需作"抗浮设计"。

当坐落在砂性土水文地质上，属强透水性水文地质，地下水自然入侵地下构筑物外围，并与外界地下水源相连通，所以，必须作"抗浮设计"。

当坐落在黏性土水文地质上，属弱透水或不透水水文地质，地下水能否入侵地下室外围，要作具体分析，如果地质有夹砂的透水层存在，则根据渗流特性作具体分析以确定地下水的状况，通常须作"设防设计"。

上述介绍的三类不同水文地质条件，作边界条件的分析而建立起的计算简图，地下工程的抗浮设计水位是完全不同的；这就与例举 1 所论证"共同作用"内涵是一致。

当地下工程的外墙的回填土不作处理或封闭，例如当采用石碴、乱片石回填，地面经流水自然从墙后承虚入侵，而引发上浮。此时，地下工程的抗浮设计水位就与所处的地质水质条件无关。显然，这种不作防御措施,让地面水自由入侵成为地下水引起的起浮,是抗浮设计的负面效应,应采取积极防御措施,而不应用抗拔桩作抗浮;否则,造成工程浪费是一种消极的方法,是不值得提倡的。

当地下工程采用支护措施与以往大面积开挖施工是完全不一样的,是可以采用阻抗措施,防止地面水从墙后倒灌引发起浮。

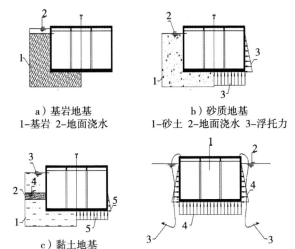

a)基岩地基
1-基岩 2-地面浇水

b)砂质地基
1-砂土 2-地面浇水 3-浮托力

c)黏土地基
1-黏土 2-黏土9砂B 3-地面浇水 4-地下潜水位 5-浮托力

d)地下室抗浮设计模拟计算简图
1-地下室 2-大寺 3-抗拔 4-土力

图2 地下工程坐落不同水文地质的抗浮设计模拟计算简图

然而至今,地下工程抗浮设计的计算简图,在工程界仍然较多延续不作边界条件剖析[3],即不分何水文地质条件(基岩土地质、砂性土地质、黏性土地质),不分何种开挖方式(支护开挖、放坡大开挖、混合开挖)与何种原因起浮(地下水起发起浮、地面水倒灌引发起浮、基坑地基土失稳引发起浮),均设定0.00标高作抗浮设计,显然是没有考虑地下工程的"共同作用"这一理念。尽管如此,并非所有情况都是安全的,因为地下工程与地下水的作用是复杂的[4],确定地下水的抗浮水位需要专项论证[5]。所以,必须提倡计算简图的"三性"来作为工程设计的准则。

以温州为例,地处淤泥、黏土水文地质条件,却面对无水基坑(十个基坑九个是无水的),仍然按图2~d)所示作抗浮计算简图。把基坑视作充满着水的汪洋大海,即把地下室视为海船,把大地视为大海,把锚索视为抗拔桩,进一步认定地下室侧壁是光滑的没有摩擦力存在。以此作抗浮设计简图,则需要设置大量的抗拔桩与大量的钢筋涌向地下室。这分明是一种潜在的浪费或者可以说是一种失职。

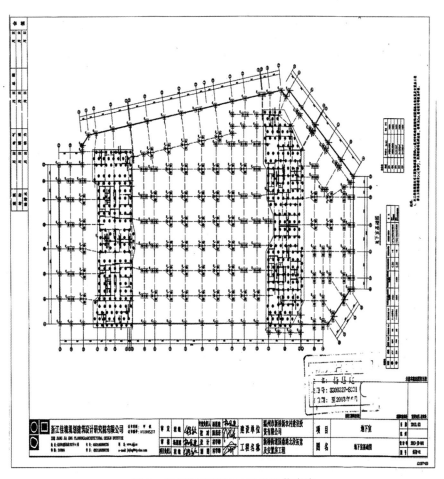

图3 温州某工程的二层地下停车库

从根本上说，是没有按"共同作用"作计算简图的设计。图 3 所示的基础图是温州某工程的二层地下停车库[6]，按现行的抗浮作设计，抗浮水位设定室外地面标高，地下工程柱距 7.5m×8.0m；地下室底板标高为 −9.10；基础底板厚 600，配 Φ 20@150×150 双向双层；抗拔桩每承台设 3 根；桩径 Φ =700、桩长 L =60m、配 17Φ 22 通长筋．Φ 8@250（单桩承载力抗压 R_k =1800kN，抗拔力 R_k =1200kN），每平方米扣除自重后的上浮力按 50kPa。如果按下述的"共同作用"作计算简图设计，把"抗浮设计"改用"设防设计"，把"抗拔桩"改用"控沉桩"该工程至少可节省 3000 千万元以上造价。

3　如何发挥共同作用的正能量，避免负效应

以下通过深基础支护技术与围海造地综合处理技术的论述，看如果发挥共同作用的正能量以避免负效应。

3.1　深基础工程的共同作用[6]

地下支护尤其处在软弱地质条件的深支护，所花的支护成本高昂，但使用期限只用于施工期。地下工程竣工后即行失效，并普遍认为竣工后基坑支护不起作用。

其实不然，由于我们对岩土工程问题缺乏系统分析，地下工程竣工不意味着工程的结束，因为，竣工后的地下工程与地基土还存有一个吻合使用期，即应力、应变的释放期。常见有地下工程的底板的隆起开裂，并不都是由于地下水作祟，而是地下工程边坡失稳的次效应。虽已地下工程四周已由地下外壁作挡土墙支挡，但由于土的自身应力、应变未得释放，坑底土的隆起是不可避免的，而这一隆起的力量是很大的，有的底板虽按 0.00 标高作底板的强度设计，底板依然出现开裂。

如果我们持续发挥支护的深层截揽作用，就可有效防止这一边坡失稳的次效应，从而达到安全地通过吻合使用期。依我的看法长江"三峡工程"也是如此，必然还有一个漫长的吻合期，忽视这一观点，就会造成更大的损失，这就告诫我们，人类在改造自然，必须顺其自然，要知其然还要知其所以然。

有关地下支护与地下工程本构的共同作用这一论述，笔者已在建筑结构 2014 年增刊作介绍，如图 4 所示。把地下支护结构采用工程措施，构筑

成永久性支护并与地下工程共同作用作设计，其有益效果如下。

（1）可持续发挥深层截揽作用，防止基底土的隆起破坏。

（2）可有效减少基础的抗拔桩及作用底板上的浮托力。

（3）可有效减少作用外围墙的土压力。

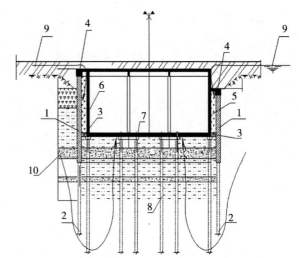

图 4　地下支护与地下工程本构的共同作用

1—幕墙；2—抗力构件（兼抗拔桩）；3—传力带（下支座）；
4—顶帽梁封口（上支座）；5—黏性土回填；6—外墙；7—底板；
8—抗拔桩；9—地面迳流水；10—地脉潜水

3.2　围海造地地基、地坪综合处理技术的共同作用[1]

我国经济发展，沿海地区土地奇缺，向大海要地。围海造地已是岩土工程的新兴课题，是当今技术发展落后工程实践，它是一个系统的工程。因此，必须应用"共同作用"的原理来解决这一工程问题。

从土力学观点而论，从滩涂筑堤围垦、促淤、吹填海泥、海砂变海涂为围垦地，再经塑料排水板压载预压，排除吹填土的颗粒间（孔隙）的自由水。但处理后的吹填土仍然具有高含水量、低黏结力的流塑状有土体，该吹填土还不是结构性的土层，它对其下卧淤泥软土则是一种外加荷载，所以，把此类工程问题归纳在大面积堆载的难题。如让其吹填土自然熟化，依靠大自然的阳光、空气、风雨交融造地，则是一个漫长的造地过程。时不可待，一万年太久，只争朝夕。但直接用于工业用地，则有诸多的工程隐患与弊端：

（1）管桩沉桩时，表现桩的飘移与倾斜。

（2）基床开挖时表现于塌陷挤动基桩移位。

（3）钻孔灌注桩则易发塌孔，难以成孔成桩。

（4）水泥搅拌桩按常规方法施工，穿过吹填

土层易发虚脱。

（5）地坪、地基处理不到位却是没完没了下陷，直接影响工程使用。

实质上，吹填土工程上的基桩，不是常规概念的低桩承台，是因为桩承台下的地基是流塑状的吹填土，对桩身没有握裹力，所以沉桩时易发飘移。实属码头类的高桩承台。而现行的设计与施工方法仍按照常规概念的低桩承台作考虑，显然是不妥的。

图5所示为本综合地基、地坪处理结构，是集"地基处理与结构措施"为一体，根据"共同作用"的原则，以二项专利技术作支撑[8][9]，实施承载力作补偿，以控制沉降为目标的"双控设计"。

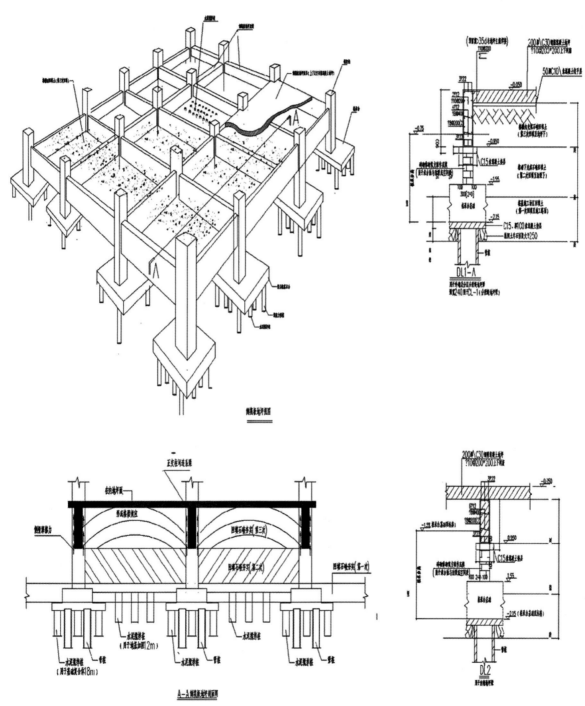

图5 综合地基、地坪处理结构

（1）基础工程：采用刚·柔性复合桩基[7]，以刚性桩控制沉降，以柔性水泥搅拌桩加固桩间土，作沉桩围护及承载力的补偿，其原理如同"筷子与稀饭"关系，可以设想把筷子直接插入稀饭，筷子是不能稳定的。

（2）地坪工程：借助结构措施实施网格分块。在地坪面设置肋梁（由原桩承台地梁上升至室内地坪）并与框架柱整浇构成倒筏板地坪。利用网格地坪的分格肋梁，对回填土产生的阻抗，形成拱体效应，防止回填土下陷。当网格尺寸较大时，应配合地基处理。

（3）由于采用的结构措施，构筑了倒置筏板基础，所以对刚·柔性复合桩基进行补偿，提高了建筑物的安全度与可靠度。

从上述的地基、地坪的互动效应，构筑了综合处理技术，即利用倒筏板结构地坪形成了倒置筏板基础与刚·柔性复合桩的"共同作用"，利用刚性桩与柔性水泥搅拌桩的刚柔相济的"共同作用"，构筑围海造地综合处理技术。

4　展望与思考

从上案例分析可见，处理岩土工程问题离不开"共同作用"的理论作计算简图分析，当考虑地下支护与地下构筑物的共同作用，就可以节省很多造价。

当考虑利用地坪与基础共同作用时，对围海造地工程，这一难处理的问题就可以迎刃而解。所以，笔者倡导岩土工程"共同作用"和"系统成因分析与机理"这一理念，期待着有更多志同道合者在这一理念上开创岩土工程新的篇章。

有人说处理岩土工程问题一半靠理论，一半靠经验，也有说三分靠理论七分靠经验（实践）。依我看，一半靠理论一半靠哲学。因为经验有两重性，即局限性、模糊性；只有符合客观事实、符合基本理论的概念的经验才有生命力，它的基础来自于岩土工程哲学。因此，要大力开拓岩土工程哲学观，方能开创岩土工程可持续的发展空间。

回顾当年名师教学得益匪浅；我的弹性力学老师是我国著名力学专家徐芝纶教授，土力学老师是著名钱家欢教授。随后的五十多年工作，就是土力学、弹性力学陪伴我一生，走过了坑坑洼洼的岩土之路。由弹性力学作伴的土力学，如同咖啡加伴侣，使土力学更具生机，更有活力。

笔者在长期的软地基第一线工程实践中，悟出了"生命土力学"，也就是太沙基所说的活的土力学，就是把工程与有生命特征的土体整合在一起，从弹（塑）性力学与土力学相结合，研究工程结构与土体本构整合过程相互作用及土的生命体征（应力与应变、蠕变）的力学特性。如果没有用哲学的思想与观点来看待岩土工程，许多工程问题将难以理解，土力学也不可能得以持继发展的空间。由于笔者水平与能力有限，可能谬误不少，欢迎批评指正。

参考文献

[1]　管自立. 疏桩基础理论与实践［M］. 北京：中国建筑工业出版社，2015.

[2]　苗国航. 岩土工程纵横谈［M］. 北京：人民交通出版社，2010.

[3]　彭柏兴. 一言难尽话抗浮. 中国岩土网，2013.03.10.

[4]　郭志业，等. 岩土工程中地下水危害防治［M］. 北京：人民交通出版社，2009.

[5]　JGJ83—2011 软土地区岩土工程勘察规程.

[6]　管自立，金国平，张清华. 论基坑支护与地下本构共同作用设计［J］. 建筑结构增刊，2014（9）.

[7]　DB33/T 1048—2010 浙江省工程建设标准 刚·柔性复合桩基技术规程.

[8]　复合桩基及其设计方法（专利号：ZL03116526.5）.

[9]　倒筏板地坪（专利号：20132005210.X）.

施工技术

地铁保护范围内地下连续墙硬岩成槽综合施工技术

雷 斌 李 榛 关宝平 叶 坤 柴 源

（深圳市工勘岩土工程有限公司 广东深圳 518026）

摘 要： 地铁保护范围内地下连续墙硬岩成槽对施工产生的振动有严格要求，严禁采用冲击破岩工艺。本文结合工程实践，对地铁保护范围硬岩成槽施工技术进行了研究，总结提出了"土层抓斗成槽、旋挖钻机硬岩取芯、冲击方锤修孔、反循环二次清孔"综合施工技术，解决了硬岩成槽难题，避免了施工振动对地铁的不利影响，加快了施工进度，节约了施工成本。

关键词： 地铁保护范围内；地下连续墙；硬岩成槽；综合施工技术

1 引言

在地铁保护范围内开挖深大基坑，基坑采用地下连续墙支护，墙体伸入基坑底且入中风化或微风化花岗石，由于岩层坚硬，地下连续墙抓斗无法施工。为保证地铁运营安全，基坑地下连续墙严禁使用冲桩破岩，以避免冲击产生的振动影响。如何完成在地铁保护范围内的地下连续墙入坚硬岩层成槽，寻求一种新的入岩成槽工艺，成为地下连续墙现场施工须解决的关键技术难题。

本文通过深圳国信金融大厦基坑支护地下连续墙硬岩成槽工程项目实践，创造性提出了地铁保护范围内地下连续墙"抓斗成槽、旋挖钻机入岩取芯、方锤冲击修孔、反循环二次清孔"综合施工技术，介绍了硬岩成槽工艺流程、机械配置、工序操作要点、施工效果等。

2 工程概况

2.1 项目简介

2012 年 10 月，我司承担了深圳国信金融大厦基坑支护、土石方与桩基工程施工。拟建的国信金融大厦位于深圳市福田中心区，占地面积 5149m²，建筑物主楼高 208m，框架剪力墙结构。基坑周长 302.2m，设四层地下室，开挖深度 23.05～31.6m。场地周边条件复杂，南侧紧邻地铁 1 号线，东侧紧邻地铁 3 号线，最近距离仅 6.352m。

2.2 基坑支护设计情况

基坑支护设计采用"地下连续墙＋四道混凝土内支撑"方式，地下连续墙墙厚 1000mm 共 40 幅，厚 800mm 共 5 幅，地下连续墙不仅作为基坑开挖的支护结构，还作为地下室承重外墙一部分。地连墙槽底沉渣厚度不大于 150mm，槽间接头采用 15mm 厚工字钢接头，墙体采用 C30、P8 水下商品混凝土。

基坑东侧、北侧有 10 幅墙需入岩，最大成槽深度 33.6m，入中、微风化花岗岩最深 3m。基坑东侧地下连续墙支护形式及与地铁之间的分布关系如图 1 所示。

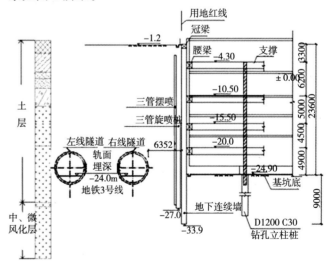

图 1 基坑东侧地下连续墙支护剖面图

2.3 场地地层分布情况

拟建场地层自上而下主要为人工填土、粉质黏土、中粗砂、砾质黏性土，下伏基岩为燕山晚期花岗岩。场地内基岩起伏状态为西低东高，南低北高，基坑底落于砾质黏性土层中，地下连续墙墙底分别位于强风化、中风化和微风化岩中，主要入岩地下连续墙在东侧、北侧，共计10幅。场地地下连续墙施工遇到的主要问题表现为中、微风化岩石入岩，微风化饱和单轴抗压强度平均值达到92.3MPa。

3　地下连续墙硬岩成槽方案选择

通常地下连续墙入岩一般采用冲击破岩或双轮铣入岩成槽。现场施工条件严禁采用冲击入岩，而利用双轮铣成槽其在入坚硬花岗石时仍较困难，且在槽段内残留硬岩死角，需冲击配合入岩和修孔。

通过对深圳地下连续墙施工工艺的调研，在现场实践的基础上，提出了"地下连续墙抓斗成槽、旋挖钻机入岩取芯、方锤冲击修孔、反循环二次清孔"综合施工技术。新的工法拟在上部土层内采用成槽机抓斗成槽，槽段内入岩采用旋挖钻机分二序孔破岩取芯，对残留的少量硬岩死角采用一字方锤冲击修孔，对槽底的岩石碎块、沉渣采用气举反循环清孔。实践证明，这种组合工法既突破了中、微风化坚硬岩层的入岩难题，又避免了入岩成槽对地铁的震动影响，加快了施工进度，降低了施工成本。

4　硬岩成槽工艺流程

地下连续墙抓斗成槽、旋挖入岩、冲击方锤修孔施工工法工艺流程如图2所示。

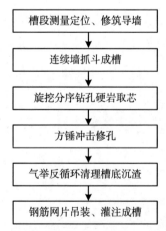

图2　地下连续墙硬岩成槽施工工艺流程图

5　硬岩成槽操作要点

以基坑东侧厚度800mm、幅宽4m连续墙为例。

5.1　测量放线、修筑导墙

（1）根据业主提供的基点、导线和水准点，在场地内设立施工用的测量控制网和水准点。

（2）施工前，专业测量工程师按施工图设计将地连墙轴线测量定位，沿轴线开挖土方，绑扎钢筋支模浇筑导墙混凝土。

（3）导墙用钢筋混凝土浇筑而成，导墙断面一般为"┓┏"型，厚度一般为150～200mm，深度为1.5～2.0m，其顶面高出施工地面100mm，两侧墙净距中心线与地下连续墙中心线重合。

（4）考虑到东侧需采用旋挖钻机槽段内硬岩钻孔取芯，采用的SANY420机重达145t，为防止旋挖机对导墙的重压影响，对场地内侧导墙进行加固，一是将导管内侧由原设计的1.2m加宽至3m，厚度增至15cm，另加设二道钢筋网片、浇筑C30商品混凝土，与导墙内侧连成为一体，形成旋挖钻机坚固施工工作面；二是在内侧导管边预留孔筒，施打单管高压旋喷桩，单管高压旋喷桩直径Φ500mm、深度8m，桩边间距30cm，以确保导墙的稳定，保证成槽顺利进行。

导墙加固情况如图3所示。

图3　导墙现场加宽、加固情况

5.2　连续墙抓斗成槽

5.2.1　强风化岩以上地层抓斗成槽工艺

（1）本项目地下连续墙采用德国宝峨BG34型抓斗，每抓宽度约2.80m，可在强风化岩层中抓取成槽；东侧入岩槽段幅宽为4m，成槽分二抓完成。

（2）挖槽过程中，保持槽内始终充满泥浆，随着挖槽深度的增大，不断向槽内补充优质泥浆，使槽壁保持稳定；抓取出的渣土直接由自卸车装运至场地指定位置，并集中统一外运。

（3）抓槽深度至强风化岩面，由于槽段内岩面有出现倾斜走向，造成槽底标高不一致，使得在后期旋挖机的钻头直接作用在斜岩面上，容易造成钻孔偏斜，处理较为困难。经摸索总结，采取了妥善的处理措施，即：在岩面以上成槽机预留5m残积土或强风化岩不抓取，预留土层用于旋挖机成孔过程中起导向作用，通过土层对钻杆的约束，控制其成孔的垂直度。

5.2.2　旋挖钻机分序硬岩取芯技术

（1）抓斗抓取至槽底一定标高后，即退出槽位，由旋挖钻机实施入岩取芯。本项目岩石硬度大，选择的旋挖钻机扭矩为 420kN·m。

（2）为确保达到旋挖完全取芯，对取芯钻孔进行了专门设计，对于厚度 800mm、幅宽 4m 的地连墙，取芯孔布置为：先钻一序孔，即 1、2、3、4 共 4 个直径 Φ800mm 的钻孔；而后钻二序孔，即在先钻的 4 孔间套钻 5、6、7 共 3 个钻孔，以最大限度地将硬岩钻取出。

地下连续墙旋挖取芯钻孔布置如图 4 所示。

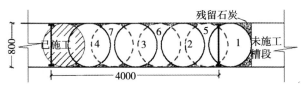

图 4　旋挖取芯二序钻孔布置及施工顺序

（3）旋挖钻孔前，在导墙上做好孔位中心标记，以便准确入孔钻岩。

（4）旋挖钻机在入岩之前，先采用旋挖钻斗取土成孔，完成土层及强风化岩钻孔；钻至中风化岩层面时，改换截啮钻筒破岩取芯。

（5）旋挖钻机钻取硬岩时，采用 10～18rpm 低速慢转，防止钻孔出现偏斜，特别是在施工第二序钻孔时，防止偏孔。

（6）旋挖钻筒钻至设计入岩深度或标高后，将岩芯直接取出，再改用捞渣钻斗筒捞取孔内岩块、岩渣，注意调整好泥浆黏度，增强钻渣的悬浮能力，尽可能清除孔底岩块岩渣。

（7）旋挖钻机入岩取芯完成后，在槽段范围内多次往返下钻，尽可能将硬岩钻取出槽段，以减少方锤修孔量。

地下连续墙旋挖钻进硬岩取芯情况如图 5、图 6 所示。

图 5　旋挖钻机筒钻取芯　　图 6　旋挖钻机筒钻取出的硬质岩芯

5.2.3　方锤冲击修孔

（1）旋挖钻机入岩取芯后，需用方锤冲击修孔。

（2）方锤下入前，检查方锤的尺寸、方锤的宽度与槽段厚度，方锤高度为 1.5m。为减小方锤修孔对槽段的冲击力，方锤采用低重量锤，一般重量为 1000～1200t。

（3）方锤修孔时，采用小冲程低频低击，提升高度控制在 ≤1.2m，冲击频率 ≤8 击/min，一方面避免方锤冲击硬岩时斜孔，另一方面减小对地铁的震动。

（4）方锤修孔时间过长时，需及时提钻，检查方锤的损耗情况；如果方锤宽度偏小，须及时进行修复，防止出现修孔时出现上大下小的情况，影响钢筋网片的顺利安放。

（5）方锤冲击修孔时，采用正循环清孔，将岩渣携出槽底，以保证冲击成孔进度。

（6）修孔完成后，对槽尺寸进行量测，以保证修孔到位。

（7）冲出修孔过程中，定期注意冲击对地铁振动的监测。

方锤修孔情况如图 7 所示。

图 7　地下连续墙硬岩方锤修孔情况

5.2.4　气举反循环清理槽底沉渣

（1）方锤修孔完成后，及时采用抓斗下至槽段内抓取出槽底岩块、岩渣，如果槽内沉渣过多过厚，则进行泥浆循环清理槽底沉渣。

（2）本项目槽段清孔采用气举反循环方式，采用 12m³/min 空压机，清孔效果理想。

（3）在清渣过程中，同时进行槽段换浆工作，保证泥浆的指标和沉渣满足设计要求。

（4）清渣完成后，检测槽段深度、厚度、槽底沉渣硬度、泥浆性能等，并报监理验收。

（5）气举反循环清渣过程中，由于上返泥浆流速较快，注意及时补充槽段内泥浆量，保证槽段内泥浆液面的高度，以维持槽壁的水头高度；同时，注意控制空压机的风量，保持抽出的泥浆与流入的泥浆量的平衡；另外，注意监测泥浆性能，保持泥浆性能，比重约1.20，黏度25S，确保槽壁稳定。[1]

5.2.5　钢筋网片制安、灌注导管安装

（1）钢筋网片制作场地硬地化，主筋采用套筒连接，接头采用工字钢，钢筋网片一次性制作完成。

（2）现场吊装采用1台150t、1台80t履带吊车多吊点配合同时起吊，吊离地面后卸下80t吊车吊索，采用150t吊车下放入槽。

（3）在吊放钢筋笼时，对准槽段中心，不碰撞槽壁，不强行插入，以免钢筋网片变形或导致槽壁坍塌；钢筋网片入孔后，控制顶部标高位置，确保满足设计要求。

（4）灌注导管按要求下入2套导管，同时灌注，以满足水下混凝土扩散要求，保证灌注质量。

5.2.6　水下灌注混凝土

（1）灌注槽段混凝土之前，测定槽内泥浆的指标及沉渣厚度，如沉渣厚度超标，则采用气举反循环进行二次清孔；槽底沉渣厚度达到设计和规范要求后，由监理下达灌注令。

（2）灌注混凝土采用商品混凝土，满足防渗要求，坍落度为180～220mm。

（3）槽内安设2套灌注导管，同时进行初灌，初灌斗为2.5m³，混凝土罐车直接卸料至灌注料斗。

（4）由于灌注混凝土量大，施工时须做好灌注混凝土量供应、现场调度等各项组织工作，保证混凝土灌注连续进行。

（5）在水下混凝土灌注过程中，每车混凝土浇筑完毕后，及时测量导管埋深及管外混凝土面高度，保持二个灌注点同时同量灌注，并适时提升和拆卸导管；导管底端埋入混凝土面以下一般2～4m，严禁把导管底端提出混凝土面。

6　主要机械设备配套

地连墙抓斗成槽、旋挖机入岩取芯、方锤修孔、气举反循环清底工法机械设备按单机配备，其主要施工机械设备配置见表1。

表1　地连墙硬岩成槽主要机械设备表

设备名称	型号	数量	用途
成槽抓斗	宝峨BG34	1台	成槽
旋挖机	SANY SR420Ⅱ	1台	入岩取芯
冲桩机	5t（方锤尺寸800＊1500）	2台（2个）	硬岩修孔
吊车	150t履带吊、80t履带吊	2台	吊装钢筋网片
空压机	12m³/min	1台	气举反循环清孔
泥浆泵	3PN	2台	冲击修孔泥浆循环
灌注导管	直径280mm	80m	灌注混凝土
泥头车	华菱	1辆	成槽渣土外运
挖掘机	CAT20	1台	成槽渣土装车
电焊机	BX1	6台	钢筋网片制作

7　结语

目前，深圳地铁二期项目各地铁项目施工正进入车站、明挖隧道等的施工高潮，遇到了大量的地下连续成槽入岩障碍，施工进度缓慢。实践证明，针对本项目的施工现场实际条件，通过抓斗成槽、旋挖机入岩、冲击修孔、反循环清孔施工工艺的合理组合、配套，较好地解决了地铁保护范围内入岩地连墙施工，既满足了地铁部门的要求，又提高了施工效率，现场文明施工、施工综合成本达到预期效果，实现了绿色施工，是地下连续墙施工方法的又一突破和创新。本项成果的关键技术2013年10月通过了广东省住房和建设厅组织专家鉴定，达到国内领先水平。本工艺技术方法可作为对常规施工工法的重要补充，尤其对深圳及其国内地铁保护范围内地下连续墙入岩成槽施工，具有现实的指导意义。

参考文献

[1] 中国建筑科学研究院.JGJ 94—2008　建筑桩基技术规范［S］.北京：中国建筑工程出版社，2008：86-87.

[2] 杨宝珠，张淑朝.天津地区超深地下连续墙成槽施工技术［J］.施工技术，2013（2）.

世纪大都会2－4地块地下连续墙修复工程铣槽机施工关键技术应用

戴　咏

（上海隧道工程有限公司地基基础工程分公司　上海　200333）

摘　要：本文针对近年来超深地下连续墙围护形式普遍面临的问题，在不利粉砂地层、复杂扰动地层甚至岩层中，采用地下连续墙施工最普遍的"液压抓斗工法"，其施工效率、质量和精度都难以掌控，严重影响后续基坑开挖安全的问题，结合在世纪大都会项目2－4地块地下连续墙修复工程中，由于基坑渗漏，同时在抢险时进行了大量的注浆加固造成地下土层被彻底扰动，最终采用液压双轮铣槽机辅以利勃海尔成槽机的"抓铣结合"施工工艺，顺利完成了超深地下墙的修复工程，开创了在复杂施工环境下和全扰动地层中新型地下连续墙施工工艺。

关键词：抓铣结合；铣槽机；复杂扰动地层

1　工程概况

世纪大都会2－4地块（简称"世纪汇广场"）地下连续墙修复工程位于上海市浦东新区世纪大道以西，潍坊路以北，东方路以东地块内。本项目基坑开挖总面积约40000m²，离9号线及6号线盾构隧道12.8～17.8m，区域内设2层地下室，开挖深度13.8m；离9号线车站及6号线明挖段区间隧道区域设3层地下室，开挖深度19.25m；基坑其他区域设5层地下室，开挖深度25.2m；基坑围护结构采用地下连续墙，本工程基坑分区如图1所示。

基坑开挖时，项目1－1区裙房底板与塔楼交接部位，距离原地下墙约9m已浇筑完成的裙房底板外侧出现渗漏，后立即展开堵漏抢险，进行了大量的聚氨酯快速注浆和双液注浆施工。对土层进行补勘所得的资料证明地下土层因基坑渗漏和抢险注浆时注入了大量聚氨酯和双液浆而受到彻底扰动，地质情况更为不利和复杂。

经各方反复研究论证，确定基坑修复方案具体措施如下：

（1）第一道加固防线为MJS工法桩，桩径为2m，深度为55～60m；

（2）第二道加固防线为新地墙两侧进行双高压旋喷加固，桩径为1.5m，深度为55～60m；

（3）第三道加固防线为修复地下连续墙，共35幅，地墙厚度为1m，深度为55～60m。

待新地墙施工完成后，还需对新老地墙之间进行双高压旋喷加固，桩径1.5m，深度分别为55m、60m。

图1　基坑分区图

2 修复地下墙施工方案的选定

2.1 初始方案

在如此复杂的全扰动地层中进行超深地下墙的成槽施工，在国内还未见报道。初期施工方案参考了一些以前施工的坚硬地层工程经验，决定采取利勃海尔液压成槽机进行施工。如果遇到抢险时注浆和预加固等侵入槽段的结硬土层，成槽效率将大大降低，则采用履带吊车起吊约 5～10t 的重锤，对坚硬土层进行锤击破碎，待锤击一定次数后用成槽机挖出已被破坏的土层，如此反复直至挖到设计深度。

最初方案的主要思路是针对在经过大量抢险加固后的全扰动土体、旋喷加固后的坚硬土体中成槽效率大大下降的问题，重锤的冲击可以在对土体进行破碎，缓解成槽困难。但其不利的一面是由于土层为全扰动和全断面预加固，且地下墙深度超深，而依靠吊车起吊重锤采取冲击成槽，地下墙的成槽垂直精度将难以保证，而且难以从根本上满足工期要求。另外，世纪汇广场地处闹市，周边邻近运营中的多条地铁线路，冲击成槽也将给周边环境和基坑安全带来极大的隐患。

2.2 最终方案

考虑到世纪汇广场地下墙修复工程的上述特殊性和复杂性，经与各方充分沟通并经反复论证，我们最终确定了配置 BC40 液压双轮铣槽机辅以利勃海尔成槽机，采用"抓铣结合"施工工艺进行世纪汇广场超深地下连续墙施工，即在较软土体中采用利勃海尔液压成槽机进行成槽，进入地基加固区域、注浆区和砂土层等复杂扰动地层后采用 BC40 铣槽机进行成槽施工。由于铣槽机具有成槽施工效率高、处理硬土能力强、孔形规则、成槽垂直精度高等特点，此施工工艺适用于世纪汇广场全扰动地层中的超深地下连续墙施工。

3 铣槽机成槽原理和工艺流程

铣槽机是一种针对硬土层地下围护结构的成槽设备，铣槽时通过在机体底部的两套液压驱动铣轮的相对旋转，驱动安装在铣轮上的刀具切削地层。切削下来的渣土与膨润土泥浆混合，由安装在铣轮上部的泥浆泵泵送出槽孔，并输送至泥浆净化系统将膨润土泥浆和渣土分离。铣槽机的施工工艺流程、原理和相关参数如图 2～图 4 所示。

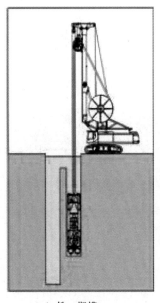 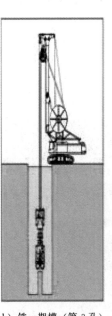 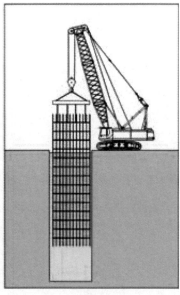 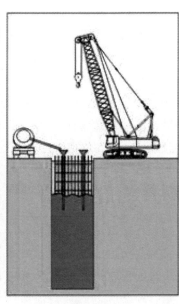

a）铣一期槽 b）铣一期槽（第3孔） c）下放钢筋笼 d）浇捣混凝土
（第1孔和第2孔）

图 2 铣槽机施工工艺流程图

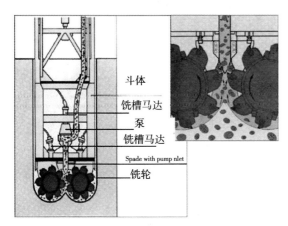

图 3 铣槽机原理图

主机		
型号	HS885	
双轮铣		
铣削数据	转速	0～25rpm
	扭矩	2×100kNm
泥浆泵	规格	6″
	功率	150kW
卷盘系统	型号	HSS60＋20
	最大铣削深度	130mm

图 4 BC40 液压铣槽机及其相关参数

4 铣槽机关键技术

4.1 铣槽机铣轮形式的选定

铣槽机铣轮形式有标准轮、锥轮和滚轮，常

规使用较多的形式为标准轮和锥轮。铣槽机铣轮如图 5 所示。

图 5 铣槽机铣轮图

在世纪汇广场修复地下墙施工中，由于土层被彻底扰动，土性复杂多变。实际成槽时，当进入黏土层中时采用利勃海尔成槽机进行成槽，而不能用铣槽机进行铣槽，因为黏土会将铣轮严重包裹，使铣轮失去铣槽作用。当进入强度较高的加固土体时，才能采用铣槽机配以标准轮进行铣槽，如果铣到强度很高的坚硬土层时，则考虑更换铣槽能力更强大的锥轮。

4.2 铣槽机泥浆循环系统

铣槽机泥浆系统由三大系统组成：成槽泥浆系统、清孔泥浆系统（新鲜泥浆储存在筒仓中）以及泥浆分离系统。

世纪汇广场地下墙修复工程的铣槽机泥浆循环系统布置如图 6 所示。

新鲜泥浆储存采用泥浆筒仓（$\Phi 2.7\text{m} \times 12\text{m}$），泥浆筒内泥浆主要用于清孔过程中新鲜泥浆供应。泥浆箱主要用于存放成槽泥浆，由于铣槽机泥浆分离系统处理泥浆量大，因此各泥浆箱之间开孔以互相连通。清孔和浇灌混凝土过程中回收泥浆必须通过泥浆分离系统进行分离再经过调浆后方可继续使用。为确保泥浆分离效果，本工程采用铣槽机配套的德国宝峨泥浆分离系统，该分离系统每小时处理泥浆量达 300m^3，完全能满足泥浆分离要求和成槽需要。铣槽机配套的宝峨泥浆分离系统如图 7 所示。

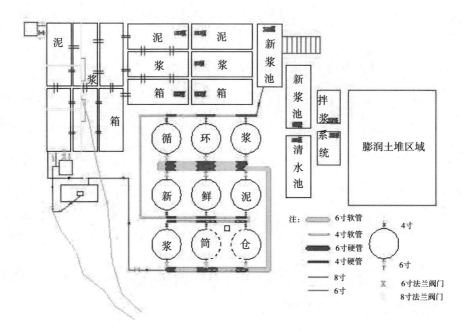

图 6　铣槽机泥浆循环系统布置图

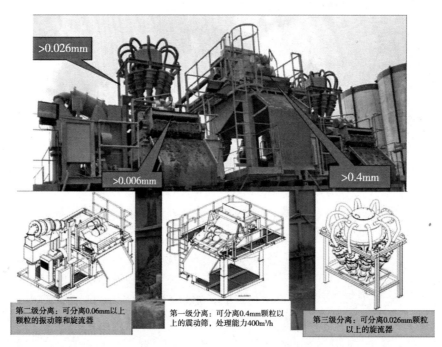

图 7　宝峨泥浆分离系统

4.3　铣槽机清孔

槽段终孔并验收合格后，采用液压铣槽机进行泵吸法清孔换浆。将铣削头置入孔底并保持铣轮旋转，铣头中的泥浆泵将孔底的泥浆输送至地面上的泥浆分离器，由振动筛除去大颗粒钻渣后，进入旋流器分离泥浆中的粉细砂。经净化后的泥浆流回槽孔内，如此循环往复，直至回浆达到混凝土浇筑前槽内泥浆的标准后，再置换新鲜泥浆。在清孔过程中，可根据槽内浆面和泥浆性能状况，加入适当数量的新浆以补充和改善孔内泥浆。铣槽机清孔工艺如图 8 所示。

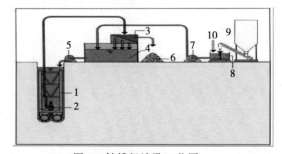

图 8　铣槽机清孔工艺图

1—铣槽机；2—泥浆泵；3—除砂装置；4—泥浆罐；5—供浆泵；6—筛除的钻渣；7—补浆泵；8—泥浆搅拌机；9—膨润土储料桶；10—水源

5 工程实施情况和效果

5.1 分幅调整及开挖流程

根据本工程的地质条件、场地条件、施工工艺、施工进度等各项施工工况综合考虑,进行了合理分幅,并确定了开挖施工的流程,确保了工程的顺利进行。因成槽机和铣槽机宽为 2.8m,所以分幅宽度综合考虑了成槽机和铣槽机成槽顺序和方便纠偏的原则。标准幅实际分幅及开挖流程如图 9 所示。

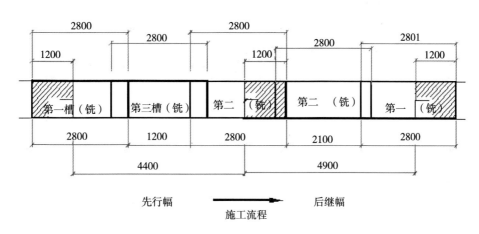

图 9 标准幅分幅及开挖流程图

5.2 扰动土层中的成槽精度控制

由于土体被彻底扰动,在实际成槽过程中,经常发生较大的精度偏差。为保证成槽精度,铣槽机向下进行铣槽时,先采用固定导向架控制开孔垂直精度,然后每向下铣削 2~3m 时进行超声波精度检测,如果精度发生偏差,及时进行纠偏,严格保证精度达到要求后再继续向下开挖。在整个铣槽过程中,经常遇到土体软硬不均,导致两个铣轮转速不一致,使垂直度发生偏差,此时放慢铣槽机铣轮的下压速度,保证匀速铣槽。经实际超声波检测,本工程所有地下墙精度都达到或高于 1/400。

5.3 针对黏土层中铣槽机裹轮的措施

铣槽机铣槽过程中也会遇到黏土层,一旦发生严重的黏轮和裹轮,导致铣槽机齿轮被包裹而使成槽无法正常进行。针对此现象,我们对铣槽机刮泥板进行加长加宽,以增强刮泥板的铲泥效果。实践证明,刮泥板改进后裹轮现象得到显著改善,铣槽效率大幅增加,为地下墙工程的顺利进行起到了良好的作用。改进前后的刮泥板如图 10、图 11 所示。

5.4 针对铣轮被卡住的措施

由于地下土层存在大量地下障碍物,铣槽机在铣槽过程中频繁遇到钢筋。铣槽机在碰到钢筋时极易卡轮,为了保证铣槽机顺利施工与工期进度,及时对损坏的铣齿进行更换,保证铣轮的正常进行。

图 10 改进前的刮泥板　　图 11 改进后的刮泥板

5.5 清孔效果

世纪汇广场共计 35 幅修复地下墙,经过宝峨泥浆分离系统进行清孔换浆,每幅清孔换浆率都至少达到 100%,且清孔后泥浆指标须达到规范标准。实测清孔指标数据如下:

(1)平均每幅清孔耗时 2~3h,清孔置换泥浆量为 300~420m³。

(2)清孔前地下 30m 实测比重为 1.10~1.15,黏度为 30~35s,pH 值为 9,含砂量为 3%。清孔后地下 30m 实测比重为 1.05~1.10,黏度为 25~30s,pH 值为 9,含砂量为 1%~2%。

(3)清孔前地下 50m 实测比重为 1.12~1.17,黏度为 35~40s,pH 值为 9,含砂量为 3%~4%。清孔后地下 50m 实测比重为 1.07~1.12,黏度为 30~35s,pH 值为 8~9,含砂量为 2%。

上述指标完全符合国家和企业相关规范要求，在实际施工中充分保证了超深地下墙的施工质量。

6　结语

综上所述，通过"抓铣结合"施工技术在世纪汇广场地下连续墙修复工程的成功应用，以及地下连续墙循环泥浆供排浆、清孔送浆、泥浆分离处理等泥浆系统的完好运作，形成了一套适合在复杂扰动地层中的地下连续墙施工新技术，地下墙施工质量达到优良，后续基坑开挖完全无渗漏，为今后地下连续墙在不同复杂地层中的施工提供了成熟的经验，适合在类似工程中推广应用。

非圆形大断面灌注桩在桥梁工程中的设计施工与应用

丛蔼森

（北京禹冰水利勘测规划设计有限公司　北京　100048）

摘　要： 本文根据笔者多年来从事地下连续墙的设计、施工、试验和咨询的体会以及国内外相关工程的经验，叙述非圆形大断面灌注桩（主要指条桩和墙桩）在城市道路、高速公路桥梁中的设计施工和应用问题。条（墙）桩的刚度方向可以调整，承载力高；可节省工程量，降低造价，缩短工期，值得推广应用。

关键词： 非圆桩；桥梁基础；条（墙）桩；设计；应用

1　概况

1.1　条桩的开发应用

为了适应目前基本建设工程中对大口径灌注桩的需要，为了实现桩基工程的快速施工，缩短建设工期，降低工程造价，减少环境污染，笔者根据多年来形成的技术设想，从 1993 年开始，利用从意大利引进的液压导板抓斗的特长，研制、开发和应用了条形桩、T 形桩和十字桩等非圆形大断面灌注桩技术。1993 年在北京市东三环双井桥首次采用条形桩；1993 年在天津市冶金科贸大厦工程中，首次采用挡土、承重和防水三合一的地下连续墙，作为地面以上 28 层大厦的周边承重墙并采用 51 根 2.5m×0.8m 的条桩代替 182 根直径 0.8m 的圆桩作为工程桩；均取得了良好效果。目前已经建成了几千根条桩，浇筑水下混凝土 20 万 m³ 以上；最大条桩断面面积已达 8.4m²，最大深度已达到 53.2m。北京新建的几条绕城高速和快速路都使用了很多条桩。最近了解到，法国索列旦斯公司在中国香港的几个大厦基础的岩石地基中，成功地用双轮铣槽机建成了大断面的条形基础桩，最大深度已达 105m。德国宝峨公司也有不少类似工程实例。

1.2　条桩原理

这里所说的条桩在早期是利用地下连续墙挖槽机（抓斗等）来建造的。使用抓斗直接从地层深处把固态土体挖下并提出地面，装车运出现场。它不必进行大量的泥浆生产和净化工作。在后期的条桩工程中，特别是在含有岩石的地基中，则采用液压双轮铣等设备，利用反循环出渣方法挖槽；它需要强大的泥浆生产和净化能力。

通常，把采用挖槽机（抓斗、双轮铣）一次挖出来的单元混凝土桩称为条桩；当一根桩由多个单元条桩组成时，则称为墙桩。

由于上述挖槽机配备了先进的液压和电子控制系统、监测系统、新型履带行走系统和使用低噪声的柴油发动机做动力，可以适应城市建设快速施工的需要。

施工中使用先进的测试仪器，提高了检测精度和成桩质量。

在面积一定的情况下，圆的周长最小，正方形较大，长方形更大（图 1）。在桩基工程中，在使用同样数量的混凝土条件下，长方形的桩能获得更大的侧面积以及侧面摩阻力，从而提高了摩擦桩的承载力。如果用长条形桩（条桩）代替圆桩，而保持承载力不变的话，则条桩可节约 10%～15% 的混凝土，施工效率可提高 5～10 倍。此外，从材料力学角度来看，混凝土矩形断面的抗弯刚度比圆形断面大；而且在它的两个互相垂直的方向上，具有不同的抗弯刚度（EI）。我们可以利用这一特性，合理布置条桩的位置和方向，比如我们可以把条桩的长边（抗弯刚度最大）布置在主要的地震或风荷载方向上，既可保证工程安全，又可节省混凝土，降低工程造价。

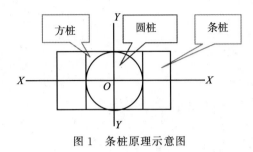

图1　条桩原理示意图

1.3　条桩应用

（1）做桥梁的桩基础（图2）。

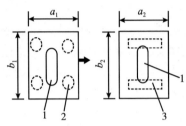

图2　圆桩和条桩的承台图

（2）做建筑物的桩基础。可做成一柱一桩形式；也可用多根条桩（群桩）代替圆桩；如天津冶金科贸大厦的条桩。

（3）做基坑支护挡墙。北京市嘉利来世贸广场（1997年）和水利局新塔楼（2002年）的基坑，就是用条桩和预应力锚索作为支护结构的。

本文重点叙述条桩和墙桩在桥梁桩基工程中的设计和应用问题。

2　条桩设计要点

2.1　条桩的计算方法

我国目前还没有专门的地连墙条桩的设计规范，设计中往往采用现有方法进行设计。

（1）对于承受竖向荷载的条桩来说，可以采用以下方法进行计算和设计：

①静力计算法。根据桩侧阻力和桩端阻力的试验或经验数据，按照静力学原理，采用适当的土的强度参数，分别对桩侧阻力和桩端阻力进行计算，最后求得桩的承载力。

②原型试验法。在原型上进行静荷载试验来确定桩的承载力，是目前最常用和最可靠的方法。还有一种自平衡试桩法也可确定桩的竖向承载力。在原型上进行动力法测试也可确定桩的承载力。

（2）水平承载桩是桩－土体系的相互作用问题。桩在水平荷载作用下发生变位，促使桩周土体发生相应的变形而产生被动抗力，这一抗力阻止了桩体变形的进一步发展。随着水平荷载加大，桩体变位加大，使其周围土体失去稳定时，桩－土体系就发生了破坏。

对于承受水平荷载的单桩，其承载力的计算方法有地基反力系数法、弹性理论法、极限平衡法和有限元法以及现场试验法等。地基反力系数法是我国目前最常用的计算方法。

桩的变位（沉降、水平位移和挠曲）可参照有关规范进行计算。

（3）日本已有专门计算地连墙条桩的规范。采用方法是有限元电算方法。他们把条桩看作弹性地基上的无限或有限长梁，把条桩看成由桩基、钻孔和周围地基三部分组成的组合结构，进行内力计算。

（4）国内条桩的现场试验。1993年笔者曾在北京东三环双井立交桥对条桩进行了大应变试验。同年又在天津市冶金科贸大厦工程中对2根条桩进行了静载试验。条桩与圆桩性能对比见表1、Q-S曲线如图3所示。由表中可以看出，采用条桩方案，其每立方米混凝土的承载力可提高1倍多；求得桩的侧摩阻力和端阻力均达到设计采用值的1.5倍。

表1　条桩和圆桩对比表

类别	根数	断面（m）	有效长（m）	混凝土（m³）	承载力（t）	实测 静压承载力	单位混凝土承载力 （t/m³）	工　　期
条桩	51	2.5×0.6	24	1836	估750～850	1050～1300	29.2～36.1	1台抓斗31d
圆桩	182	Φ0.8	24	2184	220	—	18.3	6台钻机30d（估）

目前，由于桩底加载法即自平衡法（图4）测试设备和技术的发展，使我们可以更便捷地测试桩的静载承载力。

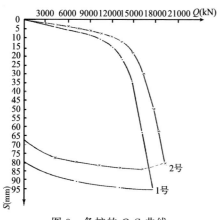

图 3　条桩的 $Q\text{-}S$ 曲线

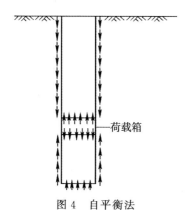

图 4　自平衡法

2.2　条桩的设计要点

（1）可参照国内现有桩基规范（规程）进行条桩计算和设计。

（2）条桩可作为单桩基础或群桩基础。条桩间距多为 2.5～4b（短边尺寸）。

（3）由于条桩的刚度（EI）具有方向性，所以我们可以根据桥梁上部结构的受力和变位要求，把条桩布置成不同方向。例如：从后面的图 8 中不难看出，此桥的基础采用的是两排或三排平行的墙桩。此时墙桩沿桥的长轴方向的刚度较小，弹性较大，可以适应上部多跨连续梁桥的温度影响。而在垂直于桥轴方向上，墙桩的刚度很大，用来承受该方向地震荷载的影响。这种刚度有方向性的特点，是地下连续墙所特有的。正是由于这个原因，这个工程没有采用常用的矩形或多边形闭合地连墙的井筒式基础。

（4）如果采用一墩（柱）一桩的布置方式，通常可以取消桥台。由于条桩和柱子钢筋保护层不同，宜将条桩的外形尺寸比柱子适当加大 50～100mm，这样可使桩的外层钢筋能与柱子外层钢筋直接相连。

（5）由于单根条桩的断面尺寸可以做得很大，它的抗冲切能力强，因而承台的厚度和混凝土方量就可大大减小；比如后面提到的潮白河大桥的条桩承台混凝土量只有圆桩承台的 55%。所以应当从条桩本身和承台两个方面来评价条桩基础节省的混凝土方量和技术经济效益。

3　条（墙）桩在桥梁工程中的应用

3.1　建在漂石地基中的潮白河大桥条桩

3.1.1　概述

北京市的京承高速路潮白河大桥全长 920m，由东引桥、主桥和西引桥三部分组成。主桥为 72m＋120m＋120m＋72m（长 384m）的三塔矮塔斜拉桥，总体布置如图 5 所示。两侧引桥各有 7 个桥墩，总长为 268m。

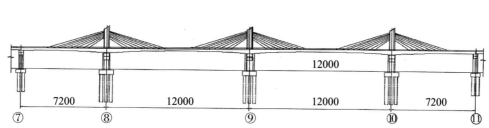

图 5　主桥立面布置

3.1.2　地质

潮白河大桥基础位于新近沉积和第四纪的冲洪积地层中，地基中 85% 以上都是卵漂石，上部第二和第三层中都含有粒径达 450～600mm 的漂石，且其多为辉绿岩和石英岩等坚硬岩石碎块，钻孔难度很大。大桥所在地段的地下水位于粉质黏土（第四纪）以下并略有承压，冬季地下水水位为 21m，埋深 8～15m，钻孔和浇筑过程中易发生塌孔和漏浆事故。

3.1.3 桩基方案变动

设计原拟采用直径 1.2m 和 1.8m 的圆桩，因地基中卵漂石含量太多太大，准备使用几十台冲击钻机来造孔，施工难度相当大，无法按时完成；遂改为直径 14m 的主沉井进行招投标。沉井在这种地层中很难施工，不光是卵漂石多且大，很难保证沉井均匀下沉；更重要的是由于地基的透水性很大，万一需要调整沉井偏斜时，则无法把水排干；如用潜水员到水下调整，困难也很大。为此设计院接受笔者建议，选用条桩作为新的桩基础方案，并要求首先通过条桩成孔试验来验证其可行性。

条桩施工技术是由笔者最早于 1993 年开发成功的；已经在北京、天津城市建设的许多工程中得到了应用。这种桩是用液压抓斗在地基中挖出条状沟槽，并在其中放入钢筋和浇筑混凝土而形成的。它的挖孔和出渣效率比常规钻机高，可以大大缩短工期，提高成桩质量。

2004 年 2 月中旬，我们只用了 12d 时间就完成了 2 根条桩的挖孔工作，证明采用条桩是完全可行的。

3.1.4 条桩基础设计

1）方案比较

如前所述，设计院曾考虑采用大直径的圆桩和直径 5m 和 14m 的沉井，现在又加上条桩等共三个方案进行了技术经济比较，如图 6 所示，现简介如下。

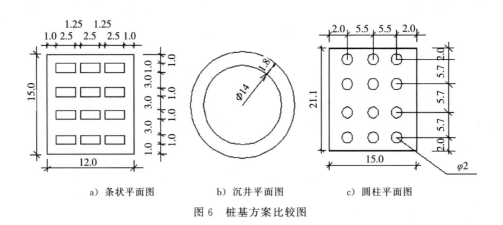

a）条状平面图　　　b）沉井平面图　　　c）圆柱平面图

图 6　桩基方案比较图

2）沉井（原方案）、条桩（现采用方案）、圆桩（原方案）和地连墙井筒的比较（图 6）

我们以主桥中墩 9 号墩为例进行比较，其最大垂直荷载为 14000t。各方案的主要指标见表 2。

表 2　各方案主要指标

种　类	沉　井	条　桩	圆　桩	地连墙井筒
规格（m）	$D=14$　$H=15$	$n=12$ 根 $H=26$，2.5×1.0	$n=12$ 根 $H=26$，$d=2$	$12.5\times12.5\times1.2$
混凝土（m³）	1490	1476	2246	1534
底板混凝土（m³）	270	—	—	270
钢筋（t）	87.7	144	224.0	191.6
工期（d）	63	22		66
说　明	入水下 7m		承台 21×15×4	

这里要说明的是，沉井方案的工期中安排抽水时间为 6d，实际上，根据地质勘察单位在现场进行的抽水试验来看，抽水时根本没有降深，也就是说在施工期间是很难把沉井内水抽干，去处理事故的。

再从引桥部位来看，由于此段地下水位较浅，故可考虑采用人工挖孔桩和条桩做对比。以一个桥墩为例，其主要比较项目见表 3。

表3 人工挖孔桩和条桩对比

桩基种类	条 桩	人工挖圆桩
桩长（m）	18	12
规格（m）	（2～2.5）×0.8	2×Φ2.0，间距6.0
桩底扩大头（m）	—	2×Φ3.0
桩混凝土体积（m³）	36.0	40.2
承台体积（m³）	43.75	81.0
混凝土合计（m³）	79.80	121.2
钢筋（t）	8.3	11.3
说 明		下卧黏土层仍未全部挖除

3）条桩设计

最后选定的条桩及承台尺寸如下。

（1）主桥部分参数见表4。

表4 主桥部分参数

部 位	中塔墩柱	边塔墩柱	边墩（2个）
直径（m）	8.0	6.0	4.0
壁厚（m）	1.5	1.2	1.0
承台（$L×b×h$）（m）	15×12×4	15×12×4	7×8×3
条桩数量	3排×4根 共12根	3排×4根 共12根	2排×2根×2 共8根
长 度（m）	26	26	22
条桩截面（m）	2.5×1.0	2.5×1.0	2.5×1.0

（2）引桥部分。

东、西引桥各有7排桥墩（含边墩），即28个墩柱，每柱下2根2.5m×0.8m条桩，长18.0m，承台尺寸为5.0m×3.5m×2.5m/1.5m。总共有56根条桩。

总共设计有条桩92根，设计混凝土4096 m³。

3.1.5 施工要点

1）导墙的设计与施工

导墙采用砖和混凝土结构（图7），高度为3m，平面净尺寸为280cm×90cm。导墙底放在老地基中，其表面充分洒水湿润，并灌入一定数量的水泥浆，然后再浇筑厚30cm的混凝土底板，其上再砌筑加筋砖墙，浇筑混凝土顶板。导墙的偏斜度不大于1/500，顶面高差不大于2cm。之所以采用上述导墙结构形式，是因为河道中开挖了很多采沙坑，上部地基已经被扰动；由于地基中卵漂石的存在，造孔时间大大加长，必须保证导墙有足够的稳定性。

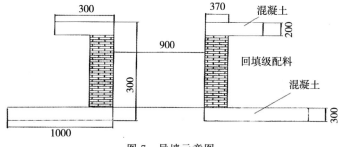

图7 导墙示意图

2）泥浆的制备和使用

在本工程桩基上部15m内没有地下水，且地层全为透水性很大的卵漂石，因此在钻孔过程中会发生泥浆的大量漏失。为此，本工程选用了优质膨润土粉配制泥浆。

膨润土泥浆的配比应使其比重不小于1.04，24h后的黏度大于25～30s，pH大于8～10。其配比采用：水：膨润土：纯碱=1000：（85～100）：（3～4.5）。

我们选用了在工厂里就已加入了纯碱的膨润土粉，因此运到现场后，只需泥浆搅拌机将其简单混合均匀即可。

泥浆池的有效容积约 90m³（相当于 2 倍桩孔容积），保证新制泥浆有 24h 的水化时间。

在挖槽过程中，实测泥浆比重 1.04～1.06，漏斗黏度（700/500）30～35s。

3）施工机械和设备

本工地共使用了 3 台 BH12（意大利土力公司产）液压抓斗，并配备了 ZL-50 型装载机运送挖出的土料，配备 25t 吊车运送和吊放钢筋笼。

4）工效和泥浆统计

（1）试桩阶段：桩长 19m 和 21m，平均工效 3.08m/h，泥浆用量 1.30 m³/m³。泥浆漏失率约 30%。

（2）施工阶段：实际开挖桩长 34.0m 和 28m，比试验桩长很多，且孔底漂石很多，挖孔难度很大，所以工效大为降低，平均工效为 1.5～2.0 m³/h。实测槽孔混凝土浇筑系数达 1.15～1.20。

5）结论和建议

实践证明，在像潮白河大桥这样含有大量卵漂石的地基中，采用条桩代替圆桩或沉井是完全可行的，并可加快施工进度，缩短工期，保证质量，节省工程量和工程投资，因此是值得推广应用的施工技术。

3.2 日本某桥梁的墙（条）桩基础

条桩的截面尺寸很大的时候，常把它称为墙桩。

该桥的 P12～P18 排桥墩左右（L，R）两个基础都采用了墙桩方案。根据所在部位的地形和地质条件，每个桥墩下面一般采用两根墙桩，个别部位采用 3 根墙桩。墙桩宽均为 10m，厚为 1.0～1.2m，深为 30.0～51.0m。桩底嵌入泥岩中。桥的布置如图 8 所示。

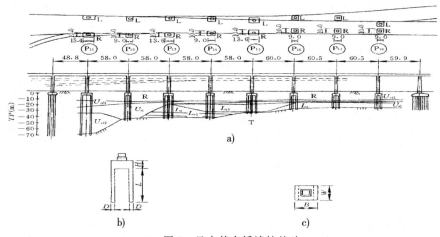

图 8　日本某大桥墙桩基础

3.3 北京地区的条（墙）桩工程实例
3.3.1 双井立交桥（图 9）

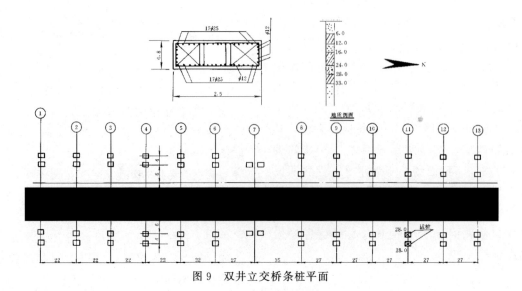

图 9　双井立交桥条桩平面

这是国内第一个在桥梁基础中采用液压抓斗施工的非圆形大断面灌注桩，是 1993 年设计施工的。每个桥墩的垂直荷载为 $1000\sim1100t$，原设 4 根 $\Phi1.2m$ 圆桩。经估算后，可用两根 $2.5m\times0.8m$ 条桩来代替。经现场试桩（2 根）验证，单根条桩极限承载力可达到 1500t 以上。采用条桩可节约 13% 的混凝土。另外本工程的地质条件较差，特别是底部的砂、卵砾石多且厚，同样在现场施工的回转钻或冲击钻施工很困难，平均 $3\sim7d$ 才能完成 1 根 $\Phi1.2m$ 圆桩，而条桩每天至少可以完成

$3\sim4$ 根，其效率至少高出 $6\sim10$ 倍，因而大大缩短了工期，为后续工作提前腾出了工作面。

在双井立交桥下采用了 52 根条桩（图 9），桩长 $26.0\sim35m$。使用 BH-7 和 BH-12 液压抓斗挖孔，总平均工效为 $73.5m^2/d$。在砂、卵石地基中，施工工效最高达 $5.7m^2/d$。

3.3.2　其他工程

在京津地区使用条桩的工程（1993—2000 年），实例见表 5。

表 5　京津地区非圆形断面桩工程施工数据统计表（1993—2000 年）

序号	工程名称	深度（m）	尺寸（长×厚）（m）	槽段（桩）数 桩数	进尺（m）	面积（m²）	备注
一	条桩						
1	北京东三环双井桥	35.2	2.5×0.8	54	1558	4375	
2	天津冶金科贸大厦	37～47	2.5×0.6	68	2800	5667	
3	木樨地立交桥	32.0	2.5×0.8	92	2140	4900	
4	京通路八王坟立交桥	17.8	2.5×0.8/1.2	27/6	1023	2579	
5	首都机场新航站区桥	40.0	2.5×0.8	26	1133	2946	
6	京通路八里桥立交桥	26.0	2.5×1.2	27	709	2660	
7	北京嘉利来护坡桩	19.5	2.5×0.6	197	3771	9428	
8	东四环通惠河桥桩	19.7	2.5×0.8	12		523	
9	北京东四环条桩	30.0	2.5×0.8	59	1770	4425	
10	南四环路过凉水河铁路专线桥方桩	53.2	2.5×0.8	52	1872	4680	
11	西四环路阜石路立交桥方桩	24～26	2.5×1.2	24	285	720	
二	丁字桩						
1	天津滨江大厦	28.8	2.5×2.5×0.8	5	244	631	
三	十字桩						
1	北京大北窑地铁站	29.4	3.0×3.0×0.6	39	2093	5980	
四	大断面桩（墙桩）						
1	北京东四环	34.0	5.4×1.2	2	70	367	
2	首都体育体育馆桥	16.0	5.4×1.2	6	50	260	
3	西四环火神营立交桥	30.0	5.6×1.2	16	160	896	
4	长春桥	16.0	5.6×1.2	2			

这里想指出几点：

（1）在木樨地和八王坟立交桥中，均与由日本引进的全套管贝诺托挖桩法进行了对比，结果证明全套管在砂、卵石地层中并不是很适合，问题迭出，最终退出了施工现场，这可以从另一方面证明条桩对北京砂、卵石地基有很好的适应性和较高的施工效益。

（2）在木樨地立交桥中，由于交通非常繁忙和拥堵，设计改用了大跨度（60m）钢箱梁主桥结构，每个边墩采用了 $2.5m\times0.8m$ 的条桩就满足了要求。

（3）东四环跨越通惠河的匝道桥，原设计为一柱两桩承台结构，无法断水施工，无法在河床底部做承台，笔者建议采用大型条桩直接与墩柱

相连，即一柱一桩做法。这样，既可不做承台，又可加快工期，取得了较好效益。

（4）北京地铁大北窑车站立柱下的十字桩（图10）也是用改装后的抓斗施工的。设计要求底部抓出十字槽孔，放入十字形钢筋笼；浇筑混凝

土时还要埋入Φ1.3m的钢护筒；然后再将其内泥浆抽出，工人下入护筒内再安装地铁车站大厅的Φ700mm钢立柱，施工难度是很大的。但我们很顺利地完成了此项工作。

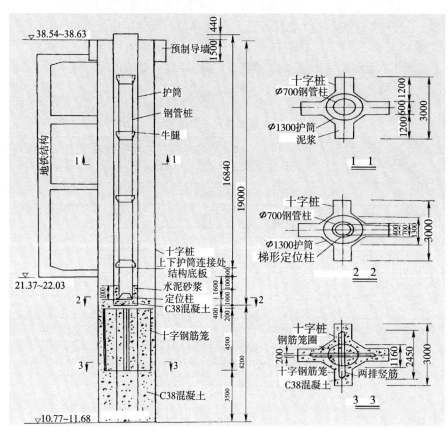

图10　大北窑地铁站十字桩图

3.3.3 墙桩

这里所说的墙桩是指大断面的条桩。这些墙桩通常都是用来跨越河流或其他构筑物（如铁路、公路或桥梁）。比如跨越北京市昆玉河（从颐和园到玉渊潭）的多座桥梁（如火神营桥、长春桥、罗道桥等），都采用了一跨过河的布置方式。常用边长5～7m、厚1.2m和深20～35m的墙桩代替4～6根Φ1.2～1.5m的圆桩，以解决河道中打桩的困难。这些墙桩通常一天即可完成，而圆桩则需8～10d。

4　结语

可以看出，桥梁基础中使用条（墙）桩，可以提高基础承受垂直和水平荷载的能力，提高结

构的整体安全度；可以节省工程量（混凝土和钢筋），缩短工期，从而降低工程造价。条桩施工是一种成熟的施工技术，不存在大的风险，推广应用条桩基础会带来显著的技术经济和社会效益。

参考文献

[1] 丛蔼森．地下连续墙的设计施工与应用[M]．北京：中国水利水电出版社，2001．

[2] 丛蔼森．非圆形大断面地连墙深基础工程综述[C]//第八次全国岩石力学与工程学术大会论文集，2004．

[3] 丛蔼森，杨晓东，田彬．深基坑防渗体的设计施工与应用[M]．北京：知识产权出版社，2012．

盾构分体始发施工技术

郑永军

（北京城建中南土木工程集团有限公司　北京　100012）

摘　要： 盾构法施工目前已广泛应用于我国地铁及电力、热力等隧道施工中。盾构始发是盾构由工作井进入正常掘进的一个施工过程，是盾构施工全过程的一个关键环节。通常情况下，地铁隧道盾构机为整体始发，但一般的电力、热力等隧道以及超过一定长度的地铁隧道区间依靠较小的施工竖井始发，由于盾构机及其后配套台车自身长度限制，其不能在始发前全部位于始发井内，从而必须进行分体始发。北京市远大220kV输电工程电缆隧道工程即采用分体始发的方式。

关键词： 分体始发；盾构法；施工参数

1　工程概况

1.1　工程设计概况

远大220kV输电工程（电缆隧道）（第二标段），起自北京市常青路与西四环北路的交点，然后沿西四环路西侧位置向南至四季青桥与拟建西北热电中心—远大工程电缆隧道甩口连接。线路上方多为绿地，部分线路位于西四环北路辅路上。

电缆隧道里程 $L20+171.9 \sim L21+525.4$。新建电缆隧道长约1380m，采用2.6m×5.1m暗挖双层隧道和 $\Phi 5.4$m盾构隧道，其中盾构隧道长约1340.35m。盾构隧道为圆形断面，内径5.4m，外径6.0m，管片结构厚300mm，环宽1.2m。电缆隧道埋深13～21m，隧道从始发井始发后，经过400m、400m、800m、300m、300m五个半径的曲线后到达盾构接收井。电缆隧道以0.55%单一坡度下坡进入盾构接收井。

远大220kV输电工程（电缆隧道）（第二标段）平面示意图如图1所示。

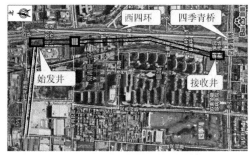

图1　远大220kV输电工程（电缆隧道）（第二标段）平面示意图

1.2　工程地质及水文概况

1.2.1　工程地质概况

依据设计资料，前期地质勘探最大深度为35.00m。根据勘探呈现的地层资料，按照地层沉积年代、成因类型及岩性名称，本工程深度范围内地层自上而下可分为人工堆积层、新近沉积层及第四纪沉积层共三大类，按地层岩性及其物理力学性质进一步分为9个大层及其亚层，盾构穿越区域主要为卵石④层。

1.2.2　工程水文概况

依据设计资料，地质勘探35.00m深度范围内未见地下水。工程场区近3～5年最高地下水位标高在26.20m左右；拟建场地的历年最高地下水位接近自然地表，因此本工程不考虑地下水的影响。

1.3　始发方式的确定

盾构机始发方式分为两种：一种为整体始发，当盾构始发在地铁车站或者施工竖井时，

将盾构机本体连同后配套台车一起吊入始发端，连成整体调试完成后一起始发掘进；另一种为分体始发，当盾构始发场地内竖井尺寸小（电缆隧道、输水隧道等）时，将盾构机盾体或一部分主要的后配套台车吊入到始发端，另一部分台车或全部后配套台车安装在地面上，在盾构掘进长度达到足够能使所有的后配套台车放入的长度后，再按整体始发的模式将后配套台车吊装下井进行第二次始发。

本次电缆隧道施工采用的盾构机总长约 80m，线路设计盾构始发井长 16m，反向暗挖隧道 26m，正常情况下能放下 3 节后配套台车，但是反向暗挖电力隧道尺寸为宽 2.6m、高 5.1m 暗挖双层隧道，甚至不能满足后配套台车最窄 4.5m 的要求，因此不能采用整体始发，只能采取分体式始发方式，即先将盾构机本体吊装下井，后配套设备先放置在竖井周边进行分体组装，待始发段完成后，将后配套台车吊装下井，进行二次组装，二次始发。

2 分体始发重难点分析

盾构始发是盾构法施工中较容易发生问题的施工工序，始发的失败，会引起周边重要管线破裂、建（构）筑物倾斜、失稳、基坑变形过大、管片开裂、大量水土涌入盾构井等风险。本工程盾构始发段位于卵石④层，始发端头布置有渣土池，周边有人行过街天桥、项目部临设等，必须做好应对措施才能确保盾构始发安全。

同时盾构在始发几米后即进入半径 400m 转弯隧道，属于曲线始发，必须做好盾构始发轴线控制工作。鉴于始发井只有 16m 长，盾构机本体长 10m，必须做好始发设施及分体始发辅助设施的安装工作，负环管片必须采用半环＋整环的拼装方式。

由于盾构机本身为液压驱动闭式系统，在分体始发阶段盾构电缆和油管较长，井上井下压差大，很容易造成油管泄漏、传感器反应不灵敏等现象，必须做好日常检查维护保养工作。

3 分体始发前准备工作

3.1 盾构施工的前期工作

3.1.1 补充勘探

有关地质资料所提供的信息基本上满足了本标段电缆隧道的施工需要。但由于无详细勘探报告，施工阶段需要补充一定数量地质勘探孔，以进一步查明沿线地质情况。施工前还应对盾构施工影响范围内的建（构）筑物及地下管线进行详细的勘察，确保盾构施工范围内无桩基等影响盾构机正常掘进的障碍物存在。

3.1.2 分体始发施工方案的编制

（1）设计单位详细进行施工图设计并进行设计交底后，由项目总工组织，设计施工图纸进行全面会审，认真领会设计意图。

（2）结合地质补充钻探、地面建筑物及地下管线调查资料，掌握工程地质及水文地质、周围环境等工程条件，紧抓工程特点、重点和难点，制定相应施工技术措施，对每一分项进行施工计划安排，确定施工方案、施工方法、施工工艺以及采取的技术措施。

（3）根据业主的工期要求、工程特点，综合考虑各种因素，用工程管理软件编制工程进度计划，制定施工措施。

（4）编制出的施工方案经讨论研究，反复论证后，报监理工程师及业主审批后执行，确保施工过程处于受控状态。

3.1.3 设备的选型与制造

为确保设备按时到场，尤其是确保所选设备对本工程的适用性，组成专门的设备选型及采购小组，专门负责设备的选型和制造。

（1）选用的盾构机适应地质及环境的需要。

（2）根据施工场地布置，提前做好龙门吊的设计和招标工作。根据施工组织安排制定龙门吊的生产计划，确保龙门吊按时到场。

（3）根据施工组织设计，确定电瓶车、运渣车、搅拌设备等配套设备的型号，提前生产和采购，做到按时到场。

3.1.4 前期的测量工作

（1）尽快和业主、监理办理测量桩点的交接。采用全站仪、水准仪等测量仪器对业主所交桩点进行复测，复测成果上报业主和施工监理审定。

（2）根据施工平面图，现场放样线路中线，以便进行建筑物、管线的调查和监测点的埋设。

（3）做好前期的测量工作，为盾构始发做好准备。前期的测量工作主要包括建立测量控制网、联系测量、洞门精度测量、盾构机基座测量、反力架测量等。

3.1.5 监测点埋设与初始值取值

在盾构到场前，按监测方案要求布设好始发阶段的监测点，并适当加密断面及断面点，读取记录初始值。

3.1.6 管片生产

（1）制定管片生产计划，提早生产，确保管片储备充足。

（2）做好管片原材料进场检验。确定好混凝土配合比，并上报监理和业主。

（3）开工前做好管片的各项参数试验，保证提供的管片满足设计要求。

（4）按计划提前生产 200 左右环管片，确保管片满足盾构掘进的要求。

3.1.7 端头土体加固

电缆隧道始发端头穿越的土层主要为卵石④层。根据施工加固要求，采用双重管旋喷桩施工方法进行加固。沿围护桩布置Φ500@400双重管旋喷桩。始发井端头土体加固沿隧道方向加固长度为6.00m，宽度为隧道外径径向外延3.0m范围，深度为隧道上下3.0m范围；接收井端头土体加固沿隧道方向加固长度为6.00m，宽度为隧道外径径向外延3.0m范围，深度为隧洞上下3.0m范围。

3.1.8 前期其他准备工作

（1）进行沿线的建筑物及地下管线的调查，并实施建筑物保护施工。

（2）盾构始发架、反力架、预埋件等设备材料的加工、制作。

（3）做好实施性的场地规划和设计，准备临建材料。

（4）积极协助设计单位，确保按时拿到施工蓝图。

3.2 盾构施工准备

综合考虑施工用地，尽早进场安排场地布置，以确保盾构机能按时始发。

3.2.1 场内平面布置

盾构施工场地位于西四环北路与常青路交叉西南侧，盾构机在4#始发井进行组装始发，施工场地设1台盾构机、1台45t龙门吊、1套浆液站、1座变电站、1套冷却塔、1个集土坑、管片存放区、库房、周转料存放区及办公区等。

3.2.2 主要配套设备安装

1）办公与生活设施及场地硬化

办公与生活设施满足业主代表与驻地监理工作生活需要，职工居住面积要达到有关规定的要求。为保持场地环境整洁，并综合考虑场地承载力要求，需对场地进行全面硬化。

2）龙门吊安装与检验

盾构施工场地设置1台45t龙门吊，全面负责出渣，装卸管片、钢轨等材料。龙门吊安装前要向主管部门报装，并邀请对安装调试过程进行监督，以利于及时通过检验，投入使用。

3）同步注浆砂浆浆液站

本工程盾构施工的浆液站设置于端头处，施工时布置好材料堆放场地，做好除尘密封设施，减少环境污染。

4）渣土池

在结构隧道上方区域位置设置一个800 m³、

深4.5m的渣土坑。渣土池东西侧墙宽为1m，南北侧墙宽为30cm，底板均为30cm厚混凝土，南北侧墙及底板配Φ16双层钢筋网片，浇筑C30混凝土。渣土池回填时采用对称回填的方式，避免土压力过大损坏墙体。

5）沉淀池

沉淀池设于渣土池旁边，与场内洗车槽、排水沟连通，经沉淀，待水质符合市政规定后排入市政排水道，沉淀池可定期清理，清理的淤泥可倒入渣土坑。

6）电力系统

业主在施工场地东南角布置1台630kV·A变压器，作为盾构施工地面设备用电；1台2000kV·A高压电源供盾构机用电。

7）排水沟

沿场地的周边设连通的排水沟，排水沟宽0.3m、深0.3m，并便于清理，排水沟上盖有铁排栅，以保证车辆和人员安全跨越。排水沟汇集的雨水、生产废水流入沉淀池，经过沉淀过滤，确保达标后排入市政排污管道。

8）现场照明

在预留洞口周边间隔设置多盏探照灯，作为夜间施工的照明，另外，沿场内道路及各加工点均设置多盏灯具，保证夜间有足够的亮度。

3.2.3 始发基座安装

始发基座采用钢结构形式，主要承受盾构机的重力及推进时盾构机产生的摩擦力和扭转力。结构设计考虑盾构前移施工的便捷和结构受力，以满足盾构在组装时对主机进行向前移动的需要。始发基座安装时依据盾构机设计始发姿态对始发托架进行精确定位，托架安装前已经根据测量放样在底板上预先加固好预埋件。按照测量放样的位置，将始发基座吊入井下就位焊接，并组装始发托架，始发托架安装完成后测量班进行复核，如有偏差进行微调，最后进行焊接。

盾构设计以0.55%的下坡始发，始发基座并没有直接与洞门钢环连接，始发托架前端面距洞门钢环0.5m，考虑到盾构在始发掘进过程中，由于盾构机自身的重心靠前，始发掘进时容易产生向下"磕头"现象。因此当盾构机始发前，在-1~0环处始发托架的轨道必须延伸，安装导向轨道。并在盾构机托架安装时使盾构机轴线与隧道设计轴线保持平行，盾构中线比设计轴线适当抬高20mm。

3.2.4 反力架安装

反力架采用组合钢结构件，便于组装和拆卸。

由于结构限制，反力架支撑两边均撑在北侧结构墙上。依据始发竖井结构、盾构主机长度以及负环管片宽度等综合确定反力架位置。

在施作盾构井底板时，同时预埋门式反力架的立柱和反力后支撑的预埋件。反力架端面应与始发线路水平轴垂直。反力架与盾构始发井结构上预埋的钢板焊接牢固，保证反力架脚板安全稳定。要求反力架与管片接触的平面要与盾构始发基座的轴线垂直，反力架轴线与盾构始发轴偏差小于5mm。

3.2.5 盾构组装调试

盾构机后备套设备的组装与调试由机械工程师、电气工程师组织人员进行组装和调试，由于采用分体始发方式，组装连接示意如图2所示。

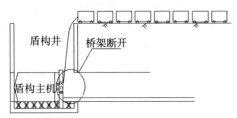

图2 盾构分体始发组装布置示意图

盾构机经过组装并对所有管线检查完毕后，即可进行调试工作。调试工作由专业的机械、电气工程技术人员配合共同完成。盾构机调试完毕后，应达到盾构机具备正常工作的性能要求，并经过验收后方可进行始发施工。

4 盾构分体始发施工

4.1 负环管片安装

综合考虑竖井尺寸及反力架布置，满足始发出土要求，本工程负环管片一共设置12环，其中7环半环、4环整环。负环管片拼装采用通缝拼装。负环管片均通过龙门吊从地面吊至竖井中。

由于盾构主体直径比管片直径大，在管片拼

装完成出盾尾后，必须在盾构始发基座轨面与管片之间设置125mm高具有足够强度和刚度的垫快支撑管片，本工程采用三角形木楔子垫实，每环负环管片须垫两对该垫块。由于负环管片是盾构施工材料和出土的运输通道，为防止管片失稳，在管片的两侧设置支撑。支撑采用H200型钢加工，与竖井底板及侧墙的预埋钢板固定。

4.2 洞门破除施工

洞门内径6500mm，围护结构为 Φ800@1200钻孔灌注桩，围护桩采用玻璃纤维筋代替一般钢筋，一般不需要对玻璃纤维筋进行破除。实际刀盘切削过程中还会对刀盘造成部分磨损，盾构机进入洞门时需要破除部分玻璃纤维筋桩围护结构。

盾构始发洞门围护结构破除采用水钻钻孔及盾构刀盘切削结合的形式。由于玻璃纤维筋桩径800mm，本次钻孔深60cm，剩余20cm由盾构刀盘直接切削破除。

洞门范围内按间距20～30cm钻孔布置，孔径10cm。每个玻璃纤维筋桩中部保留20cm宽竖向桩体；为保护刀盘中心鱼尾刀，中心刀区域内适当加密钻孔，必要时人工破除。

4.3 洞门密封

洞口密封采用折叶式密封压板，其密封原理如图3所示。其施工分三步进行，第一步在始发端墙施工工程中，做好始发洞门预埋件的埋设工作，预埋件必须与端墙结构钢筋连接在一起；第二步在盾构到达之前，清理完洞口的渣土，完成洞口密封压板及橡胶帘布板的安装；第三步当盾尾通过洞门密封后，然后利用盾尾注浆孔速凝注浆，具体位置在盾尾与洞门脱离500mm处左右，以避免洞门间隙处产生水土流失。在始发掘进过程中，当盾尾完全进入洞门后，橡胶止水布帘及压板和管片外壁接触时，间隙落差瞬时扩大140mm，所以必须保证切口的稳定。

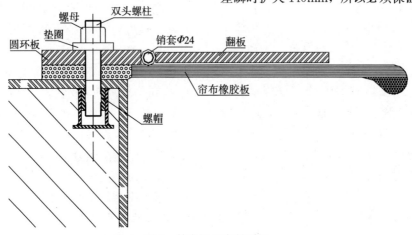

图3 始发洞口密封原理

4.4 土舱压力控制

土压平衡盾构是通过密闭土舱内切削泥土的压力与开挖面水土压力的平衡来减小对土体的扰动。设置合理的施工土压力，对于控制地表沉降、提高掘进速度、降低掘进成本有着非常重要的意义。

始发掘进时应逐步建立土舱压力，控制地表沉降。

4.4.1 土舱压力理论计算

1）土舱压力上限值

$$P_上 = P_1 + P_2 + P_3$$
$$= \gamma_w \cdot h + K_0 \cdot [(\gamma - \gamma_w) \cdot h + \gamma \cdot (H - h)] + 20$$

式中　$P_上$——土舱压力上限值（kPa）；

P_1——地下水压力（kPa）；

P_2——静止土压力（kPa）；

P_3——被动土压力，一般取 20 kPa；

r_w——水的溶重（kN/m³）；

h——地下水位以下的隧道埋深（算至隧道中心）（m）；

K_0——静止土压力系数；

γ——土的溶重（kN/m³）；

H——隧道埋深（算至隧道中心）（m）。

2）土舱压力下限值

$$P_下 = P_1 + P_2' + P_3$$
$$= \gamma_w \cdot h + K_a \cdot [(\gamma - \gamma_w) \cdot h + \gamma \cdot (H - h)] - 2 \cdot C_u \cdot K_a^2] + 20$$

式中　$P_下$——土舱压力下限值（kPa）；

P_2'——主动土压力（kPa）；

K_a——主动土压力系数；

C_u——土的凝聚力（kPa）。

根据设计图纸所示地下水位在隧道结构以下，因此地下水压力可以不用计算在内，静止土压力系数 $K_0 = 0.3387$，土的容重 $\gamma = 19.28\text{kN/m}^3$，水的容重 $\gamma_w = 10\text{kN/m}^3$，主动土压力系数 $K_a = \tan^2(45 - \varphi/2) = 0.33$，土的黏聚力 $C_u = 29.6\text{kPa}$，则：

始发段土舱压力上限值 $P_上$ 为 131.01kPa；始发段土舱压力下限值 $P_下$ 为 94.16kPa。

4.4.2 土舱压力实际设定值

盾构始发掘进阶段由于受到尾盾密封及洞门密封等因素的限制，土舱压力实际设定值不宜过高。

1）加固区土舱压力设定

始发端头采用高压旋喷桩进行加固，加固范围为纵向 6m，此区域掘进拟取土舱压力值 50～60kPa。

2）出加固区的土舱压力设定

盾构出加固区，在保证尾盾密封及洞门密封圈安全的条件下，逐步提高土舱压力设定值至理论计算值，并根据地面监测情况进行调整。

3）出加固区后的土舱压力设定

根据地面监测情况，结合土舱压力理论计算值，小范围内调整土舱压力设定值。

4.5 始发掘进推力

盾构始发的推力主要由下述因素决定：盾构外周（盾壳外层板）和土体之间的摩擦阻力或粘附阻力、盾构正面阻力、管片和盾尾刷之间及盾构与始发基座轨道之间的摩擦阻力。

4.5.1 盾构外周和土体之间的摩擦阻力或粘附阻力

这一阻力就是作用于盾构外周的土压力引起的与盾壳钢板之间的阻力，如图4所示。始发段隧道覆土厚度约为13m，其计算式为

$$F_1 = \pi D L \mu_1 \frac{P_{e1} + Q_{e2} + Q_{e2} + P_g}{4}$$

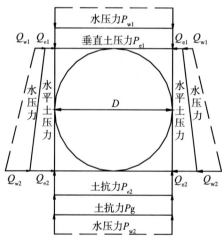

图 4　土压力荷载分布示意图

式中　P_{e1}——上方垂直土压力（t/m²），取 11.3t/m²；

Q_{e1}——顶部水平土压力（t/m²），取 5.7t/m²；

Q_{e2}——底部水平土压力（t/m²），取 8.6t/m²；

P_{e2}——土抗力（t/m²），取 17.3t/m²；

P_g——土抗力（盾构自重反力）（t/m²），$P_g = 1.911\text{t/m}^2$；

μ_1——土体与盾壳钢板之间的摩擦系数（一般采用 0.3～0.5），取 0.5。

取盾构机入土 2m、4m、10m 三种情况计算摩擦阻力。

当盾构机进入 2m 时：$F_1 = 207\text{t}$；

当盾构机进入 4m 时：$F_1 = 414t$；

当盾构机进入 10m 时：$F_1 = 1035t$。

4.5.2　盾构正面阻力

这一阻力就是作用于盾构正面的土压力和水压力，如图 5 所示，其计算公式如下：

$$F_2 = \frac{\pi}{4} D^2 \frac{Q_{fe1} + Q_{fw1} + Q_{fe2} + Q_{fw2}}{2}$$

式中　Q_{fe1}——上部水平土压力（t/m^2），取 $11.4 t/m^2$；

　　　Q_{fe2}——下部水平土压力（t/m^2），取 $17.3 t/m^2$。

于是 $F_2 \approx 440t$。

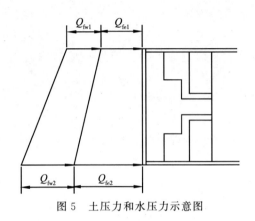

图 5　土压力和水压力示意图

4.5.3　管片和盾壳之间的摩擦阻力

这一阻力就是盾尾部位同隧道管片之间的摩擦阻力，其计算式为

$$F_3 = n_s W_s \mu_s$$

式中　F_3——盾尾部位同隧道管片之间的摩擦阻力（t）；

　　　n_s——隧道管片的环数（一般采用 2~3）；

　　　W_s——隧道管片每环的重量（t）；

　　　μ_s——盾壳钢板和隧道管片之间的摩擦系数（一般采用 0.3~0.5）。

n_s 取 3，W_s 为 16.12t，μ_s 取 0.5，则 $F_3 = n_s W_s \mu_s = 3 \times 16.12 \times 0.5 = 24.2t$ 所以盾构机始发所需推力为

当推进 2m 时：$F = 207 + 440 + 24.2 = 671.2t$；

当推进 4m 时：$F = 414 + 440 + 24.2 = 874.2t$；

当推进 10m 时：$F = 1035 + 440 + 24.2 = 1499.2t$。

盾尾进洞门前（刀盘与桩接触），总推力控制在 1000t 以内，随后盾构推力可逐步加大，但须控制在 1500t 以内（此时刀盘刀具工作状态为磨桩而不是刀具深贯入切桩）。

4.6　盾构推进速度及刀盘转速的设定

盾构推进速度及刀盘转速与盾构机的性能密切相关，同时也受工程地质及水文地质条件的影响。始发伊始，对参数设定首先要依据理论计算值进行设定，在始发完成后的试掘进阶段可对各种参数进行对比，调整推进速度与推力、刀盘转速与扭矩的关系式，定出推进速度和转速的范围。

在本始发段中，隧道洞身范围内地层主要为卵石④层，由于处于始发掘进阶段，推进速度初始设定 10~15mm/min，初始设定刀盘转速应不大于 1.0r/min。

4.7　盾构机始发掘进注浆

4.7.1　双液注浆

在端头加固区内的注浆选用双液浆（水泥浆＋水玻璃），主要目的保障洞门的密封性。因为刀盘在击穿加固区的同时会形成对洞门的冲击水压，双液浆的注入会加快浆液的凝固时间，减少风险。但是双液浆的注入过程中，如果不控制好双液浆注入的出口压力，可能会对盾尾造成伤害，所以在双液浆注入时的出口压力应该控制在 0.10~0.3MPa 范围之内。

4.7.2　同步注浆

盾尾注浆压力主要是受地层的水土压力的影响，注浆压力的设定以能填满管片与开挖土层的间隙为原则。当盾尾通过洞门密封后开始实施同步注浆。浆液选择水泥砂浆，浆液配合比依据试验情况进行确定。

根据刀盘开挖直径和管片外径，可以按下式计算出一环管片的注浆量。

$$V = \pi/4 \times K \times L \times (D_1^2 - D_2^2)$$

式中　V——一环注浆量（m^3）；

　　　L——环宽（m）；

　　　D_1——开挖直径（m）；

　　　D_2——管片外径（m）；

　　　K——扩大系数，取 1.5~2。

盾尾同步注浆根据地层施工经验注浆时每环应按理论值（150%~200%）控制，同时要求同步注浆速度必须与盾构推进速度一致。依据本标段线路埋深及地质情况，初始盾尾注浆压力设定为 0.16~0.30MPa。

4.8　分体始发的注意事项

（1）千斤顶总推力控制在适当的范围内。

（2）盾构机进入洞门圈时，要确保密封装置的压入。

（3）随着盾构机逐渐出洞，防扭转装置要逐个割除。

（4）要确保盾尾密封油脂的注入达到压力要

求，以保证盾尾的密封效果。

（5）安装临时管片时，要保证管片和盾构机下部的合理间隙。

（6）初始注浆时，选取注浆压力要综合考虑地面沉降要求和洞门密封装置的承压能力。

（7）除了跨洞门一环，其他负环管片可不贴密封条。

（8）在初始掘进时，盾构推力不宜加大，盾构推力加大，刀盘切入土体深，易造成扭矩大，使盾构翻转，同时在防扭块焊接时注意位置和质量。

（9）做好盾构的日常保养工作，及时进行检查维护。

（10）做好以下施工应急预案：破除洞门、始发定位、防止管片错台下沉、防止盾构扎头、防盾构扭转、防洞门渗漏、始发时洞门涌水及涌砂、管线渗漏或爆管、盾构长期停机等。

5 结语

随着地下工程的蓬勃发展，盾构法施工隧道越来越普遍，而城市化发展的速度也在日益加快，制约盾构整体始发的因素越来越多，尤其是电力、热力等隧道应用盾构法施工技术的普及，必须进行盾构分体始发的工程越来越多。在分体始发的过程中，通过始发场地的合理布置、始发设施的准确安装、始发施工参数的优化等可以确保盾构机在分体始发过程中的安全、质量及进度要求。

参考文献

[1] 尹林杰. 盾构分体始发施工技术 [J]. 城市建设理论研究，2014（10）.

[2] 张俊英. 盾构机分体始发施工技术 [J]. 铁道建筑技术，2013（9）.

两驱多根二重管两向深搅
水泥土地连墙施工工法

陈福坤　邵天林　王　拓　薛　峰

（北京城建中南土木工程集团有限公司　北京　100012）

摘　要： 两驱多根二重管两向深搅水泥土地连墙施工工法（Two driving a plurality of double tube two to deep mixing cement soil wall，TDBMSW］和两驱多根二重管两向深搅水泥土地下连续墙施工工法（Two driving a plurality of double tube two to deep mixing cement soil with thin wall，TDBMSTW）是多轴深搅水泥土地连墙施工技术和两向搅拌水泥土单桩技术综合应用于建造水泥土地下连续墙的一种新技术，它具有挡土、支护、防水截渗、固基、承重等多重功能。此工法已被批准为 2012 年度江苏省工程建设省级工法（苏建质安〔2013〕568 号）。图 1 为 TDBMSTW 机。

关键词： 两驱；二重管；两向深搅；水泥土地连墙

1　工法特点

1.1 工法先进

图 1　TDBMSTW 机

将 5 根或 3 根两向深搅水泥土单桩相割成一字形布列而形成单幅连续柱列式墙体（图 2）。

图 2　施工实物：柱列式墙体图

1.2　墙体延续性、整体性、抗渗性好

将第 1 幅连续墙体中的尾根二重管双向搅拌桩与第 2 幅首根二重管双向搅拌桩重合而成较大连续墙体，依此类推，最终形成所需的地下连续墙体。

1.3　水泥掺入量沿深度达设计要求且搅拌均匀、密实，墙体质量高

通过外钻杆上叶片反向旋转的压浆作用和内同心轴正向叶片同时两向搅拌水泥土，阻断水泥浆上冒途径，把水泥浆控制在两组叶片之间，保证水泥掺入量沿深度上达设计要求且搅拌均匀、

密实，确保了成墙质量。克服了长期以来出现的所谓水泥浆液上浮而造成墙体顶部质量好，下部质量差的现象（图3）。

图3　内外管钻杆双层搅拌叶

1.4　成墙深度大、壁厚薄

采用管螺纹加花键组合接杆新技术可一次性成墙深度达30m；最小有效厚度为0.15m。

1.5　分体独立驱动、能耗低

驱动5（3）根二重管的动力源分别设置在钻杆的顶部和底（中）部，为独立分体结构，抗干扰性强，启动负荷小、能耗低（图4、图5）。

图4　顶部驱动头

图5　底（中）部驱动头

1.6　稳定性好，垂直精度高

由于三支点桩架能跟踪纠偏；底（中）部动力驱动装置能随搅拌轴上下滑移，降低了重心；同心轴旋转方向互为相反，能自稳平衡，保证了钻具垂直精度小于3‰。

1.7　内外钻杆同心度、高密封性好

内外管钻杆与钻头分别为螺纹连接，内外管钻杆之间采用滑动轴承和保压密封结构，既保证了内外管钻杆的同心度，又方便了内外管杆和钻头的拆卸，提高了工效，延长了钻具的使用寿命。

1.8　结构紧凑、易地快捷方便

注浆泵、储浆桶和配电柜置于支撑移动机尾部，并与其融为一体，使得整机易地方便、灵活、快捷。

1.9　强度高、承载力强

由于3根二重管建造的匀质墙体中可内置型钢，使承载和抗渗有机地结合，从而进一步提高了墙体的承载力和止水性能。

1.10　工效高、造价低

由于此工法多根双向搅拌轴之间为一字形整体布列，将常规的深搅水泥土墙的"四搅两喷"工艺改进为"两搅一喷"工艺，机械化程度和施工效率高；每台班成墙为 100～200m²（70～120m³）；操作者平均不超过6（10）人；能就地取材；工程造价低。作为临时挡土结构，内置型钢可回收利用，此工法比置换法在现浇地下连续墙方面可节省造价30%～50%；缩短工期50%左右；亦可减少大量的土石方料的开挖和运输。

1.11　质量好、环境影响小

采用质量监测（控）系统跟踪管理，可确保工程质量；无泥浆污染、不扰动周边基土、无振动、噪声低、利于安全、文明施工；能贴近建筑物施工，不影响周边环境。

2　适用范围

此工法适用于壤土、砂壤土、粉质壤土、砂土、粉土、砾质土、黏土与上述土类相间或混杂以及含粒径不大于10cm的卵（碎）石土层。

此工法既可用于防渗帷幕——截流防渗、江、河、湖、海等堤坝除险、污水深化处理池和建造地下水库；又可用于挡土和支护结构——防止边坡坍塌、坑底隆起；地基加固或改良——防止地层变形、减少构筑物沉降、提高地基承载力；还可用于盾构掘进工作井、煤矿竖井、城区排水和污水管道、路基填土及填海造陆的基础等多项工程；对多弯道、小半径的堤坝有较好的适应性。

3　工艺原理

TDBMS（T）W工法是在移动支撑机上的三支点垂直立柱挺（导）杆上装载着TDBMS（T）W型搅拌驱动装置，3（5）根掘削搅拌轴采用内、外嵌套同心双重管钻杆，在内管钻杆上设置正向旋转搅拌叶片并设置喷浆口，在外管钻杆上安装反向旋转搅拌叶片，通过外管钻杆上叶片反向旋转的压浆作用和内管同心管钻杆正向叶片，在原有位置将基土和固化剂（水泥系等）两向强制混合均匀搅拌，被注入的水泥系固化剂与基土中的水发生水解、水化反应，使透水或软弱基土凝结成均匀的地下连续墙的施工技术，如图6所示。

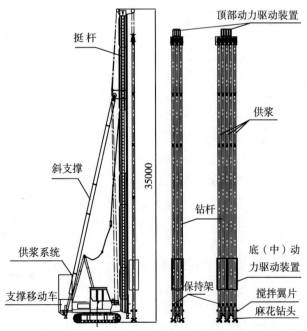

图6　TDBMSTW（TDBMSW）造墙机

顶部动力驱动装置
挺杆
斜支撑
35000
供浆
钻杆
供浆系统
底（中）动力驱动装置
支撑移动车
保持架
搅拌翼片
麻花钻头

4　施工工艺流程及操作要点

4.1　工艺流程

工艺流程包括清场备料、放样接高、安装调试、开沟铺板、移机定位、注浆掘进搅拌、回转搅拌提升、成墙移机、安装芯材等，如图7所示。

4.2　施工操作要点

4.2.1　施工准备

1）清场备料

平整压实施工场地，清除地面地下障碍，作业面不小于7m，当地表过软时，应采取防止机械失稳的措施。备足水泥量和外加剂。

2）测量放线

按设计要求定好墙体施工轴线，每50m布设一高程控制桩，并作出明显标志。

3）安装调试

支撑移动机和主机就位；架设桩架；安装制浆、注浆设备；接通水路、电路；运转试车。

4）开沟铺板

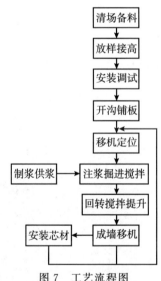

清场备料
↓
放样接高
↓
安装调试
↓
开沟铺板
↓
移机定位
↓
制浆供浆 → 注浆掘进搅拌
↓
回转搅拌提升
↓
安装芯材 ← 成墙移机

图7　工艺流程图

开挖横断面为深1m、宽1.2m的储留沟以解决钻进过程中的余浆储放和回浆补给，长度超前主机作业面10m，铺设箱型钢板，以均衡主机对地基的压力和固定芯材。

5）测量芯材高度和涂减摩剂

根据设置的需要，按设计要求测量芯材的高度并在安装前预先涂上减摩剂（脱模剂、隔离剂）。

6）确定芯材安装位置

在铺设的导轨上注明标尺，用型钢定位器固定芯材位置。

4.2.2 挖掘规格与造墙方式

表 1　挖掘规格表

型　号	TDBMSTW			TDBMSW	
	527025	528030	532030	345025	364025
轴　数（根）	5			3	
挖掘深度（m）	25	30	30	30	30
轴间距离 L（mm）	270	280	320	450	640
有效壁厚 D（mm）	150～300	150～300	150～300	300～500	300～700
内置型钢	无			可	

1）挖掘规格、形状（见表 1 及图 8）

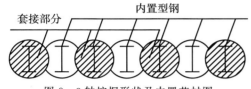

图 8　3 轴挖掘形状及内置芯材图

2）挖掘顺序

挖掘顺序见图 9～图 11。

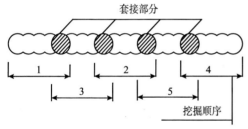

图 9　往复式双孔全套打复搅式标准形

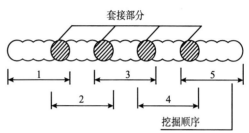

图 10　顺槽式单孔全套打复搅式套叠形

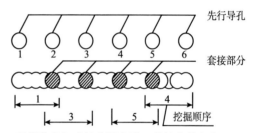

图 11　1 预钻孔套打式标准混合形（当标准贯入度 $N>50$ 采用）

3）芯材安装

根据设计需要插入芯材（如 H 型钢、钢筋混凝土预制桩等），如图 8、图 12 所示。

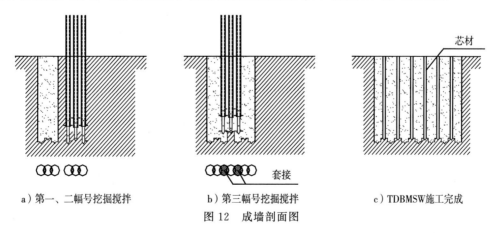

a）第一、二幅号挖掘搅拌　　b）第三幅号挖掘搅拌　　c）TDBMSW 施工完成

图 12　成墙剖面图

4）掘搅施工方式

一般情况下采用侧槽式施工，即墙体轴线位于主机底板中心线的平行一侧。特殊情况下，针对工作面狭窄时，亦可采用主机底板中心线与墙体轴线重合的正槽式施工。

4.2.3 造墙管理

1）钻头定位

将 3（5）轴钻机钻头定位于墙体中心线和每

幅标线上。偏差控制在±5cm以内。

2）垂直的精度

采用经纬仪作三支点桩架垂直度的初始零点校准，并用垂直角度仪跟踪调整钻具的垂直度在±3‰以内。

3）挖掘深度

控制挖掘深度为设计深度的±0.2m。为详细掌握地层性状及墙体底线高程，应沿墙体轴线间隔50m布设一个先导孔，局部地段地质条件渐变严重的部位，应适当加密钻进导孔，取芯样进行鉴定分析，并描述给出地质剖面图指导施工。

4）挖掘搅拌速度

开动掘进搅拌TDBMS（T）W主机，并徐徐下降钻头与基土接触，分别启动内、外钻杆，调整转速分别为50 r/min和70 r/min，按规定要求注浆。一般控制进尺速度为0.5～1.0m/min。此后反转提升钻杆，提升速度不应太快，一般为1.0～1.5 m/min；以避免形成真空负压，孔壁坍陷，造成墙体空隙。

5）注浆

制浆桶制备的浆液放入到储浆桶，经送浆泵和管道送入移动车尾部的储浆桶，再由注浆泵经管路送至挖掘头。一般控制压力为2～4MPa；注浆量的大小由装在操作室的无级电机调速器和自动瞬时流速计及累计流量计监控；一般根据钻进尺速度与掘削量在80～140L/min内调整。在掘进过程中按规定一次注浆完毕。若中途出现堵管、断浆等现象，应立即停泵，查找原因进行修理，待故障排除后再掘进搅拌。当因故停机超过半小时时，应对泵体和输浆管路妥善清洗。

6）成墙厚度

为保证成墙厚度，应根据挖掘头齿片磨损情况定期测量齿片外径，当磨损达到2cm时必须对其进行修复。

7）墙体均匀度

为确保墙体质量，应严格控制掘进过程中的注浆均匀性。

8）墙体套接

每幅间墙体的连接是水泥土防渗墙施工最关键的一道工序，必须保证充分套接。在施工时严格控制桩位并做出标识，以达到墙体整体连续作业。

9）水泥掺入比

水泥掺入比视工程情况而定，一般为12％～20％或按设计要求。

10）水灰比

一般控制在1.0～1.5；或根据地层情况经试验确定分层水灰比。

11）浆液配制

浆液不能发生离析，水泥浆液严格按预定配合比制作，用比重计或其他检测手法控制浆液的质量。为防止浆液离析，放浆前必须搅拌30s再倒入存浆桶；浆液性能试验的内容为：比重、黏度、稳定性、初凝、终凝时间。凝固体的物理性能试验为：抗压、抗折强度。现场质检员对水泥浆液进行比重检验，监督浆液质量存放时间，水泥浆液随配随用，搅拌机和料斗中的水泥浆液应不断搅动。施工水泥浆液严格过滤，在灰浆搅拌机与集料斗之间设置过滤网。浆液存放的有效时间符合下列规定：（1）当气温在10℃以下时，不宜超过5h。（2）当气温在10℃以上时，不宜超过3h。（3）浆液温度应控制在5℃～40℃以内，超出规定应予以废弃。浆液存放时间超过以上规定的有效时间，作废浆处理。

12）特殊情况处理

当遇较大石块或地下构筑物时，用人工、机械方法清除或采取高喷灌浆对构筑物周边及上下地层进行封闭处理。当两幅间施工时间间隔过长而不能充分套接时，必会出现施工接头。紧贴原定的施工轴线任意一侧连续成墙，新老墙体之间不连续处用注浆、高喷或采用其他方法进行搭接。

13）施工记录与要求

及时填写现场施工记录，每掘进1幅位记录一次在该时段的浆液比重、下沉时间、供浆量、垂直度及桩位偏差等。

14）发生泥量的管理

当提升钻具离基面1～2m时，将置存于储留沟中的水泥土混合物导回，以填补墙料之不足。若仍有多余混合物时，待混合物干硬后外运至指定地点堆放。

4.2.4 芯材垂直安装

为了确保精度，芯材的插入必须准确、垂直，插入深度由高程控制，插入位置由导轨上标线确定，如图13所示。

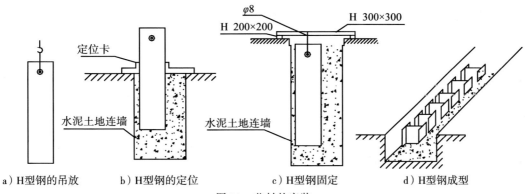

图 13 芯材的安装

1）H 型钢的吊放

起吊前在距型钢顶端 0.07m 处开一个中心孔，孔径约为 4cm，装好吊具和固定钩，然后起吊，起吊时型钢必须保持垂直度。

2）H 型钢定位

在槽沟定位型钢上将型钢定位卡固定，定位卡必须牢固、水平，然后将型钢底部中心对正并沿定位卡徐徐垂直插入水泥土地下连续墙内，其垂直度用经纬仪控制。当型材下插到设计深度时，挂好定位钩。

3）H 型钢成型

待水泥土地下连续墙达到一定硬化时间后，将吊筋以及沟槽定位卡撤除。

4）芯材的回收

为节约工程造价，钢制芯材应尽可能拔出回收。芯材的引拔阻力为隔离材的剪切阻力和芯材与隔离材的摩擦阻力之和。通常采用油压千斤顶或吊车拔出。

4.3 劳动力组织

人员组合及工作岗位见表 2。

表 2 人员组合及工作岗位

工 种	岗位内容	人 数		技术要求
		TDBMSTW 机	TDBMSW 机	
领 班	全面负责施工质量、安全、进度，贯彻岗位责任制，协调各岗位有序施工	1	1	持有上证书
主操作员	按规程操作主机，视工况调节好水泥浆量，对运行中的非正常情况能作出应急处置	1	1	持有特种设备操作证
起重工	按规程操作吊车，负责芯材安装		1	持有特种设备操作证
制浆员	按规程操作制浆机，根据要求配制好浆液	2	2	需经岗位培训
机电员	负责机械发电、供电，机器和电器系统的维护和保养	1	1	持有电工上岗证
普 工	负责开挖储留沟，回浆储存、回注和修复场地、布置导轨、安装芯材	1	4	需经岗位培训
合计每台班劳动组合人数		6	10	

5 材料与设备

5.1 材料

1）固化剂

通常使用 32.5（或其他强度等级）普通硅酸盐水泥。在寒冷地带施工，必须缩短工期的时候，才使用快凝水泥。在含有机物多的地基中使用，事前必须做掺合实验，决定种类配合比。

2）水

通常使用符合要求的水。

3）添加剂

黏土、膨润土、减水剂、速凝剂等。

4）芯材

H 型钢、钢筋混凝土预制桩等。

5.2 机械设备组成和检测设备
5.2.1 主要施工机械组成

表3　施工主要机械

类别	设备名称	规格型号	单位	数量	配套功率（kW）		用　途
					顶	底	
主机	TDBMSTW 机驱动装置	527025 电动	套	2	5×24	2×55	为挖掘提供动力源
		528030 电动	套	2	3×42	2×55	
		532030 电动	套	2	5×24、3×42	2×55	
	TDBMSW 机驱动装置	345030 电动	套	2	2×55	2×55	为挖掘提供动力源
		364030 电动	根	2	2×75	2×75	
	掘削搅拌轴	6～12m	件	按需			传递动力
	挖掘头	Φ150～850mm	件	5（3）			挖掘基土之用
	保持架			1			钻杆定位
支撑机	移动车	液压履带式 50t 级	台	1	118		装载主机
辅助设备	水泥输送机	螺旋式 Φ200mm	台	1	11		制、供浆
	制浆机桶	Φ1300mm	台	1	3		
	储浆桶	Φ1300mm	台	2	2×3		
	注浆泵	HBW140/3	台	5（3）	5（3）×7.5		
	送浆泵	Φ65mm	台	1	11		
	水箱	1.5m³	只	1			
	送水泵	Φ80mm	台	1	7.5		
其他	电源	300kW	台	1			
	高压清洗机	1/2 英寸喷嘴	台	1	3		清洗钻杆
	挖掘机	0.5m³	台	1			挖储留沟、弃土
	自卸卡车	5t	辆	1			运输泥土
	垫板	120×18×650cm³	块	6			移动车行走
	千斤顶	200t	套	1			拔取芯材
	液压泵车	40MPa	套	1			拔取芯材
	电焊机	30kVA	台	1			拔取芯材
	吊车	25～50t	台	1			吊装芯材

5.2.2 主要检测设备和配置（表4）

表4　主要检测设备和配置

序号	设备名称	规格型号	单位	数量	用　途	应遵循标准
1	导杆立柱倾斜仪	KH-SC20 型	只	1	指示导杆立柱垂直度	相关技术标准
2	流量计	JDK 型	只	5	测量输浆量	相关技术标准
3	水准仪	钟光 DS3	台	1	量测水平度	相关技术标准
4	压力表	1.5MPa	只	5	量测供浆压力	相关技术标准
5	钢卷尺		把	按需	测　距	相关技术标准
6	比重计		支	按需	测量浆液比重	相关技术标准

6 质量控制

6.1 施工质量保证措施

为确保该工程的质量优良，对工程施工进入全面质量管理，从组织上建立施工管理网络，成立分项工程经理部，配备专职质检工程师，各班组配备质检员；按设计和规范要求制定质量管理措施及岗位职责；单元工程的质量评定执行初检、复检、终检的三级质量检查制。

6.2 施工质量检查内容

（1）施工前制定详细的施工专项方案，对施工操作人员进行技术交底。

（2）施工前对施工场地的地下障碍物进行清除，同时做好设备的检查和保养，确保设备运行良好，并备好易损耗件，以备设备及时维修，确保钻进过程和连续。

（3）做到用合格水泥，批量检测达要求。坚持材料验收合格证制。

（4）严格检控确定的水灰比、注浆量和压力，确保混合墙体成溶融状态。

（5）现场司质人员应对 TDBMSW 机的平面定位、垂直度、钻进深度、速度进行检测。

（6）检查型钢的外形、焊接缝口要符合规范要求。

（7）控制好型钢的定位和垂直度。

（8）采用标准试模采集试样、钻孔取芯、开挖检查、围井、注、抽水试验及无损伤探测检验进行墙体质量检查；作为防渗墙时检测其 28d 试样无侧限抗压强度大于 0.5MPa、渗透系数小于 10^{-6} 量级或达到设计要求。

（9）施工质量控制点和控制标准见前面操作要点中所述。

7 安全措施

7.1 安全生产

本工程主要为机械作业，在施工中应认真贯彻"安全第一、预防为主"的方针，执行安全生产责任制，明确各级人员的责任。

特殊工种需持证上岗，不准无证操作，按起重机械有关规定进行操作。实行安全否决权。

施工机械的工作面应具备足够的承载力。

要制定施工过程中因故停机的紧急处置预案。

应加强对 HCDMCSW 围护结构的支撑应力、地下水位、墙体的水平位移、地表沉降等参数的及时有效的监控。

拆除 HCDMCSW 围护结构时，注意基土与新建构造物之间的空隙回填对周边建筑物及地下管线的影响。

7.2 文明施工

加强对职工职业道德、职业纪律的教育，结合工程实际开展现场练兵等岗位培训，提高职工思想道德和业务素质，使工地现场干部和职工形成良好的精神风貌。

经常进行现场文明施工检查活动，发现隐患，及时予以消除。抓好现场容貌管理，划定责任区域，明确施工设备停放场地，施工机械设备停放整齐，建筑材料及周转材料分类堆放整齐。

保持进场道路的通畅、平坦、整洁，进场施工道路派专人养护，防止粉尘飞扬。

8 环保措施

按国家和地方有关环境保护法规和规章的规定控制施工的噪声、粉尘和弃土处置，保障工人的劳动卫生条件。

维护好施工区和生活区的环境卫生。

施工机械的废油集中处理，不得随地泼洒。

在工程完工后的规定期限内，拆除施工临时设施，清除施工区和生活区及其附近的施工废弃物。

9 效益分析

TDBMSW 机防渗薄墙的推广应用可大幅度降低工程成本，深度在 15m 以内由 120 元/m² 降到 80 元/m²，深度在 15m 以上从 200 元/m² 降到 100 元/m²，可大大提高加固工程的安全可靠性；可极大地、长久地提高江河渠库的堤坝防渗抗灾能力，减轻防洪压力，提高保安能力，对保障人民生命和财产安全及推动社会经济发展将起到积极的作用，其社会效益是十分明显的。

TDBMSW 地连墙（内插型钢），每立方米掺入水泥在 340kg 左右，与相同直径、承载的挡土桩相比，节省造价在 25% 以上，若采取回收型钢措施，则更便宜。而与目前常规的置换法地连墙相比，造价可降低 30%～50%。

10 应用

10.1 实用新型专利获得授权

两驱多根二重管两向深搅水泥土地连墙机已获国

家实用新型专利证书，专利号为：2013.2.0062363.9。

10.2　江苏省宝应县金宝圩截渗墙工程

　　该工程位于大运河以西，大汕子隔堤以北。堤防工长5.1km，保护范围2.5万亩。地基土质：人工填土、淤泥质黏土、淤泥、黏土。成墙深度6～9m，水泥掺入量20%，水灰比1∶1.5。有效成墙厚度20cm。检测结果：抗压强度为1.2MPa；渗透系数$K=1.83\times10^{-6}$cm/s。

配制水下不分散混凝土在水下基础工程中的应用

丁文智 熊月金 李刚 黄朝俊

（天津港航桩业有限公司 天津 300480）

摘 要：水下不分散混凝土具有很强的抗分散性和较好的流动性，实现水下混凝土的自流平、自密实，抑制水下施工时水泥和骨料分散，并且不污染施工水域。加入絮凝剂的水下混凝土，在水中落差 0.3～0.5m 时，其抗压强度可达同样配比时陆上混凝土强度的 70％以上，从而可以降低工程总体造价，提高施工速度，减少操作工人，延长模板使用寿命，优化结构设计等，降低了工程成本。

关键词：水下不分散；配制原理；原材料；混凝土试拌；质量标准；质量检验

1 水下不分散混凝土的配制原理

水下不分散混凝土的配制原理是通过絮凝剂、胶凝材料和粗细骨料的选择与搭配和精心的配合比设计，将混凝土的屈服应力减小到足以被自重产生的剪应力克服，使混凝土流动性增大，同时又具有足够的塑性黏度，不出现离析和泌水问题，在水下不分散，能自由流淌并充分填充模板内的空间，形成密实且均匀的胶结结构。

因此配制水下不分散的混凝土，应注意掺加适量絮凝剂和矿物掺合料，它们能调节混凝土的流变性能，提高塑性黏度，同时提高拌合物中的浆—固比，改善混凝土和易性，使混凝土匀质性得到改善，并减少粗细骨料颗粒之间的摩擦力，提高混凝土的通阻能力。

掺入适量混凝土膨胀剂，能够减少混凝土收缩，提高混凝土抗裂能力，同时提高混凝土黏聚性，改善混凝土外观质量。适当增加砂率和控制粗骨料粒径不超过 20mm，可以减少遇到阻力时浆骨分离的可能性，增加拌合物的抗离析稳定性。在配制强度等级较低的水下不分散混凝土时可适当使用增稠剂以增加拌合物的黏度。

2 水下不分散混凝土原材料的选择

水泥：通过试验及有关资料验证，普通硅酸盐水泥配制的水下不分散混凝土，较矿渣水泥、粉煤灰水泥配制的混凝土和易性、匀质性好，硬化时间短，外观质量好，便于拆模，因此，水泥品种应优先选择普通硅酸盐水泥。当选用矿渣硅酸盐水泥、粉煤灰硅酸盐水泥时，应了解水泥中的混合材掺量、质量及对强度发展与流变性能的影响。一般水泥用量为 330～400kg/m³。水泥用量超过 500kg/m³ 会增大混凝土的收缩，如低于 330kg/m³，则需掺加其他矿物掺合料，如粉煤灰、磨细矿渣等来提高混凝土的和易性。

矿物掺合料：水下不分散混凝土浆体总量较大，如单用纯水泥会引起混凝土早期水化热较大、混凝土收缩较大，不利于混凝土的体积稳定性和耐久性，掺入适量的矿物掺合料可弥补以上缺陷，并且可改善混凝土的工作性能。矿物掺合料包括如下几种：

（1）**石粉**：石灰石、白云石、花岗岩等的磨细粉，粒径小于 0.125mm 或比表面积在 250～800m²/kg，可作为惰性掺合料，用于改善和保持水下不分散混凝土的工作性能。

（2）**粉煤灰**：选用优质 II 级以上磨细粉煤灰，能有效改善水下不分散混凝土的流动性和稳定性，其氢氧化钙含量低，对软水侵蚀的抵抗能力强，可减少可腐蚀物质的浓度，防止或延缓水泥的腐蚀，有利于硬化混凝土的耐久性。

（3）**矿粉**：用于填充和改善水下不分散混凝土的工作性，有利于硬化混凝土的耐久性。

（4）**粗骨料**：各种类型的粗骨料都可使用，最大粒径一般不超过 20mm。碎石有助于改善混凝土强度，卵石有助于改善混凝土流动性。对于水下不分散混凝土，一般要求石子为连续级配，可使石子获得较低的空隙率。同时，生产使用的粗骨料颗粒级配保持稳定非常重要，一般选用 5～10mm 级配石灰岩机碎石。

（5）絮凝剂：掺入适量絮凝剂后，混凝土可获得适宜的黏度、良好的黏聚性、流动性、保塑性、水下不分散。水下不分散混凝土配合比的突出特点是：高砂率、低水胶比、高矿物掺合料掺量。

3　水下不分散混凝土试拌

确定水下不分散混凝土的配合比后，应进行试拌，每盘混凝土的最小搅拌量不宜小于 25L，同时应检验拌合物工作性能，工作性能检测包括坍落度、坍落扩展度，必要时可采用模型及配筋模型试验等方法测评拌合物的流动性、抗分离性、填充性和间隙通过能力。选择拌合物工作性满足要求的 3 个基准配比，每种配合比。

对于密集配筋构件或厚度小于 100mm 的混凝土加固工程，采用水下不分散混凝土施工时，拌合物工作性能指标应按上表中的 I 级指标要求；对于钢筋最小净距超过粗骨料最大粒径 5 倍的混凝土构件或钢管混凝土构件，采用水下不分散混凝土施工时，拌合物工作性能指标可按上表中的 II 级指标要求。

制作两组以上试块，标养至 7d、28d 进行试压，以 28d 强度为标准检验强度。根据试配结果对配合比进行调整，选择混凝土工作性能、强度指标、耐久性都能满足相应规定的配合比。

4　模板和设备准备

由于水下不分散混凝土流动性大，混凝土凝结以前可持续对模板产生较大的侧压力，所以模板要有足够的强度、刚度和稳定性来满足流态混凝土所产生的侧压力，不得低于最高浇筑表面的开放部分或缺口，模板间的缝隙不得大于 2mm。施工前搅拌站及施工单位技术人员应检验模板直立、钢筋及保护层厚度等情况，对影响混凝土浇筑的问题及时处理。根据现场情况合理布置混凝土泵，保证混凝土浇筑顺利和均匀布料的需要。

4.1　施工工艺，水下不分散混凝土生产

生产水下不分散混凝土必须使用强制式搅拌机。混凝土原材料均按重量计量，每盘混凝土计

量允许偏差为水泥±1%，矿物掺合料±1%，粗细骨料±2%，水±1%，絮凝剂±1%。

搅拌机投料顺序为先投细骨料、水泥及掺合料，然后加水、絮凝剂及粗骨料。应保证混凝土搅拌均匀，适当延长混凝土搅拌时间，搅拌时间宜控制在 90～120s 内。加水计量必须精确，应充分考虑骨料含水率的变化，及时调整加水量。

砂、石骨料级配要稳定，供应充足，筛砂系统用孔径不超过 20mm 的钢丝网，滤除其中所含的卵石、泥块等杂物，每班不少于两次检测级配和含水率，并及时调整含水率。骨料露天堆放情况下，雨天不宜生产施工，防止含水率波动过大，混凝土性能不易控制。

每次混凝土开盘时，必须对首盘混凝土性能进行测试，并进行适当调整，直至混凝土性能符合要求，而后才能确定混凝土的施工配合比。在水下不分散混凝土的生产过程中，除按规范规定取样试验外，对每车混凝土应进行目测检验，不合格混凝土严禁运至施工现场。

水下不分散混凝土的长距离运输应使用混凝土搅拌车，短距离运输可利用现场的一般运输设备。必须严格控制非配合比用水量的增加。搅拌车在装入混凝土前必须仔细检查，筒体内应保持干净、潮湿，不得有积水、积浆。

在运输过程中严禁向车筒内加水，应确保混凝土及时浇筑与供应，合理调配车辆并选择最佳线路尽快将混凝土运送到施工现场，对超过 120min 的混凝土，司机必须及时将情况反映给技术人员对混凝土进行检查。

4.2　水下不分散混凝土的泵送和浇筑

混凝土输送管路应采用支架、毡垫、吊具等加以固定，不得直接与模板和钢筋接触，除出口外其他部位不宜使用软管和锥形管。混凝土搅拌车卸料前应高速旋转 60～90s，再卸入混凝土泵，以使混凝土处于最佳工作状态，有利于混凝土自密实成型。

泵送时应连续泵送，必要时降低泵送速度，当停泵超过 90min，则应将管中混凝土清除，并清洗泵机。泵送过程中严禁向泵槽内加水。在非密集配筋情况下，混凝土的布料间距不宜大于 10m，当钢筋较密时布料间距不宜大于 5m。每次混凝土生产时，必须由专业技术人员在施工现场进行混凝土性能检验，主要检验混凝土坍落度和坍落扩展度，并进行目测，判定混凝土性能是否符合施

工技术要求，发现混凝土性能出现较大波动应及时与搅拌站技术人员联系，分析原因，及时调整混凝土配合比。

采用塔吊或泵送卸料时，在墙体附近搭设架子，采用可供卸料的专用料斗放料，不宜直接入料，防止对模板的冲击太大，出现模板移位。浇筑时下料口应尽可能的低，尽量减少混凝土的浇筑落差，在非密集配筋情况下，混凝土垂直自由落下高度不宜超过 5m，从下料点起水平流动距离不宜超过 10m。对配筋密集的混凝土构件，垂直自由落下高度不宜超过 2.5m。混凝土应采取分层浇筑，在浇筑完第一层后，应确保下层混凝土未达到初凝前进行第二次浇筑。

如遇到墙体结构配筋过密，混凝土的黏聚性较大，为保证混凝土能够完全密实，可采用在模板外侧敲击或用平板振捣器辅助振捣的方式来增加混凝土的流动性和密实度。

浇筑速度不要过快，防止卷入较多空气，影响混凝土外观质量。在浇筑后期应适当加高混凝土的浇筑高度以减少沉降。水下不分散混凝土应在其高工作性能状态消失前完成泵送和浇筑，不得延误时间过长，应在 120min 内浇筑完成。

5　水下不分散混凝土质量标准

可依据《普通混凝土拌合物性能试验方法标准》GB/T 50080—2002 进行混凝土取样，并检测混凝土坍落度和坍落扩展度，同时观察混凝土的黏聚性和保水性，是否离析和泌水，根据拌合物性能进行混凝土配合比调整。

6　硬化混凝土质量检验

（1）试块制作方法。强度、抗渗、收缩、抗冻等试块制作所用试模与普通混凝土相同。试块制作过程中，成型时无需振捣，分两次装入，中间间隔 30s，每层装入试模高度的 1/2，装满后抹平静置 24h，转入标养室养护到 28d 龄期即可。

（2）硬化混凝土的力学性能应按现行国家标准《普通混凝土力学性能试验方法标准》GB/T 50081—2002 进行检验，并按现行国家标准《混凝土强度检验评定标准》GB/T 50107—2010 进行合格评定。

（3）硬化混凝土的长期性能和耐久性应按《普通混凝土长期性能和耐久性能试验方法》GB/T 50082—2009 进行检验。

7　结语

水下不分散混凝土现广泛应用于沉井封底、围堰、沉箱、抛石灌浆、水下连续墙浇筑、水下基础的找平、填充，RC 板等水下大面积无施工缝工程，大口径灌注桩、码头、大坝，水库修补，排水口防水冲击补强底板、水下承台、海堤护岸、护坡，封桩堵漏以及普通混凝土较难施工的水下工程；水下混凝土不受水深、施工面、混凝土量的限制，已施工过最深 37.8m，混凝土量从几方到几千方的各种水下工程。潮汐段混凝土施工时，也不受潮水的影响；配制水下不分散混凝土首先应从配制原理入手，优选适宜的原材料，进行混凝土试配工作。当确定出合适的配合比后，应密切关注生产、运输、浇筑过程，这样才能够保证水下不分散混凝土的工作性能和硬化后力学性能，从而满足施工要求。

参考文献

[1] 钱友东. 自密实混凝土的配制 [J]. 中国包装科技博览，2011 (6)：37-39.

软基"H"型防冲墙施工技术

周昌茂　耿云辉　郑继斌　向燕华

（葛洲坝集团基础工程有限公司）

摘　要：海勃湾水利枢纽工程位于软基上，是世界上少数大型软基大坝之一。为了防止泄洪闸及护坦被下泄水流淘刷，在护坦下部增设了一道"H"型防冲墙。防冲墙采用抓斗"纯抓法"成槽、导管法浇筑水下混凝土形成地下连续墙的施工方法。在软基上进行"H"型防冲墙施工，由于单元槽段结构复杂，面临着诸多技术难题。本文介绍了"H"型防冲墙施工方法及解决的技术难题。

关键词：软基；"H"型防冲墙；施工技术

1　前言

"H"型防冲墙是设于闸坝基底或下游护坦末端、防止水流淘刷的一种地下连续墙，它是由若干个在平面上呈"H"型单元墙段相互连接而成，每个单元墙段由腹板及翼缘组成。"H"型防冲墙的翼缘提供了墙的抗弯强度，连接翼缘的腹板则提供了墙的抗剪强度，这一组合使防冲墙具有较大的刚度和较好的防冲效果。由于"H"型防冲墙单元墙段结构复杂，在软基上施工，面临着诸多技术难题。下面就海勃湾水利枢纽"H"型防冲墙施工情况介绍如下。

2　工程概况

海勃湾水利枢纽位于内蒙古自治区乌海市境内的黄河干流上，是黄河流域梯级开发的水利枢纽工程之一，工程任务是防凌、发电等。水库正常蓄水位1076.0m，总库容4.87亿立方米，电站总装机容量90MW。枢纽建筑物为混合坝，由布置在主河槽内的河床式发电站、泄洪闸以及布置在左岸滩地上的土石坝组成。整个工程位于软基上，是世界上少数大型软基大坝之一。

3　泄洪闸工程地质条件

泄洪闸位于主河床内，覆盖层最大深度约70m，土层自上而下分别是：

第II-1地质单元土体为细砂，松散～稍密状，表层呈浮动状态，分布厚度在1～6m，靠近河床右侧处，最大厚度近12m。

第II-2地质单元土体为砂砾石，稍密～中密状，分布厚度变化比较大，在6～13m之间，夹有中砂和细砂透镜体。

第III地质单元大致可分为上、下两层：上层土体以粉砂、细砂为主，中密～密实状，夹黏性土透镜体，在中间区段的上部夹有比较厚的黏土透镜体，最大厚度达7.7m，埋深在河床面以下约40m处；下层土体以砂砾石为主，中密～密实状，泥质含量高，夹有黏性土透镜体，未揭穿其底面。

4　"H"型防冲墙设计

为了防止泄洪闸及护坦被下泄水流淘刷，设计采用"H"型防冲墙作为防淘结构。防冲墙位于护坦下部，呈直线布置，轴线全长302m，墙顶高程为1062.5m，墙深10m，由42个标准墙段和2个边墙段组成，标准墙段的外形在平面上呈"H"型，尺寸为6.0m×7.0m（中间腹板宽4m，左、右两翼长7m），墙厚1.0m，墙内下设钢筋笼，墙体浇筑混凝土，混凝土强度等级为C25W6F200。

5　施工工艺流程及施工方法

5.1　工艺流程

施工准备→护桩施工→导墙施工→成槽施工→钢筋笼制作、安装→水下混凝土浇筑→相邻槽孔连接处理→下一单元墙段施工。

5.2 施工方法

5.2.1 护桩施工

"H"型防冲墙单元墙段翼缘与腹板的4个转角处属于抓斗成槽施工的薄弱环节，在抓槽施工过程中容易造成槽孔坍塌。为了减少或避免槽孔坍塌事故的发生，在"H"型防冲墙单元墙段翼缘与腹板的4个转角处采取深层搅拌水泥桩进行加固处理，护桩直径1.0m，深12.0m，距槽边结构线5cm。防冲墙护桩孔位布置，如图1、图2所示。

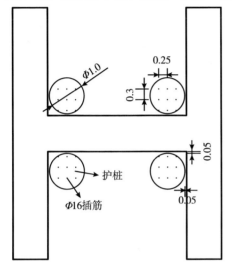

图1 防冲墙护桩孔位布置图 （单位：m）

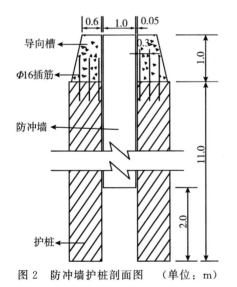

图2 防冲墙护桩剖面图 （单位：m）

5.2.2 导墙施工

导墙采用C20钢筋混凝土结构，梯型断面，高1.0m，导墙净间距1.1m。导墙平面布置如图3所示，导墙断面及钢筋结构布置如图4所示。

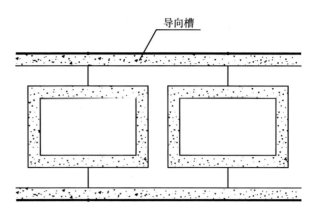

图3 导墙平面布置图

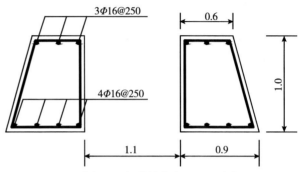

图4 导墙断面及钢筋结构布置图（单位：m）

5.2.3 成槽施工

防冲墙最大成槽深度只有10m，土层以粉砂、细砂及砂砾石为主，属于软基地层，故采用抓斗"纯抓法"施工，泥浆固壁。整个槽段施工分两期进行，先施工一期槽，后施工二期槽。

"H"型防冲墙单元槽段外形尺寸为7.0m×6.0m，两侧翼缘加中间腹板总长度达18m，划分为九抓施工：两翼分别长7m，划分为主孔和副孔三抓成槽，主孔宽2.8m，副孔宽为1.4m。腹板长4m，而抓斗的最大张开度只有2.8m，一抓不能成槽，也须划分为主孔和副孔三抓成槽，主孔宽2.8m，副孔宽0.6m，三抓成槽。

采用两台抓斗"九抓法"成槽施工，方法如下：（1）先用一台抓斗抓挖腹板中间的第一抓（腹板主孔）；（2）采用两台抓斗同时抓挖防冲墙翼缘两边（第六和第三抓、第五和第二抓施工时，抓斗相互错开；第四和第七抓施工时，抓斗相互对抓）；（3）最后采用一台抓斗抓挖第八和第九抓。"H"型槽段抓槽施工顺序，如图5所示。

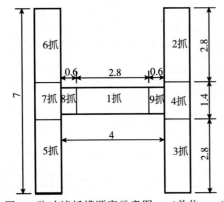

图 5　防冲墙抓槽顺序示意图　（单位：m）

5.2.4　钢筋笼制作、安装

1）钢筋笼制作

槽段钢筋笼加工成"H"型，分为三节制作，单节钢筋笼尺寸为长×宽×高＝6.7m×5.8m×3.25m，钢筋笼翼缘及腹板宽度分别为 0.8m 和 0.7m，每节钢筋笼顶部设置吊耳，单节钢筋笼重约 4.0t。

采用"钢管样架控制法"进行钢筋笼制作，样架采用直径 48mm 钢管搭设。其结构如图 6 所示。

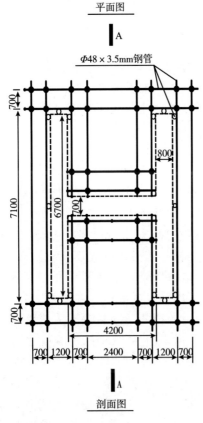

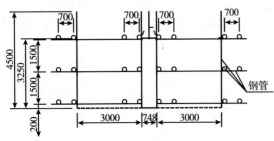

图 6　钢管样架形式简图（单位：mm）

进行钢筋笼制作时，先在钢管样架内进行主筋定位，然后进行箍筋和加强筋施工。钢筋笼制作过程中严格控制其结构尺寸，使其符合设计和规范要求。

2）吊架制作

为了便于钢筋笼起吊，吊架也加工成"H"型，采用 16# 工字钢和 Φ22 的钢筋加工而成。吊架结构如图 7、图 8 所示。

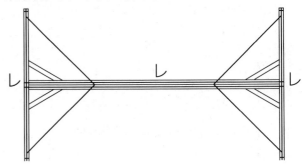

图 7　吊架结构平面示意图

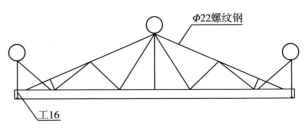

图 8　吊架结构剖面示意图

3）安装

钢筋笼制作完成后，采用 25t 吊车进行钢筋笼下设。下设时，沿槽孔边缘布设 DN100 钢管辅助钢筋笼定位。分节制作的钢筋笼在孔口采用套筒连接，形成整体，下放到槽孔内。

5.2.5　水下混凝土浇筑

单元槽段采用"直升导管法"浇筑，每个"H"型单元槽段下设 7 根浇筑导管。开浇时，采用"压球塞管法"开始逐根导管开浇，当槽底混凝土面浇平后再全槽均衡上升。正常浇筑时，严格控制供料速度，保持混凝土面均匀连续上升，上升速度不小于 2m/h，并控制相邻导管间混凝土面高差不大于 0.5m。当混凝土上升面超出设计高程 50cm 后即可终浇。

5.2.6　相邻槽孔连接

槽段连接采用接头板方式，即在一期槽段端孔处下设接头板，待槽内混凝土初凝后起拔接头板，形成二期槽的导孔。

1）接头板加工

接头板采用 10mm 厚的钢板整体加工，尺寸为 8cm×96cm×1100cm，整块重仅为 1.6t，结构简单。为了防止接头板起拔时发生变形，在其起拔处焊结一块 30cm×50cm×10mm 钢板，进行加固。接头板结构如图 9 所示。

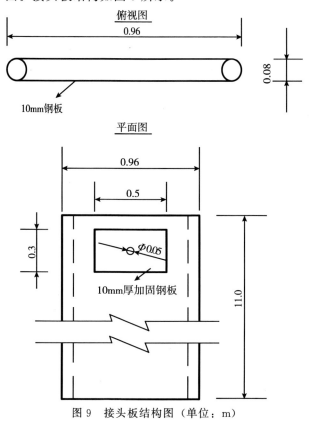

图 9　接头板结构图（单位：m）

2）接头板下设、起拔

一期槽段清孔验收合格后，在翼缘四个端孔下设接头板。接头板下设前，先在其表面上进行涂油处理，使其不与混凝土黏结在一起，减小起拔时的阻力。下设时，将接头板一次下入槽孔内，然后进行钢筋笼下设和槽内水下混凝土浇筑。槽内混凝土初凝后，采用吊车起拔接头管。由于接头板较薄，重量轻，便于下设与起拔，施工方便。

6　结语

施工过程中，针对软基特点，采用两台液压抓斗施工"H"型单元槽段、"九抓法"成槽，并取得成功，加快了防冲墙施工进度；根据"H"型钢筋笼的特点，采用钢管搭设排架，分节立式制作，并采用"H"型吊架起吊，确保了钢筋笼的顺利下设；为了确保墙段连接质量，发明一种简易的钢制接头板，一次加工成型，结构简单，重量轻，便于下设和起拔，施工方便。

采用"H"型防冲墙作为泄水建筑物抗冲、防淘结构，由于结构复杂，在水利枢纽工程中应用实例较少。海勃湾水利枢纽泄洪闸"H"型防冲墙工程成功实践，为"H"型防冲墙广泛应用打下了坚实基础。

三轴水泥搅拌桩止水帷幕在天津地区的应用

王欣华　任永结　杨子民

（天津市勘察院　天津　300191）

摘　要：本文通过对三轴水泥搅拌桩应用实例，总结了应用中应注意控制的要点，以供业内参考和讨论。

关键词：水灰比；注浆量；速度

1　前言

三轴水泥搅拌桩是采用专用三轴搅拌机施工，两轴同向旋转喷浆与土拌合，中轴逆向高压喷气在孔内与水泥土充分翻搅拌和，由于中轴高压喷出的气体在土中逆向翻转，使与水泥浆液拌和的土体更加均匀，加固效果更好，水泥土抗渗性能更高。由于以上优点，三轴水泥搅拌桩被广泛应用于深基坑止水帷幕，也可在水泥土内插入型钢增加桩体刚度，既起到止水的目的又具有支挡土体的作用。

随着天津经济快速发展特别是地铁项目建设大量上马，深基坑项目越来越多，而且这些建设项目多集中于城区，这就需要可靠的支挡和止水工法。三轴水泥搅拌桩作为止水效果好、施工效率高、无噪声低污染的工法在天津地区得到广泛应用。

2　应用中的几个主要控制要点

2.1　水灰比

三轴水泥搅拌桩水灰比一般控制在 1.5～2.0。较大水灰比的水泥浆使加固土体软化并通过强制拌和和在高压喷气的作用下，使软化的水泥土逆向翻转更加充分拌和，形成均匀的水泥土，水泥和软土产生一系列的物理化学反应，使软土硬结改性，改性后的软土强度大大高于天然强度，压缩性和渗水性比天然软土大大降低。但水灰比过大一方面会影响水泥土强度，降低渗水性，另一方面造成涌土较多，水泥浆液随涌土流失过多，造成材料浪费。所以在应用中要根据实际土层性质进行调整，以冒出的浆液少，涌土少为控制目标。

2.2　注浆速度

三轴搅拌桩机采用下沉和提升均注浆工艺，下沉速度一般控制在 0.5～1.0m，提升速度一般控制在 1.0～2.0m。下沉速度往往受地层性质限制，在一般黏性土中下沉较顺利，在密实的粉土粉砂层中下沉受阻，下沉速度较慢。因此要根据试成桩确定适宜的注浆速度，完成下沉和提升的一个循环注浆总量应达到设计注浆量。试成桩前要根据注浆泵流量和选定的下沉提升速度进行计算，在成桩过程中再根据实际情况加以调整，也可更换搅拌叶片调整下沉速度，如连续螺旋钻头在黏性土中钻进速度较快，而叶片钻头更容易克服密实砂性土的阻力。

2.3　注浆压力

注浆压力是施工过程中控制注浆效果的重要指标。注浆压力与钻进深度、水灰比、土层性质等因素有关，钻进深度越大土的围压越大，注浆压力越大，水灰比小，浆液浓度高，注浆压力升高，黏性土透水性弱，注浆压力大，反之砂性土透水性强，注浆压力减小。土层中有裂隙及孔洞也会造成水泥浆液流失，注浆压力也会变小。因此掌握合适的注浆压力，才能保证水泥浆与加固土体有效充分拌和，达到加固的目的。在天津地区一般注浆压力控制在 1.5～2.5 为宜。注浆压力过大过小应查明原因，通过调整水灰比和钻进速度进行调整。

2.4　垂直度控制

严格控制垂直度对桩长较大的桩尤为重要，虽然三轴搅拌桩可以通过套打在一定程度上弥补由于垂直度偏差造成的连接问题，但由于桩幅之间相对垂直偏差及不同的土层对钻进影响均会造成桩幅之间连接不良，因此严格控制垂直度和钻进速度是保证桩幅之间连接良好的重要手段。

2.5　涌土量控制

三轴水泥搅拌桩在搅拌成桩过程中部分土体掺杂着水泥浆液涌出，施工中需要配备挖掘设备将涌出的泥土挖出导槽，形成废弃物，由于废弃物掺入一定的水泥浆，固结后具有一定的强度。涌土的形成是由于水泥浆置换作用形成。按水泥掺入比例为20%，水灰比1.5计算，每立方加固土体（土体天然重度按18 kN/m³计）注入的水泥浆液体积为0.65m³，超过加固土体积50%的水泥浆液一方面将填充土体孔隙，一方面软化加固土，注入的水泥浆不能全部融入加固土，在搅拌过程中多余的土体连同部分水泥浆液被置换出来，黏性土遇水湿胀，置换涌土较多，透水性较强的砂性土湿胀性较小，水泥浆液主要填充土粒之间的孔隙，置换涌土较少。有研究资料表明，不同土质置换涌土发生率见表1。

表1　不同土质置换涌土发生率

土　质	置换涌土发生率（%）
砾质土	60
砂质土	70
粉　土	90
黏性土	90～100
固结黏土（粉土）	比黏性土增加20～25

置换涌土的发生导致水泥流失，因此对于涌土率较高的黏性土应增加下沉、提升复搅次数，对于涌土率较低的砂性土可通过调低水灰比，避免水泥浆渗漏流失，同时控制下沉和提升速度以及送气量，保持孔壁稳定，提高墙体的抗渗性。

3　工程实例

某工程位于天津武清区，基坑最深超过14m，采用上部放坡，下部支护桩挡土及支撑结构，三轴水泥搅拌桩作为止水帷幕。场地地质条件见表2。

表2　场地地质条件

序号	土层岩性	厚度(m)	物理力学指标					
			ω（%）	γ（kN/m³）	e	I_L	I_p	$E_{s0.1\sim0.2}$（MPa）
1	粉质黏土	2.6	30.2	19.1	0.869	0.67	15.7	4.41
2	粉质黏土	3.0	32.8	18.6	0.949	1.01	13.8	4.26
3	粉土	1.7	23.2	19.7	0.679	0.70	6.7	13.53
4	粉质黏土	3.5	28.2	19.3	0.811	0.80	12.6	5.10
5	粉砂	1.6	21.0	20.1	0.619			15.60
6	粉质黏土	2.2	24.9	19.9	0.705	0.70	11.3	5.62
7	粉质黏土	2.3	25.0	19.9	0.707	0.70	11.7	5.60
8	粉砂	1.7	18.4	20.7	0.527			15.60
9	粉质黏土	2.8	26.5	19.7	0.756	0.64	13.0	5.39
10	粉砂	2.2	18.4	20.1	0.576			12.31

本工程设计采用三轴水泥搅拌桩作为止水帷幕，桩径为Φ800mm，有效加固深度22mm，水泥掺入量为20%，水灰比1.5，采用跳槽式全套打连接方式施工，如图1所示，先施工第1单元，再施工第2单元，之后施工地第3单元，第3单元套钻第1、2单元各一孔。阴影部分为重复套打桩孔。

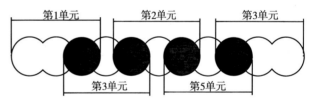

图1　本工程跳槽式全套打连接方式施工图

3.1　计算注浆量及钻进提升速度

跳槽式全套打单幅Φ800mm三轴搅拌桩计算截面为1.0312，土的平均天然重度按厚度加权平均计算得：19.67kN/m³，施工采用2台流量为250L/min的注浆泵供浆，预计钻进下沉速度为1m/min，提升速度控制在2m/min。注浆量及下沉提升速度复核如表3：

表3　注浆量及下沉提升速度复核

计算项目	计算式	计算结果
单幅桩掺入水泥量（t）	19.61×20%×1.0312×22/9.8	9.079
单幅桩水泥浆重量（kg）	（1+1.5）×9.079×1000	22697.5
水泥浆比重	（1+1.5）/［（1/3）+1.5］	1.364
2台注浆泵注浆流量（kg/min）	2×250×1.364	682
单幅桩注浆时间（min）	22697.5/682	33.28
单幅桩下沉提升时间（min）	22/1+22/2	33

注：水泥比重取3.0，水泥浆比重=（1+水灰比）/［（1/水泥比重）+水灰比］。

从以上计算结果，单幅搅拌桩以 1m/min 下沉，2m/min 提升，共用时间 33min，而注浆泵连续注入设计要求水泥浆时间为 33.28min，二者十分吻合，故施工控制钻进下沉速度为 1m/min，提升速度为 2m/min，注浆泵选用 2 台 250L/min 的注浆是比较适宜的。

3.2　工程实施

本工程实施采用 ZLD180 型三轴搅拌桩机，2 台注浆流量为 250L/min 的柱塞式注浆泵，固化剂采用 P.O42.5 水泥，水泥掺入量 20%，水灰比为 1.5。采用跳槽式全套打工艺，严格控制钻机垂直在 1/250 以内，使用叶片式钻头，实践表明该钻头对本场地的粉质黏土、粉土、粉砂地层较为适应，钻进下沉速度按 1m/min 控制，提升按 2m/min 控制，注浆压力 1.5～2.0MPa，施工效率每日（24小时）可施工 35 组左右。基坑开挖无漏水现象，三轴搅拌桩止水帷幕应用取得成功。

4　结束语

三轴搅拌桩是较好的止水帷幕工法，具体的施工控制要结合实际加固地层确定施工参数，钻进提升速度应根据地质条件、水灰比、注浆泵工作流量、成桩工艺等计算确定，对于不易匀速钻进下沉的地层，可采用复搅施工，增加搅拌次数保证止水效果。

参考文献

[1]　深基坑支护技术指南[M].北京：中国建筑工业出版社，2012.

[2]　基坑工程手册[M].第二版.北京：中国建筑工业出版社，2009.

[3]　JGJ 120—2012 建筑基坑支护技术规程[S].北京：中国建筑工业出版社，2012.

沿海堆石塑性混凝土防渗墙施工技术

耿云辉　胡宗宝

（葛洲坝集团基础工程有限公司　　湖北宜昌　443002）

摘　要：塑性混凝土防渗墙在沿海回填大块石围堰上的应用，在防渗墙施工中是不多见的，特别是在抛石堤块石粒径较大、强渗漏的地质条件下。根据已建工程的施工经验，结合广东陆丰核电站1#、2#机组泵房临时围堰塑性混凝土防渗墙的特点，介绍沿海塑性混凝土防渗墙施工技术。

关键词：沿海；回填大块石围堰；塑性混凝土；防渗墙；施工技术

1　工程概述

广东陆丰核电厂位于广东省汕尾市陆丰市碣石镇以南约 8km 的田尾山，根据广东陆丰核电厂一期工程总平面布置图，联合泵房、排水虹吸井以及排水隧洞工作井位于厂区南侧现状海域，施工需进行陆丰核电厂1#、2#机组泵房区域施工防渗工程，其主要工作内容为长度约 500.308m 的柔性地下连续墙，设计墙厚 0.8m，成墙面积约 6500m²。防渗墙深度要求：进入微风化岩≥1m，进入中风化岩≥3m；墙体厚度 0.8m，防渗墙墙顶高程为 +4.00m。墙体材料由水泥、膨润土、黏土、砂石、水等材料配置而成，配合比通过配比试验确定；28d 龄期物理力学指标如下：

（1）容重 20kN/m³；

（2）抗拉强度≥0.3MPa；

（3）抗压强度≥1.0MPa；

（4）弹性模量 $E = 250 \sim 500$MPa，泊松比 $\mu = 0.4$；

（5）渗透系数 $k \leqslant 10^{-7}$cm/s；

（6）在平均围压 0.3MPa 情况下，极限应变≥3%；

（7）内摩擦角 $\varphi \geqslant 32°$，凝聚力 $c \geqslant 0.27$MPa。

1.1　岩土层特征

根据岩土层分布特点，可划分为四部分。

（1）填石及中砂：防渗围堰采用 300～2000kg 开山石填筑，其中小于 10kg 的砂石及泥的含量小于 10%。主要为填石、中砂，填石厚度大，空隙大，为极强透水；中砂多分布于海域部分，分布厚度不大，为强透水。

（2）全、强风化花岗岩：分布不连续，起伏较大，厚度变化较大，为弱透水。

（3）中风化花岗岩：中等风化花岗岩节理裂隙较发育，节理裂隙连通性较好，节理多以高倾角为主，为中等透水层。

（4）微风化花岗岩：工程场地微风化花岗岩节理裂隙较发育，节理裂隙连通性一般，微风化花岗岩岩体整体透水性为弱透水；节理裂隙不发育、节理裂隙连通性较差地段，微风化花岗岩渗透系数 $k < 10^{-6}$cm/s，表现为极微透水；局部节理裂隙发育、节理裂隙连通性好的地段，微风化花岗岩渗透系数 $k > 10^{-4}$cm/s，表现为中等透水。

2　塑性混凝土配比

塑性混凝土是一种水泥用量少，并掺加膨润土、黏土的塑性墙体材料。它的变形模量接近地基的变形模量，在外荷载作用下能适应地基的变形，从而大大改善了墙体的应力状态，在强度较低的情况下，墙体也不会开裂。

国外从 20 世纪 70 年代开始采用塑性混凝土防渗墙，而我国是在 20 世纪 80 年代中期开始研究和应用塑性混凝土防渗墙。这种材料的特点是抗压强度不高，弹性模量较低，一般可控制在地基弹性模量的 1～5 倍，一般不大于 2000MPa，极限变形可达 1%～5%；渗透系数的变化范围一般在 $n \times 10^{-6} \sim n \times 10^{-8}$cm/s；28d 的抗压强度一般为

1.0～5.0MPa，弹强比一般为 150～500；渗透破坏坡降至少可达 200～300。

本次塑性混凝土配合比委托武汉大学工程检测中心检测，检测结果见表1～表3。

表1　塑性混凝土配合比设计

编号	水胶比	砂率（%）	KFDN（%）	膨润土（%）	1m³混凝土各材料用量（kg）				
					水泥	膨润土	水	石粉	KFDN
LH-1	1.20	0	0.8	50	135	135	324	1436	2.16
LH-2	1.20	0	0.8	50	145	145	348	1402	2.32
LH-3	1.20	0	0.8	55	130	160	348	1382	2.32
LH-4	1.10	0	0.8	55	130	160	319	1421	2.32
LH-5	1.20	0	0.8	60	116	174	348	1372	2.32
LH-6	1.10	0	0.8	60	116	174	319	1411	2.32

注：KFDN——深圳金冠高效缓凝减水剂。

表2　塑性混凝土拌合物性能检查结果

编号	坍落度（mm）	表观密度（kg/m³）	凝结时间（h）	
			初凝	终凝
LH-1	205	2030	12.2	21.3
LH-2	208	2040	12.9	22.0
LH-3	202	2020	13.7	22.4
LH-4	196	2030	11.6	20.7
LH-5	198	2010	14.0	22.9
LH-6	190	2020	12.8	21.0

表3　塑性混凝土性能检查结果（28d）

编号	抗拉强度（MPa）	抗压强度（MPa）	弹性模量（MPa）	渗透系数（cm/s）	极限应变（0.3MPa围压）（%）	内摩擦角 φ（°）	凝聚力 c（MPa）
LH-1	0.34	1.50	450	8.8×10^{-8}	3.210	34.8	0.33
LH-2	0.45	1.80	560	7.2×10^{-8}	3.250	33.9	0.37
LH-3	0.33	1.36	460	9.5×10^{-8}	3.290	33.2	0.36
LH-4	0.41	1.72	590	8.2×10^{-8}	3.250	33.6	0.38
LH-5	0.30	1.02	440	9.9×10^{-8}	3.260	32.7	0.36
LH-6	0.34	1.24	560	9.4×10^{-8}	3.200	33.1	0.39

根据6组配合比试验结果，选取 LH-1 作为本工程防渗墙施工配合比。

3　防渗墙主要施工方法

3.1　设备选型及设备配备

根据本工程地质及工程特征条件，对几种防渗墙成槽设备进行比较后，选择使用 CZ-6、CZ-6A 型冲击钻机成槽。该钻机钻头重量达到 4.0～5.0t，在漂、卵块层和岩石层中进行钻孔成槽施工具有较高的破岩效果。施工高峰期投入 22 台冲击钻机。

3.2　固壁泥浆

采用广东茂名生产的优质的 II 级钙基膨润土泥浆和当地黏土进行护壁。

3.3　造孔工艺

造孔工艺为：主孔钻进→主孔中回填黏土，

劈打副孔→处理小墙→修整槽壁→槽型验收→清孔→清孔验收。

3.4 成槽施工

防渗墙在回填大块石围堰上进行造孔成槽，回填层约 15m，都是粒径 0.3~3m 的花岗岩，架空现象严重，故按常规方法施工时漏浆现象将不可避免。根据施工统计资料，漏浆发生最频繁的部位在海平面上、下 1.5m 范围内，且整个块石层范围内均发生过不同程度的渗漏现象。根据本工程统计资料，主孔进行回填后重新造孔的进尺约为原孔进尺的 1.5 倍，耗时占单孔总时间的 50% 左右。

3.5 漏浆、塌孔的处理方法

（1）由于回填块石层孔隙率大，同时受潮汐影响，外部水压力始终处于变化状态，必然会出现严重漏浆的现象，从而造成槽壁失稳、槽孔坍塌。为了解决这一难题，采用向孔内反复回填黏土、碎石、矿渣，间断、反复冲击的方法，将回填料挤入块石的孔隙内，降低孔隙率，在孔内表面形成一层泥皮，防止泥浆的漏失。回填的碎石和卵石粒径为 1.5~3.5cm。同时，在施工前备好足够量的黏土、碎石、矿渣废料，随时准备回填、随时补浆。

（2）主孔采用"边钻进、边回填"的方法。由于回填块石层结构松散，孔隙率较大，仅靠泥浆难以固壁，必须改变孔壁周围土层结构，堵死渗漏通道，才能成槽。钻进过程中经常向孔内回填大量的黏土和碎石混合料，混合料进入孔内后，在钻头冲击作用下，碎石挤密孔壁周围土层，部分黏土附在孔壁上，堵死渗漏通道，部分黏土制成泥浆，增大孔底泥浆悬浮沉渣的能力。

（3）副孔施工采用"填主孔、打副孔"的"平打法"。当主孔穿过块石层后，采用黏土将主孔回填起来，借助于回填的黏土保护主孔，然后施工副孔。当单元槽孔全部穿过块石层后，再按正常施工方法施工以下地层的地连墙。及时向槽孔内投放碎石、黏土、锯末、水泥、水玻璃等堵漏材料，从而封堵空洞，稳定槽壁，达到快速成槽、减小扩孔系数、节省混凝土的目的。

3.6 防渗墙槽孔清孔换浆

（1）槽孔的清孔换浆采用抽筒法，在清除孔内废渣的同时及时向孔内补充新鲜泥浆。

（2）对二期槽，在清孔换浆前或清孔过程中应用钢丝刷子钻头刷洗一侧槽段接头混凝土壁的泥皮，至刷子钻头不带泥屑、孔底淤积不再增加为止。

3.7 水下混凝土浇筑

（1）混凝土施工物理特性指标。混凝土主要物理性能指标：入槽坍落度 18~22cm，扩散度 34~38cm。坍落度保持 15cm 以上的时间不小于 1h；混凝土初凝时间不小于 6h，终凝时间不大于 24h；混凝土密度不宜小于 2100kg/m³。

（2）防渗墙混凝土灌注采用水下直升导管法。槽孔墙体预埋件安装就位后，下设 Φ230mm 钢制导管，导管为丝扣连接。

（3）水下混凝土浇筑采用的隔水栓为球塞式，导管距孔底的距离大于球塞的直径。待混凝土料充满导管和分料斗后上提适当距离，让混凝土一举封住导管底。根据本工程槽段长度，首次混凝土浇筑方量不少于 10m³。

（4）混凝土料由砂拌集中拌制，混凝土搅拌运输车运混凝土至储料罐，再经溜槽分流进入到各根导管。在混凝土浇筑中，控制各导管均匀下料，使槽内混凝土面高差小于 0.5m，根据混凝土上升速度和导管埋深及时起拔导管，槽孔内混凝土面上升速度控制在 2~7m/h。为保证墙顶混凝土质量及设计要求的高度，槽孔混凝土终浇顶面高于设计墙顶线 0.5m。

3.8 防渗墙槽段连接

接头孔采取"钻凿法"施工：一期槽混凝土浇筑完毕且混凝土终凝后，采用冲击钻机在一期槽两端孔套打一钻，形成二期槽端孔，待二期槽成槽后连接成墙。

4 防渗工程质量控制

4.1 基岩鉴定

设计要求防渗墙墙底深入微风化花岗岩不小于 1m，深入中风化花岗岩不小于 3m。防渗墙施工过程中，采取钻孔取芯和钻渣样确定终孔孔深，每个单元槽的主孔均取面样、中间样及终孔样。所取的芯样由地质工程师现场鉴定，并确定终孔深度，鉴定后装袋保存。

单元槽段基岩面确定的方法。

（1）如果单元槽段内有设计单位提供的勘探孔资料，以勘探孔资料确定基岩面的深度和终孔深度。

（2）如果单元槽段基岩面变化较大，在设计院提供的勘探孔资料的基础上再增加复勘孔的方法确定基岩面的高程。

（3）对于孔深较浅、附近又无勘探孔的单元槽段，先采用冲击钻机取钻渣样，初步确定是基岩样后，然后在该槽上岩芯钻机，采用钻孔取芯的方法确定是否入岩。

（4）对于槽孔较深、覆盖层下面为全风化或强风化花岗岩的单元槽段，结合周围地勘资料，以取出微风化花岗岩岩样后确定基岩面深度。

4.2　终孔验收

终孔验收的内容包括孔宽（包括套接厚度）、孔位中心偏差、终孔深度、孔偏斜率等。

槽孔孔宽采用钻头验收，钻头直径为80cm，检查主孔、副孔和隔墙。

槽孔孔位中心偏差采用钢卷尺验收，孔位偏差值为±30mm。

槽孔终孔深采用钻头测量，满足设计要求。

槽孔孔偏斜采用重锤法测量，端孔最大孔偏斜率为0.4％以内，中间孔控制在0.6％以内。

4.3　清孔验收

清孔验收的内容包括接头刷洗、孔底淤积、槽孔泥浆等。

二期槽接头孔刷洗采用刷子钻头刷洗，洗刷结束标准为刷子钻头不带泥屑、孔底淤积不再增加。

槽孔清孔结束1h后，采用测饼测量孔底淤积厚度，孔底淤积厚度不大于10cm。

槽孔孔底泥浆性能指标采用泥浆试验仪测量：孔内泥浆密度不大于$1.3g/cm^3$；浆液黏度不大于30s（苏式漏斗）；含砂量不大于10％。

4.4　混凝土浇筑

混凝土浇筑检查内容包括导管间距与埋深、混凝土上升速度、混凝土坍落度、混凝土扩散度、浇筑最终高程等。

槽孔混凝土浇筑时，实测51个单元槽槽内混凝土平均上升速度为2.32～6.92m/h，满足设计和规范要求。

4.5　混凝土试件试验

围堰防渗墙单元槽浇筑混凝土时，由试验人员在机口随机取样，取样频率为：抗压试块每槽取一组；渗透试块每3个单元槽取一组；弹性模量试块每10个单元槽取一组。标准养护后，留作室内进行物理力学性能试验。

5　施工过程中遇到的技术问题

5.1　防渗墙槽孔内基岩内风化球处理

设计要求：柔性地连墙深度要求进入微风化基岩≥1m，进入中风基岩≥3m，进入基岩内风化球未作明确要求。

地质勘探资料显示：围堰下伏基岩表面和中间有大量的花岗岩风化球，目前揭露的风化球体直径达到6.6m，风化球质地坚硬，强度高，施工难度大，对于花岗岩风化球地质工程师定义为孤石。

对于直径1m左右的花岗岩直接打穿，对于直径较大的孤石，建议采取嵌入基岩1m，进墙下帷幕灌浆的方法处理。

5.2　防渗墙墙体水平位移

设计要求：在内部子项施工期间应加强检测地连墙体的变形情况，最大水平位移控制值为20cm，报警值为15mm。

由于1#、2#机组泵房区域围堰为土石围堰，并且为临时工程，将来会拆除。防渗墙墙位于围堰之中，会随围堰变形而变形，目前在防渗墙施工过程中，围堰已经发生变形，有的地方下沉，有的地方已发生水平位移。围堰防渗墙施工完毕后，在基坑抽水过程中，围堰肯定会发生变形，相应地防渗墙墙体也会发生变形，水平位移变形值会远远超过设计值。如田湾核电站前池防波堤地下连续墙在基坑负挖过程中，水平位移达到了23cm。

5.3　增加补充勘探孔

现行规范规定在地质资料不够详尽或地层条件较复杂的情况下，应在防渗墙轴线上增加补充勘探孔，其孔距宜为20m。本工程的勘探孔间距按照规范规定为20m，施工中发现地势变化较大的地段实际地质情况与勘查资料出入很大。为解决偏差过大的问题，采用地质钻机实时取芯，地质工程师现场鉴定的方式来判断防渗墙入岩深度是否达到设计要求，此方法在保证防渗墙的施工质量及加快施工进度方面起到了一定的作用。

5.4　增加墙下帷幕灌浆

实践证明，沿海防渗墙的墙与基岩接触面确实存在较深海蚀沟槽，这就有可能导致渗漏通道存在；另一个就是防渗墙本身的工艺就允许有10cm的淤积。而墙幕结合的工艺组合能有效解决墙底与基岩接触面的质量缺陷，并能增大防渗帷幕的深度，减小防渗墙的入岩深度而提高工效。

6　结语

　　广东陆丰核电站 1#、2# 机组泵房临时围堰塑性混凝土防渗墙通过采取对强漏失地层造孔的施工技术和平打法等特殊技术措施，解决了造孔成槽施工中的难题，加快了工程进度，保证了防渗墙施工质量。通过对塑性混凝土配合比试验方法的创新和研究，总结出了塑性混凝土配合比的试验方法，有力地保证了工程的顺利进行，为类似工程提供了很好的借鉴经验。

预制工字形桩在深厚杂填土等复杂地层条件深基坑工程应用

樊京周[1] 龚新晖[2] 杨保健[3] 严 谨[1] 李显恒[2] 严 平[4]

(1. 杭州南联地基基础工程有限公司 310013 浙江杭州；2. 杭州南联土木工程科技有限公司 310013 浙江杭州；
3. 杭州市电力设计院有限公司 310004 浙江杭州；4. 浙江大学建筑工程学院 310058 浙江杭州)

摘 要： 本文介绍了预制工字形桩结合高压旋喷止水帷幕和钢筋混凝土支撑支护结构在杭州万科钱江新城项目地下室基坑工程中的应用实践。根据基坑实际开挖施工情况及基坑支护结构坑外土体位移变形的监测表明，该支护结构形式满足基坑稳定安全要求，可有效控制坑边土体变位，确保止水帷幕安全有效，确保了基坑安全、周边建（构）筑物的安全及地下室顺利施工。为该支护结构形式在同类基坑工程中的推广和应用积累了宝贵经验。

关键词： 预制工字形桩；高压旋喷；钢筋混凝土支撑；基坑支护

1 工程概况及特点

1.1 工程概况

万科钱江新城（杭政储出（2013）40号地块）项目工程位于杭州市江干区三堡单元。具体场地北靠规划花园路（目前为空地），东临为规划升华路（目前为空地），南临规划闻涛路（目前为空地），西侧为规划运河东路（目前为空地）。本工程由4幢（1#、2#、3#、4#）36层高层住宅、2幢（5#、6#）11层小高层住宅、4幢（7#、8#、9#、10#）四层商业用房及地下车库组成，其中7#、8#、9#楼为第一示范区，不设地下室，其余设二层地下室，基坑最大挖深约10.7m，拟建建筑物采用灌注桩基础形式（图1）。

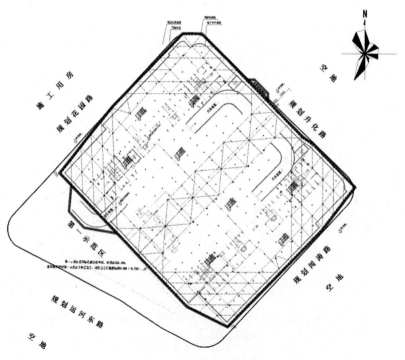

图1 万科钱江新城项目基坑工程平面图

1.2　工程地质条件

基坑开挖影响范围地层情况如下：

①₁杂填土：灰褐色、灰黄色、杂色，以建筑垃圾、混凝土块及粉土为主，含碎石及植物根茎，夹有少量有机质，局部为原建筑物基础，层厚1.20～7.70m。①₂淤填土：灰黑色，流塑，以塘泥为主，含较多腐植质及少量碎石、砖瓦块，及大量有机物，一般存在于原河道及水塘底部，层厚0.90～5.00m。①₃素填土：灰褐色、灰色，以粉土及黏性土为主，局部含淤填土、碎石及植物根茎，夹有少量有机质，层厚0.70～5.00m。

①₃夹碎石：青灰色，粒径在30cm以上，一般存在于素填土底部，为原建筑物基础碎石垫层，层厚0.50～2.00m。③砂质粉土：灰色、青灰色，很湿，稍密，含云母碎片，局部混粉质黏土，层顶高程3.47～－0.33m，层厚6.20～10.70m。⑤₁砂质粉土混粉砂：灰色、青灰色，湿，中密，局部密实，含云母片，颗粒较均匀，局部夹大量粉砂，层顶标高为－8.44～－4.92m，层厚2.90～7.10m。土层主要土性指标及基坑开挖支护设计参数见表1。

表1　基坑开挖影响范围内土层物理力学参数表

层号	层名	重度	固快（峰值）		渗透系数	
		γ kN/m³	C (kPa)	φ (°)	K_h (cm/s)	K_v (cm/s)
①₁	杂填土	(18.5)	(5.0)	(14.5)	(5.0E-04)	(6.0E-04)
①₂	淤填土	(16.5)	(10.0)	(9.5)	(5.0E-05)	(6.0E-05)
①₃	素填土	(17.5)	(12.5)	(12.0)	(6.0E-05)	(7.5E-05)
③	砂质粉土	18.65	7.3	26.0	3.87E-04	2.86E-04
⑤₁	砂质粉土混粉砂	19.27	4.5	32.0	1.03E-03	8.60E-04

1.3　场地水文地质条件

本场地上层地下水性质属潜水，下层地下水属承压水。承压水对地下室施工基本无影响。上层潜水埋藏较浅，水量丰富。主要储存于场地内的填土、粉土中。地下水埋深1.01～3.70m，该层潜水主要受大气降水、周边河道、地表水补给等影响，地下水位年变幅为1.0～2.0m。

1.4　基坑工程特点

（1）本基坑工程开挖面积较大，基坑总体上呈规则四边形，基坑围护边线也相对平直，基坑围护边线长约500m。

（2）基坑工程设地下室二层，基坑开挖深度为9.9～10.7m，坑中坑深度约2.50m。

（3）基坑开挖深度范围内主要涉及①₁杂填土，①₂淤填土，①₃素填土，①₃素填土夹碎石，③砂质粉土，⑤₁砂质粉土混粉砂等。

（4）万科钱江新城杭政储出（2013）40号地块项目工程位于杭州市江干区三堡单元。本基坑工程周边环境较好，除基坑西侧基坑开挖时第一示范区的四层样板房需要保护外，没有其他需要

保护的建（构）筑物及道路管线。

（5）根据浙江省标准《建筑基坑工程技术规程》的规定和周围环境的特点，本基坑工程属于一级基坑工程，相应基坑工程安全等级的重要性系数$\gamma_0 = 1.1$。

2　基坑围护设计

图2所示为万科钱江新城项目工程典型大样图。

（1）基坑地下室采用三轴强力水泥搅拌桩按套一孔法施工结合高压旋喷桩形成止水帷幕，三轴搅拌桩植入预制钢筋混凝土工字形桩形成围护桩墙结合一道水平钢筋混凝土内支撑结构方案，出土口加强区段采用双排桩支护结构。

（2）基坑上部采用小放坡结合土钉墙进行支护。

（3）基坑内外采用简易深井并结合排水沟、集水井明泵降排水方案，其中坑外为控制性降水。

（4）坑中坑采用直接放坡进行开挖施工。

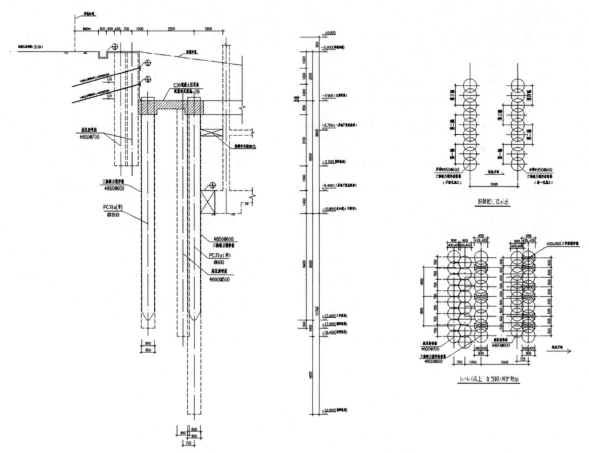

图 2　万科钱江新城项目基坑工程典型大样图

3　基坑围护施工

3.1　总体施工顺序

（1）基坑四周三轴搅拌桩轴线范围内地下障碍物清理。

（2）基坑四周采用 Φ 850@600 三轴强力水泥搅拌桩套一孔法搭接结合 Φ 800@500 高压旋喷桩施工形成止水帷幕，同时插入工字形围护桩。

（3）坑中坑可采用放坡开挖，施工快捷简单，效果可靠，投入较小，可确保底板基础的顺利施工。

（4）基坑内、外设置深井降水井并结合坑内外排水沟、集水沟、集水井等明泵降排水方案。

（5）基坑土方开挖总体上分三个阶段：第一阶段开挖至围护桩墙压顶梁底、第一道支撑梁底；第二阶段开挖至基础板底；第三阶段开挖至承台底及坑中坑底等。

（6）基坑土方开挖应严格按分区块分层分段进行。

（7）开挖至坑底后及时施工完成基础底板的浇筑，待底板混凝土及换撑带达设计强度 80％以上后，可施工地下室外墙、楼板直至地面。

3.2　主要施工技术措施

3.2.1　地下障碍物处理

1）地下障碍物探查

地下障碍物处理之前先用地质钻机探查三轴水泥搅拌桩轴线范围的地下障碍物的埋藏深度等，探查孔的孔位间距 5m，探查深度 10～15m，钻孔全取芯，由专业人员进行编录。根据探查结果，地下障碍物的埋藏深度一般在 6～7m，个别在 10～12m。

2）地下障碍物清理

用挖机清理地下障碍物，清障宽度 5m 左右，深度达到地下障碍物下的原状土，超过 6m 的障碍物用 17m 的长臂挖机清障。清理块石等障碍物后，再用好土回填，深度超过 6m 采用泥浆护壁，防止孔壁坍塌。

3.2.2　水泥搅拌桩帷幕施工

（1）三轴强力水泥搅拌桩采用 Φ 850@600，采用三轴强力搅拌桩机按全断面套一孔法搭接施工形成止水帷幕。

（2）三轴强力水泥搅拌桩采用强度等级为 42.5MPa 普通硅酸盐水泥，实搅部分水泥掺量 22％，空搅部分水泥掺量 5％，水灰比为 1.5。

（3）三轴强力水泥搅拌桩，施工工艺为二次喷浆二次搅拌（具体为下沉喷浆、提升喷浆完成一幅施工），下沉、提升速度控制在 1.0m/min 以内。

（4）三轴强力水泥搅拌桩止水帷幕应从地面开始成桩，并保持均匀、持续；严禁在提升喷浆过程断浆，特殊情况造成断浆应重新成桩施工。

3.2.3 工字形围护桩

（1）本工程采用 400×800 工字形钢筋混凝土围护桩，桩主筋采用预应力筋，预应力配筋采用予应力混凝土用钢棒 GB/T 5223.3—2005，桩身混凝土等级为 C50。

（2）桩身截面平整，桩长不小于设计长度，桩筋混凝土保护层厚度 20mm，桩身弯曲率小于 1/1000，桩身混凝土颜色均匀正常，无露筋、裂缝等缺陷。

（3）三轴强力水泥搅拌桩施工完成每幅后应及时植入工字形围护桩，滞后时间不得超过 1 小时；采用改进型多功能三轴强力水泥搅拌桩机静压植入成桩，遇局部较大阻力静压力不够时可采用振动植入成桩。

（4）施工中严格控制桩平面位置和垂直度。桩偏离轴线位置不得大于 100mm，桩间距误差不得大于 100mm；桩顶标高误差不大于 100mm，桩

垂直向偏差不大于 1%。

（5）工字形桩应整体嵌固于压顶梁内，浇筑压顶梁时，应先将桩表面浮土清理干净，桩身混凝土应保持完整，不得凿除，并每桩两边应增设二道箍筋。

3.2.4 高压旋喷桩

（1）止水帷幕高压旋喷桩 Φ800@500，搭接 300，复合土钉墙高压旋喷桩 Φ800@700，搭接 100，采用二重高压旋喷桩机隔序施工成桩，自桩顶设计标高以上 0.5m 处开始成桩，桩顶和桩底设计标高详见相关剖面大样图。

（2）二重管高压旋喷桩水泥掺量不小于 30％，水泥浆液采用强度等级为 42.5 普通硅酸盐水泥，水灰比 1.0，水泥浆液压力 25MPa，空气压力 0.7MPa，提升速度 10cm/min，旋转速度 10r/min。

4 结语

本文介绍了预制工字形桩在深厚杂填土等复杂地层条件深基坑工程应用通过基坑开挖后的基坑监测数据显示，基坑周边的沉降和位移都在规范允许的范围内，基坑开挖后西侧的四层第一示范区样板房，未出现墙体开裂等变形，达到了预期的目标。为同类基坑工程应用积累了宝贵经验。

自动测量技术在盾构法隧道施工中的应用

郑永军

（北京城建中南土木工程集团有限公司　北京　100012）

摘　要： 自动测量技术在盾构法施工中是一项相对较新的技术，该技术摒弃了以往常规的施工测量方法，实现了施工测量自动化，测量精度高、稳定性好。目前在北京、上海、广州等大型城市地铁及电力等隧道施工中得到广泛推广和应用。本文旨在论述日本演算工房公司提供的自动测量导向技术在电力隧道盾构法施工中的测量方法及其特点，探讨在盾构施工中通过自动测量仪器测设新站点，从而减少人工测量环节，节省大量时间，并能保证隧道的成型质量，满足施工规范及设计部门对隧道轴线偏差要求。

关键词： 自动测量；盾构法；隧道施工

1　工程概况

1.1　工程设计概况

远大 220kV 输电工程（电缆隧道）（第二标段），起自北京市常青路与西四环北路的交点，然后沿西四环路西侧位置向南至四季青桥与拟建西北热电中心——远大工程电缆隧道甩口连接。线路上方多为绿地，部分线路位于西四环北路辅路上。

电缆隧道里程 $L20+171.9 \sim L21+525.4$。新建电缆隧道长约 1380m，采用 2.6m×5.1m 暗挖双层隧道和 Φ5.4m 盾构隧道，其中盾构隧道长约 1340.35m。盾构隧道为圆形断面，内径 5.4m，外径 6.0m，管片结构厚 300mm，环宽 1.2m。电缆隧道埋深 13～21m，隧道从始发井始发后，经过 400m、400m、800m、300m、300m 共五个半径的曲线后到达盾构接收井。电缆隧道以 0.55% 单一坡度下坡进入盾构接收井。

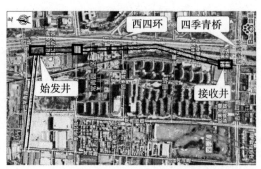

图 1　远大 220kV 输电工程（电缆隧道）
（第二标段）工程平面示意图

远大 220kV 输电工程（电缆隧道）（第二标段）工程平面示意如图 1 所示。

1.2　工程地质及水文概况

1.2.1　工程地质概况

依据设计资料，前期地质勘探最大深度为 35.00m。根据勘探呈现的地层资料，按照地层沉积年代、成因类型及岩性名称，本工程深度范围内地层自上而下可分为人工堆积层、新近沉积层及第四纪沉积层共 3 大类，按地层岩性及其物理力学性质进一步分为 9 个大层及其亚层，盾构穿越区域主要为卵石④层。

1.2.2　工程水文概况

依据设计资料，地质勘探 35.00m 深度范围内未见地下水。工程场区近 3～5 年最高地下水位标高在 26.20m 左右；拟建场地的历年最高地下水位接近自然地表，因此本工程不考虑地下水的影响。

1.3　自动测量导向系统

由于地下工程的特殊性，为在隧道施工中降低工作强度，提高工作效率，一般采用高精度的测量仪器及计算软件来实现隧道工程测量的自动化。目前主要流行的导向系统有日本演算工房导向系统、德国 VMT 导向系统、德国 PPS 导向系统等，本工程主要应用日本演算工房公司（ENZ-AN）出品的 ROBOTEC 自动测量导向系统。

2　演算工房自动测量系统介绍

日本演算工房公司提供的自动导向系统采用

高精度的测量仪器，能够在短时间内高精度地测量出盾构姿态，在看不到目标时能够自动检测其他目标，在操作界面上能够显示盾构蛇形（偏移）的路径。它主要包括如下几部分：

（1）操控台。包括一台电脑，一台显示器，一个键盘，全部安置在盾构机后备套第一台车内。

（2）测量仪器。测量仪器为一台自动跟踪全站仪，精度为3秒级。第一次安置或挪站时，都将测量仪器安置在第一台车上部车站顶或拱顶处吊篮上。吊篮用角钢加工制作，吊篮托板中心处打孔并焊接一个与仪器连接螺栓同规格的螺栓，螺栓外露1.5cm，以安置仪器并实现强制对中。

（3）棱镜。所用棱镜均为特制，共四块，其中一块为后视棱镜，另外三块为前视棱镜。后视棱镜配有基座，同测量仪器一样安置在测量仪器后面的吊篮上，距测量仪器大约80米。在曲线施工时，视通视情况安置后视棱镜。前视棱镜都安在盾构机后半部，其中两块安在盾构机铰接处钢环上部，分别编号为1#、2#。另一块前视棱镜编号为3#，安置在盾构机尾部树立的钢管上。

3 联系测量

联系测量是将地面测量数据传递到隧道内，以便指导隧道施工。具体方法是将施工控制点通过布设趋近导线和趋近水准路线，建立近井点，再通过近井点把平面和高程控制点引入竖井下，为隧道开挖提供井下平面和高程依据。联系测量是连接地上与地下的一项重要工作，为提高地下控制导线测量精度，保证隧道准确贯通应根据工程施工进度，进行多次复测。复测次数应随贯通距离的增加而增加，一般应在盾构机始发、工作面推进50～100m、隧道中间位置、距贯通面约100m处进行，并把测量成果上报业主和监理，通知相关单位进行复测，做到万无一失，保证测量精度。

由于隧道长1300多米，且设计要求贯通水平偏差为5cm，垂直偏差为3cm。按测量误差占贯通偏差一半计算，距贯通面最近的控制导线点的误差为2.5cm，高程误差为1.5cm。应依据《城市轨道交通工程测量规范》GB 50308—2008及《工程测量规范》GB 50026—2007的要求，地面及隧道内都采用1秒级精密全站仪施测二等精密导线，用精密水准仪测设二等水准。

3.1 地面控制网的检测

为满足盾构施工的需要，应检测业主提供的首级GPS控制点、精密导线点及精密水准点，保证上述各级控制点相邻点的精度分别小于$\pm 8mm$和$\pm 8\sqrt{L}$ mm（精密水准路线闭合差），作为盾构测量工作的起算依据。地面控制网是隧道贯通的依据，由于受施工和地面沉降等因素的影响，这些点有可能发生变化，所以在测量时和施工中应先对地面控制点进行检核，确定控制网的可靠性。工作内容包括检测相应精密导线点、检测高程控制点等。

3.2 地面趋近导线测量

在地面控制网检测无误后，依据检测的控制点，再进行施工控制网的加密，布设趋近导线和趋近水准路线。通常地面精密导线的密度及数量都不能满足施工测量的要求，应根据现场的实际情况，进一步进行施工控制网的加密，以满足地面施工放样、定向测量及贯通测量的需要。

地面趋近导线应附和在精密导线点上。并将近井点置于趋近导线中，且应使定向具有最有利的图形。趋近导线点（包括近井点）应不多于4个，以保证导线精度。该工程共测设两条趋近导线，即盾构始发井趋近导线和盾构接收井趋近导线。在始发井处，埋设4个点S_1、近井点S、S_2、S_3并与DW [1] 6、DW [1] 7、DW [2] 4、DW [2] 5精密导线点构成附和导线。在接收井处，亦埋设4个点01、近井点A、02、03并与DW [2] 13、DW [2] 14、DW [3] 1、DW [3] 2精密导线点构成附和导线。趋近导线测量用Ⅰ级全站仪进行测量，测角四测回（左、右角各两测回，左、右角平均值之和与360°的差应小于4″），测边往返观测各二测回，用严密平差进行数据处理，平差后始发井处趋近导线最大点位误差3mm，测角中误差2.2″；接收井处趋近导线最大点位误差4mm，测角中误差1.9″，均符合测量规范要求。

3.3 地面趋近水准测量

测定趋近井水准点高程的地面趋近水准路线应附和在地面相邻的精密水准点上。盾构始发处及盾构接收处均布设不少于两个水准点，趋近水准测量采用二等精密水准测量方法和$\pm 8\sqrt{L}$ mm的精密要求进行施测。

3.4 定向测量

该工程定向测量采用双井定向法。在盾构始

发处两个井分别为盾构始发井和北部暗挖段竖井，两井相距50多米，对定向测量相当有利。在盾构接收井处进行单井定向。定向测量时，分别由每个工作井向井底垂一根钢丝，悬挂重10公斤垂球，并放于水桶中，以保证钢丝稳定。每根钢丝都固定在特制的支架上，测量时先在近井点安置精密全站仪，后视趋近导线点，并用另一个趋近导线点做检查方向，分别测量每一根钢丝，测角四测回，左、右角各两测回，左、右角平均值之和与360°的较差应小于4″。把测距贴片固定在钢丝上进行测边，测边单向应观测四测回。地面测量完成后，把仪器搬到井下，分别在两定向基点上安置仪器，测量另一定向基点和较远钢丝的水平角，并进行测距。测量方法及精度与地面测量相同。井下两定向基点与两钢丝构成无定向导线，经严密平差可计算出两定向基点的坐标。定向测量工作独立进行两次，平差后两定向基点的坐标互差不超过3mm，取平差后均值作为最终值，作为后续测量工作的依据。

3.5 高程传递测量

高程传递测量采用悬挂检定过的钢卷尺的方法进行，在钢卷尺上吊10公斤重锤，井上井下两台水准仪同时读数，将高程传递至井下的水准基点（定向基点），高程传递测量独立进行两次，各水准基点的高程互差不超过3mm，取其均值作为最终值。

4 盾构机安装测量及盾构姿态测量

联系测量完成后，以定向基点为依据，按照设计要求放出盾构机支座中线以及盾构机滑道坡度控制线。以此为依据安装盾构机及反力架等辅助设施。同时悬挂和固定自动导向仪和后视两吊篮。仪器吊篮安放在距盾构机盾尾后20m左右，免受盾构机推进扰动影响。在定向基点安置仪器，测量导向仪器及后视两点，测角两测回，左右角各一测回，单向测边四测回，以确定两点的平面坐标，以坐标法测量两点的高程，从而可求得两点的三维坐标（X、Y、Z）。将该两点三维坐标输入电脑，并进行后视复位处理。接着进行盾构机姿态测量。

4.1 盾构机姿态测量

盾构姿态测量的目的是要确定前视三块棱镜相对盾构机尾部中心的三维坐标（X、Y、Z），仪器通过测量前视棱镜的坐标就可确定盾构机空间位置。

盾构机开始作业前，需连接好自动导向系统的通讯线缆及其他线缆，并进行盾构姿态测量。盾构姿态测量的目的是要确定前视三块棱镜相对盾构机尾部中心的三维坐标，仪器通过测量前视棱镜的坐标就可确定盾构机空间位置。另外还须计算每米盾构隧道中心的三维坐标（包括曲线要素点），并按要求以Excel的格式输入电脑中。

盾构机安装完毕后，就可进行盾构机姿态测量。首先在盾构机中交界处中心位置上方安装1#前视棱镜，并在风筒对侧距该棱镜大约1m远的地方安设2#棱镜，两棱镜距盾构机外壳顶20～40cm。3#前视棱镜安装在盾尾处，距前两棱镜大约4.5m，距盾构机顶约0.3m。3#棱镜通过钢管与盾体连接，焊接牢固，必须保证牢固可靠。

一切准备工作就绪后，可进行后视复位处理，若复位结果精度不符合要求，仪器报警，以红色数字显示。这时要对测量仪器站点及后视站点重新进行测量，输入新测的三维坐标，重新进行后视复位处理。若复位结果符合要求可进行盾构机推进工作。

盾构机开始推进后，自动测量仪器自动进行后视复位处理，并依次测量1#（或2#）棱镜和3#棱镜，在显示屏显示测量结果，并自动计算出盾构机盾前、盾尾、铰接处的三维坐标，该三处与隧道中心的水平偏差和垂直偏差，水平偏差和垂直偏差均显示在显示屏上，图文并茂，形象直观。盾构机掘进操作人员依据显示的偏差值进行操控。

盾构机自动导向仪及后视棱镜两点的相对角度及距离会通过系统自动输入电脑，运用导向系统自带的应用软件可以计算出三个棱镜的相对坐标。然后与三个棱镜的三维相对坐标（X、Y、Z）对比计算，即完成盾构姿态测量（图2）。

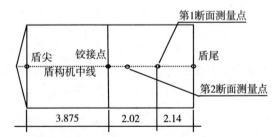

图2 盾构机盾尖、盾尾坐标计算示意图

4.2 激光导向系统的正确性与精度复核

主要包括对导向系统中的自动导向仪器和后

视棱镜位置的测量。激光导向系统的正确性与精度关系到盾构推进环片成型的质量,因此要随时检查导向系统显示的数据。在盾构机始发间断,尤其是在负环推进间断,自动导向仪要受到盾构机推进扰动的影响,导致仪器移动。同时由于盾构机作业空间小,难免人为碰动,因此要定期用精密全站仪测定导向仪和后视棱镜的三维坐标(X、Y、Z),保证数据的正确性。一般情况下通过后视复位,观察后视点的三维坐标变化值就可判断仪器的稳定性。若坐标变化量与第一次相比在 5mm 内,说明仪器及后视两点基本未动;若超过 10mm,需要对自动导向仪器和后视棱镜位置进行测量。

一般在始发前、接收到达 100m 及每周人工测量一次盾构机姿态,依据棱镜绝对及相对坐标、盾构机的滚动角及仰俯角,结合盾尾和刀尖的相对坐标列三元二次方程,可以得出盾构机的姿态,经过人工校核,盾构机姿态偏差均保持在 1cm 以内。

5 盾构机掘进时导线延伸及其他测量

随着掘进工作面的向前推进,要及时延伸导线,施测二等水准传递高程,导向仪器挪站,并对隧道成型管片环进行轴线偏差测量。

5.1 导线延伸及二等水准测量

由于在隧道内只能测量支导线,且隧道长达 1300 多米,为了提高导向精度及贯通精度,以竖井定向建立的基线边为坐标和方位角起算依据,在隧道内施测 1 秒级控制导线。洞内控制导线点布设在隧道的管片上,采用 1cm 钢板和 $\Phi 20$ 钢筋与管片连接螺栓焊接作为固定导线点,测点要牢固可靠。在通视条件允许的情况下,每 150m 布设一点。观测采用 1 秒级全站仪进行测量,测角四测回(左、右角各两测回,左、右角平均值之和与 $360°$ 的较差应小于 $4''$),测边往返观测各二测回。

洞内水准测量以竖井高程传递水准点为起算依据,采用二等精密水准测量方法和 $\pm 8\sqrt{L}$ mm 的精度要求进行施测。

5.2 施工中的成型管片环位置轴线偏差测量

为了检查隧道成型管片环的偏差,要及时地对每环进行轴线偏差测量。具体做法是在精密导线点上安置全站仪,把一根特制的 5m 铝合金尺放置在待测环上,在尺上中间位置贴上贴片作为测量标志。并用水平尺将铝合金尺整平。全站仪瞄准贴片十字丝,用坐标法测量其三维坐标,保持仪器视线不变,把塔尺放在贴片处隧道底上,用仪器读出尺上读数,这样就可得出该环中心地板处的三维坐标。依据各环所测的三维坐标与设计线路比较可以得出各环测点所在位置里程、水平偏差及垂直偏差,及时反映环片的成型质量。由计算结果可看出,大部分管片轴线偏差都小于 3cm,小半径曲线处的轴线偏差在 5cm 左右,都满足甲方要求的半径小于 500m 曲线轴线偏差为 8cm、其他为 5cm 的轴线偏差要求,达到了预期的目的。

5.3 换站测量及导向仪自动测量新站点

当导向仪看不到盾构机上的棱镜时,需进行换站测量。在盾构机后 20m 左右处安置新吊篮。依据洞内精密导线精确测定新安吊篮及原仪器吊篮对中标志的三维坐标。然后将仪器安置在新吊篮处,将后视棱镜安置在原仪器吊篮处。通过电脑进行后视复位处理,精度符合要求就可继续掘进。一般情况直线处 80m 左右换一次仪器,曲线处视通视情况而定,小曲线处需 30m 左右挪一次站。由于该隧道工程曲线较多,为了缩短时间并充分利用导向仪自动测量功能,利用导向仪器自动测量新站点,实现自动挪站,整个过程约需 20 分钟左右。连续 3 次挪站后必须进行一次人工测量挪站。

6 隧道贯通测量及精度

电缆隧道于 2014 年 3 月 1 日开始正常推进,2014 年 7 月 3 日贯通至中间四通井。经测量水平贯通偏差为 32mm,垂直贯通偏差为 11mm。导线连测后经严密评差,测角中误差为 $2.2''$,点位最大误差为 7mm,满足精度要求,达到了预期的目的。

7 总结

自动测量导向盾构法施工技术在该工程取得圆满成功,贯通偏差小,导线精度高。系统具有操作友好的界面、自动检测目标、及时显示盾构姿态的特点。要提高自动导向的精度,必须严格按照《城市轨道交通工程测量规范》要求施测高精度导线,尤其是要提高联系测量的精度,做到万无一失。

参考文献

[1] GB 50308—2008 城市轨道交通工程测量规范 [S].

[2] GB 50026—2007 工程测量规范 [S].

[3] 袁存防，等. VMT 自动导向系统在盾构法施工中的应用和研究 [J]. 现代隧道技术，2011（3）.

机械连接竹节桩在沿海软土地基中的应用 *

齐金良[1]　周平槐[2]　杨学林[2]　周兆弟[1]

（1. 浙江天海管桩有限公司　浙江杭州　310024；
2. 浙江省建筑设计研究院　浙江杭州　310006）

摘　要： 本文分析、总结了管桩在沿海软土地基工程应用中出现的主要问题，介绍了机械连接竹节桩的特点，并通过工程实例，对机械连接竹节桩在软土地基中用作抗压工程桩和抗拔工程桩时，其与普通预应力管桩的承载性能进行对比分析。从现场静载试验所得的（Q-s）曲线可以看出，普通预应力管桩的（Q-s）曲线均出现明显拐点，而机械连接竹节桩（Q-s）曲线则属于缓变型。机械连接竹节桩的环状凸肋使得其抗压承载力和抗拔承载力明显优于普通预应力管桩，相比普通预应力管桩，它的抗压承载力、抗拔承载力可提高约20％以上。

关键词： 机械连接竹节桩；软土地基；静载荷试验；环状凸肋

1　概述

预应力混凝土管桩（以下简称管桩）经过我国近20多年的发展，无论在品种还是产量上，都已取得显著成效。目前，管桩生产量基本上以10％～15％的年增长率上升[1-2]。相比于传统预制桩，它可以解决桩身混凝土开裂问题，且又安全环保，具备工厂生产标准化、质量可靠、施工方便快捷、检测简单及成本低廉等特点，因此在实际工程中得到很好的推广和应用。管桩按混凝土强度等级可分为预应力混凝土管桩（即PC管桩）和预应力高强混凝土管桩（即PHC管桩）。

管桩是通过桩侧阻力和桩端阻力来承受上部荷载的。为了提高单桩竖向承载力，大都通过提高桩侧阻力或桩端阻力的途径来实现。增加桩端阻力的措施有桩端扩底和桩底注浆等；增加桩侧阻力的措施则有桩侧注浆和采用变截面桩等。目前国内生产的先张法预应力离心混凝土异型桩的形式有很多种，机械连接预应力混凝土竹节桩（简称机械连接竹节桩）是在传统混凝土预制桩基础上经过改进，于2003年研制成功的一种新型异型桩（图1），它属于变截面桩[3]。

图1　机械连接竹节桩

2　管桩在软土地基应用中存在的主要问题

2000年前后在浙江省快速出现了40多家管桩厂，4年之后又迎来第2个发展高潮，新出现了30多家规模较大的管桩厂[4]。采用管桩施工工期短，可带来显著的经济效益，但它的抗震性较差，接头易松动、开裂，焊接费时及耐腐性较差，抗拔效果差，在软土地基工程应用中，除了偏位、折断外[5]，还存在以下主要问题：

（1）复杂的地质条件导致成桩困难。软土地基常常使管桩的持力层太深，然而当桩长超过40m时，其经济效果将明显降低；遇到孤石、老基础及地下障碍物多的地层，或者地层中存在坚硬的夹层，而该夹层又不能作为管桩的持力层时，会增加管桩的施工难度，降低其成桩质量。

---
* 基金项目：宁波市重大（重点）科技攻关择优委托项目资助（2012C5007）。

（2）桩身混凝土开裂。在上拔力的作用下，由于桩身混凝土呈拉伸状态，桩身混凝土在凝结硬化过程中存在着众多微裂缝，内部结构极不均匀；随着荷载的增大，内部的微裂缝容易扩展、串通而导致桩身开裂。桩身开裂后其承载力虽然没有明显减小，但钢筋锈蚀速度加快，对抗拔桩的承载性能造成极大的隐患[2]。

（3）桩身接头难以满足耐久性要求。预应力管桩接头主要采取焊接方式，焊接工艺虽然简单却比较严格，在施工现场往往得不到有效执行，焊接质量不够稳定，使管桩接头处成为桩体的薄弱环节。而接头焊缝在打桩过程中需承受上千次的拉压交变应力，任何焊接缺陷都是隐性裂纹源，有可能直接导致接头金属组织撕裂。在众多管桩工程质量事故中，由于管桩接头焊接质量而导致的事故占了相当大的比例[6]。

为了弥补传统焊接接头工艺的不足，提高施工效率，保证施工质量，不少厂家通过实践经验，发明了一种新型的接头技术——机械连接接头技术，用来替代焊接接头。地基规范[7]规定：当普通预应力管桩作为抗拔桩使用时，宜采用单节管桩，采用多节管桩时可考虑通长灌芯，另行设置通长的抗拔钢筋。江苏、天津、福建等地均明确规定，管桩用于抗拔时必须采用机械连接接头技术。

（4）桩身与承台的连接质量难以得到保证。承台是上部结构与桩基之间的传力体，桩与承台的连接做法直接影响到管桩的承载性能。管桩的预应力筋必须锚入承台。常见连接方法是通过桩芯灌浆并内插钢筋与承台连接。

（5）在生产过程中偷工减料致使桩身质量不达标。如采用高强钢丝代替钢棒，采用铸造工艺、地条钢代替 Q235B 钢作为桩端板的用材等。

3　机械连接竹节桩的发展与特点

为了解决传统预应力管桩焊接接头存在的问题以及作为抗拔桩应用受限的现状，同时也为了节省管桩生产制作成本、提高单桩承载力、增强沿海软土地区所应用的管桩的耐久性，浙江天海管桩有限公司研发出一种改良创新的桩型——机械连接竹节桩，并相应开发了其在沿海软土地区应用的制作和施工成套技术。

机械连接竹节桩沿桩体的外壁每隔 1～3m 设置一节环状凸肋，并在桩周外侧均匀加设数条纵肋以连接环状凸肋。环状凸肋不仅能有效增强桩身摩擦性能，也扩大了桩体的有效截面面积，进一步提高了桩的承载能力，节省了生产成本。机械连接竹节桩的中部桩径为恒定值，上部与中部之间的桩径及下部与中部之间的桩径则呈线性增加。第十代机械连接竹节桩（产品名为"天桩"）如图 1 所示。

与相同直径和相同桩长的预应力管桩相比，机械连接竹节桩的竖向抗压、抗拔承载力提高约 20％以上；不但其承载性能好，且可节约混凝土材料 15％以上，可降低生产成本 10％左右[8]。此外，机械连接竹节桩因取消端板、采用特定防腐机械连接装置使其耐久性得到提高，可直接节省管桩制造成本，达到节省资源的目的。

3.1　连接接头

为了克服传统管桩焊接连接及桩头存在的不足的问题，现已成功研发出第十代连接技术[9]，其连接件见图 2，其中大螺母内装防腐用的环氧树脂；基垫和弹簧用于保证卡片平整到位；卡片两面设置一定的角度起到越拉越紧的效果；插杆设计成球形，保证卡片能顺利到位；中间螺母旋接在顶拉螺帽内，将卡片上移定位，以确保连接坚固顺利。连接接头在下插时，弹簧的反作用力将接头上顶，中间螺帽限定了卡片的上移，这时卡片在弹簧反作用力的作用下将接头紧紧地抱箍，同时由于纵向钢筋端部的镦头与弹簧相触，从而保证了荷载的传递。

桩连接接头剖面构造如图 3 所示。接桩时在桩端面安放由环氧树脂、固化剂等组成的密封材料，以提高桩端耐久性。

3.2　与承台（或基础梁）的连接

抗拔桩主要通过填芯混凝土及插筋与承台连接。图 4 和图 5 分别为机械连接竹节桩作为抗拔桩截桩和不截桩时其桩顶与承台的连接方式，两者的区别在于截桩时需要通过专用锚固螺母与机械连接竹节桩的钢棒相连接，这可减少混凝土浇筑量，不截桩时通过预置螺母将锚固钢筋直接与桩体连接。抗拔桩截桩时，若机械连接竹节桩的钢棒完好无损，可将钢棒直接连接到基础承台，但应保证其锚固长度应满足规范[7]要求，否则尚须在基础承台内另增设锚固钢筋，并利用螺母将钢棒与之连接，如图 4 所示。当外露钢棒不能利用时，必须采用锚固螺母与专用卡片进行锚固连接，锚固螺母安装在桩身。不截桩时锚固钢筋下端需要进行热墩头、后滚丝工艺处理，滚丝尺寸必须与桩的螺母型号、规格相吻合，这样才能确保锚固钢筋与桩身连接牢固。

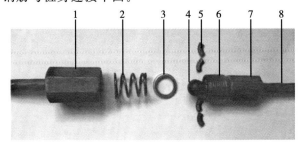

图 2　第 10 代连接件

1—大螺母；2—弹簧；3—基垫；4—球形插杆；
5—卡片；6—中间螺母；7—小螺母；8—钢棒。

图 3　桩连接接头剖面构造

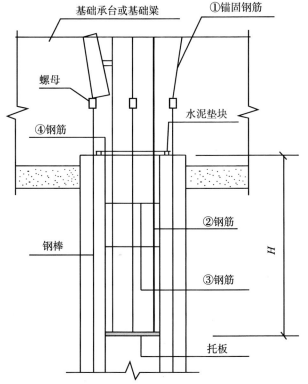

图 4　截桩时桩顶与承台的连接详图

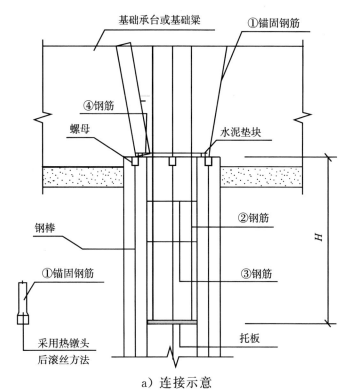

a）连接示意

b）实景

c）锚固钢筋下端

图 5　不截桩时桩顶与承台的连接详图

4　工程应用实例

表 1 列举了部分机械连接竹节桩工程应用情况。根据混凝土有效预压应力值，桩型可分为 A 型、AB 型、B 型和 C 型，对应的有效预压应力值分别为 4.0MPa、6.0MPa、8.0MPa、10.0MPa。机械连接竹节桩的桩径主要以 400mm、500mm、600mm 为主，用作抗压桩和抗拔桩时，桩长均在 20m 以上，最长目前用到了 36m。表 1 所示为广厦天都城项目中机械连接竹节桩主要用于抗压，而金帝海泊雅苑项目中其用于抗压和抗拔。

表 1　机械连接竹节桩的应用情况

项目名称	桩型号	桩长（m）	承载力值（kN）
广厦天都城	T-PHC-A600-560（100）	25	2250

项目名称	桩型号	桩长（m）	承载力值（kN）
金帝海泊雅苑	T-PHC-B500-460（100） T-PHC-B600-560（110）	36	2475/880 3300/800
柳桥—南和城	T-PHC-B500-460（100）	36	/680
中南集团光伏基地	T-PC-A500-460（100）	36	/550
国恒—西溪公馆	T-PC-AB500-460（110）	28	1200/500
浙大网新办公楼	T-PC-AB500-460（100）	34	1800/600
温州市民广场	T-PC-A600-560（100）	28	/650
芜湖华仑港湾1期	T-PHC-AB500-460（110）	25～32	/450

注：（1）桩型号中的 T 代表机械连接，PHC 表示高强预应力；PC 表示预应力；A，B，AB 表示桩型。数字的含义以桩型号 T-PHC-A600-560（100）为例来说明，其中 600 代表最大外径，560 代表最小外径，100 代表壁厚，其单位均为 mm。

（2）第 4 列中"/"前的数字表示抗压桩承载力特征值；"/"后的数字表示抗拔桩承载力特征值。

4.1 广厦天都城项目

在广厦天都城项目中，分别选用 3 根机械连接竹节桩和普通预应力管桩进行基桩竖向抗压静载破坏性对比试验。忽略地下室开挖范围以上的杂填土、耕土和塘泥 3 个土层后场地范围内土层的土工参数如表 2 所示，⑧-2 土层下方为中风化泥质粉砂岩。管桩持力层为⑧-2 层强风化泥质粉砂岩，机械连接竹节桩型号为 T-PHC-A600-560（100），桩长度依次为 24.0m、26.5m、24.0m，桩身混凝土强度等级为 C60；普通预应力管桩的桩径为 600mm，桩长依次为 18.0m、25.0m、30.0m，桩身混凝土强度等级为 C60。

图 6 为管桩静载荷试验的荷载-沉降（Q-s）曲线。由图可以看出，普通预应力管桩的（Q-s）曲线均出现了明显拐点，而机械连接竹节桩的（Q-s）曲线属于缓降型，各级沉降增量变化幅值不大。根据试验得到的各管桩承载力极限值如表 3 所示。普通预应力管桩 S2-2 桩长为 25.0m，与机械连接竹节桩 S1-2 的桩长较为接近，二者的承载力极限值分别为 3500kN 和 4400kN。因此，机械连接竹节桩承载力提高了约 25.7％。

表 2　场地各土层物理力学性质指标及土工参数

土层	固快法		普通预应力管桩	
	黏聚力（kPa）	内摩擦角（°）	桩侧阻力（kPa）	桩端阻力（kPa）
②-1 粉质黏土	21.4	14.8	10.0	—
②-2 粉质黏土	15.2	21.6	12.0	—
③-1 淤泥质粉质黏土	15.5	10.5	7.0	—
③-2 淤泥质黏土	14.2	7.9	8.0	—
④ 粉质黏土	28.9	14.2	23.0	—
⑤ 粉质黏土	23.4	10.0	18.0	—
⑥ 砾砂混黏性土	32.0	15.8	38.0	1200
⑧-1 全风化泥质粉砂岩	—	—	40.0	—
⑧-2 强风化泥质粉砂岩	—	—	45.0	3000

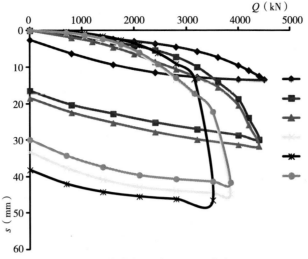

图 6　静载荷试验（Q-s）曲线

表 3　普通预应力管桩与机械连接竹节桩的静载荷试验成果

试桩	桩长/m	承载力极限值/kN	相应沉降量/mm
机械连接竹节桩 S1-1	24.0	4500	13.41
机械连接竹节桩 S1-2	26.5	4400	29.90
机械连接竹节桩 S1-3	24.0	4400	31.72
普通预应力管桩试 S2-1	18.0	3150	13.24
普通预应力管桩试 S2-2	25.0	3500	22.23
普通预应力管桩试 S2-3	30.0	3500	22.23

4.2　金帝海泊雅苑项目

项目所在地质土层以淤泥质黏土和粉质黏土为主，采用直径为 500mm 和 600mm 的机械连接竹节桩和边长为 450mm 的预应力离心混凝土空心方桩作为工程试验桩，试桩长度均为 36.0m，混凝土强度等级均为 C80。其中抗拔桩做了 4 根，桩型及承载力特征值如表 4 所示。

表 4　金帝海泊雅苑项目的试桩及其承载力

试桩编号	桩型号	承载力特征值（kN）
KBSZ1	T-PHC-AB500-460（100）	800
KBSZ2	T-PHC-B500-460（100）	800
KBSZ3	T-PHC-B600-560（110）	800
KBSZ4	PHS-AB450（250）	300

注：T-PHC-AB500-460（100），T-PHC-B500-460（100），T-PHC-B600-560（110）为机械连接竹节桩；PHS-AB450（250）为预应力离心混凝土空心方桩。

抗拔桩的试验结果如图 7 所示。试桩 KBSZ1 在荷载从 1600kN 增至 1700kN 过程中其上拔量突然增加，因此取（Q-s）曲线发生明显陡升的起点（1600kN）作为极限承载力。同理试桩 KBSZ2 的极限承载力取为 1760kN。试桩 KBSZ3 在加载至

2240kN 的过程中，桩帽与桩头突然拉开，整个桩帽拉出，终止试验，取上一级荷载（2080kN）作为极限承载力。而方桩 KBSZ4 加载至 800kN 时桩帽与桩身分开，取上一级荷载（640kN）作为其极限承载力。从试验结果可以看出，机械连接竹节桩由于增强了侧壁与土体之间的摩擦性能，因此抗拔承载力有大幅提升。

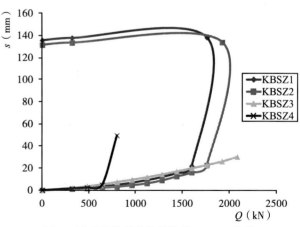

图 7　试验所得到的抗拔桩的（Q-s）曲线

5　结语

针对管桩在软土地基工程应用中存在的问题，

在开发机械连接竹节桩的过程中相应地采取了有效措施。设置的环状凸肋不仅可有效增强了桩身摩擦性能，还扩大了桩体的有效截面面积，进一步提高了桩的承载能力，节省了生产成本。开发的新型机械连接方式确保该桩的连接坚固可靠、快速顺利；同时接桩时在桩端面安放由环氧树脂、固化剂等组成的密封材料，提高了桩端接头处的耐久性。

机械连接竹节桩已广泛用于沿海软土地基工程中。现场静载荷试验结果表明，机械连接竹节桩的抗压和抗拔承载力均高于普通预应力管桩，其中抗压承载力和抗拔承载力均可提高约 20% 以上。

参考文献

[1] 王重. 中国管桩十五年发展及未来展望 [C] //预制混凝土木桩学术论文集. 长沙，2004.

[2] 张芳芳. 增强型预应力管桩单桩抗拔承载机理的研究 [D]. 太原理工大学，2010.

[3] 付贵海，魏丽敏，郭志广. 深厚软土地基增强型管桩受力性状试验研究 [J]. 土木建筑与环境工程，2012, 34 (1).

[4] 李传巍. 谈谈浙江省先张法预应力混凝土管桩发展中的有关问题 [C] //预制混凝土木桩学术论文集. 长沙，2004.

[5] 吴春菲，郑水强. 软土地基中预应力混凝土管桩基础应用的实践 [J]. 建筑结构，2006, 36 (11).

[6] 贾慈力，沈耀仁，周树兴，等. 离心管桩接头焊接工艺及检测技术研究[J]. 新技术新工艺，2004 (10).

[7] GB 50007－2011 建筑地基基础设计规范 [S]. 北京：中国建筑工业出版社，2011.

[8] 熊厚仁，蒋元海，牛志荣，等. 竖向荷载下新型带肋预应力管桩数值模拟研究 [J]. 建筑结构，2010, 40 (10).

[9] 周兆弟. 上螺下顶接桩扣及预制件. 专利号：ZL200510102752X，2005.

压应力分散型扩大头锚杆
热熔式拆芯技术在深基坑中的应用

杜明祥[1]　周建明[1]　程良奎[2]

(1. 苏州市能工基础工程有限责任公司　江苏苏州　215011;
2. 冶金部建筑研究总院　北京　100088)

摘　要: 可拆芯回收锚杆技术在城市基坑围护工程中已经得到了越来越多的关注,尤其是在城市的核心地段,常规拉力型锚杆带来的负面影响已经严重影响了后续地下空间的开发。目前,国内外锚固界的可拆芯技术品种繁多,技术手段及实际效果参差不齐。本文将结合实际工程介绍一种拆芯功能较为可靠的热熔式拆芯回收锚杆技术。

关键词: 压应力分散型;预应力锚杆;可拆芯回收;热熔式;新技术

1　锚杆拆芯回收机理分析

图 1　热熔式可拆芯回收锚杆

热熔式可拆芯回收锚杆(图 1)的基本机理是:通过调控热熔式锚具对钢绞线进行锁定和解除锁定,从而实现钢绞线的张拉锁定和拆芯回收。热熔式锚具在工作阶段,其强度和钢质锚具等同,性能达到永久性锚具的技术要求,锚具通过夹片将钢绞线锁住,和承压板组合后处于锚杆的锚固段,形成压应力分散型的锚杆;在锚杆退出工作阶段后,可以通过导线加热热熔锚具,热熔锚具内部的锁定结构在受高温后破坏,从而给钢绞线

解除束缚,只需要克服钢绞线和外皮之间的摩擦力,即可抽出钢绞线,而钢绞线和外皮之间涂有油脂层等,每米的摩擦力大约 0.8kN。

钢绞线的拆除使用自动回收千斤顶回收,只需将设备安装在钢绞线的一端,设备即可自行回收钢绞线,中间无须人力的干预等操作,整个过程方便快捷、无污染。

2　热熔锚具性能

热熔锚具满足《预应力筋用锚具、夹具和连接器》GB/T 14370—2007 规范要求,静载锚固试验、周期荷载均达到永久性锚具的要求,目前已经通过附国家工业建(构)筑质量安全监督检验中心检验(图 2)。

预应力筋—锚具组装件静载锚固性能试验报告（1）

表式JC—016

		编号	(2011)国认监认字(452)号
		试验编号	2013-00142
		委托编号	2013-04974
工程名称及部位	产品检验	锚具型号	15.2-1(单孔热熔锚具)
委托单位	苏州市能工基础工程有限责任公司	产地	/
委托人	陆尧明	代表数量	/
送检数量	3套	预应力筋	1860MPa
依据标准	GB/T14370-2007 JGJ85-2010	来样日期	2013-6-24
检验设备	UEH-200A	试验日期	2013-6-25

试验结果

试样编号	预应力筋极限拉力(之和)(kN)	组装件实测极限拉力 F_{apu} (kN)	效率系数 η_a	总应变 ε_{apu} (%)	断口位置	断筋检查：颈缩根数	断筋检查：斜口根数	试验后锚具检查
1	268.0	265.6	0.99	4.4	断锚口	/	1	/
2	268.0	256.0	0.96	2.8	断锚口	/	1	/
3	268.0	264.9	0.99	4.5	断锚口	/	1	/

结论：依据GB/T14370-2007 JGJ85-2010标准，所检验项目符合要求。

批准		审核		试验	
试验单位	国家工业建构筑物质量安全监督检验中心				
报告日期	2013 年 6 月 25 日				

预应力筋—锚具组装件周期荷载性能试验报告 表式 JC—018

		试验编号	JC…
		委托编号	2013力05113
工程名称及部位	产品检验	锚具型号	热熔锚具（单孔）
委托单位	苏州市能工基础工程有限责任公司	锚具产地	——
委托人	陆尧明	代表数量	——
送检数量	3套	预应力筋	1860MPa
依据标准	GB/T14370-2007、JGJ85-2010	来样日期	2013.06.24
检验设备	UEH-200A	试验日期	2013.07.02

试验结果

试样编号	预应力筋公称直径(mm)	公称面积(mm^2)	破断力标准值(kN)	试验力上限(kN)	试验力下限(kN)	循环次数(次)	破断情况
1	15.20	140	260	208	104	50	完好
2	15.20	140	260	208	104	50	完好
3	15.20	140	260	208	104	50	完好

结论：依据GB/T14370-2007、JGJ85-2010标准，周期荷载性能符合要求。

负责人	审核	试验
试验单位	国家工业建构筑物质量安全监督检验中心	
报告日期	2013年7月2日	

备注：部分复制检验报告需经本中心书面批准（完整复制除外）。
若有异议，收到报告十五日内向检验单位提出。

疲劳性能试验报告 表式JC—034

				试验编号	JC2013QT0093		
				委托编号	2013力06583		
委托单位	苏州市能工基础工程有限责任公司	试样名称	单孔热熔锚具	强度级别	1860MPa	产地	——
工程名称	产品检验	加载方式	拉—拉	试验波形	正弦波	型号	——
检验设备	UHS-1000kN交变疲劳试验机	室温	23~25℃	表面状况	良好	委托人	陆晓明
委托日期	2013.07.23			试验日期	2013.08.24~09.05		

试样编号	直径 d_0 mm	面积 A mm^2	荷载比 R	最大荷载 F_{max} kN	最小荷载 F_{min} kN	荷载范围 ΔF kN	试验频率 Hz	疲劳次数 N $\times10^4$次	断裂情况	断口位置
1	Ø15.20	140	0.90	169.0	152.5	16.5	8.33	201.7	未断	——
2	Ø15.20	140	0.90	169.0	152.5	16.5	8.33	200.1	未断	——
3	Ø15.20	140	0.90	169.0	152.5	16.5	8.33	203.1	未断	——

结论	依据GB/T14370-2007标准，疲劳性能符合要求。	备注	——
负责人	审核	试验	
试验单位	国家工业建构筑物质量安全监督检验中心		
报告日期	2013年9月6日		

备注：部分复制检验报告需经本中心书面批准（完整复制除外）。
若有异议，收到报告十五日内向检验单位提出。

图 2 试验报告

3 工程概况

3.1 结构概况

本工程位于苏州市吴中区郭新东路北、尹山湖东路西侧，邻近苏州轨道交通 2 号延伸线尹山湖中路站。

基坑总面积约 5.5 万平方米，东部为地下二层区，西侧及南侧为地下一层区。

场地自然地面标高为＋3.000m（相对标高为－0.600m），地下一层区基坑坑底标高为－7.100m，基坑挖深按 6.50m 考虑。地下二层区基坑坑底标高为－11.050m，基坑挖深 10.45m 考虑。

3.2 工程地质情况

本次勘察查明：场地自然地面以下土层按其沉积环境、成因类型以及土的工程地质性质，分层描述如下：

①回填土：杂色，松散，主要由黏性土组成，夹碎石及建筑垃圾，土质不均，工程性质差。场区普遍分布。

②回填土：灰色，松散，主要由黏性土组成，土质不均，工程性质差。场区普遍分布。

③粉质黏土：灰黄～黄褐色，可塑，饱和，土质较均匀，局部为黏土，含铁锰结核，夹青灰色条纹，无摇振反应，切面稍有光泽，干强度和韧性中等，具中等压缩性。场区普遍分布。

④₁粉质黏土夹粉土：灰黄～灰色，软塑，局部可塑，饱和，土质较均匀，含铁锰质氧化物，夹青灰色条纹，无摇振反应，切面稍有光泽，干强度和韧性中等，局部夹粉土薄层，具中等压缩性。场区局部分布。

④₂粉质黏土夹粉土：灰色，可塑，局部可塑，夹薄层粉土，局部呈薄层状透镜体状分布。含云母、有机质，无摇振反应，切面稍有光泽，干强度和韧性中等，土质不均匀，具中等压缩性。场区普遍分布。

④₃粉质黏土夹粉土：灰色，可塑，局部可塑，饱和，局部呈透镜体状分布，无摇振反应，切面稍有光泽，干强度和韧性中等，压缩性中等。场区普遍分布。

⑤₁粉质黏土：灰～灰蓝色，可塑，局部软塑，饱和，土质不均匀，含有机质，夹薄层粉土，无摇振反应，切面稍有光泽，干强度和韧性中等，具中等压缩性。场区普遍分布。

4 基坑围护方案

4.1 基坑周边环境分析

基坑东侧为尹山湖东路，拟建结构外墙线距离用地红线约 5.70m。红线外为人行道，路下埋设有污水管、电信、天燃气、雨水管、路灯等管线。

基坑南侧东南角段现为空地。该空地为本拟建工程与苏州轨道交通 2 号线延伸尹山湖中路站站台出入口相通区。

基坑南侧为郭新东路，拟建结构外墙线距离南侧用地红线约 7.10m。

基坑西侧为听湖路，拟建结构外墙线距离用地红线 5.20～5.30m，距离人行道约 8.20m，路下埋设有雨水管、路灯等管线。

基坑北侧为和谐路，拟建结构外墙线距离北侧用地红线约 5.00m。红线外为人行道，路下埋设有污水管、雨水管路灯等管线。

基坑周边环境相对复杂，距离用地红线较近，南侧的苏州轨道交通 2 号延伸线拟建盾构区间及在建尹山湖中路车站等对沉降和水平位移较为敏感，需选择合适的围护形式确保周边环境及整个基坑安全。同时根据业主资料：南侧的给水管基坑围护施工前迁移。

4.2 基坑围护形式

基坑工程除南侧临近苏州轨道交通 2 号延伸线尹山湖中路站及拟建盾构区间基坑侧壁变形外应满足一级基坑要求。

地下一层基坑近地铁侧采用前密后疏双排桩的围护体；地下一层基坑远地铁侧采用钻孔灌注桩＋局部加固墩的围护体。地下二层基坑近地铁侧采用灌注桩结合可拆芯回收锚杆＋三轴止水帷幕。地下二层基坑坑内采用管井疏干降水＋明沟集水井的排水方式；地下一层基坑坑内采用明沟集水井的排水方式；地下一层坑中坑等落深区备用轻型井点。

压应力分散型扩大头热熔式可拆芯回收锚杆设两排，第一排锚杆长 21m，水平间距 2.4m，内置 4Φ15.2 预应力无黏结钢绞线，内力设计值 497kN，锁定力 350kN，锚杆角度为 20°；第二排锚杆长 18m，水平间距 2.4m，内置 4Φ15.2 预应力无黏结钢绞线，内力设计值 345kN，锁定力 300kN，锚杆角度为 20°。

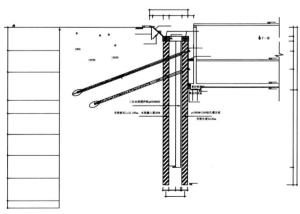

a）基坑围护图

b）热熔锚杆局部图

c）热熔锚杆成品　　　　　　　　d）锚杆施工实景

图3　基坑围护图和热熔锚标示意

5　压应力分散型扩大头锚杆施工控制

5.1　施工步骤

确定孔位→钻孔就位→调整角度→钻孔→引进扩孔→水泥浆液引进扩孔→锚索就位→二次补浆→施工锚索腰梁→张拉→锚头锁定→割除锚头多余钢铰线，对锚头进行保护。

5.2　施工技术措施及要求

（1）钻孔就位的要求：钻孔定位偏差≤100mm，并按设计要求调准好角度。

（2）自由段引孔。自由段的引孔采用压力水引孔，压力2～10MPa，钻进时一边引孔，一边将杆体带进。引进速度根据土层的硬度适时调整，使锚杆整体匀速前进。

（3）锚固段引孔。引至锚固段时，改用水泥浆压力引孔，压力15～30MPa，水泥浆水灰比0.8～1.0。钻进到位，锚固段引孔速度比自由段慢，控制速度5～10cm/min。

（4）退钻杆补浆。当钻杆钻至锚杆设计孔底时，退出钻杆，退出时，在锚固段采用无压力补浆（注意不带压力）。

（5）张拉。锚杆施工完毕后，锚杆及围檩达到80%强度进行张拉和锁定，锚杆台座的承压面应完整，并与锚杆轴线方向垂直，锚杆张拉前应

对张拉设备进行标定。张拉应有序进行，张拉顺序应考虑邻近锚杆的相互影响，采用间隔式张拉，锚杆正式张拉前，应取抗拔力设计值的0.1～0.2倍对锚杆预张拉1～2次，使杆体完全平直，各部位接触紧密，张拉值见图纸，锚杆张拉、锁定值应满足设计要求。张拉锁定时，前面几根先使用应力计测试锁定后锚杆的应力损失，然后按照应力损失的百分比提高锁定值，所有锚杆锁定时其钢绞线伸长量须大于锁定值下钢绞线弹性变形量，如发现不满足要求，则再次张拉锁定。

（6）回收时，对钢绞线重新进行张拉，使锚具松弛，再用自动回收千斤顶对其进行回收。

5.3　锚杆检测验收

锚杆按锚杆总量的5%进行验收，验收锚杆全部符合设计要求，见表1和图4。

表1　验收抗拔力和最大位移量

锚杆编号	验收抗拔力（kN）	最大位移量（mm）	备注
1	550	24.85	
2	550	25.64	
3	550	26.84	
4	380	25.73	
5	380	26.57	

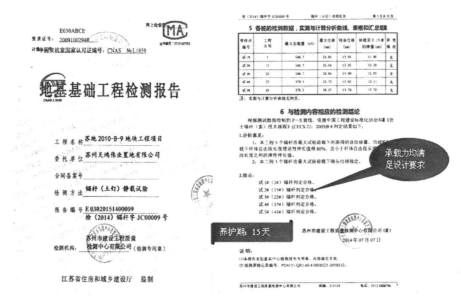

图 4　验收报告

6　基坑监测和锚杆的拆芯回收

根据基坑监测情况，基坑支护过程中，桩顶最大位移变形仅 9.50mm，对应的锚杆锚具处的位移为 7.01m，非常有效地控制了基坑的位移变形，达到预期控制支护体变形、保护临近建筑物的目的。

在主体结构施工过程中，−1 层楼板处传力带施工完毕达到设计强度后，开始拆芯回收锚杆，在拆除过程中，−1 层主体结构同步进行，拆除过程无粉尘、噪声危害。回收全部使用自动回收千斤顶设备操作，人力成本极低。锚杆全部回收比率 97%。

7　结束语

压应力分散型扩大头热熔式可拆芯回收锚杆具有承载力高、稳定性好、施工结束后不留下障碍物等显著优点。本工程使用压应力分散型扩大头锚杆热熔式可拆芯锚杆，有效地控制了基坑的变形，将环境影响降到最低，保证了基坑邻近建筑的安全和地下空间的安全。

参考文献

[1]　程良奎. 深基坑锚杆支护的新进展 [C] // 岩土锚固新技术. 北京：人民交通出版社，1998.

[2]　程良奎，韩军. 单孔复合锚固法的理论和实践 [J]. 工业建筑，2001，31（5）.

[3]　中华人民共和国行业标准编写组. JGJ/T 282—2012 高压喷射扩大头锚杆技术规程 [S]. 北京：中国建筑工业出版社，2012.

[4]　中国建筑科学研究院. GB/T 14370—2007 预应力筋用锚具、夹具和连接器 [S]. 北京：中国建筑工业出版社，2007.

[5]　中华人民共和国行业标准编写组. JGJ 85—2007 预应力筋用锚具、夹具和连接器应用技术规程 [S]. 北京：中国建筑工业出版社，2010.

[6]　卢黎，张永兴，吴曙光. 压力型锚杆锚固段的应力分布规律研究 [J]. 岩土力学，2008（6）.

[7]　张四平，侯庆. 压力分散型锚杆剪应力分布与现场试验研究 [J]. 重庆建筑大学学报，2004（2）.

浅谈 DX 桩施工管理

王三文　黄雅儿　郑湘鸿　吴　强　杨　丹

（湖南华安基础工程有限公司　湖南长沙　410100）

摘　要：三岔双向多节挤扩灌注桩（DX 挤扩灌注桩）是改变桩身截面，降低入岩施工难度、缩小桩身直径和缩短桩长，通过多个支承盘带来的多层端阻及多段侧阻的共同作用力来提高桩基承载力的。设计上通过调整承力盘在持力土层的上下位置，增减承力盘个数，使 DX 桩既可作为抗压桩，又可作为抗拔桩使用，还能满足承载力的不同要求，是一种工期短、经济效益高的新型钻孔灌注桩。笔者根据近几个月的现场施工实际情况，谈谈自己的个人经验，并总结施工过程中的不足与长处，为以后的项目施工奠定基础。

关键词：DX 挤扩灌注桩；施工工艺流程；工艺过程管理

近几年来，随着建筑市场的快速发展，高层建筑更是时代的主流。要想做好高层建筑，首先就得从地基基础开始。由此，高层建筑基础承载力成了众多基础施工领域里讨论得最多的课题。在过去很多时间里，市场上针对高层建筑多采用冲钻孔灌注桩的施工工艺，虽然取得了很不错的成绩，但这些施工工艺效率偏低，入岩困难，很多时候不能满足建筑本身的需求。我公司在泉州新天城市广场一区、三区基础工程施工中根据项目地质特征采用三岔双向多节挤扩灌注桩施工工艺，将项目原计划施工工期缩短一半，同时大幅降低了施工造价。笔者根据近几个月的现场施工实际情况，谈谈自己的个人经验，并总结施工过程中的不足与长处，取其精华，弃去糟粕，为以后的项目施工奠定基础。

三岔双向多节挤扩灌注桩（以下简称 DX 桩）就是发展起来的一种优秀的变截面新桩型。它在钻孔灌注桩钻孔的基础上，使用专用的 DX 挤扩设备将桩身挤扩成上下对称的空腔，然后浇灌混凝土后形成桩身、承力盘和桩根共同承载的桩型。由于承力盘增大了桩身的有效承载面积，同时挤扩时对周围土体有挤密作用，与普通直孔（等截面）灌注桩相比，因桩身多个断面面积大幅度增大，充分利用了好土层的地基承载力，单位混凝土承载力比普通直孔桩可提高 1 倍以上，并具备良好的抗压和抗拔能力，不但可以大幅提高单桩承载力，也有效降低基桩荷载沉降量。

1　项目概述

工程名称：泉州新天城市广场一区桩基础工程；

建设单位：新宇（泉州）置业有限公司；

设计单位：厦门合道工程设计集团有限公司；

勘察单位：福建岩土工程勘察研究院；

监理单位：厦门协诚工程建设监理有限公司

泉州新天城市广场一区桩基础工程场地位于泉州市鲤城区江南新区，笋江路的南侧，笋江花园城的东侧，地块编号：2009－5 号地块（一区），交通条件便利，用地面积 58543.39m²，总建筑面积 255618.15m²，地下室建筑面积 91909.19m²。

场区内拟建主要建筑物及特征如下：

1.1　建筑物工程概况表（表 1）

表 1　基坑开挖影响范围内土层物理力学参数表

建筑物或构筑物	层数（层）	高度（m）	结构类型	建筑物±0.00标高（m）	桩基础形式	桩数（根）	持力层	单桩承载力特征值（kN）
1－1#楼主楼（C 型）	45	147.55	剪力墙	7.10	DX 灌注桩	76	强风化岩⑩₂	8500
1－2#楼主楼（A 型）	45	139.30	剪力墙	6.90	DX 灌注桩	107	强风化岩⑩₂	8500

续表

建筑物或构筑物	层数（层）	高度（m）	结构类型	建筑物±0.00标高（m）	桩基础形式	桩数（根）	持力层	单桩承载力特征值（kN）
1－3#楼主楼（A型）	48	148.45	剪力墙	6.70	DX灌注桩	107	强风化岩⑩₂	8500
住宅二层地下室区	2	—			PHC管桩	1459	卵石层⑦	1500
购物中心	4	23.0	框架	6.30	PHC管桩	2163	卵石层⑦	2200

1.2　地质概况

1.2.1　土层结构

拟建场地原为耕地，部分地段为拆迁场地，除南侧局部现为水塘未整平外，其余地段均已平整3～6年，整体地势平坦，现状地面高程4.57～6.32m，场地原始地貌属海岸平原地貌。根据福建岩土工程勘察研究院提供的勘察报告，场地内地基土层自上而下描述如下：

（1）杂填土①（Q_4^{ml}）：主要由砂质黏土、建筑垃圾、块石等组成，人工填积而成，堆积年限一般在3～6年。均匀性差，工程性能差，全场分布，厚度为0.80～3.20m。

（2）粉质黏土②（Q_4^m）：灰色、褐黄色等，湿，可塑，主要由黏性土组成，工程性能一般。该层少部分钻孔缺失，厚度0.90～5.40m，海相淤积成因。

（3）淤泥质黏土③（Q_4^m）：灰色、深灰色等，饱和，流塑状，主要成分为黏性土、粉细砂，含有少量的贝壳碎片和植物腐殖质，具有腥臭味，工程性能差。该层大部分钻孔分布，厚度为0.70～7.10m，海相淤积成因。

（4）中粗砂④（Q_4^m）：灰色为主，饱和，稍密状为主，局部中密状，主要成分为石英中砂、粗砂，粒径$D > 0.5mm$的石英颗粒含量约60%，局部表现为细砂或粗砂，分选性差，级配差，工程性能一般。该层大部分钻孔分布，厚度为1.10～12.80m，海相淤积成因。

（5）细砂夹淤泥④₁（Q_4^m）：灰色，饱和，松散状，主要成分为石英细砂，间夹薄层淤泥质黏土，厚度为1～5cm，粒径$D > 0.25mm$的石英颗粒含量约65%，分选性一般，级配一般，工程性能差。该层大部分钻孔分布，厚度为0.90～16.80m，海相淤积成因。

（6）卵石⑦（Q_3^{al+pl}）：灰黄或黄色等，饱和，稍密—密实状，卵石含量为22.3%～69.9%，卵石粒径为2～5cm，最大粒径达8～10cm，卵石成分以火山岩和岩浆岩为主，卵石磨圆度较好，呈次圆形，卵石间以中、粗砂、黏性土充填，胶结

较好，卵石含量不均匀，局部为圆砾、砾砂。工程性能较好。该层全场分布，厚度2.50～9.80m，厚度变化较大。

（7）残积砂质黏性土⑧（Q_p^{el}）：灰黄色、褐黄色、灰白色等，湿，硬塑状为主，由花岗岩风化残积而成，工程性能一般～较好。仅于钻孔ZK174分布，厚度为3.20m。

（8）全风化花岗岩⑨（γ_5^3）：以黄色、灰白色为主，中粗粒结构，主要矿物成分为长石、石英和云母等，裂隙节理极发育，组织结构基本破坏，具有残余结构强度，用手捏岩芯，呈散体砂土状。该层通过现场标贯实测击数大于或等于30击且小于50击来划分。工程性能较好。该层大部分钻孔分布，厚度为0.50～6.60m。

（9）强风化花岗岩⑩（γ_5^3）：根据该层的状态和工程性能来分，可将该层分为强风化花岗岩⑩₁、强风化花岗岩⑩₂、强风化花岗岩⑩₃，分述如下：

强风化花岗岩⑩₁岩芯呈砂土状，中粗粒结构，散体状构造。该层通过现场标贯实测击数大于或等于50击且标贯修正击数小于50击来划分，属极软岩，岩体完整性为极破碎，岩体基本质量等级为V级，工程性能较好。该层厚度为0.80～11.40m，顶部埋深标高为－25.39～－16.86m。

强风化花岗岩⑩₂岩芯呈砂土状，中粗粒结构，散体状构造。该层通过现场标贯修正击数大于或等于50击来划分，属极软岩，岩体完整性为极破碎，岩体基本质量等级为V级，工程性能良好。该层厚度为1.30～20.70m，顶部埋深标高为－33.55～－17.37m。

强风化花岗岩⑩₃岩芯呈片状至碎块状，以碎块状为主，中粗粒结构，岩体完整性为极破碎，属软岩。岩体基本质量等级为V级，工程性能良好。大部分钻孔揭露，揭露厚度为1.00～28.00m，该层顶部埋深标高为－43.04～－21.07m。

（10）中风化花岗⑪（γ_5^3）：褐黄色、浅肉红色等，中粗粒结构，块状构造。矿物成分主要由长石、石英和云母等矿物组成，工程性能良好。主楼部分钻孔揭露，揭露厚度为0.50～8.20m，该

层顶部埋深标高为 $-57.84\sim-29.14$m，层顶埋深差异性较大。

（11）微风化花岗⑫（γ_5^3）：浅肉红色、灰白色等，中粗粒结构，块状构造，属较硬岩至坚硬岩，岩体完整性为较完整至完整，工程性能良好。主楼大部分钻孔揭露，未揭穿，厚度不详。该层顶部埋深标高为 $-57.47\sim-33.87$m，层顶埋深差异性较大。

1.2.2　地下水埋藏条件与类型

场地内地下水初见水位埋深为 $0.62\sim2.50$m，中粗砂④、中粗砂⑥、卵石⑦渗透性强，赋水性大，属强透水性土层，为主要含水层；含水层上游补给为其主要补给来源，大气降水次要补给来源，地下水主要由西向东排泄，其次为蒸发。水位随季节降雨量水位的变化而变化，幅度约 2.00m。据调查，场地地下水常年稳定水位范围值：最高水位约黄海高程 5.50m，最低水位约黄海高程 4.00m。

1.2.3　地下水的腐蚀性评价

地下水对混凝土结构具弱腐蚀性；对钢筋混凝土结构中钢筋具微腐蚀性，对钢结构具弱腐蚀性。

2　施工工艺流程

DX 旋挖挤扩灌注桩施工工艺：平整场地→桩位测量放样 → 长螺旋全套管钻机至工艺孔连接外套管→移机至桩位→长螺旋全套管钻机下钻埋设 26m 护筒 → 旋挖钻机成孔至持力层→旋挖挤扩钻机施工支承盘→旋挖钻机捞渣清孔→放置钢筋笼→放置灌注导管→灌注水下桩芯混凝土→150t 履带吊车吊振动锤拔管→外套管吊放至工艺孔。

2.1　桩位测量放样

取得施工图纸后，组织施工员全面学习图纸内容，将图中桩位逐一编号后根据图纸信息，算出各桩位点坐标，用全站仪进行桩位放样、复样，如图 1 所示。

2.2　双动力头套管螺旋钻机埋设护筒

本项目地质情况异常复杂，总结前期试验桩和相邻项目基础施工经验，从自然地面到残积土面总计 26m 不稳定地层极易出现塌方情况，在试验桩过程中也多次发生成孔过程塌方事故，给施工带来很大的难度。故在实际施工过程中，我方决定采用山河智能生产的 SWSD2512 型双动力头长螺旋全套管钻机，直接钻进埋设 26.5m 长护筒并穿过不稳定地层，对成孔过程中的塌方问题进行有效控制。施工工艺：将 26.5m 长护筒放至预先钻好的工艺孔中（图2）→长螺旋全套管钻机至工艺孔连接长护筒→从工艺孔中起拔长护筒→移机至桩位→机台调平、校正外套管垂直度→下钻、排土→双动力头钻进埋设钢护筒至不稳定地层底部（深度超过卵石层底）图3、图4→反转分解外动力头与钢护筒的连接部位→提升外侧动力头与内侧螺旋钻杆→移机至工艺孔开始下一根护筒埋设的流水施工作业。

图 1　测量放线　　图 2　钢护筒吊放至工艺孔　图 3　双动力头钻机安装钢护筒　图 4　双动力头钻机埋设钢护筒

此过程应注意以下事项。

（1）保证 SWSD2512 型长螺旋全套管钻机的行走安全问题，通常情况下，我们要提前做好准备，在该设备作业面上做硬化处理或是在行走路线上垫钢板让设备通行。

（2）SWSM2512 就位后的桩位偏差问题与桩

杆即护筒的垂直度，在钻机钻进的过程中时刻保证护筒的垂直度。

2.3　旋挖钻进成孔

2.3.1　泥浆制备、成孔过程中泥浆性能应满足的要求

钢护筒 26m 深度以下的土层，含残积土、全风化花岗岩、强风化花岗岩，成孔均采用泥浆护

壁，成孔护壁泥浆可采用原土造浆，当采用原土造浆不能满足正常施工时，采用人工制备泥浆。人工制备泥浆主要是膨润土、甲基纤维素、碱，必要时在孔内加入黏性土（红土）。泥浆比重是成孔质量的保证，制备泥浆的性能指标应符合规范要求。

2.3.2 泥浆护壁使用过程中的注意事项

（1）在钻、清孔过程中，应及时补充泥浆，以保持孔内泥浆对孔壁压力。

（2）浇筑混凝土前孔底 500mm 以内的泥浆比重应小于 1.1，含砂率≤8％，黏度≤28s，胶体率宜为 90％。

（3）在容易产生泥浆渗漏的土层应采取维持稳定的措施，添加 CMC 纤维素，提高胶体率，工业用碱提高黏度、铁酸盐等。

2.3.3 钻孔（如图 5 所示）

全套管长螺旋钻机埋管完成后，移机退出工作面，旋挖钻机移机就位后，钻头准确对准钢护筒中心，同时再次核对钻机平台、钻杆的水平及垂直度无误，注入调制好的泥浆，此时可以开机钻进。下钻至 26m 深，即护筒底部（卵石层底部），加入红土（黏土），利用旋挖钻头反转 3～5min，使得黏性红土充分在护筒底部形成泥浆泥皮，加强护筒底部的泥浆护壁。然后旋挖继续取土，采用慢进尺，保证开孔的钻孔垂直度，待钻过 3～5m 后，可恢复正常进尺速度。通过钻斗的下放、钻进、提升、卸土以及及时泥浆补充护壁，反复循环直至成孔。成孔时须及时填写施工记录，在土层变化处捞取渣样，判明土层，以便与地质剖面图核对，达到设计岩面后，及时取样鉴定。成孔时要依据土层情况，控制进尺速度，为确保桩孔的满足垂直度偏差不大于 1％设计要求，钻进中必须保证旋挖钻机作业面平整，加强检查，及时纠正。为保证孔壁稳定性，钻机施工过程中保证泥浆面始终不得低于地下水位。施工允许偏差见表 1。

表 1　施工允许偏差

序号	成孔方法	桩径偏差（mm）	垂直度允许偏差（％）	桩位允许偏差（mm）	
				单桩、条形桩基沿垂直轴线方向和群桩基础中的边桩	条形桩基沿轴线方向和群桩基础中间桩
1	挤扩灌注桩	−0.1d 且大大于−50	1	d/6 且不大于 100	d/4 且不大于 150

2.4　终孔检验

按设计要求，持力层进入强风化花岗岩层⑩₃面，强风化花岗岩层⑩₁及强风化花岗岩层⑩₂厚度小于 8m 时，按设计图纸应进入强风化花岗岩层⑩₃持力层大于 1m，取出土样，经勘察单位、监理单位确认后，方可钻孔。孔深检验：钻机仪表读数或用测绳复测孔深及沉渣厚度。

图 5　旋挖钻进成孔　　图 6　DX15 旋扩钻机旋扩成盘

2.5　旋扩钻机施工支承盘（如图 6 所示）

旋挖钻机成孔全持力层后，移机退出桩位，DX15 旋挖挤扩钻机移机就位，机台调平校正垂直度，下钻旋扩，完成支承盘的施工。

DX 旋挖挤扩钻机采用了边旋转边挤扩，在原挤扩臂表面装置弧形切刀（有低刃和高刃切刀两种），根据土层的软硬选配低刃切刀或高刃切刀进行旋扩作业。在连续旋转的过程中三对旋扩臂逐渐向外打开，盘腔一次旋扩成型，时间短，工效高，成腔好，对于一般土体，通常采用碾压旋扩与切削碾压旋扩相结合的方式，挤扩臂正向旋转，切刀的刀口对土体进行少量切削，同时切刀的外弧面对土体进行碾压；反转时，切刀的外弧面对土体进行碾压旋扩，不进行切削。对于标贯值 N＞40 击的土体由于本身十分密实，则通常以切削旋扩为主。

2.5.1　旋扩操作要点及盘径监测

（1）旋扩时根据土层反映的压力及时调整盘位。如旋扩压力偏低（表示土层较软），盘位则往下调整；若压力偏高（表示土层太硬），盘位则往上调整。

（2）旋扩时须认真谨慎操作，包括设定盘位深度、旋扩盘径变化，注意旋扩时的机具状态，根据旋扩情况及时调整旋扩速度。

（3）旋扩时，机载显示屏同步反映孔内旋扩机头工作状态，并自动记录盘位深度、旋扩压力和盘径数值，根据机载显示屏，现场工程师或监理可以实时监测旋扩作业状况，并拍照存档。

根据机载显示屏的实时同步监测，实现了隐蔽工程可视化监控的功能，提高了质量管理的监测手段，保证了工程施工质量。采用旋扩法工艺，机载显示屏的同步监测可以代替原机械式盘径检测器的检测方法，结果准确、可靠。

（4）盘径允许偏差为－4%。

（5）旋扩过程中如遇塌方、流砂等情况，应立即停止操作，提出旋扩装置，妥善处理后，再继续进行旋扩作业。

2.5.2　DX旋挖挤扩灌注桩构造（如图7所示）

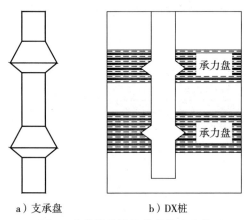

a）支承盘　　　　b）DX桩

图7　多节挤扩灌注桩的构造示意

承载力盘设置在强风化花岗岩岩⑩₃顶板处，承力岔设置在强风化花岗岩岩⑩₂中部，两者距离不小于4m。

新型DX旋挖挤扩钻机由双向液压油缸装置、三岔双向挤扩装置、连接器、电脑液压站控制系统及车载系统等组成。其具体参数见表2。

表2　旋扩参数

技术参数	装置型号	
	DX－800	DX－1000
适合旋扩的直孔孔径（mm）	800～1200	1200～1600
旋扩臂收回最小尺寸（mm）	780	1200
旋扩臂张开最大尺寸（mm）	2000	2500
旋扩最大尺寸时两臂夹角（°）	70	70

2.6　旋挖钻机捞渣清孔

DX旋挖挤扩钻机挤扩施工支承盘后，产生的

渣土落入孔底，移开DX15旋扩钻机后再将原施工用旋挖钻机更换，清底钻头下放至孔底进行捞渣清孔。清孔后孔底沉渣厚度一般会小于100mm。清孔过程中应及时监控泥浆性能指标，一般情况下泥浆比重为1.09～1.20，黏度17～24s，含砂率小于3%。

2.7　下置钢筋笼、下置灌注导管及二次清孔

钢筋笼制作是在胎具上进行的（图8），以确保主筋位置及整体尺寸准确、成笼后的垂直度无扭曲现象。所有结点都采用焊接，主筋搭接长度按图纸要求，并应遵守《混凝土结构工程施工质量验收规范》GB 50204的要求。钢筋笼的制作应满足：钢筋笼所用钢筋规格、材质、尺寸应符合设计要求；电焊条强度规格按有关规范要求；钢筋应按不同规格分别堆放。钢筋加工前应清除钢筋表面的油污、铁锈等杂物。钢筋笼的制作偏差应符合如表3所示的规定。

表3　钢筋笼的制作偏差

序　号	项　　目	质量标准（mm）
1	主筋间距	±10
2	箍筋间距	±20
3	钢筋笼长度	±50
4	钢筋笼直径	±10

盘条采用冷拉方法调直后，再圆盘成钢筋笼直径大小后备用。加强筋按设计图纸所示尺寸下料，盘圆后立即点焊，然后再双面搭接焊。钢筋笼主筋按设计图纸要求下料，主筋连接采用单面搭接焊或双面搭接焊，其焊缝长度、焊缝厚度和宽度均应符合设计、规范要求。主筋连接必须保证在同一截面内钢筋接头数不超过总接头数的50%，且相邻钢筋接头间距大于35d。主筋与盘条拼装点焊或者绑扎连接。钢筋笼保护层在主筋外侧安设，外形呈圆弧状突起。在钢筋笼同一断面上设4处对称，其间距按设计图要求而定。

钢筋笼的对接、运输及安装（图9）：钢筋笼按材料长度特性分段预制，预制好后按实际桩长要求在工艺孔内对接，同时安装声测管。采用大吨位履带起重机垂直吊运，本工程设计中，钢筋笼顶距孔口距离较大，因而须在主筋上焊接吊筋。下放钢筋笼时，应防止碰撞孔壁，下放过程中要观察孔内水位变化。如下放困难，应查明原因，不得强行下入。

图 8　钢筋笼制作　　　图 9　钢筋笼起吊

2.8　导管的安装

灌注导管选用 Φ 260mm 丝扣连接式连接导管。水下浇筑混凝土时，导管要按照桩基规范要求埋入混凝土中一定深度。在混凝土浇筑过程中要控制第一斗混凝土量，保证一次性灌满盘腔，以保证盘腔的充盈质量。导管连接必须密封性好，不得漏水。导管可在钻孔旁预先拼接，在安装时再逐段拼装，分段拼装时，应仔细检查，变形和磨损严重的不得使用，下管时，每个接头必须拧紧，导管下入长度根据实际孔深而定，一般距孔底 0.3～0.5m，灌注导管固定于孔口井口板上。导管安装完成后，灌注混凝土前，检查孔底沉渣厚度，如果超出规范范围，必须进行第二次清孔。

导管安装过程中要注意以下几项事情。

（1）灌注导管选用 Φ 300mm 丝扣连接式连接导管。水下浇筑混凝土时，导管要按照桩基规范要求埋入混凝土中一定深度。在混凝土浇筑过程中要控制第一斗混凝土量，保证一次性灌满盘腔，以保证盘腔的充盈质量。导管提升时，不得挂住钢筋笼，为此可设置防护板或护罩。

（2）导管连接必须密封性好，不得漏水。使用前需作水压试验，试水压力为 0.6～1.0MPa，检查导管的密封性能和耐压能力，达到标准后方能使用。

（3）导管可在钻孔旁预先拼接，在安装时再逐段拼装，分段拼装时，应仔细检查，变形和磨损严重的不得使用，下管时，每个接头必须拧紧，导管下入长度根据实际孔深而定，规范要求距离孔底 0.3～0.5m（实际现场情况控制在 0.7m 左右更适合灌注），灌注导管固定于孔口井口板上。

（4）沉渣测量，在保证沉渣达到设计要求立刻进行下一道施工。

2.9　桩芯混凝土灌注

本工程桩身混凝土设计强度为 C40，采用商品混凝土。结合场地情况混凝土车运至孔口，灌注桩芯混凝土。灌注前一切准备工作就绪后，先在储料斗与导管接头处安装一铁质隔板并用铁丝拉紧将铁板拉出料斗外，当储料斗装满足够的初灌量，提起隔板开始浇灌水下混凝土，正常灌注埋管深度 2～6m，严禁将导管提离混凝土面；注意控制最后一次混凝土灌注量，超灌高度一般不得少于设计桩顶标高的 800mm，如图 10。

为提高浇筑质量，应严格按照规程进行操作，遵循以下技术要求：

（1）只有在成孔和清孔质量检验合格后，才可开始灌注工作。浇筑前，应对护筒标高进行复测，防止钢筋笼倾斜而导致保护块嵌入孔壁，影响钢筋笼保护层。

（2）商品混凝土进场后要严格检查，混凝土要均匀，和易性要好，坍落度控制在 180～220mm。应保证足够的初灌量，以确保导管初次埋入混凝土面以下至 0.8m 以上。

（3）首批混凝土灌注正常后，应连续不断地进行灌注，严禁中途停工，并及时测量孔内混凝土面高度，并适时提升，逐级拆卸导管，保持导管埋深为 2～6m。做好水下混凝土灌注记录。

（4）在灌注混凝土时，按设计要求及比例数量及时制作混凝土试件，用油漆写上部位孔号、日期。试件拆模后，送实验室进行 28d 强度养护后统一做试压检测。

（5）灌注混凝土时，应及时测量混凝土面高度，以控制导管埋深和桩顶标高。具体做法是采用绳系重锤吊入孔内，使其通过泥浆沉淀层而停留在混凝土表面，根据测绳所示锤的沉入深度作为混凝土面深度。测深锤应以平底为宜，且底面积不宜太小，控测时须仔细认真，并与已灌注的混凝土数量核对，以防误测。

（6）灌注时必须认真检查每盘混凝土的质量，严禁不合格的混凝土灌入孔内。

（7）灌注过程中，要勤测量，勤记录，以准确掌握灌注高度和埋管深度，避免桩身夹泥或断桩等质量事故产生和因埋管深度过大而造成埋管事故。

（8）应认真谨慎操作防止掉管事故发生。

（9）灌前要仔细测量孔内混凝土面深度，并根据灌注实际情况确定超灌高度，以确保桩头质量。灌注完成后及时将灌注导管等机具清洗干净。

图 10　水下混凝土灌注　　图 11　振动锤起拔护筒

2.10　振动锤起拔护筒、转移吊放至工艺孔

灌注桩芯混凝土完成后，采用 150t 履带式起重机携带振动锤，将振动锤钳口与钢护筒连接，边振动边起吊拔管，拔管速度控制在 2.0m/min，拔管过程中应密切注意混凝土的充盈情况和钢筋笼上浮情况，拔出护筒后，转移吊放工艺孔内（施工过程中根据控制拔管的速度，振动锤的安全扣必须扣上，拔管后用测绳测得混凝土下降的高度，为下根桩或者附近的桩提供经验数据）。

2.11　废弃泥浆及钻渣的处理

废浆废渣能否及时处理，对施工进度、工程质量、安全生产和河道环境都产生很大影响，尤其是本工程进场设备多，施工工序多，就显得更为重要。为及时地处理废弃泥浆及钻渣，拟采取如下措施：

（1）设立专职文明施工调度员，具体负责废浆废渣储存及堆放的组织安排。

（2）在已施工完的场地内挖设能够储存一定数量的泥浆池，储存事前制作符合要求的泥浆和灌注过程中泥浆的回收再利用。

3　结语

在项目部的合理安排下，通过整个团队在几个月的团结奋斗，按照业主的工期要求完成了工程量，施工过程中没有发生任何重大安全事故，质量方面从静载试验结果来看处于良好状态。总的来说，整体项目取得了优异的成绩。同时在施工过程中仍然存在一些例如混凝土供应问题，对于整个施工的控制谈谈个人的看法并且提供几点参考建议。

施工过程的控制是一个循序渐进的动态控制过程，施工现场的条件和情况千变万化，结合本项目来说，我们应该做好以下事项。

（1）项目部须及时了解和掌握与施工进度有关的各种信息，不断将实际进度与计划进度进行比较，要对进度进行分析，系统分析并调整后续工作安排。调整有施工管理经验的人员担任管理工作，并针对技术、质量、安全、文明施工及后勤保障工作配备项目副经理主抓分项工作。

（2）建立严格的《工序施工日记》制度，逐日详细记录工程进度，质量、设计修改、工地洽商等问题，以及工程施工过程必须记录的有关问题。

（3）坚持每周定期召开一次工程协调会议，由项目经理听取有关工程施工进度问题的汇报，协调工程施工外部关系，解决工程施工内部矛盾，对其中有关施工进度的问题，提出明确的计划调整意见。

（4）编制项目的整体计划，接着编制月计划，还要求编制更具体、更具有实践性的周计划，凡是条件变化了的，都要在周计划上加以调整。

（5）劳动力的投入方面，根据合同内容所涉及的工作范围配足各工种的劳动力数量，合理搭配操作工人的技术等级，避免产生不必要的返工而损失工期。

（6）合理组织工序间的交叉流水作业，并协调好班组之间的矛盾问题，施工管理人员必须协调好现场的工作顺序，施工管理人员应加强对现场的管理。

（7）投入的桩机机械设备先进、实用、数量充足，且应做好机械日常维护保养工作，以保证施工期间机械正常运转。

（8）加强对材料供应的管理，在以质量为前提的情况下材料供应要及时，并满足要求，特别是混凝土的供应。

浅谈拔桩施工工艺及技术要点

李林娟

（葛洲坝集团基础工程有限公司 湖北宜昌 443002）

摘 要：随着城市建设脚步的加快，大规模城市在拆迁改造中，有时需要对原有的建（构）筑物的旧基础进行拆除。本文结合葛洲坝城市花园二期的实际案例，对如何拔除原有深埋于地下的旧基础进行了阐述。

关键词：拔除；旧基础；钢套管；回填

1 工程概况

（1）葛洲坝城市花园二期位于硚口区硚口路，地上部分分别由 7#、8#、9#、10#、11# 楼 5 栋高层和一栋 5 层的商业街组成，地下 2 层。根据勘探，本工程位于 11# 楼下的原海鲜城旧基桩需拔除：桩截面径 400mm×400mm，桩长 15m，（二节桩）数量约 216 根。

2 工程特点

根据现场桩位图及地质文件，考虑后序工序施工要求，桩基础清除必须做到以下几点：

（1）桩体必须一次性全部清除，不能出现断桩或让部分桩体留在地下；如果出现断桩，必须采取措施将断桩清出地面。

（2）拔除过程中尽可能保持桩体四周土体的稳定性，尽可能减少对附近土体产生冲击力。

（3）拔除后应及时进行回填土及加固处理，并确保处理效果尽可能达到原桩土的状态。

3 工程地质条件

本工程场地土层分布情况自上而下为：（1）杂填土；（2-1）黏土，（2-2）粉质黏土夹粉土；（3-1）粉砂夹粉土，（3-2）粉细砂，（3-3）细砂，（3-3a）粉质黏土，（3-4）中细砂，（3-5）砾砂，（4-1）强风化粉砂质泥岩，（4-2）中风化粉砂质泥岩。

4 拔桩原理分析

拔桩是把深埋于地下的桩（包括预制方桩、钻孔灌注桩等）从土壤中拔出的过程。在拔出过程中，需要克服的是桩的自重及桩与土体间的摩擦阻力。

从力学角度看，在拔出过程中，拔出所需的力应大于桩自重、桩与土体间摩擦阻力之和。

桩与土体间存在摩擦阻力，预制方桩由于与土体的接触面比较光滑，摩擦阻力相对较小，但钻孔灌注桩之类的摩擦阻力就大了，再加上桩的自重，采用机械设备直接从土壤中硬拔出来是很困难的，需要采取技术措施进行拔除。

无论采用何种技术措施，从力学角度来看，无非是减小所需的拔出力，也就是减小桩自重及桩与土体间摩擦阻力之和。从目前技术角度来看，采取的技术措施有：

（1）隔断桩与土体，减小摩擦阻力。

（2）隔断桩与主体，将桩分成数段，既减小摩擦阻力，又减小每次拔出桩段的自重。

5 拔桩施工

根据本工程地质、桩基类型情况及同类拔桩工程成熟施工经验，拟采用以下方案施工：全套管双流高压喷气、射水振动沉管清孔法。

5.1 拔桩主要施工设备

本工程根据实际情况采用 Φ1000 直径的钢管套，主要设备包括：

（1）150t 履带吊（图1），用于吊放钢管套、振动沉管设备，并整体拔出钢套管及桩；

图 1　150t 履带吊

（2）Φ1000 钢套管，用于隔离桩与土体；

（3）振动沉管设备，用于将钢套管振动压入土壤中；

（4）辅助下沉设备，用于钢套管下沉时喷水和气冲洗切割桩周土体。

5.2　拔桩施工工艺

施工工艺流程如下：确定桩头→振设钢管→高压射水射气→吊拔桩体→回填桩孔→振动拔除钢管→回填夯实桩孔→水泥搅拌桩进行桩孔加固。

5.2.1 确定桩头位置

根据原桩位设计位置，测设原轴线，根据施工现场的实际条件不宜放坡开挖，考虑时间久远和桩位误差，先用地震物探法初步定出桩的大体位置，再用小螺钻探测某根桩的具体位置，再确定出该桩在图纸上的准确位置，根据旧图纸重新编号，建立新的桩位坐标系统，用极坐标测设全部桩位并用小螺钻探测验证后做好标识。用挖机开挖 1m 深的沟槽，在沟槽中采取常规的人工挖孔桩施工工艺，人工开挖直径为 1000mm 深度为 2m，边挖边支护，挖到地表下 2m 处用钢钎探出方桩的准确位置，确定需要拔除的桩位。

5.2.2 采取毛竹筒式支护措施

考虑到桩顶埋深较深，有必要采取毛竹筒式支护措施，另配备水泵进行降水处理。考虑桩与桩之间距离较小，采取跳拔法，拔完孔洞及时回填振捣密实，防止邻桩串孔塌方。

5.2.3 振动沉设钢管

根据桩径、截面积和深度等，将加工的含几个水路和几个气路的刚度满足要求的套管，用 150t 履带吊车吊住 135kW 零电流启动的振动锤振

动下沉钢套管至桩底高程下 50～100cm 处，在下沉过程中，控制好垂直度。下沉就位后移除固定在钢套管顶部的振动锤。

5.2.4 高压射水射气

在下沉过程中，开启空压机和高压水泵进行套管内桩侧泥土的破碎置换和对桩体的冲刷清洗，直至桩被独立剥离出来。

5.2.5 吊拔桩体

钢丝绳（已预设在套管内某一深度）固定到下节桩的中下部。用 150t 履带式吊机收紧起吊拔桩并吊运至附近堆置场地，如图 2 所示。

图 2　吊拔桩体

5.2.6 振动拔除钢套管

启动固定在钢套管上的振动锤，使用 150t 履带式吊机起吊，边振动边拔除钢套管，拔出的桩体如图 3 所示。

图 3　拔出的桩体

5.2.7 桩孔回填、加固

旧桩拔除后要进行桩孔回填、加固，加固采用 500 水泥搅拌桩，水泥掺量 5%（18kg/m），桩长同旧方桩。每个承台加固如图 4、图 5 所示。

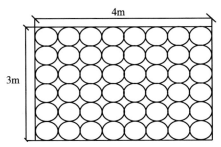

图 4   6 根旧方桩承台加固

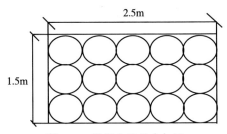

图 5   3 根旧方桩承台加固

5.2.8 断桩报验程序

如果在拔桩过程中，因种种原因出现断桩，应立即对断桩进行处理，并进行全过程的监控，直至断桩处理成功。

6   拔桩施工技术要点

由于振动锤功率较大和起拔高度大，因此需采用 150t 履带式吊机，也需根据地面的强度铺设路基箱。

（1）考虑到起拔钢管桩是在桩底往上 3m 左右，是为了防止桩的桩身受力不均而出现断桩现象，能确保将整根桩拔起。

（2）在拔除前严格按照规程对套管内夹土采用高压水冲高压冲气清除法进行施工，确保桩外侧摩擦阻力降到最小，便于起桩。

（3）在加压起吊过程中严格控制起升速度，以确保桩体的完整性。

（4）一旦出现断桩情况，将采用重复下套管的方法套牢断桩桩身，然后固定吊点起吊拔除剩余桩体，确保拔桩彻底。由于本工程采用振动套管沉入法拔桩，在极度复杂的断桩或偏桩情况下，也可采用套管清除比较短的断桩。

针对可能出现的上述情况，特拟订以下处理方案：

在起吊准备时，对桩的上拔力预估为 600kN 左右，钢丝绳为 38# 以上，极限承受力为 3 倍以上。如果在起吊前，桩身已经断裂，一定要将锁具固定在离桩尖很近的部位，在桩顶另外固定钢丝绳，在起拔下半部时，同时用副卷扬起吊上半部，将断桩分节吊出孔内。

（5）旧桩的处理和承台坑的回填：拔出的旧桩及时外运；拔桩挖出的基坑要密实回填并用压密注浆或旋喷注浆加固处理。

7   工程结语

此拔桩技术在该工程中应用非常成功，为后序施工创造了良好的条件。工程实践的需要是推动技术发展的动力，随着大规模城市的改造及拆除需要，桩基的拔除设备及技术的不断更新，拔桩施工将变得更加快速。

深基坑与地下工程

中国华商金融贸易中心基坑工程

彭界超　罗东林　陈方渠　侯会军

（中冶成都勘察研究总院有限公司　　四川成都　610023）

摘　要：本文介绍了在紧邻地铁，支护体系受到限制时，通过经济比选最终采用支护桩与主体结构相结合的复合支护体系，利用逆作法，为业主节约了开发成本，为今后的类似工程提供了依据。

关键词：深基坑；逆做法；地铁

1　工程概况

中国华商金融贸易中心位于中国成都金融核心区，属于地铁上盖物业，直连地铁一号线金融城站，中国华商金融贸易中心总体定位为中国西部金融中心以及配套会议、购物的高端综合体。项目建筑高度为170m，落成后将成为金融城区域的标志性建筑。项目写字楼部分规划面积13万平方米，双塔式结构，客户群体为世界知名银行以及其他知名金融类机构；商业部分规划面积7万平方米，定位为高端百货及购物中心、餐饮及会所，并配有3万平方米五星级服务式公寓及5万平方米70年产权精装高端住宅。本项目总建筑面积387733.62㎡，其中地上面积277971.25㎡，地下109762.37㎡。由一栋裙楼和四栋塔楼组成，商业裙楼建筑总高度30.0m。1#与2#超高层办公塔楼（6～38层）高度为163.3m，3#与4#超高层公寓塔楼（6～44层）高度为151.9m。本工程±0.00相当于绝对标高493.10m，地下室基底标高471.10m，自然地坪标高－0.60，共设置四层地下室，首层板的结构面标高为－1.20m，地下一层结构面标高－7.60m，地下二层结构面标高－12.20m，地下三层结构面标高－16.80m，基础底板标高－20.60m，基坑开挖深度21.40～23.70m。由成都格兰西亚置业有限公司投资兴建，北方汉沙杨建筑工程设计有限公司进行结构设计，中冶成都勘察研究总院有限公司进行基坑支护结构的设计。

2　工程水文地质条件

拟建场地为空地，地形较为平坦，勘探点地面绝对标高为492.82～494.41m，相对高差为1.59m。本次勘察揭露的地层由第四系全新统人工填土层、第四系上更新统冲、洪积层及白垩系灌口组泥岩组成。现根据其野外特征将场地各地层的分布及特征由上至下描述如下：（1）第四系全新统人工填土层（Q4ml）：素填土：灰褐～褐灰色，松散～稍密，稍湿。以粉土、粉质黏土为主，局部含薄层砂砾。其中含少量砖、瓦砾、卵石等杂质。（2）第四系上更新统冲、洪积层（Q3al＋pl）：黏土：褐黄色～灰褐色。可塑～硬塑，稍湿。有光泽，无摇振反应，干强度高，韧性高，可取原状样。含铁锰质氧化物，发育闭合裂隙，裂隙被少量灰白色黏土充填，裂隙间有光滑镜面。下部5m左右夹钙质结核，最大粒径5cm。揭露厚度1.60～5.10m。全场地分布。粉质黏土：褐黄－灰黄色，可塑～硬塑，稍湿。光泽一般，无摇振反应，干强度较高，韧性较高，可取原状样。含铁锰质氧化物，裂隙较发育。夹少量粉土透镜体或呈互层。局部夹钙质结核。揭露厚度0.40～2.50m。全场地分布。中砂：灰黄～黄灰色，松散，稍湿～湿。表层中砂含较多粉土，局部相变为粉砂、细砂。卵石层内夹的透镜体或薄层中砂另含约10%的圆砾或小粒径卵石。揭露厚度为0.40～4.00m，以薄层状和透镜体分布于卵石表面及卵石层中。卵石：黄灰～灰黄色，稍湿～湿。卵石成分以岩浆岩为主，少量沉积岩，强风化～

中等风化，一般粒径 3～5cm，最大粒径 22cm，充填约 40%～5% 中砂和圆砾。表层约 1m 夹黏性土，卵石强风化。全场地分布，卵石层顶板埋深为 7.0～12.9m，绝对标高 481.07～487.05m。（3）白垩系灌口组泥岩（K2g）泥岩：紫红～灰白色，以黏土矿物组成为主，层面夹薄层石膏矿物。勘察期间揭露各栋单体建筑泥岩顶板埋深 15.5～16.7m，绝对标高 476.12～478.45m。在钻探深度范围内，根据揭露其风化程度，将其划分为两个亚层：强风化泥岩：层状构造，散体～碎裂结构。风化裂隙发育，结构面不清晰，岩芯破碎，干钻可钻进。揭露厚度为 0.40～1.00m。中等风化泥岩：巨厚层构造，块状结构。风化裂隙较发育，结构面较清晰，岩芯较完整，局部夹薄层石膏矿物，偶见少量的竖向构造节理，干钻钻进困难。本次勘察未能揭穿，最大揭露厚度为 19.3m。场地地下水类型主要为赋存于砂、卵石层中的孔隙潜水，微具承压性。少量基岩裂隙水。黏土、粉质黏土为相对隔水层，中砂为弱透水层，大气降水、河水为主要补给源。本场地正常水位埋深为 6.0～8.1m，正常水位标高 484.59～485.45m，根据区域水文地质资料，地下水位年变幅为 2.0m。各土层的物理力学性质指标见表 1。

表 1　岩土的物理力学性质指标建议值

1	层　　号	岩土名称	重度 $\gamma/$ (kN/m³)	压缩模量 E_s/MPa	变形模量 E_0/MPa	黏聚力 C/kPa	内摩擦角 $\varphi/$ (°)	承载力特征值 f_{ak}/kPa
2	素填土		17.5	/	/	5	8	/
3	黏土		20.0	9.0	/	40	15	200
4	粉质黏土		20.0	7.0	/	30	20	180
5-1	中砂		18.5	7.0	/	/	25	120
5-2	稍密卵石		21.0	/	21.0	/	35	360
5-3	中密卵石		22.0	/	30.0	/	40	600
6-1	密实卵石		23.0	/	37.0	/	45	800
6-2	强风化泥岩		22.0	/	/	/	/	300
	中等风化泥岩		24.0	/	/	/	/	1000

3　基坑周边环境条件

本基坑支护设计分为基坑支护、降水、监测。周边环境条件如下：（1）北向临近交子大道，基坑开挖上口线距离道路边线 5.0～10.0m，路宽 23.0～33.0m，道路对面为拟建空地。（2）西向临近交子南二街，路宽 19.0m，道路对面为已建的东方希望中心（地下二层）；基坑开挖上口线距离东方希望中心地下室边线 44.8m。（3）南向临近益州东二街，路宽 8.0m，道路对面为拟建空地。（4）东北向临近地铁一号线金融城站，基坑开挖上口线距地铁站外墙约 10.4m；紧邻地铁一号线冷凝塔与风亭约 3.0m。（5）东南向临近地铁一号线轨道，基坑开挖上口线距地铁轨道外墙约 18.7m；地铁外墙 20m 以内为禁建区域，不可设置锚索。本工程四周紧邻市政道路，路面以下新旧管线密布，有给排水、通信、燃气、电力等管线，管线走向同场地边线基本平行（图 1）。

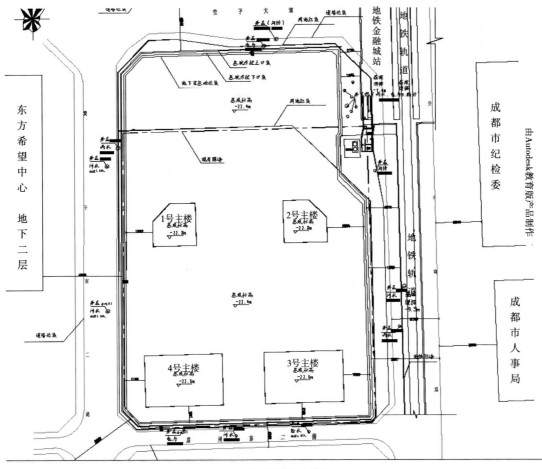

图1 基坑周边环境图

4 基坑支护方案的难点与重点

(1)基坑开挖深度大:本工程设置地下室四层,最大开挖深度23.7m,基坑开挖面积约27260.00m²。(2)受邻近地铁工程的影响:地铁1号线金融城站已投入运营,紧邻本基坑,该区域不能采用桩锚结构,设计和施工须严格控制变形。(3)地下管线的保护:场地周边地下管网密布,对已进入场地的管网,必须考虑移出或采取措施进行保护。(4)地下水对施工的影响:场地基岩埋深15.00~16.00m左右,支护桩深度约26.5m。基岩为弱透水的泥岩,目前的降水技术仅能将地下水降低至基岩顶板以上2m左右,即地下水位降低至地表下14m左右,须采取管井降水结合明排的措施来解决地下水对工程施工的影响。(5)本场地范围内存在部分膨胀土,膨胀土具有极大的破坏能力,故膨胀土是本支护工程施工的一个难点。

5 基坑支护方案的要点与特色

本基坑开挖深度21.4m(局部23.7m),南北长约212m,东西宽149m,为深大基坑。周边邻近道路、管线和地铁,环境条件要求高,本次基坑支护重点是对已经投入运营的成都地铁1号线金融城车站和地铁隧道的保护。综合考虑到安全、经济、环境影响、施工便利等因素,支护形式采用:钻孔灌注桩+预应力锚索+三道主体支撑(对撑)的形式,变形控制要求为:地面最大沉降量不大于20mm;支护体系临地铁侧最大水平位移不大于20mm,其余最大水平位移不大于30mm。

1)钻孔灌注桩的选择

基坑南侧、北侧和西侧采用预应力锚索+支护桩支护形式,桩身混凝土强度等级C30,桩身直径1200mm,桩间距2200mm,桩身主筋为HRB400三级钢,支护桩的配筋量根据地层情况计算得到,我院根据在成都地区的勘察经验,知道一般地下水下降后,土层物理力学性质可适当提高,而支护体系一般是在降水运行过程中发生作用的,故我院将原地勘报告提供的土层参数提高了10%,这样优化了支护桩的长度和配筋量,减少了造价。

2)预应力锚索的设置

本工程锚索设置在支护桩上,直接在桩身上钻孔、放置4×Φs15.2钢绞线、注浆、设置垫板和锚具,最后张拉锚头形成预应力锚索。这种方法省去了槽钢的费用,但是为了避免钻孔时破坏支护桩钢筋,通常需要在支护桩中增加四根通长的受力纵筋;在基坑工程实践中发现,将锚索设置在桩身,施工便利,有效地缩短了工期,造价上仍然比使用槽钢便宜。

3)支撑体系

基坑东侧采用的是单排桩＋主体构件作为内支撑梁＋挡土墙＋网喷的支护形式。在最终选用上述支护方案之前,我们还考虑过采用双排桩和对撑梁两种支护方案,但是由于基坑深度大,最大达到23.0m,采用双排桩时,桩径设计很大,间距小,临地铁要求严格控制位移,需在地铁隧道以下再设置一道预应力锚索方可较好控制位移量;且地铁公司规定在地铁周边禁止施工锚索,所以该方案不可行;如采用单排桩＋对撑梁支护形式,支撑梁跨度达到149m,按9m间距布置,需布置23根混凝土

支撑梁,考虑设置三道内支撑梁,支撑梁工作量为9522m,投入支撑梁的工程造价就达到2000万元,数额比较巨大,且后期换撑,需要对支撑梁进行破除,也将产生相当大的施工费用。故最终选用主体构件作为内支撑梁的方案,该方案为逆作法,采用单排桩支护,护壁桩前在距桩顶位置以下－5.5m处预留土体给支护桩施加被动土压力,预留平台2m,预留土体采取喷锚放坡支护;先施工地下室至±0.00,预留地下室外墙与临近的独立柱基一跨暂不施工,待地下室其余区域施工至±0.00后,顶板、地下一层以及地下二层的各层主体结构梁施工至支护桩体,主体梁均被利用作为水平支撑结构,施工时由上向下逆向施工,随着土方和结构的逆作进行,将预留土体全部挖除,形成支护桩与主体结构梁相支撑的对称体系;同时主体设计单位对主体结构柱、梁均采取了验算并采取了结构加强措施,确保主体结构的受力安全(施工步骤如图2所示)。

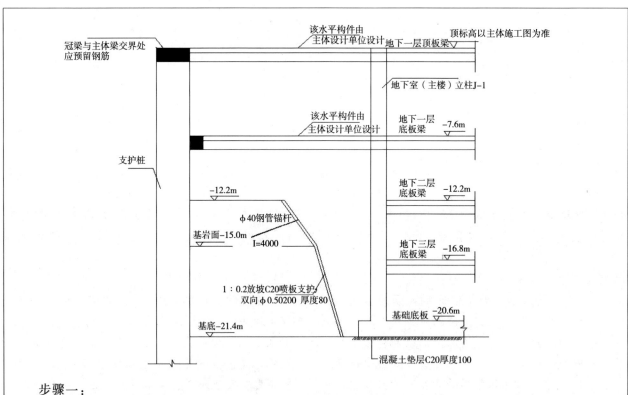

步骤一:

(1)主体施工至地下一层顶板时,将地下一层顶板构件顶至支护桩冠梁上;

(2)待地下一层顶板梁混凝土强度达到设计强度时,土方开挖至7.6mm,施工地下一层底板将其顶至支护桩腰梁上;

(3)待地下一层顶板梁混凝土强度达到设计强度时,往下土方开挖至－12.2m。

a)

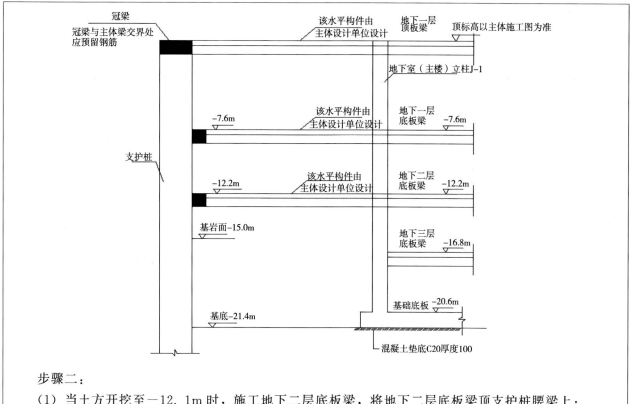

步骤二：

（1）当土方开挖至－12.1m时，施工地下二层底板梁，将地下二层底板梁顶支护桩腰梁上；

（2）待地下二层底板梁混凝土强度达到设计强度时，往下土方开挖到－21.4m。

b）

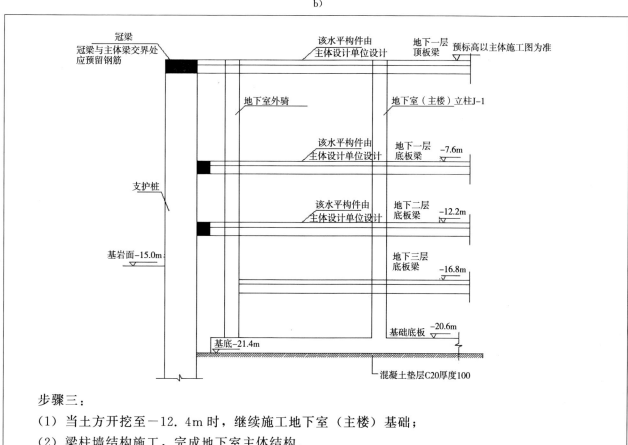

步骤三：

（1）当土方开挖至－12.4m时，继续施工地下室（主楼）基础；

（2）梁柱墙结构施工，完成地下室主体结构。

c）

图2 施工步骤图

4）基坑降排水措施

由于本场地基岩埋深 15.00～16.00m 左右，基坑开挖深度最大约 23m，所以存在基岩面以上 2m 的地下水会通过基坑壁渗入地下室，地下水对护壁长期的浸泡必然造成不利影响，所以怎样很好地把地下水引入基底排水沟成为本项目的重点。根据多年的基坑设计和施工经验，我院提出了采用排水暗管加渗水土工布的做法，即基岩面上约

2.0m 厚度地下水采用管孔直径 Φ100PVC 排水暗管，从护壁面后部排入排水沟、集水坑内，排水暗管位于卵石层地下水中部按 0.3m 间距梅花形钻 Φ8 滤水孔。桩间基岩开挖面上少量滴水采用渗水土工布加薄膜覆盖后再喷射混凝土，渗水直接汇集于基底后用排水管接通至排水沟、集水坑内，再排至降水井内（图3）。

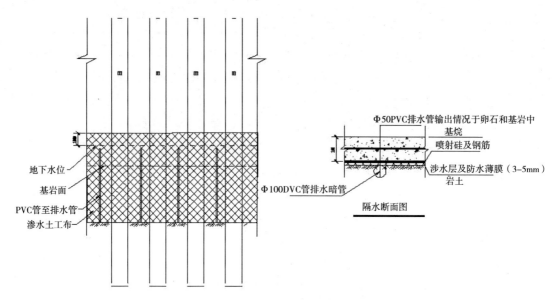

图3　排水暗管及排水土工布立面图

5）基坑北侧售楼部需要提前投入使用的措施

由于甲方进度的调整，计划场地北侧的售楼部能尽快投入使用，故我院提出"盖挖拟作法"理念，即地下室到±0.00m 后，预留最后一跨的独立柱基顶板结构先施工至支护桩冠梁上，施工完成后即可做地坪和绿化，供商业售楼部使用，顶板以下采用钢管支撑；具体做法为顶板梁与支护桩冠梁连接，负一层和负二层的原钢筋混凝土支撑变更为钢管支撑，该法的优点在于地下室顶板结构施工完毕后立即可投入商业售楼部使用，地下地下一层和地下二层预留楼板处采用钢管支撑进行预留土体区域地下室结构的施工，相互不受影响，原设计的钢筋混凝土支撑变更为钢管支撑也为工程进度节约了时间；本工程的土方逆作法施工开挖和结构施工穿插进行，在结构和护壁之间设置钢支撑，再挖除预留土体，最后施工预留土体的地下室结构。该法在保证地面设施已投入运营的同时，也不影响地下结构的施工，为甲

方的产品营销带来了不少的便利，如图4所示。

6）换撑与支撑的拆除

本基坑方案利用主体水平梁作为支撑与支护桩作为支撑体系，故本方案不存在换撑，当三道支撑体系施工完毕后，即可开始施工最后一跨地下室结构。地下室外墙遇到支撑梁时，可按预留洞口方式处理，在其交界处增加配筋等构造措施。

6　基坑土方开挖施工

本工程设置地下室四层，最大开挖深度 23.7m，基坑开挖面积约 27260.00m²，挖土方总量约 59 万立方米，工程量大。主体地下室结构施工应由西向东进行，临近基坑东侧留一跨独立柱基不施工；在基坑东侧土方开挖至 −5.5m 处，预留 2.0m 平台，平台往下按 1:0.75（卵石土）和 1:0.2（基岩）放坡挂网喷锚支护，根据施工进度逐步挖除预留土体（图5）。该预留土体的作用是提供支护桩被动力。

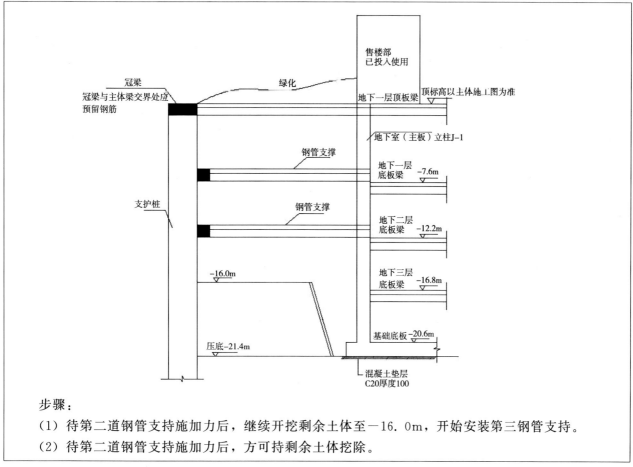

步骤：

（1）待第二道钢管支持施加力后，继续开挖剩余土体至-16.0m，开始安装第三钢管支持。

（2）待第二道钢管支持施加力后，方可持剩余土体挖除。

图 4　本工程土方逆作施工法

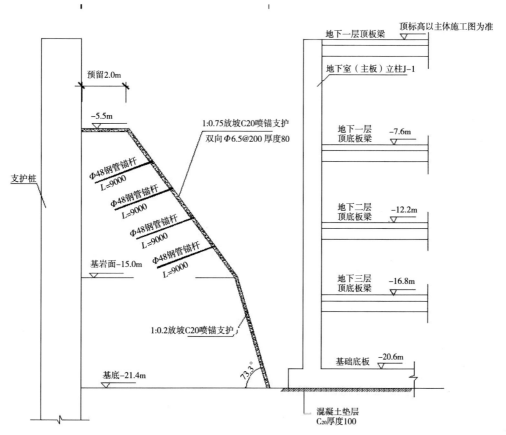

图 5　施工示意图

7 监测方案及成果

由于基坑开挖深度大，施工周期较长，为了确保基坑的稳定安全，委托了具有专业资质的第三方监测单位进行该项目的监测工作，主要的监测项目有：水平位移、道路沉降监测、支护桩的深部位移检测、地下水位的观测、锚索测力计的观测和人工巡视检查及裂缝监测。

1）支护结构的水平位移

该支护体系的累计水平位移量平均在 9mm 左右，最大位移量发生在 B3 测点，累计变形为 17.10mm，基坑水平位移总体变化小，各测点相对稳定，故临近地铁侧的护壁处于安全状态。

2）道路沉降

基坑周边道路沉降观测值均处于正常范围内，基坑南侧道路沉降相对较为明显，根据基坑南侧桩顶水平位移数据分析，该侧基坑变形量较小，故南侧道路受基坑变形的影响较小，据施工单位了解，该道路常有重型车辆通过，现又正值雨季，故该南侧道路沉降可能由近期强降雨及重型车辆碾压所致。

3）深部位移测点

通过基坑深部观测点数据反应，均有向基坑内部变形的趋势，位移主要集中在冠梁下 0—23m 段，其中 IN01 位移量达 32.70mm；各观测点总体累计位移量未达到报警值，观测点较为稳定。

4）地下水位观测

本基坑采用钢尺水位计对基坑降水井水位进行观测，从观测数据中水位埋深最小值为 11.40m，最大值为 15.89m，水位埋深平均值为 13.98m，这也说明了地下水位降深普遍就在基岩面以上 2m 位置，故需采用明排水结合降水井一起降水。

8 总结

（1）中国华商金融贸易中心基坑开挖深度大，开挖面积大，基坑东侧紧邻正在运营的地铁一号线。基坑东侧护壁经过多方案的必选采用：单排桩＋主体构件作为内支撑梁＋挡土墙＋网喷的支护形式，该法为逆作法，先留一跨独立柱基不施工，其余先施工到正负 0.00m 位置，利用主体的结构梁与支护桩连接，形成内支撑体系，该支护设计方案安全可靠，经济合理，为业主节省了大部分工程投资，一直受到业主公司的高度好评。

（2）由于本场地基岩埋深 15.00～16.00m 左右，基坑开挖深度最大约 23m，所以会存在基岩面以上 2m 的地下水会通过基坑壁渗入地下室，地下水对护壁长期的浸泡必然造成不利影响，根据我院多年的基坑设计和施工经验，我院提出了采用排水暗管加渗水土工布的做法，让基岩面以上的地下水可通过排水暗管留到基底的排水沟里，再通过水泵集中排出基坑外。该法有效的达到了止水效果，保证了基坑护壁的可靠安全。

（3）根据我院原逆作法方案，先留一跨独立柱基不施工，其余地下室主体施工至正负 0.00m，但由于甲方进度的调整，计划场地北侧的售楼部能尽快投入使用，故我院提出"盖挖拟作法"理念，即其余地下室到正负 0.00m 后，先施工最后一跨顶板结构至支护桩冠梁上，施工完成后即可做地坪和绿化，供商业售楼部使用，以下各层采用钢管支撑；该法在保证地面设施已投入运营的同时，也不影响地下结构的施工，为甲方的产品营销带来了不少的便利。

（4）该项目设置了全面完善的基坑监测体系和监测内容，根据监测数据反应，该基坑的水平位移和深部位移均处于安全范围值以内，也充分证明了我院设计方案的经济安全和合理可靠性。

参考文献

[1] 龚晓楠．基坑工程实例（2）．2008．

[2] 四川省地质工程勘察院．基坑监测报告．2014．

[3] 中华人民共和国建设部．建筑基坑支护技术规程 JGJ120—2012．北京：中国建筑工业出版社，2012．

[4] 中国建筑西南勘察设计研究院有限公司．中国华商金融贸易中心岩土工程勘察报告．2012．

分区域支护深基坑换撑方法及实例

王 琦

（天津大学建筑设计研究院　天津　300073）

摘　要： 深基坑在采用分区域支护的施工方法时，先施工的部分地下结构在换撑后往往无法单独承受坑外土压力，此时必须考虑新的换撑方法。本文提出了一种新的换撑方法，即考虑已完成挡土作用的支护桩抵抗换撑力作用的换撑方法，并将该方法应用于某具体工程实例。基坑监测表明，该换撑方法安全可行，为相似工程的设计与施工提供了新的参考。

关键词： 深基坑；换撑；支护桩；分区支护

1 引言

近年来，城市中大规模地下空间的利用日益普遍。常规的基坑支护方法是采用整体支护，整体开挖土方，整体施工地下室。大面积基坑工程设计与施工时，由于基坑体量巨大，受土方开挖、降水、工期及周边环境条件等多方面因素制约。因此，若采用整体支护形式，地下结构必须整体施工至正负零，施工力量无法集中用于决定施工总工期的高层建筑施工。因此，除整体支护方案外，还常常采用分区域支护、分区域开挖并施工地下结构的支护方案[1-2]。

当先施工的基坑开挖完成，地下结构施工至可拆除支撑位置时，此时先施工的地下结构部分由于体量较小，无法单独抵抗坑外的土压力。此时若拆除支撑，很可能导致地下结构或工程桩开裂，进而造成工程事故。常用的换撑做法是，待其他位置的地下结构施工完成后，在先、后施工的地下结构间形成传力体系，使整个地下结构共同承受坑外土压力，此时，方可拆除支撑。但这种方法二次挖土开挖面需穿越换撑体系，施工速度慢，并且相关施工工序穿插较多，工序衔接易出现问题，不利于快速完成地下结构的施工。因此，本文提出了考虑已完成挡土作用的支护桩抵抗坑外土压力的换撑方法。该方法不需在先、后施工的地下结构间设置传力体系，简化施工工序，便于缩短工期。

2 工程概况

工程场地位于天津市中心城区，项目为民用住宅，由 5 栋多层住宅楼、9 栋高层住宅楼及若干配建组成，整体 2 层地下室，局部 1 层地下室。其中多层住宅楼高度为 22.8～23.85m，高层住宅楼高度为 109.8～120m。配建高度为 11.7～16.8m。整体地下室为车库，其中 2 层地下室部分挖深为 10.8m，1 层地下室部分挖深为 6.8m。基坑开挖面积约 5.06 万 m²。基坑南侧距天津站至天津西站的地下直径线控制线 2.8m，距地下直径线隧道外皮仅 18.2m，用地条件十分紧张。工程场地周边情况如图 1 所示。

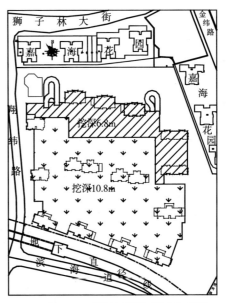

图 1　工程场地周边环境示意图

3 基坑支护方案

由于基坑南侧紧邻地下直径线，基坑支护设计必须考虑对南侧的变形控制。由于当时地下直径线主体结构施工完成尚未投入使用，且国家铁路对运营期的变形控制十分严格，因此必须在地下直径线投入运营前将地下结构施工完毕。而且，从工期安排来讲，建设方希望场地南部4个高层建筑先施工，以达到提前销售的目的。

由于地下室体量巨大，若考虑基坑采用整体支撑，整体开挖的方式，地下结构必须同时施工至正负零，无法抢在地下直径线投入运营前完成地下结构的施工，也无法实现建设方提前售房的预期。

因此，基坑支护设计须考虑采用分区域支护，分区域开挖并施工地下结构的支护方案。具体到本工程，将整个基坑分为南部基坑、中部基坑、北部基坑3部分，每个区域可视为一个单独基坑，如图2所示。

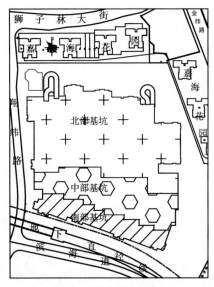

图 2 基坑划分示意图

南部基坑包含4个高层建筑，开挖面积约

8200m²，此区域临近地下直径线，抢先施工，完成控制场外变形和建设方的销售要求。北部基坑约3.2万平方米，可与南部基坑同时开挖，同时施工地下结构。中部基坑位于南部基坑以北，面积约1.04万平方米，在南部基坑开挖期间为南部基坑北侧提供有效的土反力，平衡基坑南侧场外的土压力。待南部基坑地下结构施工完成并拆除支撑后，方可开挖。

4 换撑设计及监测

4.1 常规换撑方法

基坑工程中经常采用的换撑方法为，地下结构施工至相应楼板高程，于楼板高程位置，在地下室外墙（基础）与围护结构间打设混凝土板带，此板带作为传力带，将围护桩所承受的坑外土压力传至地下结构[3]。由于地下结构同时施工，所有地下室外墙与围护结构间均设有传力带，因此，地下结构各方向受力可抵消，地下结构总体不受外力作用。

4.2 换撑工况简述

南部基坑开挖深度10.8m，采用灌注桩桩加一道混凝土支撑的支护形式，如图3所示。地下结构施工至地下二层顶板高程处换撑。

由于南部基坑挖深较大，并且为加快施工进度，采用一道支撑形式。因此，支撑力及换撑力均较大。此时，若拆除支撑及南部基坑北侧灌注桩，继续中部基坑土方开挖及后续施工，则南部基坑内地下结构和工程桩单独承受南部基坑南侧的坑外土压力。

经上部结构设计单位复核，南部基坑内地下结构无法满足此工况要求。因此，若维持现行基坑支护设计方案，必须增加地下结构在水平荷载工况下的设计或改进现有换撑方法，满足地下结构的安全需要。

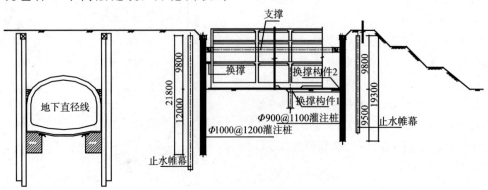

图 3 南部基坑支护剖面图

4.3 既有围护桩作为传力体系的换撑方法

南部基坑北侧支护桩在南部基坑施工期间与其余三侧支护桩共同形成挡土结构，待南部基坑地下结构完成后，即失去挡土作用。需要将支护桩剔除至该位置地下结构基础底板以下，方便后续地下结构施工。因此，换撑时可以考虑利用该位置已完成挡土作用的支护桩与地下结构共同承受换撑力。

南部基坑北侧支护桩为 $\Phi 900@1100$ 灌注桩，拆除支撑后，南侧换撑力经地下二层楼板传至基础底板，再由基础底板传至北侧灌注桩。南侧坑外土压力与北侧支护桩后土压力平衡。因此，北侧支护桩必须能够承受南侧换撑力。

南部基坑北侧共 245 根围护桩可以利用，根据现行桩基规范[4]可以计算每根支护桩水平承载力的特征值。经复核计算，现有围护桩数量能够满足南侧换撑力要求，无需利用南部基坑内的工程桩承受水平荷载。

4.4 换撑结构构件设计

南部基坑内地下结构为先施工部分，其后需要与北侧的地下结构连接，成为一个整体。先施工地下结构北侧需甩筋后做，在南部基坑北侧地下结构与围护桩间存在 2m 左右的甩筋间距，如图 4 所示。若利用北侧支护桩作为换撑的受力构件，需将地下结构与北侧围护桩可靠连接，以传递换撑力。

图 4　南部基坑北侧地下结构甩筋图

南部基坑地下结构为框架体系，柱下为双桩承台基础。为节约后期拆除换撑体系的时间以便于后续施工，设计换撑结构位于地下结构基础底板以下，这种方法可以不必拆除换撑构件，节约

工期。换撑结构由两部分组成。其中，"换撑构件 1"起止范围自地下结构最北侧承台至北侧支护桩为止，顶高程与承台底高程相同。由于"换撑构件 1"间隔一个柱距设置，间隔较大，无法保证北侧支护桩共同受力，为此在支护桩南侧增加"换撑构件 2"，协调支护桩共同抵抗换撑力，如图 5、图 6 所示。

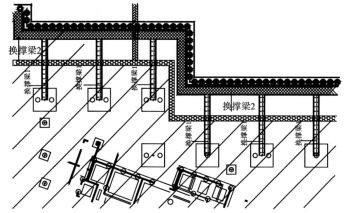

图 5　换撑构件平面示意图

图 6　换撑构件现场图

经计算，"换撑构件 1"截面为 800×600，"换撑构件 2"截面为 1500×300，混凝土强度等级为 C35，可以满足设计要求。

由于地下结构南侧换撑位于地下二层顶高程，北侧换撑位于基础底板以下，两侧换撑存在一个楼层层高的高差，这两个荷载同时作用于地下结构。对地下结构产生不利影响，需要对地下结构进行复核。经上部结构设计方验算，高层建筑位置处不需加强即可满足换撑工况要求，纯地下结构部分需要加强。

加强构件一般采用混凝土构件或钢构件，若采用混凝土构件，后期施工完成后拆除较为繁琐，若处理不当，易对主体结构产生不利影响。若采用钢构件，则可预先在主体结构中预设埋件，待施工换撑构件时，再行拼装，整体地下结构施工完毕后，可直接切除钢构件。综合考虑以上因素，

本工程采用钢构件作为加强构件，并将加强构件设计计算结果提交上部结构设计单位进行了确认。加强构件采用Φ609钢管，布置在地下结构最南侧一个柱距内，如图7、图8所示。

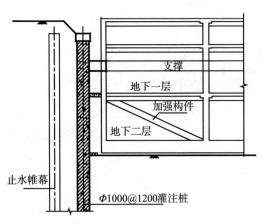

图7　地下结构加强构件示意图

图8　地下结构加强构件现场图

4.5　监测结果

为实现信息化施工，保证南部基坑内地下结构的安全，在基坑施工全过程进行了信息化监测。为监测换撑效果，在南部基坑北侧支护桩布置监测点，拆撑前后监测结果详见表1。根据表1可

知，最大位移出现在63、64号监测点，最大位移为8mm，平均位移为4.1mm。地下结构在拆撑期间未发现裂缝及渗漏情况，整个传力体系安全可靠。

表1　拆撑前后监测数据

监测点	57	58	59	60	61	62	63	64	65	66	67
拆撑前（mm）	0	0	0	0	0	0	0	0	0	0	0
拆撑后（mm）	1	1	2	4	3	5	8	8	5	5	4

5　结论

本文以分区域开挖深基坑为例，提出了一种新的换撑形式，根据实际监测结果，该换撑方法安全有效，并形成以下结论：

（1）基坑分区域支护、分区域开挖并换撑后，地下结构往往无法独自承受换撑力，此时需考虑其他方式进行换撑，保证地下结构安全。

（2）可考虑利用已完成挡土作用的支护桩作为换撑结构的一部分，并提供支反力。

（3）应对两侧换撑高程存在高差的地下结构进行加强，防止地下结构产生破坏。

（4）根据换撑期间的监测数据，支护桩变形较小，地下结构未发现异常情况，该换撑体系安全可靠。为相似工程设计和施工提供了新的参考。

参考文献

[1]　吴西臣，徐杨青．深厚软土中超大深基坑支护设计与实践［J］．岩土工程学报，2012，34（S1）：404—408.

[2]　戴斌．基坑工程顺逆结合设计方法［J］．地下空间与工程学报，2009，5（S2）：1686—1690.

[3]　朱小军．软土深基坑工程控制拆撑变形的换撑设计方法［J］．岩土工程学报，2010，32（S1）：256—260.

[4]　中国建筑科学研究院．JGJ120—2012建筑基坑支护技术规程［S］．北京：中国建筑工业出版社，2012.

复杂环境条件下深基坑支护设计思路及实例分析

王琦

（天津大学建筑设计研究院　天津　300073）

摘　要： 以天津市某深基坑工程为例，综合考虑场地周边环境条件、施工工期及造价等因素，提出了复杂环境条件下基坑支护设计的新思路，即"化大坑为小坑，分区支护，分区开挖"。当周边环境条件允许时，基坑支护优先采取无支撑的支护形式。并将此设计思路应用于工程中。监测结果表明，该基坑支护设计思路安全可行，为软土地区深基坑设计和施工提供了参考。

关键词： 大面积深基坑；分区支护；土反力平台；无支撑支护

1　引言

随着城市开发进程的日益深入，地下空间的开发与利用成为了新的趋势[1]。基坑工程朝着深、大的方向快速发展。特别是城市用地紧张，基坑工程场地周边条件十分复杂。如何在复杂的周边环境条件下进行基坑工程设计，是目前面临的巨大挑战。本文以天津市某工程为实例，综合考虑场地周边环境条件、施工工期等因素，采取多种基坑支护形式，分区域基坑支护、分块施工地下结构，经现场监测数据验证，该基坑支护设计取得了良好的效果，确保了场地周边环境安全。

2　工程概况

该场地位于天津市中心城区，项目为民用住宅，由5栋多层住宅楼、9栋高层住宅楼及若干配建组成，整体2层地下室，局部1层地下室。其中多层住宅楼高度为22.8～23.85m，高层住宅楼高度为109.8～120m。配建高度为11.7～16.8m。整体地下室为车库，其中2层地下室部分挖深为10.8m，1层地下室部分挖深为6.8m。基坑开挖面积约5.06万平方米。工程场地及周边环境情况详见图1。

工程场地北侧、东北侧为嘉海花园小区，西侧为翔纬路，南侧为滨海道，滨海道与本工程用地红线之间为天津站至天津西站地下直径线，东侧为胜利路。基坑北侧距离用地红线35.4m，距离已建嘉海花园高层住宅楼43.7m；西侧距离用地红线9.6m，距离翔纬路19.2m；南侧距离地下直径线控制线为2.8m，距离地下直径线外皮为18.2m，地下直径线在本工程范围内基本呈东西走向，西侧50m范围内为盾构段，其余部分为明挖段；东北侧局部距离用地红线14m，距离嘉海花园高层住宅楼22.2m，东侧距离用地红线9.3m，距离胜利路80.3m。

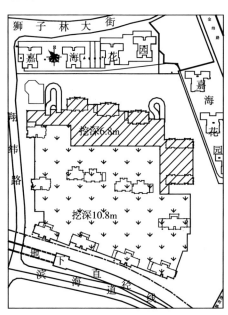

图1　工程场地周边环境示意图

综合以上场地周边环境条件，基坑南侧环境条件最为紧张，西侧次之，北侧及东侧相对宽松。南侧地下直径线为国家铁路，对变形控制极其严格，对本工程基坑支护设计提出了严峻的挑战。相对利好的条件是基坑支护设计阶段期间，地下直径线主体结构施工完毕，轨道尚未铺设。非运营期变形控制条件较运营期稍微宽松一些。

3 工程场地地质条件

该场地地貌单元属陆相与海相交互沉积地层，地势较为平坦，孔口高程介于大沽 3.36～4.45m 之间。基坑支护设计涉及土层的物理力学参数见表 1。地下水以潜水～微承压水为主，潜水稳定水位为大沽 2.8m 左右，第一微承压含水层为⑨$_{11}$粉土层及⑨$_2$粉砂层，水头高程为大沽－0.5m，第二微承压含水层为粉砂层，水头高程为大沽－2.0m。

表 1　基坑支护涉及土层物理力学参数

土层名称	γ (kN/m³)	e	E_s (MPa)	直剪快剪		直剪固结快剪		渗透系数	
				c (kPa)	φ (°)	c (kPa)	φ (°)	k_h (cm/s)	k_v (cm/s)
①$_2$素填土	19.1	0.868	3.85	10.0	6.0	16.0	13.0		
②淤泥质黏土	17.0	1.414	2.53	11.1	5.9	16.7	11.2	1.3×10^{-8}	$<1.0\times10^{-8}$
③黏土	18.8	0.963	3.85	22.0	9.6	23.9	12.9	2.0×10^{-7}	$<1.6\times10^{-7}$
④$_1$粉质黏土	19.2	0.873	4.38	23.7	9.8	27.5	15.0	2.7×10^{-7}	2.1×10^{-7}
④$_2$粉土	19.5	0.737	12.66	9.3	28.9	11.2	29.4	6.0×10^{-6}	4.3×10^{-6}
⑥$_1$粉土	19.4	0.759	11.58	10.7	25.8	11.7	27.6	9.6×10^{-6}	5.5×10^{-6}
⑥$_2$粉质黏土	19.2	0.845	5.19	16.5	11.2	20.4	16.9	2.7×10^{-7}	2.0×10^{-7}
⑧粉质黏土	19.8	0.740	4.81	18.0	10.0	23.7	16.3	6.6×10^{-7}	1.5×10^{-7}
⑨$_{11}$粉土	20.1	0.624	13.98	11.5	27.7	11.9	30.3	5.5×10^{-5}	4.8×10^{-6}
⑨$_{12}$粉质黏土	19.8	0.729	5.14	24.4	11.1	27.1	17.4	2.0×10^{-7}	1.3×10^{-7}
⑨$_2$粉砂	20.5	0.554	14.50	11.0	30.4	11.8	31.1	9.5×10^{-6}	7.3×10^{-6}
粉质黏土	19.9	0.726	5.45	32.1	14.8	35.2	16.1	—	—
粉砂	20.4	0.576	15.53	—	—	11.3	31.2	—	—
粉质黏土	19.3	0.846	5.43	—	—	38.9	12.9	—	—

4 基坑支护设计

4.1 基坑特点分析

本工程基坑开挖面积约为 5.06 万平方米，基坑大面开挖深度为 6.8～10.8m，属于大规模深基坑。基坑受土方开挖、降水、施工工期等多方面影响。场地周边邻近市政道路及既有建筑，应保证周边道路及建筑物的安全。特别是基坑南侧紧邻地下直径线，该侧对基坑变形较为敏感，应采取可靠措施保证基坑施工期间地下直径线的安全。对地下直径线的保护也是本基坑支护设计的成败关键。此外，建设方要求工程南部 4 栋住宅楼先行施工、先行销售。

4.2 基坑支护设计思路

根据本基坑特点，应充分利用基坑南侧地下直径线尚未投入运营之前对基坑变形要求并不十分严格的时间段，将临近地下直径线范围内基坑开挖至坑底，并尽快施工地下结构至正负零。结合建设方工期要求，本基坑采用"化大坑为小坑，分块支护，分块开挖，分块施工"的设计思路。具体阐述如下：基坑整体分为 3 个部分，其中基坑南部邻近地下直径线部分（包含 4 栋高层住宅楼）约 40m 范围为南部基坑；南部基坑北侧约宽 45m 宽范围为中部基坑，该部分在南部基坑开挖期间为南部基坑支护结构提供土反力，防止南部基坑产生整体向北位移的趋势；其余部分为北部基坑。基坑划分示意详见图 2。基坑施工顺序为，先施工南部基坑，同时可以施工北部基坑，待南部基坑施工完毕，再进行中部基坑施工。

南部基坑采用围护桩加内支撑的支护形式，严格控制基坑变形，并且在基坑体量不大（8200m² 左右）的情况下尽快开挖至坑底，施工地下结构，争取在地下直径线投入运营前施工至正负零，保证邻近地下直径线的安全。

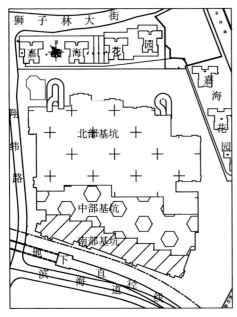

图 2 基坑划分示意图

北部基坑面积约为 3.2 万平方米，若视为一个独立基坑，其面积也相当可观。北部基坑各边场地条件不尽相同，西侧及东北侧局部距离用地红线较近，其余部分场地较宽松。并且施工方希望南部基坑施工期间，北部基坑边预留环路，方便施工组织。基坑支护可考虑采用围护桩加整体内支撑支护形式[2-3]，然而该基坑支护形式必须整体同时开挖，同时形成支撑，同时施工地下结构，同时换撑，对于楼座竖向受力杆件无法躲避支撑

的工程，无法有效缩短施工总工期。因此，结合本工程楼座位置，考虑节约施工总工期并便于建设方灵活组织施工，北部基坑采用无内支撑形式的支护形式。该形式可以优先施工场地内任意区域，不受相邻区域工期影响。具体支护形式为，在场地条件较紧张的基坑西侧及东北侧局部采用双排桩加反压土的支护形式，其余场地较宽松位置采用放坡开挖的支护形式。

中部基坑宽约 45m，该部分土体在南部基坑开挖期间保留，不进行开挖。待南部基坑施工正负零后再开挖至坑底，完成工程全部地下结构施工。该部分预留土体对南部基坑施工期间是否产生整体向北变形起着至关重要的"反力"作用。同时，为便于南部基坑施工期间可以同时施工北部基坑，面向北部基坑一侧采用放坡开挖形式，如图 2 所示。

4.3 基坑支护设计介绍

南部基坑采用灌注桩加一道混凝土内支撑的支护体系，基坑挖深 10.8m，东、南、西侧灌注桩为 $\Phi 1000@1200$，入土深度 12m；北侧灌注桩为 $\Phi 800@1000$，入土深度 9.5m。内支撑采用混凝土对撑加角撑的支撑形式。因南侧紧邻地下直径线，故东、南、西三侧灌注桩桩径加大，增加围护结构刚度，减小变形。典型支护结构剖面如图 3 所示。

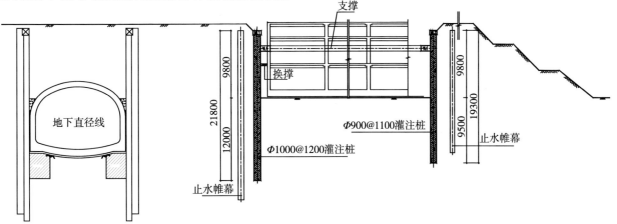

图 3 南部及中部基坑支护剖面图

北部基坑西侧采用双排灌注桩加反压土形式，挖深 10.8m，双排灌注桩采用 $\Phi 900@1400$，前后排灌注桩中心距为 3.6m，入土深度 17m。预留反压土高度 5m，顶宽不小于 5m，采用 1∶1 放坡至坑底。双排桩变形计算模型按现行规范[4]采用，预留土体的反压作用按照已有研究的计算方法采用[5]，双排桩最大变形为 40mm，出现在顶部。双

排桩稳定计算简化为实体式支护结构，按照重力式挡墙支护形式计算。北部基坑北侧采用 2 级放坡开挖，坑深 6.8m，第 1 级放坡深 3m，宽 3m，第 2 级放坡深 3.8m，宽 3.8m，两级放坡间留设 3m 宽平台。北部基坑东侧采用 3 级放坡开挖，坑深 10.8m，在 2 级放坡的基础上，第 3 级土坡宽 5m，深 4m，第 2 级与第 3 级土坡间留设 3m 宽平台。

北部基坑典型支护结构剖面如图4所示。

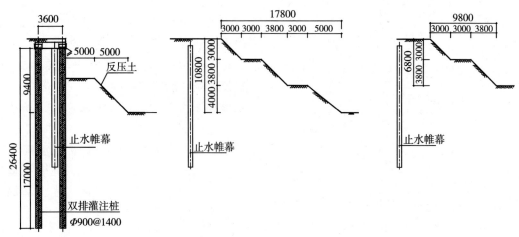

图4 北部基坑支护剖面图

南部基坑北侧为中部基坑，中部基坑土体在南部基坑开挖及施工地下结构时保留并作为南部基坑北侧的土反力平台。中部基坑面向北部基坑处采用3级放坡开挖，放坡形式与北部基坑东侧相同。典型支护结构剖面如图3所示。

5 基坑支护监测结果

基坑支护监测主要包括围护桩桩顶位移、围护桩测斜、支撑及格构柱内力、周边道路、建筑物沉降等项目。截至目前，南部基坑地下结构已经顺利抢在地下直径线交付使用前完工，北部基坑和中部基坑尚未施工完毕。监测结果见表2。

在南部基坑施工期间，地下直径线变形并未超过预警值，截至目前，地下直径线已投入运营。根据表2基坑监测数据并结合计算结果可知，实测结果与计算值较为吻合，并未超过计算值。基坑周边道路及建筑物并未出现开裂、倾斜等现象。该基坑支护设计思路，有效的保证了基坑周边环境的安全。

表2 基坑支护监测数据

监测项目	南部基坑南侧 Φ1000@1200 灌注桩	北部基坑西侧 Φ900@1400 双排桩	北部基坑 2级放坡	中部基坑 3级放坡	周边 道路	周边 建筑物
桩顶（坡顶） 水平位移（mm）	31.0	32.7	4	5		
桩身测斜 最大值（mm）	30.2	32.7				
道路及建筑物 沉降（mm）					6.4	1.3

6 结论

本文以天津市某工程为例，提出了在复杂周边条件下进行深基坑支护设计的思路，并将设计思路应用于该实例中，取得了良好的技术经济效果。经实测对比，基坑监测数据与计算值较为吻合，保证了周边环境的安全，并形成了以下结论：

（1）对于大面积深基坑工程，如场地周边环境较复杂，特别是临近对变形较为敏感的建（构）筑物，可以采取"化大坑为小坑，分区支护，分区开挖"的设计思路，减小同时开挖的基坑面积，保证周边环境的安全。

（2）基坑监测数据表明，预留一定宽度的有限土体，可以为基坑提供充足的土反力，防止基坑产生整体位移。

（3）大面积深基坑开挖，应优先考虑采用便于节约工期、灵活组织施工的无支撑支护形式。

（4）根据现场监测数据反馈，"化大坑为小坑，分区支护"的设计思路能有效地保证基坑及周边环境的安全，为软土地区大面积深基坑工程设计和施工提供了新的参考。

参考文献

[1] 束昱. 地下空间资源的开发与利用 [M]. 上海：同济大学出版社，2002.

[2] 刘志宏，张瑞华. 环形结构支撑体系在基坑工程中的应用 [J]. 建筑结构，2012，42 (6)：115－117.

[3] 黄炳德，翁其平，王卫东. 某大厦深基坑工程的设计与实践 [J]. 岩土工程学报，2010，32 (S1)：363－369.

[4] 中国建筑科学研究院. JGJ120—2012 建筑基坑支护技术规程 [S]. 北京：中国建筑工业出版社，2012.

[5] 郑刚，陈红庆，雷扬，等. 基坑开挖反压土作用机制及其简化分析方法研究 [J]. 岩土力学，2007，28 (6)：1161－1166.

浅谈深基坑围护设计方案中几个地质问题的初步认识

邵水松

（杭州天元建筑设计研究院有限公司 浙江杭州 311201）

摘 要：针对萧山当前深基坑围护设计方案中存在的诸多问题，如勘察手段选择、淤泥质土、设计参数、杂填土、回填河道、地下水、基坑稳定性等问题，根据掌握的资料，并结合实践经验提出了在深基坑勘察中应合理布置静探孔。由于在近山脚或山凹、古湖泊、靠河边、河底及回填河道底部、接触带上和顶部淤泥质土层的性质往往最差的分布特点，因此要求勘察设计人员了解与研究淤泥质土层由下而上逐渐变差的分布规律，设计按淤泥质土层的变化情况，考虑开挖深度实际是处于浅部淤泥质土的软弱部位，应取低值。在杂填土和回填河道地段，地质条件复杂，应综合考虑各种不利因素，进行抽水试验，合理取用承压水头，重视钻孔封孔、后注浆孔、钻孔灌注桩身、高压旋喷桩处理有缺陷或为挖机一旦拨起注浆管、废弃深井有空洞造成承压水突涌、流砂土管涌等影响，不可采用半封闭法降水。灵活应用新规范对基坑抗倾覆和坑底抗隆起新标准，强调了对沼气、淤泥质土软弱夹层、有机质含量、最高水位、出土口土质变化等注意事项。最后总结得出了深基坑详细勘察必须做到位，吸取水土事故教训，合理取值，岩土专家应发挥专长，严把论证关，善于总结、善于学习和善于结合实践经验解决基坑的实际问题，专家和岩土勘察项目负责人参加论证会的结论与体会，旨在进一步共同提高认识。

关键词：深基坑围护设计方案；地质问题；综合分析与处理意见

通过最近参与几起深基坑围护设计方案论证，发现设计依据的地勘资料本身存在较多问题，而围护设计人员在应用地勘报告时问题也不少，问题突出，多属于认识问题，因此有必要撰文探讨。

1 存在问题

1.1 勘察手段选择问题

从最近参与的五个深基坑围护设计方案项目来看，仅有一个深基坑做过静探，而其他四个均采用全机钻，仅凭单一钻探分层欠缺，影响最大的是如某基坑，该基坑大面积开挖深度已很接近淤泥质土层顶面，而有的地段已进入了淤泥质土层中，准确划定淤泥质土层的界面至关重要，这涉及第二道支撑的可靠性，且从已知钻探分层界线来看，该淤泥质土层顶面起伏变化较大，没有静探，很难精确划定，不放心（因为静探的最大优点是在于精确分层）。因此建议在土层变化较大和重点保护一侧补打静探孔进行必要的验证，但对该项目重审时发现仍未补做静探，故再次提出

要求补打静探孔。至于在深基坑中是否要布置静探孔，现行规范未有明确规定，但考虑深基坑工程严于未设置地下室的打桩工程或做浅基础的工程，因此在深基坑中应该要做静探。

1.2 淤泥质土问题

在萧山平原中广泛分布深厚的淤泥质土，目前萧山的基坑越来越大，越来越深，随之暴露出来的问题也越来越多，主要问题有：（1）人们只知道淤泥质土的一般特性，即天然含水量高，孔隙大，压缩性高，强度低，渗透系数小，具有流度、触变性，但不了解或研究受环境条件的制约，在近山脚或山凹、古湖泊、靠河边、河底及回填河道底部、接触带上和顶部淤泥质土的性质往往是最差的分布特性。如金城路接触带上，路北为钱塘江冲海积粉砂土分布区，路南为滨海平原淤泥质软土分布区。如某基坑据钻探揭露，浅部为粉质黏土"硬壳层"夹薄层淤泥质粉质黏土，再下为较厚的粉砂土地层，岩性复杂，这种特殊的地质结构只有在接触带中独有，它既具有滨海平

原淤泥质软土的特点，同时又具有钱塘江冲海积粉砂土的特性，是导致在金城路一带有多个基坑失稳和市政管道多次沉陷的多发地段，分析可能与该接触带上的淤泥质超固土有关。（2）有的只看淤泥质土层的厚薄变化，而忽视了淤泥质土在竖向上的变化特征，即淤泥质土深部较好，浅部土质较软，顶部最差，明显呈现由下而上逐渐变差的分布特性。（3）有的只看淤泥质土层的一般岩性组成，而忽视了在浅部淤泥质土中常含大量腐殖质，局部还夹薄层泥炭质土、泥炭，如湘湖石岩、进化盈湖畈、浦阳洋湖、北干山北的原石英厂地块、所前小学等地见有厚 1～2m 的泥炭质土、泥炭，甚至在进化盈湖畈中见有多层泥炭、泥炭质土等影响。（4）在钱塘江冲海积平原粉砂土中降水效果较好，是人们所公认的，但降水浅部容易，深部难，降至深基坑开挖深度在 20 多米以下更难，尤其是在有淤泥质土的软弱夹层或为粉质黏土与砂质粉土构成的"互层土"的条件下，降水效果并不太好，究其原因，与其受阻隔条件有关，因此前者可采取阶梯状开挖深度进行降水处理，而后者则应通过加密井数或加深降水深度来解决问题。（5）有的设计人员按整个淤泥质土的情况考虑取值，而不是按实际开挖段正在浅部淤泥质土软弱部位取低值。（6）在金城路一带钱塘江冲海积平原与滨海平原接触带上，可能有超固结淤泥质土，但至今未引起重视，是一个亟待解决的问题。（7）从监测角度来看，由于淤泥质土软弱常出现浅层支护结构变形较大的情况应引起重视。

1.3 设计参数问题

目前深基坑围护设计常采用直剪固快取值，取值多偏高，有的设计人员直接用勘察单位提供的固快峰值强度，而有的虽然打了折，但打折仍偏高，明显高于当地经验值。如何合理取用设计参数，值得探讨。如某基坑设计时对淤泥质土打八折认为偏高，其主要理由有：（1）该基坑正处于钱塘江冲海积平原接触带附近土质软弱土，天然含水量很高。（2）按静探曲线可以对深厚淤泥质土细分为三个小层，但勘察仅分为两个小层，分层不细，导致统计取值偏高（勘察单位是按整层土提的是平均值，C、Φ 为标准值）。（3）在上部淤泥质土中富含腐殖质，可能还有小于 0.5m 薄层泥炭质土、泥炭存在，但没有单独划出或未在勘察报告中作必要的说明。（4）基坑开挖段正处于浅部

部最差的淤泥质土的地段上，因此不能按整层淤泥质土的性质来考虑取值，而应考虑最小值。（5）如附近某基坑仍出现过淤泥质土失稳坍塌，事后分析，与分层不细和取值偏高有关。（6）省标《建筑地基基础设计规范》DB 33/1001－2003 条文说明第 4.4.7 条款规定："在有经验的地区，一般可采用直剪固快指标（可按峰值强度的 70% 提供，并同时提供峰值强度）。"既然规范有明确规定，又为何不参照执行呢？作者认为，规范是在集大量资料经验总结基础上得出来的，有它的道理，应该参照执行。（7）与当地经验值比较，在地段对淤泥质土打八折仍偏高于当地经验值（当地固快经验值 $C = 7～10kPa$，Φ 值也差不多在这个数据左右），经综合分析，建议降低取值。

1.4 杂填土问题

（1）如某基坑在杂填土层中，提供渗透系数为 10^{-7}，相当于黏性土隔水层的渗透系数，不确切、有错，杂填土应该按含水层考虑。杂填土成分杂乱，主要由碎块石、建筑垃圾等杂物组成，碎石块大小混杂，结构松散，透水性不等，渗透系数多为 $10^{-2}～10^{-1}$。一般情况下，对杂填土勘察不取样、不提值，仅作定性评价，故建议作删除处理。（2）杂填土在旧城区、回填河道地段，厚度较大，如牛角湾基坑，原为河道，杂填土层普遍较厚，多为 2～3m，最厚达 4.5m，还见有旧基础、大块石等地下障碍物。由于钻探碰到作了移位处理，但移位结果又没有在勘察报告中如实说明，以至于造成在施工开挖时吃尽苦头。（3）杂填土在靠河边地段，由于结构松散，易于河水入侵，若遇强降雨或连续下雨天，最易引起基坑边坡失稳。由此可见，杂填土层的影响因素太多，因此设计时务必多想到一些不利因素。

1.5 河道回填问题

区域有众多的江、河、湖泊和已回填的河道，主要问题有：（1）如某基坑位于南门江水系的河间地块，四面环水，西面和南面为南门江水，北面和东面一段已局部河道被回填，已转变成为地下水，河道贴近基坑，有的地段已进入基坑，但由于河道弯曲变化较大，没有一个勘探孔打在回填河道部位，以至于造成河道中的回填及河底地质情况不清，缺乏设计依据。因此在论证时，建议作补充调查，调查河道的走向、宽度、深度，以及回填材料、回填时间和回填时是否清淤等情况，必要时，应作补充勘察，并要求附河道地质

剖面，并针对河道情况，请设计提出切实可行的处理意见。（2）河边还应调查河水与地下水之间的水力联系。（3）在地势较低的基坑，注意当地最高洪水位的影响。（4）在河边可能还有农用灌溉残留废弃的涵洞或管道，如某基坑仍遭河边废弃的涵洞进水，调查时，切勿忽视。

1.6　地下水问题

问题较多，主要有：（1）主要目前对超大、超深基坑，即使靠地铁边的深基坑也没有或很少对孔隙潜水和承压水做现场抽水试验，论证至今，仅见一例，通过现场试验确定了单井出水量，求得了渗透系数，实测了承压水头高度。若不做现场抽水试验，设计风险大，安全可靠性差，因此应对地铁旁的深基坑建议做现场抽水试验，其他基坑在开挖一周前应进行试抽。（2）若不做现场抽水试验的基坑，仅引用区域水文地质资料，提供承压水头高度多偏低。如原杭二棉基坑，提供承压水头为 -3.5m（2007 年 3 月测定），相当于自然地面下 8m 左右偏低。原因之一，与实际地质条件不符合，所引用的承压水头与位于钱塘江古河道接近边缘的青庆路过江隧道江北井的承压水头高度相似，其实，基坑所在位置正是钱塘江古河道的中心部位，含水层厚，单井出水量大，透水性强，承压水头应该很高的，不可能较低，因此应参照在主流线上的青庆路过江隧道江南井承压水头为 -2.58m 水头取用。另外，位于市心中路地铁 2 号线人民广场站旁的某基坑也是引用承压水头为 $-5.40 \sim -3.80$m，相当于自然地面下 9.8～11.4m 不确切，且偏低很多，在天然状况下，承压水流速非常缓慢，水力坡度平缓，因此不可能出现承压水头差达 1.6m 的情况（附近又没有在深强降水）。从含水层的岩性、厚度、埋藏深度、透水性、承压水头来比较，如市心北路新二村 5 号站旁 ACG1 孔承压水最高水位 -0.648m，最低水位 -3.928m，平均 -2.286m（2006 年 4 月—2009 年 4 月测定）、钱江新城萧储【2009】11 号地块现场抽水试验由 Z3、Z65 二个观测孔实测承压水头 -1.5m 和 -2.47m（2011 年 12 月测定），与紧邻奥体中心的承压水相吻合，因此建议对比确定。目前萧山的深基坑开挖深度很深，多超过承压水头的高度，承压水头越高，对基坑影响越大，反之，承压水头判定越低，则考虑承压水对基坑的影响程度也就越低，因此合理确定承压水头高度非常重要。请多搜集一些区域水文地质资料，

尤其是一些地下水位动态观测资料[1]，以全面了解或研究区域水文地质条件，是有利于合理确定承压水头的高度。（3）钻孔未封或封孔不密实、废弃深井、后注浆孔、钻孔灌注桩身或高压旋喷桩处理有缺陷，没有采取有效封堵，或挖机一旦拔起注浆管（注浆管是直接下入圆砾含水层中的），都有可能形成承压水上涌的通道。如当地某基坑，由于钻孔未封，导致承压水上涌，后采用围堰＋高压旋喷桩进行处理，打了加压井，采用深井强降水，花了很长时间才控制住地下水，因此必须用黏土球或水泥浆进行对钻孔或为废弃深井的空洞进行有效封堵是十分必要的。若初始发现涌水时，即可用水泥包应急填埋效果较好。因此设计时，钻孔等是否有效封堵等情况，必须先调查清楚，在开挖过程中，要特别关注坑底及坑边有否潮湿或渗水等现象（当采用深井降水后，按理说坑底应该是干燥的）。若发现有潮湿或有渗水现象时，应暂停开挖，弄清情况以后再说，如杭州主城区某基坑在挖土过程中，碰到这一现象，但忽视了这一现象，继续挖土，结果导致在一个详勘钻孔中承压水突涌，后经实测坐标核实突涌处正是钻孔位置，但为时已晚。（4）在定性判定处于临界状况的深基坑，有的没有进行对承压水坑底抗突涌验算不安全，因此承压水坑底抗突涌验算必不可少。（5）有的在河边可能碰到流砂形成的管涌通道，缺乏分析与计算，因此不仅要计算，而且更要从实际条件分析发生管涌的可能性。（6）如粉砂土中某基坑，设计一侧采用水泥搅拌桩止水帷幕，桩长未进入淤泥质土隔水层中，坑内降水，坑外不降水，明显存在一个水头差，误认为对坑外影响不大，其实是有影响的，因此必须有效监控坑外水位，对设计所采用半封闭降水法欠妥。分析认为，除非水头平衡才行，但不现实，粉砂土不降水，没法开挖，因此在论证时，建议采用全封闭，降水井延伸至下部淤泥质土隔水层中安全。

1.7　基坑稳定性问题

包括抗倾覆和抗坑底隆起的两个主要问题，在深厚淤泥质软土中的超深基坑问题最突出：（1）由于淤泥质土软弱、深厚，若围护桩打得浅，犹如"筷子插入豆腐中"不稳，因此应插入深一些，尤其是靠河边的地段上插入要更深，并认真做好隔断河水和降水工作。（2）为确保基坑安全，预防事故多发，现行颁发的新规范提高了安全系

数标准，但在计算中常满足不了新规范新标准的要求，如何执行规范，当前岩石界尚无定论，而本人的观点是，应灵活执行规范。当环境条件苛刻时，如地铁旁的深基坑，必须严格执行新标准，若周边环境条件较简单，则可放宽处理，如对某基坑论证时，专家们考虑该基坑周边保护物较少，经讨论后作了放宽处理。

2 应注意事项

2.1 沼气的影响

即将开通的地铁 2 号线某基坑，勘察时就发现有沼气，因此应详细调查气源、喷发地点或储气层位、气压、喷发高度和熄灭时间，若在挖土过程中发现沼气，应先打释气孔，以避免沼气对地铁行车振动安全性的影响。

2.2 废弃深井的影响

如原杭二棉在 20 世纪 70 年代至 80 年代初打了不少深井，以圆砾为含水层，利用地下水的温差，实施"冬灌夏用"的回灌试验工作，后停用，为废弃深井，估计没有很好回填，留下空洞隐患，造成承压水突涌的通道，可能在基坑范围内有，因此请调查清楚。

2.3 淤泥质土软弱夹层的影响

如某基坑由于淤泥质土的软弱夹层较薄，在开挖时发生了土体沿其层面发生顺层滑坡，因此不宜误认为淤泥质土的软弱夹层厚度较薄影响不大。

2.4 有机质含量的影响

如当地某车间采用水泥搅拌桩复合地基，经取样室内测定，该腐殖土有机质含量大于 25%，土的天然含水量 50%～58%，孔隙比 1.5～1.75，pH＝5.0～5.3，水泥掺合比为 14.4%，加荷后压缩变形较大（压缩模量 $E_s=2.00MPa$），强度较低（无侧限抗压强度 $Q_u=0.33MPa$），不到一般水泥强度的 1/5，经现场荷载试验得出的单桩承载力标准值仅为 36～46kN（邱良佐，1993），后经开挖证实为泥炭质土、泥炭，只见水泥多散落于土中，甚至有的未形成水泥搅拌桩身，可见单纯用水泥作为主剂时效果不好，应加添加剂。当采用单（双）轴水泥搅拌桩时，据某工程钻探取芯表明，在 12m 深度以下加固无效果，因此布设长桩时，建议采用三轴水泥搅拌桩。

2.5 当地最高洪水位的影响

位于河边的基坑，当地势低洼时，应考虑主城区最高洪水位为 5.32m（黄海高程）的影响。

2.6 出土口地质条件的影响

如原杭二棉基坑，两个出土口均布置在西面，而西面土质最差，不仅粉质黏土"硬壳层"较薄，而且淤泥质土层浅埋，考虑重车进出，动荷载等作用因素，论证时，专家提出了应切实加强加固出土口，单纯采用水泥搅拌桩加固力度还不够，因此建议进一步采取一些有效措施。

3 结论与体会

（1）深基坑工程是一个涉及地质、结构和公共安全性非常复杂的系统工程，开挖又直接面临一个综合性的水土问题，因此不能简单地将深基坑支护结构作为临时性结构设计而不适当降低勘察精度来考虑问题，因此详细勘察必须做到位，若做不细，到基坑围护设计方案阶段，已为时已晚，如分层不细和出现补勘等问题造成很被动的局面。

（2）地质问题，实质上是研究水土问题。其中基坑最怕水，如某泵房当基础底板已浇筑，整体模板及钢筋施工大半，一场罕见的台风暴雨使整个基坑淹没，造成附近的民房发生严重开裂。又如滨江区某基坑，由于一侧利用原高压旋喷桩（桩底未进入淤泥质土隔水层中，有的地方搭接不好），结果导致大量水从原围护结构与正在施工基坑边的接触缝中涌入基坑而引起地面发生严重变形和管道破裂，后不得不在基坑中，再补打了高压旋喷桩（桩底已进入淤泥质土隔水层中），采取了强降水才解决了问题，教训深刻，必须吸取。

（3）至于土的问题，尤其是在深厚的淤泥质土中问题更突出，如地铁 1 号线湘湖站，在开挖过程中由于下部支撑跟不上，导致基坑出现坍塌重大责任事故，为典型一例；又如某基坑坡脚被挖空，使其失去支撑而导致边坡大块泥土塌落，出现的坡面裂缝手能自由伸出，后不得采取坡脚回填和钢管临时顶住，才没有使事态扩展。由此可见，熟悉了解和深入研究淤泥质土的本性，围护措施必须跟上到位。施工合理是至关重要的。

（4）设计取用土的抗剪强度指标 C,Φ 值，应该取得合理，取用值应与当地经验值相吻合或接近，并能经得起质量检验。

（5）论证时，岩土专家应积极发挥对地质情况比较了解的特长，首先对基坑进行正确定位，抓住要点，突出重点，着重从对周边环境条件调查，水土条件分析，参数取值，降排水，应急预案，计算和应注意事项等多方面找问题，分析问题，谈透问题，研究相应的围护措施，给出具有参考价值的意见与建议，以使设计人员了解情况，并得到理解后对方案作补充修改完善，这是作者参与论证的体会之一。

（6）论证时，严把论证关，如某超大、越深基坑围护设计方案中竟然有一整块没有勘探孔；又如某市政道路孔距多超规范，其中一段未勘探，没有地质资料或资料不全，是不能作为设计依据的，因此必须进行补充勘察，是体会之二。

（7）论证时，每个专家都应该以书面形式发表意见，然后将书面意见提交存档，岩土专家都应该参与每个基坑的论证，国家已把深基坑围护设计归属于岩土工程范畴，规定勘察资质才可以进行基坑围护设计是很有必要的，建议应该由注册岩土工程师担任设计师更好，是体会之三。

（8）论证时，对复杂基坑请提交勘察报告，并建议岩土勘察项目负责人参加论证会议，释疑有关地质问题是很有必要的，是体会之四。

（9）善于总结，善于学习，善于结合实践经验解决基坑中的实际问题，是体会之五。

以往在深基坑工程学术经验交流会中涉及设计和施工方面的论文较多，而从地质角度来谈的文章却很少，本文是对参与的深基坑围护设计方案有关地质问题的初步总结与讨论，因限于认识和水平，所谈错误观点，敬请批评指正。

参考文献

［1］　叶向前．杭州市钱江新城区承压水位动态研究［J］．工程勘察，2014（6）：50－55．

深基坑喷锚支护施工中的重点问题

陈启春　李　明

（成都四海岩土工程有限公司　四川成都　610041）

摘　要：以华威商住大厦为例，介绍了喷锚支护在深基坑应用中的重点问题。

关键词：深基坑；喷锚支护

1　工程概况

华威商住大厦（即华西美庐）位于成都市人民南路三段西侧华西医大校园内，该建筑物地上由一幢 29 层商住楼及一幢 16 层宾馆楼组成。三层地下室，基坑深 11.85～12.55m，呈近似长方形，基坑支护面积 4384m² （图 1）。

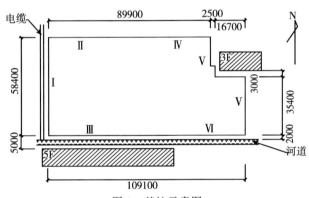

图 1　基坑示意图

基坑南侧及西侧紧邻排水沟开挖，排水沟因年久失修，渗漏严重。南侧距已有建筑物约 5.0m，该建筑物基础为条形基础。东北角距三层砖混建筑物约 3.0m。

2　场地地质条件

该场地属成都平原岷江水系Ⅰ级阶地，其地层自上而下依次是：

（1）第四系全新统人工填土层（Q_4^{ml}）：由杂填土、素填土构成，层厚 1.00～3.40m。

（2）第四系全新统冲积层（Q_4^{al}）：粉质黏土：可塑，层厚 0.50～2.10m；粉细砂：松散，层厚 0～1.20m；中砂：松散～稍密，饱和，层厚 0.30～2.30m；圆砾：稍密，饱和。层厚 0～4.00m；卵石：中密、密实为主。

（3）基岩～白垩系中统灌口组（K_2g）沉积岩：砂岩与泥岩互层，强风化带较厚，夹石膏。

地下水：分布于砂、卵石层中，主要由大气降水及上游地下水补给。静止水位埋深约 3.0m。

各岩土层物理力学参数见表 1。

表 1　各岩土层物理力学参数

地层	厚度 H（m）	重度 r（kN/m）	黏聚力 C（kPa）	内摩擦角 φ（°）
填土层	1.0～3.4	18.0	8.0	15
粉质黏土	0.5～2.1	18.8	20.0	15
粉土	0.0～1.4	18.8	5.0	15

续表

地层	厚度 H（m）	重度 r（kN/m）	黏聚力 C（kPa）	内摩擦角 φ（°）
中砂	0.3～2.3	19.6	—	20
圆砾	0.0～4.0	20.1	—	20

3　喷锚支护实施

3.1　设计

设计采用（1）喷射混凝土——钢筋网——锚杆钻进——压力注浆计算方法，考虑支护结构与土体联合作用，并以土钉作为支护的骨干。（2）位移反馈法：根据施工实测位移值对本方案设计进行修正。根据周边情况及变形控制（水平、沉降）等要求，基坑支护放坡量分别为：东、西侧 0.5m；南侧 1.5m；北侧 2.5m。理论（土体极限平衡理论）分析计算，所采用的公式为

土压力侧压力峰值 P_m：

$$P_m = 0.55\tan^2(45°-\varphi/2)\,rH \quad (C/rH \leqslant 0.05)$$

式中　r——各土层的加权容重（kN/m³）；

　　　　H——基坑深度（m）；

　　　　φ——各土层的加权内摩擦角（°）。

地表堆载侧压力 P_1：

$$P_1 = \tan^2(45°-\varphi/2)\,q$$

每一锚杆所受的最大拉力 N：

$$N = pS_v S_h/\cos\theta$$

式中　$p = P_1 + P_q$；

　　　　θ——锚杆的倾角（°），取 $\theta = 10°$；

　　　　p——锚杆长度中点所处位置上的侧压力（kPa）；

P_1——锚杆长度中点所处深度位置上由支护土体自重引起的侧压力；

P_q——地表均布荷载引起的侧压力。

各层锚杆设计内力满足：

$$F_{sd} \cdot N \leqslant 1.1\pi d^2 F_{rk} \cdot 1/4$$

式中　F_{sd}——锚杆的局部稳定性安全系数；

　　　　N——锚杆的设计内力（kN）；

　　　　d——锚杆直径（m）；

　　　　F_{rk}——锚杆抗拉强度标准值（kN/m²）。

各层锚杆的长度 L 满足：

$$L \geqslant L_1 + F_{sd} \cdot N/\pi d\tau$$

式中　L_1——锚杆轴线与 $45°+\varphi/2$ 斜线交点至锚杆外端距离；

　　　　d——锚杆直径（m）；

　　　　τ——锚杆与土体间的界面黏结强度（kPa）。

基坑安全系数 $K_s = 1.5$，基坑四周堆载距坑壁 1.5m 以外堆载，根据周边环境，结合工程类比，设计支护参数分为六类：

Ⅰ类支护：基坑西侧（图2）；Ⅱ类支护：北侧西端 66m（图3）；Ⅲ类支护：南侧西端 66m（图4）；Ⅳ类支护：北侧东端约 25m（图5）；Ⅴ类支护：北东角及东侧（图6）；Ⅵ类支护：南侧东端 40m（图7）。

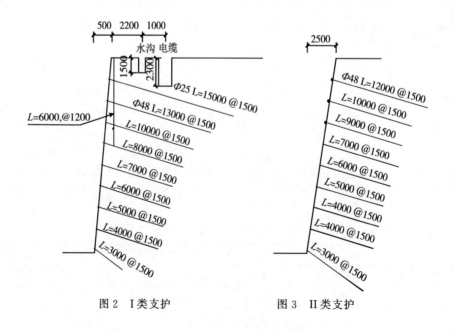

图2　Ⅰ类支护　　　　　　图3　Ⅱ类支护

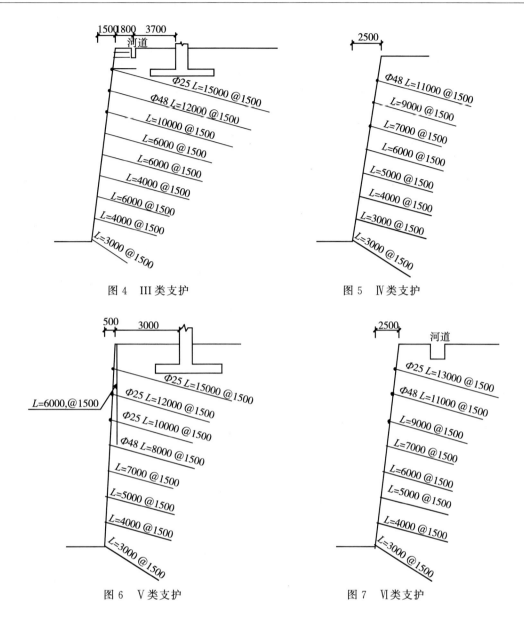

图 4　Ⅲ类支护　　　　　　　　　　图 5　Ⅳ类支护

图 6　Ⅴ类支护　　　　　　　　　　图 7　Ⅵ类支护

锚杆主体采用 Φ48 钢管，壁厚 3.5mm（少量采用 Φ25 螺纹钢），注浆浆液采用 R425 硅酸盐水泥、干净细砂和自来水，水泥与砂的配合比为 1：1，水灰比为 0.4～0.5，三乙醇胺作早强剂，注浆压力为 0.5MPa，喷射混凝土材料是 R425 硅酸盐水泥、中砂及豆石，配合比 1：1：2。

3.2　施工

基坑南侧在开挖线与五层砖混建筑物之间为一深约 2m 宽约 2.5m 的改造河道，为保证河道处基坑边壁的安全，在支护时增设了一排 6m 长锚杆，此排锚杆采用超前锚杆与大角度锚杆交错排列的方式设置，采用 Φ14 钢筋连接成为一体，再对其注浆，待达到一定强度后开挖。第一层开挖至河床底标高位置，因河道距开挖线仅 2.0m 左右，不能用 QC-110 钻机设置锚杆，为此改用洛阳铲成孔后，再设置锚杆，然后注浆，保证了河道

安全及基坑的顺利开挖。

基坑北侧东端，当开挖至约 8.0m 时，遇到中粗砂，开挖后自稳时间极短，约 10 分钟。为解决此问题，采用机械欠挖且挖深不超过 1.0m，然后人工突击修整，并设置摩擦钢筋等方法，取得了较好的效果。

基坑东北角因三层砖混建筑离开挖线较近（外墙距开挖线 3m），且放坡量较小（0.5m），为保证该建筑物安全，前三层锚杆采用土层麻花钻成孔、锚杆体为 Φ25 螺纹钢、设置竖向超前锚杆的施工方案。

因基坑东、西两侧近乎垂直开挖，南北两侧虽有（1：0.1）～（1：0.2）的放坡，但边长太长（大于 100m），基坑开挖后临空面太长，为保证安全，设置竖向超前锚杆且上面三排锚杆均在注浆 24 小时后进行了端部张拉，张拉力 4t，并用

20cm×20cm厚1cm的钢垫板锁定。

4　位移监测

开挖前各支护段均设置位移观测点，定人、定时、定仪器观测。对重点观测地段（Ⅲ、Ⅳ、Ⅴ类支护段）加强观测点的密度；同时在开挖、下雨等情况下及时监测位移情况。

5　支护效果

该基坑喷锚支护于1999年12月27日开挖，中间因河道改道以及甲方、乙方的原因几经中断，于2000年5月10日完工历经地基处理至基坑回填，坑壁及周边建（构）筑物安全稳定，位移观测结果表明基坑最大位移为5mm，满足规范及设计要求。基坑支护达到了预期目的。

6　结语

喷锚支护在深基坑支护中应注意以下几个重点问题：

6.1　施工

在喷锚支护中，必须分层开挖分层支护，不能出现超深、超长开挖现象，开挖出的工作面必须尽快支护。基坑支护工作具有很强的时效性，因此施工中各工种、工序应密切配合。

6.2　位移监测

深基坑喷锚支护是信息化施工工程，需根据施工过程中出现的情况及时修改设计参数，而支护设计尤为重要的是变形控制，一旦变形过大，将造成周边建筑环境的破坏，最终可能导致支护结构破坏而使边壁滑坍，因此，位移监测必须贯穿整个支护过程并延伸至基坑回填。

6.3　成孔及锚杆体的选择

基坑四周环境千变万化，因此，应根据不同情况选用不同的成孔方法及不同的锚杆体材料；成孔过程中出现异常情况必须停止施工，待分析研究、找出相应对策后再进行施工。

6.4　施工人员

现场工长及技术骨干应有丰富的工程实践经验，能及时、灵活、恰当地对施工过程中出现的情况提出切实可行的技术措施。

6.5　数据

施工中一切原始数据应真实记录，然后对其进行分析，制定相应的对策并及时用于施工中，以保证施工达到预期目的。

6.6　堆载

基坑四周堆载关系到基坑完成后的安全，如超载将引起基坑边壁荷载增加，严重时将导致基坑失稳。

6.7　管线

施工前应调查清楚基坑四周管线情况，并据此对方案进行必要的调整，以保证施工和基坑安全。

参考文献

[1] JBJ 120－99　建筑基坑支护技术规程［S］.

[2] GBJ 86－85　锚杆喷射混凝土支护技术规范［S］.

[3] CECS 96：97　基坑土钉支护技术规程［S］.

[4] 刘建航，侯学渊，等.基坑工程手册［M］.北京：中国建筑工业出版社，1997.

[5] 廖心北，朱明，陈勇.喷锚支护结构设计及其在成都地区深基坑护壁工程中的应用［J］.中国地质灾害与防治学报，1998，9（1）：108-113.

深基坑围护结构换撑的工程实例分析

安 璐 安建国

（天津大学建筑设计研究院 300072）

摘 要： 在软土地区，深基坑开挖采用内支撑体系的支护形式已得到广泛应用，在整个基坑开挖和地下结构施工过程中，换撑设计是控制拆撑变形的主要手段和确保地下结构工程的安全施工的关键。本文根据某工程实例工期紧，基坑深度较大的特点，介绍了基坑围护结构与地下室外墙之间，以及围护结构与坡道处换撑设计的有效措施，可以为类似工程的设计和施工提供参考。

关键词： 换撑；深基坑；软土；变形

1 引言

深基坑支护工程是结构基础施工所必须的临时结构，深基坑支护的施工造价及施工工期与设计的合理性紧密相关[1]。在软土地区，尤其是对周边变形要求严格的深基坑，一般采用围护结构结合内支撑系统的支护形式。在整个基坑开挖和地下结构施工过程中，第一步挖土（围护结构悬臂），基坑开挖到底以及换撑拆撑工况都是围护结构会产生较大变形及内力的施工工况。因此，在满足基坑安全的前提下，经济合理的制定换撑方案，控制拆撑变形对围护结构及周边环境的影响，是目前内支撑系统基坑支护设计过程中的重要环节。

本文结合工程实例介绍了该工程换撑设计的具体措施，可以为类似工程的设计和施工提供参考。

2 工程概况

工程位于天津生态城，东邻和顺路最近距离约为 12.5m，南靠和畅路最近距离约为 12.5m，西侧距规划老年社区（待建）约 8m，北侧距已完成绿地约 24.8m。工程含 1 栋地上 10 层钢筋混凝土结构建筑及整体地下室，其中地下 2 层，基坑面积约 11350m²，开挖深度 10.7～11.4m。

从该工程地质条件来看，地处天津市汉沽区，浅层土土质多处于软塑甚至流塑状态，土质较差，对基坑开挖控制变形较为不利。

基坑设计方案综合考虑工期，造价，及现场施工场地、临建、施工道路等因素，采用单排 900@1200 灌注桩加一道水平支撑的支护方案。

3 围护结构的换撑设计

3.1 围护结构在换撑工况下的计算分析

进行换撑设计的过程中分别考虑了底板位置和负二层顶板的换撑工况。若在底板处换撑，会有效缩短施工至地下结构正负零的工期，但从设计的角度上来讲 11.4m 深的基坑采用一道撑，若在底板换撑则拆撑后的围护桩悬臂高度会达到 10.2m，位移与内力都会很大，从基坑安全的角度上是不允许的，因此换撑位置确定在负二层顶板处。本工程采用同济启明星深基坑支挡结构设计计算软件，围护桩的内力及变形经计算如表 1、图 1 所示。

表 1 支（换）撑反力表

抗力		相对桩顶深度（m）	最大值（kN/m）
支撑	第 1 道支撑	0.40	297.5
换撑	第 1 道换撑	3.30	409.5

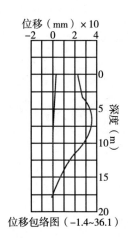

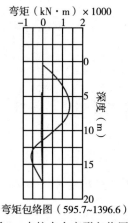

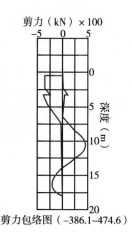

图 1　支护内力变形包络图

通过以上的计算分析，在负二层顶板处进行换撑是可行的，围护结构的内力和变形也在基坑周边环境允许的范围内。

3.2　围护结构换撑的常规设计

换撑的设计既要满足基坑的安全使用，还要综合考虑施工工期、上部结构施工的便利以及经济性。对于本工程围护结构＋一道水平支撑的支护形式，施工工期很短，若按先回填——施工换撑板带——再拆撑的常规做法，必然不能满足施工进度的要求。因此选择了先施工换撑板带——拆撑——再回填的做法，目前国内工程的常规做法就是在围护结构与地下结构外墙之间，地下结构底板和负二层顶板处设置换撑板带，换撑板带需预留施工作业口兼做回填土通道如图 2 所示。

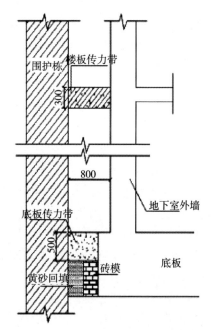

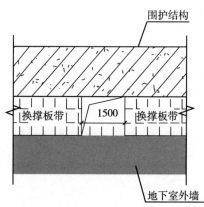

图 2　地下结构底板和楼板换撑板带的常规做法

3.3　本工程围护结构的换撑体系设计

换撑的设计一般分为两部分：一为基坑围护结构与地下结构外墙之间的换撑设计；二为地下结构内部结构开口（楼梯、坡道、局部楼板开洞）；结构局部升降板及后浇带等水平结构不连续位置的换撑设计[2]。本文主要介绍基坑围护结构与地下室外墙之间以及围护结构与坡道处的换撑设计。

3.3.1　基坑围护结构与地下外墙之间的换撑设计

考虑到本工程的特点，基坑形状较为不规则，围护桩与地下室外墙的净距留设不小于 1.2m，局部净距达到 5m，若换撑设计采用常规的换撑板带做法，则板带跨度过大会有失稳破坏的危险。因此本工程在换撑设计时采用围护桩与地下室外墙之间设置吊筋＋换撑腰梁＋换撑梁的做法，形成了一个换撑体系，整体受力不仅强度、稳定都能

满足规范要求，且预留施工作业口较常规做法尺寸更大，为施工提供了便利条件。具体做法如图 3

所示，施工现场图片如图 4 所示。

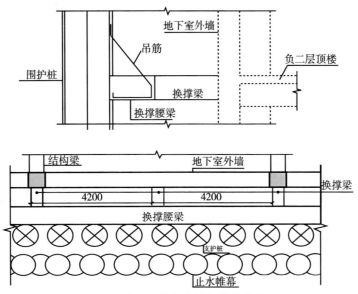

图 3   本工程楼板换撑板带的做法

图 4   施工现场围护结构与地下外墙之间换撑图

其中换撑梁应尽量布置在结构的梁柱节点处，其布置的间距应结合换撑腰梁的计算。本工程由于换撑力较大，且换撑腰梁的截面限制，故在每跨的柱距中也布置了换撑梁，有效降低了换撑腰梁的计算跨度，并经上部结构设计单位复核，满足结构规范的要求。

3.3.2   围护结构坡道处的换撑设计

地下车库都会有坡道的设计，有的建筑方案将坡道设置于车库的中部，而更多的方案则是将坡道设置于整个车库的边部和角部。坡道的形状也多种多样，直线型，圆弧形等。本工程地下车库有两个坡道，形状均为弧形，且均位于地下车库的角部，具体位置如图 5 所示。

由于两个坡道位置及形状都极为相似，因此本文以 2 号坡道为例，介绍了该坡道处的换撑设

计。基坑坡道处结构缺失区域较大，应根据工程的特点在该处设置受力合理的临时支撑以传递换撑力，这种临时支撑材料以钢筋混凝土、型钢以及钢管最为常见，其中型钢和钢管以其安装和拆除的快捷而应用得更为广泛。

根据作者的设计经验，对于坡道处的换撑设计，在进行基坑内支撑设计时即应认真考虑，以免给换撑设计留下较大的难点。

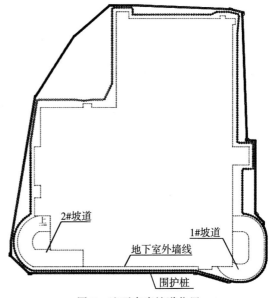

图 5   地下车库坡道位置

由于两个坡道位置及形状都极为相似，因此本文以 2 号坡道为例，介绍了该坡道处的换撑设计。基坑坡道处结构缺失区域较大，应根据工程

的特点在该处设置受力合理的临时支撑以传递换撑力，这种临时支撑材料以钢筋混凝土、型钢以及钢管最为常见，其中型钢和钢管以其安装和拆除的快捷而应用得更为广泛。

根据作者的设计经验，对于坡道处的换撑设计，在进行基坑内支撑设计时即应认真考虑，以免给换撑设计留下较大的难点。图 6 为 2 号坡道处的内支撑平面截图。

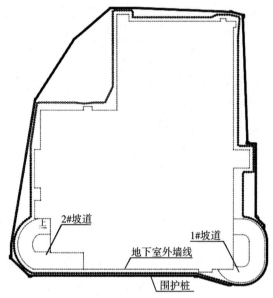

图 6　2 号坡道处的支撑平面图

从图 6 可看出，在内支撑设计时，考虑到该坡道处的换撑问题，将该处的内支撑做成环形，因为环形结构的受压性能较好，可将支护结构传递过来的荷载转化成自身的轴力，从而达到轴向自身平衡的调节作用。

该坡道处的换撑设计采用围护桩与坡道外墙之间设置吊筋＋换撑腰梁＋换撑梁＋钢管支撑的做法，将换撑力传递至标高相同连续板跨的梁柱节点处。具体做法如图 7 所示。

从图 7 可以看出该部分换撑腰梁的受力特征与两铰拱相似，其受力简图如图 8 所示。该处换撑设计与之前围护结构与外墙间的换撑设计相似，只是增加了临时的钢管支撑，该支撑的位置位于拱形换撑腰梁的南侧，其作用除传递换撑力至结构的梁柱节点外，其更主要的作用是为拱形腰梁提供支座，而北侧的支座则由换撑梁与地下结构提供。两铰拱结构体系在承受竖向荷载时，其主要内力来自于轴向压力，而弯矩由于推力的存在较之相应的简支梁要小，根据内力计算结果，有效减小了该处换撑腰梁的截面尺寸。为了进一步限制换撑产生的变形，在换撑腰梁与坡道外墙扶壁

柱之间又设置了几处换撑梁。图 9 为施工现场 2 号坡道处的换撑图，由于局部钢管支撑阻碍了坡道板的施工，施工单位将这部分坡道板进行了甩筋后作。

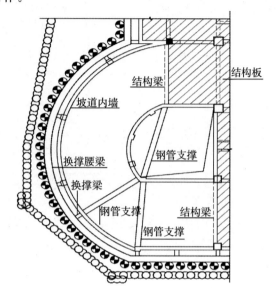

图 7　2 号坡道处的换撑平面图

图 8　2 号坡道处换撑腰梁的简化受力模型

换撑工况完成，并达到设计要求的强度后即可进行拆撑，由于该坡道外侧的部分环梁并不影响上部结构的施工，因此可以不拆保留，这也能进一步限制该处由于拆撑产生的变形。

图 9　施工现场 2 号坡道处换撑图

3.4　拆撑前后的围护结构水平位移监测结果对比

本基坑安全等级为乙级，根据规范要求设计单位制定了相应的基坑监测方案，并由具备相应资质的第三方对基坑工程实施现场监测，为信息

化施工和优化设计提供了依据，本文主要关注的为拆撑前后的围护结构水平位移监测结果对比，以此来验证换撑设计的合理性。冠梁顶水平位移监测点布置如图 10 所示。

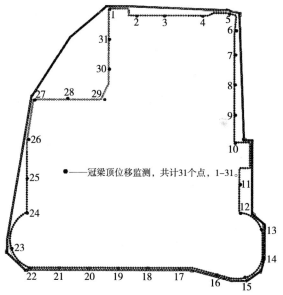

图 10 冠梁顶水平位移监测点布置图

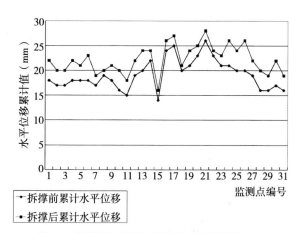

图 11 拆撑前后冠梁顶水平位移累计值对比

拆撑过程中，监测频率由原来的两天一次调整为一天一次。从拆撑前后的监测数据（图 11）来看，拆撑后围护结构的水平位移并没有过多发展，累计值变化最大的是编号为 26 号的监测点，该位置水平位移增大了 6mm，两个坡道处的水平位移也控制的很好，最大才发展了 5mm，因此本工程的换撑设计有效的控制拆撑工况下，围护结构的水平位移，是合理可行的。

3 结论

综上所述，本文以天津汉沽某基坑为例，介绍了该工程换撑设计的具体措施，并对拆撑过程中监测数据进行分析得出以下结论：

（1）本工程基坑深度 11.4m，一道水平支撑，换撑需设置于负二层顶板处。在换撑设计时采用围护桩与地下室外墙之间设置吊筋＋换撑腰梁＋换撑梁的做法，有效的控制了拆撑后围护结构的水平位移，且很大程度上加快了施工进度，为该工程提前做到主体结构封顶提供了条件。但值得注意的是吊筋＋换撑腰梁＋换撑梁这种换撑体系对于换撑力很大的基坑工程并不一定适用。

（2）地下车库坡道处作为换撑的难点，应在内支撑设计时一并考虑。根据该坡道的特点，此处换撑设计采用围护桩与坡道外墙之间设置吊筋＋换撑腰梁＋换撑梁＋钢管支撑的做法，将换撑腰梁的受力形式简化为两铰拱的形式，有效的缩减了换撑腰梁的截面尺寸，并控制了该处拆撑后围护结构的水平位移。

总之，本工程换撑设计采用的具体措施合理有效，为相似工程提供了参考。

参考文献

[1] 黄强. 深基坑支护工程设计技术 [M]. 北京：中国建材工业出版社，1995.

[2] 刘国彬，王卫东. 基坑工程手册 [M]. 北京：中国建筑工业出版社，2009.

抗浮锚桩在商业工程地下室抗浮中的应用

许厚材[1,2]　耿冬青[3]

(1. 北京城建五建设工程有限公司　北京　100029；

2. 北京城建集团有限责任公司　北京　100088；

3. 中国建筑股份有限公司技术中心　北京　101300)

摘　要： 当地下水位较高，建筑结构的自重不足以抵抗地下水的浮力时，须采取措施防止地下室上浮，设置抗浮锚桩是地下室抗浮的常用措施之一。本文结合工程实例介绍了抗浮锚桩的施工技术、锚桩节点防水措施和质量控制措施。工程质量检查和检测结果表明，本工程施工设备、施工工艺参数选择合理、锚桩节点防水措施、施工质量保证措施合理有效，可供类似工程参考。

关键词： 抗浮锚桩；底板防水；施工技术；质量控制

随着我国城市建设的发展，城市用地越来越紧张，为充分利用地下空间资源，设置多层地下室的建筑也越来越多。当地下水位较高，建筑结构的自重不足以抵抗地下水的浮力时，须采取措施解决地下室的抗浮问题[1-3]。在地下工程施工中，经常采用的抗浮措施有压重法、设置抗浮锚杆法和设置抗浮锚桩法 3 种[4-8]。抗浮锚桩具有抗拔承载力高、施工简单、施工技术成熟等优点，在地下室抗浮设计中得到了较为广泛的应用[9-11]。本文结合工程实例，着重介绍抗浮锚桩的施工工艺和质量保证措施，可供类似工程参考。

1　工程概况

北京某商业工程，总建筑面积约 20.3 万平方米，地上建筑总面积约 10.0 万平方米，地下建筑总面积 10.3 万平方米。本工程结构形式为钢筋混凝土框架—抗震墙结构，基础形式为平板筏基，地下室为连体结构，地下室均为三层，地上为四层（部分区域仅有地下室）。本工程地下室主要为车库以及设备用房，地上楼层均为商场及餐饮用房。

设计 ±0.00 高程相当于绝对高程 43.0m，抗浮设防水位高程 40.20m，基础底板相对高程 −14.80m。采用设置抗浮锚桩的方法，防止建筑物在地下水浮力作用下上浮，本工程共施工桩径 Φ400mm，桩长 15m 的钢筋混凝土抗浮锚桩 3451 根。

2　工程地质与水文地质

2.1　工程地质

根据本工程地质勘察报告，本场地主要有人工堆积层和第四纪沉积层，自基础底高程开始上到下依次如下：

④细砂～中砂层，褐黄色，湿～饱和，密实，夹有圆砾，平均厚度 2.5～3.0m；

⑤粉质黏土～粉质黏土层，褐黄色，湿～饱和，中密，平均厚度 3.0～3.5m，夹有砂质粉土、粉质黏土⑤₁层、重粉质黏土⑤₂层及粉细砂⑤₃层；

⑥粉质黏土～粉质黏土层，褐黄色，湿～饱和，中密，平均厚度 3.5～4.0m，夹砂质粉土～粉质黏土⑥₁层、黏土～重粉质黏土⑥₂层及粉砂～细砂⑥₃层；

⑦细砂～中砂层，褐黄色，饱和，密实，厚约 3.0m，夹有圆砾⑦₁层及砂质粉土⑦₂层；

⑧粉质黏土～粉质黏土层，褐黄色，中密，湿～饱和，平均厚度约 3.0m，夹有砂质粉土～粉质黏土⑧₁层、黏土～重粉质黏土⑧₂层及细砂～中砂⑧3层；

⑨粉质黏土、粉质黏土层，褐黄色，中密，湿～饱和，平均厚度约 2.0m，夹有及黏土⑨₁层

⑩细砂、中砂层，褐黄色，饱和，密实，厚约3.0m，夹有卵石⑩₁层。

2.2 水文地质

根据本工程地质勘察报告，本场区共有3层地下水：（1）层上层滞水，静止水位高程34.1～37.8m，水位埋深4.9～8.2m；（2）层层间水，静止水位高程29.6～32.8m，水位埋深12.7～13.2m；（3）层承压水，静止水位高程17.9～19.8，水位埋深22.5～24.1m。本工程抗浮设防水位高程40.2m。

3 抗浮锚桩设计参数

（1）本工程采用Φ400钻孔灌注桩，桩长15m，设计要求单桩抗拔承载力特征值为450kN。

（2）桩身混凝土强度等级为C30，桩主筋保护层厚度为50mm。

（3）锚桩主筋为8Φ20，上部2m螺旋箍筋为Φ8@100，下部13m螺旋箍筋为Φ8@200，加强箍筋为Φ12@2000；试桩主筋为12Φ25，螺旋箍筋为Φ10@100，加强箍筋为Φ12@2000。

（4）箍筋采用连续螺旋箍，其接头采用焊接，并沿螺旋箍每隔500与主筋点焊。

4 锚桩施工技术

4.1 施工工艺流程

抗浮锚桩施工工艺流程如图1所示。

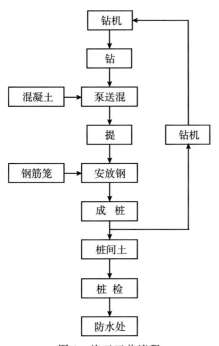

图1 施工工艺流程

4.2 主要施工设备

锚桩成孔设备采用KLB600型长螺旋钻机，锚桩混凝土灌注采用T60混凝土输送泵，钢筋笼安装采用25t吊车和DZJ60振动锤。

4.3 施工方法

4.3.1 钻机就位

采用长螺旋钻机成孔，钻机坐落面应坚实、平整、不塌陷；钻机就位后，保持钻机平稳、调整钻塔垂直，钻杆连接应牢固。钻机就位后，进行检查，确保钻尖与桩位对中。

4.3.2 钻孔

根据土层情况合理调整施工参数，严格控制钻进深度；钻机钻进过程中，不宜反转或提升钻杆，如需提升钻杆或反转应将钻杆提至地面，对钻尖开启门须重新清洗、调试、封口。随时清理孔口积土，保证下部孔土顺利排出，防止提钻时向孔内落土。

4.3.3 泵送混凝土、提钻

（1）达到设计桩底标后立即开泵，将灌混凝土压入孔内，首次泵送前或停工时间过长时，应先开机润管；（2）混凝土开始压灌时，提升钻杆宜与泵送混凝土同时进行，确认钻头阀门打开后方可提钻；（3）混凝土的泵送宜连续进行，边泵送混凝土边提钻，提钻速率按试桩工艺参数控制，控制提钻速率与混凝土泵送量相匹配，保持钻杆内混凝土存在一定高度，并保证钻头始终埋在混凝土面以下；（4）混凝土泵送完成后，钻头暂不移离孔口，及时清理孔口积土，防止积土落入孔中。

4.3.5 钢筋笼制作与安装

（1）钢筋笼所有钢材必须有材质证明，制作钢筋笼前，应先进行钢筋原材验收、复验及焊接试验；（2）钢材表面有污垢、锈蚀时应清除，主筋使用前应调直；（3）钢筋笼纵向钢筋的接头采用双面搭接焊，焊缝长度≥100mm（5d），同一截面上的钢筋接头不得超过主筋总根数的50%，且两相邻接头位置应错开700mm（35d）；（4）加劲箍筋与主筋采用点焊连接；螺旋箍筋与主筋采用点焊或细铁丝绑扎连接，点焊或绑扎点应呈梅花形；（5）钢筋笼的焊接质量如直径、间距等外形尺寸、焊缝长度、高度及钢筋笼断面接头间距等，均应符合设计及技术标准的要求；（6）采用25t汽车起重机吊装钢筋笼，设双吊点，吊点设在加劲箍筋处；（7）桩身混凝土灌注完成后应立即进行钢筋笼插入作业，钢筋笼应连续下放，不宜停顿；

（8）利用吊车、振动头辅助插入钢筋笼，先依靠钢筋笼与导管的自重缓慢插入，当依靠自重不能继续插入时，开启振动装置使钢筋笼下沉到设计深度，然后缓慢连续振动拔出导管。

4.3.6 桩间土清运

锚桩混凝土灌注结束3～7d后，采用人工和机械联合进行桩间土清运工作。

4.3.7 防水处理

本工程基础底板采用（4＋3）mm厚SBS改性沥青防水卷材进行防水。因抗浮锚桩钢筋主筋需要穿过防水层，且数量众多，对整体防水提出了更高的要求。主筋与底板结合部位采用水泥基渗透结晶型防水材料和聚合物水泥防水砂浆进行防水处理，每根钢筋主筋采用遇水膨胀止水条缠绕。锚桩防水节点如图2所示。

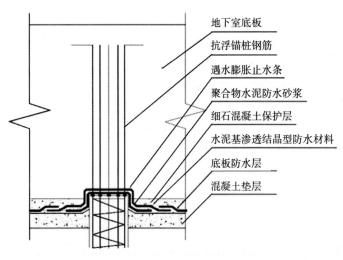

图2 节点防水做法示意图

地下室底板
抗浮锚桩钢筋
遇水膨胀止水条
聚合物水泥防水砂浆
细石混凝土保护层
水泥基渗透结晶型防水材料
底板防水层
混凝土垫层

（1）底板防水卷材施工前，进行锚桩节点的防水施工。

（2）抗浮锚桩钢筋主筋根部采用遇水膨胀橡胶止水条缠绕，形成止水环。

（3）在抗浮桩体桩顶、桩侧及桩体周围300mm范围内的垫层表面涂刷水泥基渗透结晶性防水材料2道。

（4）在桩体周围500mm范围施工聚合物水泥防水砂浆。

（5）施工（4＋3）mm厚SBS改性沥青防水卷材，施工应注意保证防水卷材与抗浮锚桩防水的搭接长度，确保防水效果。

（6）在防水上部，施工一层混凝土防水保护层。

4.4 施工难点及解决措施

4.4.1 施工工程量大，工期紧

（1）本工程共设计抗浮锚桩3451根，施工工期45d，每天平均成桩77根/d。根据工程特点，将现场划分为12个施工区进行施工，投入6台钻机用于本工程施工。

（2）施工现场布置进行科学规划，设计各个施工区的顺序，优化场区内混凝土罐车、吊车行走路线，有效地减小了机组之间的施工干扰，提高了施工效率。

4.4.2 抗浮桩桩径小，钢筋主筋多，反插钢筋笼难度大

本工程抗浮桩直径为400mm，主筋为8根Φ20的钢筋，钢筋含量高，反插钢筋笼难度大。为了保证钢筋笼安装到位，在施工过程中须采取以下措施：

（1）严格控制混凝土的坍落度，混凝土到达现场后，对其进行坍落度检查并严格控制在180～220mm范围。超出范围的混凝土一律不使用。

（2）严格控制钢筋笼加工质量，保证钢筋笼顺直、不扭曲，钢筋笼运输和吊放过程中采取措施进行保护，防止钢筋笼变形。

（3）混凝土灌注后立即下放钢筋笼，并保证钢筋笼垂直度。

（4）采用大功率的振动器提高激振力，采用较小直径的导管，减小反插钢筋笼阻力。

4.4.3 粉土、砂土层施工易出现扩径

在饱和的粉土或砂土层中施工时，桩周土体坍塌形成空洞，混凝土灌注时桩体混凝土侧向膨出充填形成桩体扩径。在施工过程中须采取以下防治措施：

（1）施工前充分了解场地地层情况，在饱和粉土、砂土层深度段应尽可能减小振动。

（2）采用小叶片螺旋钻杆成孔，快速钻进，减少剪切能积累并对桩间土的挤密作用。

（3）合理控制混凝土压灌压力，使扩径的部位混凝土密实形成有益扩径。

4.4.4 粉土、粉细砂层施工易出现窜孔

本工程存在饱和粉土、粉细砂层地层，钻杆钻进过程中叶片剪切作用对土体产生扰动，当一次移机施打周围桩数量过多，土体受剪切扰动发生液化时，易导致附近已成桩出现窜孔现象。为防止窜孔，施工过程中主要采取以下措施：

（1）改进钻头，采用小叶片螺旋钻杆成孔，快

速钻进，减少剪切能积累，减少钻进过程中对钻孔周边饱和粉土、粉细砂的扰动。

（2）为了减少对施工完成桩的扰动能量积累，桩机尽快离开已施工桩，减少打桩推进排数。

（3）必要时可采用隔桩、隔排跳打方案，但跳打要求及时清除成桩时排出的弃土，对施工进度有一定影响。

（4）发生窜孔后，当混合料灌注到发生窜孔土层时，停止提钻，连续泵送混合料，直至窜孔桩混合料液面上升至原位为止。

5 施工质量保证措施

（1）施工前对钻机、混凝土泵和空压机等施工设备进行调试，确定施工时处于正常状态，保证施工的连续进行。

（2）为了准确控制钻孔深度和钻进速度，应在钻机架上做出控制标尺，便于施工过程中进行观测和记录。

（3）施工过程中经常检查钻塔垂直度，用双侧吊线坠的方法校正钻机机架垂直度，保证钻孔的垂直度。

（4）为了保证抗浮桩的有效深度，钻到预定深度后，必须在孔底处进行空转清土，实际孔深不小于设计孔深。

（5）施工过程中，应认真做好成孔及灌注记录。特别是锚桩混凝土试块的制作，每1根锚桩留置试块1组。

（6）混凝土灌注前，检查混凝土的坍落度，坍落度一般应控制在180～220mm范围。

（7）加强桩顶高程控制，当凿除桩顶浮浆层后，应保证设计的桩顶高程及桩身混凝土质量。

（8）桩体达到一定强度后（一般3～7d），方可进行桩头剔除和桩间土清运工作，桩间土清运时严禁挖土机械碰撞桩头。

（9）锚桩施工时，桩顶高程以上至少预留300mm厚的土，采用人工开挖至设计桩顶高程。

（10）合理安排施工顺序，避免后序桩的施工对已施工锚桩桩体的破坏。

6 施工效果

6.1 质量检查与检测

本工程施工结束后，对抗浮锚桩的施工质量进行了检查。经检查，基坑进行土方开挖后，锚桩桩位偏差均在设计和规范允许范围内，满足规范和设计要求；锚桩截除桩头后，桩身混凝土强度和桩顶高程均满足设计要求。

施工结束后，委托第三方对抗浮锚桩按规范[12]要求进行检测。检测内容为锚桩抗拔承载力检测和锚桩低应变完整性检测。

6.2 质量检测结果

6.2.1 桩身完整性检测

采用反射波法，以波在不同阻抗和不同约束条件下传播特性来判别桩身质量。采用数字采集及数字化处理系统，运用波形理论对波形进行分析判断，从而获得混凝土的平均波速、缺陷性状、缺陷位置等参数。经检测桩身混凝土波速为3.79～4.26km/s，桩身质量完整、无缺陷。

（1）本次共对346根锚桩进行低应变桩身完整性检测。

（2）经统计，桩的平均纵波波速在3.78～4.23km/s的范围内，波速平均值为3.98km/s。

（3）桩身完整性检测总桩数为319根，其中Ⅰ类桩319根，占检测桩总数的92.2%；Ⅱ类桩27根，占检测桩总数的7.8%；无Ⅲ类桩。

6.2.2 锚桩抗拔承载力检测

（1）施工结束后共选择16根锚桩进行抗拔承载力检测，试验终极加载荷载为1000kN。

（2）检测的16根桩中，在终极荷载作用下，桩顶上拔量最小值为3.68mm，上拔量最大值为5.26mm。

（3）各检测桩抗拔试验 P-S 曲线均无明显的拐点和陡降段，为一条完整连续的平缓、圆滑曲线。被检测桩抗拔承载力特征值均不小于500kN，满足设计关于单桩抗拔承载力特征值不小于450kN要求。

7 结束语

（1）抗浮锚桩检测结果表明，本工程抗浮锚桩桩身质量完整、无缺陷，承载力可满足抗浮设计要求。

（2）由于锚桩钢筋须穿过底板防水层，施工过程中应加强锚桩钢筋位置防水施工质量控制，确保防水效果。

（3）本工程质量检查和检测结果表明，本工程施工设备、施工工艺参数选择合理，施工质量保证措施合理有效。

永久性抗渗止水幕墙支护结构

管自立[1]　杨溢洪[2]　管光宇[1]

（1. 温州同力岩土工程技术开发有限公司　浙江温州　32500；

2. 温州市建筑设计研究院院　浙江温州　32500）

摘要：地下工程，是一项系统工程，尤其是软土地基基坑支护，但费用较高。但基坑的抗渗止水、挡土的功能，仅限于施工期，竣工后即行报废，这分明是一种潜在的浪费。当把基坑支护结构构成永久性，不仅用于施工期，而且延续用于使用期限，就可节约大量的资金。有效减少地下水的浮托力、减少作用于外墙上的土压力，从而减少抗拔桩数量、板底及侧墙的厚度。本处理技术是苏醒地下基坑支护结构，通过工程手段不仅用于施工期而且用于使用期。此技术措施已申报专利（申请号：2014205326614）。

关键词：永久性抗渗止水幕墙支护结构；X异型支护桩结构；共同作用；一桩多用；抗浮设计；设防设计

1　概述

近年来随着地下空间工程的发展，特别是在深厚软弱地质条件下对地下，工程与支护设计要求更高。但对支护设计的计算简图，尚缺乏具体分析，甚至不论何种地质条件、何种施工支护方式与何种上浮原因，不作条件分析，均按图1所示简图作抗浮设计，显而易见是不妥的[1]。

2　传统的抗浮简图剖析

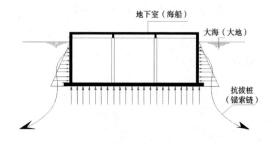

图1　地下工程抗浮设计虚拟简图

图1所示的抗浮计算简图，是把地下室视为海船，把大地视为汪洋大海，把锚索视为抗拔桩。并设定地下四周外墙与土体是光滑的，无摩擦力。长期以来把这虚拟的工况作设计，如此计算简图，以淤泥、黏土类地基为例，地下水无容身之地，在温州几乎十个基坑开挖九个是无水，不需要作井点排水。面对无水基坑却作充满水的汪洋大海作抗浮设计，与现实有多大的距离不得不重新审视。这是长期困扰设计工作者的误区。即使按图1作设计也不能保证所有工状都是安全的[2]。

3　地下水的定义

要走出这一误区必须先了解什么是地下水，它具有什么特性，有的把土的孔隙水误作为地下水[3]，确切的定义应为：一是自由水，可以自由流动的水；二是重力能对它起作用的水，从高处向低处流动；三是必须具有流动空间的水，而不是死水一潭。从这一定义出发，再去讨论孔隙水的概念，就一目了然[5]。

4　地下水的由来

由于淤泥、黏土是不透水的，它由三相组成，即土颗粒、水与空气。当在饱和状态下，孔隙部分被水充满成了二相土体，它不同于砂性土、黄土，它没有容纳自由水的空间。

地下水的入侵其实是从地面经流水从墙后的回填土入侵成了地下水，当在淤泥、黏土地质内存有夹砂层，存有地脉潜水经过地下建筑物时，才会对地下建筑物产生浮托力，其地下水位标高，按地脉潜水实际测定水压力确定抗浮设计水位[4]。

5 地下工程抗浮对策

如何发挥地下支护的正能量，避免负效应是科技工作者与设计者的责任，以往地下工程常用大开挖作业，然后回填石渣、石料，这自然成了地下水储存的空间。此时，按图1用抗拔作抗浮设计是合理的。须知，如此做法需要耗费大量的资金。现在支护技术，地下室外墙与支护挡墙仅有一米多的空间，就可以采取工程手段防御地面水、地下水的入侵。不再延续图1作抗浮设计。就可把传统的抗浮设计改为设防设计或抗浮、设防相结合作设计简图[3]。具体地说有以下2种方式。

（1）抗浮设计：是让地下水进来，再采用抗拔桩来抵御浮托力，防止地下室上浮与配置足量的板底筋，防止底板开裂，此时的计算简图可名为"抗浮设计"。

（2）设防设计：是采用防御措施，不让地下水进来或减少地下水进来；采用抗拔桩与阻抗地下水措施相结合合作设计，此时的计算简图可名为"设防设计"。

6 X异型支护桩结构

近年来地下工程的开发，在深厚软土地基的地下工程支护技术越显重要，采用SMW工法的支护用水泥土作抗渗止水帷幕，配合连排钻孔桩作支护抗力构件，提高支护止水可靠度，但直接增加了支护的费用。一种采用SMW工法用水泥土作抗渗止水帷幕插入的工字型钢，达到抗力构件与抗渗止水帷幕合二为一，但需要大量型钢，不符合我国国情。当拔出型钢，重复使用，止水帷幕即失效，具有永久性。

X异型支护桩结构（图2），其结构特征是由抗力构件X异型支护桩与桩间伴有抗渗止水带组成。抗渗止水带是在桩的两侧内凹空间施加高压旋喷注浆或把抗力构件支护桩直接插入SMW工法水泥土抗渗止水帷幕，构成抗力与止水合一支护结构并已申报专利（申请号：201120749778.8）。

该X异型支护桩的抗力构件、顶部帽梁与地下工程外墙整合一起，可构筑永久性支护结构体系，如图3所示。其有益的效果：

（1）实施了抗力构件与抗渗止水合二为一。

（2）抗力构件X异断面具有抗弯刚度大、挤土效应小的特点。

（3）当用作永久性的抗渗支护幕墙，对比常规支护结构可节约20％～30％。

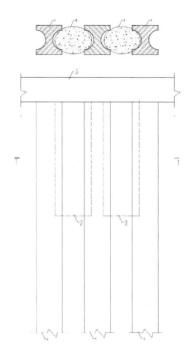

图2 X异型支护桩结构图

1—X异型抗力构件；2—高压旋喷水泥浆止水带；3—抗力构件顶帽梁

具体实施方式：

（1）制作预应力X异型支护桩；断面、间距、桩长按支护设计要求确定。

（2）按设计要求间距打入异型桩，随后，在相邻桩间内凹空间注入高压旋喷注浆作止水带。

（3）浇筑抗力构件顶帽梁，并预留锚索孔。

（4）注入水泥土锚索与抗力构件顶帽梁穿孔联结。

（5）地下工程完工后，折除支护的支撑体系转换由地下工程自身承担，构筑如图3所示的地下支护与地下工程共同作用的计算简图。

7 永久性的抗渗止水幕墙

图3表述了地下工程与地下支护结构组成共同体，它不同常规地下室设计，而是把地下支护结构与地下工程本构按共同作用作设计，能够发挥地下支护的正能量，避免负效应[5]：

（1）永久性的抗渗止水幕墙就是在工程使用期仍然具有抗渗止水作用，防止地面水与地表潜水入侵地下室。

（2）当存有地脉潜水时，可以利用抗渗止水幕墙，阻抗地脉潜水的水头压力；采用抗浮与设防相结合合作设防设计。

（3）在地下室底板延伸至支护幕墙取代传力

带；作支护结构下端支座；并防止孔隙潜水、地面水入侵地下室底板下。

（4）地下室外墙壁与支护帽梁相连接，预埋筋整体浇筑，作支护结构上端支座，取代了施工期的支撑；并用作防止地表水入侵。

（5）地下室背后与支护墙之间采用不透水的黏性土作回填、分层夯实；作为第二道设防。

（6）地下室底板下采用混凝土基层作垫层，防止地下水从板底通路贯通。

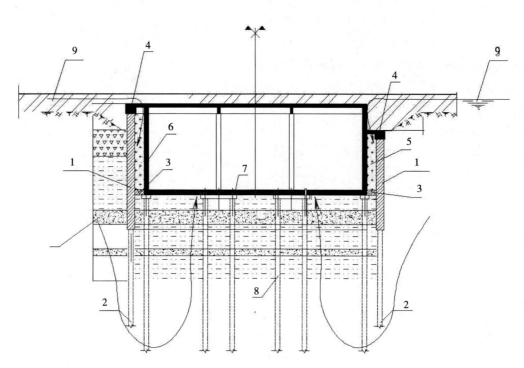

图 3　基坑支护与地下本构共同作用设计简图

1—幕墙；2—抗力构件（兼抗拔桩）；3—传力带（下支座）；4—顶帽梁封口（上支座）；
5—黏性土回填；6—外墙；7—底板；8—抗拔桩；9—地面迳流水；10—地脉潜水

8　功能效益

（1）不增加支护费用，采取专利技术进行设防设计；可有效降低地下工程造价是一项建筑节能技术。

（2）该永久性抗渗、挡水幕墙，具有一墙二功能作用，（抗渗、挡水与抗拔）降低支护费用。

（3）减少浮托力节省抗拔桩，加快施工进度。

（4）改善地下室底板与侧壁受力状态，降低工程造价。

参考文献

[1] 彭柏兴：一言难尽话抗浮——中国岩土网，2013.03.10

[2] 郭志业，等．岩土工程中地下水危害防治 [M] ．北京：人民交通出版社，2009.

[3] 沈小克，等．地下水与结构抗浮 [M] ．北京：中国建筑工业出版社，2013.

[4] 《软土地区岩土工程勘察规程》JGJ 83—2011 [S] ．

[5] 管自立，金国平，张清华．论基坑支护与地下本构共同作用设计 [J] ．建筑结构（增刊），2014（9）．

地基处理

软土地基静压工程管桩挤斜基坑围护桩的处理

龚新晖[1]　樊京周[2]　严　谨[1]　严　平[3]

（1. 杭州南联土木工程科技有限公司　310013　浙江杭州；2. 杭州南联地基基础工程有限公司　310013　浙江杭州；3. 浙江大学建筑工程学院　310058　浙江杭州）

摘　要： 本文介绍了在软土地基中工程管桩静压施工时将已施工完成的地下室基坑围护桩（预制工字形（SCPW工法）挤斜挤偏，对基坑围护结构造成重大安全隐患，基坑围护设计根据工程实际情况，对基坑围护结构进行了有效加强处理，使偏斜围护桩能够得以继续使用，避免了因围护桩报废需要重新设计施工带来的项目建设工期严重拖延及建设成本大大增加的重大损失，也确保了基坑、周边建（构）筑物的安全及地下室顺利施工，为软土地基静压工程桩施工、基坑围护工程设计施工取得了宝贵经验。

关键词： 静压工程桩；预制工字形桩（SCPW工法）；挤斜围护桩后的加强处理

1　基坑工程概况

1.1　工程概况

杭州申花某项目地块工程位于杭州市拱墅区，北至已建道路和城市河道，南为规划用地和已建项目，西侧与东侧均为已建道路。本工程由5幢26层高层住宅、6幢7层小高层住宅、3幢两层和1幢三层商业用房及集中地下车库组成。其中，高层及地库区域外的多层建筑设一层地下室，集中地下车库设两层地下室，其他项目不设地下室。建筑物采用静压管桩基础形式。基坑一层地下室开挖深度为3.80～5.20m，基坑二层地下室开挖深度约9.00m。详情如图1所示。

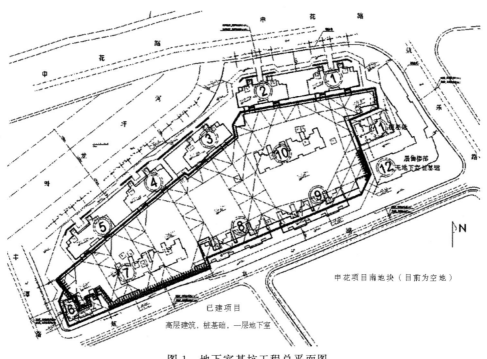

图1　地下室基坑工程总平面图

1.2 工程地质条件

基坑开挖影响范围地层情况如下：

0 杂填土（mlQ₄）：灰色～浅灰色，稍湿，松散，主要由碎石块、建筑垃圾和黏性土组成，碎石砾径不均，2～10cm 均可见，偶见块石，顶部含较多植物根茎。全场分布，层厚 1.50～4.40m。①₁ 黏土（al-mQ₄₃）：灰黄～灰褐色，软可塑，含氧化斑点及青灰色条纹、少量有机质，干强度及韧性中等，无摇震反应，切面较光滑，土质欠均匀。少量钻孔分布，层厚 0.00～3.30m。②₁ 淤泥质黏土（mQ₄₃）：灰色，流塑，切面较光滑，干强度及韧性中等，稍有光泽，含有机质和腐植质。全场分布，层厚 2.10～12.90m。②₂ 粉质黏土（al-mQ₄₂）：灰色，软可塑，韧性较高，干强度中等，切面有光泽，

土质不均匀，局部夹黏土，偶见粉土团块，略具层理。全场分布，层厚 2.30～10.50m。③淤泥质黏土（mQ₄₂）：深灰色，流塑。含有机质和腐植质，局部相变为淤泥，遇水有滑感，切面光滑，干强度高，韧性高。全场分布，层厚 3.20～11.10m。④粉质黏土（al-lQ₄₁）：灰色，软可塑，切面稍具光泽，韧性中等，干强度中等，局部见粉土夹层。全场分布，层厚 2.00～9.90m。⑤黏土（mQ₃₂）：灰黄色～灰绿色，硬可塑状，含铁锰质斑点和高岭土团块。光泽反应稍光滑，干强度中等，韧性中等，无摇震反应。全场分布，层厚 6.60～23.50m。以下为土性较好的粉砂、强～中风化泥质粉砂岩（K₁）、中风化流纹岩（K₁）等。土层主要土性指标及基坑开挖支护设计参数见表 1。

表 1 基坑开挖影响范围内土层物理力学参数表

层号	层 名	重度	固结快剪		室内实验渗透系数	
		γ	φ	c	K_h	K_v
		kN/m³	°	kPa	cm/s	cm/s
①	杂填土	(18.2)	(8.0)	(10.0)	—	—
①₁	黏 土	18.2	16.4	17.2	3.5E-06	4.2E-06
②₁	淤泥质黏土	16.9	9.1 (8)	10.5 (10)	2.4E-07	2.9E-07
②₂	粉质黏土	18.6	20.2 (16)	34.7 (30)	5.5E-05	6.2E-05
③	淤泥质黏土	17.4	(10)	(12)	5.5E-05	6.2E-05
④	粉质黏土	18.5	(20)	(32)	5.5E-05	6.2E-05

注：（ ）内为计算取值。

2 基坑围护设计方案

2.1 基坑工程特点

本基坑工程开挖面积较大，基坑总体上呈不规则多边形，基坑围护边线比较曲折，长约630m。基坑工程外围高层和多层建筑设一层地下室，开挖深度 3.80～5.20m；中间设二层集中地下车库，开挖深度约 9.00m。基坑开挖深度范围内主要涉及杂填土，黏土，淤泥质黏土，粉质黏土，淤泥质黏土，粉质黏土等。杂填土土性较差，厚度较大，对基坑放坡开挖影响较大，其下发育厚层淤泥质黏土，呈高压缩性，强度低，渗透性小，基坑开挖基本处于该层范围内，对地下室放坡开挖及围护结构受力十分不利，为影响基坑开挖施工的主要不利软土层。再下层为粉质黏土，土性稍好，总体上基坑土性较差，对基坑整体安

全稳定性、围护结构受力变形控制十分不利。项目北地块工程为城市道路和河道，东、西为城市道路且埋设有管线，需重点保护；南为规划用地和已建项目，周边环境敏感。本基坑工程属于一级基坑工程，相应基坑工程安全等级的重要性系数 $\gamma_0 = 1.1$。

2.2 基坑围护设计方案

基坑整体采用 SCPW 工法围护桩墙结合一道水平钢筋混凝土内支撑结构，保证基坑整体稳定；在基坑集中地下车库外为高层或多层地库建筑区段，上部采用放坡结合土钉进行围护，其他区段，桩顶抬高，上部采用小放坡及桩锚结构进行围护，并增设高压旋喷桩书泥土被动区加强；坑内西侧较大高差处采用高压旋喷桩重力式挡墙结构支护。基坑内外采用排水沟、集水井明泵降排水方案。其典型剖面做法如图 2 所示。

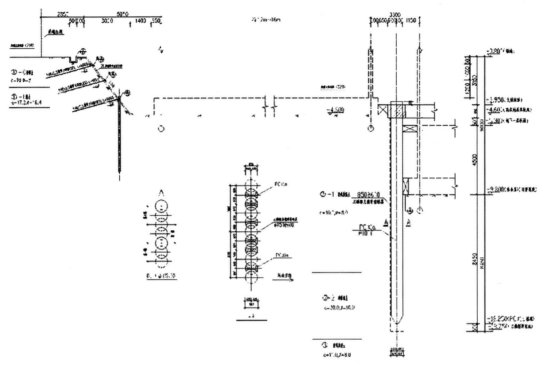

图2　基坑典型剖面大样图

2.3　SCPW 工法简介

这是新近开发的围护工法，已获国家专利，并在 2006 年 8 月由浙江省建设厅组织了技术鉴定并予推广，荣获杭州市 2009 年度科技进步奖三等奖，于 2011 年 8 月通过浙江省省级工法评定，并荣获中国岩石力学与工程学会科技进步奖三等奖及浙江省岩石力学与工程学会科技进步奖一等奖。该围护做法与 SWM 工法类似，是通过三轴强力水泥搅拌土再植入预制钢筋混凝土 T 形或工字形桩，使其与水泥搅拌桩帷幕形成挡土止水桩墙结构。此工法植入的钢筋混凝土工字形桩是工厂化生产，采用预应力高强度钢棒配筋，C50 混凝土，高温蒸汽养护，生产速度快（3d 可拆模起吊），桩身刚度大，抗弯强度高（相当直径 800 钻孔桩）。工字形截面的配筋位于截面两端，同等抗弯强度下工（T）形桩钢筋用料要比 $\Phi 800$ 圆桩减少约 20%；同等配筋下工（T）形桩抗弯强度要比 $\Phi 800$ 圆桩提高约 30%；工字桩截面积 $0.1865m^2$，钻孔桩截面面积 $0.5024m^2$，混凝土用量节约 38%，因而单根桩造价要比传统圆桩节约 30% 左右。且本围护工法与传统钻孔桩围护相比具有基本无（少）挤土、无泥浆外运和环境污染、无（低）噪声、施工速度快、适用性强等优点，符合城市可持续发展，环保文明施工，绿色节能减排等政策理念。相比 SMW 工法，其具有围护墙刚度大，一次性投入，无回收等费用，也不存在由于工期延误而增

大费用之缺点。正常情况下，其围护桩墙费用要比 SMW 工法节约 10% 左右。由于强力搅拌土体或钻孔注浆引孔，再植入抗侧向力工字形桩，因而可适用各种土质的围护工程和边坡稳定工程。

3　静压工程管桩挤斜基坑围护桩的处理

3.1　静压管桩与土方开挖不合理交叉施工产生的后果现状

基坑北侧外高层 1#、2#、3#、4#、5# 楼的管桩、基坑内 6#、7#、8#、9#、10# 楼的北侧部分管桩及基坑北侧东侧围护桩基本同期完成。施工计划最先开挖顺序为 5# 楼、4# 楼、1# 楼、2# 楼及 3# 楼浅坑。开挖的同时在静压施工 6#、7# 楼的北侧地库管桩。

随着开挖施工及静压管桩施工的进行，因浅坑土方量不大且开挖速度较快，开挖至 4# 楼浅坑底时，现场出现坑底土隆起 100～150mm、坑中坑少量土方总也挖不完、施工好的垫层很快出现隆起破坏、4# 楼区段北侧道路出现下沉及裂缝、高层管桩及基坑围护桩墙整体向北偏斜等情况，围护桩偏斜最大位移约 2.00m，对基坑围护结构造成重大安全隐患。

3.2　静压工程管桩挤斜基坑围护桩的处理

基坑围护设计根据工程实际情况，为避免因围护桩报废需要重新设计施工带来的项目建设工期严重拖延及建设成本大大增加对围护结构进行了有效加强处理，使偏斜围护桩能够得以继续使用，具体如下：

（1）立即停止静压管桩施工及土方开挖工作，

迅速完成高层管桩纠偏及基础底板施工。

（2）基坑北侧高层南区段围护桩墙产生向北侧的整体偏移，部分工字桩已偏入高层筏板基础内，造成围护结构压顶梁无法按原方案实施，以及帷幕出现倾斜破坏。为确保基坑安全及地下室顺利施工，采取以下补救加强措施：

① 将偏入筏板基础内的工字桩高于筏板面的桩顶部分凿除，工字桩主筋锚入高层基础底板内整体浇筑，并确保桩顶混凝土面进入底板至少50mm，预埋锚筋；

② 为修复已经破坏的帷幕，沿着高层基础底板外缘增设两排高压旋喷桩，内排高压旋喷桩内插直径为48mm的钢管或松木桩，完成其他基础底板工作后，迅速完成基础底板施工；

③ 在开挖高层南侧深基坑时，先开挖至支撑梁底，并掏空其下一部分土，浇筑C20素混凝土，待素混凝土达到设计强度后，沿着高层基础底板

外缘浇筑一宽度为1m，高度为0.85m的围梁（图3）。压顶梁可分段施工，根据实际情况可在压顶梁与支撑梁交点处预留施工缝，并将支撑梁钢筋头甩出，以便后期支撑梁施工；不允许在两支撑节点间设置施工缝；

④ 根据基坑高层南侧工字桩偏位情况和扰动后土体指标的下降对围护结构整体安全性进行验算，需在高层1#、2#、3#、4#、5#楼南侧区段围护桩墙内增设被动区加固；

⑤ 基坑东侧多层建筑11#楼根据项目计划，需立即进行该楼的地上主体结构施工。出于对基坑和主体结构安全性的考虑，对该楼施工节点调整如下：在基坑围护结构支撑梁施工完成后、二层地下室底板施工前，楼主体结构可完成至三层楼板面，待地下二层底板及换撑带施工完成、混凝土强度且养护时间不少于楼主体结构至结顶，楼西侧围护桩墙内侧增加高压旋喷桩被动区加固。

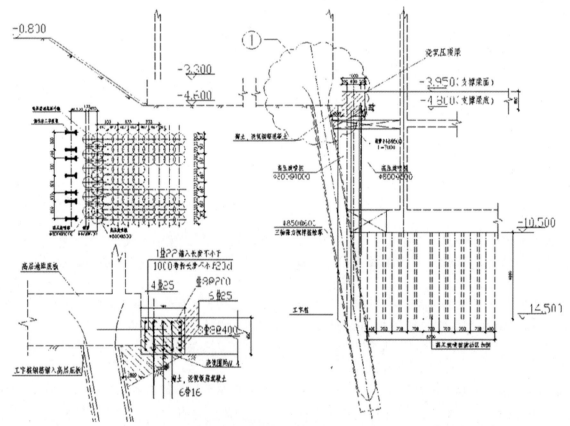

图3　围护桩墙偏斜后调整加强做法大样图

（3）增设应力释放沟。

① 地下室为管桩基础且分布密集，部分管桩基础已施工完成。为减小后续管桩施工挤土对已施工完成的管桩及围护桩墙的影响，特在已施工管桩与未施工管桩间增设一道挤土应力释放沟。

② 应力释放沟做法：采用三轴强力搅拌桩机按不套孔进行强力搅拌施工，搅拌直径850mm，搭接长度200mm，搅拌深度20.00m，以一定压力（不小于20MPa）将泥浆注入土体进行强力搅拌，通过强力搅拌破坏原土体结构并置换出部分土体而形成

一道应力释放沟。搅拌施工工艺采用二次注浆二次搅拌，采用四道以上搅拌叶片增加土体搅拌次数，下沉提升速度不大于 1.00m/min，水泥掺量 5%。管桩施工中若两侧监测孔监测结果相同，则应力释放沟失效，需重新打设或采取其他措施。

（4）4# 楼区段北侧路面裂缝加固做法及应急措施。

4# 楼北侧道路靠近虾龙圩河区段出现纵向裂缝。裂缝长度约 22m，宽度约 10cm。虾龙圩河水位高于基坑底面约 1.00m。为保证基坑安全，现采取以下措施进行加固处理：

① 沿裂缝打设 3000@500Φ48 钢管土钉，钢管上要求开花眼，花眼采用梅花形布置；

② 通过钢管灌注水泥浆。水灰比控制在 0.6～0.8；

③ 加强监测，包括河水位标高变化、地面裂缝、是否产生漏水等，及时向业主及设计单位反馈现场实际情况；

④ 施工单位应根据现场情况准备相应应急预案，如出现短时间强降雨、漏水或其他紧急情况的紧急处理措施，并在现场提前储备相应抢险物资等。

（5）对基坑监测方案进行加强调整。

① 增加对管桩施工挤土效应的监测，在应力释放孔两侧新增测斜监测孔，管桩施工时若释放沟两侧监测孔监测数据相同，则应力释放沟失效，需重新打设应力释放沟或采取其他措施；

② 加强对高层 1#、2#、3#、4#、5# 楼及 11#、12# 楼的监测，在楼周边新增测斜监测孔和沉降监测孔；

③ 基坑开挖期间，增加监测频率，遇有不正常情况立即送报建设各方并建议措施。

4　被挤偏斜围护桩墙调整加强处理后实施效果

整个基坑开挖顺序为西部、东部、中部，出土口安排于中部北侧 3# 与 4# 楼之间。其中基坑西部区段于 2014 年 11 月中旬开始上层土方开挖，开挖至支撑梁底后进行支撑梁施工；2014 年 12 月中旬支撑梁施工完成；2015 年 1 月初开始下层土方的开挖，2015 年 1 月中旬开挖至坑底，开始进行基础底板的施工，2 月中旬完成基础底板的施工。因邻近春节，工期非常紧张，施工方投入大量的人力、物力进行开挖后"抢工"，故其他区段开挖施工紧随其后，在 2 月 18 日前完成整个基坑基础底板的施工。整个基坑共布置测斜孔 23 只，测斜管埋深 22.00m，沉降监测点 53 个，轴力监测 11 组，监测结果正常合理，均在设计报警值范围内发展变化。基坑西部典型监测孔 Sm4、Sm18（Sm4 设置于深基坑北侧外 5# 与 4# 楼之间，Sm18 设置于 Sm4 的正对基坑南侧外）在基坑开挖初期、开挖至支撑梁底、开挖至坑底的位移发展情况如图 4 所示。根据基坑监测情况，整个基坑开挖及地下室施工过程非常顺利，基坑安全稳定，周边建（构）筑物无明显沉降或者裂缝，坑边土体变位正常可控，SCPW 工法围护桩墙结合一道钢筋混凝土内支撑支护结构达到了安全可靠、施工快捷的效果，保证了建设项目计划节点的顺利完成。

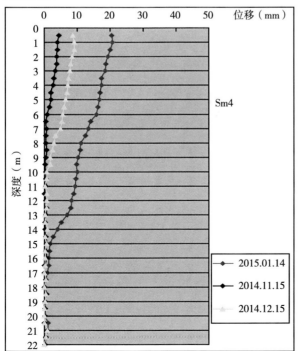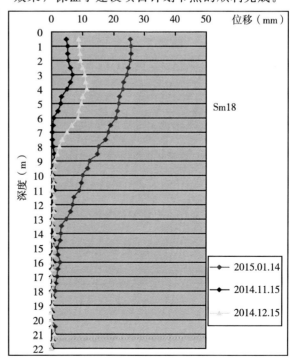

图 4　测斜孔 Sm4、Sm18 水平位移曲线图

4　结语

本文介绍了在软土地基中工程管桩静压施工时将已施工完成的地下室基坑围护桩挤斜挤偏，对基坑围护结构造成重大安全隐患，基坑围护设计根据工程实际情况，对基坑围护结构进行了有效加强处理，使偏斜围护桩能够得以继续使用，避免了因围护桩报废需要重新设计施工带来的项目建设工期严重拖延及建设成本大大增加的重大损失，也确保了基坑、周边建（构）筑物的安全及地下室顺利施工，为软土地基静压工程桩施工、基坑围护工程设计施工取得了宝贵经验。同时也介绍了 SCPW 工法围护桩墙设计施工原理及其做法，其安全可靠、施工快捷、经济环保的特点，为基坑工程提供了一种安全可靠的支护结构形式选择及应用积累了有效经验。

参考文献

[1]　龚晓南 . 深基坑工程设计施工手册 [M] . 北京：中国建筑工业出版社，1998.

[2]　中国土木工程学会土力学及岩土工程分会 . 深基坑支护技术指南 [M] . 北京：中国建筑工业出版社，2012.

[3]　浙江省标准 . DB33/T1096－2014　建筑基坑工程技术规程 [S] . 浙江省标准设计站，2014.

[4]　杭州南联土木工程科技有限公司 . 杭州市拱墅区申花单元 R21-17 地块基坑围护设计方案 [R] . 2014.

振冲碎石桩在工业厂房地基处理中的应用

许厚材[1,2]

(1. 北京城建集团有限责任公司　北京　100088；

2. 北京城建五建设集团有限公司　北京　100029)

摘　要：本文以振冲碎石桩处理工业厂房地基工程为实例，介绍了振冲碎石桩的施工工艺、质量控制措施和环境保护措施。工程施工结束后对碎石桩桩体质量和处理后的地基承载力进行了检测，工程质量检查和检测结果表明，本工程施工设备、施工工艺参数选择合理，施工质量保证措施合理有效，可供类似工程参考。

关键词：振冲碎石桩；地基处理；施工；应用

1　工程概况

北京某工业厂房项目总建筑面积为35106.86m²，包括3栋建筑，其中1#建筑地上3层，2#建筑地上2层，3#建筑地上2层。3栋建筑均无地下室，均为钢筋混凝土结构，采用独立柱基础。

本工程±0.00＝40.45m，自然地面标高平均约为-0.45m，基底标高为-1.55m。本工程采用振冲碎石桩进行地基处理，桩端持力层为中砂③层，要求振冲碎石桩施工处理后，1#建筑复合地基承载力不小于100kPa，2#、3#建筑复合地基承载力不小于80kPa。

振冲碎石桩桩径为1.15m，正方形布置，桩间距为2.0m，共设计3055根，其中1286根桩长为9.5m，1769根桩长为8.5m；桩顶铺设300mm厚的碎石垫层。

2　水文地质工程地质

2.1　工程地质条件

根据工程勘察报告，拟建场区现状地面下25.0m范围内的地层划分为人工堆积层、新近沉积层及第四纪冲洪积层，并按地层岩性及其物理力学性质指标进一步划分为4个大层，各土层自上而下简述如下。

杂填土①层：杂色，稍密，稍湿，含有砖块、建筑垃圾及生活垃圾，层厚1.1~2.5m。

素填土①₁层：黄褐色，稍密，稍湿，以粉土、黏性土为主，层厚2.2~4.1m。

粉质黏土~重粉质黏土②层：褐黄色，硬塑，含云母、铁锰质氧化物，层厚1.0~3.7m。

砂质粉土~粉质黏土②₁层：褐黄色，密实，稍湿，含云母、铁锰质氧化物，层厚1.1~2.0m。

黏土②₂层：褐黄色，可塑，含云母、铁锰质氧化物，层厚1.5~2.3m。

中砂③层：褐黄色~褐色，中密，湿~饱和，主要成分为石英、长石及云母，层厚3.5~5.2m。

粉质黏土~重粉质黏土④层：褐灰色，可塑，含云母、铁锰质氧化物，局部含有大量有机质及贝壳，主要分布在场地南部，层厚3.4~10.5m。

砂质粉土~粉质黏土④₁层：褐灰色，密实，湿，含云母、铁锰质氧化物，层厚1.6~5.0m

黏土④₂层：褐灰色，可塑，含云母、铁锰质氧化物，本次勘探期间未钻穿该层，最大揭露厚度为6.0m。

2.2　水文地质条件

本工程地下水类型为潜水型，埋深为8.1~9.8m，水位标高为30.66~32.00m。其水位年变化幅度一般为1.0~2.0m。

3　施工准备

3.1　技术准备

（1）熟悉技术文件，组织有关人员学习、会审图纸，进行图纸交底。

（2）根据本工程的实际情况，确定本工程施工所需的设备，计量和测量、试验器具，并配备齐全。

（3）以项目总工为核心，组织有关部门和人员，认真制订施工技术方案、措施，做好技术交底，建立技术档案，逐级落实技术责任制。

（4）进场前，对所有测量仪器送有关单位校核，确保施工测量时仪器正常使用。

（5）根据给定永久性坐标和标高，按施工总平面图要求，进行施工场地控制网测量，设置场区测量控制桩和控制点。

3.2　生产准备

（1）做好"三通一平"工作，确保水通、电通、路通和场地平。

（2）对所有桩点进行明确标识，加强现场控制桩和控制点的保护，设立明显的警告标志，设置保护装置，防止车辆碰撞、碾压和人为破坏，并定期复核。

（3）组织机械设备进场，并进行相应的保养和试运转等工作。根据施工现场需要组织材料进场，按规定地点和方式储存或堆放。

（4）对施工现场地上、地下障碍物进行全面检查，对各种障碍物进行拆除后改移。

（5）布置场内临水、临电走向，办理现场临时占地手续，并按标准建好各项临设设施。

（6）修建排污和泥浆拌制系统，选好污水排放口，并联系好排渣场地。

3.3　试桩试验

施工前选取 3 根桩进行试桩，采用计算机控制和数据采集系统记录施工时的各种参数，由业主、设计、监理、施工几方共同分析后审核确认正式的振冲施工参数。

4　施工方法与工艺要求

4.1　施工顺序

（1）总体顺序为：先施工 1# 建筑的振冲碎石桩，安排 2 台桩机施工，然后施工 2#、3# 建筑的振冲碎石桩。2#、3# 建筑同时施工，各安排一台桩机施工。

（2）振冲碎石桩施工→基槽开挖→清桩间土及渣土外运→桩基检测→验槽→铺褥垫层→褥垫层检测。

4.2　施工工艺流程（图 1）

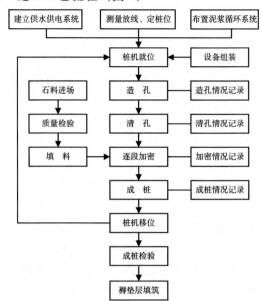

图 1　振冲碎石桩施工工艺流程

4.3　施工技术参数

正式施工前进行试桩，根据试桩结果确定的施工参数见表 1。

表 1　施工技术参数

振冲器	造孔水压（MPa）	造孔电流（A）	加密水压（MPa）	加密电流（A）	留振时间（s）	加密段（cm）
BJ-75kW 型	0.3～0.4	45～150	0.2～0.3	85～90	5～10	30～50

4.4　施工要点

4.4.1　造孔

振冲器对准桩位，先开启压力水泵，振冲器末端出水口喷水后，再启动振冲器，待振冲器运行正常开始造孔，使振冲器徐徐贯入基础地面，直至设计深度。

造孔过程中振冲器应处于悬垂状态。振冲器与导管之间由橡胶减震器联结，因此导管允许有稍微偏斜，但偏斜不能过大，防止振冲器偏离贯入方向。

4.4.2　清孔

造孔完毕后，将振冲器停在桩端以上 50cm 左右处，进行清孔，待孔内循环泥浆稠度降低，即将振冲器提至孔口。

4.4.3　填料加密

采用强迫填料制桩工艺。制桩时应连续施工，不得中途停止，以免影响制桩质量。加密从孔底开始，逐段向上，中间不得漏振。当达到设计规定的加密电流和留振时间后，将振冲器上提，继续进行下一个段加密，每段加密长度应符合设计要求。

重复上一步骤工作，自下而上，直至加密到设计要求桩顶标高。

4.4.4 垫层施工

在振冲碎石桩施工完成并经检测合格后，在桩顶上铺填 30cm 的碎石垫层。垫层填料材料质量、配合比应符合设计要求；施工过程中严格检查分层厚度、碾压遍数和压实系数；全部处理范围均采用 20t 振动压路机重叠轮迹碾压至少 2 遍，垫层压实系数不小于 0.95。

4.5 质量标准与质量检验

（1）振冲地基质量检验标准应符合表 2 的规定。

（2）施工前应检查振冲器的性能，电流表、电压表的准确度及填料的性能。

（3）施工中应检查密实电流、供水压力、供水量、填料量、孔底留振时间、振冲点位置、振冲器施工参数等。

表 2 振冲地基质量检验标准

项	序	检查项目	允许偏差或允许值		检查方法
			单位	数值	
主控项目	1	填料粒径	设计要求		抽样检查
	2	密实电流（黏性土） 密实电流（砂性土或粉土） （以上为功率 30kW 振冲器） 密实电流（其他类型振冲器）	A A A0	50～55 40～50 1.5～2.0	电流表读数 电流表读数 电流表读数，A0 为空振电流
	3	地基承载力	设计要求		按规定方法
一般项目	1	填料含泥量	％	＜5	抽样检查
	2	振冲器喷水中心与孔径中心偏差	mm	≤50	用钢尺量
	3	成孔中心与设计孔位中心偏差	mm	≤100	用钢尺量
	4	桩体直径	mm	＜50	用钢尺量
	5	孔深	mm	±200	量钻杆或重锤

4.6 常见问题纠正预防措施

振冲施工过程中常见问题的纠正预防措施见表 3。

表 3 振冲施工中常见问题的纠正预防措施

类别	问题	原因	处理方法
造孔	贯入速度慢	土质坚硬	加大水压
	振冲器电流大	振冲器贯入速度快	减小贯入速度
		砂类土被加密	加大水压，必要时可增加旁通管射水，减小振冲器振动力；采用更大功率振冲器
	孔位偏移	周围土质有差别	调整振冲器造孔位置，可在偏移一侧倒入适量填料
		振冲器垂直度不好	调整振冲器垂直度，特别注意减震器部位垂直度
孔口返水	孔口返水少	遇到强透水性砂层	加大供水量
		孔内有堵塞部分	清孔，增加孔径，清除堵塞
填料	填料不畅	孔口窄小，孔中有堵塞孔段	用振冲器扩孔口，产去孔口泥土
		石料粒径过大	选用粒径小的石料
		填料把振冲器导管卡住，填料下不去	填料过快、过多所至。暂停填料，慢慢上下活动振冲器直至消除石料抱导管

续表

类别	问题	原因	处理方法
加密	电流上升慢	土质软，填料不足	加大水压，继续填料
		加密电流标准过高	适当降低加密电流标准
	振冲器电流过大	土质硬	加大水压，减慢填料速度，放慢振冲器下降速度
串桩	已经成桩的碎石进入附近施工某孔中	土质松软；桩距过小；成桩直径过大	减小桩径或扩大桩距。被串桩应重新加密，加密深度应超过串桩深度。当不能贯入实现重新加密，可在旁补桩，补桩长度超过串桩深度

4.7　泥浆排放处理

4.7.1　泥浆排放处理总体方案

在振冲桩施工现场设置临时集浆坑收集泥浆，排至泥浆中转池（一些机组若距离沉淀池较近，可直接排入沉淀池），集中排放到泥浆沉淀池，派专人 24 小时巡视，随时观察以保证泥浆池围堰的安全，经沉淀后的清水排放至外部或循环使用。

4.7.2　施工区内泥浆收集系统

现场泥浆收集系统包括临时集浆坑、主排浆沟、副排浆沟、大功率排污泵等，主要工作方式如下。

（1）根据施工区域、场地条件及施工机具走向，选好集浆坑位置。

（2）将整个作业区划分成若干小施工区域，由临时集浆池向各施工区挖一条或几条深度及宽度较大的主排浆沟，作为整个施工作业区的主要排浆系统。

（3）在每个小施工区内挖好通向主排浆沟的副排浆沟，副排浆沟应沿着每排桩侧进行开挖，并联通主沟形成小排浆沟系。

5　质量保证措施

5.1　质量保证体系

建立质量保证体系，建立健全质量保障制度，确保质量体系有效运行，配备专职质检员，对质量进行全过程控制与管理。

5.2　质量管理组织机构

（1）设置工程现场质量管理组织机构，配备有经验的技术人员、质检人员、管理人员和操作人员。

（2）参加施工各类人员均为经过培训的合格人员，特殊工艺、特殊工种作业人员应持有相应上岗操作证书。

5.3　材料管理措施

（1）对所有进场的原材料、半成品组织检查验收，并建立台账。进场材料须有合格的材质证明、出厂合格证和试验报告。

（2）材质检验由专人负责，质检负责人应经过专业培训，持证上岗。

（3）砂石料必须按照规定及时取样试验，并将试验报告报监理。

（4）对进场材料必须进行标识，按照"合格""不合格""未经检验"三种状态进行分类堆放，严格管理，避免误用不合格的材料。

（5）不合格的材料及时清退出场，同时要注明处理结果和材料去向并建立台账。

5.4　加强施工过程控制

（1）质量部门对施工项目实施全过程进行质量控制；施工作业队设专职质检员负责全队施工质量检查，班组设专人做好自检。

（2）坚持实行质量周报和质量事故报告制度。各作业队质检部门每周五将质量周报上报，一旦出现质量事故，24 小时内必须将事故报告（写明事故原因）送质检部门。

（3）施工班组坚持"三检制"，即自检、专检、交接检。自检、专检、交接检中均须达到合格，达不到合格等级的工序均不得进入下道工序。经过"三检"的工序由质检工程师请监理工程师验收签认。

（4）在整个施工操作过程中，贯穿工前有交底、工中有检查、工后有验收的"一条龙"操作管理方法。做到施工操作程序化、标准化、规范化，确保施工质量。

6　环境保护措施

（1）对施工现场主要道路和材料堆放等场地进行硬化，施工工地大门口进行硬化处理、并设车辆冲洗池旁设二级沉淀池。

（2）车辆运输砂石、土方、渣土和垃圾，应当按照《北京市人民政府关于禁止车辆运输泄漏遗撒的规定》，采取措施防止车辆运输泄漏遗撒。

（3）现场设置一定数量的废污水沉淀池，并经常清理，防止污水流溢。现场设置一定数量的移动厕所。

（4）施工现场安排专人负责保洁工作，配备相应的洒水设备，及时洒水清扫，减少扬尘污染。

（5）砂石料运输时应用帆布、盖套或类似遮盖物覆盖，现场堆放时应予遮盖或适当洒水润湿。

（6）油料、易燃、易爆和有毒有害物品分类存放、管理，采取措施防止物料随雨水径流排入地表及附近水域，造成污染。

（7）加强施工人员的环保教育，严格控制非正常施工作业的噪声污染，防止不必要的噪声产生。

（8）现场施工垃圾、生活垃圾应分类存放。施工现场设置密闭式垃圾站用于存放建筑垃圾，清理施工垃圾时，严禁随意抛撒。

（9）碎石桩施工产生的泥浆及废弃物等，在施工过程中和工程完工时及时清除干净。

7　地基处理效果

7.1　桩体施工质量检验

采用动力触探试验对碎石桩桩桩体密实度进行检测，抽样数量为总桩数的 1%，检测 31 根，检验方法采用重Ⅱ型动力触探测试。检测结果表明，本工程振冲碎石桩桩身密实，满足规范和设计要求。

7.2　地基承载力检测

振冲碎石桩施工完成后，由第三方进行复合地基承载力检测，载荷试验检验数量按不少于总桩数的 1%，且每个单体工程不少于 3 点进行控制。共选取 31 根桩进行复合地基承载力检测，经检测 1# 建筑复合地基承载力大于 100kPa，2#、3# 建筑复合地基承载力大于于 80kPa，满足设计要求。

7.3　碎石垫层质量检测

经检测，碎石垫层压实系数最小值为 0.955，最大值为 0.97，平均压实系数为 0.96，满足设计和规范要求。

8　结束语

（1）本工程正式施工前进行了试桩和试桩检测，为振冲桩施工参数的确定提供了依据。

（2）在本工程中，根据地基处理后的地基检测结果可知，采用振冲碎石桩对素填土、砂土粉土、粉质黏土的处理效果是可行的，满足设计要求。

（3）振冲碎石桩加固软弱地基具有设备简单、技术可靠、施工简便、工期短、造价低等优点。

填海造地地基、地坪综合处理技术

管自立[1]　林为哨[2]　管光宇[1]

（1. 温州同力岩土工程技术开发有限公司　浙江温州　32500；

2. 浙江同方建筑设计院　浙江温州　　　32500）

摘　要： 围海造地，是一项系统工程，其处理技术难度要高于、难于一般的软地基。本处理技术是以"地基处理与结构措施"相结合，以承载力作补偿与沉降作控制为理论基础，是以两项专利技术（"刚·柔性复合桩基"[1]与"倒筏板地坪"[3]）作支撑构筑地基、地坪的综合处理技术。

关键词： 刚·柔性复合桩基；倒筏板地坪；刚·柔性挤扩桩；吹填土；双控设计

1　概述

如图 1 所示，围海造地，就是把原本低于海平面的涂滩，经抛石筑堤促淤、吹填海泥、海砂，使其高于海平面变成陆地。然后采取排水固化工程手段变陆地为开发用地。再采用地基处理变开发地为工业用地，我们把这一变化的全过程称为围海造地工程。

吹填土由海泥、海砂吹填而成，是一种流动性的、低黏结力、高含水量的填土，从土力学观点分析，该吹填土在未固结前，对原有的下卧淤泥滩涂地基是一种外加荷载，并非是土体一部分。因此，在桩基设计该吹填层对桩体引发是负摩擦力。在地坪设计时，是一种附加的载荷，不能直接用作基层。

要使吹填土从自重应力转为体应力，让其自然地熟化、固结、压密，依靠大自然阳光、空气、

风雨的交融作用则是一个漫长的造土过程，需要几年，甚至几十年。

然而，时不可待，时间就是效益。通常的措施，前期处理是设置排水系统（竖向设置排水板或排水砂井、水平向设置排水沟、形成排水网络）排除颗粒孔隙间的自由水与下卧淤泥土的孔隙水，并配合加荷措施。具体方法有以下两种。

（1）当利用大气压力作外载就可采用薄膜隔水层和真空负压法。

（2）当利用海水作外载荷，在吹填土上面设置隔水层：可用塑料薄膜或设置淤泥土作隔水层。

其原理如同土工试验的排水固结。上述排水措施在短期内不可能达到开发用地的压密度指标，直接用于开发用地会引发一系统工程问题。通俗地说：吹填土还没有"煮熟"，要用于工业用地必须进行后续的开发。

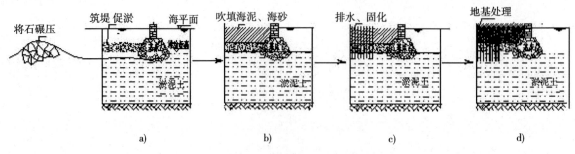

图 1　围海造地全过程演变

a) 抛石筑堤促淤（涂滩地）；b) 吹填海泥、海砂（围垦地）；c) 排水固化吹填土（开发地）；d) 地基处理（工业地）

2 工程问题

从开发工程用地而论，围海造地吹填土工程实属于大面积堆载范畴内一项难处理的工程问题，是当今建筑技术落后工程开发、延用常规的基础设计与施工手段，会引发以下诸多工程弊端与隐患。

（1）基桩（管桩）沉桩时易发飘移与倾斜，因吹填土不是结构性土层，桩基施工由于上部没有通常软土地基存有硬壳层可以扶持管桩沉桩时作导向。因此，一些施工单位为解决这一问题而采用加厚石渣垫层，不作开挖或少作开挖，虽可避免桩体倾斜，但把桩承台基础直接高位坐落在回填土上，这种做法不仅加大地面堆荷，加大了室内回填土重量，使室内地坪后期下陷更严重，同时，它破坏了园区规划地面高程与下水道排水系统，而且削减了基桩的承载力，增加工程投资，是不可取的做法。

（2）常规设计的桩承台一般由数根桩组成群桩承台，沉桩时，严重的群桩挤土危及基桩倾斜。基床开挖时，流塑状的吹填土挤动基坑发生桩体移位与倾斜，直接减少了单桩承载力。

（3）厂房室内地坪沉陷，因为在车间荷载作用下，在吹填土的自重作用下，已超过原有下卧淤泥土的承载力。这就导致工程竣工后地坪下沉历时长、下沉量大，并形成锅状下陷、开裂，影响厂房的使用。

（4）基础按常规施工方法常出现如下现象：

①当采用常规方法管桩沉桩，易发生飘移与倾斜；

②当采用常规方法钻孔灌注桩，难以成形，易发塌孔；

③当采用常规方法施工，水泥搅拌桩穿过吹填土，易发生滤脱。

3 概念的误区

从吹填土的性状出发，此时的桩基础不是常规概念的低桩基承台，因为承台下的吹填土虽经塑料排水板预压处理，但依然处在流塑状，其自由深度达 3～5m，桩体仅依靠下卧层淤泥土作扶持，其性质实属于码头类的高桩承台。而现行设计与施工仍然按常规概念的、土建工程的低桩承台作实施，自然就有上述诸多的工程隐患与弊端。

而人们对此类工程问题的处理方法，较多仍延续单纯的地基处理手段作地基、地坪处理：有水泥搅拌桩加固法、散体桩（碎石桩或砂石桩）挤土置换法、刚性桩与柔性桩复合地基加固法、化学处理强化固化以及强化深层固化排水等手段，纵观现有的这些地基处理方法，对吹填土工程通常所需的成本较高、短期内见效慢，而后仍然有诸多问题需要作工程处理。

4 专利技术及设计理念

针对上述工程的弊端，本处理技术集"地基处理与结构措施"为一体，以三项专利技术作依托，以共同工作原理为核心实施"控制承载力"与"控制沉降量"作"双控设计"，构筑了本"围海造地地基、地坪综合处理技术"，如图2所示。基础结构采用刚·柔性复合桩作设计，地坪结构采用倒筏板地坪与地基处理相结合。整体设计则是把地坪结构构筑倒置的满堂片筏基础，是刚·柔性复合桩基的补偿，极大地提高了基础的安全度、可靠度，达到一筏二用。

4.1 刚·柔性复合桩基[1]

根据刚性桩与柔性水泥搅拌桩共同工作为基点，以刚性桩作控制沉降，以水泥搅拌桩加固桩间吹填土作刚性桩沉桩的扶持及承载力补偿，构筑刚·柔相济的基础处理。

采用这一复合桩基作基础处理，其原理如同"筷子与稀饭"的关系。把筷子直接插入稀饭是不能稳定的。当把吹填土（稀饭）经水泥搅拌桩搅拌后成为一个人工的硬壳层（亚干饭），然后施打管桩（筷子），此时，其效果就大不一样了。可有效缓解管桩沉桩的飘移与基坑开挖引起管桩倾斜。

由于采用了刚·柔性复合桩基技术，减少了承台下管桩（刚性桩）数量，从而减少沉桩时的群桩效应，同时采用了水泥搅拌桩（柔性桩）加固吹填土、淤泥土，改善桩周土的塑性指标。此时，桩承台工况便由原本高桩承台转为低桩承台作设计，同时可节约基础造价达 20%～25%。

4.2 倒筏板地坪[3]

本专利技术是采用网络地坪把大面积地坪通过地坪正交肋梁分成块状网格。然后在其网格正交肋梁节点施加刚性桩（或为原有桩承台），其网格地坪梁由原本桩承台间的联系地梁，由底部上升至室内地坪标高，与框架桩、地坪板、肋梁整浇，一起构成倒筏板地坪。

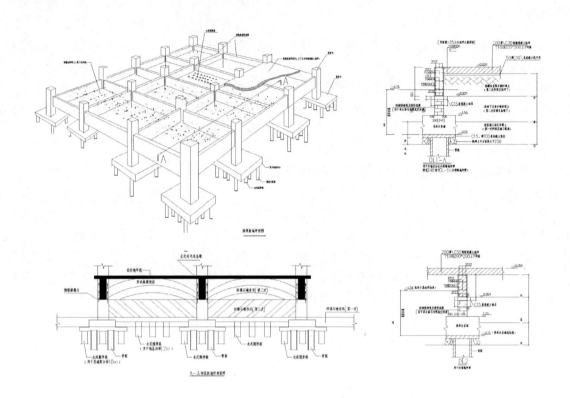

图 2　围海造地地基、地坪综合处理示意图

然后，根据网格大小、吹填土厚度、地面使用荷载等确定网格内的地基的处理方案。

由于地坪网格肋梁侧壁对块石、片石等回填料起着阻抗作用，形成拱体效应（即格栅效应），有防止地坪基层下陷的功能。通常当网格较小时，其格栅效应就大；反之，则较小。

当网格较大时，利用格栅效应不能解决地坪下陷时，就要配合地基处理。常用在格栅内回填土下施加水泥搅拌桩加固吹填土或在网格中部设置刚性桩，防止地坪下沉。本综合地基、地坪处理有如下优点：

（1）在不增加工程费用下可望一次性解决地面下陷；

（2）当建筑物基础下沉时，倒肋筏板地坪处在张拉状态，板面犹如壳体，此时又起着倒筏基础作用，提高了建筑物承载力与控制沉降安全度；

（3）当板下的回填土、吹填土数年后由次固结转为完全固结，成为土体的一部分，此时可能与板壳脱开，为了安全进入维修，可在板面钻孔压力注浆充填，此方法可望不影响生产与破坏原有地坪。

4.3　刚·柔复合挤扩桩[4]

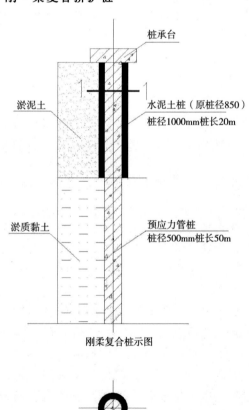

1—1　剖面图

图 3　刚·柔复合挤扩桩

由于吹填土是流塑状，沉桩时没有起扶持与导向作用，如采用本专利技术利用大直径拌搅桩先对地基进行搅拌加固，然后在其中内插刚性的预制管桩，如图 3 所示，这样形成了上大下小的变截面桩体，不仅提高了单桩承载力，同时可防止沉桩的倾斜与基坑开挖时桩体的移位。此项技术的原理实质上是刚·柔性复合桩基的延伸与发展。

但实施这一刚·柔复合的挤扩桩，需要专用的打桩机，且需与建筑机械厂合作开发。

5 工程案例

5.1 【工程实例 1】浙江埃菲生能源科技有限公司新厂房

5.1.1 工程概况

该工程坐落在浙江温州滨海开发区，为围海造地工程，勘察报告见表 1，场区属冲海积平原，地表地基土为填土与冲填土，其特征主要有：

（1）全场分布，结构疏松，为人工堆积填土，厚度为 0.40～1.40m；

（2）全场分布，人工吹填土，高压缩性，局部流塑状；远未固结，厚度为 1.60～2.90m；

（3）全场分布、含细砂淤泥、淤泥土厚度 23～28m，至淤泥质黏土；粉质黏土顶板埋深 57.50～59.60m，厚度为 3.00～8.30m（未揭穿）。

由于海涂围垦造地，地基土虽经真空预压处理，但远未达到稳定与固结，即使推迟三五年，地面的吹填土回填（以平均 2.2m 计算，相当于地面堆载达 5t），在此堆载作用下，软土地基的下陷不可避免地对基础与地坪引发下陷，主要表现在：

（1）深厚软弱土排水固结压密沉陷；

（2）吹填土范围内次固结沉陷；

（3）上部回填石渣、片石孔隙的压密沉陷；

（4）投产使用荷载作用下沉陷。

所以单独采用地基处理办法不能根治这一工程弊端。

表 1 工程勘察报告

土层名称	地基承载力特征值 f_{ak}（kPa）	压缩模量 E_s（MPa）	预制桩		钻孔灌注桩	
			q_{sa}（kPa）	q_{pa}（kPa）	q_{sa}（kPa）	q_{pa}（kPa）
①₀-1 素填土	55	3.0	-15.0		-13	
①₀2 冲填土	47	1.8	-6.0		5.0	
②₁ 含细砂淤泥	55	2.80	7.0		6.5	

续表

土层名称	地基承载力特征值 f_{ak}（kPa）	压缩模量 E_s（MPa）	预制桩		钻孔灌注桩	
			q_{sa}（kPa）	q_{pa}（kPa）	q_{sa}（kPa）	q_{pa}（kPa）
②₂ 淤泥	85	1.70	6.0	300	5.5	
③₂ 粉质黏土	120	2.90	13.0	600	12.0	400
④₁ 粉质黏土	150	5.30	22.0	900	20.0	270
④₂ 黏土	130	3.40	15.0	600	13.5	370
⑤₁ 粉质黏土						

5.1.2 工程对策

针对上述状况进行分析，根据我公司在该丁山园区的滨海二期污水处理工程，采用"刚·柔性复合桩基"作基础处理的经验，结合本工程特点，采用"倒筏板地坪"结构。达到一筏二功能作地基、地坪综合处理技术，具体实施步骤如下。

（1）在施工场区第一次回填土为 500～700 石碴垫层（配置压路机压密），用作场地平整与施工机具道路，按"刚·柔性复合桩基"作基础设计。通常每个柱下承台先施打刚性桩（管桩），后进行水泥搅桩施工（可分区流水作业）；由于采用复合桩基设计，管桩总量比原设计减少一半，相应挤土效应比原有桩基减少一半；一般每个承台为 2～3 根刚性桩，相对常规桩基础，管桩沉桩偏位得以缓和。

（2）在第一次回填场地后，按地基处理设计图（图 4），本工程采用水泥搅拌桩（$L=12m$）加固下卧吹填土、淤泥土；并用作上部回填土的承载构件，因属地坪结构，所以采用水泥搅拌桩的承载力发挥可接近于单桩极限承载力作地坪设计，发挥值取用 $a=0.9$；本工程采用 8.0m×12m 作网格，在其网格中部作水泥搅拌桩加强地基土，用作控制地坪沉降。

附：计算依据（仅作参考） 考虑到地坪回填土在固结前是作为外载作用在下卧淤泥层，固结后便成为土体的一部分，因此作用的荷重不需全部计入，拟设定网格中部 2/3 区段计入地坪荷载即可，网格左右两侧考虑到地坪肋梁的支托，其下回填土不作补强处理。

· $G=2/3×8×12×4.4=280t$（回填土厚度按 2m 计算堆荷强度值 4.4t/m²）。

· 桩径 500mm、桩长 12m；水泥掺入量 15%，单桩极限承载力发挥值 $R_发=18t$。

· 所需水泥搅拌桩总数 $N=280t/18t=16$ 根，

取用 14 根（减去上下侧肋梁布桩），由于加载荷重在水泥搅拌桩的承载力能力范围，所以地坪沉降得以控制。

· 室内使用荷载限于 $1.5t/m^2$，不予计算，考虑地下基层加固补强后的自身承载能力的发挥作用。

（3）管桩沉桩完毕即行把相邻管桩用围令木固定，基槽应作浅挖设计，沿四周同时作均匀挖槽，以防止管桩偏移。桩承台底应保留原有已嵌固石碴垫层厚度不少于 200m。

（4）浇筑桩承台及下柱混凝土至地面联系梁底，然后夯实、找平各联梁底模，浇筑倒肋梁上部留板面预埋筋。

（5）分层夯实室内网格内的回填土并挤扩至肋梁，使侧壁产生拱体效应。

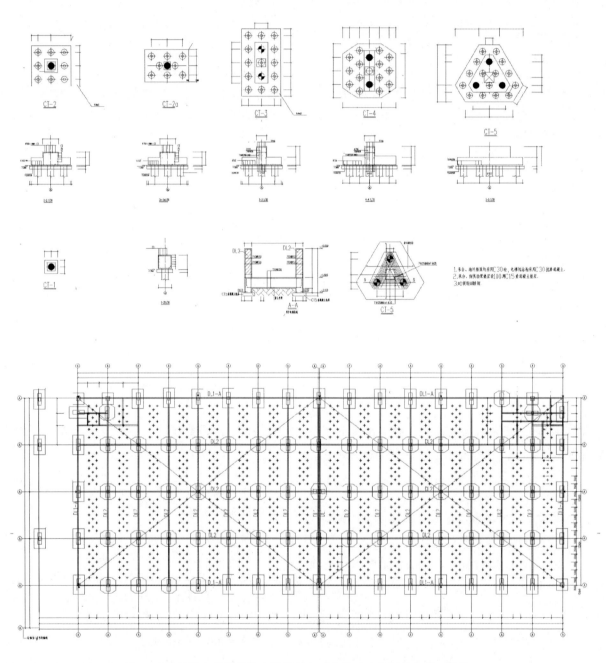

图 4　浙江埃菲生能源科技有限公司主厂房基础、地坪处理平面结构

5.1.3　技术经济比较

表 2 为刚·柔性复合桩基承台与原桩基承台的造价比较，由于桩承台部分二者工程量接近，不计入节约量，采用刚·柔性复合桩基比常用规桩基节约 20%。表 3 为基桩作价明细表。

表 2　刚·柔性复合桩基承台与原桩基承台的造价比较

桩承台	常规桩（桩长/桩数）	刚·柔性复合桩基		常规桩造价	刚柔性复合桩基造价（元）		刚柔性复合桩基总价（元）	节约比 %	每根桩综合价
		刚性桩（桩长/桩数）	柔性桩（桩长/桩数）		刚性桩	柔性桩			
CT-1	55m/1	42m/1	18m/2	9350	7140	1270	8410	10	9350 元管桩（55m）8500 元管桩（42m）635 元搅拌桩（18m）367 元搅拌桩（12m）
CT-2	55m/2	55m/1	18m/8	18700	9350	5080	14430	23	
CT-3	55m/3	42m/2	18m/11	28050	14280	6985	21260	24	
CT-4	55m/4	55m/2	18m/15	37400	18700	9525	29490	21	
CT-5	55m/5	55m/3	18m/15	46750	28000	9525	37500	20	

表 3　基桩作价明细表

桩型＼名称	桩长 L（m）、桩径 D（mm）	承载力特值 Ra（kN）	成本费进场（元）	加工费加（元）	单位综合价（元）	每根桩综合价（元）
管桩	55/500	1150	155	15	170	9350
管桩	42/500	850	155	15	170	8500
水泥搅拌桩 18%	18/500	270	145	35	170	635
水泥搅拌桩 15%	12/500	180	120	35	155	367

5.2 【工程实例 2】浙江贝尔控制阀门有限公司

1# 车间地坪处理

5.2.1 工程车间概况

该工程坐落在浙江瑞安滨江开发区为围海造地工程，吹填土达 2m，下为深厚的淤泥、黏土软弱地基，现有场地标高平均值为 4.5m；建成后室内地坪标高为 5.5m，约需回填土 1.0m；相当地面荷载 2.0t/m²。

建筑物为单层厂房，有行车作业，建筑面积 8870m²（87m×102m），车间地坪设备荷载按 1.5t/m² 作设计。

5.2.2 工程隐患

根据上述回填土荷载与车间使用荷载，两部分合计约 3.5t/m²，如果车间地坪不加处理，让其自然沉降，不仅终止沉降量大，历时长，以致于年年沉年年修，直接影响使用寿命。

5.2.3 工程措施

以上工况表明：该工程与实例一同属软土地基大面积堆载难题，根据平面结构情况，采用地坪专利技术作结构的分块处理，取 8.50m×8.65m 作单元处理（图 5、图 6），每分块控制地坪下沉，以上述单元块作设计，每块设 4 根 20m 沉管灌注桩作控制地坪下沉（后改用一根预制管桩），每网格梁角点设一根 32m 沉管灌注桩（后改用预制管桩）控制角点网格下沉。

地质报告揭示淤泥层深约 30m；因此必须采用长桩才能控制下沉，拟采用桩长 32m/桩径 377mm/C20 沉管灌注桩作控制地坪网格梁下沉；单桩承载力标准值 170kN。

网格内设有四根桩长 20m/桩径 377mm/C20 沉管灌注桩，控制网格内的地坪下沉，单桩承载力特征值 100kN。

由于地坪桩与基础桩的工作状态不同，同时桩处在疏桩状态，桩的承载力可以发挥到单桩承载力极限值，而单桩的沉降量仍然为数公分，因此可达到可控地坪。地坪厚为 200mm（为原有混凝土地坪），另加构造筋上下布设 Φ12@200×200。

5.2.4 设计简图

此地坪工程如一个倒筏板基础，地坪面荷载按 1.5t/m² 作设计；由于处理后地基属于桩与地基土组成的复合地基。

设地坪荷载的 30% 传给钢筋混凝土倒筏板，由基础桩及网格梁支承承担。

30%×8.5×8.65×1.5t/m² ＝ 33tm＜（1 根地坪桩的单桩极限承载力 34t）。

设地坪荷载的 70% 通过钢筋混凝土倒筏板直接传给由地坪桩与地基土组成的复合地基承担。

70%×8.5×8.65×1.5t/m² ＝ 77t＜（4 根地坪桩单桩承载力极限值各为 80t）。

当单桩达到承载力极限值；此时桩的沉降量仍然只有数厘米。地坪在 $1.5t/m^2$ 承载力下，而沉降值仍然能满足使用要求，所以是安全的。根据以上的设定，地坪仍然保持整体稳定。

关于回填土的增加荷载，考虑由原地基承载力自行承担。但要求回填土应夯实与熟化，后期成为土体的一部分，所以该部分荷载 $2.0\ t/m^2$ 不予计算。

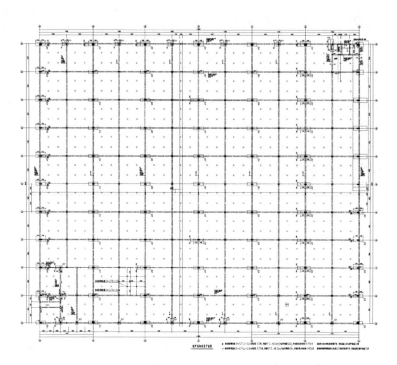

图 5　浙江贝尔控制阀门有限公司 $1^#$ 车间地坪处理结构平面

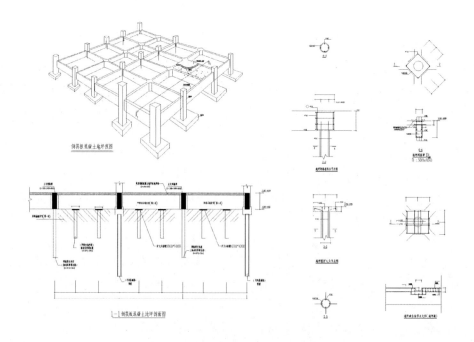

图 6　浙江贝尔控制阀门有限公司 $1^#$ 车间地坪处理详图

6 结论

综上所述，围海造地与地基处理的整合过程作系统的成因分析，由于天然软弱淤泥土、淤泥质黏土、黏土、亚黏土、砂土、砾石，甚至基岩原本是流动变化的，它由特定的物理、力学的性状组成。所以必须提倡"活的土力学"才能适应有生命体征的、有流动变化的土。

如果没有用哲学的思想与观点来看待岩土工程，许多工程问题将难以理解。岩土力学也就不可能持续发展，因此，我们同样要用哲学的发展观来研究围海造地工程。本综合处理方案是集地基处理与结构措施为一体。遗憾的是【工程实例1】由于项目下马，未能实施。【工程实例2】还在施工阶段未能提供更多数据。

参考文献

[1] 浙江省工程建设设标准. 刚·柔性复合桩基技术规程 DB 33/T 1048—2019 [S].

[2] 复合桩基及其设计方法（专利号：ZL03116526.5）.

[3] 倒筏板地坪（专利号：20132005210.X）.

[4] 刚柔性复合挤扩桩（专利号：ZL03116526.5）.

强化天然地基在海南高层建筑中的成功应用

谢征勋[1]　叶世建[1,2]

（1. 海南中电强化地基研究所　海南　570203；

2. 海南省建设工程质量安全监督管理局　海南　570203）

摘　要：本文主要论述了海南工程地质的特征，以及在高层建筑中可能遇到的风险。近三十年来，笔者对强化天然地基在海南高层建筑中的应用进行持续探究，找到了强化天然地基依存的理论依据，通过在众多工程中的成功应用，探索出高层建筑领域中广泛应用强化天然地基的路子。

关键词：建筑工业；海南高层；天然地基技术；强化应用

1　高层风险

对当代高层建筑，尤其是海南高层建筑可能遇到的风险的认识，在行业内比较敏感，也是有所侧重的。鉴于高层建筑在海南这样的高度地震（高达 7～9 度）和高强台风区（强过威马逊），面临的最大风险就是整体倾覆。其倾覆风险期可分为以下三个阶段：一是早期倾覆，二是全程倾覆，三是晚期倾覆。所谓晚期倾覆是指建筑物的服务寿命已近期满，结构老化，裂损已很严重，尤其是地基不均匀沉降累积下来的整体倾斜量已近极限，于此时此刻，建筑面临不测，实为在所难免了。所谓早期倾覆是指因地基土甚至环境地质受到施工过程中的严重干扰破坏，地下水和地应力严重失衡，地层失稳所造成的倾覆。比如对于淤泥质软土来说，由于受到施工作业比如打桩过程中的冲击作用、挤土效应和超静孔隙水压力效应的干扰，几年甚至十几年之内都得不到完全恢复固结，因而使其自重应力，内摩擦角和黏聚力都大幅度下降，失去了其水平抗剪强度。如果此时此刻再遭遇相应的风暴或地震，倒塌的可能性就非常大。所谓全程倾覆是指建筑物在施工过程中由于基础原因，施工误差，加上上部结构重心偏离的原因，早已埋下了整体倾斜的先天性隐患，这样一来，在建筑物生命期内的全过程中，每时每刻，只要出现风暴和地震等异常情况，随时随地都有倾覆的危险。以上两者才是最可怕的，最大的风险，也是我们为什么在高层建筑基础设计中，要把垂直度控制、施工手段的讲究放到承载力控制和沉降量控制的前面并视为重中之重的原因。

2　地质特征

只有知己知彼，才能百战百胜。在掌握高层风险的同时，还需深刻认识海南的工程地质特征。涵盖海南全岛的工程地质特征有二：一是以五指山为中枢（天顶）的全岛大部莫不处于风化坡积台阶地带，以多级历经千锤百炼坚实可靠的花岗岩台阶为基石，覆盖层内虽然难免存在大滚石，让人心烦（其实只要把它视作下卧层，不去触动它就行），但层厚并不大，土质（物理力学性能）也不差。二是以琼北火山口为中枢的海口、文山、澄迈等地域则属于历次火山喷发形成的千层饼式构造：由一层一层岩性浑异的海岸冲积层，生物碎屑层，火山碎屑层，火山灰沉积层，流淌岩浆复盖层，正常玄武岩层等反复穿扦揉搓组合而成，看似甚为复杂薄弱，实际上这千层饼构造犹如用千丝万缕织成的锦缎，整体却有着很高的韧性，是理想的下卧层。在海南，虽然有其漫长的海岸线存在，但是真正属于海岸冲积的深厚软土地域并不多，两类主要地质构造实际上都属于稳定性很好，承载力较高，沉降量可控的理想天然地基，倘若泛泛地将其视为海岸软弱地基去对待，非但不实，也是浪费。

3 理论优势

之所以主张在高层建筑的基础设计中走强化天然地基的路子，认为在理论上也是占有优势的，主要表现在以下几个方面：

一是土本观念。土地是人类生存的根本，必须像保护眼睛一样保护它，珍惜它，利用它。中华民族自古以来就有以土为本，守土为荣，失土为耻，归土为乐，入土为安的土本观念，应该得到发扬。在工程实践中若完全将天然地基土废弃排斥，不予利用，却一心趋炎附势，倚强（基岩）凌弱，不仅浪费资源，污染环境，还会带来很大的副作用，干扰地应力和地下水的平衡，导致地质灾害和地震灾害频现，是不符合土本观念的。强化天然地基技术，本着小心翼翼保护天然地基，充分利用天然地基的宗旨，根据缺什么补什么，缺多少补多少，哪里缺，哪里补的原则，对原生土的不足进行强化利用，是最大的节约，也是完全符合土本观念的。

二是时代信息。在已经跨入 21 世纪的今天，无论在经济、政治或人文学术方面，已远非几百年前的工业革命之初可比。由于全球人口的激增，资源的短缺，环境的恶化，气候的异常，天灾的频发（尤其是地震与地质灾害），人祸的上演（主要是各种战争和各类事故），全球危机的警钟也已经敲响，人类的觉悟早已有大幅度的普遍提高：当前的全球范围内不论发达与落后，各个领域所倡导的不都是以人为本，以土为本，环保第一，节约第一吗？这正是强化天然地基技术为紧跟时代，顺应自然，厉行节约，以土为本等在这方面做出的努力。

三是经典理论。扩散理论和约束理论是理论力学和土力学中的经典，根据力三角形或力多边形法则，只须将力的作用方向加以改变，一个力分解成 2 个力或多个力，力的强度也就大幅下降了，这就是扩散理论（利用刚性的大放脚将基底承压面积扩大以降低其附加压力强度则是扩散理论的正常运用）。垂直受压试件在周边受约束的条件下其强度会大幅度提高，这就是约束理论（钢管约束下的混凝土强度能提高 3～4 倍就是约束理论的体现）。强化地基技术巧妙地运用了以上理论，从改变基础的体型设计（将水平基底改为倾斜向折板基底）和加强基础周边的约束下手，就可以大幅度降低基底的垂直附加压力，并产生相应的水平约束力，轻易达到了提高承载力，减少

沉降量，间接强化天然地基，有效利用天然地基的目的。这是一大创新。

4 技术创新

高层建筑属于重大工程，技术复杂，工期长，投入大，要求高，设计毕竟只能是指引方向，绘出蓝图，纸上谈兵而已，一切还得依靠施工去实现。而这里的难点却集中表现在基坑中的治土与治水方面，其他都只属于正常作业。为了突破这一难点，近三十年来，我们进行了持续探索，并向国家知识产权局申报过以下 8 项有望轻手轻脚达到治土与治水目的的发明专利：

（1）多元吸附净化、多维挤密加固垃圾土地基技术，已取得国家专利局发明专利证书，

专利号：ZL2007100254O7x，授权公告日：2009 年 9 月 23 日。

（2）建筑物抗地基液化、流变失效，抗海啸淘空地基技术，已向国家知识产权局申请发明专利，正在审理中。

（3）三结法消除浅层粉砂土地基液化失效技术，曾于 2002 年在香港召开的国际建筑技术发展会议（ABT－HONGKONG－2002）上公开发表，得到了国内外工程学术界的认同，已向国家知识产权局申请发明专利，正在审理中。

（4）约束法消减深厚软土地基沉降量技术，曾经在海口有过多项工程的设计与施工实践，取得了良好的社会经济效益，也曾在清华大学土木工程系组编的"简明土木工程系列专辑"中的《工程事故与安全》中发表过，已向国家知识产权局申请发明专利。

（5）无底箱基消减膨胀土地基破坏压力技术，已向国家知识产权局申请发明专利，尚在审理中。

（6）热风法消减湿陷性黄土地基危害技术，拟向国家知识产权局申请发明专利。

（7）大型地下室防裂损，治渗漏，止上浮技术。已向国家知识产权局申请发明专利，且已审理完毕，进入公示阶段。

（8）空腹折底筏板强化天然地基技术，已向国家知识产权局申报发明专利，正在审理中。

5 经验积累

早在 20 世纪末海南大建设之初，我们（当时的海南安泰建筑工程顾问事务所）就曾经在当时从全国积极投奔到此的建设大军，众多知名设计

院的积极支持、热情参与下，于海口、琼海、文昌、澄迈等软土地带试行推广过强化天然地基的技术，建起的除了高层和厂房都是对沉降量和承载力的控制要求比较高者外，也有大批多层民房和别墅，迄今已经历了 20 年以上的考验期，一个个不仅在建设期间做到了一帆风顺，一气呵成，争得了工期最短，质量最好，造价最低的美名，至今也保持了不裂不歪，端庄无损，受到了业主和社会的欢迎，也得到了工程学术界的认可。如图 1～图 7 所示。

图 5　金三角大厦　　图 6　椰城大厦

图 7　澄迈水泥厂

图 1　宁海大厦

图 2　宁屯大厦

图 3　红星大厦　　图 4　红玫瑰大厦

图片说明：

图 1：宁海大厦，位于义龙路，紧贴市招待所和市领导住宅，施工中要求少干扰，浅挖坑，不打桩。但据地质报告，承载力不满足基底附加压力要求，于是采用了扩底空腹筏板卸荷，浅夯大块石加铺碎石层扩散的强化措施，首战告捷，取得了成功。

图 2：宁屯大厦，位于和平南路，该地段多层和高层无不采用桩基，鉴于就在路口的省幼儿园内工程中精心策划的一次 800mm×35m 的试桩累试失败的教训，决定放弃桩基，改用空腹筏板强化天然地基方案，取得了圆满成功。

图 3：红星大厦，位于海府路的解放军军营内，分东西两楼，西楼采用 45m 深的桩基础，已先建成。鉴于工期太长，投入太多，业主不满，谋求改进。通过技术咨询之路，为之修改设计，经空腹筏板扩底减压后，再用多维挤密手法（锥形挤密桩）针对下卧的一层松散土（处于基底以下约 5m，厚约 7m）进行了挤密，并趁充填挤密孔之机对基底 5m 厚的持力层也进行了夯打振实，最终收到了既快又省的可喜效果。

图 4：红玫瑰大厦，位于金贸区，与椰城大厦并立。也是受椰城大厦设计与施工中取得胜利的

鼓舞才吸引到的一份稀有的外资，设计中与椰城大厦走的是同样的路子，也取到了同样的效果。

图5：金三角大厦，紧邻红玫瑰，还是在红玫瑰设计与施工取得成功的启示下走的修改设计的路子。

图6：椰城大厦，处于金贸区核心位置，正是千层饼式地质构造的典型。该工程开工之前，整个金贸区工地正处于四面楚歌，一片沸腾中：西北角有市物资大厦工程正赶上打桩漏浆之苦，折腾了几个月打不下一条桩。正西面热火朝天的打桩工地却遭到了井喷吃人之祸，将正在人工挖孔桩孔底作业的工人吞噬掉。正东方的某21层大楼设计了入土深度达20m的满堂桩基，由于桩尖以下的持力层仍很软弱，计算证明，群桩的整体沉降量还在1m以上，令人震惊！而东南角建的是一个大型地下室带裙房的群楼组合苑，对地基的要求偏高一些，因而创了工程地质史上从初勘、详勘到三次补勘、累补、累试，累不过关的纪录，令人很是泄气。就在这样的气氛下，椰城设计却大胆地将溶洞、散沙、淤泥、孤石、透镜体、承压水等一切不利因素统统掩埋在地下，不去触动。仅采用空腹筏板卸荷减压，并充分利用硬壳层（局部外加小边桩）约束的手法却取得了成功，因而引起人们的关注，受到市场的欢迎。

图7：澄迈水泥厂，位于马村近海的一块地上，是比较典型的海南地质，玄武质基岩的埋置深度不大，但起伏变化大，覆盖层内滚石埋伏多。由于厂房内设备多，尤其是受矿仓和水泥成品仓的负荷量大，原设计采用了嵌岩桩基础，可是在施工中却寸步难行，白白折腾了几个月，没有打成一根完整的桩。经过咨询论证，为之修改设计，分别采用了整片空腹筏板（矿仓）和带型空腹筏板（其他厂房）基础，不仅抢回了工期，确保了质量，节约下来的工程造价更让人震惊不已，也得到了工程学术界的广泛认同与关注。

6 案例剖析

最近，受委托对文昌铜鼓岑海石滩高层公寓工程的基础设计方案进行一次论证。该项目包括22层公寓24幢，18层公寓35幢，总建筑面积421259m²，规模不小。场地位于龙楼镇的微丘陵带，地势起伏，高差达48.68m，地下水埋深则从0.2～10.3m变化，两者均成为可能导致地层失稳的危险因素。但近10.0m厚的覆盖层土质却很不错：承载力特征值达160～180kPa，下面就是玄武岩。像此环境地质条件，试以一幢22层公寓为范例，进行一次基础工程设计方案的全面论证，借以检验强化天然地基在高层建筑中应用的技术可行性，安全可靠性，尤其是经济合理性。

1）结构平面
如图8所示，面积346m²。

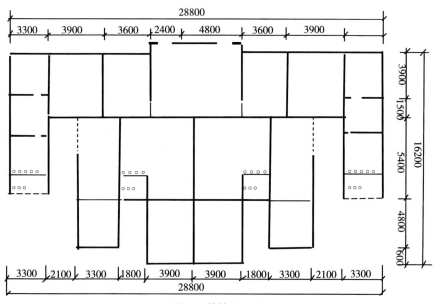

图8　结构平面图

2）基础设计

（1）基底埋深应大于 $22 \times 3.0\text{m} \times 1/10 =$ 6.6m，至少应设1或2层地下室（桩基可设1层）

（2）基底附加压力 $p_0 = 23 \times 15 + 2 \times 25 - 18 \times 6.0$

＝290　扩底系数 290/160＝1.8

（3）基底平面设计：346×1.8＝623m²，基底按沿边各扩 1.5m 设计，即 31.8×19.2＝610m²，如图 9、图 10 所示。

实有扩底系数为 1.76，实有附加压力 p_0 为 165kPa，已可直接利用天然地基。但因为 165kPa 已大于 160kPa，为了安全，也可进一步采取点折底强化措施，这样，就将底层地下室变成了折底空腹筏板，具有更好的力学性能，工作量更省，如图 10 所示。由于结构体型有利，计算表明，空腹折底壳面的均厚做到 500mm 以上，按构造配筋已足够安全。

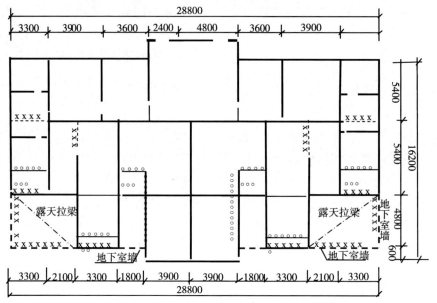

图 9　基础平面图

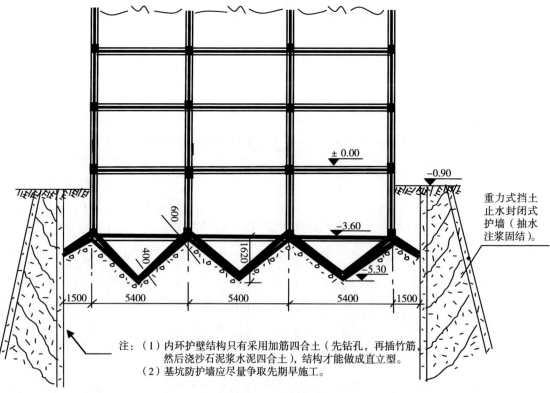

注：（1）内环护壁结构只有采用加筋四合土（先钻孔，再插竹筋，然后浇沙石泥浆水泥四合土），结构才能做成直立型。
　　（2）基坑防护墙应尽量争取先期早施工。

图 10　地下横剖面图

3）方案比对

如果按原设计意向采用 800 冲孔嵌岩桩，桩距取 $4d$ 则单桩负荷须达 2970kN，由于有效桩长小，侧阻力有限，冲击回弹力大，嵌岩桩桩底承载力又很难及时调动，这个目标是很难实现的。据经验，试桩能达 1500kN 的安全负荷也就不错了。但是桩距又由于贯入难，挤土效应严重而无法加密，也就只有走扩底之路了。如此，基底至少也要达 623m²，桩数就达 67 条以上，按报价每条 3 万元计，光打桩费就达 201 万元，由于桩顶抗冲剪和基底抗水平地震波要求，筏板厚度则不能小于 2m，这样一来，不计打桩的实际工作量还超过了空腹折底筏板的工作量。两相比较，强化天然地基确实具有以下优越性：

（1）可行性最好。只须小心翼翼用轻型钻机钻孔和井点降水固结与注浆浇结等手法完成了重力式基坑围扩结构，此外的一切作业就都是正常作业，有很好的可行性。

（2）可靠性最高。空腹折底（单向、甚至可双向折底，形成锥体）筏体由于自动将部分垂直压力转化成了强劲的水平约束力，最有利于高层的承载力控制，沉降量控制，尤其是垂直度控制，可靠性最高。

（3）工期最短。与桩基作业相比，省去了试桩，补桩和整个打桩、砍桩头等工期，工期缩短动辄逾年计。

（4）造价最省。

如上所述，光一幢楼在正常情况下节约的打桩费就达 200 万元，加上不可避免的事故处理等意外开支就更多了。本项目的 59 幢楼一气呵成之后，节约价值将是一笔很大的财富，不仅业主满意，相信工程学术界也会为之心动。因为所谓技术问题，归根结底还是一个经济问题，没有了经济效益，再高明的技术也只能靠边站。有了成功的榜样，就不难通过突破一点，带动一片。

CFG 桩复合地基设计施工技术及其应用

刘 健 刘 明

（中国冶金地质总局广西地质勘查院 桂林理工大学博文管理学院）

摘 要：通过 CFG 桩在广西南宁市上林县某住宅小区地基处理的工程实践，对 CFG 桩在地基加固处理的理论、设计、施工的方法做了一些探讨，希望对软土地基处理有一定的指导意义。

关键词：CFG 桩；复合地基；地基处理

1 序言

CFG 桩复合地基于 1994 年被建设部、国家科委列为国家级全国重点推广项目，已在全国大部分省市推广应用，20 世纪 80 年代多用于多层建筑处理，目前大量用于高层和超高层建筑地基的加固。

2 CFG 桩复合地基基本原理

CFG 桩是水泥粉煤灰碎石桩（Cement FIy-ash Gravel Pile）的简称。它是由水泥、粉煤灰、碎石、石屑、石渣或砂砾加水拌和而形成的高黏结强度桩，和桩间土、褥垫层一起形成复合地基。CFG 桩复合地基通过褥垫层与基础连接，无论桩端落在一般土层还是坚硬土层，均可保证桩间土始终参与工作。由于桩体的强度和模量比桩间土大，在荷载作用下，桩顶应力比桩间土表面应力大。桩可将承受的荷载向较深的土层中传递并相应减少了桩间土承担的荷载。由于桩的作用使复合地基承载力大幅度提高、变形减小、大大降低了工程基础造价。

3 CFG 桩的设计理论

3.1 CFG 桩复合地基承载力特征值

应通过现场复合地基载荷试验确定，初步设计时也可按下式估算：

$$f_{spk} = m \cdot R_a / A_p + \beta(1-m) f_{sk}$$

式中 f_{spk} ——复合地的承载力特征值（kPa）；

f_{sk} ——处理后桩间土承载力特征值（kPa）；

R_a ——单桩竖向承载力特征值（kN）；

β ——桩间土承载力折减系数面；

m ——积置换率。

3.2 CFG 桩竖向承载力特征值 R_a 的取值

（1）当采用单桩载荷试验时，应将单桩竖向极限承载力除以安全系数 2；

（2）当无单桩载荷试验资料时，可按下式估算：

$$R_a = u_p \sum q_{si} l_i + A_p \cdot q_p$$

式中 u_p ——桩的周长（m）；

n ——桩长范围内所划分的土层数；

q_{si}、q_p ——桩周第 i 层土的侧阻力、桩端端阴力特征值（kPa）；

l_i ——第 i 层土的厚度（m）。

（3）桩体试块抗压强度平均值满足下式要求：

$$f_{cu} \geqslant 3R_a / A_p$$

式中 f_{cu} ——桩体混合料试块（边长为 150mm 的立方体）标准养护 28d 立方体抗压强度平均值（kPa）。

3.3 压缩模量选用

各土层的压缩模量 E_{si} 取值应符合 GB 50007—2002 规范要求，复合土层的分层与天然地基相同，各复合土层的压缩模量等于该层天然地基压缩模量的 ξ 倍，ξ 值可按下式计算：

$$\xi = f_{spk} / f_{ak}$$

式中 f_{spk} ——复合地基承载力特征值（kPa）；

F_{ak} ——基础底面下天然地基承载力特征值（kPa）。

各复合土层压缩模量 E_{spi} 可按下式计算：

$$E_{spi} = \xi E_{si} = f_{spk} / f_{ak} \times E_{si}$$

3.4 变形要求

地基变形计算深度应大于复合土层的厚度。包括最终变形量、沉降差和斜率。

3.5 布桩原则

（1）按反力分布及变形特性调整布桩密度。

（2）若主楼荷载偏心，可在荷载重心与布桩反力重心重合。

（3）筏板基础复合地基设计。筏板厚度 δ 与柱距（或墙距）L 的比值＞1/6 时，CFG 桩可采取均匀布置；当 $\delta/L \leqslant 1/6$ 时，可在 5.0δ 加墙厚范围内均匀布置。

3.6 褥垫层厚度及材料的确定

（1）在复合地基施工、检测合格后，方可进行褥垫层施工。

（2）褥垫层厚度一般为 15～30cm，通常取1/2 桩径。

（3）褥垫层材料使用 5～30mm 碎石或级配砂砾石，一般用粗砂、中砂、碎石配砂（最大粒径≤30mm），不能用卵石。

（4）褥垫层虚铺 22～24cm，采用平板振动仪振密，平板振动仪功率大于 1500kW，压振 3～5 遍，控制振速，振实后的厚度与虚铺厚度之比小于 0.90，干密度不做要求。

3.7 其他设计参数的确定

（1）桩长的确定：由持力层的埋深和岩土勘察报告作出确定。

（2）桩径：一般采用 350～600mm，常用 500mm。

（3）桩间距：一般采用 3～5d。

（4）桩身强度 f_{eu} 大于或等于 $3R_a/A_P$，f_{cu} 为立方体抗压强度标准值。

（5）面积置换率 m。

面积置换率 m 按《建筑地基处理技术规范》JGJ 79－2002 中的式（9.2.5）计算：

$$m = \frac{f_{spk} - \beta f_{sk}}{\dfrac{R_a}{A_p} - \beta f_{sk}}$$

4 CFG 桩复合地基在广西南宁市上林县某商住小区的工程应用情况

4.1 工程概况

1）拟建工程概况

拟建商住小区位于上林县丰岭路南侧，拟建小区总建筑面积为 102089.7m²，建筑占地面积为 16887.4m²，建筑物主要为住宅、商业、幼儿园、会所等建筑群，层高（2～6）＋1 层。室内设计标高为 122.04～123.15m，砖混结构，荷重约 20t/m²。其中 18# 楼工程采用 CFG 桩对地基进行处理。

2）场地岩土工程特征简况

拟建场地属于低山丘陵地貌，场地地面起伏不大，东南侧较高，其余方向较低，总体地势东高西低，地形不完整。据钻探揭露结合地质调查，场地内地层主要为新近堆填的素填土、第四系耕土、淤泥质黏土、残坡积成因的黏土及下伏石炭系的全风化白云岩，现描述如下：

表 1　主要物理力学性质指标建议值

层号	土层名称	天然密度 ρ_0 (g/cm³)	孔隙比 e_0	内聚力 c (kPa)	内摩擦角 φ (°)	压缩模量 E_s (MPa)	承载力特征值 (kPa)
①	素填土	1.90					
①-1	耕植土	1.80					100
①-1	淤泥质黏土	1.86	0.968	9.48	2.33	3.99	100
②	黏土	1.95	0.75	50	16	9.0	200
②-1	黏土	1.90	0.80	30	12	6.0	140
③	全风化白云岩	2.00	0.55	70	18	16	300

注：表中除淤泥质黏土值外，其余均为经验值。

4.2 18# 号楼地基加固处理设计

18# 楼层高（2～6）＋1 层，条形基础，采用 CFG 桩对地基进行处理。

CFG 桩按梅花形布置，桩径 500mm，CFG 桩设计置换率约为 13%。

本次地基处理共设计 CFG 桩 338 根，桩长 7.00～9.50m，处理后的复合地基承载力特征值不小于 230kPa。

桩端持力层为全风化白云岩，要求桩端进入强风化砂岩2m，以保证桩端与岩面的稳接触，桩长小于5m的区域，要求在桩端反插三次，单桩承载力特征值为350kN。

CFG桩桩身材料采用石粉、石屑、碎石及水泥拌制，桩身混合料强度平均值不小于15MPa。

CFG桩与基础素混凝土垫层之间铺设300mm厚的褥垫层，褥垫层采用中粗砂混级配碎石，砂石比例为1∶2，石子最大粒径不得大于50mm；褥垫层辅设宜采用静力压实法，当基础底面下桩间土含水量较小时，也可采用动力夯实法，夯填度不大于（夯实后褥垫层厚度与虚铺厚度的比值）0.9。

施工桩顶标高应高出设计桩顶标高不小于500mm，桩间土宜人工清除开挖，清土及截桩头时，不得造成桩顶以下桩身断裂和扰动桩间土，桩头人工凿除后需用同强度砂浆找平以保证桩顶标高偏差不大于20mm。

施工过程中，沉管灌注成桩拔管速度应控制在0.6～1.0m/min，如遇软弱层拔管速度适当放慢；施工时严格控制拔管速度，并密切注意管内混合料的下料情况，如遇土洞及松软土，必须用混合料进行完全填充。

混合料按设计配比经搅拌机加水拌和，拌和时间不得少于2min。加水按坍落度3～5cm控制，成桩后浮浆厚度以不超过10cm为宜。

成桩过程中，取样做混合料试块每台机械一天应做一组试块（3块）。标准养护，测定其立方体的抗压强度。

4.3 地基加固处理施工工艺

1）施工工艺

CFG桩采用泵送混合料技术，桩身没有配筋，提钻与成桩同步进行，既加快了施工速度，又能保证桩身混凝土质量，避免水下混凝土灌注的缺点，其施工工艺流程如图1所示。

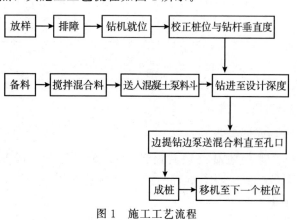

图1　施工工艺流程

2）施工方法

采用退打法施工，即由一个方向（北）往另一个方向（南）退打，避免因移机压坏成品桩，施工走机路线如图2所示。

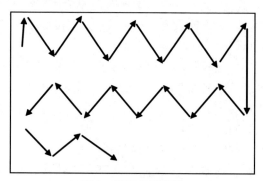

图2　施工走机路线

4.4 加固处理效果检测

（1）水泥土试块抗压试验。项目所做的桩身混凝土试块抗压试验都符合设计要求，同时随机抽取12组（每组3块）桩身混合料试块30d内龄期的无侧限抗压强度值统计，q_u平均为17.3MPa，均方差$\sigma = 3.38MPa$，变异系数$\delta = 0.48$。平均值17.3MPa，大于设计值15.0MPa，满足设计要求。

（2）据现场基槽开挖情况分析，成桩质量好，桩头坚硬，桩身混合料拌和均匀，桩身上下连续，无断桩和严重缩径现象。

（3）低应变动测。低应变动测检验CFG桩的桩身结构完整性，按设计及规范要求需抽检总数的12％，即18#楼共施工338根桩，抽检42根桩。

根据低应变检测的42根工程桩，有3根桩为Ⅱ类桩，39根桩均密实完整，为Ⅰ类桩，桩身波速在3734～4041m/s之间。抽检桩的桩身结构完整性符合要求。

（4）静载荷试验。根据单桩竖向静载试验报告：随机抽验的3根桩（204#桩、274#桩、161#桩，沉降s-lgQ曲线分别如图3所示）的单桩竖向极限承载力致少达到695kN，满足设计要求；各试桩点的最大沉降量分别为10.43mm、4.29mm和4.24mm，各试桩点的残余沉降量分别为6.49mm、2.33mm和2.42mm。

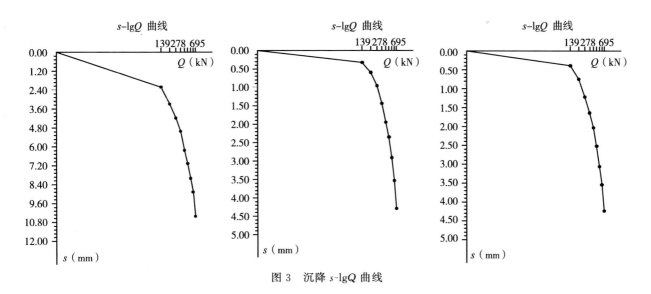

图 3 沉降 s-lgQ 曲线

5 结束语

（1）CFG 桩是一种施工简便、造价低（工程造价一般为桩基的 1/3～1/2）、质量容易控制，经济、社会、环境效益明显，行之有效的地基处理技术。

（2）CFG 桩具有承载力提高幅度大（一般可提高到 200～500kPa），有效减少建筑物的总沉降量与差异沉降量。对于液化土地基，既可消除地基土的液化，又可获得很高的复合地基承载力的特点。

（3）对含有机质、淤泥质的土层，CFG 桩复合地基加固处理的配合比试验十分重要，施工前，必须通过试桩，做好配合比试验，确定水泥和石粉、石屑、碎石、粉煤灰及添加剂的掺入量。

（4）通过一些工程实践，CFG 桩复合地基处理技术在岩溶发育区也有其独特的技术优势，但需要做好以下工作：

在岩面溶槽发育区，有软弱土层甚至土洞存在，需采取深层注浆等措施进行有针对性的处理；需采用压力灌浆方法处理浅部破碎灰岩、裂隙和溶洞，使下伏地基达到稳定要求，灌浆段长为从岩面到岩面以下 3m，若岩面以下 3m 内遇溶洞，测灌浆钻孔深入溶洞底板 0.5m。

（5）CFG 桩复合地基本身对变形及受力有一定的调节作用，但仍存在基础底面的应力重分布问题，因而建筑的基础及上部结构刚度仍需适当采取加强措施。

（6）CFG 桩施工时为了使桩端与岩面接触带紧密接触，必须采取有效的施工措施。如：要求在桩端处反插三次。

（7）CFG 桩桩身强度一般在 C10～C25 之间，不配筋，其抗剪能力较差，易在外力作用下折断，在基坑开挖及凿桩头过程中必须小心施工，严格保护桩身不受破坏。

（8）由于褥垫层的厚度对 CFG 桩复合地基受力影响很大，所以施工时，桩顶浮浆凿除后，桩顶标高需严格控制，相对高差不应超过 20mm，必要时可用同标号砂浆找平。

（9）是否设置褥垫层以及垫层的材料和厚度，直接影响复合地基的桩和桩间土强度的发挥，合理的垫层厚度对提高复合地基承载力和减少沉降变形是非常有利的。

（10）调整褥垫层的厚度可以调整桩与桩间土的荷载分担比例，一定厚度的垫层还可以减少基础底面的应力集中。较厚的褥垫层可以充分发挥桩间土的承载能力，随着褥垫层厚度的减小，桩分担的荷载比例会增大，一般褥垫层厚度取 10～30cm。

（11）当加固处理的土层为上硬下软结构时，压缩模量的提高倍数公式中 f_{ak} 应取自综合地基土承载力特征值，即 $f_{ak} = f_{max} - r_{md}$，而不是取第一层土的承载力特征值。

（12）经 CFG 桩处理的复合地基，其建筑物在封顶与装修结束时段内的沉降量是建筑物总沉降量的三分之一以上，装修结束后建筑物的变形沉降基本结束。

（13）CFG 桩复合地基一般适用于处理黏性土、粉土、砂土、人工填土和淤泥质土地基。

素混凝土桩在地铁车辆段地基处理中的应用

许 杰

（赣州城市开发投资集团有限责任公司　江西赣州　341100）

摘　要： 某地铁车辆段天然地基承载力不够，采用素混凝土桩进行处理。本文对素混凝土桩的施工工艺、施工技术进行了介绍。

关键词： 素混凝土桩；地基处理；地铁车辆段

1　工程概况

某车辆段是城市轨道交通线的大架修车辆段，承担本段配属车辆的三月检、双周检、列检、停放、运用等任务以及本线车辆段定临修任务。设置定修列位3个，临修列位1个，双周三月检列位3个，停车列检列位34个。总征地面积约36.37公顷，其中，车辆段总征地面积约32.11公顷，村道改移用地1.06公顷，排洪渠改移3.20公顷。总建筑面积约107706.4m²。

车辆段地界呈西北—东南走向，长度约为1328m，最宽处约为234m，总用地面积约为32.04公顷。该车辆段所在位置现状为东侧、南侧、北侧三面环山，地势起伏较大，山高为23～88m。

高填方区设置有较高的重力式挡墙，为满足挡墙底基础承载力的要求，在挡墙底设置素混凝土桩以提高地基承载力。碎石道床区及场内道路区沉降与荷载要求较低，但存在尚未完成自重固结沉降即松散的土层，部分地区存在淤泥，对于埋深小于3m的耕植土及淤泥，采用换填措施，对于厚度较大的杂填土，采用素混凝土桩进行加固处理素混凝土桩长8～15m，桩径410mm。道床区的软土地基采用素混凝土桩复合地基处理，复合地基设计承载力150kPa；挡墙下地基采用素混凝土桩复合地基进行处理，单桩承载力特征值为300kN。

2　工程地质与水文地质

2.1　工程地质

根据详勘报告，车辆段的岩土分层及其特征如下：

1）填土层

场地内人工填土层主要包括素填土、耕植土，颜色较杂，主要为灰黑、褐黄色、灰黄色等，素填土组成物主要为粉质黏土、中粗砂、碎石等，耕植土则包含农作肥及植物根系等，大部分呈松散状，稍湿～湿。标准贯入试验实测击数3～29击，平均击数18.70击。标贯击数离散性大。

2）河湖相沉积土层

主要为淤泥和淤泥质黏土，现分述如下：

（1）淤泥：多呈灰黑色，流塑～软塑，主要成分为黏粒。本层零星分布，标准贯入试验实测击数为2击。

（2）淤泥质粉质黏土：呈深灰色、灰黑色，组成物主要为黏粒，局部含有机质、朽木、饱和，软塑～可塑状，偶夹少量细砂。标准贯入试验实测击数为3～7击，平均击数5击。

3）冲积～洪积砂层

根据砂层的粒径大小分为四个亚层，分别为粉细砂层、中粗砂层及砾砂层和卵石层。

（1）粉细砂层：多呈浅黄色、褐黄色、棕黄色、主要成分为粉细粒石英砂，次为中砂，少量黏砂，呈稍密～中密状。标准贯入试验实测击数为14～27击，平均击数20.50击。

（2）中粗砂层：多呈褐黄色、灰黄色、灰白色，主要成分为中、粗粒石英砂，含少量黏粒，饱和，松散～中密。标准贯入试验实测击数为5～28击，平均击数13.60击。

（3）含卵石粗砾砂层（砾砂）：多呈浅黄色、褐黄色、灰白色局部夹有青灰色等杂色，主要成分为石英砂砾、次为粗砂，夹有少量卵石，稍密状。标准贯入试验实测击数为 12～17 击，平均击数 15.00 击。

（4）卵石层：多呈青灰色、灰白色、棕红色等杂色，主要成分为卵石、次为砾砂和粗砂，稍密～中密，卵石直径一般 3～8cm，最大 20cm 呈椭圆状、次圆状，磨圆度中等，原岩为花岗岩、石英岩、石英砂岩等。

4）冲积～洪积土层

本层根据揭露的土层性质和沉积层序，分为 4 个亚层，分别为粉土层、软塑状冲～洪积黏性土层、可塑状冲积～洪积黏性土层、硬塑状冲积～洪积黏性土层。本场地仅揭露有可塑状粉质黏土。

5）坡积土层

主要为碎石土和粉质黏土：呈青灰色、灰白色、灰黄色等杂色，主要成分为碎石夹黏土，结构松散～稍密状，碎石原岩为石英砂岩，磨圆度较差，多为棱角状，碎石直径大小不一，一般 5～7cm，最大 24cm。标准贯入实测击数 13～28 击，平均击数 21.70 击。

揭露厚度 0.50～14.20m，平均厚度 4.46m。

6）残积土层

残积土层主要由石英砂岩、灰岩风化作用形成。本次主要揭露的主要为可塑状残积土和硬塑状残积土。

2.2 水文地质条件

在山间冲～洪积平地范围内，地下水位普遍较浅，水位埋深为 0.60～4.60m，平均埋深为 2.03m，标高为 33.49～55.62m，平均标高为 41.36m；残丘区地下水位埋深较大，水位埋深为 9.30～19.60m，平均埋深为 8.08m，标高为 51.53～90.34m，平均标高为 70.07m。

3 施工工艺流程（图 1）

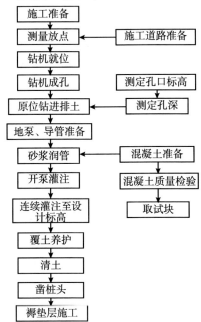

图 1 素混凝土桩施工工艺流程

4 施工技术

4.1 施工准备

（1）施工前对整套施工设备进行检查，保证设备状态良好；进场前做好与素混凝土桩施工相关的水、电管线布置工作。施工现场内道路应符合设备运输车辆和汽车吊的行驶要求，保证运输安全。

（2）设备组装时应设立隔离区，专人指挥，严格按程序组装，非安装人员不得在组装区域内，以杜绝安全事故。

（3）及时安排材料进场，并按要求进行材料复检。

（4）开工前进行质量、安全技术交底，并填写《技术交底记录》。

4.2 定位放线

（1）由专职测量人员按施工平面图将素混凝土桩桩位放样到现场。桩位处用钢钎打 30～50cm 深的小孔注入石灰粉进行标识。

（2）桩位放样允许误差：20mm。

（3）桩位放样后经自检无误，填写《施工测量放线报验表》。

（4）桩位验收合格后，可进行下道工序。

4.3 钻孔

（1）采用长螺旋钻机成孔，钻机就位后调整机身，用钻机塔身的前后垂直标杆检查导杆，校正位置，使钻杆垂直对准桩位中心，以保证桩身垂直度偏差不大于 1.0%，桩位偏差（纵横向）不大于 50mm。

（2）开钻前，先将混凝土泵的料斗及管线用清水湿润（润滑管线，防止堵管），然后搅拌一定的水泥砂浆进行泵送，并将所有砂浆泵出管外。

（3）钻孔开始时，关闭钻头阀门，操纵下移钻杆，钻头触及地面时，启动电动机。钻进应先慢后快，同时检查钻孔的偏差并及时纠正。

（4）在成孔过程中如发现钻杆摇晃或难钻时，应停机或放慢进尺，遇到障碍物应停止钻进，分析原因，禁止强行钻进。

（5）桩机操作手和现场读尺人员要密切配合，钻机每钻进 1m，读尺人员要及时通知桩机操作手记录电流数据，操作手在电流表电流发生明显变化时，要通知现场读尺人员做好钻机进尺及土层变化的记录。当电流显示已进入硬土层时，要控制进尺，确保嵌入深度满足设计要求。

（6）根据设计桩长，确定钻孔深度并在钻机塔身相应位置作醒目标注，作为施工时控制桩长的依据，当动力头底面到达标志时，桩长即满足设计要求。

（7）钻杆下钻到预定深度，终桩标准以设计桩长控制为主，地层控制为辅。在施工过程中，应及时、准确地填写《素混凝土桩施工记录》。

4.4　泵送混合料

（1）钻头到达设计标高后，钻杆停止钻动，开始泵送混合料，泵送量达到钻杆芯管一定高度后，方可提钻（禁止先提钻再泵料）。一边泵送混合料一边提钻，提钻速率控制必须与泵送量相匹配，保证钻头始终埋在素混凝土桩混合料液面以下，以避免进水、夹泥等质量缺陷的发生。成桩过程宜连续进行，直至桩体混合料高出桩顶设计标高。

（2）若施工中因其他原因不能连续灌注混合料，须根据勘察报告和施工已掌握的场地土质情况，不宜在饱和砂土、粉土层内暂停泵送混合料，避免地下水侵入桩体。成桩过程中必须保证排气阀正常工作，防止成桩过程中发生堵管。

（3）施工时要始终保持混凝土泵料斗内的混合料液面在料斗底面以上一定高度，以免泵送时吸入空气，造成堵管。

（4）施工桩顶标高控制以有效桩顶标高加500mm保护桩长为准，确保设计桩顶标高以下无浮浆。

（5）在混合料浇筑过程中，应及时、准确地填写《素混凝土桩浇灌记录》。

4.5　混凝土

（1）泵送混合料采用混凝土，其强度等级为C20，坍落度为18～20cm，碎石粒径小于2.0cm，缓凝时间不少于6小时。

（2）混凝土灌注前，应进行坍落度的检查，实测混凝土坍落度与要求混凝土坍落度之间的允许偏差为±20mm。

（3）压灌素混凝土桩施工期间，每台班制作混合料试块一组，其规格为150mm×150mm×150mm，标准养护，并送检28d强度。

4.6　钻孔弃土清运

（1）施工时，钻孔弃土应及时清运，以避免影响施工速度。

（2）钻孔弃土清运采用机械清运和人工清运两种方式。

（3）采用机械清运时，应尽量采用小型机械，以避免扰动基底土层，弃土清运应与素混凝土桩施工配合进行，严禁设备碰撞素混凝土桩，避免造成浅部断桩。

（4）弃土清运时应注意保护桩位放线点，避免桩位点移位或丢失。

4.7　桩间保护土层清运

（1）桩间保护土层的清运，应在素混凝土桩施工结束后桩体达到一定强度后进行。

（2）桩间保护土层的开挖、清运宜采用人工开挖、清运，在桩距足够大且槽底土不易受扰动的情况下，可以采用小型机械开挖、清运。开挖过程中应用水准仪进行测量，控制标高，以避免超挖。

（3）合理安排开挖、清运顺序，避免开挖和运输机械直接在基底面上行走，造成基底土层的扰动。

（4）应注意成品素混凝土桩的保护，专人指挥机械，严禁机械碰撞桩头，以避免造成浅部断桩。

4.8　桩帽与垫层施工

（1）截桩后按设计要求浇筑桩帽。待桩帽混凝土强度达到设计强度的70%后，回填150mm中粗砂垫层，再铺设土工格栅，然后再次回填150mm中粗砂垫层。挡墙下素混凝土桩复合地基不设置桩帽。

（2）素混凝土桩顶设置钢筋混凝土桩帽，桩帽采用1.0m×1.0m方形，厚度为35cm，配两层钢筋网。

5　质量检测

（1）素混凝土桩质量检验内容包括桩身完整性、均匀性、桩身强度、单桩或复合地基承载力。

（2）检验方法根据《建筑基桩检测技术规范》JGJ 106—2003及《建筑地基处理技术规范》JGJ 79—2012进行。

（3）素混凝土桩身完整性采用低应变检测，检验数量为总桩数的30%。

（4）素混凝土桩承载力检验在成桩28d后进行，应采用单桩或复合地基荷载试验。检验数量为总桩数的2‰，且不少于3根。

试验研究

台湾大尺寸场铸基桩载重试验之发展与应用

俞清瀚

（富国技术工程股份有限公司）

摘　要： 大尺寸场铸基桩（Cast-in-place bored piles）在台湾应用日趋频繁，致其承载能力及受力时之承载行为，均须加以验证。本文汇整台湾三十余年来，包含传统圆形基桩与矩形壁桩等大尺寸场铸基桩之代表性载重试验案例，借以说明其实务应用与发展情形；并介绍大尺寸基桩载重试验之规划与执行程序，以及桩身监测仪器与锚定反力设施之配置。同时，说明试桩监测结果之诠释分析方法与应注意事项，并检讨评估桩周单位摩擦力与变位（t-z）曲线及桩底承载力与沉陷（q-w）曲线、桩底灌浆对承载力之影响等基桩承载行为特性。最后，根据试桩案例，提出试桩成果之应用与建议：包含代表性 t-z 及 q-w 曲线之简化线性模式，用以预估不同尺寸基桩之桩头荷重-位移（Q-S）曲线；以及桩头之等值双直线基桩垂直承载劲度（K_v），供桩筏复合基础之土壤-结构互制分析，以进行性能设计（Performance-based design），并与传统主要强调强度、而未注重劲度之容许载重设计方法比较。

1　前言

因应建筑结构载重设计及地下室逆筑施工特性需求，并随着施工机具与工艺之发展改善，包括传统圆形及矩形壁式等大尺寸场铸基桩（Cast-in-place bored piles），在我国台湾地区之应用逐年明显增加；而为达到安全及经济目的，场铸基桩之承力及其受力时之承载行为，均须加以验证与评估。

基于场铸基桩之施工方式与所在位置之地层特性，一般需进行先期极限载重试验（Preliminary ultimate load test），借由足够试验载重（往往达 5000～6000t 以上）之加载测试，再根据试桩期间桩体监测仪器之量测数据及基桩施工记录，分析验证基桩之桩周摩擦力与桩端底承力发展情形、极限与容许承载力等设计参数；并检讨基桩工法之适用性。

以往土壤力学与基础工程主要强调强度，而较少注重劲度，如传统桩基础分析设计与试验都专注于极限强度，根据规范建议或试桩结果评估之极限强度除以安全系数求得容许载重进行设计，即所谓工作应力设计法；唯此设计虽可满足强度需求，但针对实际工作载重下之位移往往未进行检核。因此，设计者无法具体陈述设计成果的真正行为与性能表现，难以达到经济合理的需求。因此，基桩设计除需了解其极限强度外，更需注重其在工作载重作用下之位移或变形程度，亦即其劲度行为。

于是，本文汇整台湾近三十年来，大尺寸场铸基桩之代表性试桩案例，介绍大尺寸基桩之载重试验及其实务应用之发展情形。同时，根据试桩案例，归纳建议桩周摩擦阻抗（t-z）曲线及桩底承载阻抗（q-w）曲线之简化线性评估模式，用以计算不同尺寸基桩之桩头荷重-位移（Q-S）曲线（即性能曲线）；并提出桩头之双直线基桩垂直承载劲度模式，以评估基桩之等值劲度（K_v），供桩筏复合基础之土壤-结构互制分析使用。此外，亦参考试桩结果，检讨评估桩底灌浆对基桩整体承载力、及桩周摩擦力与桩端底承力发挥之影响，并建议桩底灌浆之应用与分析设计应注意事项。

2　场铸基桩工法评估及载重试验目的

2.1　场铸基桩施工法评估考虑因素

考虑到设计桩长、桩径的尺寸需求，对于场铸基桩（Cast-in-place bored pile）施工方法选择，首先，应评估其所使用施工机具是否足以适用于工址之地层特性，如钻掘及混凝土浇置期间，是否可维持孔壁稳定及完整性，针对坚硬密实地层（如岩层、卵砾石层、或岩块层等），是否可贯穿深厚覆盖土层并达所需贯入长度。再者，其施工程序及质量是否可经重复地有效控制；而完成后基桩承载力是否可有效验证；且当基桩承受荷载时，其承载行为是否可预测。最后，尚须检讨工期与成本，是否符合开发计划要求。综合以上因素，往往需配合设计程序，于实际设计完成与施工前，规划进行先期之试验桩施作及载重试验，透过详细、完整之施工纪录与监测数据，加以验证评估。

2.2　基桩载重试验目的及程序与型式

一般基桩载重试验之目的，主要在于验证该基桩设置承载于某特定地层时之极限承载力；并依设计荷重状况及安全程度要求，评估其可提供之容许承载力，以及相应承载行为（主要为基桩变位量）。然实务上广义而言，试桩除获得基桩承载力及其承载行为外；并应透过试验基桩（含反力锚桩）施作，检讨评估基桩施工机具之适用性，确认施工可行性，以及建立实际工作基桩之施工程序与规范。

为达上述目的，基桩载重试验应配合规划设计、施工进度，分阶段进行。兹说明比较见表1。

表1　基桩载重试验类别比较说明

试验阶段及种类	时机与对象	目的与成果	监测仪器配置	最大试验载重
（设计时间）极限载重试验（Ultimate load test）	设计定案完成前、及工作桩施工前；针对与设计工作桩相同施工类型及承载深度之基桩；试验桩需另行施作，且不得做工作桩	验证原设计基桩之极限承载力；获得桩身摩擦力与桩端承载力之发展特性；评估适当之施工机具、方法及程序	配合基桩施作，于桩体内埋设应变及变位计；并于桩顶装设荷重计及变位计	以加载至地层承载力破坏为原则应确保足够之试验桩体强度及锚定反力
（施工阶段）工作载重试验（Working load test）	工作桩施工期间或完成后，得视进度调整；针对实际施作之工作基桩	确定工作桩设计承载力可经设定之施工程序达成；确定工作桩具备足够安全系数，且设计荷重下之变位符合要求	以桩顶荷重受力及变位为主	1. 大于设计容许承载力×安全系数（如FS＝2）为原则

3　我国台湾地区大尺寸场铸基桩载重试验发展

近三十年来，配合台湾主要都会区超高大楼及捷运、高速铁路等公共建设针之兴建，大断面及深度之大尺寸场铸基桩使用，逐渐频繁。其工址所在区域之地层，主要属台湾西部之冲积地层，如位于台北盆地之大台北地区、以及台湾西南地区之云林、嘉义、台南及高雄等地。本文汇整历年代表性场铸基桩之试桩案例，借以介绍台湾场铸基桩及其载重试验之发展。唯基于试验资料完整性，本文主要根据台北盆地案例，进行检讨比较及说明。

3.1　场铸圆形基桩载重试验

近三十年来，随着机具钻掘能力不断提升，我国台湾地区场铸基桩之桩径普遍达1.2～2.0m以上，近期甚至达2.5～3.5m；桩长则大于50～60m以上，除可轻易贯穿一般沉积土层，并可深入岩层、安山岩块层（粒径达1m以上）及卵砾石层。以台北101基地反循环基桩为例，其桩径1.5～2.0m，由地表起算总桩长达62～81m，贯入岩层（平均单压强度 q_u 为300～1250kPa）为15～33m。

因应建筑结构设计特性，如基桩承载力需求大幅提高，使尺寸须加大且深入承载层；地下室开挖加深，引致较长基桩空打段；以及地下室采逆打构筑，柱位下单桩尺寸需足以置入逆打柱，于是大口径长桩遂成为设计主流。施工方法，主要为反循环（Reversal circulation pile）及全套管（All casing pile）基桩。配合上述需求，台湾过去三十余年，代表性场铸圆形基桩之静力载重试验案例汇整如表2。

3.2　矩形壁式基桩载重试验

壁式基桩（Barrette pile）系指采连续壁挖掘机具施工，形状为单一矩形单元或多个矩形单元所组成之基桩（胡邵敏，2004）；通常为矩形，故常亦称为矩形桩或条形桩（rectangle piles or strip piles）。然实际工程应用上，为因应结构荷载特性及需求，可以设计成 T、I、L、H、Y、十、田等复合形状。基本上，壁桩施工方式与连续壁雷同。

当矩形壁桩与圆形基桩具相同断面积及长度时，壁桩具较大比表面积（Specific surface，等于桩周表面积与基桩体积之比值），故能提供较大桩身摩擦力，而承载更大垂直荷重。此外，壁桩可适当调整其尺寸与配置，以满足上部结构特定方向之设计惯性矩与抗弯劲度要求，提供较大之水平荷载和抗弯矩能力。当深开挖基地同时采挡土连续壁和壁桩设计，且由同一营造厂商施作时，将可有效提升地下结构之整体施工效率。而随着开挖深度加深，地下连续壁往往结合地中壁、扶壁作为整体挡土结构系统，以提高开挖期间之稳定性，降低对邻近地层与既有结构设施之影响。（俞清瀚等，2013）。

随着壁桩之应用发展，三十年来台湾矩形壁桩静力载重试验之代表案例汇整见表3。

3.3　试桩结果之比较及检讨

表2及表3显示，随年代进展，场铸圆形基桩及矩形壁桩尺寸皆有增大趋势；而因应设计荷重需求显著增加及试桩锚定反力设备容量不断改进，基桩试验之载重则不断增加。其中大部分圆形基桩之试桩皆可达极限破坏状态；然而，矩形壁桩之试验载重虽由早期约1000t，大幅增加至近期之7000～8000t，加载至极限破坏的案例却相当有限。

以上现象，除因壁桩采连续壁施工机具（MHL）施作，受限单一刀幅最小标称挖掘长度约2.5m（实际2.6～2.7m），而具一定规模承载力外；主要系壁桩掘削需配合设置导沟墙施作，然往往无法将导墙完全打除，导致试验桩头附近深度，额外增加导墙的摩擦阻抗及其部分底部阻抗。表3案例B-J，因属旧建物拆除之更新基地，其导沟墙深度配合既有地下室约6m；当试验达最大载重8100t，估计深度约9m以上壁桩摩擦阻抗即达2300t（约为最大试验载重之28%）。此外，试验桩均于地表施作，而地下室开挖深度普遍达20m以上，致试验桩具相当长空打段；然壁桩受限于断面形状及施作特性，其空打段隔离成效极为有限，加上壁桩比表面积远大于圆桩，使空打段摩擦阻抗明显大于圆桩。因此，加载于壁桩顶部之试验载重，常无法有效传递至空打段下之有效桩长，进而激发桩端之底承力。

此外，表3显示，壁桩载重试验前根据圆桩归纳之经验公式，所预估之极限承载力普遍小于经试桩评估之极限承载力，分析矩形壁桩实际之承载行为应与传统圆形基桩有所差异。而表3试桩案例主要贯入承载于卵砾石层，由于壁桩挖掘与卵砾石层组构特性，评估基桩与卵砾石层间之摩擦行为机制，将额外受桩体混凝土与地层互锁（Interlocking）作用影响，而产生较大之摩擦阻抗。

表2　代表性场铸圆形基桩静力载重试验案例

案例编号及说明	试桩尺寸	桩底承载层/入承载层深度（m）	施工法	最大试验荷重（t）	最大桩顶沉陷（mm）	破坏状况/极限承载力（t）	备注
案例 C-A（1978）台北环亚大饭店	φ75cm L=49m	卵砾石层	反循环	—	—	达极限破坏（825）	
案例 C-B（1984）台北中正纪念堂	φ120cm L=46m	卵砾石层	反循环	1，100	12.7	—/—	—
案例 C-C（1990）台北市中正区新光站前大楼	φ100cm L=46m	卵砾石层（入卵砾石1m）	反循环	1000（桩端载重880t）	208（桩端沉陷188mm）	达极限破坏	加内套管隔离，贯穿松山层进入以下砾石层1m（针对卵砾石层底承力）
案例 C-D（1998）台北市信义区台北101	φ120cm L=55m	岩层（入岩10m）	反循环	2550	110	达极限破坏	
	φ100cm L=63m	岩层（入岩20m）	反循环	4060	170	达极限破坏	
	φ100cm L=67m	岩层（入岩20m）	全套管	2500	115	达极限破坏	—

续表

案例编号及说明	试桩尺寸	桩底承载层/入承载层深度（m）	施工法	最大试验荷重（t）	最大桩顶沉陷（mm）	破坏状况/极限承载力（t）	备　注
案例 C-E（2000）高雄市台湾高速铁路	ϕ200cm $L=68$m	黏土层	反循环	3600	202	达极限破坏	
	ϕ180cm $L=49$m	岩层（入岩 9m）	反循环	4200	184	达极限破坏	
	ϕ200cm $L=57$m	砂层	反循环	4300	144	达极限破坏	—
案例 C-F（2003）台北市南港区 H28 开发基地	ϕ150cm $L=61.1$m	岩层（入岩 15m）	反循环（桩底灌浆）	4,000	90	达极限破坏	—
	ϕ150cm $L=59.8$m	岩层（入岩 20m）	反循环（桩底灌浆）	4000	89	达极限破坏	—
案例 C-G（2005）台北市关渡区台电变电站	ϕ150cm $L=66.3$m	安山岩块层（入岩块 9.3m）	全套管	4100	230	达极限破坏（3200）	—
	ϕ150cm $L=51$m	安山岩块层入岩块 0m	反循环	2100	155	达极限破坏（2000）	—
案例 H（2006）高雄市前镇区中钢总部大楼	ϕ120cm $L=70.6$m	砂层	反循环	2100	175	达极限破坏	—
案例 C-I（2006）高雄市左营区新光三越	ϕ120cm $L=44.2$m	岩层（MS）（入岩 6m）	反循环（桩底灌浆）	2000	200	达极限破坏（1700）	—
案例 C-J（2011）台北市信义区台北大巨蛋	ϕ150cm $L=58$m	黏土层（GL-55m）	全套管	4000	202	达极限破坏（2980）	—
	ϕ150cm $L=80$m	卵砾石层（GL-70m）	全套管	5000	42	未达极限破坏（>5000）	（配合表 3 之壁桩案例 B-F）
案例 C-K（2013）台北市信义区南山人寿大楼	ϕ150cm $L=66.1$m	岩层（SS/SH）（GL-46.1m）	反循环	7500	143	未达极限破坏（>6800）	加载至 7500t 尚可保压
	ϕ150cm $L=58.3$m	岩层（SS/SH）（入岩 5m）	反循环（桩底灌浆）	5500	68	未达极限破坏（>5500）	—

注：以上试验桩之桩底灌浆，主要采用"桩底高压冲洗灌浆工法"。

表 3　代表性矩形壁桩静力载重试验案例

案例编号及说　明	试桩尺寸（编号）	桩底承载层/入承载层深度（m）	预估极限承载力（t）	最大试验荷重（t）	最大桩顶沉陷（mm）	破坏状况/极限承载力（t）	备　注
案例 B-A（1985）台北国泰大楼	70×220cm $L=35.5$m	卵砾石层（入卵砾石 1.5m）	—	1000	8	未达极限破坏（>1000）	—
案例 B-B（1990）高雄 85 大楼	100×250cm $L=42.5$m	黏土质粉土或粉土细砂层/—	—	1625	56	达极限破坏（1200）	—
	100x250cm $L=42.5$m	黏土质粉土或粉土细砂层/—	—	1800	50	达极限破坏（1500）	Flat Jack 桩底后灌浆预压（50kg/cm²）
案例 B-C（1999）新北市板桥区（文化路案）	80×260cm $L=55.6$m	卵砾石层（入卵砾石 1.85m）	3440	4200	36	未达极限破坏（>4200）	

续表

案例编号及说明	试桩尺寸（编号）	桩底承载层/入承载层深度（m）	预估极限承载力（t）	最大试验荷重（t）	最大桩顶沉陷（mm）	破坏状况/极限承载力（t）	备 注
案例 B-D（2007）新北市板桥区新板特区	80×270cm L=51.7m	卵砾石层（入卵砾石 3m）	4800	5500	28	未达极限破坏（＞5500）	
	80×270cm L=51.8m	卵砾石层（入卵砾石 3m）	4800	5500	30	未达极限破坏（＞5500）	
案例 B-E（2009）新北市板桥区新板特区	80×270cm L=51m	卵砾石层（入卵砾石 3m）	5370	6000	110	达极限破坏（4800）	
案例 B-F（2011）台北市信义区台北大巨蛋	120×260cm L=58m	黏土层	5000	4150	150	达极限破坏（3680）	
	120×260cm L=73m	卵砾石层（入卵砾石 3m）	6500	7200	40	未达极限破坏（＞7200）	
案例 B-G（2011）新北市新庄区	80×270cm L=83m	卵砾石层（入卵砾石 2m）	6200	6200	51	未达极限破坏（＞6200）	
	80×270cm L=83m	卵砾石层（入卵砾石 2m）	6200	6800	62	未达极限破坏（＞6800）	桩底灌浆
案例 B-H（2011）新北市中和区华中桥重划区	80×260cm L=51m（No. 1）	卵砾石层（入卵砾石 3m）	3200	3600	41	未达极限破坏（＞3600）	桩底灌浆（桩头混凝土破坏）
	80×260cm L=50.5m（No. 2）	卵砾石层（入卵砾石 3m）	3120	4220	30	未达极限破坏（＞4200）	桩底灌浆
	80×260cm L=51m（No. 3）	卵砾石层（入卵砾石 3m）	3320	4500	35	未达极限破坏（＞4500）	桩底灌浆
	80×260cm L=52m（No. 4）	卵砾石层（入卵砾石 3m）	5600	7000	177	达极限破坏（5000）	桩底灌浆
	80×260cm L=49m（No. 5）	卵砾石层（入卵砾石 3m）	3700	4000	151	达极限破坏（3700）	无桩底灌浆
	80×260cm L=47.8m（No. 6）	卵砾石层（入卵砾石 3m）	3700	3800	161	达极限破坏（3400）	无桩底灌浆（桩底深厚沉泥）
案例 B-I（2014）高雄鼓山区远雄 O1	80×250cm L=75m	砂层	5100	6200	51	达极限破坏（5100）	
	80×250cm L=75m	砂层	5600	6800	62	达极限破坏（5500）	桩底灌浆
案例 B-J（2015）台北市信义区（忠孝东路）	120×270cm L=71.2m	卵砾石层（入卵砾石层 4m）	7475	8100	46	未达极限破坏（＞8100）	桩底灌浆（桩头深导沟影响）

注：以上试验桩之桩底灌浆，主要采用"桩底高压冲洗灌浆工法"

4　试桩规划及监测仪器配置

4.1　试桩整体规划及施作程序

　　场铸基桩之载重试验规划，应根据基地现况与地层分布特性，配合建筑结构配置（如高楼主建物、及低楼层裙楼或开放空间区域）与载重需求，并考虑拟采用之基桩型式及其施工法。

　　以台北 101 工址先期极限载重试验为例（图1），依建物配置，规划下压及拉拔试桩位置，并针对不同桩径及入岩深度试验基桩（含锚桩），分别采用反循环及全套管工法施作，以评估不同施工法之适用性。而施工中之台北大巨蛋基地（图2），为评估传统圆桩与矩形壁桩之适用性，因应结构下压与抗浮需求，依基地地层分布，选择四区规划系统性之配对试验。

　　试桩前，宜于试验桩位置或其邻近区域，进行预钻孔调查试验，确认地层（尤其是承载层）分布。基桩施作顺序则以锚桩优先，经详细施工督导与纪录后，检讨调整施工方法与程序；再进行试验桩施作，而试验桩之施作程序及其相应试桩结果，则做为后续试桩结果诠释分析，与工作基桩施作之依据。

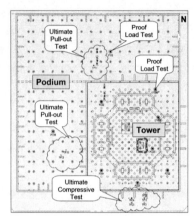
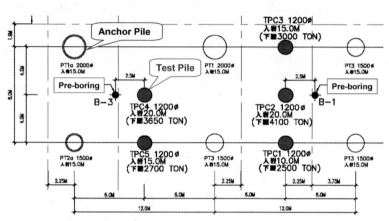

a）基地建物配置及试桩位置　　　　b）试验桩、锚桩及预钻孔配置（垂直下压试验）

图 1　先期基桩载重试验配置（台北 101 案例）

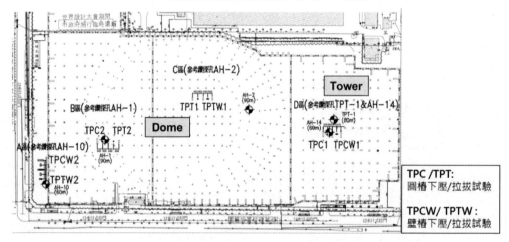

TPC / TPT：圆椿下压/拉拔试验

TPCW / TPTW：壁椿下压/拉拔试验

图 2　先期基桩载重试验配置（台北大巨蛋案例）

4.2　试验桩监测仪器设置

　　为量测试验桩加载过程基桩之应力及变位，除桩头荷重计及变位计；配合试验基桩施作，同时于桩身不同深度装设钢筋应变计、混凝土应变计及桩体变位计（或杆式变为计）等监测仪器。针对大尺寸长桩，尤其当地层层次多且分布复杂时，试验桩装设之测读仪器数量甚多；为实时且有效地获得试验期间全程完整之试验数据，并减少人为错误，采电子式测读仪器，以自动化记录系统定时量测。同时，为检核自动化量测之正确性，并提供备份试验数据；另安装传统钢尺（或测微表），配合在数个主要加载或解载结束阶段，以水平仪（或人工）测读变位变化，试验载重则由加压之油压表记录检核。

　　桩身监测仪器之装设深度及位置，除参考邻近既有调查资料外；建议宜于试验桩位置进行预钻孔调查，确认其地层分布，再配合调整监测仪器设置位置，以有效进行试桩监测结果之诠释分析。试验桩监测仪器配置剖面示意如图 3 所示。

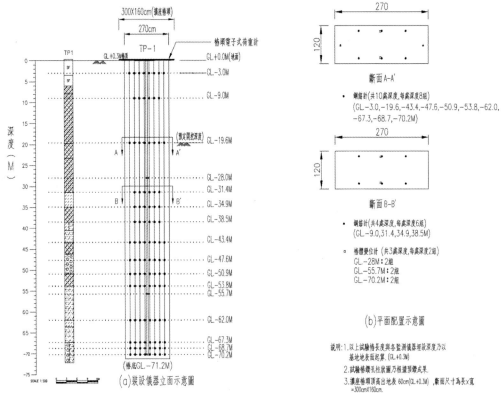

图 3　试验桩监测仪器配置剖面示意图（壁桩案例 B-J）

4.3　试验反力及锚定设施配置

因应大尺寸场铸基桩极限承载力较大情形，其试验所需载重往往甚大；故主要采用锚桩提供试验反力，并配合适当尺寸之反力钢梁及锚定钢筋量，建立充分且安全稳定之反力锚定系统。而为因应如表 2 及表 3 达 5000～7000t 以上试验载重需求，并考虑反力加压系统于试验过程可能之偏心、以及低估试验桩之实际极限承载力，锚定反力系统设计通常需再额外保有 10％～15％之余裕，以确实达到极限载重试桩之目的。

反力锚桩之型式及施工法，原则上与试验主桩相同，且应优先施作；根据其施工成果，调整修改施工工法与程序，再应用于试验主桩。另如台北 101、台北大巨蛋案例（如图 2 及 3），锚桩亦可采用不同施工法（如反循环、全套管、或壁桩等）、不同断面尺寸与长度（尤其是入承载层深度），以验证比较工法之差异，供最终工作基桩选择与施工之依据。此外，考虑经济性，锚桩亦可配合建物地下室挡土结构系统及基桩之配置，采工作桩、或挡土连续壁、地中壁或扶壁等。唯针对前述作为锚桩之临时性或永久性地下结构，应

配合于试桩时监测其变位或应力，以评估其后续使用之适当性。

4.4　试验桩施工之考虑

4.4.1　桩底沉泥问题及处理对策

工程经验显示，大尺寸场铸基桩施工不可避免将对桩底地层造成扰动、解压松弛，以及桩底软弱沉泥未能完全清除情形，导致桩底承载力无法有效发挥。以台北 101 基地为例，根据先期载重试桩及试作桩结果，检讨反循环基桩施工方法及程序，以 Air-lift 方式进行桩底沉泥处理；经桩底钻心取样调查，统计 35 支基桩之桩底沉泥厚度仍如图 4（何树根，2000）。

相对于场铸圆桩底部沉泥不易完全清理情形，矩形壁桩于钢筋笼吊放后，受限钢筋笼配筋（见图 5），造成特密管不能水平移动，无法于混凝土浇置前再进行沉泥清理（如 Air-lift 等）；因此，钢筋笼吊放过程，由槽沟壁所刮落之土壤、稳定液中之沉淀物等，常大量堆积于桩底（由桩底钻心取样及桩底后灌浆施工中之钻杆钻进速率中均可获得证实），故壁桩之桩底沉泥问题比圆桩严重。

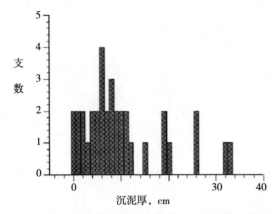

图4　钻心取样桩底淤泥状况（台北101案例）

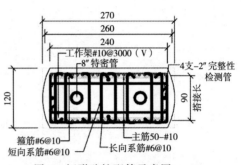

图5　矩形壁桩配筋示意图

经多年检讨应用，桩底灌浆工法已逐渐成为台湾大尺寸场铸基桩设计与施工之重要考虑项目，作为桩底沉泥问题之解决及补强对策。

台湾早期以 U 型管及平版膜（Flat Jack）两种灌浆工法较为常见，其处理方式分别为：（1）将水泥浆以压力挤入或渗入桩底压缩并与沉泥混合（U 型管）；（2）将水泥浆以压力挤入桩底压缩沉泥（（Flat Jack）。其效果虽尚称良好，唯因施工质量控制不易，设计时多半将其视为辅助措施（张培义等，2000）。近期（约 2000 年后），则以根据台北 101 经验发展之"桩底高压冲洗灌浆工法"为主；其方法以高压水将桩底沉泥洗出，再以水泥浆置换保压，施工示意如图 6 所示。有关桩底灌浆改良成效案例比较参见 5.2 节。

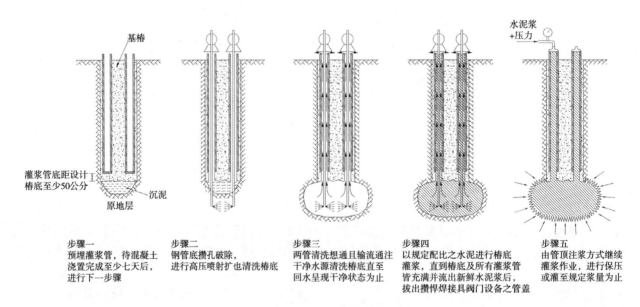

图6　桩底高压冲洗灌浆工法示意图

4.4.2　其他配合措施

如表 2 及表 3 之试桩案例，大尺寸场铸基桩之试验载重往往达 5000～7000t 以上，为确保桩头于试验过程之完整性，并配合为数其多加压千斤顶之安置，试验桩于桩身混凝土浇置时需同时进行扩座桩头施工，并针对桩头邻近深度范围进行补强，如增加钢筋量、或以钢套管围束等措施。

针对大尺寸长桩，为确保加载于桩顶之试验荷重可有效传递至开挖面下之有效桩长，使桩身摩擦力及桩底承载力可充分发挥，空打段部分之摩擦力须尽量配合消除或降低。传统圆形基桩主要可采双套管方式隔离空打段；壁桩基于其形状特性，则可于桩周采高压水刀洗孔并填灌皂土浆方式，降低空打段之桩身摩擦力。唯以上隔离措施效果有限，致试验载重往往须适度加大；并配合于开挖面深度设置监测仪器，以估算空打段摩擦阻力，并评估模拟预定开挖面以下有效桩长之承载能力及承载行为。此外，试桩前应确实将试验桩桩头附近之混凝土铺面及其他可能链接之地下结构、或壁桩之导沟墙等，均应予以完全敲除，避免增加试验基桩承载力以外之额外阻抗。

而于试验主桩（必要时含锚桩）施工期间，

应进行督导，翔实记录基桩施工时间、钻掘速率、桩底沉泥厚度及其清洗处理、钻掘成孔后之垂直度与断面尺寸超音波检测、钢筋笼吊放及混凝土浇置状况、桩体混凝土完整性检验、及浇置混凝土试体抗压强度等，供试桩成果分析之依据。

5 试桩监测结果之诠释分析与比较

5.1 试桩监测数据整理及分析方法

一般基桩载重试验主要以试验过程桩头量测之试验载重与变位，绘制桩头荷重-位移（Q-S）曲线（图7），再借以评估其极限承载力。然现行试桩（尤其是先期极限载重试验），往往需进一步分析基桩埋设深度范围内，各地层之桩周单位摩擦力及桩端底承力之发展情形，以评估基桩之承载行为。

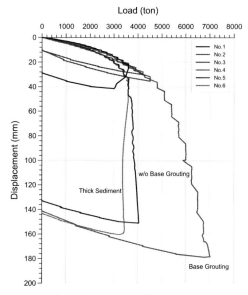

图 7　桩头荷重-位移（Q-S）曲线（壁桩案例 B-H）

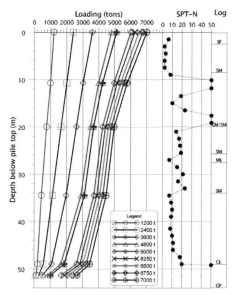

图 8　基桩荷重传递分布（案例 B-H 之 No.4）

5.1.1 荷重传递及桩体位移分析方法

基桩极限载重试验系在桩头、桩底附近及各主要地层交界处装设钢筋计，借由不同深度钢筋计的量测应变量，计算不同桩头荷重下桩身于各深度所受轴力（Q），并绘制荷重传递曲线（Load Transfer Curve，如图8），然后据以计算不同深度桩段所激发之桩周摩擦力 Q_s（除以该桩段桩周表面积则为桩周单位摩擦应力 f_s，或称为 t）；而实务上为简化分析，直接以最下层钢筋计位置（通常位于桩底上 $0.5 \sim 1.0$ m）之桩身轴力代表桩底承载力 Q_b（该数值尚包含最下层钢筋计与桩底间的桩周摩擦力），Q_b 除以基桩之断面积即为底承应力 q。

一般试桩同时常于桩体内不同深度装设桩体变位计，以量测桩身各深度之变位量，但以往试桩经验显示，其量测数值经常有不合理现象；故实务上皆采用试验不同荷载阶段之桩头沉陷量，配合桩身钢筋计之量测应变量，推算各深度桩段的桩体位移（z）或桩底位移（w）。

根据各桩段中点位移（z）及桩底位移（w），与该桩段对应的桩周单位摩擦应力（t）及底承应力（q），可分别绘制每一桩段随桩顶荷重变化之桩周摩擦阻抗 t-z 曲线及桩底承载阻抗 q-w 曲线（参考图15及图18）。

以上计算假设试验过程，基桩同一断面混凝土与钢筋之应变（ε）一致，各深度断面受力（Q）等于混凝土受力与钢筋受力加总（即 $Q = \varepsilon(E_c A_c + E_s A_s)$）；其中钢筋弹性系数（$E_s$）可采定值（如 2.1×10^6 kg/cm^2），但一般钢筋断面积 A_s 仅约为基桩总断面积之 $1\% \sim 2\%$，对断面受力（Q）计算主要受混凝土受力（$E_c A_c$）影响。

然混凝土为骨材与水泥浆体等异质材料所组合，致其受力时之应力-应变关系为非线性；且场铸基桩混凝土系现场浇灌施工，致其桩体混凝土弹性系数（E_c）变异性甚大。因此，为考虑桩体混凝土应力-应变之非线性行为，采用接近桩顶断面之钢筋计量测数据，反算桩体混凝土受压之 E_c 值与应变之非线性关系（图9）。高秋振等（2009）曾汇整台湾21组场铸基桩之载重试验结果，以近桩顶断面之钢筋计量测值反算桩体 E_c 值，及统计回归桩体 E_c 值与应变之关系（图10）；图中并套绘 S. K. Lee et. al（2007）之 G40（40N/mm^2）桩体混凝土强度回归结果。两者之回归关系及其分散性相当接近，而 E_c 值与回归值之差异范围最高约达 $\pm 30\%$。

此外，所有试验桩于混凝土浇置前均以超音

波检测孔壁状况，除了解是否有坍孔状况外；必要时，可据以推估修正分析采用之桩身断面积及桩周表面积。

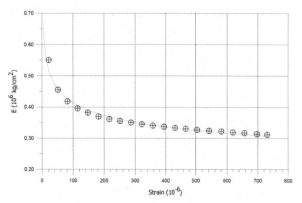

图 9 E_c 值与应变 ε 回归关系（案例 B-H 之 No.4）

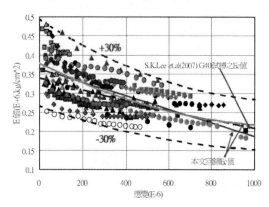

图 10 试桩案例评估 E_c 值回归统计比较

5.1.2 *t-z* 曲线分析模式

t-z 曲线分析模式（或称 *t-z* 曲线法），主要乃考虑基桩与土壤之互制行为，以线性梁元素仿真桩体受轴向载重时之弹性压缩（或伸张）变形，然后以一系列之非线性弹簧（*t-z* 曲线）代表由各地层桩周摩擦力所发展之摩擦劲度，而桩底承载阻抗则用非线性土壤弹簧仿真（*q-w* 曲线）来仿真（图11）。透过迭代分析，可求得基桩之变形及轴力等数值，其中桩头荷重-位移曲线（即性能曲线）可评估其在不同载重条件下之垂直承载劲度（K_v），供桩筏复合基础之土壤结构互制分析使用。

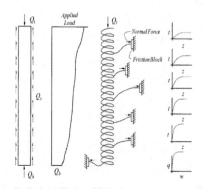

图 11 *t-z* 曲线分析模式（修改自 Reese et al, 2006）

5.2 桩底后灌浆对承载力之影响与比较

针对前述桩不同底灌浆工法，汇整部分代表试桩案例进行比较。

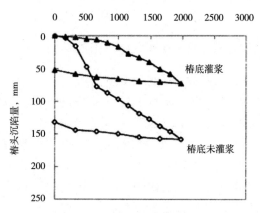

a) U 型管工法灌浆案例

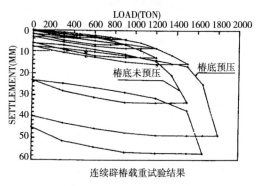

连续辟桩载重试验结果

b) 平版膜（Flat Jack）工法灌浆案例

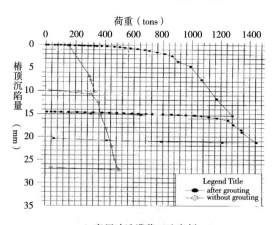

c) 高压冲洗灌浆工法案例

图 12a）案例为桩径 1.5m、桩长 22m 之反循环基桩，承载于砂岩层，经 U 型管工法灌浆后之承载力增加约 50％（张培义，等，2000）。图 12b）为高雄 85 大楼案例，连续壁版桩断面尺寸 2.5m×1m、长度 42.5m，承载于桩砂土层；成桩后经预埋之平版膜（Flat Jack）桩底灌浆，桩底因灌浆预压，增加之承载力约为总承载力的 26％（陈斗生，1999）。

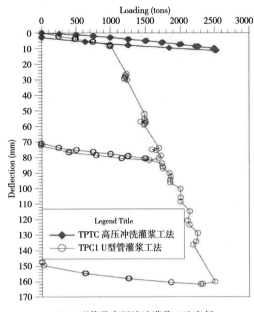

d) U 型管及高压清洗灌浆工法案例

图 12　不同桩底灌浆工法之试桩案例比较

图 12c) 案例为全套管工法钻掘，承载于砂岩层基桩（桩径 1.0m、桩长约 10m，入砂岩 3m），初期试桩发现桩底承载力不足；于是针对该基桩钻心至桩底处后，进行桩底沉泥冲洗与高压灌浆。改良后之试桩结果显示，于桩顶沉陷 2cm 情况下之承载力提高 200％以上。此外，图 12d) 案例为桩径 2m 之反循环基桩，桩深 48m 扣除开挖空打段约 21m 隔离套管，有效桩长 27m（并入卵砾石层约 1m），规划各进行一组下压（配合 U 型管桩底灌浆）与拉拔试桩。拉拔试验基桩（TPT1）加载至最大荷重 1000t 时之桩顶上移量仅约 6mm；然下压试验基桩（TPC1）于最大试验荷重 2500t 时之桩顶沉陷达 160mm，估计极限承载力为 1000～1250t，远小于预估值 2500t。试桩后，TPC1 与 TPT1 桩体之钻心取样结果显示，两支基桩之桩底沉泥厚度至少均达 50cm。经检讨改采高压冲洗灌浆工法，针对 TPT1，直接以桩体钻心取样孔作为高压冲洗与灌浆之通道；其经桩底清洗灌浆后之下压载重试验（TPTC）结果显示，加载至 2500t 时之桩顶沉陷仅达 11mm，评估其极限承载力远超过 2500t。证实高压冲洗灌浆工法之成效显著，与原先采用 U 型管灌浆工法基桩（TPC1）比较，其承载力至少提高 150％以上。

综上，桩底后灌浆处理工法确可有效提高大尺寸场铸基桩之承载力，尤其适用于桩长相对较短、桩端底承力比例明显重要时。唯各工法适用性，应同时考虑桩底承载地层特性及灌浆工法之机制；针对岩层、卵砾石层，"桩底清洗灌浆工法"可视为适当方法。

6　试桩成果分析及基桩承载行为探讨

本文根据位于台北盆地南侧之壁桩载重试验案例（如表 3 之案例 B-H），进行试桩成果之分析评估及基桩承载行为探讨。本案例范围之卵砾石承载层深度分布及试验桩（No. 1～No. 6）位置如图 13 所示，各试验基地之预钻孔及钢筋计埋设深度如图 14 所示；各试验桩数据及其桩头荷重-位移曲线参见表 3 及图 7。因应地表回填层（SF）厚度分布不一，为防止壁桩挖掘坍孔，施工前于槽沟四周之回填层及其下方部分黏土层（土层一，SF/CL）进行 CCP 固结灌浆。本案例 No. 1～No. 4 壁桩于混凝土浇置后，采"高压冲洗灌浆工法"进行桩底灌浆；No. 5 及 No. 6 则无桩底灌浆，其中 No. 6 因施工延滞、局部槽沟坍孔，导致桩底堆积大量沉泥，并造成最下层钢筋计损坏，依试桩后桩体钻心取样结果，分析其桩底沉泥至少 50cm。本案例详细分析及评估建议参见徐明志等（2015）。

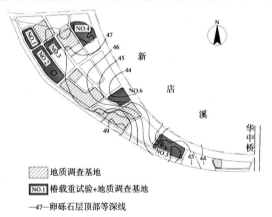

图 13　案例 B-H 各试桩基地位置

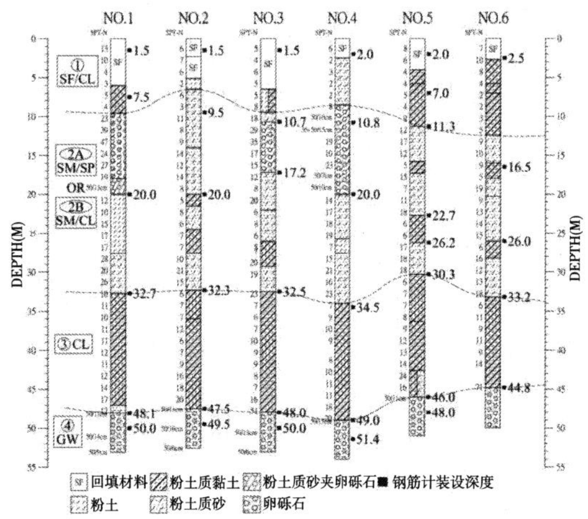

图 14　预钻孔地层及试验桩钢筋计埋设深度

6.1　桩周摩擦阻抗及桩底承载阻抗

图 7 显示，B-H 案例各试验桩于初始加载阶

段（荷重＜2500t），桩头荷重-位移（*Q-S*）曲线大致相似；然无桩底灌浆（No.5及No.6）于桩头变位大于15～20mm后，曲线则有明显下弯与突降现象。

6.1.1 桩周摩擦阻抗

本案例各地层之 *t-z* 曲线及正规化 *t-z* 曲线分析绘制如图15及图16所示。正规化时，纵坐标以各曲线之单位摩擦应力除以其最大值（试验未达尖峰值或最大值者则不列入）；横坐标则以各曲线之位移除以等周长桩径 B_{eq}（其中 B_{eq}＝壁桩断面周长/π≅2.16m）。

桩周摩擦阻抗（*t*）随桩体位移（*z*）之变化情形显示，于粉土质砂夹黏土层（土层二B，SM/CL）及粉土质黏土层（土层三，CL）均呈应变软化（softening）型态，尖峰摩擦应力约发生于位移20mm（约1%等周长桩径 B_{eq}），当位移较大时之软化幅度则较小；而随覆土深度增加，其尖峰摩擦应力呈增加趋势，但幅度不大，且应变软化现象较显著。至于粉土质砂夹砾石（土层二A，SM/SP）及卵砾石层（土层四，GW）则趋近应变硬化（hardening）型态，并于大于上述位移范围（约20mm）后，方逐渐接近最大值。整体而言，各地层 *t-z* 曲线在小位移之初期劲度（斜率）差异不大；唯粉土质黏土层（土层三，CL）之平均初期斜率，略高于砂性土层（土层二A，SM/SP及土层二B，SM/CL）。此外，于卵砾石层（GW），当桩体位移40～60mm（2%～3%等周长桩径 B_{eq}）后，才激发出最大摩擦应力，明显大于前述沉积土层，分析应与基桩和砾石层间之摩擦特性有关。

参考 O'Neil & Reese（1999）针对圆桩之正规化 *t-z* 曲线研究（图17），黏性土层及砂性土层之最大摩擦阻抗为 0.6%～0.8%*D*（桩径）位移前即发生；然卵砾石层于统计之最大位移（约1.8%*D*），尚未激发出最大摩擦应力。以上研究与本案例分析结果具相同趋势。

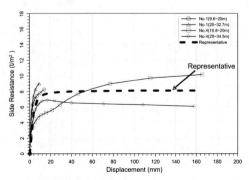

a）粉土质砂夹砾石层（土层二A，SM/SP）

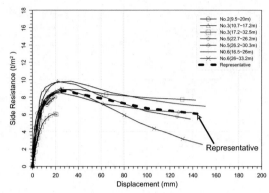

b）粉土质砂夹黏土层（土层二B，SM/CL）

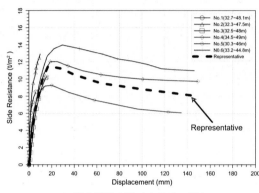

c）粉土质黏土层（土层三，CL）

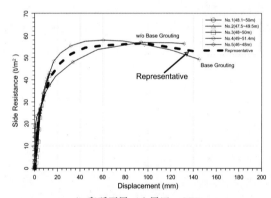

d）卵砾石层（土层四，GW）

图15　各地层之桩周摩桩阻抗 *t-z* 曲线

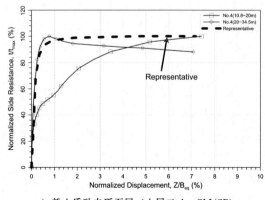

a）粉土质砂夹砾石层（土层二A，SM/SP）

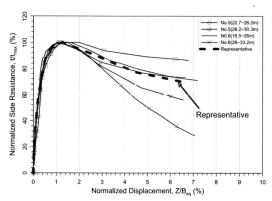

b) 粉土质砂夹黏土层（土层二 B，SM/CL）

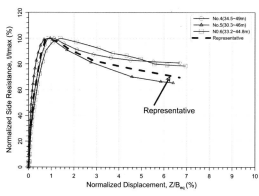

c) 粉土质黏土层（土层三，CL）

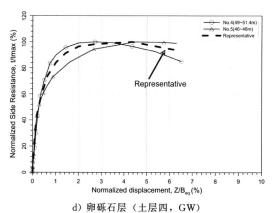

d) 卵砾石层（土层四，GW）

图 16　各地层之正规化（t-z 曲线）

桩周摩桩阻抗 t-z 曲线

6.1.2　桩底承载阻抗

　　依荷重传递曲线，估计最下层钢筋计处（约距桩底 1m）之桩体轴力（及应力）与位移之关系，并视为"等值桩底承载力"（包含桩底承载力及近桩底部分桩周摩擦力），本案例之应力与位移关系（q-w 曲线）如图 18 a）。结果显示桩底灌浆对桩底承载力确有显著影响，且 q-w 曲线明显呈两种不同形态：（1）具桩底灌浆（No.1～No.4）者，于荷载初期均呈较高劲度；其中 No.4 曲线于桩底位移接近 20mm 后，逐渐转变以略小之斜率，继续呈线性增加。（2）无桩底灌浆（No.5）者，于小位移所激发之桩底反力甚小，q-w 曲线于非常

小位移即略呈线性增加；且其于相同位移下之底承应力（q），明显小于桩底灌浆（No.4）。此外，当桩头加载至最大试验荷载时，桩底灌浆 No.4 之桩底承载应力约达 1100t/m² （桩底断面位移约 145mm），且 q-w 曲线仍略呈线性增加，尚无降伏征兆；而无桩底灌浆 No.5 于最大试验荷载阶段，当桩底位移达 132mm，所激发之底承应力约 530t/m²（仅为 No.4 之 50%），亦无明显降伏现象。

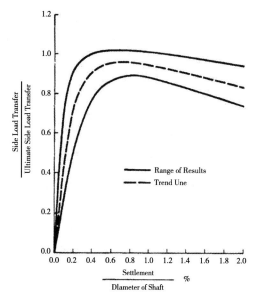

a) Cohesive soil

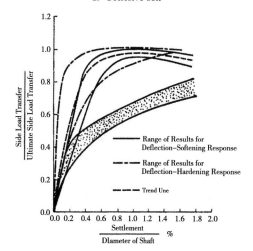

b) Cohesionless soil

图 17　Normalized side load transfer for drilled shaft

（O'Neil & Reese, 1999）

　　唯应注意，上述桩底承载应力系于桩底位移分别达 145 及 132mm（相对应桩头位移为 177 及 151mm）所激发；此沉陷量非一般土木及建筑构造物所容许，故设计时不能直接采用前述试验之最大桩底承载应力，而需进一步考虑上部构造物之容许沉陷量，才能合理决定桩底之容许承载力。

　　此外，因 No.6 之桩底沉泥厚度甚大，致其最

下层钢筋计损坏无法求出桩底承载力，另绘制 No.4、No.5 与 No.6 于卵砾石层顶面处之桩体应力-位移曲线，如图 18b）所示，则进一步显示，桩底具大量沉泥 No.6 之桩体应力明显低于 No.5；而当假设 No.5 及 No.6 于卵砾石层之桩周摩擦阻抗相同，依卵砾石层顶面处之应力-位移关系，推估 No.6 桩底（最下层钢筋计深度）$q\text{-}w$ 曲线如图 18 a）之虚线，其小位移时之行为大致与 No.5 相同，但大于 20mm 后之直线斜率则明显小于 No.5。以上则可反映桩底沉泥对底承力之影响。

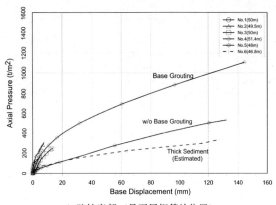

a）壁桩底部（最下层钢筋计位置）

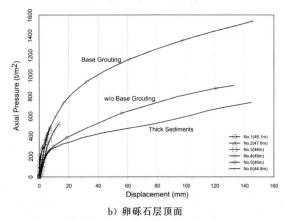

b）卵砾石层顶面

图 18　卵砾石层顶面及桩底轴向应力与位移关系（$q\text{-}w$ 曲线）

6.2　代表性 $t\text{-}z$ 及 $q\text{-}w$ 曲线

6.2.1　非线性曲线

根据本案例地层分布及试桩结果，汇整评估各土层之代表性 $t\text{-}z$ 曲线及 $q\text{-}w$ 曲线如图 15 及图 18 之虚线。利用上述非线性代表曲线，以 $t\text{-}z$ 曲线分析模式（参见 5.1.2 节），反算模拟之桩头荷重-沉陷曲线如图 19 a）虚线；显示有、无桩底灌浆均与试桩结果（No.4 及 No.5）相当吻合，而此亦反映前述归纳评估之各地层代表性 $t\text{-}z$ 曲线与 $q\text{-}w$ 曲线应属合理。

6.2.2　简化线性模式评估建议

前述代表性之非线性 $t\text{-}z$ 曲线及 $q\text{-}w$ 曲线虽可合理描述桩周摩擦阻抗及桩底承载阻抗特性，然因

非线性曲线较不易应用于基桩分析，尤其当曲线具应变软化特性时，于数值分析常产生运算问题；故因应实务应用，进一步将其简化为双线性模式，使具有简单明确、易于工程分析使用之特性。

1. 完全弹塑性 $t\text{-}z$ 模式

本案例各地层之非线性 $t\text{-}z$ 曲线简化为完全弹塑性模式时，针对弹性段之等值弹性劲度，SM/SP、SM/CL 及 CL 等土层建议取通过 $t\text{-}z$ 曲线 10mm 位移点之割线劲度 k_{10}；卵砾石层（GW）则建议取通过 5mm 位移点之割线劲度 k_5。至于完全塑性段之摩擦阻抗，针对应变软化型曲线土层（SM/CL 层及 CL 层），分别取 10mm 位移点所对应之残余强度（7 t/m² 及 9 t/m²）；而趋近应变硬化之 SM/SP 层及 GW 层，则分别取其平均最大强度（8 t/m² 及 55 t/m²）。以上不同地层评估所得之降伏点位移（即完全塑性段水平线与以 10mm 或 5mm 位移点评估弹性段割线之交点），均大致发生于 10mm 左右，故本案例建议采 10mm 做为简化完全弹塑性 $t\text{-}z$ 模式之降伏位移（详图 20 a））。

2. 双直线 $q\text{-}w$ 模式

卵砾石层之非线性桩底阻抗 $q\text{-}w$ 曲线，则简化为双直线模式。针对弹性段，建议取通过 $q\text{-}w$ 曲线 5mm 位移点之割线劲度 k_5 为其等值弹性劲度；而塑性段之斜率 k_r（即其等值塑性劲度），则建议取 $q\text{-}w$ 曲线较大位移且接近线性之直线斜率。

依以上定义，并参考试桩结果，分析有、无桩底灌浆基桩（No.4 及 No.5）之卵砾石层简化双直线桩底阻抗 $q\text{-}w$ 曲线之降伏位移亦均约为 10mm，与前述各土层简化完全弹塑性摩擦阻抗（$t\text{-}z$）之降伏位移相近。而据以汇整评估之简化双直线 $q\text{-}w$ 模式曲线如图 20b），显示桩底灌浆（No.4）砾石层 $q\text{-}w$ 曲线之割线劲度 k_5 可提高为约 4 倍，k_r 则提高为约 1.5 倍，显见桩底灌浆对提高桩底承载力之显著效果。

此外，当计算桩底具大量沉泥 No.6 的 $q\text{-}w$ 曲线劲度时，估计其等值弹性劲度 k_5 约略与 No.5 相当；但塑性段 k_r 仅为 No.5 之 50%；显示无桩底灌浆时，桩底沉泥清理状况，对底承力激发之影响甚巨。

针对有、无桩底灌浆（No.4 及 No.5）两种状况，利用以上完全弹塑性 $t\text{-}z$ 曲线及双直线 $q\text{-}w$ 曲线，以 $t\text{-}z$ 曲线法，反算桩头荷重-位移曲线如图 19 b）之虚线；模拟结果与试验结果相当符合，且与以非线性 $t\text{-}z$ 及 $q\text{-}w$ 曲线仿真结果相当（参见图 19 a））。因此，上述简化线性模式，可合理应用

于工程实务之基桩设计。

6.3　台北盆地卵砾石层基桩承载特性曲线

参照以上 B-H 案例分析方法，进一步汇整台北盆地内近 20 组承载于景美卵砾石层之大尺寸场铸基桩之极限载重试验结果（包含圆桩及矩形壁桩），分析整理期正规化桩周摩擦阻抗桩 t-z 曲线与桩底轴向应力与位移 q-w 曲线（如图 21）。图 21 a）显示，于卵砾石层中，桩周摩擦阻抗之发展与桩底灌浆并无明显关系；且当桩体约达 2% 桩径 D（或壁桩等周常桩径 B_{eq}）后，才陆续激发出最大值，此趋势与 O' Neil & Reese（1999）之研究结果相当（见图 17 b））。而桩底应力与位移 q-w 曲线则显示（图 21 b）），桩底灌浆确实影响桩底承载力之发挥；且桩底位移达 5%～8% 桩径 D（或壁桩等周常桩径 B_{eq}）时，仍未见明显降伏。

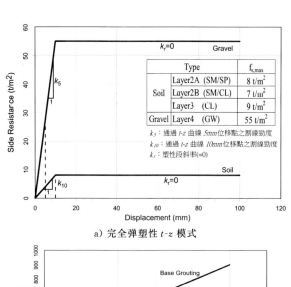

a）完全弹塑性 t-z 模式

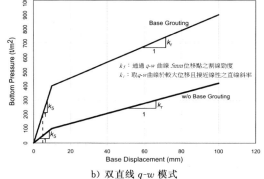

b）双直线 q-w 模式

图 20　简化线性模式

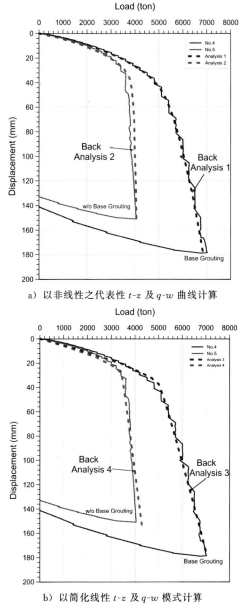

a）以非线性之代表性 t-z 及 q-w 曲线计算

b）以简化线性 t-z 及 q-w 模式计算

图 19　反算模拟及试验之桩头荷重-位移曲线比较

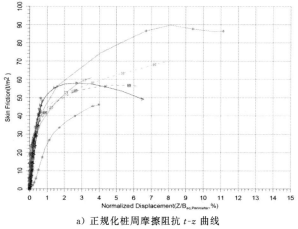

a）正规化桩周摩擦阻抗 t-z 曲线

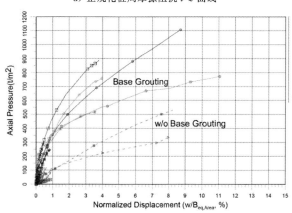

b）正规化桩底轴向应力与位移关系（q-w 曲线）

图 21　台北盆地卵砾石层基桩承载特性曲线

7 基桩垂直承载设计之检讨与应用

7.1 传统容许承载力设计之检讨评估

传统工作应力法系以极限承载力 Q_u（＝桩周极限摩擦力 Q_s＋桩底极限承载力 Q_b）除以安全系数，获得容许承载力 Q_a 进行基桩设计；但其垂直荷重系由桩顶次第向桩底传递，桩周摩擦力最大值在较小位移即已发挥，而桩底承载力则需甚大之位移才能被激发。因此，需重新检视以传统总体安全系数为基准的设计方式，以合理评估基桩之容许承载力。

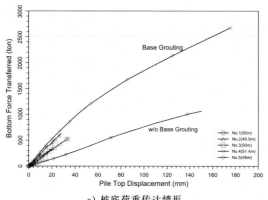

a）桩底荷重传达情形

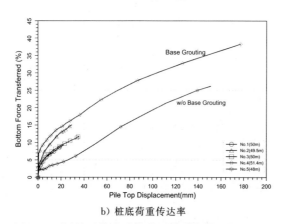

b）桩底荷重传达率

图 22 不同桩顶位移时传递至桩底之荷重变化状况

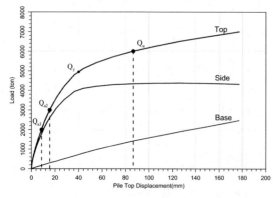

a）有桩底灌浆（No.4）

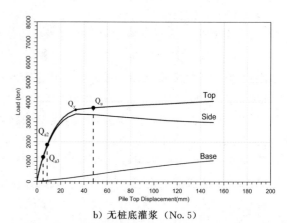

b）无桩底灌浆（No.5）

图 23 不同状态承载力及对应之桩头变位

图 22 a）为 B-H 分析案例各试验桩于不同桩头位移时传递至桩底之轴力变化；若定义"桩底荷重传达率 T_r＝桩底轴力/桩头荷重"，由图 22 b）可知在桩顶变位 25mm 情况下，有、无桩底灌浆之桩底荷重传达率 T_r 仅分别为 10％～15％及 5％，皆远小于各最大试验荷重下之桩底荷重传达情形。

当以 No.4 及 No.5 代表有、无施作桩底灌浆状况，根据桩头荷重-位移曲线评估其极限承载力 Q_u 及降伏承载力 Q_y（采 logQ-logS 法），再以工作应力法安全系数为 2 及 3 状况，计算所对应之容许承载力 Q_{a2}（＝$Q_u/2$）及 Q_{a3}（＝$Q_u/3$）；并将前述各种状态承载力所对应之桩头位移、激发之桩周摩擦力与桩底承载力整理于图 23。估计于极限承载力 Q_u 状态，有桩底灌浆（No.4）之桩底承载力约为总承载力之 28％，然于安全系数为 2 及 3 之容许承载力 Q_{a2}、Q_{a3} 仅分别为 13％及 11％；至于无桩底灌浆（No.5）之对应比例分别为 9％，3％及 4％。

图 23 显示，除于施作桩底灌浆（No.4）之极限载重 Q_u 状态，底承力提供较显著贡献外，其余载重状态下，基桩之承载力主要由桩周摩擦力提供；尤其对无桩底灌浆（No.4），针对容许承载力 Q_{a2}、Q_{a3} 状态而言，其底承力之贡献相当有限。因此，桩底灌浆能确保底承力充份发挥，提供极限状态下基桩于大变位之安全性；并可满足现阶段设计规范，以极限承载力除以安全系数之工作应力法要求。

7.2 考虑承载行为之性能设计模式评估

以往土壤力学与基础工程主要强调强度，而较少注重劲度，如传统桩基础分析设计与试验都专注于极限强度，根据规范建议或试桩结果评估之极限强度除以安全系数求得容许载重进行设计；唯此设计方式虽可确保强度满足需求，但针对实际工作载重下之位移往往未进行检核。因此，设计者无法具体陈述设计成果的真正行为与性能表现，难以达到经济合理的需求。

目前国际设计规范已朝"性能设计"趋势发展，以性能（Performance）为设计主轴，确保设计构造物在不同载重需求下，具备足够安全性与使用性（Serviceability）。简言之，性能设计法即位移设计法；设计成果需能具体陈述构造物性能，亦即不同载重条件下的位移、变形或应变等具体行为与表现。

因此，基桩设计若要朝性能设计法发展，除仍需了解其极限强度外，更需注重其在工作载重作用下之位移或变形程度，亦即其劲度行为。一般基桩受垂直载重时之荷重与位移关系，主要为非线性曲线，其极限强度 Q_u 仅系一极限值，常发生于非常大位移 S_u（非工程能容许程度）；然实际工程载重作用时，往往在小至中等变位或应变范围，故必须掌握此范围的劲度变化，方能分析评估基桩的性能状况。

参考土层、砾石层之简化线性 t-z 与 q-w 模式所对应之 10mm 及 5mm 位移点建议，针对试验桩之桩头荷重-位移（Q-S）曲线，亦建议可简化为用双直线模式。针对弹性段，建议取通过 Q-S 曲线 10mm 位移点之割线劲度 K_{10} 为其等值弹性劲度；塑性段斜率 K_r（即其等值塑性劲度）则取 Q-S 曲线大于极限承载力 Q_u 且接近线性之直线斜率，而弹性段与塑性段两直线之交点为降伏点 Y（见图23）。其中无底灌浆（No.5），塑性段斜率 K_r 数值非常小（降伏点位移 S_y 约 17mm）；故依工程实务评估，本案例可将无灌浆之 K_r 视为零，而以完全弹塑性方式进行模拟及设计。

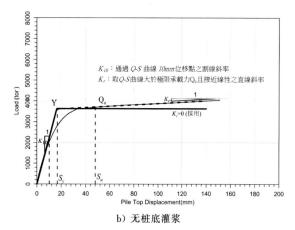

b）无桩底灌浆

图24 双直线基桩垂直承载劲度模式

综合比较上述有、无施作桩底灌浆之简化线性 Q-S 曲线（图24），桩底灌浆之割线劲度 K_{10} 仅呈小幅增加，而塑性段之斜率 K_r 则显著增加（约提高为 4 倍），显见相对属长桩之本探讨案例，其在工作载重下之行为主要受桩周摩擦力控制，故桩底灌浆之效果主要在于提高基桩之整体极限承载力，对实际工作载重下之基桩承载力分布与相应之沉陷量影响相对有限。

针对桩筏复合基础之土壤-结构互制分析，通常用一系列之弹簧仿真土壤及基桩之行为；而以上评估之双直线基桩垂直承载模式（即简化线性 Q-S 曲线）简单且具代表性，可提供基桩桩头等值弹簧垂直劲度 K_v 之估算方式，方便应用于桩筏复合基础结构之分析设计。

7.3 基桩垂直承载模式之设计应用

利用以上探讨案例之基桩载重试验结果及归纳建议之分析模式，针对该区域规划地上 23～28F/地下 1～2B（开挖深度介于 6.5～11m）之多栋建物，进行桩筏复合基础之土壤-结构互制分析设计。首先，使用简化完全弹塑性 t-z 模式及双直

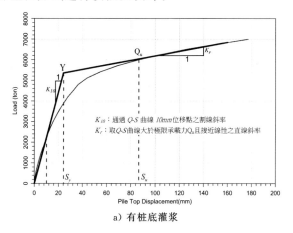

a）有桩底灌浆

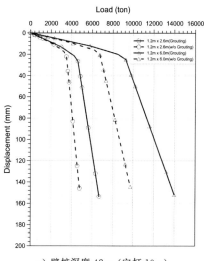

a）壁桩深度 42m（空打 10m）

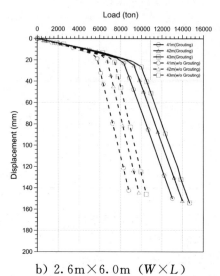

b) $2.6\text{m} \times 6.0\text{m}$ $(W \times L)$

图 25 设计用桩头荷重-位移（Q-S）曲线

（空打 10m，采简化线性 t-z 及 q-w 模式）

线 q-w 模式（图 20），以地下室空打段 10 公尺为例，仿真本区域不断面尺寸及深度之壁桩，在有、无桩底灌浆情况下之桩头荷重-位移（Q-S）曲线（即性能曲线，如图 25）。

如此，则可估计不同断面尺寸、桩长壁桩在不同荷重下之沉陷量。继则依建议之双直线基桩垂直承载模式，逐一由所仿真之桩头荷重-位移（Q-S）曲线，计算不同尺寸壁桩之桩头等值弹性割线劲度 K_{10} 及塑性段直线斜率 K_f，提供桩筏复合基础土壤-结构互制分析之弹簧常数。然后配合结构设计程序建立桩筏系统分析模型（包含基础构件、土壤弹簧及基桩弹簧等），由程序分析结果检核不同荷重条件下壁桩之容许承载力（安定性）及基础位移（服务性），并视需要调整壁桩或基础构材之尺寸后再重新进行分析，直到满足结构之性能要求，完成基础结构设计工作。

8 结论及建议

（1）为有效评估不同形式大尺寸场铸基桩之适用性，并获得代表性之承载特性设计参数，应规划详细之基桩施工方法与程序、完整充分之桩身监测仪器项目与数量、足够之反力设备容量与试验载重，进行先期之试验桩施作及基桩极限载重试验。

（2）大尺寸场铸基桩底部沉泥明显影响其承载能力与行为，经多年实务应用检讨，桩底灌浆工法已成为其设计与施工之重要考虑项目，作为桩底沉泥问题之解决及补强对策；唯各灌浆工法之适用性，应同时考虑桩底承载地层特性及灌浆工法之机制。

（3）根据基桩极限载重试验，可评估归纳代表不同土层之非线性桩周摩擦阻抗 t-z 曲线及桩底承载阻抗 q-w 曲线。依本文试桩 B-J 案例分析结果，砂性土层及卵砾石层之 t-z 曲线趋近应变硬化形态，黏土层及夹较多黏土之砂土层中则呈应变软化形态。工程实务应用上，各代表性之土层 t-z 曲线可简化为完全弹塑性模式，砾石层之 q-w 曲线则可简化为双直线模式；利用此简化线性模式进行试桩之回馈分析，可获得合理的模拟结果，并与以非线性 t-z 与 q-w 曲线之仿真结果相当。

（4）此外，基桩之桩头荷重-位移（Q-S）曲线（即性能曲线），亦可简化为双直线模式，用以估算桩头之等值弹簧垂直劲度 K_v，方便应用于桩筏复合基础之土壤-结构互制分析设计。

（5）本文试桩案例探讨之极限载重试验结果及其分析建议，虽未必能完全代表其他地区之特性；唯所采用之分析方法与归纳评估之简化线性模式，建议仍可应用于其他地区之试桩作类似之分析，以建立合理适用之分析模型。

（6）传统工作应力法主要强调强度，以基桩极限承载力除以安全系数，获得容许承载力进行设计；然较少注重劲度行为，且往往未检核实际工作载重下之位移。因此，无法具体陈述基桩设计成果的真正行为与性能表现。因应现阶段以性能（Performance）为主轴之"性能设计"趋势，确保设计构造物在不同载重下，具备足够之安全性与使用性。建议本文归纳之简化线性模式及其等值线性劲度分析方法，可提供桩基础性能设计之参考。

参考文献

[1] 何树根．场铸基桩施工之考虑［C］//桩基工程．地工技术研究发展基金会，2000.

[2] 胡邵敏．台湾桩基工程的回顾、现况与展望［J］．地工技术，2004（100）：23-40.

[3] 俞清瀚，徐明志，简进龙．台湾壁式基桩之应用发展与案例介绍［C］//2013 海峡两岸地工技术/岩土工程交流研讨会论文集，2013：241-252.

[4] 陈斗生．超高大楼基础设计与施工（一）——高雄 85 层 T & C Tower［J］．地工技术，1999（76）：5-16.

[5] 徐明志，简进龙，高秋振，等．由试桩案例初步探讨壁桩及圆桩之承载力差异［C］．第

十五届大地工程学术研究讨论会论文集，2013.

[6]　徐明志，高秋振，邝柏轩，等.矩形壁桩极限载重试验案例分析与探讨 [J].地工技术，2015（143）.

[7]　高秋振，徐明志，何树根.桩底高压冲洗灌浆工法介绍 [C] //陈斗生博士纪念论文集，2008.

[8]　高秋振，何树根.桩体弹性系数对基桩载重试验分析之影响探讨 [C] //第十三届大地工程学术研讨会论文集，2009。

[9]　张培义，郑国雄，庄复盛，等.桩底灌浆试桩结果之探讨 [J].现代营建月刊，2000（240）：37-41.

[10]　Lee，S. K. et. al. （2007），"Strain-dependent Non-linear Behavior of Bored Pile Concrete Modulus in Instrumented Static Axial Compression Load Tests"，16th Southeast Asian Geotechnical Conference.

[11]　O' Neill，M. W.，Reese，L. C. （1999），"Drilled Shafts：Construction Procedures and Design Methods"，Federal Highway Administration，Washington，D. C.

盾构隧道下穿对桩筏基础的影响分析

何占坤　王　玉

（铁道第三勘察设计院集团有限公司　天津　300251）

摘　要： 地层损失是盾构施工引起土体变形的主要原因，地层损失导致周围土体变形既有竖向沉降，又有水平变形。本文以实际工程为依托，将盾构隧道、地基和基础作为一个整体，系统地研究了地层损失对桩筏基础的影响，并提出针对性设计措施。本文的研究成果可为同类工程的设计与施工提供借鉴和参考。

有限元计算结果表明：（1）地层损失引起的地基土体竖向沉降，导致筏板与下部地基土体脱空；（2）地基土体竖向沉降在桩侧引起负摩阻力，导致桩基产生附加沉降；（3）地层损失引起的水平地层变形，使得桩身产生水平弯曲和内力；（4）随着地层损失率的增加，盾构施工引起的地基土沉降、桩基沉降变形、水平变形均有不同程度的提高，因此盾构施工中，应控制地层损失率在较小的范围内。

关键词： 盾构；桩筏基础；地层损失率；竖向沉降；水平变形；内力

近年来，随着城市基础设施建设的飞速发展，出现了越来越多的地铁盾构隧道下穿既有结构物或构筑物的工程现象，且工程规模越来越大，邻近距离越来越近。盾构隧道施工对建筑物的影响不单是隧道工程或岩土工程的问题，它是隧道—土体—建筑物共同作用的结果[1]。盾构法施工中引起地面沉降的因素较多，主要因素可归结为地层损失引起的地层移动[2]，而地层移动势必会对邻近建筑物基础产生复杂的影响，从而致使建筑物产生不均匀沉降变形，使建筑物结构内部产生附加内应力，对建筑物产生不利影响，严重时会危及邻近建筑物的安全[3-5]。

本文结合杭州地铁 5 号线隧道下穿杭州南站站房工程，采用数值模拟的手段，以杭州南站桩筏基础为研究对象，对不同地层损失率条件下的地基土和桩基变形及受力特性进行研究分析，探讨地铁盾构隧道施工对桩筏基础的影响特征，本研究成果对杭州南站桩筏基础和类似工程设计具有一定的借鉴意义和参考价值。

1　工程背景

国铁杭州南站位于杭州市萧山区中部，是杭州枢纽内重要的客运站。国铁杭州南站站场为南

北走向，规模为 7 台 21 线，车场自西向东依次布置为普速场（3 台 10 线）、杭甬客专场（2 台 6 线）、杭长客专场（2 台 5 线）。国铁站房东西向布置，总建筑面积为 46973m²，采用高架候车模式，站房设计采用上进下出的旅客流线模式（图 1）。

图 1　杭州南站鸟瞰图

杭州南站站房共三层：地下一层和地上二层。地下一层主要为地下通廊，通廊东西两侧是地下出站厅及市政广场地下空间。站房首层及地下层侧式站房面宽 114m，进深 27.5m。高架层侧式站房面宽 108m，进深 27.5m。高架候车厅面宽 84m。地下通廊宽 42m，层高 8.35m，顺线路方向采用 9m＋24m＋9m 柱跨。

根据杭州市轨道交通线网规划，有两条地铁线经过该枢纽并在此设站，分别为规划地铁5号线和规划地铁11号线。其中，杭州地铁5号线区间隧道需要从杭州南站国铁站房下方穿越，区间隧道线间距10.8m，在国铁站房下的穿越长度达246m，站房范围内区间隧道纵向坡度30‰，隧道距离站房基础底板7.8～14.9m。

由于杭州南站国铁站房的建设工期要求，国铁站房先期建成并投入使用后，杭州地铁5号线区间隧道后期下穿，因此，国铁站房基础设计需要考虑为杭州地铁5号线区间隧道预留后期实施条件，同时还应考虑5号线盾构隧道后期施工时对站房基础的不利影响（图2）。

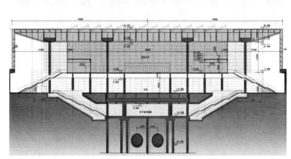

图2 盾构隧道下穿站房示意图

杭州南站国铁站房采用桩筏基础，筏板厚1000m，桩基采用Φ850mm的钻孔灌注桩，其中抗压桩桩长60m，以⑧₃中风化砂岩或⑨₃中风化泥岩为持力层，为减小基础沉降量，采用桩端后注浆。地下通廊底板下24m跨中设抗拔桩，桩长50m，以⑥₃圆砾或⑥₄砾砂为持力层（图3）。

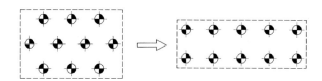

图3 桩基平面布置调整示意图

24m柱跨处工程桩均采用柱下承台桩，为避让盾构隧道，所有承台均设置成长条形，东西方向的轴线下，单根轴线布设两排工程桩，桩基布置由柱下集中布置调整为纵向布置，盾构外皮距离工程桩水平距离仅1.5～1.8m。而在24m柱跨下形成东西向承台梁，承台梁高2.5m，宽4.25m。

2 地质条件

场地属滨海平原区，局部为剥蚀残丘，地形开阔平坦。地层自上而下全新统、上、中更新统都有所揭露，第四系全新统（Q₄）主要为黄褐色、灰褐色冲海积1-1粉质黏土、1-2粉土、3-1淤泥、3-2淤泥质黏土，厚度20～30m。第四系上更新统（Q₃）主要为黄褐色、灰褐色冲海积4-1黏土、4-2粉质黏土、4-3黏土、4-5粉土、6-2粉砂、6-4细圆砾土，厚度18～35m。下伏基岩为泥盆系上统（D₁₋₂）西湖组砂岩及泥岩。盾构隧道穿越处的土层主要为3-2淤泥质黏土，各土层的物理力学参数见表1。

表1 土层的物理力学参数

编号	地层名称	密度（g/cm³）	黏聚力（kPa）	内摩擦角（°）	压缩模量（MPa）	回弹模量（MPa）
02	杂填土	(1.88)	(20.00)	(10.00)	(6.00)	(30)
①₁	粉质黏土	1.90	20.3	20	4.50	22.5
②₂	淤泥质黏土	1.73	14.3	15.3	3.00	15.0
④₃	黏土	(1.85)	31.2	6.5	4.50	22.5
⑤₃	黏土	(1.85)	34.5	7.0	4.50	22.5
⑥₁	粉质黏土	(1.88)	32.4	7.0	6.00	30
⑥₄	圆砾	(2.00)	(1.00)	(32.00)	30.00	150
⑦₁	粉质黏土	(1.88)	(40.00)	(17.50)	6.50	32.5
⑦₃	中砂	(2.00)	(2.00)	(35.00)	16.00	80.0
⑧₁	全风化砂岩	(2.00)	40	24.2	25.00	125.0
⑧₂	强风化砂岩	(2.00)	30.0	35	45.00	225.0
⑧₃	中风化砂岩	(2.00)	20.0	40.00	55.00	275.0

场区浅部地下水属第四系松散岩类孔隙潜水，分布于平原区浅部的填土层及冲湖积、冲海积层粉质黏土、粉土层中。受大气降水和地表水补给，迳流速度缓慢，以蒸发方式和向附近河塘侧向迳流排泄为主，水位随气候动态变化明显，水位年变幅为 1.5～2.0m。勘察期间地下水水位埋深在 0.30～3.90m。

3 数值模型的建立

为了模拟盾构隧道施工对站房桩筏基础的影响，采用有限元计算软件 Midas GTS（2.6.0 版）进行数值模拟分析计算，Midas GTS 是计算岩土与隧道工程的专业有限元软件，可以进行应力分析、施工阶段分析、渗流分析以及其他多种功能的分析计算。

计算模型在 x、y、z 三个方向上的尺寸为 123m、16m、74m，共计 49908 个单元，51782 个节点。模型底面竖向约束，侧面水平向约束，顶面为自由面，土体采用实体单元，桩采用梁单元，盾构管片采用板单元，围护桩采用实体单元，三维计算模型如图 4、图 5 所示。

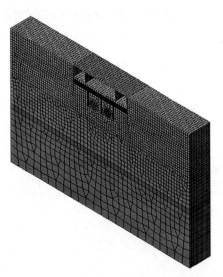

图 4 三维计算模型

土体采用 Druker-Prager 本构关系，模型考虑土层变化，各层土的重度、黏聚力、摩擦角等参数见表 1。

考虑在实际中土体和结构材料之间存在相对位移和接触面效应，因此桩与土、筏板与筏板下土体之间应设置接触面单元，以有效反映接触位置的性状。当接触面受压时，为了模拟两边单元不会在接触面处重叠，法向刚度模量 k_n 值可以取一个非常大的数值，一般取 100～1000 GN/m³，

可使相互嵌入的位移小到忽略不计[6]。剪切模量表征材料抵抗剪切变形的能力，其取值则由两接触面间的直剪试验确定，在没有试验数据的情况下，可以取为与土体弹性模量一个数量级的数值[7]。

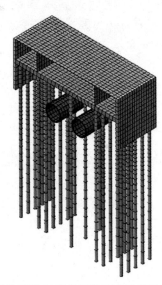

图 5 盾构隧道与桩基础及地下通廊结构的关系

4 计算结果分析

盾构法施工中引起地面沉降的因素较多，主要因素可归结为地层损失引起的地层移动[2]。所谓地层损失即是指在隧道工程中开挖土体的体积与竣工隧道的体积之差，单延米土体损失与竣工隧道的体积的比值定义为地层损失率 η [8]，地层损失率 η 一般为 0.5%～1.5%[9]。为了弥补这一损失，周围的土体就发生地层运动，引起地层变形。本文采用位移控制有限单元法（DCM）[10-11]研究给定地层损失率条件下盾构隧道施工对桩筏基础的影响。由于盾构隧道开挖对桩基础影响的复杂性，限于篇幅，本次分析只给出离盾构最近基桩的分析结果。

4.1 地层损失引起的竖向地层位移对桩筏基础的影响分析

盾构隧道施工引起的地层位移直观变现为地面沉降。图 6 所示的是站房基础底板下地基土的横向沉降槽，可以看出，对于无桩基的理想状态，盾构下穿施工引起的沉降槽呈现单槽特性，最大沉降量发生在两隧道中间位置，受地下通廊围护桩的影响，沉降槽宽度与地下通廊基础宽度相当。相对于无桩基的理想状态，地基土体沉降槽受站房工程桩的约束而发生明显的变化，沉降槽深度明显减小，最大沉降由 42.1mm 降低到 23.4mm，沉降槽呈现双槽特性，沉降槽宽度大体与盾构两

侧工程桩距离相当，而工程桩至围护桩之间的地基土体受工程桩隔离作用的影响，地基土体沉降量明显减小，也就是说工程桩的存在，限制了地基土体的沉降发展。

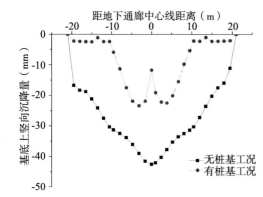

图 6　基础底板下地基土的横向沉降槽曲线
（地层损失率 2.0%）

图 7 所示的是不同地层损失率条件下筏板底部地基土的沉降槽曲线。可以看出，地基土体竖向位移导致桩筏基础下土体与筏板脱空，地层损失率越高，筏板下地基土沉降槽越深，沉降槽最大沉降量与地层损失率基本呈正比。但在工程桩的位置，受工程桩的影响，沉降量较小，而且地层损失率差异引起的沉降量差别不大。

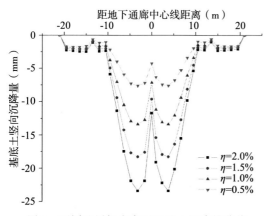

图 7　不同地层损失率下地基土沉降槽曲线

在盾构隧道距离桩基较近时，竖向地层位移会使基桩产生负摩阻力，引起基桩产生附加沉降。从图 8 可以看出，受竖向地层位移引起的负摩阻力影响，桩基产生不同程度的附加沉降，地层损失率越高，桩顶和桩端附加沉降量越大，桩身整体竖向沉降越大。由于桩身轴向刚度较大，其压缩变形较小，桩身压缩量变化不大。

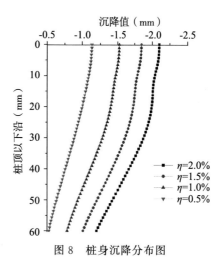

图 8　桩身沉降分布图

4.2　地层损失引起的水平地层位移对桩筏基础的影响分析

对于邻近盾构隧道的桩基来说，地层水平位移使得基桩产生水平弯曲变形，从而引起桩身内力的变化。从图 9～图 11 可以看出，不同地层损失率所引起的桩身水平变形、弯矩和剪力趋势基本相同，地层损失率较高，引起的桩身水平变形值、弯矩值和剪力值也较大，这是由于地层损失率较大的情况下，引发周围土体发生偏向隧道的位移也大，从而引起的桩身较大的变形和内力。

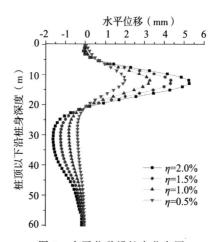

图 9　水平位移沿桩身分布图

从图 9 可以看出，因盾构隧道开挖所致的侧向土体位移主要发生在隧道附近且朝向隧道，故不论地层损失率大小，桩身水平位移最大值均出现在隧道底部深度附近。由于水平变形沿桩身不均匀，导致整个桩身变形呈现反 S 形，桩身弯曲变形比较严重。桩顶和桩端分别受底板和砂岩持力层的约束，水平变形值数值较小，基本为零。

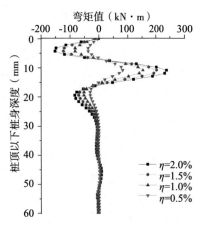

图 10　弯矩沿桩身分布图

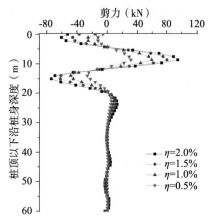

图 11　剪力沿桩身分布图

由图 10 和图 11 可知，不论地层损失率大小，桩身弯矩最大值均出现在盾构隧道底部深度附近，而在相对于盾构隧道上方和下方的深度，出现了较大的负弯矩。而在盾构隧道顶部和底部深度位置附近，桩身出现了较大的剪力，经计算可知，桩身按构造配置箍筋即可满足。

综上可见，地层损失引起的竖向地层位移，会导致桩筏基础下地基土体脱空和桩基附加沉降；而地层损失引起的水平地层位移，使得桩基产生水平弯曲变形，从而使得桩基产生内力，此时桩基变成了压弯构件。因此，从结构安全的角度考虑，桩筏基础设计过程中，需要采取相应的应对措施来减小或弥补这些不利影响。一方面，在筏板设计时，考虑地基土体不参与承担上部荷载的设计工况，以应对地基土体脱空的不利影响。另一方面，桩基设计应考虑地层损失引起的负摩阻力、桩身变形和内力等因素的不利影响，采用桩端后注浆等措施以提高桩基抵抗附加沉降的能力，采用抗侧刚度大的钻孔灌注桩、适当增加纵筋配筋率来提高桩身抵抗弯曲变形的能力。

5　结论

（1）有限元分析结果显示，地层损失引起的地基土体竖向位移导致桩筏基础下土体与筏板脱空，地层损失率越高，筏板下地基土沉降槽越深，而受工程桩的影响，沉降槽深度、宽度均有不同程度的减小。因此，基础筏板设计时，应考虑地基土体不参与承担上部荷载的设计工况，以应对地基土体脱空的不利影响。

（2）地层损失引起的竖向地层位移在桩侧产生负摩阻力，引起桩基产生附加沉降。因此，桩基承载力设计时，要考虑负摩阻力的影响，采用桩端后注浆等措施以提高桩基抵抗附加沉降的能力。

（3）地层损失引起的水平地层位移，使得桩基产生水平弯曲变形，导致基桩变成了压弯构件。因此，采用抗侧刚度大的钻孔灌注桩、适当增加配筋率来提高桩身抵抗弯曲变形的能力，但桩身剪力数值不大，桩身按构造配置箍筋即可满足要求。

（4）分析结果显示，较小的地层损失对桩筏基础的影响也相对较小。因此，盾构下穿过程中应严格控制地层损失标准确定盾构掘进参数，加强同步注浆和二次注浆，将地层损失率控制在较小的范围。

参考文献

[1] 王长虹，柳伟．盾构隧道施工对地表沉降及临近建筑物的影响［J］．地下空间与工程学报，2011，7（2）：354－360.

[2] 王建秀，付慧仙，朱雁飞，等．基于地层损失的盾构沉降计算方法研究进展［J］．地下空间与工程学报，2010，6（1）：112－119.

[3] 李进军，王卫东，黄茂松，等．地铁盾构隧道穿越对建筑物桩基础的影响分析［J］．岩土工程学报，2010，32（增刊2）：166－170.

[4] 漆泰岳．地铁施工引起地层和建筑物沉降特征研究［J］．岩土工程学报，2012，34（7）：1283－1290.

[5] 朱逢斌，杨平，ONG C W．盾构隧道开挖对邻近桩基影响数值分析［J］．岩土工程学报，2008，30（2）：298－302.

[6] 吴怀忠，王汝恒，张桂富，等．土与结构接触面的本构关系与数值模拟［J］．四川建筑

科学研究，2007，33（5）：88—90.

[7] 竺明星，童小东. 桩—土接触面特性数值研究 [J]. 徐州工程学院学报（自然科学版），2009，24S：142—147.

[8] 魏刚. 盾构施工中土体损失引起的地面沉降预测 [J]. 岩石力学，2007，28（11）：2375—2379.

[9] Bakker，K. J. Structural design of linings for bored tunnels in soft ground [J]. Heron，2003，48（1）：33—63.

[10] 杜佐龙，黄茂松，李早. 基于地层损失比的隧道开挖对临近群桩影响的DCM方法 [J]. 岩土力学，2009，30（10）：3043—3047.

[11] 张治国，黄茂松，张孟喜，等. 层状地基中盾构隧道开挖非均匀收敛引起临近管道变形预测 [J]. 岩石力学与工程学报，2010，29（9）：1867—1876.

承压型扩体锚杆尺寸效应数值模拟研究

郭 钢[1,2] 刘 钟[1,2] 贾玉栋[1,2] 胡晓晨[1,2] 罗雪音[1,2]

（1. 中冶建筑研究总院有限公司 北京 100088；2. 中国京冶工程技术有限公司 北京 100088）

摘 要：利用通用有限元数值模拟软件 ADINA，针对承压型扩体锚杆的扩体锚固段直径 D 和扩体锚固段长度 L 双因素进行了数值模拟。通过相应模型试验结果的对比，发现承压型扩体锚杆数值模拟结果与模型试验结果相近，并且规律一致。模拟结果反映了扩体锚固段直径对扩体锚杆的极限承载力影响较大，而扩体锚固段长度对极限承载力的影响很小。这一研究结论对实际工程中的扩体锚杆优化设计具有指导意义。

关键词：扩体锚杆；数值模拟；极限承载力；位移；砂土

1 引言

近年来，我国深基础与地下工程领域不断涌现出安全、高效的岩土锚固工程新技术[1-2]。由中国京冶工程技术有限公司研发的岩土锚固新技术——多重防腐承压型囊式扩体锚杆（图 1），以其高承载力、高安全度、低造价和节能环保等优势，正在越来越多地受到业界关注[3]，其应用领域和市场范围也在不断拓展。中国工程院院士王梦恕在"承压型囊式扩体锚杆关键技术研发与应用"技术成果鉴定会上指出，这项扩体锚杆新技术以其工程量小、承载力大、安全经济等优势，代替抗浮桩，应用于结构抗浮工程具有显著创新性[3]。

目前，国内扩体锚杆的工程用量每年以数以万计的速度不断增长[4-6]。与工程应用相对应，国内学术界和工程界对这一岩土锚固新技术也进行了初步的理论探索。文献[7-10]曾对扩体锚杆的基本特征进行了相对深入的理论探讨，这些研究均是基于砂土地基中的模型试验研究方法，然而，对于扩体锚杆的力学性质和承载性能的数值方法研究成果尚鲜见于文献。另外由于模型试验所研究的地基土性质单一，因此采用数值模拟方法研究扩体锚杆新技术的力学性质是必备的手段之一。本文利用有限元分析软件 ADINA 建立了扩体锚杆数值模型，为进一步分析扩体锚杆在不同土层中的承载特性打下了良好基础；并对扩体锚杆的承载特性进行了数值模拟研究，在模型试验结果对比的基础上对扩体锚杆承载性能的尺寸效应进行了较为详细的分析。

图 1 多重防腐承压型囊式扩体锚杆

2 数值模型的建立

2.1 数值模型的物理力学参数

根据前期扩体锚杆系列模型试验（详见文献[7]），本文针对扩体锚杆模型及砂土地基模型建立了相应的数值模型。扩体锚杆模型试验如图 2 所示，模型试验采用分层砂雨法所制备的地基模型参数见表 1。

图 2 扩体锚杆模型试验

表 1   模拟地基的物理力学参数表

密度（g·cm^{-3}）	含水量（%）	干密度（g·cm^{-3}）	比重	最大干密度（g·cm^{-3}）	最小干密度（g·cm^{-3}）
1.49	0.0	1.49	2.67	1.60	1.30

相对密度	内聚力（kN·m^{-2}）	内磨擦角（°）	泊松比（υ）	不均匀系数	—
0.673	0.0	40.0	0.26	1.9	—

为了与物理模型试验参数一致，扩体锚杆的数值模型采用线弹性本构模型，其物理力学参数见表 2，砂土地基模型采用摩尔-库仑模型，其物理力学参数见表 3，在砂土地基数值模型建立的过程中，为了使有限元在计算过程中具有较好的收敛性，又尽量使数值模型与模型试验一致，因此

模拟砂土的黏聚力在模型试验的基础上取小值 0.1kPa。

表 2   扩体锚固段模型参数表

弹性模量 E（Pa）	泊松比 μ	密度 ρ（kg/m^3）
2.1×10^{11}	0.2	7850

表 3   砂土地基模型参数表

弹性模量 E（Pa）	泊松比 μ	密度 ρ（kg/m^3）	内摩擦角（°）	黏聚力（kPa）	膨胀角（°）
3.57×10^6	0.26	1490	40	0.1	40

2.2 数值模型的建立

根据文献［7］的研究结论，承压型扩体锚杆模型的非扩体锚固段部分虽然参与了承载，但所占比例极小，并且在拉拔位移尚未达到 3mm 时便退出了工作。因此，为了能够简化问题，并在计算过程中使模型能够较好地收敛，在数值模型建立的过程中忽略非扩体锚固段的影响。

本文的数值模型主要分为扩体锚杆模型单元组与地基土模型单元组，由于所建立的锚-土模型严格符合空间轴对称模型条件，因此两个单元组均为轴对称 2D 实体模型。扩体锚杆和砂土地基的数值模型尺寸采用与文献［7］的模型试验中扩体锚杆模型相同尺寸。经过模拟计算分析，模型边界没有对计算结果产生影响。本文所建立扩体锚固段尺寸为 100mm（直径）×100mm（长度）的扩体锚杆数值模型如图 3 所示。

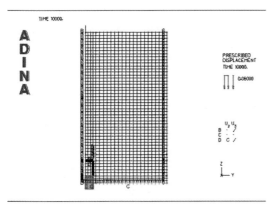

图 3   砂土中扩体锚杆的数值模型

2.2 数值模拟方案

为了研究扩体锚杆尺寸因素对其承载变形特性的影响，设计了在埋深 H 为 850mm 条件下（H 为扩体锚杆的扩体锚固段上表面到砂土层表面的长度）、扩体锚固段直径 D、扩体锚固段长度 L 为控制指标的 9 组模拟分析方案，见表 4。

表 4   扩体锚杆的数值模拟方案

序号	扩体锚固段长度 L（mm）	扩体锚固段直径 D（mm）	扩体锚杆埋深 H（mm）	扩体锚杆深径比 H/D
1	100	100	850	8.5
2	100	80	850	10.6
3	100	60	850	14.2
4	100	40	850	21.3
5	50	60	850	14.2
6	150	60	850	14.2
7	200	60	850	14.2
8	250	60	850	14.2
9	300	60	850	14.2

3 模拟结果及分析

3.1 数值模拟结果的试验验证

文献［7］通过竖向扩体锚杆承载特性模型试验研究，认识到扩体锚固段直径和长度、锚杆埋深对扩体锚杆的极限承载力都会产生影响。本文针对模型试验进行了相应的有限元分析，并扩展了分析对象的范围，以期在更多的数值模拟结果

基础上，更全面地分析各中影响因素对扩体锚杆承载特性的作用。为了验证数值模拟结果的可靠性，首先将模型试验结果与相应的数值模拟结果进行了对比分析。

根据图 4 中竖直扩体锚杆拉拔荷载-位移曲线图对比结果可知，当拉拔位移在 3mm 以内时，模型试验与数值模拟的结果较为接近，由扩体锚杆模型试验实测 Q-S 曲线可知，在初始加载阶段锚杆的变形量相对较小。当拉拔位移超过 3mm 时，数值模拟计算曲线表现出变形速率平缓下降的形态，曲线形状比较平滑，而模型试验实测曲线与数值模拟计算曲线相比出现了明显的"下塌"形态，在这一变形区间内模型试验的实测承载力小于数值模拟结果。发生这一现象可能是因为在模型试验过程中，随着扩体锚固段被拉拔提升，其底部会出现空穴，并有扩大趋势，其周围干砂会向空穴内填充。扩体锚固段下部干砂颗粒也会向下移动，造成了一种锚周土体在受剪切的同时经历了类似卸荷的过程。由于有限单元数值模拟方法以连续介质为理论基础，分析过程中不能表现出模型试验中真实干砂颗粒的那种"流动"特性，锚周土体在拉拔全过程中受力比较单一，因此计算曲线显得较为平滑饱满。总体来看，扩体锚杆的数值模拟得到的荷载-位移曲线与模型试验结果比较相近。这也表明，本文所涉及的扩体锚杆数值模拟结果是可靠的，从而为进一步研究不同尺寸的扩体锚杆在不同土层中的力学性质打好了基础。

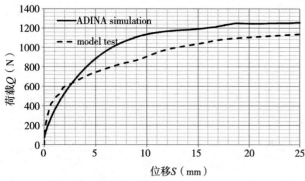

图 4 数值模拟与模型试验 Q-S 曲线对比

3.2 扩体锚杆的尺寸效应

表 5 列出了 9 组扩体锚杆承载变形特性的数值模拟计算结果，研究了不同的扩体锚固段直径和扩体锚固段长度对锚杆极限承载力的影响。从表 5 所展示的扩体锚杆极限承载力变化来看，扩体锚固段直径的因素对扩体锚杆极限承载力影响很大。

以表中第 1～第 4 组扩体锚固段直径对应的数据为例，绘制了图 5。

表 5 扩体锚杆数值模拟极限承载力与对应位移

序号	扩体锚固段长度 L（mm）	扩体锚固段直径 D（mm）	极限承载力 Q_u（N）	极限承载力对应位移 S_u（mm）
1	100	100	2760	19.0
2	100	80	1940	19.4
3	100	60	1210	16.8
4	100	40	650	17.2
5	50	60	1205	16.2
6	150	60	1235	16.8
7	200	60	1240	16.8
8	250	60	1250	17.8
9	300	60	1265	17.5

观察图 5 中的扩体锚杆 4 条 Q-S 曲线可以发现，扩体锚固段直径大的扩体锚杆 Q-S 曲线的起始拉拔荷载也比较大，因为这部分起始荷载要用来抵消扩体锚杆的自重。随着拉拔位移的持续增加，荷载值稳定上升，且 4 条曲线的发展形态比较相似，在埋深同为 850mm 条件下，拉拔位移相同时，4 条曲线对应的荷载却相差很大，以扩体锚固段直径 40mm 的扩体锚杆为基准，直径为 60mm 的扩体锚杆直径增加了 50%，极限承载力提高了 86.2%；直径为 80mm 的扩体锚杆直径增加了 100%，极限承载力提高了 198.5%；直径为 100 的扩体锚杆直径增加了 150%，极限承载力提高了 324.6%。因此，可以认为相同埋深条件下的扩体锚杆，当以增加扩体锚固段直径的方式提高其承载力时，扩体锚杆的极限承载力增长幅度大于扩体锚固段直径增加幅度，并且呈现出扩体锚固段直径越大，其极限承载力稳步增长的趋势越明显。

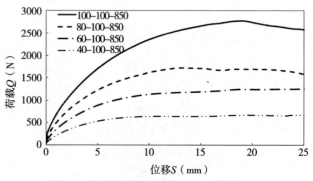

图 5 不同直径的扩体锚杆 Q-S 曲线对比

扩体锚固段长度对扩体锚杆极限承载力的影响，可以从表5中的相同埋深条件下，不同扩体锚固段长度的几组扩体锚杆极限承载力计算数据中看到。为了更加直观地分析扩体锚固段长度影响因素，从数值模拟结果中直接提取扩体锚固段直径同为60mm，而扩体锚固段长度不同的扩体锚杆拉拔计算 Q-S 曲线汇集于图6中。

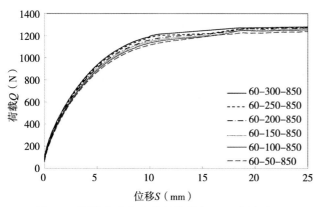

图6　不同扩体段长度的扩体锚杆 Q-S 曲线对比

观察图6中的6条 Q-S 计算曲线可以发现，在其他条件相同时，扩体锚固段长度因素变化对扩体锚杆承载力的影响很小。基于表5中的计算数据，若以扩体锚固段长度为50mm的扩体锚杆为基准，扩体锚固段长度分别为100mm、150mm、200mm、250mm和300mm的扩体锚杆，其扩体锚固段长度分别增加了1～5倍，而极限承载力只增加了0.4%、2.4%、2.9%、3.7%和5.0%。由此可见，增加扩体锚固段长度也能使扩体锚杆的极限承载力有所提高，但是提高幅度有限，这一分析结果与文献 [7] 的模型试验研究结论完全一致。如果将扩体锚固段长度增加倍数考虑在内，很明显，以增加扩体锚固段长度的方式提高扩体锚杆承载力很不经济。

4　结语

通过对砂土中竖直受拉扩体锚杆的尺寸对其承载变形特性影响的数值模拟研究与分析，获得了以下结论：

（1）本文建立的扩体锚杆数值模型所分析的锚杆承载特征与相对应的模型试验结果基本一致，因此本文建立的扩体锚杆数值模型参数可靠。

（2）通过增加锚杆扩体锚固段的直径、长度均能提高锚杆的承载性能，其中扩体锚固段直径变化对锚杆承载力影响很大，而扩体锚固段长度变化所引起的承载力变化较小。

（3）通过增加扩体锚固段的直径提高扩体锚杆承载力的方法比增加扩体锚固段长度的方法更加经济合理。因此在工程设计中应尽量采取增大锚固段直径的方法获取更高的承载力。

（4）本文所建立的扩体锚杆数值模型能够较好地与实际模型试验吻合。

参考文献

[1] 翟金明，周丰峻，刘玉堂. 扩大头锚杆在软土地区锚固工程中的应用与发展 [C] // 锚固与注浆新技术——第二届全国岩石锚固与注浆学术会议论文集. 北京：中国电力出版社，2002：26-31.

[2] 胡建林，张培文. 扩体型锚杆的研制及其抗拔试验研究 [J]. 岩土力学，2009，30（6）：1615-1619.

[3] 刘钟. 承压型囊式扩体锚杆关键技术研发与应用报告 [R]. 中冶建筑研究总院有限公司，2014（12）.

[4] 曾庆义. 高吨位土层锚杆扩大头技术的工程应用 [J]. 岩土工程界，2004，11（8）：58-61.

[5] 刘念，刘风易，王少敏. 扩大头锚杆在人防工程抗浮中的应用 [J]. 浙江建筑，2010，27（4）：17-20.

[6] 张小平，牛道纯，张元平. 扩大头锚索技术在基坑支护工程中的应用 [J]. 西部探矿工程，2008，20（12）：27-29.

[7] 郭钢，刘钟，邓益兵，等. 砂土中扩体锚杆承载特性模型试验研究 [J]. 岩土力学，2012，33（12）：3645-3652.

[8] 张慧乐，刘钟，赵琰飞，等. 拉力型扩体锚杆拉拔模型试验研究 [J]. 工业建筑，2011，41（2）：49-52.

[9] 曾庆义，杨晓阳，杨昌亚. 扩大头锚杆的力学机制和计算方法 [J]. 岩土力学，2010，31（5）：1359-1367.

[10] 郭钢，刘钟，卢璟春，等. 砂土中扩体锚杆竖向拉拔破坏模式试验研究 [C] // 第七届全国青年岩土力学与工程会议论文集. 北京：人民交通出版社，2011.95-100.

变形桩承载性状与沉降的试验研究

张宇霆

（葛洲坝集团基础工程有限公司　湖北宜昌　443002）

摘　要：本文通过对变形桩的静载荷试验和对桩身轴力的测试，分析了桩在竖向荷载作用下的荷载传递机理和沉降特性，测试了桩身侧摩阻力和承力盘的端承力分担荷载的比例。并且指出在承载力比较高的土层中，扩大头的间距可以适当的减小。

关键词：挤扩支盘桩；荷载传递形状；静载荷试验；侧摩阻

1　前言

在桩基础的发展方向上，一方面增加桩的长度和直径，另一方面又通过改变桩本身的形状来实现提高承载力的目的。而从经济实用的角度上讲，通过改变桩身的形式提高桩端承载力的方法更加有效。因此就出现了有如扩底桩、夯扩桩等许多改良的桩型，变形桩就是在这样的背景下产生的。变形桩是一种新型变截面桩，是在普通灌注桩的基础上，按承载力要求和工程地质条件的不同，通过在桩身不同部位设置承力盘而成，如图1所示。

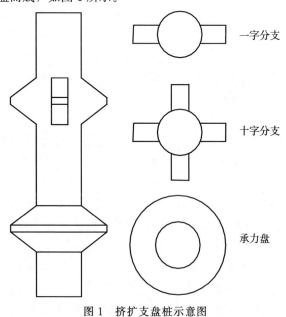

一字分支

十字分支

承力盘

图1　挤扩支盘桩示意图

与普通直桩相比，挤扩支盘桩由于在桩身设置承力盘，把一部分桩侧摩阻力转变成端承力，从而具有单桩承载力高、节约原材料、成本低、工期短等特点。并且，挤扩支盘桩使用的土层范围非常广泛。目前，各种挤扩设备可以在 40～100cm 孔径中成盘，钻孔深度可以达到 45m，除了在密实的中粗砂、卵石中成盘困难外，一般的砂土、粉土、黏性土中都可以顺利成盘[1]。近几年来在全国许多地区得到了广泛的应用，具有十分可观的经济效益和社会效益。

变形桩单桩承载力与桩周土的性状有密切的关系，正如普通直线灌注桩的单桩承载力一样，对其进行精确的计算尚不可能，只能根据现场静载荷试验结果统计分析求得满足工程设计布桩对单桩承载力极限值的要求的经验估算公式。但是，目前国内外对该桩型的受力性能和试验研究还不多，在设计计算方面国家还没有统一规程，有的地区按本地的经验和实际情况制定了地区规程，但总的来讲，由于缺乏试验研究，目前还缺乏科学有效的理论指导[2]。

2　试验原理

为了测得桩身轴力的分布情况，在试验桩的桩身内部同一断面上互成 120° 的三根钢筋上贴应变片，共测量 5 个断面钢筋的 15 个应变值。试验中测量出桩身各断面上的三个应变值后取平均值，可以根据公式计算出桩身各断面处的轴力，进而计算出各支盘分担的荷载和各直桩段所承担的摩阻力。当已知第 i 断面的应变片所测得的应变值 ε_i 时，可以利用下面公式计算出该断面的桩身轴力：

$$N_i = E_p \varepsilon_i A_p$$

式中　N_i——i 断面处的桩身轴力；

　　　A_p——桩身截面面积，桩身弹性模量 E_p

根据洪毓康[3]建议用试验桩的含筋率：$E_p = E_c + \mu(E_s + E_c)$。

式中　E_s、E_c 分别为钢筋及混凝土的实测弹性模量。

利用各断面的轴力，各承力盘以及各直桩段承担的荷载可以利用下式求出：$\Delta N_i = N_i - N_{i+1}$

式中　ΔN_i 为第 i 段至 $i+1$ 段的桩侧阻力或者支盘分担的荷载值。

则桩侧平均摩阻力

$$f_i = (N_i - N_{i+1})/A_s$$

式中　A_s——该段桩侧表面积。

桩端阻力用下式计算：$Q_p = Q - \sum\limits_{i=1}^{n} N_i$

式中　Q 为桩顶荷载；$\sum\limits_{i=1}^{n} N_i$ 为桩身各段轴力之和。

3 支盘桩的静载荷试验

3.1 试验概况

该工程是邯郸市移动单位办公楼，地上六层，地下一层，总建筑面积约为 6700m²，为钢筋混凝土框架结构，主要柱网尺寸为 3.9m×9.1m。

本工程共设置两种直径的变形桩，根据筑业勘察有限公司的设计，第一种直径 620mm，承力盘直径 1500mm；第二种桩径 700mm，承力盘直径 1600mm。桩身有效长度均为 10m，盘的高度均为 0.70m，每根桩设置两个盘，两盘的中心间距为 2.5m。桩身混凝土强度等级为 C30，桩身配有 6Φ14HRB335 钢筋。盘的位置和场地土层分布如图 2 所示。

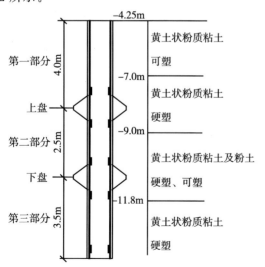

图 2　场地土层分布及承力盘布置

对 23#、52#、66#、76# 共 4 根桩进行了静载荷试验，其中 76# 桩为试验桩，桩径 700mm，做

破坏试验，加载到破坏；另外三根桩为工程桩，桩径 620mm，做检测性试验，极限承载力为 3300kN，锚桩采用试桩周围的工程桩。

该试验由邯郸市大地工程质量检测有限公司承担试验任务，试验采用油压千斤顶配合锚桩、横梁反力架联合装置，采用满速维持荷载法，数据采集由测试系统自动控制完成。试验的加载量，对于直径 620mm 的桩，每级荷载为 330kN，对直径为 700mm 的桩，每级荷载为 500kN。76# 桩为试验桩，它的最大加载量由两个因素控制：第一个是（Q-s）曲线形状，当曲线上有可判断承载力的陡降段，且桩顶总沉降量超过 40mm，认为桩发生破坏；第二个是锚桩的上拔量，因锚桩本身是工程桩，所以上拔量不能超过规范的要求，以保证其正常使用，本试验规定锚桩上拔量不超过 5mm。试验过程中对伸出桩顶以外的导线进行了保护，以减少外界因素如雨雪、温度等对试验结果的影响。

3.2 支盘桩的荷载传递特性

76# 变形桩的桩身轴力和深度的关系曲线如图 3 所示。从图中可以看出，变形桩桩顶荷载向下传递的先后顺序：在加载初期，如第一、二级荷载的作用下，桩顶荷载主要由第一部分的桩侧摩阻力承担。随着桩顶荷载的增加，桩身轴力逐渐向下传递，承力盘上下的轴力之差就是承力盘承担的荷载。承力盘，尤其是上盘在承担荷载的过程中发挥着至关重要的作用。由于两承力盘都起到了卸荷作用，因此传到桩端的荷载很小。变形桩能否充分发挥其自身的优越性，更好地承担荷载，与承力盘设置的位置关系密切。设计时应尽力把盘设置在力学性质比较好的土层上可以有效地发挥承力盘的作用，提高承载力。

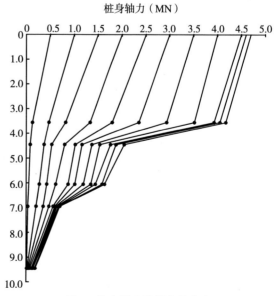

图 3　桩身轴力随深度的分布

图4显示了76#桩在各级桩顶荷载作用下桩身侧摩阻力、支盘和桩端所承担的荷载百分比。在整个加载的过程中，桩侧总摩阻力比例由最初的81.4％降到加荷结束时的24.4％，在加载过程的前半部分处于主导地位；盘承担的荷载从16.6％到66.7％，在加载的后半部分一直占主导地位；桩端阻力虽然呈上升趋势，从2.4％到5.3％，但是总的来说，承担的荷载比例较小。

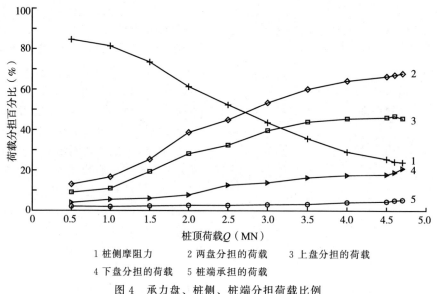

1 桩侧摩阻力　　　2 两盘分担的荷载　　3 上盘分担的荷载
4 下盘分担的荷载　5 桩端承担的荷载
图4　承力盘、桩侧、桩端分担荷载比例

上盘在有限的加载范围内承担了大部分的荷载，下盘的承载作用在本次加载过程中还没有得到充分发挥。但是从上盘和下盘分担荷载曲线的末端可以看出，上盘的承载能力将要达到极限值，荷载开始向下盘转移，在以后的加载过程中，下盘将要发挥应有的作用。桩端阻力很小，这一部分承载能力在有足够的沉降量时可以发挥出来。从上面的曲线可以看出，该桩在工作荷载作用下具有很大的安全储备。

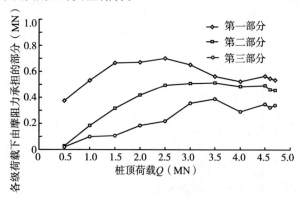

图5　76#桩各部分侧摩阻力

图5显示了由桩身三部分侧摩阻力分担的桩顶荷载。第一部分的摩阻力在桩顶荷载在2500kN以前处于上升状态，此后逐渐减小，最后稳定下来；第二部分的摩阻力在桩顶荷载为3500kN以前上升，此后缓慢下降，后来稳定；第三部分的摩阻力在3500kN以前缓慢上升，以后趋于稳定。三部分的桩侧摩阻力在桩顶荷载为4500kN以后稳定下来，说明桩侧摩阻力得到了有效发挥，这从（Q-s）曲线上也可以看出来。

76#桩两盘之间的净间距为1.8m，中心间距为2.5m，为1.6D。但是从图5中可以看出，第二部分的桩侧摩阻力得到了很好的发挥，并没有因为间距较小而产生严重的应力叠加现象，影响了第二部分侧摩阻力的发挥，与文献[4]中结论不太符合。这说明盘的间距不是定值，在本工程场地的硬塑～可塑状态的黄土状粉质黏土中，盘间距1.6D可以满足工程上的要求。

3.3　支盘桩的沉降分析

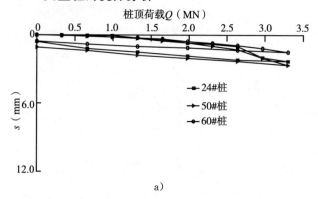

a)

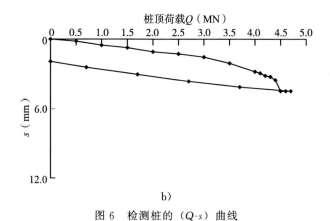

图 6 检测桩的（Q-s）曲线

移，这时，下盘以及桩端的土层被压密，出现相对较大的沉降，侧摩阻力开始更好的发挥。

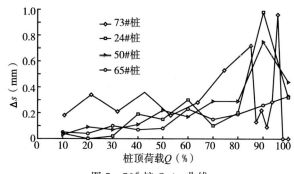

图 7 76#桩 Q-Δs 曲线

试验所得各桩的（Q-s）曲线如图 6。图 6a)为 23#、52#、66#桩（Q-s）曲线，图 6b)为 76#桩的（Q-s）曲线。从各桩的（Q-s）曲线可以看出变形桩的沉降曲线是属于缓变型的曲线。23#、52#、66#三根桩在最大荷载作用下工作状态不尽相同，但从曲线特征上看均处于弹塑性工作阶段，在最大试验荷载作用下均未达到极限工作状态，且各试桩桩顶总沉降量在规范容许范围之内，故各试桩单桩极限承载力为 3300kN，单桩竖向承载力特征值 1650kN。从 76#试桩的曲线特征来看，随着荷载的增加，沉降量逐步加大，其中在 4400kN 前处于弹性－弹塑性工作状态，在荷载加至 4500kN 时，沉降速率较大，说明桩侧阻力得到有效发挥，随着荷载增加桩端土被逐步压实，盘的作用明显的表现出来。当荷载增加至 4700kN 时，76#锚桩的上拔量达到 5.09mm，超过了 5mm，停止加载。取前一级荷载 4600kN 为该试桩的承载力实测值，该桩承载力特征值≥2300kN。

把本次试验各桩的桩顶所加荷载大小作为一个单位，其他各级荷载作为该荷载的百分数，画出每级荷载下桩顶沉降如图 7 所示。23#、52#、66#桩在 76%最大荷载以前，每级沉降量变化比较平缓，76%荷载以后，23#、52#桩沉降出现了上下波动；76#桩由于每级加载量较大，所以 65%桩顶荷载以前出现小幅波动，65%荷载以后波动幅度加大。从图 4 和图 5 可以看出，在桩76#桩在 65%荷载以前桩顶的荷载主要是由上盘及第一部分的桩侧摩阻力承担，此后桩顶荷载大量向下转

4 结论

（1）变形桩在承载上属于多支点的摩擦端桩，在桩的工作荷载下，承力盘承担了 65%以上的桩顶荷载。因此，盘的位置是变形桩承载力大小的决定因素，设计时应使其落在比较坚实的土层上。

（2）在达到破坏荷载以前，变形桩的（Q-s）曲线比较平缓，属于渐变型的曲线形式。

（3）桩侧摩阻力所分担的桩顶荷载从加载开始经历了一个从小到大，逐渐趋于稳定的过程。桩侧摩阻力充分发挥时的桩顶沉降仅为 $0.5\%d$。

（4）承力盘之间的间距是十分关键的因素，当土层性质较好时，应力叠加现象表现得不明显，本工程中盘间距 $1.6d$ 可以满足工程要求，其他土质情况具体减小的程度需要更多的试验结果做基础。

参考文献：

[1] 巨文玉等.挤扩支盘桩承载变形特性的试验研究及承载力计算 [J].工程力学，2003（6）：34-38.

[2] 卢成原等.挤扩支盘桩的试验研究 [J].工程堪察，2001（6）.

[3] 洪毓康.钻孔灌注桩的荷载传递性能 [J].岩土工程学报，1985（5）.

[4] 钱德玲.支盘桩-地基相互作用及有限元模拟研究 [J].土木工程学报，2004（2）：82-86.

超深基坑组合式支护体系设计与关键施工技术研究
——以北京凯特大厦基坑为例

李 玲

（北京城建中南土木工程集团有限公司）

本文主要以北京凯特大厦基坑为例，该工程垂直开挖深度达 31m，设计上采用了地下连续墙＋四层锚杆＋两道混凝土内支撑，局部采用地下连续墙＋四道内支撑的组合式支护结构，同等规模的基坑工程在北京地区乃至全国范围尚无应用先例。在施工方面，本工程基坑垂直开挖深度非常大，且穿过强度很高的卵石层，地下连续墙成槽施工难度和土方开挖、出土难度都较大；该地区地下水较丰富，地下水控制也是影响基坑支护质量和安全的重要因素。

1 工程概况及周边环境条件

1.1 工程概况

北京凯特大厦位于北京市朝阳区建国门外大街南侧，建华南路东侧，为一幢 120m 高的 27 层甲级办公塔楼，6 层综合商业裙房，5 层地下室。

基坑规模：基坑东西方向长 119.3m，南北方向长 70m；

开挖深度：塔楼基坑挖深为 31.75m，纯地库基坑挖深为 31.25m，裙房（车库）基坑挖深为 30.25m。

1.2 周边环境（图 1）

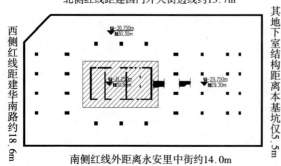

西侧红线距建华南路约18.6m

北侧红线距建国门外大街边线约13.7m

东侧红线外距离宝钢大厦约14.0m，其地下室结构距离本基坑仅5.5m

南侧红线外距离永安里中街约14.0m

图 1　周边环境

此外，本项目的四周埋藏有众多地下管线。在基坑开挖前协同各方做好调查保护措施，基坑开挖期间加强监测，确保管线安全。

如图 2 所示为基坑现场全景。

图 2　基坑现场全景

1.3 工程地质及水文地质概况（图 3）

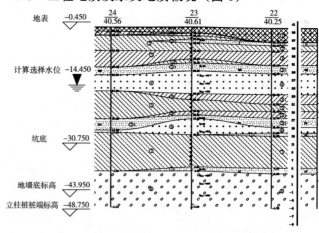

图 3　工程地质及水文地质概况

根据本工程的岩土工程勘察报告，拟建场地在基坑开挖影响深度范围内的地基土，主要由房渣土、粉性土、砂性土和卵石层组成，见表 1。

表1　基坑地质情况

地层序号	地层岩性	层顶标高（m）
①	房渣土	39.92～40.69
①₁	粉质黏土、粉质黏土填土	
②	砂质粉土、粉质黏土	36.54～39.11
②₁	粉质黏土、粉质黏土	
②₂	粉砂、砂质粉土	
③	粉质黏土、粉质黏土	32.92～35.22
③₁	砂质粉土、粉质黏土	
③₂	粉砂、砂质粉土	
③₃	细砂、中砂	
④	卵石、圆砾	26.46～29.61
⑤	粉质黏土、重粉质黏土	19.44～24.56
⑤₁	粉质黏土、砂质粉土	
⑤₂	粉砂、细砂	
⑥	圆砾、卵石	13.04～17.68
⑦	粉质黏土、粉质黏土	5.48～14.27
⑦₁	细砂、粉砂	
⑦₂	砂质粉土	
⑦₃	重粉质黏土、黏土	
⑧	卵石	1.23～5.27
⑨	粉质黏土、砂质粉土	−8.12～−1.97
⑨₁	粉质黏土、重粉质黏土	
⑨₂	细砂	

地下水分布情况：

第一层为潜水层，主要赋存于第④圆砾—卵石层，本次基坑支护设计时，地下潜水位按照自然地面以下14m计算，即水位相对标高−14.450m。

第二含水层为承压水，赋存于第⑤₂粉砂—细砂层、第⑥卵石—圆砾层、第⑦₁细砂—粉砂层，埋深20.10～20.25m。

第三含水层为承压水，赋存于第⑦₁细砂—粉砂层、第⑧卵石层，埋深26.50～26.80m。

两层承压水之间有相对不透水的第⑦粉质黏土—粉质黏土层分布，将两层承压水隔离，但该层局部较薄，最薄处约2.80m，导致两承压水层之间存在越流的可能性。

2　基坑组合式支护体系设计

2.1　基坑支护体系原设计方案

2.1.1　基坑支护体系选型应综合考虑的因素

（1）基坑挖深30.25～31.75m，基坑安全等级为一级。

（2）地处黄金地段，周边建筑物、地下管线密布，周围环境保护等级为一级。

（3）基坑开挖范围内土层以砂性土、粉性土、圆砾、卵石为主，厚层砂卵石地层对支护体系的施工质量不利。同时，砂卵石地层渗透系数大，对支护结体系抗渗隔水性能提出了很高的要求。

（4）开挖范围内涉及两个承压含水层，尤其是第二承压含水层。

2.2　围护结构分析和选型

根据基坑开挖深度、土层条件及周边环境，本工程基坑围护体系应采用板式支护体系，可选择钻孔灌注桩和地下连续墙。

由于钻孔灌注桩相邻桩之间存在一定间距，桩与桩侧向之间无相互约束，其整体性不及相同抗弯刚度的地下连续墙；桩间采用搅拌桩或旋喷桩作为止水帷幕时，由于护坡桩缩颈、扩径以及垂直度的影响，易产生漏点，同时对于水头较高、渗透系数大的砂卵石地层，止水效果也不及地下连续墙。

根据对各种板式围护体系特点分析，结合本工程的具体情况，本基坑围护结构确定采用地下连续墙作为挡土与止水体系。

2.3　支撑与锚杆体系分析和选型

本基坑东侧距离宝钢大厦地下室较近，中间土体有限，无法采用锚索体系。

相对于钢支撑，钢筋混凝土支撑能加强刚度，减少位移，有利于周边环境的保护；同时，钢筋混凝土支撑布置灵活，便于分块施工，可以预留较大的出土空间，方便土方开挖，减少工期；此外，钢筋混凝土支撑能与挖土栈桥相结合，进一步加快土方开挖速度，方便施工，缩短工期。因此本工程适合采用钢筋混凝土支撑。

基于以上对围护体选型、支撑选型的分析，本基坑支护体系拟采用：地下连续墙挡土兼止水＋四道钢筋混凝土水平支撑。

2.4　地下水控制设计方案分析

地下连续墙底部最大深度43.95m，已经隔断了上部潜水和第一层承压水。但是第二层承压水上部的隔水层⑦层粉土厚度不均匀（粉土本身也为相对透水层），局部很薄，且第二层承压水水头较高，经过计算，若不降水，存在突涌问题。另外，下部的相对隔水层粉质黏土⑨₁层和粉土⑨层厚度不均，在平面上分布不连续，不能构成有效的隔水层。

因此本工程还需进行基坑内降水施工。

2.5 原设计方案

2.5.1 地连墙（图4～图6）

本基坑周边采用1.0m厚的地下连续墙挡土兼止水，其混凝土设计强度等级为C30（水下混凝土提高一级），地下连续墙贴红线布置，地下连续墙底部位于地表下43.95m。

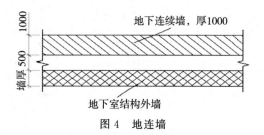

图4 地连墙

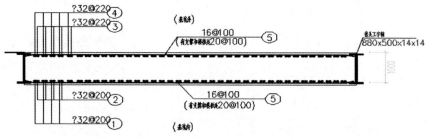

图5 地墙标准槽段配筋示意图

图6 地墙标准槽连接示意图

2.5.2 内支撑系统设计

本基坑采用4道钢筋混凝土支撑，支撑以对撑、角撑和边桁架的形式为主，第一道支撑结合栈桥一起考虑。支撑截面各参数见表2。

表2 支撑截面参数表

支撑系统	中心标高（m）	围檩（mm×mm）	主撑（mm×mm）	联系杆（mm×mm）
第一道	−2.950	1200×800	800×800	700×800
第二道	−10.950	1400×900	900×900	800×900
第三道	−18.950	1500×1000	1400×1000	800×1000
第四道	−25.950	1500×1000	1400×1000	800×1000

注：混凝土强度等级均为C35。

2.5.3 立柱与立柱桩

临时钢立柱及柱下钻孔灌注桩作为水平支撑系统的竖向支撑构件。临时钢立柱采用由4根等边角钢L180×180×18（Q345B）和若干缀板焊接而成的格构柱，截面尺寸为550mm×550mm，钢立柱插入作为立柱桩的钻孔灌注桩3.0m。立柱桩采用直径Φ900钻孔灌注桩，立柱桩桩端持力层为第10卵石层，长度17.5～19.0m。

2.5.4 降水井设计（表3）

表3 降水井设计参数

部位	井径D（mm）	井深H（m）	井底绝对标高（m）	井数（眼）
减压井	600	43.5	−3.5	15
疏干井	600	33.0	7.0	15
观测井	600	43.5	−3.5	6

2.5.5 原方案基坑内力及变形计算结果（表4）

表4 原方案基坑内力及变形计算结果

计算剖面计算项目	1—1（参考孔1）	2—2（参考孔13）
开挖深度（m）	30.30	29.30
围护墙种类	1000mm厚地墙	1000mm厚地墙
围护墙坑底插入深度（m）	13.20	14.20
围护墙最大水平位移（mm）	32.0	22.50
弯矩（kN·m）	−1836.1～2044.9	−1379.6～1458.0

从计算结果可知，各项指标均能满足一级基坑的设计要求。

2.6 基坑支护体系方案优化

2.6.1 方案优化思路

我司在项目所在地周边已成功完成多个重点项目的基坑支护工程。结合以往工程经验，

经现场考察和计算分析，认为本工程地下水位
埋藏较深，除东侧因临近宝钢大厦外，其他三
侧承压水位以上均可采用锚杆，比采用钢筋混
凝土支撑在工期、造价和对主体结构施工的影
响等方面具有明显的优势；东侧因紧邻宝钢大
厦不适宜采用锚杆可采用钢筋混凝土支撑。因
此，建议将原方案优化为如下的组合式支护体
系：基坑南北侧及西侧均采用地下连续墙＋四
道预应力锚索＋两道钢筋混凝土内支撑，东侧
采用地下连续墙＋四道钢筋混凝土内支撑，如
图7～图10所示。

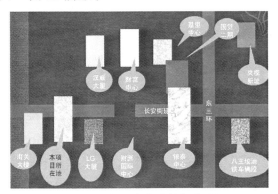

图7　北京长安街沿线完成的部分基坑工程

图8　北京银泰中心基坑支护工程

图9　央视新址工程

图10　世纪财富中心基坑支护工程

2.6.2　优化后的组合式支护体系（图11、图12）

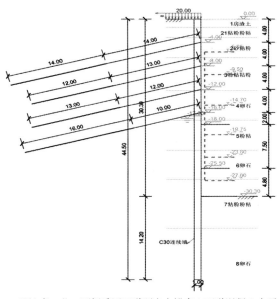

图11　基坑南、北、西侧采用四道预应力锚索＋两道混凝土水平支撑

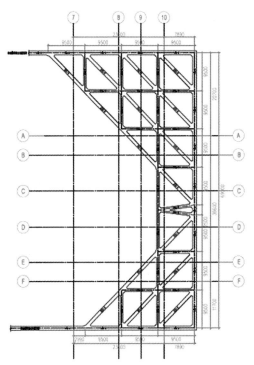

图12　基坑东侧靠近宝钢大厦，采用四道混凝土水平支撑

2.6.3 优化后的组合式支护体系说明

1) 地连墙挡土兼止水

连续墙厚度 1000mm，深度为 44.500m，混凝土强度等级为 C35，抗渗等级为 P8。连续墙配筋共分为 A 型、B 型两种配筋形式，均采用非均匀配筋。

2) 锚杆设计

（1）西侧、南侧及东侧锚杆参数如表 5、图 13 所示。

表 5　西侧、南侧及东侧锚杆的参数

支撑系统	距基坑顶（m）	锚杆长度（m）	锚固段（m）	钢绞线类别	锚杆角度（°）
第一道锚杆	4.250	30	20	4—7φs15.2	15
第二道锚杆	8.250	29	21	4—7φs15.2	15
第三道锚杆	12.250	27	20	5—7φs15.2	15
第四道锚杆	16.250	27	22	5—7φs15.2	15

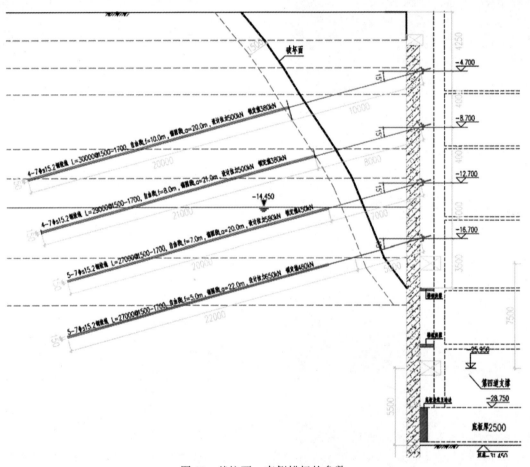

图 13　基坑西、南侧锚杆的参数

（2）北侧锚杆的参数见表 6。

表 6　北侧锚杆的参数

支撑系统	距基坑顶（m）	锚杆长度（m）	锚固段（m）	钢绞线类别	锚杆角度（°）
第一道锚杆	2.550	25	15	4—7Φs15.2	15
第二道锚杆	6.050	30	22	4—7Φs15.2	10
第三道锚杆	11.550	27	20	5—7Φs15.2	15
第四道锚杆	16.250	27	22	5—7Φs15.2	15

图 14 所示为第三道撑的实物示意。

图 14　第三道撑

（3）东侧支撑形式见表 7。

表 7　东侧支撑形式参数

支撑系统	距基坑顶（m）	围檩（mm）	主撑（mm）	联系杆（mm）
第一道撑	2.000	1000×800	800×800	800×700
第二道撑	10.00	1400×900	1000×900	900×800
第三道撑	18.000	1500×1000	1400×1000	800×1000
第四道撑	25.500	1500×1000	1400×1000	800×1000

（4）地连墙与围檩连接如图 15 所示。

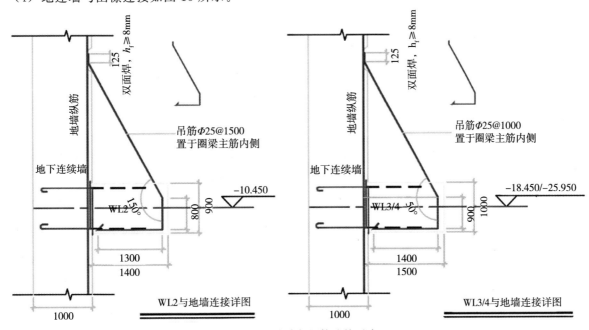

图 15　地连墙与围檩连接示意

2.6.4　优化方案基坑内力及变形计算结果（表 8）

表 8　优化方案基坑内力及变形计算结果

计算剖面计算项目	1—1（参考孔 1）	2—2（参考孔 13）
开挖深度（m）	30.30	29.30
围护墙种类	1000mm 厚地墙	1000mm 厚地墙
围护墙坑底插入深度（m）	13.20	14.20
围护墙最大水平位移（mm）	29.5	22.3
弯矩（kN·m）	−1682.2～1833.5	−1471.0～1728.1

续表

该优化方案经设计方通过计算分析，得到的土压力分布、支护结构的内力、围护结构的变形都满足一级基坑设计要求。

3 关键施工技术

3.1 地连墙垂直度控制

本工程地连墙成槽施工深度大，最大成槽深度达 43.95m，垂直度对地连墙的挡土及止水效果有非常重要的影响。

3.1.1 成槽工艺及控制措施

采用液压抓斗成槽，施工前对成槽设备的纠偏装置进行校正，保证成槽期间正常工作，从而降低人为操作影响垂直度，成槽过程中对成槽机的索具位置进行复核，以确保成槽过程中垂直度的准确性，同时加强对两侧端头的挖掘面垂直度的控制。

3.1.2 成槽机械选型

液压抓斗机选用 SG60 设备（图 16），该设备抓斗重量大，重达 30t，且配置了推板纠偏调垂系统，比重力纠偏方式具有更大的结构优越性，在抓槽工作中能随时对槽壁垂直度进行修整纠偏。

图 16 SG60 液压抓斗机

3.2 地连墙接头防水处理

根据连续墙的工艺特点及长期的施工经验，地下连续墙防水问题主要出在接缝部位，通常接头部位渗漏是由接头混凝土扰流及接头清理不彻底造成的，因此，接缝部位处理方法及处理质量非常重要，主要措施如下。

（1）本工程连续墙成槽深度大，根据类似工程经验，采用接头箱效果不理想，为此，钢筋笼安装完成后在工字钢背后采用粒径为 5cm 的石子回填，回填宜分两次回填，每次回填高度约 20m。

（2）在工字钢板两侧设置 1m 宽，沿钢筋笼通常设置的 0.5mm 厚钢板，降低混凝土扰流风险。

（3）二期槽段钢筋笼沉放前，对前一期槽段型钢接头处进行刷壁处理，刷壁器采用与工字钢外形相吻合的接头刷（图 17），紧贴型钢接头表面上下反复刷动不少于 20 次，并且刷壁器上不再有泥沙；确保槽段接缝无夹泥、无孔洞。如图 18 所示为地连墙身平整、接头无渗水现象。

图 17 刷壁器清刷接头

图 18 地连墙墙身平整、接头无渗水

3.3 钢格构柱定位、垂直度控制

钢格构柱作为承托支撑的竖向受力构件，其定位及垂直度的控制对支撑体系的受力和安全有非常重要的影响。

本工程格构式立柱安装采用了我公司的专利技术钢格构柱对接安装装置（专利号201120517259.5）进行施工，该方法能够满足垂直度要求。格构式立柱定位装置（图 19）包括与钢格构柱连接的格构柱活接头及定位器，定位器由垫板、调整架支座以及置于调整架支座上的调整架组成。

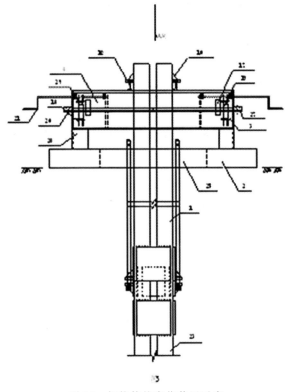

图 19　钢格构柱定位装置示意

3.4　地连墙成槽遇锚杆处理

本工程东侧靠近宝钢大厦部位约 12 槽段连续墙施工过程遇到宝钢大厦基坑支护锚杆，如图 20 所示。

结合以往工程施工经验，连续墙遇锚杆时可采取旋挖钻旋转切割。在直径 1000mm 的筒形钻头底部周围设置锉刀刀头，通过旋挖钻机旋转对锚杆体进行切割。再通过连续墙抓斗反复上下通穿过，可以确保钢筋笼顺利吊装要求。

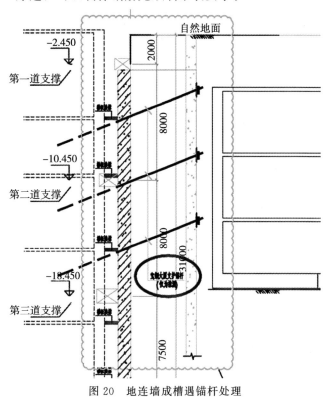

图 20　地连墙成槽遇锚杆处理

4　基坑监测及结果分析

4.1　监测项目（表 9）

表 9　基坑监测项目

序号	位　置	量测项目	监测频率	控制值
1	基坑支护结构	地连墙墙顶沉降监测	（1）基坑开挖到底板浇筑完成后 3d，监测频率为 1 次/d；（2）底板浇筑完成后 3d 到基坑回填，一般情况 2～3 次/周，支撑拆除到拆除完成后 3d，1 次/d。	30mm
2		地连墙墙顶水平位移监测		30mm
3		地下墙深层水平位移监测		50mm
4		锚杆内力监测		设计提供
5		地下连续墙钢筋应力监测		20mm
6		支撑轴力监测		
7		立柱沉降监测		
8		水位监测		1000mm
9		坑底隆起监测		10mm
10	周边环境	周边地表沉降监测		30mm
11		管线沉降监测		20mm
12		周边建筑物变形监测		按设计要求

4.2 基坑监测结果分析

4.2.1 地连墙顶部水平位移监测结果（图21、图22）

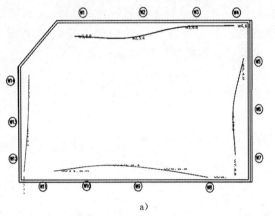

a)

点号	水平位移量/mm	点号	水平位移量/mm
W1	8.9	W8	3.8
W2	9.4	W9	6.8
W3	6.6	W10	9.1
W4	6.3	W11	6.0
W5	4.0	W12	4.1
W6	10.3	W13	6.3
W7	8.8	W14	7.0

b)

图21 墙顶水平位移（土方开挖至25m，施工第4道撑前）

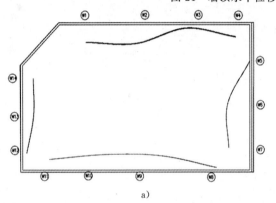

a)

点号	水平位移量/mm	点号	水平位移量/mm
W1	7.5	W8	1.4
W2	7.9	W9	5.4
W3	4.2	W10	6.3
W4	6.0	W11	3.6
W5	1.0	W12	3.4
W6	9.2	W13	5.5
W7	8.2	W14	5.4

b)

图22 墙顶水平位移（土方开挖至基底）

4.2.2 地连墙深层水平位移（图23～图31）

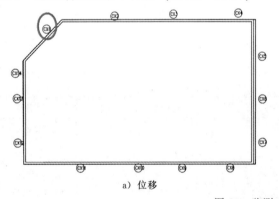

a）位移

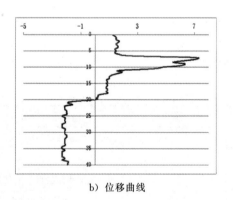

b）位移曲线

图23 监测CX1地连墙深层位移

注：数据"＋"为向基坑内偏移，"－"为向基坑外偏移

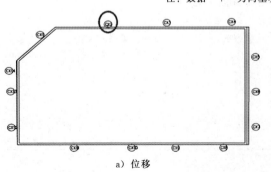

a）位移

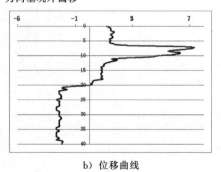

b）位移曲线

图24 监测点CX2地连墙深层位移

注：数据"＋"为向基坑内偏移，"－"为向基坑外偏移

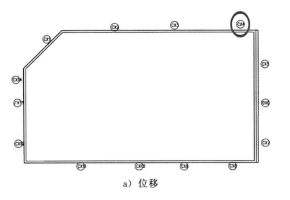
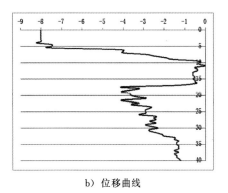

a）位移 b）位移曲线

图 25　监测点 CX4 地连墙深层位移

注：数据"＋"为向基坑内偏移，"－"为向基坑外偏移

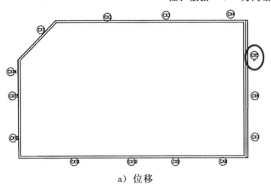
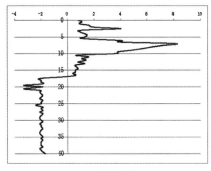

a）位移 b）位移曲线

图 26　监测点 CX5 地连墙深层位移

注：数据"＋"为向基坑内偏移，"－"为向基坑外偏移

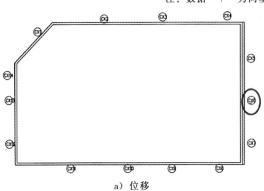
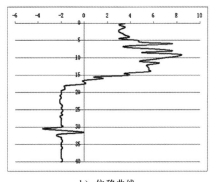

a）位移 b）位移曲线

图 27　监测点 CX6 地连墙深层位移

注：数据"＋"为向基坑内偏移，"－"为向基坑外偏移

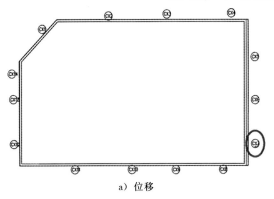
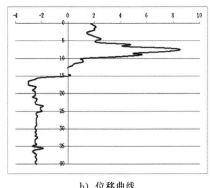

a）位移 b）位移曲线

图 28　监测点 CX7 地连墙深层位移

注：数据"＋"为向基坑内偏移，"－"为向基坑外偏移

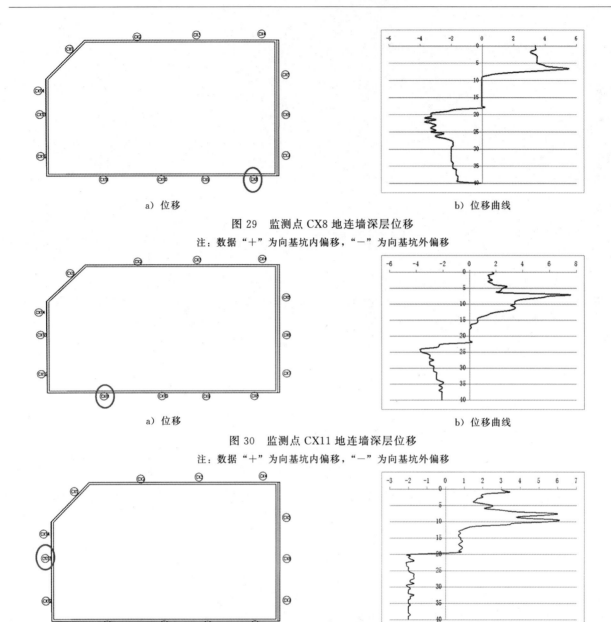

a）位移　　　　　　　　　　　　　　b）位移曲线

图 29　监测点 CX8 地连墙深层位移

注：数据"＋"为向基坑内偏移，"－"为向基坑外偏移

a）位移　　　　　　　　　　　　　　b）位移曲线

图 30　监测点 CX11 地连墙深层位移

注：数据"＋"为向基坑内偏移，"－"为向基坑外偏移

a）位移　　　　　　　　　　　　　　b）位移曲线

图 31　监测点 CX13 地连墙深层位移

注：数据"＋"为向基坑内偏移，"－"为向基坑外偏移

4.2.3　周边地表水平位移

地表沉降监测点布置如图 32 所示，除东侧测点间距为 3m 外，其他几侧间距均为 7m。

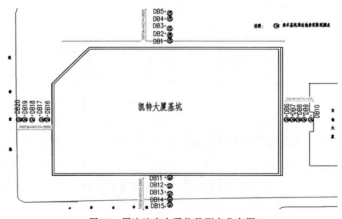

图 32　周边地表水平位移测点分布图

基坑周边地表沉降实测数据分布曲线如图33～图36所示。

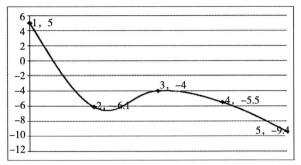

图 33　基坑北侧周边地表沉降分布曲线

注：监测点号后的数字为沉降量（mm）

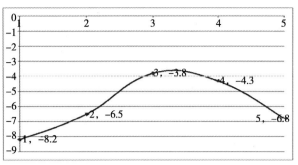

图 34　基坑南侧周边地表沉降分布曲线

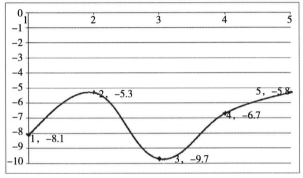

图 35　基坑东侧周边地表沉降分布曲线

注：监测点号后的数字为沉降量（mm）

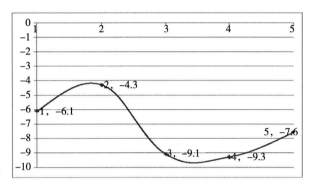

图 36　基坑西侧周边地表沉降分布曲线

4.2.4　周边建筑物竖向位移（图 37、表 10）

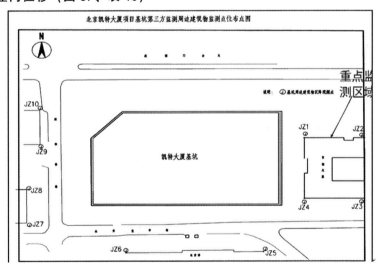

图 37　基坑周边建筑物竖向位移线示意

表 9　累计沉降量参数

观测点编号	观测项目	累计沉降量（mm）	备　注
JZ1	建筑物沉降	−7.9	宝钢大厦西北角
JZ2	建筑物沉降	−4.1	宝钢大厦西南角
JZ3	建筑物沉降	−9.7	宝钢大厦东南角
JZ4	建筑物沉降	−4.0	宝钢大厦东北角
JZ5	建筑物沉降	−7.5	

续表

观测点编号	观测项目	累计沉降量（mm）	备　注
JZ6	建筑物沉降	−6.6	
JZ7	建筑物沉降	−6.3	
JZ8	建筑物沉降	−10.0	
JZ9	建筑物沉降	−3.9	
JZ10	建筑物沉降	−7.5	

5　结语

在基坑施工过程中，我们对基坑支护体系、地下水和周边环境进行了严密监测，监测结果显示，支护体系变形、基坑周边沉降等均在安全范围之内，且均小于设计的理论计算结果。

因此，对比原有设计方案，这种组合式支护体系在工期、造价和对主体结构施工影响方面都达到了预期的效果。本工程所采用的不同受力状态的锚杆和支撑，其受力和变形的协调关系为今后超深基坑工程支护设计和施工提供了充分的理论和实践经验。

砂卵石地区紧邻既有地铁线路的深基坑支护设计案例研究

任东兴 陈方渠 罗东林 彭界超

（中冶成都勘察研究总院有限公司 四川成都 610023）

摘 要： 以典型砂卵石地区紧邻既有地铁线路为例，介绍了在紧邻既有地铁线及高层建筑等复杂周边环境条件下，通过采用桩撑复合支护体系，通过信息化监控等措施，确保变形在安全的范围内，为今后同类工程的设计与施工提供参考。

关键词： 深基坑；内支撑；地铁

建筑深基坑工程是地下基础施工中内容最丰富最复杂的领域，以其复杂的周边环境[1-2]，多变的地质情况[1,3]，理论落后于实践[4]，以及由强度控制向变形控制的转变[1]，已引起学术界和工程界的广泛关注[1,5]，成为城市建设中不可忽视的重要课题。城市深基坑常处于密集建（构）筑物、地下管线、轨道交通的近旁，若支护失败，将造成巨大的经济损失和引起严重的社会问题。本文结合深基坑工程实例，介绍在周边紧邻地铁隧道、高层建筑、市政道路和管线的环境下，采用人工挖孔桩＋内支撑＋锚索的方式进行支护，能有效地控制变形，对同类工程有一定的借鉴意义。

1 工程概况

1.1 工程概况

泰丰国际广场工程位于成都市人民中路二段27－31号，主体建筑由37层高度为149.50m高层商务楼办公楼和地下车库组成，并设5层地下室，采用筏板基础。成都泰丰国际广场基坑开挖、降水及支护工程，人员设备于2010年5月23日开始陆续进场，5月25日正式开工，2011年6月30日全面竣工，2012年10月基坑回填，历时2年多。

1.2 工程地质及水文地质条件

拟建场地地貌属成都平原岷江水系一级阶地，高程介于496.45～500.23m，高差3.78m。根据勘察报告，场地地层主要由第四系人工堆积（Q_4^{ml}）杂填土、素填土第四系全新统冲积（Q_4^{al}）粉土、细砂以及第四系上更新统冲洪积（Q_4^{al+pl}）砂卵石等及中生界白垩系上统灌口组（K_2g）泥岩组成。

场地地下水为赋存于第四系砂卵石层中的孔隙型潜水，其埋深为7.30～11.30m，砂卵石土渗透系数 k 值为20m/d。

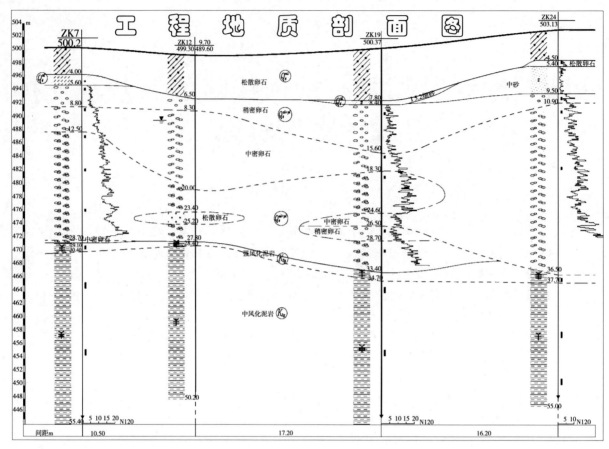

图 1　典型地质剖面图

1.3　基坑周边环境

基坑北侧为中银大厦 38 层办公楼，设 3 层地下室，基础埋置深度约 14.0m。建筑物距地下室边线最近约 7.5m。基坑与大厦之间有一条宽 3.0m 的消防通道，分布有天然气管及电缆沟等。

基坑西侧临人民中路二段，道路中心线距建筑红线 20.0m，建筑红线距地下室边线为 8.0m。西侧距地铁一号线仅 8.5m，地铁顶标高约为 −14.0m，地铁基底标高约为 −17.5m。此侧分布各种城市管网较为密集，主要有电缆沟、雨水、污水管道、交通信号、电信电缆管和给水管道等。

基坑东侧为五栋 5～7 层民房，建筑物距基坑最近点约 6.6m，建筑基础为预制桩，桩长约 6.0m。

基坑南侧为三栋 5～6 层民房。建筑物距基坑最近点约 5.8m；其中社区医院一栋为一层地下室，埋深约 6.0m。

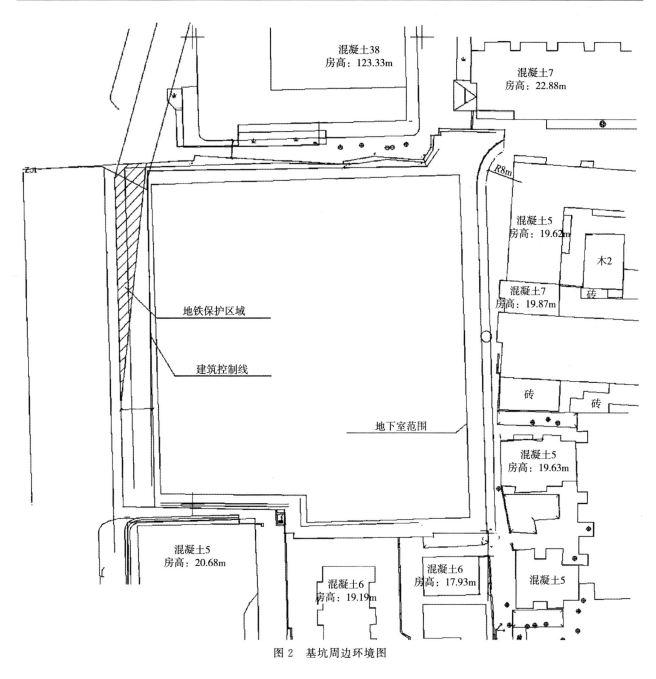

图 2　基坑周边环境图

2　基坑支护设计

2.1　围护结构

纯地下室开挖深度 22m，塔楼区域开挖深度 23.28m。为减小基坑边形及周边地面沉降，围护结构采用 $\Phi1300mm@3000$ 人工挖孔桩，护壁厚度 150mm，嵌固深度 5m，混凝土强度 C30。

2.2　支撑体系

基坑采用明挖顺做法施工。西区采用 3 道钢筋混凝土内支撑＋2 道锚索支护，支撑布置避开地下室楼板；东区采用 2 道钢筋混凝土内支撑＋2 道锚索支护。

表 1　各分区支撑截面

分区	支撑名称	主支撑（mm）	围檩（mm）
西区	第一道支撑、围檩	600×800	1100×1000
	第二道支撑、围檩	800×1000	1100×1000
	第三道支撑、围檩	800×1000	1100×1000

续表

分区	支撑名称	主支撑（mm）	围檩（mm）
东区	第一道支撑、围檩	600×800	1100×1000
	第二道支撑、围檩	800×1000	1100×1000

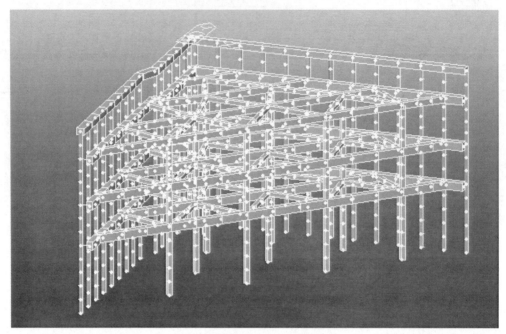

图 3　围护结构有限元离散模型

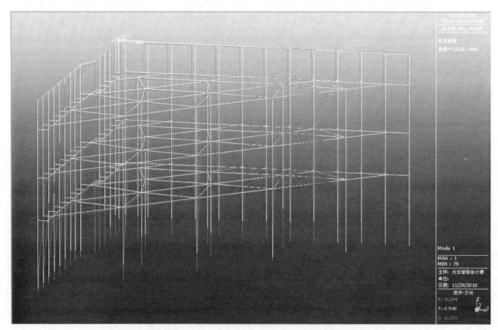

图 4　第三阶段施工阶段失稳模态（稳定系数 λ ＝5.65）

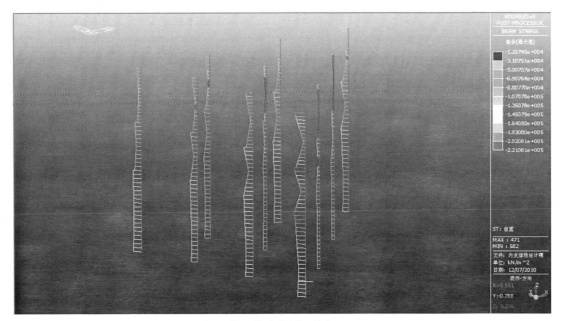

图 5　各立柱应力图（单位：kPa）

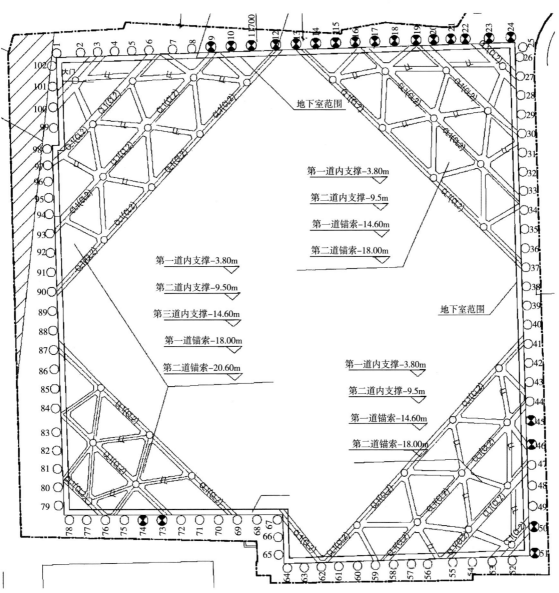

图 6　基坑围护结构布置图

2.3 基坑土方开挖

土方开挖、支撑施工严格实行"分层、分段、分块、留土护壁、限时对称开挖支撑"的原则，将基坑变形带对周围设施的变形影响控制在允许范围内。开挖过程中必须随挖随撑（或浇捣垫层）。减少围护结构无支撑暴露时间，以控制围护结构侧向变形。土方开挖严格控制挖土量，严禁超挖。

2.4 基坑降水

本工程采用管井降低坑内潜水水位；该基坑共设计 19 口降水井，每口井深均为 32.5m。降水井按均匀布置原则进行定位，相邻井间距约 15.5m。

在基坑开挖前先施工好降水井，并提前预降水，降水后基坑内水位应低于开挖面 1m 以下以便于施工，提高出土效率。

3 设计施工难点及相关措施

3.1 变形控制

从本基坑周边环境调查可知，本基坑北侧及西侧均为重要性建筑，一旦基坑开挖过程中变形过大，对中银大厦及地铁一号线均会造成不可挽回的损失，故变形控制极为重要。在开挖之初，就集中对周边的建筑及路面进行了裂缝调查及编号，每天记录裂缝观测数据。

图 7　基坑裂缝观察

本基坑目前已施工完毕，通过监测结果分析，支护结构最大水平位移约为 8.1mm，地面最大沉降量为 17.65mm，地下管线最大沉降量为 9.65mm，周边建（构）筑物最大沉降 8.35mm，表明变形控制良好。

水平位移变形监测报表

项目名称：成都泰丰国际广场基坑护壁位移等监测工程						编号：DMCJ-275

监测依据：《建筑变形测量规范》　JGJ 8-2007	仪器型号：全站仪

上次监测时间：2011年06月14日10时 本次监测时间：2011年06月14日16时	是否报警：未报警

监测单位：成都西交特种工程技术勘测设计有限公司	工程地点：人民中路二段27～31号

报警值：累计变化量30mm, 沉降速率2～3mm/d

点号	初始值 (m)	本次值 (m)	上次值 (m)	本次变化量 (mm)	累计变化量 (mm)	变形速率 (mm/d)
1#	-0.5715	-0.5756	-0.5754	-0.20	-4.10	-0.20
2#	-0.5293	-0.5312	-0.5315	0.30	-1.90	0.30
3#	-0.5023	-0.5047	-0.5047	0.00	-2.40	0.00
4#	-0.4693	-0.4712	-0.4712	0.00	-1.90	0.00
5#	-0.4738	-0.4754	-0.4756	0.20	-1.60	0.20
6#	0.1968	0.1983	0.1984	-0.10	1.50	-0.10
7#	0.2130	0.2195	0.2192	0.30	6.50	0.30
8#	0.2565	0.2638	0.2638	0.00	7.30	0.00
9#	0.3825	0.3905	0.3905	0.00	8.00	0.00
10#	0.5510	0.5572	0.5574	-0.20	6.20	-0.20
11#	-69.7032	-69.7025	-69.7021	-0.40	0.70	-0.40
12#	-69.9828	-69.9792	-69.9797	0.50	3.60	0.50
13#	-77.1760	-77.1763	-77.1765	0.20	-0.30	0.20
14#	-77.1725	-77.1734	-77.1732	-0.20	-0.90	-0.20
15#	-77.2275	-77.2291	-77.2295	0.40	-1.60	0.40
16#	-77.1123	-77.1127	-77.1124	-0.30	-0.40	-0.30
17#	-77.1277	-77.1242	-77.1244	0.20	3.50	0.20
18#	72.1065	72.1046	72.1047	-0.10	-1.90	-0.10
19#	72.1700	72.1694	72.1693	0.10	-0.60	0.10
20#	72.0945	72.0925	72.0922	0.30	-2.00	0.30
21#	71.8225	71.8183	71.8185	-0.20	-4.20	-0.20
22#	71.9745	71.9712	71.9716	-0.40	-3.30	-0.40

说明：1、1#、2#、3#、4#、5#、18#、19#、20#、21#、22#点变化量为负值时监测点向基坑内侧偏移，为正值时向基坑外侧偏移。

2、6#、7#、8#、9#、10#、11#、12#、13#、14#、15#、16#、17#点变化量为负值时监测点向基坑外侧偏移，为正值时向基坑内侧偏移。

测量：周国梓　记录：郑洲　计算：周国梓　校核：郑洲

第11页 共16页

图 8　基坑水平位移变形监测报表

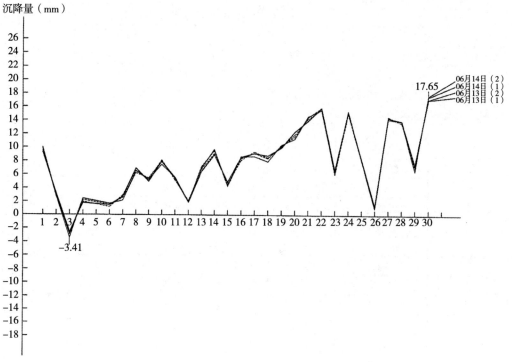

a）地面沉降变形曲线图

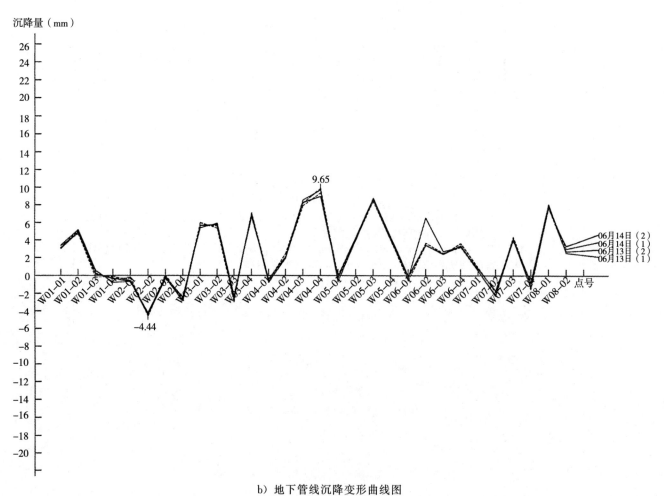

b）地下管线沉降变形曲线图

图 9　地面及地下管线沉降变形曲线图

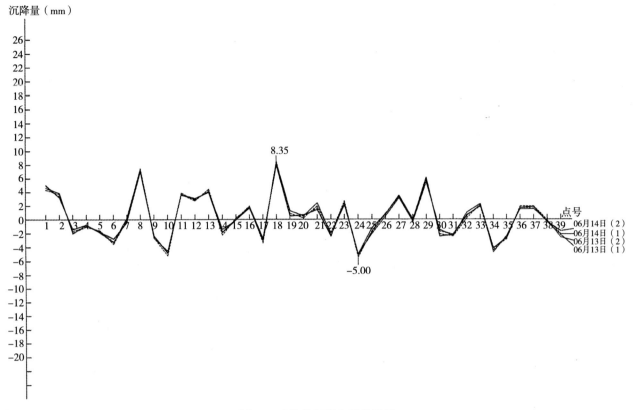

图 10 建筑物沉降变形曲线图

3.2 井管降水

管井降水会导致砂卵石层中细沙流失而引起土体过大沉降，导致周围建筑及道路的开裂，故确保降水井含砂率可控为该工程的一大难点问题。通过优化设计，在降水井施工时，首先拉近了降水井之间的距离，以保证降水的有效性，其次在滤水管周围包了两层滤砂网，以保证降水过程中的含砂率不超标。并在现场设两个沉砂池，使每口井进行单排，24 小时巡查并及时监测，以保证该工程降水的安全性。

3.3 土方外运

本工程由于采用四周内支撑支护，故不能像传统基坑那样留马道以保证土方的顺利外运，故在支撑施工成型以后，土方外运便成了该工程又一大难点问题。就该问题，通过多方案比较，并咨询专家意见，择优选择皮带运输机进行土方外运。

图 11 土方皮带外运

4 经验总结

通过本基坑工程实践可以看出，基坑工程设计逐步向"周边环境复杂，开挖深度规模加大，工程地质水务地质条件复杂"转变，对设计及施工人员提出更高的要求以适应当前趋势。基于成都泰丰国际广场基坑工程为例，通过设计和分析得到以下结论和启示。

（1）对于超大深基坑，采用多支点排桩＋混凝土内支撑＋预应力锚杆支护结构是可行的，且与悬臂桩相比，安全可靠，与地下连续墙相比，经济适用，并且能有效地保证基坑和周边既有建筑物的安全。如何选择经济合理的支护形式以适应工程需要和当地区域性要求对设计人员提出更高的要求。因此，设计人员还应不断地探索和寻求更加经济合理的支护形式。

（2）从本工程来看，排桩＋混凝土内支撑＋预应力锚杆支护中不能一味按常规设计，还需考虑周边既有建筑物的基础形式和平面布置情况：从立面设计看，还要充分考虑地层条件的影响，如在卵石层中施工预应力锚杆，抗拔力较高。

（3）超深基坑开挖支护施工过程中的实时监测已成为保证基坑安全的重要手段，按深基坑工程的发展趋势看，对于超深超大基坑而言，有必要开展基坑开挖施工过程的风险评估研究，并针对基坑应急状态提出相应预防措施。

参考文献

[1] 刘国彬，王卫东. 基坑工程手册 [M]. 第二版. 北京：中国建筑工业出版社，2009.

[2] 范加令，张令刚，张金科. 关于深基坑开挖防护措施的研究 [J]. 四川建筑科学研究，2011，37（5）：123－126.

[3] 侯学渊，刘国彬，黄院雄. 城市基坑工程发展的几点看法 [J]. 施工技术，2000，29（1）：5－7.

[4] 张光辉，彭松，朱宝华. 深基坑开挖与支护的有限元分析 [J]. 武汉理工大学学报，2010，32（3）：54－57.

[5] 赵锡宏，李蓓，杨国祥. 大型超深基坑工程实践与理论 [M]. 北京：人民交通出版社，2005：37－48.

上海软土地层水平 MJS 旋喷成桩试验

黄均龙[1] 张帆[1] 李永迪[1] 杨化振[1] 张冠军[2]

(1. 上海隧道地基基础工程有限公司 上海 200333；2. 上海隧道工程有限公司技术中心 上海 200032)

摘 要：本文介绍了上海软土地层水平旋喷成桩关键技术、旋喷成桩试验内容与成果，以及实施的技术原理。

关键词：水平旋喷桩；软土地层；泥浆排出量；地内压力；水平旋喷钻具

1 引言

随着长三角地区轨道交通建设和地下空间开发的快速发展，一些地铁工程位于交通主干道或商住区附近，地下管线较多，如盾构（顶管）进出洞加固采用水平旋喷技术，可避免管线搬迁与地面封路；也可避免冻结法加固其冻胀融沉效应对土体和周边构筑物的影响；另外水平加固量比垂直加固量少，有一定的应用前景。但由于受到国内旋喷设备及相应工艺的制约，在上海软土地层进行水平旋喷成桩时会产生成桩直径的不稳定，以及地面的严重隆起或沉陷。为此，上海隧道地基基础工程有限公司于 2012 年，在上海某地铁车站基坑施工过程中，应用 MJS 旋喷施工设备进行了水平旋喷成桩试验。

2 上海软土地层水平旋喷成桩关键技术

一般情况下，水平旋喷钻具既是水平成孔钻具，又是后退旋喷成桩时高压喷射注浆管。在水平成孔钻进时，由于旋喷钻头的前端直径大于旋喷钻杆，在旋喷钻杆周围形成泥浆套；当后退钻杆进行水平旋喷时，被空气流包裹着的水泥浆液从设在旋喷钻头侧面的喷嘴中喷射而出，以一定能量的高压射流，在一定距离范围内冲击破坏土层，使土颗粒从土层中剥落下来，并随着旋喷钻头的旋转而移动，这个高压射流将水泥固化剂与土颗粒就地混合搅拌，水泥浆液凝固后就形成水平方向的水泥土固结体。

由于上海地区土层中的黏土量大，透水性差，地下水位高，当在旋喷钻杆周围形成泥浆套时，因泥浆较稠，其黏阻力大，在成桩过程中，由水平喷射切削土体产生的多余泥浆不能从孔口密封装置中顺畅的排出。若多余泥浆未被适量的排出，土层中的空隙水压力迅速提高，于是造成地面隆起；若多余泥浆过量的排出，则地面产生沉陷与桩径缩小。

因此，为保证相邻水平旋喷桩的有效搭接、确保旋喷桩径与减少对周边构筑物的影响，水平旋喷成桩时的成孔精度、可靠的孔口密封装置，以及多余泥浆排出量与旋喷钻头处地内压力精确控制，就成为上海软土地层水平旋喷桩施工成功的三大关键技术。

3 水平旋喷成桩试验

本次试验在上海某地铁车站基坑内进行。为进行水平 MJS 旋喷成桩试验，事先在基坑内采用 SMW 工法设置一道中隔墙，将基坑内开挖区一分为二，中隔墙施工完毕后对一侧端头井进行开挖，水平旋喷成桩试验施工设备放置在此端头井内，通过中隔墙向车站另一侧方向进行水平 MJS 旋喷成桩试验施工，试验结束后，在车站基坑开挖时，对成桩效果进行检验。水平 MJS 旋喷成桩试验前，在试验场地周边布置测斜、沉降、孔隙水压力等监测点，以取得水平 MJS 旋喷成桩施工对周边环境影响的数据。

分三期共进行 15 根水平 MJS 旋喷成桩试验，成桩覆土深度为 6.2～12m，水平成桩长度为 3～30m，有全圆、下半圆、左侧半圆、90°、120°、160°、270°等成桩断面，水平向上倾斜 15°与水平向下倾斜 15°旋喷桩各 1 根。第一、二期施工区域地层自上而下（至地面下 10m）为杂填土、砂质粉土，土层含云母，夹薄层黏性土，局部为粉质黏土，土质不均匀。第三期施工地层为淤泥质黏土层。

3.1　水平 MJS 旋喷成桩试验主要设备

试验主要设备见表 1。

表 1　试验主要设备与仪器

序号	设备名称	数量	用　途
1	专用 MJS 旋喷钻机	1	垂直与水平旋喷设备
2	高压注浆泵	1	泵送高压水泥浆
3	空气压缩机	1	供　气
4	高压水泵	1	提供钻进和排浆喷水
5	自动拌浆系统与储水箱	各 1	提供旋喷用水泥浆和用水
6	MJS 多孔式旋喷钻具	1	钻孔、旋喷、测压与排浆
7	施工参数监测记录装置	1 套	监测记录施工参数
8	小型液压站	1	控制旋喷钻头排浆阀门的开闭
9	孔口密封装置	1	防止旋喷水泥浆从孔口泄漏
10	液压式升降工作平台	1	旋喷钻机的工作平台
11	吊　车	1	起吊钻杆等
12	临时排浆用贮浆箱	1	贮存旋喷排浆并泵送到泥浆脱水处理设备
13	泥浆脱水处理设备	1	对废弃泥浆脱水，变泥浆存放外运为干土外运

3.1.1　MJS 多孔式旋喷钻具

MJS 多孔式旋喷钻具由多孔式旋喷导流器、多孔式旋喷钻杆与多孔式旋喷钻头组成，其中多孔式旋喷钻头是关键的施工机具。MJS 多孔式旋喷钻头的外径为 142 mm，标准长度为 1.5 m，由成孔段、喷浆段、测压段、排浆段和尾段组成，如图 1 所示。喷浆段中高压浆喷嘴上设置了 1 个同轴环形压缩空气喷嘴，形成二重管旋喷，并在其上设置了 1 个随高压水泥浆液喷射而自动开闭的喷嘴口闸门，可防止在装拆旋喷钻杆时泥浆进入喷嘴中。测压段上设置了检测旋喷注浆过程中旋喷钻头周围的泥浆压力（地内压力）的隔膜式压力变送器。排浆段上设由排浆通道、排浆口、排浆口闸门、闸门控制油缸、距离传感器与排浆冲水喷嘴，可通过排浆冲水喷嘴喷射出的高速水流，在排浆口处形成负压，吸入并排出旋喷产生的多余泥浆，并能通过闸门控制油缸调整排浆口闸门开度（其开度由距离传感器将信号送至现场闸门开度显示器）或改变排浆冲水喷嘴的供水流量来调整排浆量，从而调整钻头周围地内压力，减小旋喷施工对周围土体的影响，控制地面的隆沉。

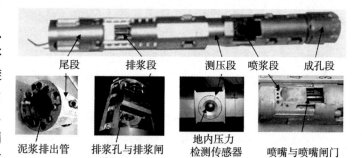

图 1　多孔管旋喷钻头

3.1.2　孔口密封装置

孔口密封装置具有密封钻杆、孔口泄压或补浆、孔口压力显示与关闭孔口的功能，由闸门、钻杆密封两大部件组成，通过螺栓连接成一体，再与井壁上预设的钢管法兰连接。闸板式闸门后端管段设有三通管接头，安装压力表，连接阀门与管路，可进行孔口泄压或向孔内补浆。

3.1.3　高压注浆泵

高压注浆泵为无级变速 3 缸式曲轴连杆柱塞泵，通过变频控制电机转速，达到工作流量无级可调。其注浆工作压力 40MPa，除由压力表显示外，还装有压力变送器，以便远程显示与记录。

3.1.4　施工参数监测记录管理装置

施工参数监测记录管理装置由空气流量仪、

电磁流量计、压力变送器、旋喷钻头内微型位移传感器、旋喷钻头内排浆闸门油缸控制装置、闸门开度与地内压力显示器及施工参数监视记录仪等组成，可显示与记录空气压缩机的工作流量与工作压力、水泥浆（水）的流量与压力、多孔式旋喷钻头所处深度的地内压力与排浆闸门开度。

3.2 水平旋喷成桩试验工艺参数

水平旋喷成桩试验工艺参数见表 2。

表 2 水平旋喷成桩试验工艺参数表

设计桩径（m）	水泥浆水灰比	水平成孔精度	水泥浆		压缩空气		水		旋喷成桩		地内压力系数
			压力（MPa）	流量（L/min）	压力（MPa）	流量（N·m³/min）	压力（MPa）	流量（L/min）	回撤速度（min/m）	摆喷转速（r/min）	
1.2～2.4	1	1‰	40	85～100	0.5～0.7	1.0～2.0	≥20	50	85～100	≥3	1.3～1.6

3.3 水平 MJS 旋喷成桩工艺流程与实施原理

3.3.1 工艺流程

水平旋喷成桩试验工艺流程主要包括开孔安装孔口密封装置、钻机就位、水平钻孔、摆喷注浆、施工数据监测记录、清洗管路等 6 个基本组成部分，其工艺流程如图 2 所示。

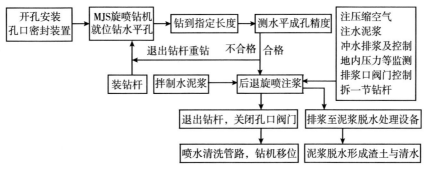

图 2 水平旋喷试验工艺流程图

3.3.2 实施原理

在水平旋喷成桩试验钻进时，设在旋喷钻头前方的冲水喷嘴喷射高压水流冲击土层，配合旋喷钻头钻进，使钻进速度加快并在钻杆周围形成泥浆套。后退旋喷时进行二重管喷射注浆，空气包裹着的高压水泥浆，从设在旋喷钻头侧面的喷嘴喷射而出，冲击土体，与土颗粒混合形成水泥土固结体。钻头侧面的喷嘴旁设有压力传感器，实时对旋喷钻头喷嘴附近的地内压力进行检测，并根据测得的地内压力调节排浆高压水泵的流量或通过油缸驱动排浆门调节排浆口的开度，改变排浆量，主动控制排浆的流量，使所测地内压力值在设定压力范围内，有效控制地表的隆沉量，从而减小地表变形及对周围环境的影响，并达到垂直旋喷时的成桩直径效果。

其中排浆控制与孔口密封结构示意如图 3 所示。

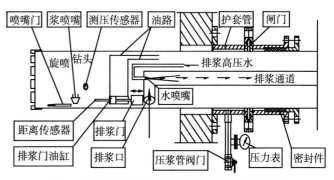

图 3 排浆控制装置与孔口密封装置结构示意图

在装拆水平旋喷钻杆时，关闭水平旋喷钻头上排浆门，此时水平旋喷钻头上的喷嘴门由于没有水泥浆的压力而关闭，隔绝旋喷形成的泥浆从水平旋喷钻头上的同轴组合喷嘴口与排浆口处流失。

3.4 水平钻进精度的控制

在水平钻孔时，通过 LED 灯及水平数字测斜仪对钻孔水平度进行测量，根据测量数据及时对钻头姿态进行调整。开始修正钻头钻进方向效果不明显，后通过改变钻头结构的形式，且在修正钻头姿态过程中不带切削水作业，达到一次钻进 30m，水平轴线偏差最大为 134mm（20m 处），钻头终点偏离钻孔中心仅 2.4mm 的精确控制。

3.5 水平旋喷时对地表沉降的控制

3.5.1 通过调整地内压力控制地表沉降

在第一期前 2 根桩水平钻时，通过调节阀门大小用间断排浆与连续排浆二种方式控制地内压力（控制系数 1.1～1.2），后者地表沉降十分明显，地表沉降累计超过－8cm。在第 3 根桩水平钻进时不再排浆，地面沉降得到了控制，30 米钻进结束地面沉降累计为－5mm。

在水平旋喷过程中，各试验桩地内压力应控制在 1.3～1.5 的系数。因试验桩施工区域附近存在防空洞、钻孔灌注桩，地面有冒气泡、防空洞附近有翻浆情况出现，前 3 根桩水平旋喷桩施工结束后，地表沉降最大值达到－269mm。

3.5.2 通过添加水玻璃溶液控制地表沉降

在第一期后续水平旋喷试验桩施工过程中采取了旋喷时增加压注水玻璃溶液的方法来控制沉降。与未添加水玻璃的试验桩进行沉降对比，添加水玻璃的试验桩在施工后沉降虽然得到控制，但沉降仍达到－100mm，添加速凝剂控制地表沉降的效果未达到预期目标。

3.5.3 通过改变不同工艺参数控制地表沉降

在第二期施工 4 根长 15m 、160°断面水平旋喷试验桩时，通过改变不同工艺参数控制地表沉降。

（1）纯水泥浆液，浆压力 40MPa，地内压力系数 0.12～0.13，主气压力 1.2N·m³/min，正常返浆；

（2）纯水泥浆液，浆压力 40MPa，地内压力系数 0.12～0.13，不带主气，正常返浆；

（3）纯水泥浆液，浆压力 40MPa，地内压力系数 0.14～0.15，不带主气，正常返浆；

（4）水泥浆液压力 40MPa，增加压注水玻璃溶液、其流量为 10L/min，主气压力 1.0N·m³/min，地内压力系数 0.16～0.17，正常返浆。

4 根水平旋喷试验桩施工结束后，地面最大降沉量控制在＋22～10mm 内。

3.5.4 调整喷嘴大小和喷浆压力控制地表沉降

第三期施工 2 根长 12m（9m）、120°断面水平旋喷试验桩时，浆压力改为 20MPa，喷嘴口径改为 3.4mm，主气压力 1.0N·m³/min，地内压力系数 0.17～0.18，正常返浆。2 根水平旋喷试验桩施工结束后，地面最大降沉量都控制在－2～＋3mm 范围内。

3.6 水平旋喷试验桩开挖效果

施工的水平 MJS 旋喷试验桩全圆成桩直径为 1.3～1.85m、扇形断面成桩半径为 1.2～1.45m。旋喷加固体 28d 抗压强度 1.24～7MPa、渗透系数 ≤8.3×10⁻⁹cm/s，达到预期设计要求，但在特别软弱的粉土层中水平旋喷桩不成形。开挖出的部分水平 MJS 旋喷试验桩截面如图 4 所示。

图 4 水平旋喷试验桩成桩截面

4 结语

通过后期基坑开挖暴露的成桩效果对比，水平 MJS 旋喷桩在软土地层中成桩质量和桩径均达到试验设计要求。通过调整成桩工艺施工参数，可把水平旋喷桩施工对地表隆沉的影响控制在 $-2\sim+3$ mm范围内，解决了上海软土地层水平旋喷桩施工时难以控制地表沉降的问题。在 2014 年，此水平 MJS 旋喷桩的试验成果已应用于上海某顶管出洞水平旋喷加固与某浅埋暗挖隧道的超前水平旋喷加固工程中。

参考文献

[1] 周驰，肖达统，陈斌 . 软土地区抗浮锚杆的力学与变形特性研究 [J]. 建筑技术，2005，36（3）：218—219.

[2] 贾金青，陈进杰 . 大型地下建筑抗浮工程的设计与施工技术 [J]. 建筑技术，2002，33（5）：352—353.

[3] 杨淑娟，张同波，吕天启，等 . 地下室抗浮问题分析及处理措施研究 [J]. 建筑技术，2012，43（12）：1067—1070.

[4] 汪四新，屈娜 . 某坡地建筑地下室抗浮问题绿色技术处理方法 [J]. 建筑技术，2012，43（10）：925—928.

[5] 华锦耀，郑定芳 . 地下建筑抗浮措施的选用原则 [J]. 建筑技术，2003，34（3）.

[6] 王恒，李春雨，刘平 . 抗浮锚杆施工技术应用实例 [J]. 建筑技术，2013，V44（2）：115—117.

[7] 邹永发，勇为 . 某地下车库上浮的处理措施 [J]. 建筑技术，2010，41（6）：564—566.

[8] 梁曦 . 软土地区新型浮桩加固方法的研究与应用 [J]. 建筑技术，2012，43（12）：1062—1066.

[9] 方雪松，李树伟，桂暖银，等 . 首都国际机场停车楼工程永久性抗浮锚桩施工工艺试验 [J]. 探矿工程，2000，（1）：40—41，43.

[10] 石中明，刘平 . 扩底抗拔桩在抗浮结构中的应用 [J]. 建筑技术，2005，36（3）：196—197.

[11] 夏江，徐志敏，严平，等 . 基坑工程中"一桩三用"技术的应用 [J]. 建筑技术，2004，35（5）：340—341.

[12] 中国建筑科学研究院 . JGJ94—2008 建筑桩基技术规范 [S]. 北京：中国建筑工业出版社，2008.

钻孔桩施工对既有桥桥墩安全性影响试验研究

朱建才[1]　许明来[4]　朱剑锋[2,3]　徐日庆[2]　周群建[1]

(1. 浙江大学建筑设计研究院有限公司　浙江杭州　310012;

2. 浙江大学 岩土工程研究所　浙江杭州　310058;

3. 宁波大学建筑工程与环境学院　浙江宁波　315211;

4. 杭州铁路枢纽建设有限公司 浙江杭州　310020)

摘　要: 拟建杭州钱江铁路新桥与既有钱江二桥均采用钻孔灌注桩基础,由于二者桥台间距较近(约10.0m),因此,新建铁路桥在钻孔桩施工过程中可能对二桥桩基础产生一定的扰动,使得二桥产生水平位移或沉降。于是,本项目组通过在钱江二桥周围埋设测斜管、测斜仪、土压力盒、孔隙水压力计以及分层沉降仪等监测设备对新桥钻孔桩施工过程中周围土体的侧向变形、土压力、孔隙水压力以及分层沉降进行了现场实际监测。结果表明:钻孔桩施工对周围土体水平位移影响一般在5倍桩径范围之内;引起的最大沉降量仅为5 mm;对周围土压力和孔隙水压力影响不大。因此,新桥钻孔桩施工对钱江二桥安全基本不存在影响。

关键词: 钻孔桩;施工;侧向变形;土压力;孔隙水压力;分层沉降

1　工程概况

杭州新建钱江铁路新桥位于钱塘江干流杭州市河段,北岸为杭州市彭埠镇,南岸为杭州市萧山区,新建桥址位于杭州既有钱江二桥上游约20m处,向北接改建后的杭州东站客专场,向南引入萧山站客专场。钱江铁路新桥四线布置杭甬、杭长客运专线,是沪杭甬客运专线杭甬段和杭长客运专线的重要组成部分。起点17#墩里程HYDK2+483.44,终点65#墩里程HYDK4+705.78,桥梁全长2222.34m。主要技术标准:设计速度目标值为200km/h,轨道类型为有砟轨道。拟建杭州钱江铁路新桥与二桥均采用钻孔灌注桩基础,由于二者距离较近(桥台间距约10.0m),新建铁路桥在钻孔桩施工过程中可能对二桥的基础产生一定扰动(如产生水平位移或沉降),从而对二桥的通行与安全造成不利影响。

在与既有二桥较小的施工距离条件下保证既有桥梁安全及既有线路正常运营是本工程的一个重点和难点,有必要对该课题进行专门的研究,分析可能出现的工程问题,预先考虑工程预案。然而,目前国内外关于工程施工对既有桩基影响的研究主要集中在隧道施工和基坑开挖两方面[1-9],而关于桩基础施工引起的周围土体的位移、坍塌的实测资料比较缺乏,没有实际工程经验可供借鉴。于是,本工程通过在既有二桥周围埋设测斜管、测斜仪、土压力盒、孔隙水压力计以及分层沉降仪等监测设备,对施工过程中深层土体侧向变形、土压力、孔隙水压力以及分层沉降进行了现场实际监测,并将监测数据反馈于工程施工,为安全施工提供依据。

2　现场监测方案

2.1　监测项目和测点布置

1) 深层土体侧向变形

深层土体侧向变形的监测采用测斜管和测斜仪进行,本次测试总共布置9根测斜管(图1),深度62m。

2) 土压力

钻孔桩施工导致桩体内外土压力失衡,对桩迎土面侧土压力的变化进行监测,可以有依据地控制钻孔速率及采取相应保护措施,以保证施工的安全。本次测试总共设置了9组土压力观测点(图1)。每组沿深度方向每隔4.0~6.0m埋设压力盒，土压力监测孔的打设深度为 62m。

3）孔隙水压力

为了解钻孔桩施工过程中超静孔隙水压力的变化，本次监测共布置 9 组孔压计（图 1），每组 5 个孔压计，与土压力监测同孔。

4）分层沉降

通过分层沉降观测，可得到不同深度的土层在钻孔桩施工过程中的沉降曲线，从而掌握各土层的压缩情况。本试验段共打设了 9 根分层管（图 1），分层管的打设深度为 36m，磁环沿深度方向每隔 2m 布置一个，每点 15 环。

2.2 监测仪器设备和方法

1）深层土体侧向变形监测

深层土体侧向变形监测采用测斜管和测斜仪进行。测斜仪由测斜器、电缆、显示器和测斜导管组成。如图 2 为一个测斜仪的构造示意图，横截面为圆形，上下各有两对滚动轮，上下轮距 500mm，工作原理如图 3 所示。

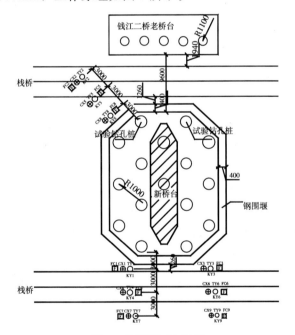

图 1　监测平面布置图

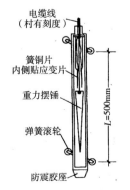

图 2　测斜仪构造示意图

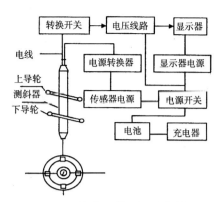

图 3　测斜仪工作原理示意图

土体内测斜管的埋设，具体步骤如下：

（1）根据埋设位置，钻机定位成孔，一般采用 $\Phi108$ 钻具开孔，钻孔时，每次进尺大小视不同土质决定，避免出现塌孔或缩孔现象；

（2）钻机至预定深度后，必须立即进行测斜管埋设，第一根测斜管管底需封死，连接测斜管，测斜管槽口对准所测的水平位移方向；

（3）测斜管埋设至预定深度后，在测斜管与钻孔壁之间用瓜子片填充。一般在测斜管埋设完成后需停留 3～4d，使钻孔中瓜子片紧贴测斜管，然后测试初读数。

2）土压力传感器

本次测试采用的是钢弦式压力盒。这种压力盒构造比较简单，测试结果稳定，受温度影响小，易于防潮，可用于长期观测。其缺点是灵敏度受压力盒尺寸的限制，并且不能用于动态测试。双膜式压力盒的构造如图 4 所示。

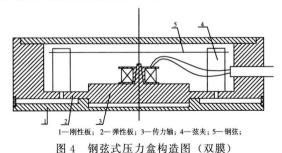

1—刚性板；2—弹性板；3—传力轴；4—弦夹；5—钢弦；

图 4　钢弦式压力盒构造图（双膜）

3）孔隙水压力监测

本次试验中采用振弦式孔压计，型号为 KYJ-31，分辨率小于 0.05％。用 ZXY-2 型振弦频率读数仪测读孔压计的频率，该仪器的分辨率为 ＋0.1Hz。孔压计的埋设方法如下：

（1）先于现场率定孔压计的基本参数，并将透水石洗净，煮沸 30～60min 后，浸在清水中；

（2）根据测点位置，钻孔定位开孔，孔深达测点以上 20～50cm，清孔后，将浸在清水中的孔

压计连同装满清水的塑料袋迅速提出放入钻孔内;

（3）利用钻杆和压具把孔压计压至测点深度，注意保护电缆，防止拉断；

（4）小心拔起钻杆，稍等片刻，用频率仪检测孔压计频率变化是否正常，用泥球回填至下一个测点的深度，重复进行。

4）分层沉降监测

分层沉降仪由分层沉降管、磁环和探头三部分组成。分层沉降管由波纹状柔性塑料管制成，管外每隔一定距离安放一个磁环，地层沉降时带动磁环同步下沉，把探头用导线放入管中，根据探头所连蜂鸣器的响声可以判断磁环的位置，由导线读数可测出磁环所在的深度，根据磁环位置深度的变化，即可知道地层不同标高处的沉降变化情况，分层沉降仪埋设方法如下：

（1）采用108钻具定位开孔，成孔倾斜不大于10%，进尺时注意护壁，钻至预定深度；

（2）在硬塑料管外每隔2m套一个沉降磁环，分段在地面接成，埋至预定深度，用细砂密实孔隙；

（3）埋设完毕稳定后，用分层沉降仪放入管中测量，对环的位置、数量进行校对，并测量管口高程。

3 现场监测结果及分析

3.1 土体水平位移监测结果及分析

如图1所示，在53#墩周围布置了9根测斜管，其中 CX01、CX03、CX08 距离 53#墩约3.0m；CX04、CX06、CX05 距离 53#墩约7.0m；CX07、CX09、CX02 距离 53#墩约11.0m；监测时间从 2008 年 9 月 7 日打设第一根钻孔桩开始，至 2009 年 3 月 8 日桥墩封底完成止。测斜管上部0～7m处于江水中，江底约在水面下7.0m处，土体水平位移监测结果如图5所示。

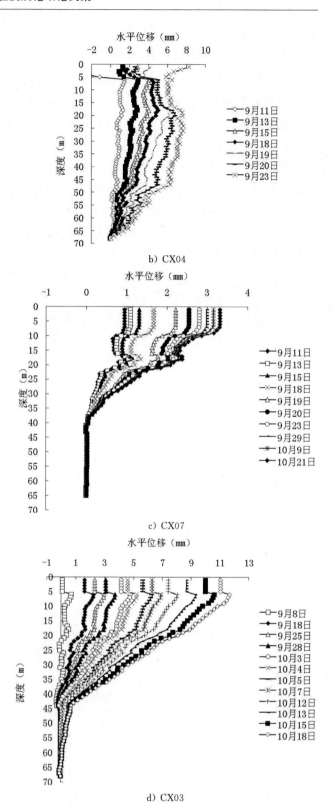

b) CX04

c) CX07

d) CX03

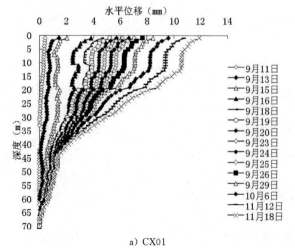

a) CX01

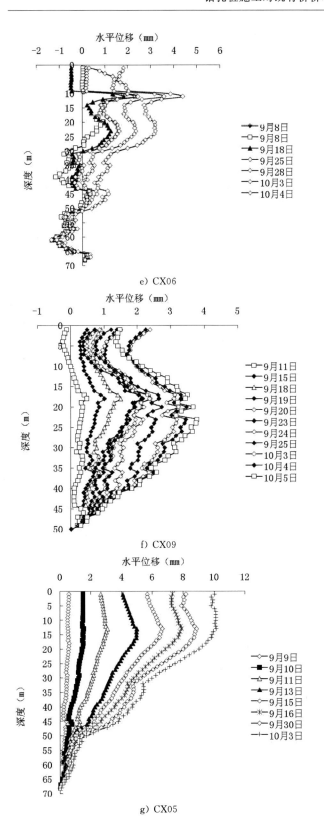

e) CX06

f) CX09

g) CX05

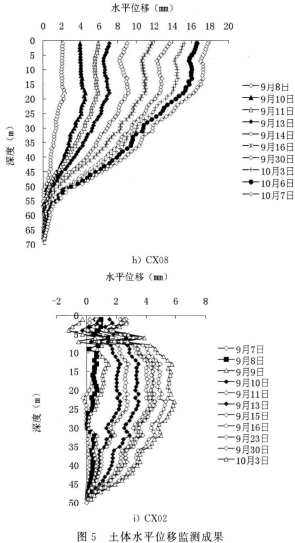

h) CX08

i) CX02

图 5　土体水平位移监测成果

　　从以上土体水平位移可知，距施工钻孔桩最近距离（3.0～4.0m）处的土体水平位移相对较大，最大为 11～17mm；距离施工钻孔桩约 7.0m 处的土体水平位移相对较大，最大为 6～10mm；距离施工钻孔桩最远距离（约 11.0m）处的土体水平位移相对较小，为 3～5mm。距离地表深处位移相对较小，靠近地表处位移相对较大。钻孔桩上部约 20.0m 范围内有钢护筒，监测结果显示上部水平位移较大，一方面表明在钻孔桩施工的过程中，虽然有钢护筒的存在，但仍对周围土体存在一定影响；另一方面可能与测斜管受钱江潮水的影响有一定关系。钻孔桩直径（D）为 2.0m，监测结果表明：钻孔桩施工的影响范围一般在 5D 范围之内；大于 5D 的范围，钻孔桩施工影响较小。

3.2 土压力监测结果及分析

　　如图 1 所示，在 53# 墩周围布置了 9 孔土压力监测点，其中 TY1、TY3、TY8 距离 53# 墩约 3.0m；TY4、TY6、TY5 距离 53# 墩约 7.0m；TY7、TY9、TY2 距离 53# 墩约 11.0m；监测时间从 2008 年 9 月 7 日打设第一根钻孔桩开始，至 2009 年 3 月 8 日桥墩封底完成止。土压力监测结果如图 6 所示。

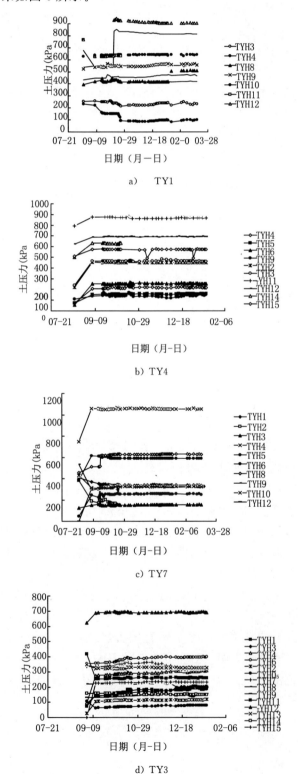

a) TY1

b) TY4

c) TY7

d) TY3

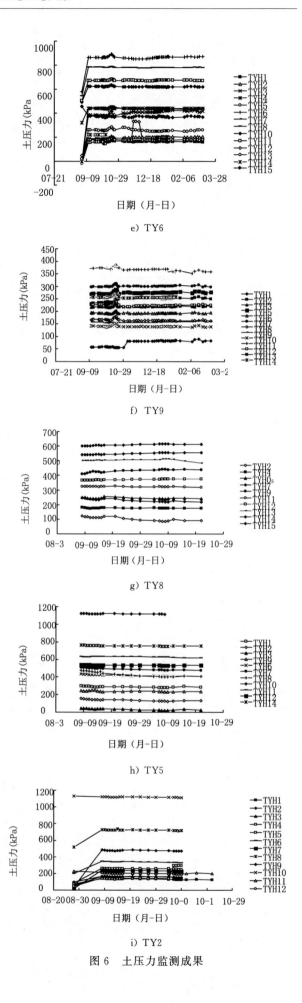

e) TY6

f) TY9

g) TY8

h) TY5

i) TY2

图 6　土压力监测成果

本次试验所测土压力为土体的水平向应力，土压力盒竖直固定在角钢上，受压面与土体的水平向应力垂直，从以上土压力监测结果可知，在钻孔桩施工过程中，距离钻孔桩分别约 3.0m、7.0m、11.0m 处的不同深度土体的水平向应力变化较小，基本处于稳定状态。其原因主要有以下两点：（1）钻孔桩施工过程中，自河床以下 20.0m 范围内有钢护筒护壁，限制了土体的侧向变形，土体的应力状态在钻孔过程中，基本上不受影响；20.0m 深度以下，虽然没有钢护筒，但由于岩土的物理力学性质较好，自稳能力较强，因此，土体的应力状态基本上未改变。（2）钻孔桩直径为 2.0m，土体开挖范围较小，其影响范围有限。由此可知，新桥钻孔桩施工对桩周围的应力影响较小，对既有二桥基桩的侧摩阻力基本上无影响。

3.3　孔隙水压力监测结果及分析

如图 1 所示，在 53# 墩周围布置了 9 孔土压力监测点，其中 KY1、KY3、KY8 距离 53# 墩约 3.0m；KY4、KY6、KY5 距离 53# 墩约 7.0m；KY7、KY9、KY2 距离 53# 墩约 11.0m；监测时间从 2008 年 9 月 7 日打设第一根钻孔桩开始，至 2009 年 3 月 8 日桥墩封底完成止。孔隙水压力监测成果如图 7 所示。

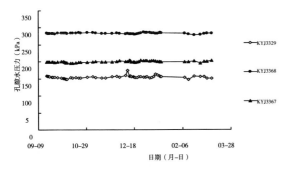

a）KY1

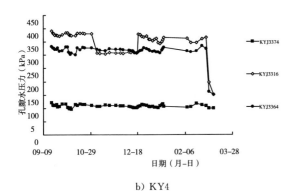

b）KY4

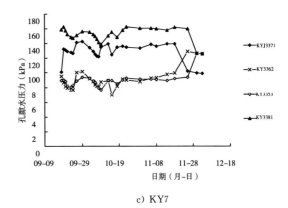

c）KY7

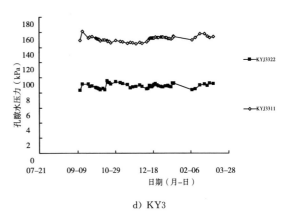

d）KY3

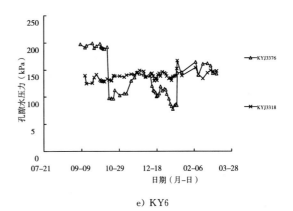

e）KY6

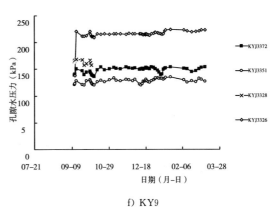

f）KY9

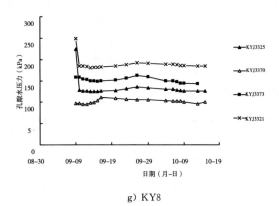

g）KY8

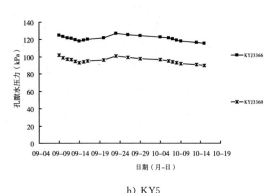

h）KY5

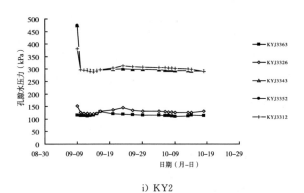

i）KY2

图 7　孔隙水压力监测成果

从以上孔隙水压力监测结果可知：在钻孔桩施工过程中，距离钻孔桩分别约 3.0m、7.0m、11.0m 处的不同深度处孔隙水压力变化较小，局部受潮水的影响变化较大。由此可知，钻孔桩施工对桩周围土中的孔隙水压力影响较小。

3.4　分层沉降监测结果及分析

如图 1 所示，在 53# 墩周围布置了 9 孔土压力监测点，其中 FC1、FC3、FC8 距离 53# 墩约 3.0m；FC4、FC6、FC5 距离 53# 墩约 7.0m；FC7、FC9、FC2 距离 53# 墩约 11.0m；监测时间从 2008 年 9 月 7 日打设第一根钻孔桩开始，至 2009 年 3 月 8 日桥墩封底完成止。分层沉降监测成果如图 8 所示。

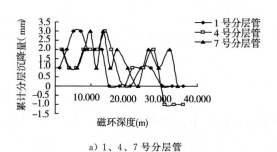

a）1、4、7 号分层管

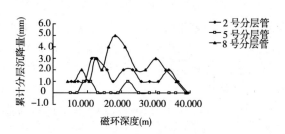

b）2、5、8 号分层管

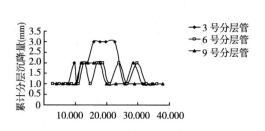

c）3、6、9 号分层管

图 8　分层管监测成果

从以上分层沉降监测结果可知，在钻孔桩施工过程中，对距离钻孔桩距离分别约 3.0m、7.0m、11.0m 处的不同深度处分层沉降变化均较小，局部靠近钻孔桩施工的分层沉降相对较大，如 8 号分层管磁环最大沉降量为 5mm。分层沉降的监测结果与土体水平位移相比，总体较小，最大沉降量仅为 5mm；监测结果说明新桥钻孔桩施工对桩周围土中的竖向位移影响较小，与前述土压力的监测结果基本一致。

4　结论

综合以上监测结果可知，钻孔桩施工对周边土体水平位移、土压力、孔隙水压力以及分层沉降的影响总体较小，基本上变化不大；其中，土体水平位移随着距离钻孔施工距离由近到远逐渐变小相对较明显，但总体变化亦不大，主要结论如下。

（1）土体水平位移监测结果表明：钻孔桩施工的影响范围一般在 5D 范围之内；大于 5D 的范围，钻孔桩施工影响较小。

（2）土压力监测结果表明：新桥钻孔桩施工

对桩周围的应力影响较小，对既有二桥基桩的侧摩阻力基本上无影响。

（3）孔隙水压力监测结果表明：不同深度处孔隙水压力变化较小，局部受潮水的影响变化较大。钻孔桩施工对桩周围土中的孔隙水压力影响较小。

（4）分层沉降监测结果说明：新桥钻孔桩施工对桩周围土中的竖向位移影响较小，最大沉降量仅为 5mm。

（5）综上监测结果可知，新桥钻孔桩施工对钱江二桥的桥墩（离施工钻孔桩距离约 10.0m）基本上不存在影响。

参考文献

［1］ Loganathan N，Polous HG. Analytical prediction for tunneling-induced ground movements in clays ［J］. Journal of geotechnical and geoenvironmental engineering，ASCE，1998，124（9）：846-856.

［2］ 魏纲，徐日庆，屠玮. 顶管施工引起的土体扰动理论及试验研究 ［J］. 岩石力学与工程学报，2004，23（3）：476-482.

［3］ 魏纲. 顶管工程土与结构的性状及理论研究 ［D］. 杭州：浙江大学，2005.

［4］ Klar ，Vorster TEB，Soga K and Mair RJ. Soil-pipe interaction due to tunneling：comparison between Winker and elastic continuum solutions ［J］. Geotechnique，2005，55（6）：461-466.

［5］ Viggiani C. Ultimate lateral load on piles used to stabilize landslides ［J］. Proe. 10th Eur. Conf. on Soil Mech. and Found Engrg. 1981，3：555-560.

［6］ 杨敏，周洪波. 承受侧向土体位移桩基的一种耦合算法 ［J］. 岩石力学与工程学报，2005，24（24）：4491-4497.

［7］ 张云军，宰金眠，王旭东，等. 隧道开挖对邻近桩基影响的二维数值分析 ［J］. 地下空间与工程学报，2005，1（6）：832-836.

［8］ 王涛. 盾构隧道施工的环境效应影响研究 ［D］. 杭州：浙江大学，2007.

［9］ Goh A T，Wong K S，The C I，Wen D. Pile response adjacent to braced excavation ［J］. Journalof Geotechnical and Geoenvironment Engineering，ASCE，2003，383-386.

（注：本文已发表于《工程勘察》杂志，2012年第 3 月，第 40 卷 第 3 期（总第 272 期）

复合地层穿京广铁路桥施工研究与应用

李正青

（北京城建中南土木工程集团有限公司　北京　100012）

摘　要： 地铁施工穿越铁路干线等重要地面设施是地下工程施工中的重大技术难点，从施工方案策划、论证到实施均需要科学严谨的把关控制，一旦出现偏差将引起灾难性的结果。武汉地铁6号线和4号线，在汉口鹦鹉大道先后4次穿越京广铁路跨线桥桥工段，施工环境复杂，难度高，对参建各方提出了重大挑战。本文通过研究土压平衡盾构施工的特点，阐述盾构通过重要建构筑物施工的几个阶段，对该处第一台盾构机穿过铁路的成功经验进行了总结。

关键词： 复合地层；盾构；穿越铁路

1　引言

盾构法在城市地铁工程中的高速发展，其施工环境随之多样化、复杂化，这对工程施工提出了更多的要求和挑战。对于盾构法隧道穿越重要建构筑物，在地层条件差异的情况下，不同工程具有多样的处理手段，如通过提前加固、结构托换、跟踪注浆、隧道施工参数控制等，均是为了达到保护既有结构的目的。

本文主要总结武汉市地铁6号线一期工程钟家村站—琴台站土压平衡盾构法穿越京广铁路的施工措施，阐述上软下硬、高黏性土地层复杂工况下盾构施工的注意事项。

2　工程概况

武汉市地铁6号线一期工程钟家村站—琴台站盾构隧道主体成南北走向，隧道从中间竖井利用盾构法向两端车站施工，如图1所示。其中竖井—钟家村站（南）段下穿京广铁路鹦鹉大道桥梁桥工段，铁路轨道至隧道顶部垂直距离（埋深）为28m，桥头路堤宽度（穿越距离）33m。隧道断面岩层以上部次生红黏土，下部中风化灰岩地层结构为主，如图2所示。工程特点为地铁6号线和地铁4号线在33m范围内上下交叉穿越京广铁路桥工段，施工时要求铁路轨道累计沉降不超过−5～+3mm，沉降速率控制更是严格。该桥为摩擦群桩，桩底位于隧道上方6.9m，施工具有极大的风险。本次选择6号线

右线第一次穿越桥工段时进行研究控制，其意义主要在于，该隧道距离桥桩水平距离最近，对桥梁影响最大，又是第一次穿越，需要收集大量的数据，为后续三条隧道通过提供施工经验。

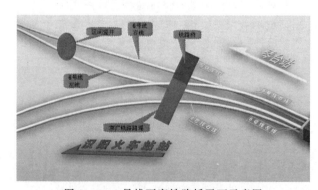

图1　4、6号线下穿铁路桥平面示意图

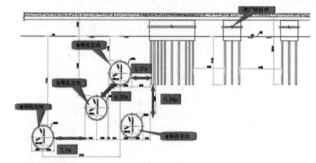

图2　4、6号线下穿铁路桥剖面示意图

3　地质概况

区间隧道在铁路路堤处主要穿越的地层主要有：（10-1）层粉质黏土、（10-1a）层粉质黏土、

（10-2）层粉质黏土混碎石、（13-2）层次生红黏土、（17b-2）层中风化灰岩、（17b-3）层微风化灰岩及（0）溶洞充填物。根据详勘资料显示，（10-1）黏土层为硬塑~坚硬状，承载力较高，压缩性中等偏高，不透水，工程性能较好；（10-2）黏土夹碎石层为坚硬状，承载力较高，压缩性中等偏低，弱透水，工程性能较好；（13-2）次生红黏土成硬塑，局部坚硬状，质均，黏性高，平均标贯23

击；（17b-2）中等风化灰岩为层状构造，近65°及近垂直节理发育，近垂直节理张开，呈浅灰黄色，有溶蚀痕迹，其余节理大部分节理充填方解石；岩芯多呈短柱状、块状，岩芯表面大部分较光滑，岩质较硬，锤击声较脆。属较硬岩，岩体较破碎，天然抗压强度34MPa，岩体基本质量等级为Ⅳ级，如图3所示。

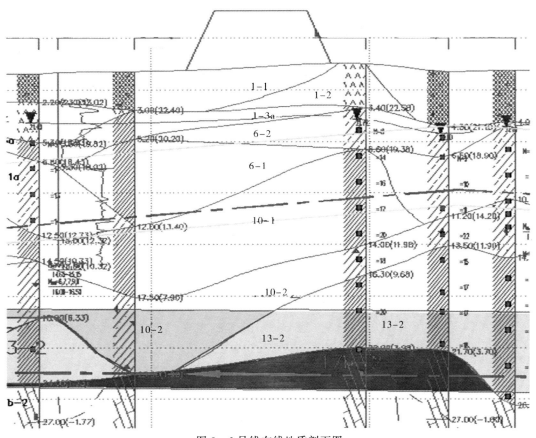

图3　6号线右线地质剖面图

4　盾构施工工艺

本次施工共分为策划阶段、穿越前试验及数据收集阶段、穿越时施工控制阶段、穿越后后期处理和总结阶段4个主要阶段。

4.1　策划

计划在盾构分体始发完成后，于42~75环共50m作为试验段，试验段主要收集出土松散系数、土仓压力与刀盘前方沉降关系、注浆参数与沉降的关系、沉降与盾构掘进的时间关系。试验完成

后，3日之内整理统计数据，制定下一阶段掘进参数，并按参数通过京广铁路。铁路通过后，总结通过经验，指导左线施工，并为4号线通过提供一些数据。

4.2　试验及数据收集

1）出土松散系数

出土松散系数是指实际出土量与理论计算量的比值，本次收集了第61~75环（距离铁路较近，更具代表性）进行了统计，出土方量通过土斗的情况进行估计，准确率为95%，见表1。

表1　出土量统计表

环号	61	62	63	64	65	66	67	78	69	70	71	72	73	74	75
土量（m³）	70	75	82	72	78	68	83	85	90	68	72	71	80	85	68

根据上述数据计算出土量：$\overline{V} = \sum v/n = 76\text{m}^3$。

每环理论出土量为

$$V = \pi r^2 L = 46.4\text{m}^3$$

式中　r——开挖半径，取 3.14m；

L——每环掘进距离，取 1.5m。

则土体松散系数：$\alpha = \overline{V}/V = 1.63$。

掘进单位距离的出土量：$v = \alpha\pi r^2 = 50.5\text{m}^3/\text{m}$。

2）土仓压力与沉降关系

土仓压力设定与施工前期沉降关系密切，若土压力过小，则容易引起地表沉降超标；若土压力过大，则容易造成隆起并减慢掘进速度，使得穿越建筑物的施工时间延长。因此选择合适的土压力，是安全快速通过铁路的重要控制内容。

工程理论土压力计算（隧道埋深为 19m，在稳定的黏性土中，按深埋隧道进行计算土压力：

$$P = kh\gamma + p = 0.54 \times 13.6 \times 19 + 20 = 160 \ (\text{kPa})$$

式中　k——经验系数，取 0.54；

h——塌落拱高度，13.6m；

γ——平均土重度，取 19；

p——经验附加值，取 20kPa。

试验分 3 个阶段，设置 6 个监测点，每 8～10m 一个，第一阶段试验欠压情况下地面沉降的情况，试验段为 42～53 环，设两个监测断面，试验土压力为 0.5～1.0bar；第二阶段为适压试验，试验段为 54～64 环，设置两个监测断面，试验压力为 1.4～1.8bar；第三阶段为超压试验，试验段为 65～75 环，设置两个监测断面，试验压力为 18～2.2bar。

试验对施工前 1d 至施工后 1d（1d 后沉降主要受注浆饱满度影响）进行监测数据统计，监测频率为 8h/次。

3）注浆参数对沉降的影响

注浆参数主要是注浆量的控制，推进时，选择注入率（注入量/空隙体积）在 1.4 左右，控制注浆出口压力高出设定土仓压力 0.2～0.5bar，隧道通过后，持续观察 3d。

4）沉降与掘进之间的时间关系

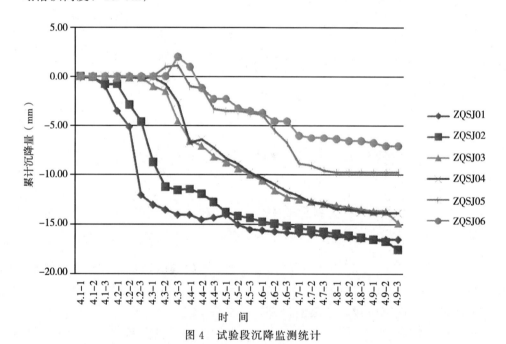

图 4　试验段沉降监测统计

注：图中 ZQSJ01、ZQSJ02 为第一阶段监控点，ZQSJ03、ZQSJ04 为第二阶段监控点，ZQSJ05、ZQSJ06 为第三阶段监控点。试验段掘进于 4 月 1 日开始，4 月 6 日完成，监测统计截止 4 月 9 日。

数据总结：从图 4 中可以看出，在欠压开挖的情况下，开挖时沉降速率较快，后期沉降发展较为缓慢；在适压开挖的情况下，掘进时沉降速率明显下降，但开挖阶段沉降超过 5mm，不满足铁路沉降施工要求；在超压情况下进行开挖时，地面先微隆起，再缓慢沉降。

累计沉降来看，由于欠压和适压开挖条件下前期沉降速率过快，累计沉降均在 15mm 左右，同步注浆量一定的情况下对通过后沉降发展影响不大，发展速率基本一致。ZQSJ05 和 ZQSJ06 监测点在通过后进行了补注双液浆，因此在后阶段沉降速率明显减小，地层趋于稳定。从图 4 还可以看出，二次补浆的最佳时间应该在通过后两个监测周期内，即 16h 之内，才能有效控制地面沉降不继续发展而超过−5mm。

结论：通过铁路时，应选用超压进行土压力控制掘进，同步注浆完成后，在12～16h之间补充注入双液浆，注浆期间不能停止掘进。

4.3 穿越时施工控制

1）参数设定

（1）土仓压力设定：

$$P = k\lambda h' + 20 = 0.54 \times 19 \times 26 + 20 = 286 \text{ (kPa)}$$

式中 h'——隧道埋深（不再考虑坍落拱效应），

为26m。设定土压力为280～300kPa。

（2）出土量控制。

用于本工程的土斗容积为18m³/斗，则每斗应掘进的距离为

$$l = v_1/v = 18/50.5 = 356 \text{ (mm)}$$

掘进时根据每斗掘进距离进行控制，当一斗土掘进距离小于350mm时，在下一斗掘进过程中，应保持一定距离不出土并减少其出土量，综合控制两斗掘进距离不少于650mm，4斗（约72m³）必须掘进1500mm（一环）。出土时，每斗土装土不得高出土斗上沿，避免出土统计不准，实际方量大于控制方量的情况出现。

（3）扭矩及转速控制。

扭矩和转速均按设备的最大能力作为控制值，不做强硬规定，通过动态管理和控制，保持掘进稳步迅速，在无岩石工况下，保持速度30mm/min以上，有岩石的上软下硬工况下，根据前75环掘进的经验，控制速度在20mm/min左右。

实际掘进过程中，岩石强度较低且未遇到土洞，施工较为理想，掘进推力在20000～28000kN之间，扭矩在2500～3800kN·m之间，转速控制值为1.2r/min，速度在30mm/min左右。

（4）渣土改良。

本工程（13-2）红色黏性土黏度极高，容易结泥饼，采用泡沫剂进行渣土改良。在分体始发阶段，工程已针对该地质摸索出了泡沫的配比和注入参数，在2.5%的原液浓度下，控制发泡比率为30，注入量为5～8m³/环。

（5）注浆。

根据试验段得出的经验，同步注浆注入率为1.4（6m³/环），盾尾通过3m后进行二次补浆，补浆量以压力控制为主。

2）地面措施及应急预案

根据试验段的掘进情况来看，本工程通过铁路时，在不遇到土洞（溶洞）的情况下，塌方的

发生概率非常小，且在石灰岩岩层表面存在空腔的可能性也非常小，从可勘察段地层来看，溶洞存在于隧道下方6m以下的范围，因此在沉降控制有效的情况下，可以不进行提前加固处理。施工过程中，主要采取与铁路管理部门进行联合检测测量、及时抬填轨道的措施进行应急处理。

3）施工监测

施工监测共设置4个断面，在路堤两侧各设置一个监测断面由施工方负责监测，在轨道上下行各设置一个监测断面，由铁路管理方负责。施工监测结果最大沉降点为下行轨道，累计沉降量为5.3mm；最小沉降为大里程路堤底部，累计沉降量为3.7mm。施工基本控制了沉降在允许范围内，达到了目的。

4.4 后期处理及总结

通过策划、试验阶段的精心准备以及实施阶段的严格管理和控制，钟琴区间右线按要求安全的通过了京广铁路，但从监测数据来看，轨道沉降接近并超过了控制值。铁路管理部门对轨道进行微调处理，保证了铁路运输的安全。分析其沉降较大的原因主要有：

（1）上软下硬工况下盾构施工刀盘对地层扰动较大；

（2）原路堤施工阶段，对上部地层进行了人工换填，受到扰动后，对上部结构产生影响；

（3）列车运行平凡，多重扰动使既有路基、道砟等发生沉降。

5 结语

本盾构在复合地层下首次穿越京广铁路，既具有土层未经过扰动，埋深较深的优势，又有距离桥基础水平距离最近，位于基础下方的难点。同时在未进行铁路预加固的情况下，作为首台穿越铁路的盾构机，具有先行者的挑战，也为后期通过铁路的盾构机探明地层，是本处盾构施工的重要环节。通过精心的准备和5d的连续施工，盾构机顺利地通过了京广铁路，给后期施工以信心。同时，沉降的情况也说明，在后期施工中应更加重视参数的控制和辅助措施的准备，尤其是在地层已经受到扰动后再次乃至多次地进行扰动施工，铁路沉降控制的难度势必增加，应当借鉴国内外通过既有地下隧道和地面重要建筑物的类似工程经验进行策划控制，使工程圆满结束。

参考文献

[1] 武汉地铁 6 号线钟琴区间设计文件.

[2] GB 50446—2008 盾构法隧道施工与验收规范.

[3] 维尔特土压平衡盾构机 S047 设计资料及使用历史资料.

[4] 魏康林, 中国知网, 土压平衡式盾构施工中喷涌问题的发生机理及其防治措施研究, 2003 年 3 月.

[5] 曹洋. 土压平衡式盾构机过地铁车站施工技术 [J]. 铁道建筑, 2012 (4).

矩形顶管工艺在浅覆上砂层地下人行通道施工中的研究与应用

余剑锋

（广东省基础工程公司　广东广州　510620）

摘　要：本文结合我司采用矩形顶管工艺施工浅覆土砂层地下人行通道的工程实际应用，对矩形顶管设备性能和应用于地下人行通道的钢筋混凝土管节参数及细部构造进行了研究，总结提出了实际工程运用的几个关键工序的实现方法，为今后矩形顶管设计和施工提供参考。

关键词：矩形顶管机；顶管施工；地下人行通道；浅覆土砂层

1　前言

目前，城市快速发展，交通压力与日俱增，为避免车流与人流相互干扰，地铁站人行通道和过街人行通道大都采用地下建设形式。城市的发展也促使各种民生管线逐步增多，许多管线埋设在道路两边，新修路面经常出现挖了又填、填了又挖的现象。发展城市管道共同沟，将管线共同敷设在预先施工好的沟内，则可大大降低路面反复开挖的几率。地下人行通道和管道共同沟一般采用矩形断面，矩形断面管道具有更大的使用面积。这样的需求促使矩形顶管工艺快速发展起来。

矩形顶管工艺是圆形顶管工艺的延伸，但敷设矩形管道所用的顶管机在切削功能、机械动力、纠偏功能等方面需具有更高的要求；在矩形管节防水、顶管机进出洞和前方土体平衡方面要求也更高。本文结合我司采用矩形顶管工艺施工浅覆土砂层地下人行通道的工程实际应用，对矩形顶管设备性能和应用于地下人行通道的钢筋混凝土管节参数及细部构造进行了研究，总结提出了实际工程运用的几个关键工序的实现方法，为后续矩形顶管施工提供参考。

2　工程实例

佛山市南海区桂城地铁站过街通道长度为43.5m，位于城市交通要道南桂东路下方，通道覆土深度为5.0m，穿越地层主要为＜2-2＞淤泥质粉细砂层。南桂东路车流量大，地下管线较多，沿顶进方向依次有2孔电信光纤、1孔路灯线、15孔电信线、Φ600混凝土排水管（前方11.6m位置、管底离顶管顶部仅2.6m）、1孔路灯线、2孔10kV电力线2条、Φ600铸铁给水管（前方40.7m位置、管底离顶管顶部3.2m），地下稳定水位为1.00～1.85m。经研究采用矩形顶管法施工，管节宽度为6m，高度为4.3m，管壁厚度0.5m，顶进线路纵向剖面图如图1所示。

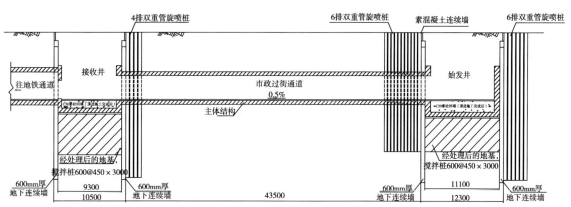

图1　顶进线路纵向剖面图

3 矩形顶管机性能研究

矩形顶管掘进机是在后座主顶千斤顶的推动下不断向前掘进，从而把矩形管道铺设在设计线路上。一般来说，当顶管管顶覆土深度小于 $1.0D$（D 为管道截面尺寸较大值）时称之为浅覆土顶管。在浅覆土砂层顶管时，为了能够实现注浆减阻和顶进控制，矩形顶管机必须具备全断面切削、偏差控制和扭转控制的功能。

3.1 矩形顶管机全断面切削功能的实现

为了满足矩形顶管断面模数和最大减少切削死角，顶管机采用两片矩形刀盘通过曲轴带动转动切割土体，矩形刀盘轨迹线覆盖整个掘进断面。且为了有利于触变减阻泥浆套成环，刀盘切削轨迹面尺寸比管节截面尺寸大 $2\sim5cm$，管节和土体间可预留一定的空隙。矩形顶管机刀盘实物如图 2 所示。

图 2　矩形顶管机刀盘实物

3.2 矩形顶管机姿态控制的实现

顶管机分成前后两段，中间由纠偏油缸连接，前后段之间采用橡胶圈密封。掘进过程中可根据机体偏差方位及偏差量，对编好组的纠偏油缸进行伸缩量控制，使前、后壳体形成一夹角，从而改变机头方向，达到纠偏的目的。对矩形机管机机头扭转现象，可用两个刀盘同时正转或反转的办法进行控制，并在壳体两侧装有可伸缩的翼板纠扭装置，可通过控制翼板的伸出量控制纠扭力的大小。

4 管节长度与构造

管节长度与构造既要满足使用功能，又要满足施工能力要求。使用功能上要求管节断面尺寸能满足行人行走高度要求，管节连接处不漏水，管节段整体变形小；施工能力上要求管节能够方便预制、运输和吊装。

4.1 管节长度

根据使用功能要求，为满足双向人行的需要，地下人行通道采用壁厚为 500mm、截面为 $6.0m\times4.3m$ 的钢筋混凝土管节。从防水角度来看，同等长度通道内的接缝越少越好。接缝少，漏水环节就少，单根管节长度越长，通道纵向刚度越大，施工进度也就越快。但实际预制管节时，其长度还要受到预制模具的限制、施工过程中还要受到运输条件及起吊设备的限制，因此管节长度不能无限制地加大。对于截面尺寸为 $6.0\times4.3m$ 的钢筋混凝土管管节，其长度宜取 $1.5\sim2.0m$，相对应重量可达 $35\sim48t$。1.5m 的顶进管节实物如图 3 所示。

图 3　1.5m 顶进管节实物

4.2 管节构造与连接

管节尾端钢套环采用 16Mn 钢，钢套环与混凝土管结合处灌注密封膏。为了施工过程中能够实现注浆减阻，管节四周应设置注浆孔，注浆孔宜布置在管节前段，注浆孔应配有单向止回阀。同时为使顶进的预制管节与结构主体合成一个整体，增强通道的受力和变形性能及满足通道两端的防水构造需要，应在第一节管节前端和最后一节管节末端预留钢筋连接套筒。

管节的连接质量关系到管节的整体刚度和管节防水性能。顶管管节连接是在地下逐节拼装后，再由千斤顶顶推压紧，因此管节接头形式十分重要。对于钢筋混凝土，管节一般采用"F"形承插式接头，接缝内设有由楔形橡胶止水圈和双组分聚硫密封膏组成的两道防水装置，管节连接长度一般需 150mm 以上。管节楔形橡胶止水圈实物如图 4 所示。

图 4　楔形橡胶止水圈实物

顶管管节与主体结构连接可在前后管节离洞口 300～400mm 时，将管节中钢筋通过预留连接套筒引至洞门口与嵌固在主体结构中的钢洞门焊接起来，再在这段距离浇筑同等强度的混凝土，这样管节就与主体结构连成一体，增强了通道整体刚度和防水性能。

5　顶进过程关键工序的实现

顶管顶进过程中需重点解决防止机头进出洞涌砂涌水、防止机头出洞过加固区后"栽头"、确保开挖面土体平衡、顶进轴线控制和注浆减阻的实现等几个关键问题，矩形顶管顶进是通过以下方法来实现的。

5.1　矩形顶管机进出洞方法

为了防止顶管机出洞时发生涌砂涌水现象，顶管顶进前需对出洞门前方土体进行加固，并在顶管机出洞口处安装穿墙橡胶止水钢圈。矩形顶管断面尺寸较大，应在浅覆土砂层，一般的地层加固方法难以达到加固效果。

经研究，可用在井体连续墙外侧施工 800～1200mm 厚素混凝土连续墙进行洞口加固，素混凝土墙体上边高出洞口 3m，下边比洞口底边低 3m，左右侧均超出洞口边 2m；连续墙前方设置降水井，降水井深度离洞门底 5m 以上，破洞门时井点降水，可达到围护洞口土体稳定，防止涌砂涌水的效果。施工用混凝土强度控制在 4～8MPa，素混凝土墙与井体连续墙交界端部用旋喷桩封堵，防止地下水由接缝处渗入。在破除井体连续墙后安装橡胶止水钢圈，其上再安装单向活动止水压板，防止橡胶止水圈翻转。通过应用素混凝土连续墙加固、降水井降水、橡胶止水钢圈止水的方法，确保了矩形顶管机出洞时洞口处的防水质量。

矩形顶管机头前部集中了刀盘、电机和纠偏千斤顶等设备，比混凝土管节重得多，机头与后

面混凝土管节一般是承插式连接。当机头掘进通过加固体后，前方较软土体使机头有下栽的趋势，俗称"磕头"。顶管机"磕头"会造成很大的轴线偏差，且由于刚刚始发，机头后方压重小，纠偏十分困难。为了防止顶管机"磕头"，可在前三节混凝土管内壁埋设预埋件，用钢筋或钢板将机头与其后的三节管焊接在一起，加大机头后方压重，使顶管机掘进通过加固体后不会产生磕头现象。

为了防止矩形顶管机到达接收井时地层地下水土喷涌，采用在接收井前增设素混凝土墙和接收井水下接收的方法。素混凝土墙做法与始发井相同。水下到达接收的方法是在顶管机开始破除素混凝土墙时，为了部分平衡地下水土侧压力，在接收井内放置泥水，使其液面高度略大于地下水位，这样在顶管机磨穿素混凝土墙体后，地下水土在测压平衡下不会发生突涌。然后采用注浆封堵管节与地层间的缝隙，抽干接收井中的泥水，清理吊出矩形顶管机。

5.2　顶进时前方土体平衡控制

在顶管掘进过程中，为了防止顶管机前方土体坍塌，必须使正面土体处于平衡状态。泥水平衡式顶管机采用循环泥水压力来平衡前方水土压力，先通过进浆管泵进去低浓度泥浆，比重为 $1.05～1.15g/cm^3$，泥浆黏度大于 25s，泥浆在机头前方泥水舱与切削下来的渣土混合，变成高浓度泥浆，比重介于 $1.35～1.43g/cm^3$，支护开挖面土体。通过调节进排浆速度、泥水黏度和顶进速度，可以控制机头前方泥水舱泥水压力。一般来说，泥水舱泥水压力要比同位置水头压力大 2m 左右。

5.3　顶进时方向控制

矩形顶管施工时因地层不均匀等原因会出现偏离设计轴线的情况，因此每节管顶进后必须测量机头的姿态，发现顶进方向偏离设计轴线就需要进行纠偏。矩形顶管机的纠偏是通过前后节间安装的 10 组千斤顶来实现的，上下各 3 组，左右各 2 组，当顶管机刀盘位置偏左时，启动左、上、下三向纠偏千斤顶实现纠偏。顶管纠偏时机很重要，一般来说，顶进过程中若出现每顶进 500mm 偏差超出 10mm 时必须开始纠偏，纠偏要做到随偏随纠，纠偏时须一次性纠偏到位，一次纠偏量不宜过大，上下不超过 25mm，左右不超过 35mm，以避免土体出现较大的扰动及管节间出现张角。

5.4 顶进时注浆减阻的实现

矩形顶管不同于圆形顶管的地方在于上部土体不会形成土拱，上部土体压力都作用在顶管机壳体上，顶管机容易产生"背土"现象。矩形顶管机刀盘切削断面比顶管机身大2～5cm，在这个空隙中可压注触变泥浆，降低土体与机身间的摩阻力。顶管机和管节周边设计8～10个注浆孔，注浆孔内安装单向止回阀，防止泥浆返流。顶进施工过程中，对管节四周压注触变泥浆，注浆压力应比周边水土压力大20kPa左右，以形成泥浆套，减少周边土体对管壁的摩阻力。顶进施工完成后，在注浆孔采用水泥浆进行置换，固结管节周围的土体。顶进施工中第一道触变泥浆环管必须连续，边顶边注压，触变泥浆黏度控制在35～45s。

6 结论

本文结合矩形顶管工艺施工浅覆土砂层地下人行通道的施工实例，矩形顶管设备性能和应用于地下人行通道的钢筋混凝土管节参数及细部构造进行了研究，总结提出了以下四个关键工序的实现方法，并在工程实例中得以成功实施。

（1）矩形顶管机出洞时，可采用素混凝土连续墙加固、降水井降水、橡胶止水钢圈止水的方法，确保顶管机成功出洞；出洞过加固区后，可将机头与后续管节连接起来，防止机头"磕头"；进洞可采用水下到达的施工方法，有效平衡地下水土侧压力，防止水土突涌。

（2）矩形泥水平衡顶管机掘进时，其参数控制十分重要，泥水舱泥水压力要比同位置水头压力大2m左右，泥浆黏度需大于25s。

（3）矩形顶管机截面尺寸大，纠偏反应灵敏度低，因此纠偏时机选择十分重要，一般来说，顶进过程中若出现每顶进500mm偏差超出10mm时必须开始纠偏，纠偏要做到随偏随纠，纠偏时须一次性纠偏到位。

（4）矩形顶管机掘进施工过程中应对管节四周压注触变泥浆，注浆压力比周边水土压力大20kPa左右，注浆必须连续，边顶边注，触变泥浆黏度控制在35～45s。

参考文献

[1] 吕建中，楼如岳. 城市交通矩形地下通道掘进机的研究与应用 [J]. 非开挖技术，2002 (5).

[2] 熊诚. 大截面矩形顶管施工在城市地下人行通道中的应用 [J]. 建筑施工，2006，28 (10).

[3] 周希圣，夏杰. 高含水黏土层矩形顶管施工技术 [J]. 建井技术，2001年第2卷第21期.

[4] 刘平，戴燕超. 矩形顶管机的研究和设计 [J]. 市政技术，2005，23 (2).

[5] 陶育，肖悦，李晴阳. 某地下连通道工程矩形顶管施工技术 [J]. 地下工程与隧道，2001.

[6] 培智，王祺，卫鹤卿. 昆山市某人行地道工程施工技术 [J]. 地下工程与隧道，2002.

高密度街区同步开发群坑监测分析

张中杰[1]　汤　翔[1]　陈锦剑[2]

（1. 上海市城市建设设计研究总院　上海　200092；2. 上海交通大学土木工程系　上海　200030）

摘　要：以上海世博央企总部基地高密度街区群坑工程为背景，结合其中 3 个同期施工基坑的监测数据，分析了群坑同期施工过程中的围护墙变形、围护墙顶部位移、支撑轴力和立柱竖向位移的变化规律。分析结果表明：与基坑普通位置相比，群坑相邻侧的围护墙变形减小；围护墙顶部位移减小；立柱隆起增大；相邻基坑的开挖深度越大，该方向的支撑轴力就越小。

关键词：高密度街区；同步开发；群坑；监测

1　引言

与单个基坑相比，多个相邻基坑同步或交错施工时，各基坑之间存在明显的耦合作用，围护结构的变形特性和对周边环境的影响也变得更加复杂。特别是在上海软土地区，大规模、高密度的群坑施工为基坑设计和环境保护带来了一系列挑战。

目前，有关相邻群坑同步施工的研究还不多。侯永茂等[1]利用有限元法，分析了群关联基坑工程围护结构的变形规律和坑外地表的沉降特性；赵永光等[2]采用三维数值模拟，分析了群坑开挖对邻近地铁车站和隧道以及群坑间的相互影响；张抗寒[3]讨论了基坑间不同距离和开挖深度对于坑间土体的变形影响，推算出最优基坑间距与开挖宽度的关系；金亚兵[4]等通过理论分析和工程对比，探讨了相邻基坑土条土压力的计算方法。

上海世博园 B 片区的央企总部基地项目（图 1）规划用地面积 18.72 公顷，其中地上总建筑面积约 60 万平方米，地下空间约 45 万平方米，包含分属 15 家企业的 28 栋建筑。项目基地被 3 条规划道路划分为 6 个街区，各街区均设有地下空间，整个项目基地形成一个同步开发的大型高密度基坑群。

本文以上海世博央企总部基地项目为背景，结合其中三个同期施工基坑的监测数据，分析了群坑同期施工过程中的围护墙变形、支撑轴力和立柱竖向位移的变化规律。

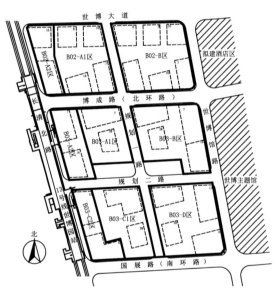

图 1　上海世博央企总部基地群坑示意图

2　工程概况

2.1　基坑群概况

上海世博央企总部项目由 6 个地块及地下空间组成，其中单个地块面积约 2.2 万平方米，开挖深度为 11～18.2m，群坑总面积约 14 万平方米。

基坑群东侧距离世博馆路红线约 3.0m，对面为世博主题馆；南侧距国展路红线 3.0m，国展路下有一条共同沟管廊；西侧的长青北路下有地铁 13 号线长青北路站；北侧距世博大道红线 3.0m。

6 大地块一共分为 5 个阶段先后实施：第一阶

基金项目：上海市科委科技攻关计划"高密度街区同步开发群坑设计与环境效益分析"（课题编号：13231200602）

段施工 B03-A1 地块;第二阶段施工 B03-B、B03-C1 和 B03-D 地块;第三阶段施工 B02-B、B03-A2 和 B03-C2 地块;第四阶段施工 B02-A1 地块;第五阶段施工 B02-A2 地块。

　　本文以第二阶段同步施工的 B03-B、B03-C1 和 B03-D 基坑群为例,将 B03-D 基坑作为研究对象,对其施工阶段的监测数据进行分析。

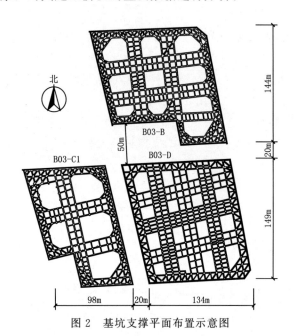

图 2　基坑支撑平面布置示意图

　　B03-D 地块占地面积约 1.96 万平方米,为地下四层结构,基坑开挖深度约 18.2m;B03-C1 地块占地面积约 2.1 万平方米,为地下三层结构,基坑开挖深度约 15.5m;B03-B 地块占地面积约

1.8 万平方米,为地下四层结构,基坑开挖深度约 18.2m。相邻基坑之间的距离为 20～50m,如图 2 所示。

2.2　工程地质和水文地质

　　拟建场地位于古河道沉积区,在 90.34m 深度范围内的地基土属第四纪上更新世 Q₃ 至全新世 Q₄ 沉积物,主要由饱和黏性土、粉性土及砂土组成,根据土的成因、结构及物理力学性质差异可划分为 7 个主要层次(缺失上海市统编第⑥、⑧层)。主要分布如下:第①层填土、第②层褐黄～灰黄色粉质黏土、第③层灰色淤泥质粉质黏土、第③夹层灰色粉质黏土、第④层灰色淤泥质黏土、⑤₂₋₁层灰色砂质粉土夹粉质黏土、第⑤₂₋₂层灰色粉质黏土夹粉质黏土、第⑤₂₋₃层灰色砂质粉土夹粉质黏土、第⑦₂层灰色粉砂、第⑨₁层灰色粉砂、第⑨₂层灰色粉细砂。表 1 给出了各土层的物理力学性质指标。

　　拟建场地中部分布有第⑤₂₋₁层粉砂夹粉质黏土、第⑤₂₋₂层灰色粉质黏土夹粉质黏土及第⑤₂₋₃层粉砂夹粉质黏土相连,均属微承压水含水层,承压水水头埋深一般为地面以下 3～11m,随季节呈周期性变化。

　　拟建场地内第⑤₂层微承压水与第⑦层第Ⅰ承压含水层和第⑨层第Ⅱ承压含水层直接连通,且南侧靠近国展路处第⑤₂层微承压水与第⑨层第Ⅱ承压含水层直接连通。

表 1　土层参数表

土层编号	土层名称	γ (kN/m³)	c (kPa)	φ (°)	E_s (MPa)	K (cm/s)
②	粉质黏土	18.2	19	16.5	4.26	3.4e−7
③	粉质黏土	17.2	12	17.5	3.27	3.2e−7
③夹	粉质黏土	17.6	10	23	5.16	5.0e−6
④	黏土	16.7	13	11	2.49	8.1e−8
⑤₂₋₁	粉质黏土	18.1	4	30	10.62	2.6e−4
⑤₂₋₂	粉质黏土	18.1	11	25	6.39	2.5e−6
⑤₂₋₃	粉砂	18.4	2	31	9.31	3.6e−4
⑤₂₋₃ₜ	粉质黏土	18.1	20	19	5.28	—
⑦₂	粉细砂	18.8	0	32.5	14.31	—
⑨₁	粉砂	18.8	0	32.5	12.74	—
⑨₂	细砂	19.8	0	33.5	14.74	—

2.3 围护结构设计

基坑 B03-C1 开挖深度为 15.5m，围护结构采用 800mm 厚地下墙，地下墙深度 34m（墙趾位于 ⑤$_{2-2}$ 层），竖向设置 3 道钢筋混凝土支撑。基坑 B03 B 和 B03 D 开挖深度均为 18.2m，围护结构均采用 1000mm 厚地下墙，地下墙深度均为 43m（墙趾位于 ⑤$_{2-3}$ 层），竖向均设置 4 道钢筋混凝土支撑。3 个基坑均采用明挖顺筑法施工，剖面图如图 3 所示。

2.4 施工进度

B03-B、B03-C1 和 B03-D 三个基坑的施工进度大致相同，以 B03-D 基坑为代表的施工进度如下：2013 年 10 月 27 日，进行第一层土方开挖；2013 年 11 月 29 日，第一道支撑体系形成，进行第二层土方开挖；2013 年 12 月 17 日，第二道支撑体系形成，进行第三层土方开挖；2014 年 1 月 9 日，第三道支撑体系形成，暂停施工；2014 年 2 月 12 日，进行第四层土方开挖；2014 年 3 月 5 日，第四道支撑体系完成，进行第五层土方开挖；2014 年 3 月 21 日，土方开挖完成，开始浇筑结构底板。

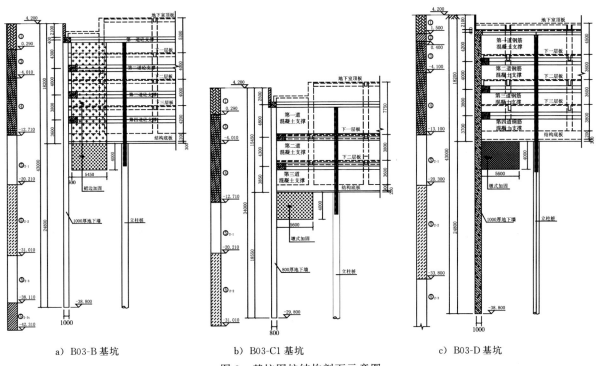

a) B03-B 基坑　　　b) B03-C1 基坑　　　c) B03-D 基坑

图 3　基坑围护结构剖面示意图

3　基坑监测分析

B03-D 基坑周边设置围护结构侧向位移监测点 29 个、支撑轴力监测点 12 个、立柱桩竖向位移监测点 24 个、坑外地面沉降监测点 12 组、地下水位监测点 13 个。部分监测点的布置如图 4 所示。

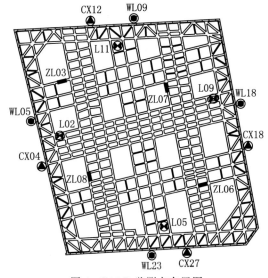

图 4　B03-D 监测点布置图

3.1 地下墙测斜监测

从基坑四周选取 4 个有代表性的测斜点 CX04、CX12、CX18、CX27 的监测数据进行分析，基坑开挖至坑底时，基坑地下墙的侧向位移曲线如图 5 所示。

测斜点 CX04 位于基坑 B03-D 的西侧，紧邻同步开挖的 B03-C1 基坑，最大侧移 39mm（$\delta_{hm}/H = 0.214\%$），发生在坑底以下 1m 处。测斜点 CX12 位于基坑 B03-D 的北侧，紧邻同步开挖的 B03-B 基坑，最大侧移 42mm，发生在坑底以下 2.5m 处。测斜点 CX12 位于基坑 B03-D 的东侧，最大侧移 51mm（$\delta_{hm}/H = 0.280\%$），发生在坑底以下 2.0m 处。测斜点 CX27 位于基坑 B03-D 的南侧，最大侧移 55mm，发生在距离坑底以下 1m 处。

各测斜点的侧移曲线均类似于一般独立基坑，中间大、两端小，呈鱼腹状。基坑北侧、西侧受相邻基坑同步开挖的影响，导致基坑间的主动土压力降低，地下墙的侧向变形有所减小。

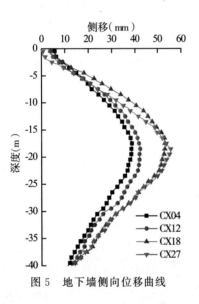

图 5　地下墙侧向位移曲线

3.2 地下墙顶部竖向位移、水平位移监测

选取基坑 B03-D 西侧测点 WL05、北侧测点 WL09、东侧测点 WL18 和南侧测点 WL23 的监测数据进行分析。

从地下墙顶部竖向位移的监测数据（图 6）可以看出，随着基坑 B03-D 土方的不断开挖，地下墙顶部的隆起不断增大，WL18、WL23 在 2014 年 2 月 18 日第四层土方开挖完成时达到第一次峰值，其中 WL18、WL23 均为 6mm；经过短暂回落后一路攀升，于 2014 年 3 月 27 日坑底垫层浇筑完成时达到第二次峰值，其中 WL18 为 17mm，WL23

为 15mm，最后二者收敛于 12mm。

WL05、WL09 的隆起值在 2013 年 11 月 29 日第一层土方开挖完成时达到第一次峰值，其中 WL05 为 2mm，WL09 为 4mm；随后一直徘徊在 0mm 上下，在 2014 年 3 月 27 日坑底垫层浇筑完成时达到第二次峰值，其中 WL05 为 3mm，WL09 为 1mm；最后 WL05 收敛于 0mm，而 WL09 发生沉降并收敛于 −6mm。

与基坑 B03-D 东侧、南侧相比，由于基坑 B03-B、B03-C1 同步开挖，位于基坑 B03-D 北侧、西侧的坑外土体对地下墙的约束作用有所削弱，基坑开挖卸载引起的回弹效应与地下墙自重引起的沉降效应相互制衡，导致该处地下墙竖向位移一直在低位上下波动。而各测点处地下墙在结构底板浇筑完成后发生一定的沉降并最终收敛，可解释为软土的蠕变效应。

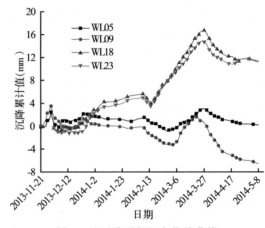

图 6　地下墙顶部竖向位移曲线

从地下墙顶部水平位移的监测数据（图 7）可以看出，随着基坑 B03-D 施工的进行，地下墙顶部水平位移不断增大，WL05、WL09 于 2013 年 12 月 26 日第二道支撑体系形成时达到第一次峰值，其中 WL18 为 9mm，WL23 为 5mm；经过一段时间停工，变形逐渐回落，并于 2014 年 2 月 4 日恢复施工前减小至第一个极小值，其中 WL18 为 7mm，WL23 为 3mm；至 2014 年 2 月 13 日，由于基坑开挖暂停施工，变形在此期间也保持稳定；2014 年 2 月 14 日，随着土方开挖的继续，水平位移也恢复增长，并于 2014 年 2 月 25 日第四道支撑浇筑前达到第二次峰值，其中 WL18 为 12mm，WL23 为 7mm；随着第四道支撑体系的形成，水平变形也逐渐下降并收敛，其中 WL18 收敛于 6mm，WL23 收敛于 5mm。

WL05、WL09 的水平位移值在经过短暂的增长后，均于 2013 年 11 月底趋于稳定，长期在 2～3mm 之间波动。

与基坑 B03-D 东侧、南侧相比，由于基坑 B03-B、B03-C1 同步开挖，位于基坑 B03-D 北侧、西侧的坑外主动土压力有所降低，导致该处地下墙的水平变形较小，并且支撑体系的形成对其变形的影响也较小。

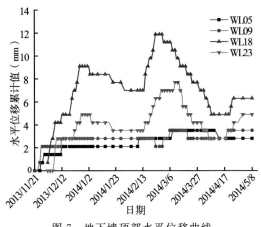

图 7 地下墙顶部水平位移曲线

3.3 支撑轴力监测

对基坑 B03-D 东西向支撑轴力监测数据 ZL3、ZL6 和南北向支撑轴力监测数据 ZL7、ZL8 进行分析。图 8 为第一～第四道支撑轴力随时间的变化曲线。

4 组测点支撑的轴力变化趋势基本一致，主要分为以下几个阶段：（1）随着上方开挖的进行，第一道支撑轴力逐渐增长；（2）2013 年 12 月 17 日第二道支撑体系形成后，第一道支撑轴力保持稳定；（3）2014 年 2 月 17 日第三道支撑体系形成后，第一、二道支撑轴力逐渐减小；（4）2014 年 3 月 5 日第四道支撑体系形成后，第一、二、三道支撑轴力进一步减小。

比较 4 组测点的轴力值可以发现，基坑 B03-D 东西向的支撑轴力（ZL3、ZL6）大于南北向的支撑轴力（ZL7、ZL8）。其主要原因是基坑 B03-C1 的开挖深度为 15.5m，基坑 B03-B 的开挖深度为 18.2m，因此基坑 B03-D 西侧土体应力的释放程度大于北侧土体，从而导致两个方向支撑轴力的不同。

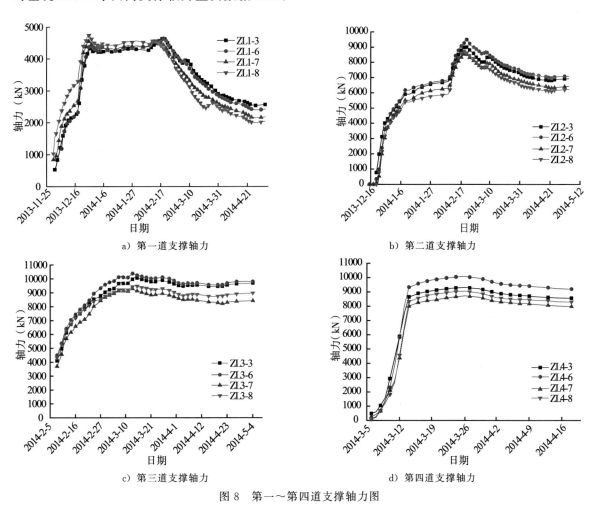

a）第一道支撑轴力

b）第二道支撑轴力

c）第三道支撑轴力

d）第四道支撑轴力

图 8 第一～第四道支撑轴力图

3.4　立柱桩竖向位移监测

选取基坑 B03-D 邻近基坑 B03-C1 一侧的测点 LZ02，邻近基坑 B03-B 一侧的测点 LZ11，以及南侧、东侧的测点 LZ05 和 LZ09 的监测数据进行分析，4 个测点的立柱竖向位移曲线如图 9 所示。

从基坑 B03-D 进行土方开挖开始，各测点的立柱均由于开挖卸载发生隆起，LZ11 的最大隆起值为 24mm，LZ09 的最大隆起值为 17mm。另外可以看出，由于受到群坑耦合效应影响，基坑坑底隆起值明显加大，LZ02 和 LZ11 的隆起值一直大于 LZ05 和 LZ09。

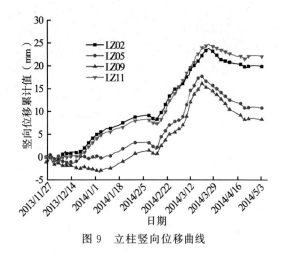

图 9　立柱竖向位移曲线

4　结论

本文详细分析了上海世博央企总部基地项目三个同期施工基坑的监测数据，主要有以下结论：

（1）相邻基坑的同步开挖将引起基坑间地下墙外侧的主动土压力降低，从而减小群坑相邻侧地下墙的侧向变形。

（2）多个基坑的同期施工，使得基坑间地下墙外侧的土体对地下墙的接触作用减弱，从而减小群坑相邻侧地下墙的水平位移和竖向位移。

（3）由于北侧基坑 B03-B 的开挖深度大于西侧基坑 B03-C1，基坑 B03-D 北侧土体的应力释放程度大于西侧土体，所以南北向支撑的轴力小于东西向支撑。

（4）受群坑同步开挖耦合效应的影响，基坑 B03-D 内，靠近相邻基坑处的坑底隆起量大于其他一般位置。

本工程开挖过程中，对基坑工程本身及其周边环境都进行了全方位和全过程的监测。大量实时的监测数据表明，本基坑工程的设计和实施是成功的，为超大基坑群的设计、施工和理论研究积累了宝贵的经验和第一手资料。结合上述的分析，在今后的类似工程中，可以进一步优化群坑相邻侧的围护结构刚度和相应方向支撑的尺寸。

参考文献

[1]　侯永茂，王建华，朱建明，等．群关联深基坑变形特性数值分析 [J].建筑施工，2009 (4)：245－249.

[2]　赵永光，耿进柱，赵兴波．群坑开挖耦合效应及其对周边环境影响的数值分析 [J].建筑施工，2009 (3)：177－180.

[3]　张抗寒．相邻基坑施工坑见土体及隧道结构的变形特性 [D].上海：上海交通大学，2013.

[4]　金亚兵，刘吉波．相邻基坑土条土压力计算方法探讨 [J].岩土力学，2009 (12)：3759－3764.

预应力混凝土离心桩劣化后抗剪试验研究

岳增国[1]　金伟良[1]　夏　晋[1]　周兆弟[2]　齐金良[2]　高目全[3]

(1. 浙江大学　浙江杭州　310058；

2. 浙江天海管桩有限公司　浙江杭州　310024；

3. 中油管道建设工程有限公司　河北廊坊　065000)

摘　要： 为了验证采用新型连接方式的增强型预应力混凝土离心桩在滨海环境中长期工作的耐久性能，对增强型预应力混凝土离心桩与先张法预应力混凝土管桩进行加速劣化试验，并对劣化后的管桩进行接头抗剪试验。试验结果表明：管桩劣化后，钢筋锈蚀引起锈胀裂缝，两种管桩的开裂抗剪承载力明显降低；先张法预应力混凝土管桩的极限抗剪承载力下降30%～50%，增强型预应力混凝土离心桩的抗剪承载力下降约10%；先张法预应力混凝土管桩的破坏形态为钢筋锚固端头破坏，而增强型预应力混凝土离心桩的破坏形态表现为桩身剪断破坏。增强型预应力混凝土离心桩比先张法预应力混凝土管桩具有更好的耐久性。

关键词： 预应力混凝土离心桩；耐久性；加速劣化；抗剪承载力

先张法预应力混凝土离心桩（PHC）采用离心、振动和辊压复合工艺成型，并经蒸养、水养后拼接张拉、灌浆自锚生产而成，具有高密度、低水灰比、高强度、低渗透性的特点[1]，广泛应用于沿海地区和江河入海口处、码头或港口工程以及工业民用建筑中。到2009年，我国PHC管桩年产量达3亿米。

当PHC管桩服役环境不恶劣时，其耐久性问题并不突出[2]。但在恶劣土壤环境下硫酸根造成的混凝土破坏，以及氯离子含量较高的滨海地区和海洋环境中，氯离子侵蚀造成的钢筋锈蚀，成为预应力混凝土管桩结构性能劣化的主要原因[3]。更为严重的是，如果采用锤击法沉桩，桩头或桩顶最容易在施工中开裂或破损，如果管桩被打裂，又暴露在恶劣的干湿循环或冻融循环区，其服役寿命将大大缩短[2]，严重危害整体结构的安全。据统计，美国每年用于修复与置换损伤的桩系统的费用约20亿美元[4-5]。因而，近几年来PHC桩的耐久性能问题已提到日程。影响PHC桩耐久性的因素很多，ACI 543r－00[6]、BS EN 12794：2005[7]、MS 1314－1：2004[8]以及香港预制混凝土实践规范[9]等从以下因素考虑来保证预制混凝土桩的耐久性：（1）材料特性；（2）养护条件；（3）涂层；（4）使用环境；（5）外加剂；（6）接头细部连接；（7）配合比；（8）保护层厚度；（9）制作工艺、运输、存放与安装等。我国现行的混凝土管桩标准在耐久性方面没有提出明确的要求[2,10]。

研究表明[1]，管桩的接头细部工艺与质量直接影响到其强度和耐久性，如处理不当会在接桩处由于锈蚀形成"糖葫芦"，对于预应力混凝土管桩危害更大。长期以来，PHC桩连接处通常采用电焊连接，此方法不仅费时、费电、费人工，连接中需要使用大量的钢板[11]，而且容易成为耐久性薄弱部位。通过采用插接式接桩扣及预制件接桩的新技术，取消了连接钢板，具有接桩快速、用料节省、不消耗电源等优点[12]。该技术通过试验验证其各项力学性能指标表现良好，并在实际工程中得到广泛的应用。

为了验证采用新型连接方式的增强型预应力混凝土离心（T-PHC）桩的在滨海环境中长期工作的耐久性能，对T-PHC桩与PHC桩进行耐久

基金项目：杭州市科技发展计划项目（20110533B01、20110533B02）、中央高校基本科研业务费专项资金资助（2012QNA4016）.

性试验，对比研究两种管桩的长期可靠性。首先对两种类型管桩在相同环境下进行加速锈蚀试验，然后通过接头抗剪试验研究了两种类型管桩劣化后的抗剪性能。

1 加速劣化试验

加速劣化试验步骤如下。

（1）将试件放入大小为4200mm×4200mm×950mm的水池中，并用浓度为5%的NaCl溶液将管桩浸润10d。

（2）将管桩中引出的导线与直流电源正极连接，另取一块不锈钢放置于水池中，并与电源负极连接，打开直流电源进行通电加速腐蚀试验。

（3）对各个管桩施加相同大小的通电电压用来模拟相同腐蚀环境对管桩的劣化作用，在通电过程中保持电压为恒定值7V，通电时间为60d。

（4）待达到预期的通电时间后，结束通电，将池中水排出，将管桩放置10d，待管桩充分干燥后进行下一步试验。

2 管桩接头抗剪强度试验

2.1 抗剪强度试验加载装置及加载步骤

对加速劣化试验后的四根管桩（表1）进行接头抗剪试验，以确定其接头抗剪强度。试验设备为YAW-5000/Y19-7万能试验机，加载方式及试验装置如图1所示。

表1 试件几何尺寸及材料特性

试件编号	管桩类型	型号	螺旋箍筋间距/mm		混凝土		r_0 (mm)	T (mm)	L_0 (m)	L (m)	L_1 (m)
			接头	桩身	强度等级	实测强度					
1#	PHC	$\Phi^b 5.0$	50	100	C60	75.7MPa	500	110	2.85	2	1.46
2#							500	107	2.85	2	1.51
3#	T-PHC				C65	69.2MPa	500	115	2.85	2	1.48
4#							500	110	2.85	2	1.53

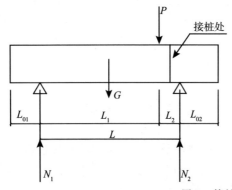

图1 管桩抗剪强度测试装置

2.2 破坏形态

在加载初始阶段，试件处于弹性状态，混凝土与预应力钢筋共同作用，随着荷载的继续增加，两种类型的预应力混凝土管桩呈现不同的接头抗剪破坏形态：（1）PHC桩首先在接桩处出现细微裂纹，裂缝扩展，铁锈脱落，伴有开裂声音。随着荷载继续增加，在加载处桩身下部出现裂缝，裂缝扩展到中间，一声闷响，钢筋锚固处端头断裂，桩破坏，桩头处出现2.5mm左右裂缝。（2）T-PHC桩首先在加载处出现细微斜裂缝，伴随着开裂响声，裂缝斜向延伸，裂缝宽度变大，直至桩身剪坏，T-PHC桩接头部位未破坏。故劣化后PHC桩接头剪切破坏形态为钢筋锚处端头破坏，T-PHC

为桩身剪断破坏。

2.3 试验结果及分析

预应力混凝土管桩接头处开裂抗剪强度理论值[13]为

$$Q_{cr} = \frac{2tI}{s_0} \cdot \frac{1}{2} \sqrt{(\sigma_{ce} + 2\varphi f_{tk})^2 - \sigma_{ce}^2} \quad (1)$$

式中 Q_{cn}——抗剪强度（N）；

t——管壁壁厚（mm）；

I——混凝土截面相对中心轴的惯性矩，

$$I = \frac{\pi}{4}(r_0^4 - r^4) \ (mm^4)；$$

r_0——管桩外半径（mm）；

r——管桩内半径（mm）；

s_0——相对中和轴以上截面中心截面静

矩，$s_0 = \dfrac{2}{3}(r_0^3 - r^3)$ （mm^3）；

τ ——产生斜拉裂缝时的剪切应
力，（N/mm^2）；

σ_{ce}——有效预压应力（N/mm^2）；

f_{tk}——混凝土抗拉强度标准值，C60 混凝
土取 $2.85N/mm^2$；

φ——混凝土抗拉强度变异性系数，
取 0.7。

目前，国内规范尚未给出管桩接头处抗剪极限强度 Q_{cn} 理论计算公式，参照《混凝土结构设计规范》GB 50010—2002[14] 受弯构件抗剪强度计算公式和文献[13]，给出管桩接头处极限抗剪强度计算公式：

$$Q_{cn} = \frac{2tI}{s_0} \cdot \frac{1}{2} \sqrt{(\sigma_{ce} + 2\varphi f_{tk})^2 - \sigma_{ce}^2} + 1.25 f_{yk} A_{SS0} 1.6 r_0$$

$$(2)$$

式中 f_{yk}——箍筋抗拉强度标准值；

A_{SS0}——单位长度内螺旋箍筋截面面积
（mm^2）。

根据计算简图，管桩抗剪开裂、极限荷载按下式计算：

$$P = \frac{QL - GL/2}{L_1}$$

$$(3)$$

式中 G ——管桩自重；

L ——支座间距离；

L_1——加载点至较远端支座距离。

由式（1）～（3）计算得到试件抗剪开裂荷载和极限荷载理论值及试验值见表 2。

表 2 试件各阶段荷载值

试件编号	抗剪开裂荷载（kN）		P_{cr}/N_{cr}	极限抗剪荷载（kN）		P_u/N_u
	试验值 P_{cr}	理论值 N_{cr}		试验值 P_u	理论值 N_u	
1#	160	368	0.43	360	511	0.70
2#	200	317	0.63	280	491	0.57
3#	200	344	0.58	470	521	0.90
4#	280	382	0.73	500	548	0.91

由上述试验结果可以看出：

经过加速劣化试验后，两种管桩的接头开裂抗剪承载力都有较大下降；PHC 桩接头抗剪极限承载力降低较多，分别达到理论极限抗剪承载力的 30% 和 43%，T-PHC 桩接头抗剪极限承载力下降较小，仅为 10%。

原因分析：劣化试验使管桩混凝土强度退化，而开裂抗剪荷载主要由混凝土承担。管桩接头处的极限抗剪承载力由混凝土和箍筋两部分承担。PHC 桩连接主要依赖端板的焊接接缝，而接缝暴露在外界侵蚀环境中，对于整根桩来说，便形成了小阳极大阴极，即在接缝处形成小阳极，使得接缝处的连接腐蚀加速，钢棒锚固部位严重锈蚀，截面削弱导致锚固强度下降，在剪切荷载作用下，锚固端脱锚从而造成极限抗剪承载力下降较大。T-PHC 桩的受力连接件在桩内部，连接截面上的环氧可以更好地保护连接件不受到外界环境的侵蚀，另外，由于连接处的套箍可以起到一定的阴极保护的作用，即牺牲阳极套箍，对桩内部的连接件起到更好的保护作用，故 T-PHC 桩锚固强度没有降低，则其接桩处极限抗剪强度也下降不多。

接头的耐久性对于预应力混凝土管桩的抗剪承载力有很大影响，为保证预应力混凝土管桩整体具有较强的耐久性能，应对接头进行处理并提高其耐久性。

3 结论

通过上述分析和计算可以得到如下结论：

（1）加速劣化试验使管桩钢筋锈蚀并引起锈胀裂缝。

（2）混凝土强度的劣化导致两种管桩开裂抗剪荷载均有较大的下降。

（3）PHC 桩劣化后接头处剪切破坏形态为钢筋锚固端头破坏，而 T-PHC 桩为桩身剪断。加速劣化试验使 PHC 桩接头处极限抗剪强度下降较大，而 T-PHC 桩下降不多。

（4）T-PHC 桩接头比 PHC 桩具有更好的耐久性能。接头的耐久性对于预应力混凝土管桩的抗剪承载力有很大影响，为保证预应力混凝土管桩整体具有较强的耐久性能，应对接头进行处理并提高其耐久性。

参考文献

[1] 汪冬冬，王成启，时蓓玲，等.大管桩现场取样分析与耐久性研究 [J].中国港湾建设，2008 (153)：39-43.

[2] 周永祥，冷发光，丁威，等.混凝土管桩基础耐久性的中外标准规范比较[J].混凝土.2009 (231)：96-99.

[3] 侯敬会，宋志刚，金伟良.滨海土壤环境下混凝土方桩的耐久性 [J].混凝土.2005 (184)：77-85.

[4] E. J. GUADES，T. ARAVINTHAN，M. M. ISLAM. An overview on the application of FRP composites in piling system [C]. Southern Region Engineering Conference. Toowoomba，Australia，2010：1-6.

[5] MAGUED G. ISKANDER，MOATAZ HASSAN. Accelerated degradation of recycled plastic piling in aggressive soils [J]. Journal of Composites for Construction，2001.5 (3)：179-187.

[6] ACI 543r－00：Design，Manufacture, and Installation of Concrete Piles [S]. ACI Committee 543，2005.

[7] BS EN 12794：2005Precast concrete products-Foundation piles [S]. British Standards Institution，2005.

[8] MS 1314－1：2004 precast concrete piles：general requirements and specifications [S]. Department of standards Malaysia，2004.

[9] Buildings Department of Hong Kong. Code of practice for precast concrete construction 2003 [S]. Hong Kong，2003.

[10] GB 13476－2009 先张法预应力混凝土管桩 [S].北京：中华人民共和国国家质量监督检验检疫总局，中国国家标准化管理委员会，2009.

[11] 严志隆，陆酉教，仲以林，等.PHC 管桩混凝土耐久性 [J].混凝土与水泥制品.2008.6：26-29.

[12] Uri Korin，G. K.，Mechanical splicer for precast，prestressed concrete piles [J].PCI Journal，2004 (2)：78-85.

[13] 凌应轩，李建宏，黄晨.预应力混凝土管桩抗剪承载力计算方法.工程与建设，2007.21 (1)：73-75.

[14] GB 50010－2002 混凝土结构设计规范[S].中华人民共和国建设部，2002.

管桩与承台嵌固条件下的节点抗震性能试验

梁　俊　黄小波　梁梦琦　黄朝俊

（天津宝丰混凝土桩杆有限公司　　天津　300301）

摘　要： 日本是一个多地震的国家，民用建筑是通过两部分来构筑而成的，中间是通过垫层滑块避开的，上部结构和底桩承台属于下部结构。地震波来临时，由于上层建筑屋的摇晃不至于带动承台以下的桩基础受到破坏。我国的民用建筑中是上部结构和下部结构通过承台连接在一起的。上层建筑物摇晃一次同时也带动承台以下的管桩撬动一次，最深的管桩得到了土体的保护，当摇晃一次无力恢复原状时，离承台最近的管桩受到的剪切力最大，容易受到弯剪破坏，所以大部分管桩的破坏都是在承台与管桩的交接处。为此我们通过试验研究了管桩与承台节点抗震性能。

关键词： 管桩桩头优化；锚固连接方式；弯剪和延性；侧向压力荷载；耗能和弯矩变形

1　前言

横向箍筋的配筋率（直径、间距）以及竖向轴力的变化对管桩抗震性能的影响，管桩填芯、配置非预应力筋（间隔、并筋配置）、采用高伸长率的预应力筋以及在塑性铰区域粘贴玻璃纤维等。对管桩与承台连接的桩基试验和管桩桩身上部包括承台结合处的填芯的压、弯、剪等复合作用下的破坏试验。

桩与承台连接一般可分为刚性连接和半刚性连接，即能传递全部弯矩的节点和能传递部分弯矩的节点。国外已经开展了相关的抗震性能试验研究，但是国内目前还未见相关的报道。在管桩应用的初期，桩与承台的连接主要是刚性连接。但是，1978 年宫城地震和 1995 年阪神地震关于震害调查发现采用刚性连接的节点在桩与承台连接部位发生大量的破坏，于是日本学者开始研究半刚性连接的节点，且在实际工程中已有大量的应用。

文献［1］报道了两个桩与承台连接节点的抗震性能试验。试验结果表明，节点的传力性能较好，并且有较好的延性。试验得到的最大剪切强度和延性表明伸入承台的钢筋锚固长度是足够长的。

文献［2］进行了 9 个桩与承台连接节点的抗震性能试验，主要考察了箍筋的数量、纵向预应力筋的屈服强度以及轴力的变化对节点抗剪和变形能力的影响。文献［3］进行了 16 个桩与承台连接节点的试验。试验结果表明，桩埋入深度越长，延性越差；桩内布置的预应力筋越多，节点的抗弯强度和延性系数越大。

文献［4］提出了一桩与承台的简易连接方法，即桩头伸入承台 100mm，桩内 1 倍 D 范围内填充混凝土且不配置锚固钢筋。试验结果表明：（1）简易连接节点的转动约束和桩头所受的轴力有关。（2）简易连接在恒定轴力作用下，转动约束是通常连接做法的 70% 左右。（3）当桩头仅承受部分荷载时，简易连接有足够的抗剪承载力。文献［5］对文献［4］等提出的桩与承台简易连接进行了改进，提出了新的连接形式。该节点在承台中留出了锥形空隙，加强了桩在承台中的转动能力。文献［5］进一步对文献［4］提出的半刚性节点进行了研究，并称为 "F. T. Pile 法" 施工制作的半刚性节点，该节点施工方便，且有良好的转动能力，减小桩头所受弯矩，从而提高节点的抗震性能，已经在实际工程中大量的应用。文献［6］提出了一种使用光圆钢筋做锚固钢筋新型的桩与承台连接方式，试验结果表明，该节点有较好的转动性能，可以减小桩身的破坏。文献［7-8］提出一种无黏结锚固的桩与承台连接的半刚性节点。锚固钢筋用无黏结的光圆钢筋，钢筋端部焊有锚固板。研究结果表明，当转角小于0.05rad时，节点能保证其抗弯承载力。

目前国内对桩基础研究主要集中在桩与土的相互作用或者上部结构与下部结构的相互作用，但是对上部结构与下部结构的结合部，桩与承台的连接研究还不够重视，但是桩与承台的连接决定着在水平荷载作用时，上部结构和下部结构如何能有效的协同工作，因此，有必要对其进行深入研究，尤其是对延性较差的预应力混凝土管桩而言，加强对桩与承台连接的研究。

2　试验目的

为了研究新型PHC管桩与承台连接节点桩端

的抗震性能，进行了四个节点试验。试件的设计参照天津市工程建设标准设计《先张法预应力离心混凝土管桩》津10G 306对桩与承台连接的规定，只考虑了不截桩与承台连接的方式。

3　节点设计

试验共设计了四个节点，节点的连接方式见表1，连接详图如图1所示。桩身直径为500mm，承台尺寸为1800mm×1100mm×850mm。试件均是按照天津市规程设计，在桩端焊接6B18的锚固钢筋，锚固钢筋弯起75度，是实际工程中常用的一种较简单且方便的连接方式。

表1　试件连接方式

试件编号	连接形式	连接方式	桩身改进方式
CT-7	不截桩＋填芯	按照天津市图集设计，锚筋弯折75度，直接焊在桩端的锚板上	—
CT-8	不截桩＋填芯		桩身缠碳纤维
CT-9	不截桩＋填芯		桩身混凝土掺入1%体积含量的钢丝端钩型钢纤维
CT-10	不截桩＋填芯		配置11B14的非预应力筋

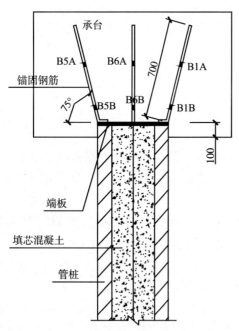

图1　桩与承台连接节点

4　试验加载装置及试验装置

试件在天津宝丰管桩制作完成，承台所用管

桩由5m长的PHC管桩截断而成，管桩的混凝土强度为C80，由于承台的尺寸较大，不方便按照实际工程中的方法制作试件，因此采用倒置的方法浇筑承台混凝土，具体制作过程如图2所示，承台混凝土设计强度为C40，桩填芯混凝土与承台采用同等级混凝土。为保证填芯混凝土与管桩桩身混凝土整体性，浇灌填芯混凝土前，先将管桩内壁清理干净，混凝土中添加微膨胀剂。

试验装置如图3所示，在试件安装过程中，应该注意以下两点：（1）竖向力千斤顶中心应与桩中心重合，保证施加的竖向载不产生偏心。（2）水平千斤顶中心应与加载板中心一致，并且千斤顶要保持水平，为了满足试件底部的固定边界条件，将承台通过直径为60mm的地锚螺栓固定在地面上。水平力由固定在反力墙上的1000kN的双向推拉千斤顶施加，千斤顶的行程为±250mm，试验装置现场照片如图3所示。为保证桩顶截面均匀受压，在顶部放置了一块500mm×500mm×50mm的厚钢板。另外，由于试件的圆形构件，为了试验加载，加工制作了特殊的夹具。

a）桩身吊起　　　b）钢筋笼的绑扎　　　c）锚固钢筋焊接

d）应变片粘贴　　　e）合模　　　f）混凝土浇筑

图 2　试件制作过程

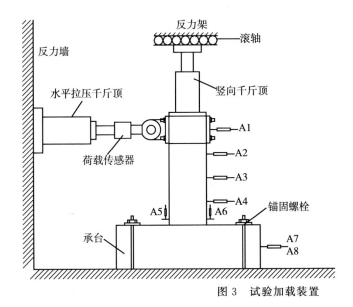 

图 3　试验加载装置

根据本试验的研究目的，轴向压力为定值，保持不变，水平荷载的施加采用往复循环加载制度，在试验过程中，先施加轴向荷载，取轴向力压力值的 50％ 预加载，卸载一次，去除试件内部组织不均匀性，然后加载至满载并一直保持到试验结束，在试验中应注意观察压力值的变化，将其变化范围控制在 5％ 之内。

在正式试验前，水平荷载先预加一次正向和反向荷载，以检查加载设备和测量仪表工作是否正常，试验中，应保持反复加载的连续性和均匀性，加载及卸载的速率应保持一致，以保证数据取值的稳定，接近屈服时，应减小荷载级差，以准确确定屈服位置。根据《建筑抗震试验方法规程》JGJ 101－96 采用荷载-位移混合控制的加载方案。

5　试验现象

试验过程中，在荷载控制阶段，首先是桩与套箍交接处出现裂缝，之后桩与承台交接处出现裂缝。在 $2\Delta y \sim 3\Delta y$ 之间，距离承台顶面 $1D$ 范围内桩身出现环向裂缝，裂缝的数量较少，宽度在0.2mm以内。桩嵌入承台的深度为100mm，在加载过程中，桩身转动较大，承台由于受到桩身转动时的挤压力，在承台顶沿桩周出现放射状的裂缝。最后，由于桩周围的承台混凝土被压碎，承台发生破坏，节点区域桩身与锚固钢筋失去约束，节点成铰接可以无限地转动，试件发生受弯破坏。CT-7～CT-10试件均发生受弯破坏，CT-9的破坏形态如图4所示。

图4　CT-9试件破坏形态

6　试验结果对比

6.1　荷载-位移滞回曲线

图5所示的是试件CT-8～CT-10的荷载-位移滞回关系曲线。CT-8～CT-10的破坏都是由于承台出现破坏，核心区混凝土压碎，锚固钢筋出现滑移，导致节点成为了铰接点，无法再传递水平荷载，而桩身破坏并不严重，其滞回性能主要是由承台及锚固钢筋决定，滞回曲线捏缩比较严重。试件CT-7是标准试件，位移到了 $3\Delta y$ 之后，荷载随着位移的增加而减小。试件CT-8在靠近承台500mm范围内沿环向缠了3层CFRP，从滞回曲线可以看出随着位移的增加荷载也再不断地增加；到了一定的程度之后，随着位移的增加正向荷载不再增加，而反向荷载仍在不断地增加。CT-9试件桩身中掺入了1‰的钢丝端钩型钢纤维，由于是节点区域的承台发生破坏，掺入钢纤维对节点的抗震性能改善并不明显。CT-10试件桩身配置了普通钢筋，在试验的最后阶段锚固钢筋被拉断，试件的承载力急剧下降。

四个试件的开裂弯矩和极限弯矩见表2。开裂弯矩指的是桩与套箍之间出现裂缝的弯矩。

表2　试验结果对比

序号	试件编号	改进措施	开裂弯矩（kN·m）		极限弯矩（kN·m）	
			正向	反向	正向	反向
1	CT-7	—	208.25	−262.5	546	−388.5
2	CT-8	缠CFRP	252	−248.5	430.5	−477.75
3	CT-9	掺入钢纤维	238	−210	477.75	−297.5
4	CT-10	配置非预应力筋	248.5	−334.25	406	−567

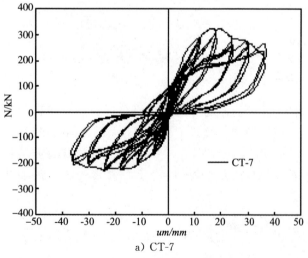

a) CT-7

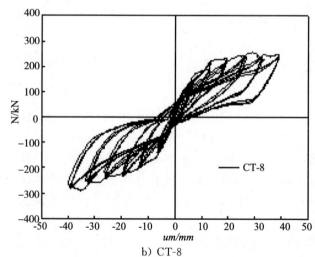

b) CT-8

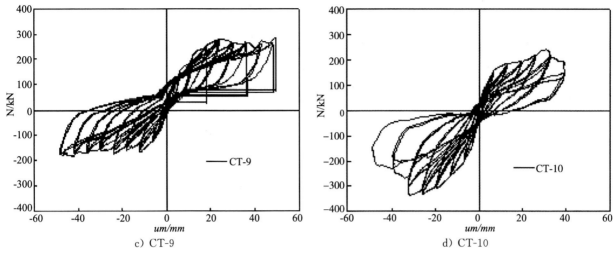

c) CT-9   d) CT-10

图 5　荷载-位移滞回曲线

6.2　延性分析

试件位移延性系数见表 3。CT-7～CT-8 试件的位移延性系数在 2 左右，最大延性系数为 2.46，CT-9 和 CT-10 的位移延性系数较大，最大为 2.46，可见 CT-9 和 CT-10 节点的延性要比其他节点好。

表 3　位移延性系数

试件编号	屈服位移（mm）		极限位移（mm）		位移延性系数	
	正	负	正	负	正	负
CT-7	11.8	−8.9	25.34	−18.04	2.15	2.03
CT-8	14.09	−21.1	25.99	−39.32	1.84	1.86
CT-9	16	−10.7	36.15	−24.01	2.26	2.24
CT-10	15.3	−14.5	35.53	−35.7	2.32	2.46

7　结语

对四个 PHC 管桩与承台连接节点进行了往复荷载试验，节点设计按照天津市《先张法预应力离心管混凝土管桩》10－G 306 中的节点进行设计，并对桩身进行了改进，可以得出以下结论：

（1）试件的破坏主要是由于节点区域的承台破坏严重，混凝土被压碎，导致锚固钢筋失去约束，节点形成铰接，导致节点失效；

（2）桩身改进之后（CT-10 配置非预应力筋、CT-9 掺入掺入钢纤维和 CT-8 缠 CFRP），使得试件的破坏主要集中于承台节点区域，而桩身并未出现破坏，节点的承载力和耗能性能并未得以提高；

（3）CT-10（配置非预应力筋）和 CT-9（掺入掺入钢纤维）的位移延性系数要比 CT-7（标准试件）大，表明这两种改进措施可以改善节点的延性。

对四个 PHC 管桩与承台连接节点进行了往复荷载试验，节点设计依据天津市图集《先张法预应力离心管混凝土管桩》10G306 中的节点设计外，同时考虑了改进的节点，并考虑填芯和不填芯的影响：

（1）试验中 PHC 管桩与承台连接节点破坏形式均为受弯破坏。

（2）节点破坏形式有两种：①桩身发生破坏导致节点失去承载能力，主要是由预应力筋被拉断或者钢筋镦头被拉断；②锚固钢筋发生屈服，节点区域桩与承台连接处出现塑性铰破坏较严重。

（3）通过对锚固钢筋的应变分析可知，锚固钢筋的锚固长度是满足要求的，承台内锚固钢筋并未出现黏结滑移破坏。

（4）试验的结果还表明，节点的转动能力越强，其滞回曲线越饱满，耗能性能就越好。

通过改进，得出以下结论：

（1）试件的破坏主要是由于节点区域的承台破坏严重，混凝土被压碎，导致锚固钢筋失去约束，节点失效。

（2）桩身改进之后，（CT-10 配置非预应力筋，CT-9 掺入钢纤维和 CT-8 缠 CFRP），使得试件的破坏主要集中于承台节点区域，而桩身并未出现破坏，节点的承载力和耗能性能并未得以提高。

（3）CT-10（配置非预应力筋）和 CT-9（掺入钢纤维）的位移延性系数要比 CT-7（标准试件）大，表明这两种改进措施可以改善节点的延性。

参考文献

[1] 刘俊伟，张忠苗，等. 预应力混凝土管桩抗弯及抗剪性能试验研究 [J]，建筑技术，2010，41（12）：1101-1104.

[2]　张忠苗，刘俊伟，等．加强型预应力混凝土管桩抗弯剪性能试验研究［J］，浙江大学学报（工学版），2011，45（6）：1074-1080.

[3]　黒正清治，堀井昌博，和田章，等．高強度PC杭とパイルキャップとの接合に関する研究（高強度PC杭の耐力変形性能向上に関する研究（3））［J］，日本建築学会構造系論文報告集，No.398，pp.143-153，1989（4）.

[4]　黒正清治，堀井昌博，和田章，等．高強度PC杭とパイルキャップとの接合に関する研究（高強度PC杭の耐力変形性能向上に関する研究（4））［J］，日本建築学会構造系論文報告集，No.407，pp.97-107，1990（1）.

[5]　堀井昌博，和田章，等．PHC基礎の曲げ耐力の計算方法に関する研究（高強度PC杭の耐力変形性能向上に関する研究（5））［J］，日本建築学会構造系論文報告集，No.434，pp.75-85，1992（4）.

[6]　和智勝則，浅野真一朗，等．簡易接合法を採用した既製コンクリート杭杭頭部の力学性状［J］，日本建築学会構造系論文集，No.570，pp.85-91，2003（8）.

[7]　青島一樹，島田博志，小室努．改良型簡易接合法を採用した既製コンクリート杭杭頭部の力学性状［J］，日本建築学会構造系論文集，No.607，pp.125-132，2006.

风电基础设计与计算

刘华清

（中国电力科学研究院 北京 100192）

1 概述

随着全球能源和环境问题的日益突出，特别是全球气候变暖的威胁日益明显，可再生能源进入了快速发展时期。风能作为重要且成熟的可再生能源技术，具有蕴藏量丰富、可再生、分布广、无污染等特性，是可再生能源发展的重要方向。

中国风能资源丰富，大力发展风电对调整能源结构、保障能源安全、应对气候变化、促进经济社会可持续发展具有重要意义。近年来，在《可再生能源法》以及国家一系列政策的推动下，中国风电装机容量迅速增长，至 2013 年底，国家电网管理区域内并网风电装机达 70.37GW，我国风电装机总量稳居世界第一。

按风电机组所处位置划分，可分为陆上风电和海上风电，目前仍然以规模化开发的陆上风电为主，海上风电还处于探索和试验示范阶段。图 1 为风电实景图。

a）陆上风电 b）海上风电

图 1 风电实景图

陆上风电机组基础形式主要有扩展基础、桩基础和岩石锚杆基础；海上风电机组基础形式主要有单桩基础、群桩基础、重力式基础和浮动平台结构，具体选用应根据场地地基条件和风电机组结构要求确定，本章主要介绍上述基础形式的设计计算方法和应用。

2 陆上风电基础

2.1 陆上风电机组基础设计级别

按《风电机组地基基础设计规定》FD 003－2007 的规定，根据风电机组的单机容量、轮毂高度和地基复杂程度，风电地基基础分为三个设计级别，设计时应根据具体情况，按表 1 选用。

表 1 陆上风电地基基础设计级别[1]

设计级别	单机容量、轮毂高度和地基类型
1 级	单机容量大于 1.5MW 轮毂高度大于 80m 复杂地质条件或软土地基
2 级	介于 1 级和 3 级之间的地基基础
3 级	单机容量小于 0.75MW 轮毂高度小于 60m 地质条件简单的岩土地基

注：1. 地基基础设计级别按表中指标划分分属不同级别时，按最高级别确定。

2. 对 1 级地基基础，地基条件较好时，经论证基础设计级别可降低一级。

2.2 陆上风电机组基础结构安全等级

按《风电机组地基基础设计规定》FD 003－2007 的规定，根据风电场工程的重要性和基础破坏后果（如危及人的生命安全、造成经济损失和产生社会影响等）的严重性，风电机组基础结构安全等级分为两个等级，按表 2 选用。

表 2 陆上风电基础结构安全等级[1]

基础结构安全等级	基础的重要性	基础的破坏后果
1 级	重要的基础	很严重
2 级	一般基础	严重

注：风电机组基础的安全等级还应与风电机组和塔架等上部结构的安全等级一致。

2.3 陆上风电机组地基基础设计计算基本规定

陆上风电机组地基基础设计应进行下列计算

和验算：

（1）地基承载力计算。

（2）地基受力层范围内有软弱下卧层时应验算其承载力。

（3）基础的抗滑稳定、抗倾覆稳定等计算。

（4）基础沉降和倾斜变形计算。

（5）基础的裂缝宽度验算。

（6）基础（桩）内力、配筋和材料强度计算。

（7）有关基础安全的其他计算（如基础动刚度和抗浮稳定等）。

（8）采用桩基础时，其计算和验算应符合《风电机组地基基础设计规定（试行）》FD 003－2007、《混凝土结构设计规范》GB 50010－2010 和《建筑桩基技术规范》JGJ 94－2008 的规定。

以上关于承载力、变形和稳定验算的具体要求是：

（1）所有风电机组地基基础，均应满足承载力、变形和稳定性的要求。

（2）1 级、2 级风电机组地基基础，均应进行地基变形验算。

（3）3 级风电机组地基基础，一般可不做变形验算，如有下列情况之一时，仍应做变形验算：

①地基承载力特征值小于 130kPa 或压缩模量小于 8MPa。

②软土等特殊性的岩土。

2.4　荷载、荷载工况与荷载效应组合及分项系数

2.4.1　荷载

（1）荷载分类。

按《风电机组地基基础设计规定》FD 003－2007 的规定，作用在风电机组地基基础上的荷载按随时间的变异可分为三类：

①永久荷载，如上部结构传来的竖向力 F_{zk}、基础自重 G_1、回填土重 G_2 等。

②可变荷载，如上部结构传来的水平力 F_{xk} 和 F_{yk}、水平力矩 M_{xk} 和 M_{yk}、扭矩 M_{zk}，多遇地震作用 F_{e1} 等。当基础处于潮水位以下时应考虑浪压力对基础的作用。

③偶然荷载，如罕遇地震作用 F_{e2} 等。

（2）根据《建筑工程抗震设防分类标准》GB 50223－2008 有关规定，风电机组地基基础的抗震设防分类定为丙类，应能抵御对应于基本烈度的地震作用，抗震设防地震动参数按《中国地震动参数区划图》GB 18306－2001 确定。

（3）上部结构传至塔筒底部与基础环交界面的荷载效应用荷载标准值表示，分正常运行荷载、极端荷载和疲劳荷载三类。正常运行荷载为风力发电机组正常运行时的最不利荷载效应，极端荷载为《风力发电机组安全要求》GB 18451.1－2001 中除运输安装外其他设计荷载状况中的最不利荷载效应，疲劳荷载为《风力发电机组 安全要求》GB 18451.1－2001 中需进行疲劳分析的所有设计荷载状况中对疲劳最不利的荷载效应。

（4）对于有抗震设防要求的地区，上部结构传至塔筒底部与基础环交界面的荷载还应包括风电机组正常运行时分别遭遇该地区多遇地震作用和罕遇地震作用的地震惯性力荷载。

（5）地基基础设计时应将同一工况两个水平方向的力和力矩分别合成为水平力 F_{rk}、水平合力矩 M_{rk}，并按单向偏心计算。

2.4.2　荷载工况与荷载效应组合

（1）地基基础设计的荷载效应应根据极端荷载工况、正常运行荷载工况、多遇地震工况、罕遇地震工况和疲劳强度验算工况等进行设计。极端荷载工况为上部结构传来的极端荷载效应叠加基础所承受的其他有关荷载；正常运行荷载工况为上部结构传来的正常运行荷载效应叠加基础所承受的其他有关荷载；多遇地震工况为上部结构传来的正常运行荷载效应叠加多遇地震作用和基础所承受的其他有关荷载；罕遇地震工况为上部结构传来的正常运行荷载效应叠加罕遇地震作用和基础所承受的其他有关荷载；疲劳强度验算工况为上部结构传来的疲劳荷载效应叠加基础所承受的其他有关荷载。

（2）按地基承载力确定扩展基础底面积及埋深或按单桩承载力确定桩基础桩数时，荷载效应采用标准组合，且上部结构传至塔筒底部与基础环交界面的荷载值应采用经荷载修正安全系数（k_0，取 1.35）修正后的荷载修正标准值。扩展基础的地基承载力采用特征值，且可按基础有效埋深和基础实际受压区域宽度进行修正。桩基础单桩承载力采用特征值，按《建筑桩基技术规范》JGJ 94－2008 确定。

（3）计算基础（桩）内力、确定配筋和验算材料强度时，荷载效应采用基本组合，上部结构传至塔筒底部与基础环交界面的荷载设计值由荷载标准值乘以相应的荷载分项系数。

（4）基础抗倾覆和抗滑稳定的荷载效应应采用基本组合，但其分项系数均为 1.0，且上部结构

传至塔筒底部与基础环交界面的荷载值应采用经荷载修正安全系数（k_0，取 1.35）修正后的荷载修正标准值。

（5）验算地基变形、基础裂缝宽度和基础疲劳强度时，荷载效应应采用标准组合，上部结构传至塔筒底部与基础环交界面的荷载直接采用荷载标准值。

（6）多遇地震工况地基承载力验算时，荷载效应应采用标准组合；截面抗震验算时，荷载效应应采用基本组合。

（7）罕遇地震工况下，抗滑稳定和抗倾覆稳定验算的荷载效应应采用偶然组合。

（8）地震作用计算和地基基础抗震验算等应符合《建筑抗震设计规范》GB 50011－2010 的规定，地基基础的有关抗震设计还应符合《建筑地基基础设计规范》GB 50007－2012、《建筑桩基技术规范》JGJ 94－2008 等的有关规定。

陆上风电地基基础设计内容、荷载效应组合、荷载工况和主要荷载的选择见表 3。

2.4.3　分项系数

（1）基础安全结构等级为一级、二级的结构重要性系数分别为 1.1 和 1.0。

（2）对于基本组合，荷载效应对结构不利时，永久荷载分项系数为 1.2，可变荷载分项系数不小于 1.5；荷载效应对结构有利时，永久荷载分项系数为 1.0，可变作用分项系数为 0。疲劳荷载和偶然荷载分项系数为 1.0，地震作用分项系数按《建筑抗震设计规范》GB 50011－2010 规定选取。对于标准组合和偶然组合，荷载分项系数均为 1.0。

各设计内容的主要荷载分项系数见表 4。

（3）混凝土和钢筋的材料性能分项系数分别采用 1.4 和 1.1。承载力抗震调整系数等未规定的其他材料性能分项系数，按所引用的规范采用。

（4）验算裂缝宽度时，混凝土抗拉强度和钢筋弹性模量等材料特性指标应采用标准值。

表 3　陆上风电地基基础设计内容、荷载效应、荷载工况和主要荷载[1]

设计内容	荷载效应组合	荷载工况					主要荷载							
		正常运行荷载工况	极端荷载工况	疲劳强度验算工况	多遇地震工况	罕遇地震工况	F_{rk}	M_{rk}	F_{zk}	M_{zk}	G_1	G_2	F_{e1}	F_{e2}
（1）扩展基础地基承载力复核	标准组合	√	√		**		√	√	√		√	√	*	
（2）桩基础承载力复核	标准组合	√	√		**		√	√	√		√	√	*	
（3）截面抗弯验算	基本组合	√	√		**		√	√	√		√	√	*	
（4）截面抗剪验算	基本组合	√	√		**		√	√	√				*	
（5）截面抗冲切验算	基本组合	√	√		**		√	√	√				*	
（6）抗滑稳定分析	基本组合	√	√		**		√	√	√		√		*	
（7）抗倾覆稳定分析	基本组合	√	√		**		√	√	√				*	
（8）裂缝宽度验算	标准组合	√	√		**		√	√	√				*	
（9）变形验算	标准组合	√	√		**		√	√	√		√		*	
（10）疲劳强度验算	标准组合			√			√	√	√		√	√		
（11）抗滑稳定验算（罕遇地震）	偶然组合					√	√	√	√	√	√	√		√
（12）抗倾覆稳定验算（罕遇地震）	偶然组合					√	√	√	√	√	√	√		√

注：　*　多遇地震工况需考虑多遇地震作用。

　　*＊　仅当多遇地震工况为基础设计的控制荷载工况时才进行该项验算。

表4 主要荷载的分项系数[1]

设计内容	主要荷载							
	F_{rk}	M_{rk}	F_{zk}	M_{zk}	G_1	G_2	F_{e1}	F_{e2}
(1) 天然地基承载力复核	1.0	1.0	1.0		1.0	1.0	1.0	
(2) 基桩承载力复核	1.0	1.0	1.0		1.0	1.0	1.0	
(3) 截面抗弯验算	1.5	1.5	1.2/1.0		1.2/1.0	1.2/1.0	H：1.3 V：0.5	
(4) 截面抗剪验算	1.5	1.5	1.2				H：1.3 V：0.5	
(5) 截面抗冲切验算	1.5	1.5	1.2				H：1.3 V：0.5	
(6) 抗滑稳定分析	1.0	1.0	1.0	1.0	1.0	1.0	1.0	
(7) 抗倾覆稳定分析	1.0	1.0	1.0		1.0	1.0	1.0	
(8) 裂缝宽度验算	1.0	1.0	1.0		1.0	1.0	1.0	
(9) 变形验算	1.0	1.0	1.0		1.0	1.0		
(10) 疲劳强度验算	1.0	1.0	1.0		1.0			
(11) 抗滑稳定验算（罕遇地震）	1.0	1.0	1.0	1.0	1.0	1.0		1.0
(12) 抗倾覆稳定验算（罕遇地震）	1.0	1.0	1.0		1.0	1.0		1.0

注："/"——"荷载效应对结构不利/荷载效应对结构有利"。
  H——水平方向惯性力。
  V——竖向惯性力。

2.4.4 其他有关规定

（1）鉴于风电机组主要荷载——风荷载的随机性较大，且不易模拟，在与地基承载力、基础稳定性有关的计算中，上部结构传至塔筒底部与基础环交界面的荷载，应采用经荷载修正安全系数k_0修正后的荷载修正标准值，k_0取1.35。

（2）材料的疲劳强度验算应符合《混凝土结构设计规范》GB 50010－2010规定。

（3）应对风机制造商提出的基础环与基础的连接设计进行复核。

（4）根据基础的受力条件和上部结构要求，视风电机组制造商的要求对地基基础的动态刚度进行验算。

（5）抗震设防烈度为9度及以上，或参考风速超过50m/s（相当于50年一遇极端风速超过70m/s）的风电场，其地基基础设计应进行专门研究。

（6）受洪（潮）水或台风影响的地基基础应满足防洪要求，洪（潮）水设计标准应符合《风电场工程等级划分设计安全标准》FD 002－2007规定。

（7）对可能受洪（潮）水影响的地基基础，在基础周围一定范围内应采取可靠永久防冲防淘保护措施。

2.5 地基计算

2.5.1 地基承载力计算

地基承载力特征值可由载荷试验或其他原位测试、公式计算及结合实践经验等方法综合确定。当扩展基础宽度大于3m或埋深大于0.5m时，由载荷试验或其他原位测试、经验值等方法确定的地基承载力特征值，可按式（1）修正：

$$f_a = f_{ak} + \eta_d \gamma (b_s - 3) + \eta_d \gamma_m (h_m - 0.5) \quad (1)$$

式中 f_a——修正后的地基承载力特征值；
  f_{ak}——地基承载力特征值；
  η_b、η_d——扩展基础宽度和埋深的地基承载力修正系数；
  γ——扩展基础底面以下土的重度，地下水位以下取浮重度；
  b_s——扩展基础底面力矩作用方向受压宽度，当扩展基础底面受压宽度大于6m时按6m取值；
  h_m——扩展基础埋置深度。

2.5.2 地基抗压计算

当承受轴心荷载时，应满足式（2）的要求：

$$p_k \leqslant f_a \quad (2)$$

当承受偏心荷载时，除应满足式（2）的要求外，还应满足（3）的要求：

$$p_{kmax} \leqslant 1.2f_a \qquad (3)$$

式中 p_{kmax}——荷载效应标准组合下，扩展基础底面边缘最大压力值。

对于风电扩展基础，正常运行荷载工况和多遇地震工况，基底不允许脱开；对于极端荷载工况，基底脱开面积应不超过基底面积的 25%。

2.5.3 变形计算

地基变形计算包括沉降值和倾斜率，沉降计算按《建筑地基基础设计规范》GB 50007－2012 分层总和法计算，地基变形允许值按表 5 的规定采用。

表 5 地基变形允许值表[1]

轮毂高度 H （m）	沉降允许值（mm）		倾斜允许值 $\tan\theta$
	高压缩性黏性土	低、中压缩性黏性土，砂土	
$H < 60$	300		0.006
$60 < H \leqslant 80$	200	100	0.005
$80 < H \leqslant 100$	150		0.004
$H > 100$	100		0.003

2.5.4 稳定性计算

扩展基础和岩石锚杆基础的稳定性应根据工程地质和水文地质条件进行抗滑、抗倾覆和抗浮稳定计算。抗滑稳定计算应根据地质条件分别进行沿基底面和地基深层结构面的稳定计算。

抗滑稳定最危险滑动面上的抗滑力与滑动力应满足式（4）要求：

$$\frac{F_R}{F_S} \geqslant 1.3 \qquad (4)$$

沿基础底面的抗倾覆稳定计算，其最危险计算工况应满足式（5）的要求：

$$\frac{M_R}{M_S} \geqslant 1.6 \qquad (5)$$

注：对于罕遇地震工况下抗滑和抗倾覆稳定系数均为 1.0。

2.6 扩展基础设计计算

扩展基础是指柱下钢筋混凝土独立基础，其具有抗弯、抗剪性能，俗称柔性基础。

2.6.1 抗冲切、抗弯和斜截面受剪承载力验算

1）抗冲切验算

矩形基础应验算基础环与基础交接处以及基础台柱边缘的受冲切承载力。受冲切承载力应符合下列规定：

$$\gamma_0 F_l \leqslant 0.7\beta_{hp}f_t a_m h_0 \qquad (6)$$

$$a_m = \frac{a_t + a_b}{2} \qquad (7)$$

$$F_l = p_j A_l \qquad (8)$$

式中 γ_0——结构重要性系数；

F_l——荷载效应基本组合下，作用在 A_l 上的地基净反力设计值；

A_l——冲切验算时取用的部分基底面积（图 2 中的阴影面积 ABCDEF）；

p_j——扣除基础自重及其上土重后相应于荷载效应基本组合时的地基土单位面积净反力，对偏心受压基础可取基础边缘处最大地基土单位面积净反力；

β_{hp}——受冲切承载力截面高度影响系数，当 $h_0 < 800$mm 时，取 1.0；当 $h_0 \geqslant 2000$mm 时，取 0.9，其间按线性内插法取用；

f_t——混凝土轴心抗拉强度设计值；

h_0——基础冲切破坏锥体的有效高度；

a_m——冲切破坏锥体最不利一侧计算长度；

a_t——受冲切破坏锥体最不利一侧斜截面的上边长，当计算基础环与基础交接处的受冲切承载力时，取基础环直径；当计算基础台柱边缘处的受冲切承载力时，取台柱宽；

a_b——受冲切破坏锥体最不利一侧斜截面在基础面积范围内的下边长，当受冲切破坏锥体的底面落在基础底面以内时，计算基础环与基础交接处的受冲切承载力时，取基础环直径加两倍基础有效高度；当计算基础台柱边缘受冲切承载力时，取台柱宽加两倍该处有效高度。

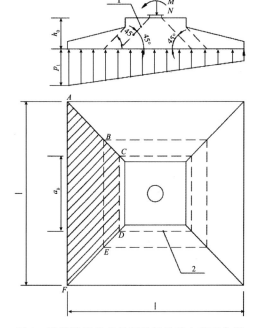

图 2 计算阶形基础的受冲切承载力截面位置
1－冲切破坏锥体最不利一侧的斜截面；
2－冲切破坏锥体的底面线

2）抗弯验算

基础底板的配筋应按抗弯计算确定，并遵照《混凝土结构设计规范》GB 50010—2010规定计算配筋量。

在轴心荷载或单向偏心荷载作用下，对于方形基础，当台阶宽高比 $a_1/h \leqslant 2.5$ 和偏心距 $e \leqslant L/6$（基础底宽）时，任意截面的底板受弯可按公式（9）计算：

$$M_I = \frac{1}{12} a_1^2 \left[(2l + a')\left(p_{max} + p - \frac{2G}{A}\right) + (P_{max} - p)l \right]$$
$$(9)$$

式中　M_I ——荷载效应基本组合下，任意截面 I—I 处的弯矩设计值；

p_{max} ——荷载效应基本组合下，基础底面边缘最大地基反力设计值；

p ——荷载效应基本组合下，任意截面 I—I 处基础底面地基反力设计值；

G ——考虑荷载分项系数的基础自重及其上覆的土自重；

a_1 ——任意截面 I—I 至基底边缘最大反力处的距离；

A ——抗弯计算时的部分基底面积；

l ——基础底面的边长。

在单向偏心荷载作用下，对于方形基础，当台阶的宽高比 $a_1/h \leqslant 2.5$ 和偏心距 $e > L/6$（基础底宽）时，变截面处的弯矩可按简化公式（10）计算：

$$M_1 = \frac{1}{6} a_1^2 (2L + a')\left(p_{max} - \frac{G}{A}\right) \qquad (10)$$

3）斜截面抗剪验算

基础应按不配置箍筋和弯起钢筋的一般板类受弯构架验算斜截面受剪承载力，计算公式如下所示：

$$\gamma_0 V \leqslant 0.7 \beta_h f_t b h_0 \qquad (11)$$

$$\beta_b = \sqrt[4]{800/h_0} \qquad (12)$$

式中　γ_0 ——结构重要性系数；

V ——荷载效应基本组合下，构件斜截面上的最大剪力设计值；

β_h ——受剪截面高度影响系数，当 $h_0 < 800mm$ 时，取 $h_0 = 800mm$；当 $h_0 \geqslant 2000mm$ 时，取 $h_0 = 2000mm$；

f_t ——混凝土轴心抗拉强度设计值；

h_0 ——截面的有效高度；

b ——矩形截面的宽度。

2.6.2　构造要求

风电基础垫层厚度不宜小于100mm，垫层混凝土强度等级为C15。

底板受力筋最小直径不宜小于10mm，间距不宜大于200mm，也不宜小于100mm。有垫层时，钢筋保护层的厚度不宜小于40mm；无垫层时不宜小于70mm。基础混凝土强度等级不宜小于C25。有抗冻要求的混凝土，抗冻等级应按《水工建筑物抗冰冻设计规范》GB 50662—2011规定确定。

2.7　岩石锚杆基础设计计算

岩石锚杆基础应置于较完整的岩体上，且与基岩连成整体，并应符合下列要求。

（1）锚杆孔直径，宜取锚杆直径的3倍，但不应小于1倍锚杆直径加50mm。锚杆的构造要求，如图3所示。

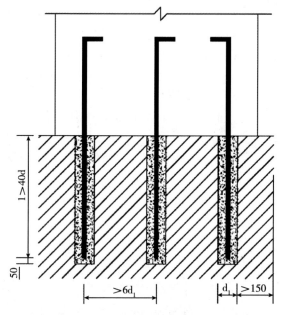

图3　岩石锚杆基础

d_1 —锚杆孔直径；l —锚杆的有效锚固长度；d —锚杆直径

（2）锚杆插入混凝土承台结构的长度，应符合钢筋的锚固长度要求。

（3）锚杆宜采用热轧带肋钢筋，水泥砂浆强度不宜低于30MPa，细石混凝土强度不宜低于C30。灌浆前，应将锚杆孔清理干净。

锚杆基础中单根锚杆所承受的拔力，按下式验算：

$$N_{tik} = \frac{N_k - G_k}{n} + \frac{M_{Yk} x_i}{\sum x_i^2} \qquad (13)$$

$$N_{tkmax} \leqslant R_t \qquad (14)$$

式中　N_k ——荷载效应标准组合下，作用在基础顶面上的竖向力修正标准值，$N_k =$

$1.35F_{zk}$。

F_{zk} —— 荷载效应标准组合下，作用在基础顶面上的竖向力标准值；

G_k —— 基础自重及其上覆的土自重标准值；

M_{Yk} —— 荷载效应标准组合偏心竖向力作用下，作用于基础底面，绕通过基础底面形心的 Y 主轴的合力矩修正标准值，$M_{Yk} = 1.35(M_{rk} + F_{rk}h_d)$；

M_{rk} —— 荷载效应标准组合偏心竖向力作用下，作用于基础底面，绕通过基础底面形心的 Y 主轴的合力矩标准值；

F_{rk} —— 荷载效应标准组合下，作用于基础顶面上的水平力标准值；

h_d —— 锚杆承台基础高度；

x_i —— 第 i 根锚杆至基础底面形心的 Y 轴线的距离；

N_{tik} —— 荷载效应标准组合下，第 i 根锚杆所受的拔力；

R_t —— 单根锚杆抗拔承载力特征值；

N_{tkmax} —— 荷载效应标准组合下，锚杆所受的最大拔力；

对于 1 级和 2 级桩基础，单根锚杆抗拔承载力特征值 R_t 应通过现场试验确定；对于其他基础，可按下式计算：

$$R_t \leqslant 0.8\pi d_1 lf \tag{15}$$

式中 f —— 砂浆与岩石间的黏结强度特征值，可按表 6 确定；

d_1 —— 锚杆孔直径；

l —— 锚杆的有效锚固长度。

表 6 砂浆锚杆与岩石间的黏结强度特征值（kPa）

岩石类别＼风化程度	未风化和微风化	中等风化	强风化
硬质岩石	80～150	30～80	17～30
软质岩石	40～80	20～40	10～20

注：水泥砂浆强度为 30MPa，混凝土强度等级为 C30。

2.8 桩基础设计计算

风电桩基础包括混凝土预制桩和混凝土灌注桩，承台均为大块体混凝土，工程实际中多采用 4 根及以上的群桩，本节仅介绍设群桩的桩基础设计计算。

风电桩基础设计计算包括桩顶作用效应计算、桩基承载力计算、单桩承载力特征值确定、软弱下卧层验算，承台抗冲切、抗剪切、抗弯承载力验算等，计算方法和要求均同普通桩基工程，本节仅介绍桩顶作用效应计算和桩基承载力计算。

1）桩顶作用效应计算

群桩中基础桩顶受力应分别考虑荷载效应标准组合和基本组合。标准组合下桩顶受力按下式计算：

轴心竖向力作用下：

$$N_{ik} = \frac{N_k + G_k}{n} \tag{16}$$

偏心竖向力作用下：

$$N_{ik} = \frac{N_k + G_k}{n} \pm \frac{M_{Yk}x_i}{\sum x_j^2} \tag{17}$$

水平力作用下：

$$H_{ik} = \frac{H_k}{n} \tag{18}$$

式中 N_{ik} —— 荷载效应修正值标准组合竖向力（轴心或偏心）作用下，第 i 根桩或复合基桩的竖向力；

M_{Yk} —— 荷载效应标准组合偏心竖向力作用下，作用于承台底面，绕通过桩群形心 Y 主轴的合力矩修正标准值，$M_{Yk} = 1.35(M_{rk} + F_{rk}h_d)$；

x_i, x_j —— 第 i、j 基桩或复合基桩至 Y 轴的距离；

H_k —— 荷载效应标准组合下，作用于桩基承台底面的水平力修正标准值，$H_k = 1.35F_{rk}$；

H_{ik} —— 荷载效应标准组合下，作用于第 i 基桩或复合基桩的水平力；

n —— 桩基中的桩数；

h_d —— 基础环顶标高至承台底面的高度。

基本组合下桩顶受力由荷载标准值乘以相应分项系数计算。

2）桩基承载力计算

基桩承载力荷载效应标准组合计算应符合以下公式要求：

（1）轴心竖向力作用下：

$$N_{ik} \leqslant R \tag{19}$$

（2）偏心竖向力作用下，除满足式 19 外，尚应满足下式要求：

$$N_{ikmax} \leqslant 1.2R_a \tag{20}$$

（3）水平力荷载作用下：

$$H_{ik} \leqslant R_h \tag{21}$$

式中　N_{ik}——荷载效应标准组合轴心竖向力作用下，基桩或复合桩基的平均竖向力；

$N_{ik\max}$——荷载效应标准组合偏心竖向力作用下，桩顶最大竖向力。

R——基桩或复合基桩竖向承载力特征值；

H_{ik}——在荷载效应标准组合下，作用于基桩 i 桩顶处的水平力；

R_h——群桩中基桩水平承载力特征值。

3　海上风电基础

海上风电场相对陆上风电场的优势是海上风力资源丰富，风速大且稳定，不占用土地资源。同容量装机，海上要比陆上风电发电量大 50％以上。中国东南沿海一带，在江苏、福建、山东和广东等地，不仅有丰富的海上风能资源，且由于距离电力负荷中心较近，在电力传输与消纳等方面具有很大的优势，因此，开发海上风电是中国风电开发的重要方向，也是全球风电的最新技术发展趋势。

根据国家能源局《可再生能源"十二五"规划》，预计到 2015 年，中国将建成海上风电 5GW，形成海上风电产业链；2015 年后，中国海上风电将进入规模化发展阶段，达到国际先进技术水平；2020 年中国海上风电将达到 30GW，这意味着我国在未来一段时间将要大力发展海上风电事业。

尽管海上风电是未来风电的发展趋势，然而到目前为止，海上风电的装机容量仅为全球风电总装机容量的 2％左右，海上风电的发展任重道远。全球 90％以上的海上风电装机容量发生在欧洲，特别集中在北海、波罗的海、英吉利海峡等；余下的不足 10％主要发生在亚洲，主要是中国的东海大桥 100MW 的商业化示范项目和江苏如东开展的潮间带示范项目。

海上风电开发进展缓慢，究其原因，一是海上风电技术还不成熟，至今仍然处于起步和探索阶段，在规划标准、工程设计、施工安装、运行维护等方面，均缺少成熟的经验，困难重重；二是投资大和成本高，据估计，海上风力发电成本要高出陆上风电 60％左右，其中海上风电场的风机基础成本约占整个海上风电场工程成本的 24％，而陆上风电场仅占 5％～10％，故降低海上风电场基础建设成本是海上风电发展的关键所在。

3.1　海上风电基础特点及形式

与陆上风电相比，海上风电基础除承受风机自重、风荷载外，还必须考虑波浪、海流、海冰等恶劣的海上工作环境因素；且近海及滩涂覆盖层多为淤泥质土、沙土或无覆盖层的裸岩，差异性大，施工条件差、难度大、费用高。

根据海上风机基础特点和海上施工的具体条件，挪威船级社（DNV）标准中定义了海上风电主要基础形式及特点，详见表 7。

表 7　海上风电机基础形式及特点

海水深度（m）	基础结构类型		特　点
0～10	重力基础/钢筋混凝土	沉箱	地基是岩石或坚硬土层，利用基础自重抵抗倾覆力矩，需压仓物和整理海床，对冲刷敏感
		吸力式桶形基础	节省费用，深、浅海域都可以，适用于砂性土或软黏土层，施工速度快，但桶内外压差可能导致土体渗流，造成土簧或土体液化
0～10	单桩基础		直径 3～7m，制造简单，无需海床整理，需要打入、钻孔，桩顶固定一个过渡连接件，受海底地质条件和水深约束
>20	群桩基础	三桩	管状钢结构。填塞或成型连接，中心钢管提供风机塔架的基本支撑，三脚架可以采用垂直或倾斜套管，支撑在钢桩上
		普通多桩	
		导管架式	
>50	浮动平台结构	张力腿式	对地质条件没有任何要求，对水深不敏感，波浪荷载较小，建设安装有较大弹性，易移动和拆卸，稳定性差
		重力摆锤	
		水下锚系	

就受力而言，海上风电场的基础与海上石油平台、桥梁基础大同小异，可以借鉴。参考陆上

风电基础设计荷载工况，海上风电基础设计工况主要应考虑基础施工完成上部风机未安装时的临时工况、风机安装完成后正常运行工况、极端风况状态的工况以及正常运行地震工况。基础设计过程中，风、波浪力、潮流力作为海洋工程中的基本作用力，设计时将之纳入基本可变荷载参加组合，荷载组合中充分考虑可能出现的不利水位和波浪、水流的作用方向。各工况荷载组合情况如下：

（1）施工工况：自重＋风荷载＋波浪力＋水流力＋靠泊力，对于群桩基础，还需考虑施工期单桩稳定情况；

（2）正常运行工况：自重＋风荷载＋正常运行情况下风机荷载＋波浪力＋水流力；

（3）极限状态工况：自重＋风荷载＋极端风况情况下风机荷载＋波浪力＋水流力；

（4）地震工况：自重＋风荷载＋正常运行情况下风机荷载＋波浪力＋水流力＋地震力。

根据已有海上风电场工程经验，设计控制工况一般是极限状态工况。

3.2 重力基础

重力基础形式包括大块混凝土结构、沉井（沉箱）基础和吸力式桶形基础等，其基础结构体积大，靠重力使风机保持垂直，结构简单，造价低，受海床沙砾影响不大，其稳定性和可靠性已得到证实，但需要进行海底准备，其尺寸和重量较大。

沉井（沉箱）基础应用广泛，不再赘述。吸力式桶形基础（suction bucket foundation）是一种新型的海洋基础，由挪威土工研究所于1992年成功建造，在丹麦Frederikshavn海上风电场的建设中首次使用，是一种底端敞开、上端封闭的钢质圆筒结构，在桶顶有连接泵系统的出水孔。基础浮式运输，注水下沉，筒内抽水，利用筒内外水头差产生压力将基础下压入土至设计位置，适用于水深、砂质性土层。吸力式桶形基础的主要优势是负压下沉，施工简便，且可重复使用，当风电场寿命终止时，可再充气把基础从地层中拔出并进行二次利用。

3.3 桩基础

单桩基础：单桩基础包括钢桩、PHC管桩和钢筋混凝土灌注桩，本文仅简要介绍钢桩和PHC管桩应用情况。

钢桩为Φ3～7m的钢管，壁厚30～60mm，打入深度在15～50m，单桩承载力达500～2600t，适应于覆盖层地质及水深在30m以下区域。其优点是不要求对海床做预先的准备，制造简单，施工快速，但相对海水较深时柔性大，受海底地质条件和水深约束，需采用大浮吊配合液压锤进行施工作业。目前，国际上的单桩基础可做到Φ6～7m直径，桩长达到80m左右，入土深度超过40m，对于这种大桩径的单桩则一般需要用S750～S1800（锤击能量为750～1 800 kN·m）液压锤。但目前国内制造能力和施工能力还达不到要求，尚无应用实例[2]。

PHC管桩直径为5～6m，壁厚50～100cm，钻孔深度20～50m，单桩承载力达1500～3000t，其优点是不需要海床的预处理，工厂预制，现场安装，缺点是需大直径钻孔设备，大吨位浮吊吊装，施工难度大。

群桩基础：多采用小直径斜钢管桩，单钢管直径1.5～1.6m，承台为钢筋混凝土结构，具有承载力大、抗水平载荷强的特点，适合有厚覆盖层、水域较深的区域，水深不大于30m，缺点是现场作业时间较长，工作量大。

3.4 浮动平台

浮动平台结构其设计灵感来源于深海石油开采技术，其原理是利用钢缆将平台的各点连接到混凝土石块或者其他固定系统，该固定系统由海底的重力锚定。平台和风机的支撑不依赖于价格昂贵的塔架，而是海水的浮力。据分析，安装于风机上的漂浮平台能在水深30～200m，需要指出的是，迄今为止浮动平台只有3个建成项目，其中一个瑞典项目尚未联网；两个建成项目分别是挪威的北海2.3MW Hywind漂浮式海上风电项目，另一个是葡萄牙在大西洋海域示范的2MW Windfloat漂浮式海上风电项目。

3.5 东海大桥海上风电基础设计案例[3]

工程概况：东海大桥近海风电场长约11km，宽约10km，呈北西—南东向展布，海底面高程一般为－10.3～－0.70m，海底地形呈西高东低状，为潮水浸没区，属东海潮间地带滩涂地貌单元。共安装34台单机容量3MW的SL3000离岸型风电机组，转轮直径91.6m，轮毂高度90m，总装机容量102MW。

工程地质：工程区海拔较低，地势平坦，属滨海相沉积平原地貌。本区上部第四系沉积物厚度达110m左右，下伏基岩为侏罗系（J_3）几凝灰岩。本场地为深厚覆盖层区。地震基本加速度为

0.05g，相当于地震基本烈度度Ⅵ度。根据钻孔资料，工程区勘察深度内均为第四系沉积物，为冲积、海积及河口～海陆相沉积，自上而下分为5大层10个亚层，部分土层缺失，主要土层情况见表8。

表8　东海大桥风电场厂址土层分布

土层编号	土层名称	层厚（m）	土层编号	土层名称	层厚（m）
①	冲填土	3.4～4.8	⑤-1	粉砂	4.0～12.0
②	砂质粉土	1.3～13.6	⑤-2	粉质黏土	2.5～15.5
④-1	淤泥质粉质黏土	29.0～33.0	⑤-3	粉砂	4.0～12.0
④-2	淤泥	6.0～16.0	⑦-1	粉质黏土	4.0～12.0
④-3	淤泥质粉质黏土	4.0～6.0	⑦-2	粉砂	4.0～12.0
④-3	淤泥质粉质黏土	4.0～6.0	⑦-2	粉砂	

水文资料：本工程海区平均海平面高程－1.50m，平均高潮位2.10m，平均低潮位－2.13m。根据《海港水文规范》JTJ 214－98，设计高潮位采用高潮累积频率10％的潮位，设计低潮位采用低潮累积频率90％的潮位，极端高、低潮位分别采用重现期50年的年极值高、低水位。波浪采用50年重现期，累积频率的波浪作为设计波浪。杭州湾潮流性质均为往复流，涨潮历时普遍小于落潮历时，流向、流速受地形的影响，不同位置而各有差异。

荷载资料：风机荷载主要由空气动力荷载、机组自重和机组震动引起，根据《风力发电机组安全要求》GB 18451.1－2001的规定，风机荷载应包括发电、发电兼有故障、起动、正常关机、紧急关机、停机静止或空转、停机故障、运输等工况，各工况尚应包括可能的子工况，但一般最大荷载由极大风速时的停机工况控制，风机制造厂家提供的极端工况时荷载资料详见表9，表中荷载值均指到塔筒底部、基础法兰面顶部的数值，并未计荷载安全系数。

表9　风力发电机组极限荷载值

荷载工况	F_X (kN)	F_Y (kN)	F_Z (kN)	M_X (kN·m)	M_Y (kN·m)	M_Z (kN·m)	备注
承载能力极限工况	－743.62	220.77	－2503.52	－10860.88	－53995.30	－610.84	未计荷载安全系数1.35

注：F_X、F_Y为水平向荷载，F_Z为垂直向荷载，M_X、M_Y为弯矩，M_Z为扭矩。

本工程风机基础设计考虑的荷载主要包括自重、风机荷载、波浪力、水流力、风荷载、地震力等。

（1）风机荷载：进行风机基础结构设计时，所考虑的风机荷载为上部结构（风机及塔筒）承受风荷载作用传递至基础顶面的荷载，按表9考虑。

（2）波浪和水流作用力：根据《海港水文规范》JTJ 214－98相关规定，采用morison公式计算作用于桩基上的波浪力和水流力；采用压制波高公式，按波流合成后的波浪要素计算波流对墩台的作用。

（3）风荷载：对于下部结构，由于风荷载影响较小，按工程所在地基本风压取用。

（4）地震荷载本建筑场地属于Ⅳ类，场区地震加速度值为0.05g，地震基本烈度为6度。

基础设计：风机基础采用高性能海工混凝土承台和钢管桩基础，承台上部采用连接钢管与风机塔筒相连，每台风机采用一个混凝土承台和8根钢管桩，共34个混凝土承台，272根钢管桩，桩径1.7m，承台半径为7.0m，各桩斜率都为5.5：1，均匀地分布在圆台底面上，具体布置如图4所示。

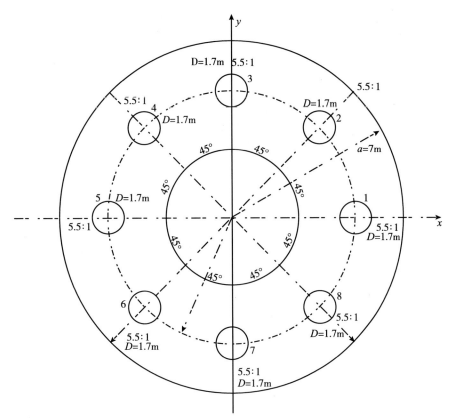

图 4　东海大桥海上风电基础布置图

参考文献

[1] FD 003－2007 风电机组地基基础设计规定（试行），2007.

[2] 秦顺全，张瑞霞，李军堂．海上风电场基础形式及配套施工技术．中国工程科学，2010（12）：35-39.

[3] 姚文伟，桩基结构物波浪力的工程计算方法[M]，上海交通大学，2009（1）.

FLAC3D 模型在深基坑桩锚支护体系数值模拟中的应用

任东兴　陈方渠　罗东林　彭界超

（中冶成都勘察研究总院有限公司　四川成都　610023）

摘　要：运用 FLAC3D 模型对成都环球贸易广场 B 地块桩锚支护结构进行了开挖与支护模拟计算中采用摩尔-库仑弹塑性模型，基坑围护结构与土体之间的接触面运用接触单元通过计算得出桩身的内力、位移，及锚索拉力。计算得到基坑的最终变形与实测结果进行对比分析，为工程设计与施工提供参考。

关键词：FLAC3D 模型；深基坑；支护；模拟

1　序言

随着成都地区高层建筑的大规模发展，对地下空间使用的日益重视，如何合理地设计基坑支护和施工方案，做到既经济合理又安全可靠，已成为目前岩土工程界的重要研究课题之一[1]。目前，成都地区由于广泛分布着砂卵石地层，这为锚索的锚固段提供了良好的地层条件。桩锚支护结构因其工程适应性强、成本低等优势在成都地区深基坑支护中广泛采用锚拉桩支护。

桩锚支护结构对于深基坑工程而言，无论是从经济还是安全可靠性上考虑，均是一种较为理想的支护体系。与悬臂桩支护结构相比，由于桩体上设置了预应力锚索，桩体的变形受到约束，大大改善了桩体受力状态，有效减小了桩的截面尺寸和嵌固深度。护坡桩施予土体的支护力全部依靠桩体嵌固段土体和预应力锚索提供，桩身各个支点的位置及支点反力的大小对桩体内力分布影响甚大。因此，护坡桩的嵌固深度和预应力锚索的位置、设计拉力值大小对桩锚支护结构的安全稳定发挥了至关重要的作用[5]。

采用数值模拟手段对基坑在桩锚支护条件下进行稳定性分析，计算得出桩身的内力、位移，及锚索拉力。计算得到基坑的最终变形与实测结果进行对比分析，为工程设计与施工提供参考。

2　工程概况

2.1　工程规模

拟建成都环球贸易广场 B 地块项目，拟建工程位于成都市锦江区原成都无缝钢管厂片区，紧邻地铁二号线东大路站。占地面积约 $70000m^2$，基坑长约 450m，宽约 470m，基坑开挖深度最深约 26m，为成都市迄今为止最大的深基坑之一。

2.2　地质条件

据钻探揭示，场地地层结构主要由第四系全新统人工堆填（Q_4^{ml}）杂填土、素填土、第四系全新统的（Q_4^h）淤泥及第四系上更新统冲积（Q_3^{al}）的黏土、粉质黏土、粉土、细砂和第四系上更新统冲洪积（Q_3^{al+pl}）中砂、卵石及中生界白垩系上统灌口组（K_2g）泥岩等组成，现自上而下分述如下[6]：

（1）杂填土（Q_4^{ml}）：杂色，松散，稍湿，主要由建筑垃圾、少量的原有建筑物基础、拆迁的混凝土以及回填黏性土、粉土等组成，该层在场地内普遍分布，层厚 0.60～7.60 m。

（2）素填土（Q_4ml）：杂色～灰黑色，松散，局部地段呈软塑状，稍湿，主要由黏性土、粉土组成，含少许混凝土、砖瓦碎片及砂卵石等；分布于场地东边的素填土主要由泥岩石块组成；该层在场地内局部分布，层厚 0.50～6.50m。

（3）淤泥（Q_4^h）：青灰～黑色，可塑～流塑，饱和，主要有黏性土、粉土及植物腐殖质组成，局部含较多的腐朽的树干等，具有腥臭味，局部因粉粒、砂粒含量的变化，变为淤泥质粉土、细砂等，主要分布于场地东北角一带发育于卵石顶板以上。层厚0.40～4.40m。

（4）黏土（Q_3^{al}）：黄色～黄褐色，硬塑，稍湿，主要由黏粒组成，根据黏粒的含量，渐变为粉质黏土，裂隙发育，裂隙处被少许灰白色高岭土充填，裂隙面较光滑，含少量的铁锰氧化物及少量钙质结核，局部地段富集铁锰氧化物，无摇震反应，光泽反应光滑，干强度高，韧性高。该层在场地内零星分布，层厚0.50～5.60m。

（5）粉质黏土（Q_3^{al}）：褐黄色～黄褐色，局部黑色，硬塑～可塑，局部软塑，稍湿，主要由黏粒和粉粒组成，裂隙较发育，裂隙处被少许灰白色高岭土充填，局部含高岭土较重，裂隙面较光滑，含大量的铁锰氧化物及少量钙质结核，局部地段富集铁锰氧化物，局部地段被污水浸染，带少许腥臭味，无摇震反应，光泽反应稍有光滑，干强度中等，韧性中等。该层在场地内普遍分布，层厚0.20～7.90m。

（6）粉土（Q_3^{al}）：褐黄色，中密，稍湿，主要由粉粒组成，夹薄层的粉砂及粉质黏土或呈互层状，含少量铁锰氧化物及云母，摇震反应较强，光泽反应无，干强度低，韧性较差；该层在场地内局部分布，位于场地的东北角上分布少量的淤泥质粉土，层厚0.40～5.00m。

（7）细砂（Q_3^{al}）：青色～灰黄色，松散，局部地段半胶结，矿物成分主要由长石、石英组成，夹少量云母片，局部因砂粒含量的变化，相变为粉砂、粉土或中砂，主要以薄层或透镜体状零星分布于卵石顶板，层厚0.20～4.10m。

（8）中砂（Q_3^{al+pl}）：青色～灰黄色，湿～饱和，松散，矿物成分以石英、长石为主，夹少量云母片。局部为细砂，另含10～20cm的卵石，当卵石含量较多时，相变为松散卵石，以薄层状或呈透镜体分布于卵石层中，N120锤击数1.0～3.0击，层厚0.20～1.50m。

（9）卵石（Q_3^{al+pl}）：深灰～灰黄色，湿～饱和，松散～密实。卵石成分主要由岩浆岩，少量沉积岩等组成，呈亚圆形，一般粒径20～80mm，最大达250mm，含少量漂石；局部卵石层中夹10cm的中砂透镜体，局部地段顶部卵石风化严重，大部分呈强～全风化，卵石易捏碎；中部及下部卵石呈微～中风化，少量卵石呈强风化，充

填物主要为中细砂，局部卵石中含少量粉质黏土。卵石层中下部分布有中砂透镜体及夹层，局部卵石层底部含少量泥岩。

（10）泥岩（K_2g）：紫红色，稍湿～湿，以黏土矿物组成为主，局部夹薄层石膏矿物，泥质胶结，散状～块状结构，中～厚层状构造，主要呈中风化状，其层理结构部分破坏，风化裂隙较发育，岩石相对完整，岩芯呈20～50cm短柱状，岩芯岩质较硬，RQD值为30%～85%，岩土质量等级为V级；局部夹薄层软弱夹层（节理裂隙极发育，岩芯极破碎，局部用手可掰断及捏碎）；上部局部地段分布厚度20～300cm的强风化泥岩层（其结构已部分破坏，含大量黏土矿物，岩芯岩质较软，风化裂隙很发育，岩芯极破碎，可用手折断或捏碎）。该层未揭穿，最大揭露厚度31.10m。

表1 基坑支护设计参数表

岩土层名称	重度 γ (kN/m³)	黏聚力 C (kPa)	内摩擦角 φ (°)	岩土体与锚固体极限摩阻力标准值 q_{sik} (kPa)
杂填土	17.0	5	8	16
素填土	17.5	8	10	20
淤泥	18.0	8	6	10
黏土	20.1	45	21	65
硬塑粉质黏土	20.0	28	20	60
可塑粉质黏土	18.5	10	10	50
软塑粉质黏土	18.0	20	15	15
粉土	18.5	17	20	40
细砂	18.5		25	30
中砂	19.0		28	40
松散卵石	20.0		30	80
稍密卵石	21.0		35	160
中密卵石	22.0		40	200
密实卵石	23.0		45	260
强风化泥岩	21.5	150	35	100
中风化泥岩	23.0	200	40	200

2.3 支护方案

基坑支护采用排桩＋预应力锚索＋混凝土支撑支护，本文选取典型桩锚支护结构断面进行FLAC3D数值模拟，桩锚支护结构断面桩径1200mm，间距2500mm，锚索为3道。第1道锚

索长度 27.0m，锚固段长度 12.0m，锚索孔直径 150mm，配筋为 4ΦS15.2 钢绞线；第 2 道锚索长度 21.5m，锚固段长度 11.5m，锚索孔直径 150mm，配筋为 4ΦS15.2 钢绞线；第 3 道锚索长度 18.5m，锚固段长度 11.0m，锚索孔直径 150mm，配筋为 4ΦS15.2 钢绞线。

3 计算模型

3.1 土体模型

土是一种极为复杂的复合体，具有很复杂的力学行为，在外力的作用下土体不仅产生弹性变形而且还会产生不可恢复的塑性变形，本文将运用摩尔-库仑弹塑性模型进行计算[2]。

3.1.1 屈服准则

摩尔-库仑屈服准则为

$$f^s = \sigma_1 - \sigma_3 N_\varphi + 2c\sqrt{N_\varphi} = 0$$

式中 $N_\varphi = \dfrac{1+\sin\theta}{1-\sin\theta}$；

c——黏聚力；

φ——内摩擦角。

3.1.2 流动准则

在屈服之后，土体的特性将是部分弹性和部分塑性的，在任一应力增量过程中，其应变由弹性分量和塑性分量两部分组成，因此有

$$d\varepsilon_{ij} = (d\varepsilon_{ij})_e + (d\varepsilon_{ij})_p$$

弹性应变分量比较容易求得，而塑性应变分量与塑性势函数 Q 有如下关系：

$$(d\varepsilon_{ij})_p = d\lambda \frac{\partial Q}{\partial \sigma_{ij}}$$

在 FLAC3D 里，对剪塑性流动和拉塑性流动分别进行定义，并且对应不同的流动法则[3]。剪塑性流动对应非关联流动法则，势函数为

$$Q^s = \sigma_1 - \sigma_3 N_\varphi$$

式中 $N_\varphi = \dfrac{1+\sin\varphi}{1-\sin\varphi}$；

φ——剪胀角。

拉塑性流动对应相关联流动法则，势函数为 $Q^t = \sigma_3$。

3.2 接触模型

FLAC3D 里的接触模型与 1968 年 Goodman 提出的线性无厚度节理模型和 1970 年 Zienkicwicz 提出的二维等参单元节理单元模型不同，这些模型的单元形状一般为矩形或长方体，而 FLAC3D 里的接触单元是由三个节点组成的三角形单元。

在每一个时步里，接触目标面和接触节点的

法向绝对侵入量和切向相对速度都被计算出来。把这两个值带入到接触面本构方程就可以算出接触面上的法向应力矢量和切向应力矢量[4]，其法向和切向本构方程如下：

$$F_n^{(t+\Delta t)} = k_n u_n A + \sigma_n A$$
$$F_n^{(t+\Delta t)} = k_n u_n A + \sigma_n A$$

式中 k_n——法向接触刚度；

A——接触面面积。

接触单元服从库仑剪破坏屈服准则和拉破坏屈服准则。

4 计算模型及参数

模型取单桩控制宽度（2.5m）进行模拟，并考虑坡顶及基坑底影响范围，模型尺寸取 75m×40m×2.5m，模型共划分 9675 个单元块体，含 13346 个节点，其中开挖区单元块体 2250 个。支护桩长度 26.4m，桩直径 1.2m，C30 混凝土，划分 54 个节点，如图 1 所示。

模型采取按工况分部开挖计算，共分为 8 个工况，并与理正计算结果对应比较。

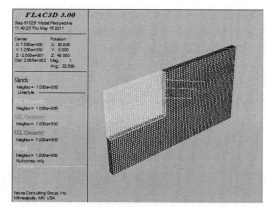

图 1 三维模型图

5 计算结果对比分析

计算结果如图 2～图 9 及表 2、表 3 所示。

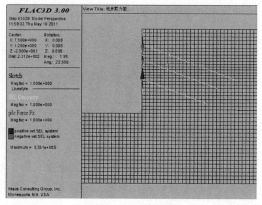

图 2 桩身剪力图

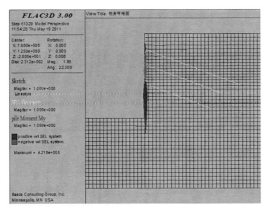

图 3　桩身弯矩图

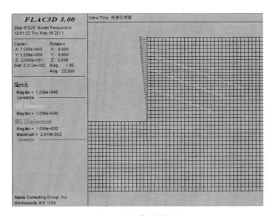

图 4　桩身位移图

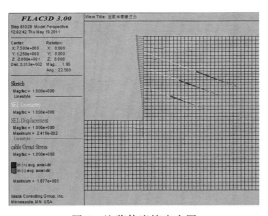

图 5　注浆体摩擦应力图

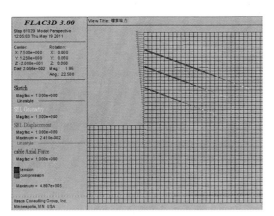

图 6　锚索轴力图

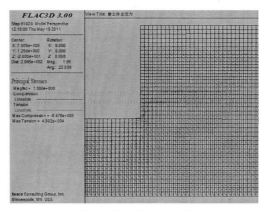

图 7　岩土体主应力图

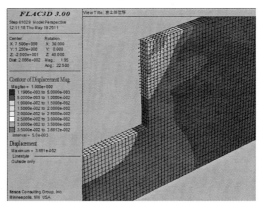

图 8　岩土体位移图

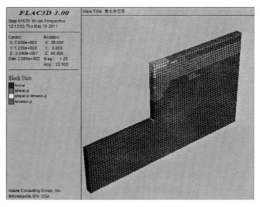

图 9　岩土体状态图

经分析，桩身的内力、位移，及锚索拉力均在可接受的范围内，并且桩身内力、位移及锚索拉力均比理正计算结果小。岩土体塑性破坏主要发生在上部填土、淤泥及卵石层，除基坑底桩前小范围内出现塑性破坏外，下部基岩层未见破坏。经模拟计算认为此支护方案合理可行。

根据机械工业勘察设计研究院提供的《成都环球贸易广场 B2 地块基坑监测日报》（2014 年 6 月 13 日，基坑已开挖到底约 8 个月）进行分析[7]：

水平位移累计变形最大点为 S18（本次位移量 0mm，累计位移量 15.5mm）；沉降累计变形最大点为 S18（本次沉降量 0mm，累计沉降量 10.9mm）；

测斜管监测资料，变形量最大的桩为 120# 桩，桩顶位移量为 16.1mm；

钢筋应力监测点，应力最大的桩为 182# 桩，应力值为 −77.9MPa（受压）；

锚索应力监测点，应力最大的测点为 401# 桩第三排锚索（−8.3m 位置），应力值为 273.9MPa。

表 2　FLAC3D 计算结果

施工工序		弯矩（kN·m）		剪力（kN）		桩顶位移（mm）	锚索拉力（kN）		
		+	−	+	−		锚索1	锚索2	锚索3
工况 1	施工桩，开挖 0～4.5m	181	−4	56	−18	9			
工况 2	地面加载 30kPa	249	−42	82	−27	11			
工况 3	施工第 1 道锚索，张拉	384	−2	219	−120	4	406		
工况 4	开挖 4.5～8.5m	354	−283	187	−262	15	456		
工况 5	施工第 2 道锚索，张拉	293	−1	243	−190	12	434	382	
工况 6	开挖 8.5～13.5m	580	−353	277	−273	22	486	453	
工况 7	施工第 3 道锚索，张拉	573	−241	355	−273	22	482	439	363
工况 8	开挖 13.5～21.9m	422	−284	335	−275	24	490	451	380

表 3　理正计算结果

施工工序		弯矩（kN·m）		剪力（kN）		桩顶位移（mm）	锚索拉力（kN）		
		+	−	+	−		锚索1	锚索2	锚索3
工况 1	施工桩，开挖 0～4.5m								
工况 2	地面加载 30kPa	1080	−47	337	−361	15			
工况 3	施工第 1 道锚索，张拉	606	−26	241	−205	9	380		
工况 4	开挖 4.5～8.5m	1076	−40	459	−344	20	486		
工况 5	施工第 2 道锚索，张拉	933	−33	477	−296	20	476	380	
工况 6	开挖 8.5～13.5m	1064	−217	344	−354	28	601	518	
工况 7	施工第 3 道锚索，张拉	1067	−228	491	−357	28	602	518	370
工况 8	开挖 13.5～21.9m	513	−365	381	−382	26	629	604	522

6　结语

（1）FLAC3D 能够很好地对基坑分步开挖和支护进行模拟，而且它自带的摩尔-库仑弹塑性模型，能很好地反映土的特性。

（2）根据观测资料，最大水平变形量为 16.1mm，锚索及钢筋应力均小于警戒值，设计方案能够满足基坑周边环境对变形控制的要求。

参考文献

[1] 刘继国，曾亚武．FLAC3D 在深基坑开挖与支护数值模拟中的应用［J］．岩土力学，2006，27（3）：505-508.

[2] 李好，周绪红．深基坑桩锚支护的弹塑性有限元分析［J］．湖南大学学报，2003，30（3）：86-89.

[3] Itasca Software Comp. Theory and back ground, constitutive model: theory and implementation [P]. User Manual of FLAC3D 2.0, 2002.

[4] Itasca Software Comp. Interfaces ［P］. User Manual of FLAC3D 2.0, 2002.

[5] 蔡海波，吴顺川，周喻．既有基坑延深开挖稳定性评价与支护方案确定［J］．岩土力学，2011，32（11）：3306-3324.

[6] 中冶成都勘察研究总院有限公司．成都环球贸易广场 B 地块项目岩土工程勘察报告，2010.

[7] 机械工业勘察设计研究院．成都环球贸易广场 B2 地块基坑监测日报，2014.

拉锚式双排桩荷载结构计算模型研究

张 勉[1] 薛光桥[2] 蔡永昌[1]

(1. 同济大学 地下建筑与工程系 上海 200092；2. 中铁第四勘察设计院集团有限公司 湖北武汉 430063)

摘 要：针对目前工程中日益增多的拉锚式双排桩围护结构，结合工程现场监测值和有限元分析方法，对依托工程区域的合理土体计算参数进行了反演分析；基于反演分析得到的与实际较吻合的有限元计算结果，对拉锚式双排桩的桩身土压力及土弹簧取值模式进行了研究，并对比传统的分离协调式法和平面杆系弹性支点法，提出了更为合理的拉锚式双排桩的荷载结构简化计算模型，对类似的工程分析与计算具有较好的参考意义和价值。

关键字：拉锚式双排桩；平面杆系；有限元；荷载结构模型

1 引言

双排桩[1]围护结构是一种空间组合支护结构，近年来在深基坑、道路边坡工程中得到了广泛运用。目前工程上常见的双排桩结构的前、后排桩间距较小，基本保持在 2～8m。针对此类双排桩结构的计算模型较多，例如，程知言[2]推导土体剪切破裂角计算公式，认为以后排桩桩背土压力为主，桩间土对支护桩的作用较小，提出相关计算模型；郑刚等[3]认为可将桩间土假设为竖向压缩薄层，提出以弹簧代替桩间土连接前、后排桩的计算模型；应宏伟等[4]提出基于弹性土抗力法的双排桩结构计算模型，编制平面杆系有限差分法计算程序；史海莹[5]根据 Hewlett 土拱理论和桩间土体稳定性要求，推导出考虑土拱效应的双排桩桩间距公式；周翠英[6]认为前排桩不仅受到桩间土体的主动土压力作用，还受到桩间土挤压产生的附加土压力作用。

当前、后排桩间距较大时，后排桩提供类似拉锚支点的作用，此类结构可称为拉锚式双排桩[7]。国内外对于拉锚式双排桩的研究较少，其受力机理及力学特性尚不明确，也无相关设计规范，给实际的拉锚式双排桩结构设计和分析带来不便。为解决实际工程设计问题，本文提出了更为合理的拉锚式双排桩的荷载结构简化计算模型，对类似的工程分析与计算具有较好的参考意义和价值。

2 工程背景

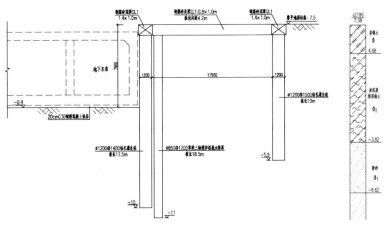

图 1 拉锚式双排桩断面图

图 1 为南京市某典型超大超深基坑采用的拉锚式双排桩围护结构断面图。为方便大规模、高效率开挖，采取无支撑悬臂的开挖方式，开挖深度为 8m。

前排桩长 17.5m，采用 $\Phi 1200@1400$ 的钻孔灌注桩；后排桩长 13m，采用 $\Phi 1200@1500$ 的钻孔灌注桩；钢筋混凝土冠梁尺寸为 $1.4m \times 1.0m$；前排桩后采用 $\Phi 1200@1500$ 的单排三轴搅拌桩止水帷幕；中间钢筋混凝土连梁尺寸为 $0.8m \times 1.0m$；所有围护结构均采用 C30 型号的钢筋混凝土，不考虑地下水影响。因基坑控制变形要求高，实际现场周边无堆载，因此可不设置地面超载。为便于分析对比，首先采用较传统的分离协调式法和平面杆系弹性支点法的荷载结构模型进行计算。

3 荷载结构模型对比分析

3.1 分离协调式法

分离协调式法通过对前排桩桩顶设置内支撑和调节内支撑的刚度，并使前排桩达到 $0.4\% H$（H 为基坑开挖深度）的围护结构极限位移[8]。内支撑的轴力即为连梁所需提供的拉力。再结合灌注桩单桩水平承载力[9]公式（1）计算，可得出后排桩的桩间距值。

$$R_{ha} = 0.75 \frac{\alpha^3 EI}{V_x} X_{oa} \qquad (1)$$

式中 R_{ha} ——单桩水平承载力特征值；
　　　α ——桩的水平变形系数；
　　　V_x ——桩顶水平位移系数；
　　　X_{oa} ——桩顶允许水平位移。

最后根据位移协调条件，即 $0.4\% H$ 的桩顶位移计算出后排桩单桩水平承载力值，将力作用于桩顶即可计算出后排桩内力值。

3.2 平面杆系弹性支点法

平面杆系弹性支点法是常用于支挡式结构的计算方法。对于拉锚式双排桩结构，由于桩间土体厚度较大，前排桩基坑外侧坑底以上一般采用主动土压力荷载，坑底以下为矩形荷载（分层土可按分层矩形荷载计算）；坑内嵌固段采用弹簧模拟土体抗力。弹簧用于模拟水平地基基床系数 K，一般情况下 $K = mz$（m——水平地基基床系数的比例系数；z——计算点距开挖面距离）。后排桩内侧（靠近基坑开挖侧）采用弹簧模拟桩间土体抗力。平面杆系法的拉锚式双排桩计算模型如图 2 所示。

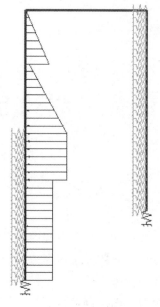

图 2 平面杆系模型

3.3 结果对比

对上述基于荷载结构模型的两种计算方法的计算结果进行对比，如图 3、图 4 所示。

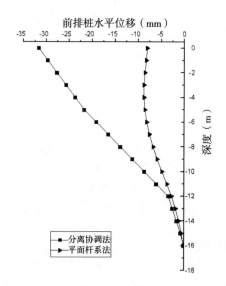

图 3 前排桩水平位移对比图

由图 3 可知，两种方法计算得到的前排桩桩身变形曲线和位移大小存在较大差异。分离协调法计算的变形曲线中，桩顶位移最大，水平位移从桩顶至桩底逐渐减小；平面杆系法计算的变形曲线中，桩身最大位移位于桩顶以下 4m 处，而非桩顶处。位移大小方面，分离协调法计算的桩顶位移为 32mm，是由于采取规范的基坑极限位移设计所致；平面杆系法计算的桩顶位移为 8mm，约为分离协调法的 1/4。

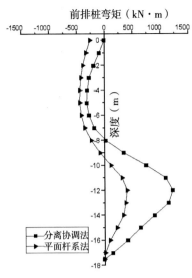

图 4　前排桩弯矩对比图

由图 4 可知，分离协调法与平面杆系法计算的前排桩弯矩变化曲线相似，但也存在一定差异。分离协调法计算的桩顶弯矩为零，坑底以上弯矩总体较小，坑底以下弯矩很大；平面杆系法计算结果表明桩顶存在弯矩值，坑底以上弯矩较分离协调法略大，坑底以下弯矩较小，约为分离协调法的 1/3。

上述两种荷载结构模型的计算结果表明，采用不同计算模型得到的拉锚式双排桩的桩身变形规律和内力大小有较明显的差异，尤其是前排桩桩顶位移和坑底以下最大弯矩等重要参数的计算结果差距较大，有必要进一步深入研究。

4　有限元模型计算分析

4.1　建立模型与参数反演

区别于荷载结构模型，有限元模型通过划分土体单元，能够很好地满足结构与周围土体相互作用、共同变形的实际情况，在合理的计算参数条件下，计算结果较为准确。

结合工程现场对前排桩的水平位移监测数据（图 5），采用考虑开挖过程中土体卸荷模量变化的 Harding-Soil 本构模型。通过土体参数反演分析，得出本断面较准确的土体计算参数，如表 1 所示。

表 1　土层参数表

参数	层厚（m）	重度（kN/m³）	C（kPa）	φ（°）	E_s（kPa）	E_{50}^{ref}（kPa）	E_{oud}^{ref}（kPa）	E_{ur}^{ref}（kPa）
杂填土	3.5	19.3	10	10	4600	9200	9200	55200
淤泥质黏土	7.5	17.9	24	13.2	2920	5840	5840	35040
粉砂	5	19.4	9	32.2	12310	24620	24620	147720
粉细砂	24	19.4	8	32.7	13180	26360	26360	158160

采用二维有限元模型进行计算分析。有限元模型尺寸为 $100\text{m} \times 40\text{m}$，左右边界设置水平方向约束，底部边界设置水平和竖直方向约束。为更好地模拟桩土相互作用，对结构周围的土体单元加密，拉锚式双排桩结构采用板单元模拟。

按表 1 土体参数得到的前排桩水平位移的有限元计算结果与监测数据对比，如图 5 所示。

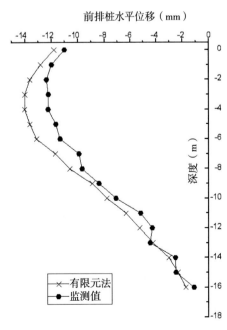

图 5　前排桩水平位移对比图

4.2 有限元模型与荷载结构模型计算结果对比分析

将符合现场监测值的有限元模型作为参考标准，与上述两种荷载结构模型的计算结果进行对比。前排桩水平位移和弯矩对比如图6、图7所示。

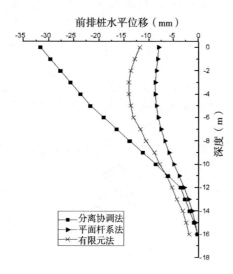

图6 前排桩水平位移曲线图

从前排桩变形曲线形状和数值大小看，图6表明平面杆系法与有限元法计算结果较为接近。在连梁的作用下，桩顶不是最大位移处，最大位移位于桩顶以下4m处左右。分离协调法桩顶位移过大，但设计较为简单，安全系数大。

5 基于有限元结果的荷载结构简化计算模型

5.1 土压力荷载

前、后桩侧土压力分布是研究拉锚式双排桩荷载结构模型的重要因素。采用有限元模型分别计算出作用在前、后排桩的侧向土压力（只考虑坑底以上桩体部分）。

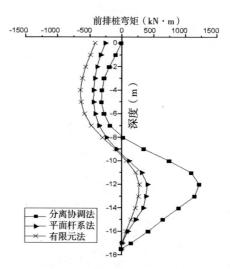

图7 前排桩桩身弯矩曲线图

从前排桩弯矩曲线形状和数值大小看，图7表明前桩弯矩曲线都呈"S"形。平面杆系法与有限元法计算的弯矩值大小接近，最大弯矩位于桩顶以下4～5m处，且桩顶弯矩不为零；分离协调法计算的桩顶弯矩为零，桩身上部弯矩偏小，坑底以下弯矩过大。

综上，平面杆系法计算结果与基于位移监测值的有限元计算结果趋势较为吻合，但存在变形偏小等问题。因此，需对平面杆系的荷载结构模型的土压力和弹簧进一步研究。

表2 不同深度的桩侧土压力值

距地表深度（m）	主动（kN/m）	静止（kN/m）	前桩外侧（kN/m）	后桩外侧（kN/m）	后桩内侧（kN/m）
0	0	0	1	0	0
3.5（上）	31	35	32	32	41
3.5（下）	4.5	34	24	31	40
8	55	74	65	72	80

注：表2中，内侧指临近基坑开挖一侧，外侧指远离基坑开挖一侧。

由表2可知，前排桩外侧土体未达到极限主动土压力状态，侧向土压力介于主动土压力和静止土压力之间，总体偏向主动土压力。后排桩外侧土压力同前排桩外侧土压力；后排桩内侧土压力较静止土压力偏大，主要由于桩间土体受到后排桩挤压作用所致。

因此，在基于荷载结构法的拉锚式双排桩模型中，前排桩坑底以上可采用主动土压力荷载，坑底以下采用矩形荷载；后排桩外侧可不作用土压力荷载，内侧采用弹簧模拟受压土体抗力。也进一步验证，拉锚式双排桩前、后排桩相距较远，桩间土体刚度大的特性。上述平面杆系法的荷载结构模型土压力取值是较为合理的。

5.2 弹簧取值模式

对于水平地基基床系数 K 的取值，目前工程设计中主要有三角形和梯形分布两种形式。

三角形分布： $K = mz$ (2)

梯形分布： $\begin{cases} K = mz & 0 < z \leqslant 5m \\ K = c & z > 5m \end{cases}$ (3)

三角形弹簧分布模式表明土体抗力随着深度线性增加；梯形弹簧分布模式表明土体抗力在定深度以下不随深度而改变，软土地区一般临界深度可设置为5m左右。本文针对前、后排桩的受压弹簧，分别比较上述两种不同模式下的结构变形和受力状态。

表3 两种弹簧模式下的计算结果

计算参数	前排桩桩顶位移（mm）	前排桩最大位移（mm）	坑底以上最大弯矩（kNm）	坑底以下最大弯矩（kN·m）	后排桩最大弯矩（kN·m）
三角形模式	8.0	8.8	−527	271	328
梯形模式	10.6	12.1	−561	280	296
有限元计算	12.9	14.3	−640	281	260

由表3可知，梯形弹簧模式下的拉锚式双排桩的各项参数计算结果相比于三角形模式更加接近有限元计算结果，符合拉锚式双排桩的结构受力特性。临界深度 z 值可按当地经验选取。

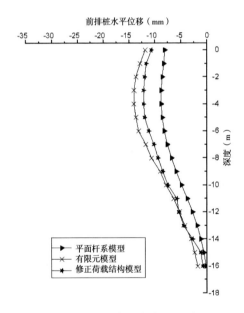

图8 前排桩水平位移对比图

通过对土压力和弹簧取值模式的探讨，可进一步得出基于平面杆系模型的修正荷载结构模型。图8为平面杆系模型、有限元模型和修正荷载结构模型计算的前排桩水平变形曲线图，从图中可知，本文得出的修正荷载结构模型的计算结果与基于监测值的有限元计算结果更加吻合。

6 结论

本文以基于监测位移值的有限元计算结果为参考标准，比较分离协调法和平面杆系法的计算结果，对适用于工程设计的拉锚式双排桩的荷载结构模型得出以下几点结论：

（1）分离协调法计算的结构整体水平位移偏大，尤其桩顶位移最大。前排桩坑底以上弯矩偏小，坑底以下弯矩很大。总体而言，方法简单明确，工程安全系数高但计算偏于保守。

（2）平面杆系弹性支点法计算结果更加接近有限元结果，但桩身整体水平位移偏小。基于平面杆系模型，可对作用在结构上的土压力模式和弹簧取值进一步探讨。

（3）通过有限元计算，前排桩外侧坑底以上可采用朗肯主动土压力荷载，坑底以下采用矩形荷载模式（分层土采用分层矩形荷载），内侧采用弹簧模拟坑内土体抗力；后排桩内侧土体受压，采用弹簧模拟被动区抗力，后排桩外侧可不作用土压力荷载。

（4）采用梯形弹簧取值模式计算更加符合拉锚式双排桩围护结构的受力情况。

（5）修正荷载结构模型的计算结果与基于监测值的有限元计算结果吻合得更好，可应用于设计。

参考文献

[1] JGJ 120—2012 建筑基坑支护技术规程 [S].

[2] 程知言，裘慰伦，张可能，等．双排桩支护结构设计计算方法探讨 [J]．地质与勘探，2001，02：88−90，93．

[3] 郑刚，李欣，刘畅，等．考虑桩土相互作用的双排桩分析 [J]．建筑结构学报，2004，01：99−106．

[4] 应宏伟，初振环，李冰河，等．双排桩支护结构的计算方法研究及工程应用 [J]．岩土力学，2007，06：1145−1150．

[5] 史海莹，龚晓南，俞建霖，等．基于 Hewlett

理论的支护桩桩间距计算方法研究 [J]. 岩土力学，2011，S1：351—355.

[6] 周翠英，刘祚秋，尚伟，等. 门架式双排抗滑桩设计计算新模式 [J]. 岩土力学，2005，03：441—444，449.

[7] 熊巨华. 一类双排桩支护结构的简化计算方法 [J]. 勘察科学技术，1999，02：32—34.

[8] 刘建航，侯学渊. 基坑工程手册 [M]. 北京：中国建筑工业出版社，1997.

[9] JGJ 94—2008 建筑桩基技术规范 [S].

软土地区不规则深基坑内支撑体系设计优化

安 璐 安建国

（天津大学建筑设计研究院 300072）

摘 要：本文结合天津滨海新区某基坑工程实例，对于桩－环形内支撑基坑支护体系进行了优化设计，将两道水平支撑优化为一道水平支撑，并对环形支撑的布置进行了优化，既保证了基坑安全，又节约了工程造价，同时还缩短了工期。可供同类基坑支护设计优化时借鉴。

关键词：环形内支撑；深基坑；软土

1 引言

在软土地区，面积大、开挖深且其基坑周边环境保护要求较高的基坑，通常选择围护桩（墙）结合内支撑系统的支护形式。[1]内支撑撑杆的形式按照形状分类可分为直线撑杆与环形撑杆两种基本形式。直线撑杆一般的组合形式为角撑＋对撑，这种内支撑体系具有支撑体系形成快，施工灵活方便，但这种布置形式受基坑形状的局限较大，施工取土较为困难。而环形撑杆布置形式多样，能充分发挥环形混凝土结构抗压性能优越的材料特性，且其最大的优势在于基坑内部可以形成较大的圆形开敞空间，便于基坑挖土。[2]

本文结合工程实例介绍了基坑支撑体系的优化过程，包括竖向水平支撑系统层数及水平面支撑体系布置的双重优化，不仅节约了工程造价，且便于施工，更保证了基坑在开挖过程中的安全，可为类似工程的设计和施工提供参考。

2 工程概况

工程位于天津生态城，基坑周边环境关系如图1所示。基坑东邻和顺路，南靠和畅路地下室外边线与用地红线最近距离均为10.5m，且由于相邻市政道路东南两侧均设有绿化带，因此地下室外边线与绿化带最近距离仅为2.5m，场地较为紧张；西侧距规划老年社区（待建）约8m；北侧距已完成绿地（生态谷）约24.8m。从该基坑环境条件来看，东南两侧相邻市政道路，工程场地条件紧张，不具备放坡开挖的条件。工程含1栋地上10层

钢筋混凝土结构建筑及整体地下室，其中地下2层，基坑面积约11350m²，开挖深度10.7～11.4m。

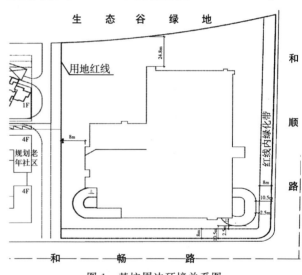

图1 基坑周边环境关系图

3 工程地质及水文地质条件

从该工程地质条件来看，地处天津市汉沽区，浅层土土质多处于软塑甚至流塑状态，土质较差，对基坑开挖控制变形较为不利。本工程设计深度内的各土层相关参数见表1。

结合天津市地下水分布特征综合分析，对本工程建设有影响的地下水为场地浅部的第四系孔隙型潜水。

勘察期间测得场地地下潜水水位如下：

初见水位不明显。静止水位埋深2.20～3.20m，相当于标高0.70～0.38m。表层地下水属潜水类型，主要由大气降水补给，以蒸发形式排泄，水位随季

节有所变化，一般年变幅为 0.50～1.00m。

各层土的渗透系数及渗透性见表 2。

表 1　基坑涉及深度各土层相关参数

层号	土层	ω（%）	重度（kN/m³）	e	a_{1-2}（1/MPa）	Es_{1-2}（MPa）	固结快剪标准值 c（kPa）	固结快剪标准值 φ（°）	直剪快剪标准值 c（kPa）	直剪快剪标准值 φ（°）
1	素填土		[19.0]				(10.0)	(12.0)	(10.0)	(12.0)
4	粉质黏土	28.9	19.3	0.83	0.48	3.9	17.00	12.30	17.00	12.30
6a	淤泥质黏土	36.8	18.4	1.04	0.65	3.1	16.00	14.06	16.00	14.06
6b	粉土	23.5	20.0	0.66	0.11	15.5	9.21	30.28	9.21	30.28
6c	粉质黏土	27.5	19.5	0.77	0.28	6.5	18.00	21.62	18.00	21.62
6d	粉土	20.8	20.3	0.6	0.11	15.4	8.15	34.80	8.15	34.80
8	粉质黏土	23.7	20.1	0.68	0.28	6.1	24.96	16.83	24.96	16.83
9a	粉土	20.2	20.4	0.58	0.10	15.8	7.03	32.65	7.03	32.65
9b	粉质黏土	25.8	19.8	0.74	0.28	6.4	29.92	14.86	29.92	14.86
9c	粉砂	20.3	20.1	0.62	0.12	14.1	6.00	31.86	6.00	31.86
10	粉砂	19.8	20.3	0.59	0.10	17.2	5.00	33.00	5.00	33.00

表 2　土层渗透性指标

层号	岩性	垂直渗透系数 K_v（cm/s）	水平渗透系数 K_h（cm/s）	透水性评价
6a	淤泥质黏土	1.11×10^{-7}	1.39×10^{-7}	不透水
6b	粉土及砂性大粉质黏土	1.05×10^{-5}	1.80×10^{-5}	弱透水
6c	粉质黏土	4.23×10^{-6}	4.53×10^{-6}	微透水
6d	粉土及砂性大粉质黏土	1.41×10^{-4}	1.42×10^{-4}	弱透水
8	粉质黏土	1.93×10^{-6}	4.20×10^{-6}	微透水
9a	粉土为主	4.43×10^{-5}	6.01×10^{-5}	弱透水

4　基坑竖向支护结构计算及优化

4.1　两道支撑和一道支撑的计算分析

　　从基坑深度 10.7～11.4m 来看，在该地区若基坑深度超过 11m，一般会采用两层水平支撑系统。[2]但考虑到施工工期及施工的便利程度，一道支撑都要优于两道支撑的方案。因此设计时对于两种支撑方案进行了对比分析，设计单元计算采用启明星基坑计算软件（FRWS），计算简图如图 2、图 3 所示。经过方案对比发现：一道支撑较之两道支撑方案，支护桩桩身弯矩及水平位移都较大，但通过场外卸土降低支撑标高及加大桩身直径的手段，可有效减小这些不利影响。而一道撑方案不仅可有效减低支撑系统（包括水平支撑、吊柱、格构柱、立柱桩等）的造价，且更重要的是减少了第二道支撑系统的绑筋、浇筑、养护和

拆除时间，大大缩短了施工工期，方便了土方开挖及地下结构的施工。具体方案对比数据详见表 3。

　　因此基坑设计方案综合考虑工期，造价，及现场施工场地、临建、施工道路等因素，工程采用单排≤900@1200 灌注桩加一道水平支撑的支护方案。

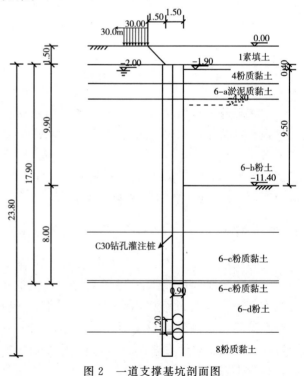

图 2　一道支撑基坑剖面图

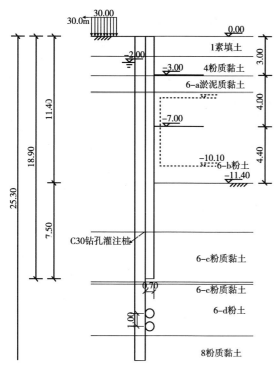

图 3 两道支撑基坑剖面图

表 3 两道支撑与一道支撑的方案对比分析

方案	水平位移（mm）	支护桩选型（mm）	桩身弯矩（kN）	支护桩+支撑系统造价（元/延米）	施工周期（月）
一道支撑	34.6	900@1200	1361.9	21218	10
两道支撑	28.4	700@1000	490.4	21692	12

5 基坑支撑计算及平面布置优化

由于基坑平面形状不规则，且地下结构坡道形状为弧形并位于地下车库的角部，因此考虑施工的便利性及换撑的可靠性，水平支撑设计采用环撑+对撑的形式，经过不断调整优化后，最终采用的基坑支撑平面布置如图 4 所示。水平支撑基本由四个环梁和两组对撑组成，其中环梁 1、2 呈"8"字布置以对撑 2 相隔；基坑南侧两个角部由于有环形坡道，因此均以环梁布置；其中环梁 1 和环梁 3 以对撑 1 相隔。

水平支撑杆件计算采用启明星深基坑支撑计算软件（BSC），位移计算结果如图 5 所示。从图中可看出，由于水平支撑的布置较为合理，支撑的水平位移总体较小，除南侧最大位移为 30.3mm 外，其他位置的位移均小于 30mm。对于位移较大的局部位置增设 150mm 厚现浇混凝土板带，加强了该位置处的支撑刚度，达到减小支撑水平位移的效果。

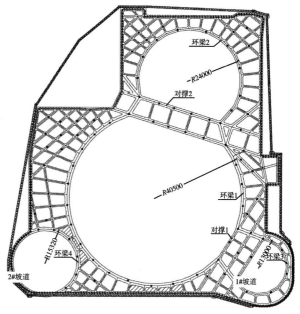

图 4 一道支撑基坑平面布置图

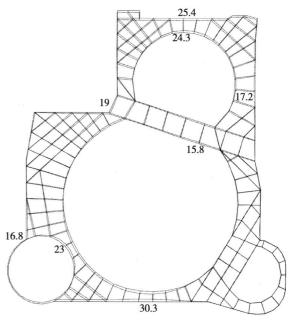

图 5 支撑水平位移图（mm）

6 实测数据分析

本基坑安全等级为乙级，根据规范要求设计单位制定了相应的基坑监测方案，冠梁顶水平位移监测点布置如图 6 所示。

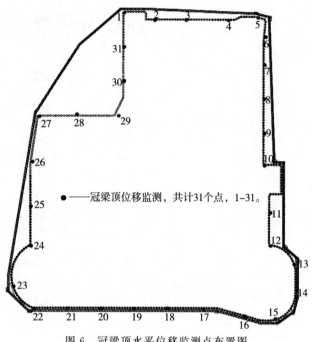

图 6　冠梁顶水平位移监测点布置图

基坑水平支撑混凝土强度达到强度设计值后，挖至坑底标高后，桩顶帽梁的水位位移值逐渐趋于稳定，最大水平位移都没有超过 30mm，说明支护方案设计得比较合理，施工单位也比较配合，施工速度比较快，因此水平位移控制得比计算值还要小。现选取基坑开挖至坑底后，帽梁顶水平位移实际观测值与计算值进行了对比，如图 7 所示。从图中可看出，基坑不同位置实际监测值与计算值落差较大，而实际观测值是均匀分布的，但平均位移还是比较吻合的。

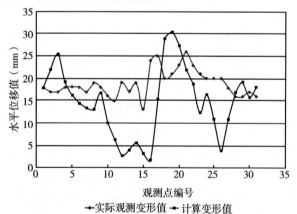

图 7　实际观测与计算变形值对比图

分析实测值与计算值有所差异的原因，主要是开挖顺序的问题，由于在支撑计算中，南北两侧中间位置水平位移较大，因此在土方开挖前建议施工单位先从东西两侧开挖，最后挖除南北两侧中部土方。从实测数据上来看，这种从设计计算的角度来指导实际施工顺序的做法还是很有必要的，可以有效地控制基坑最大水平位移的位置。

7　结论

综上所述，本文以天津汉沽某坑深为 11.4m 的基坑为例，采用了单层水平支撑系统的支护方案，具有安全、经济、便于施工等优势。现基坑工程已顺利完工，由于设计施工的紧密配合，各实际监测项目结果均在规范允许的范围内，为相似工程提供了参考。

参考文献

[1]　郑刚，刘瑞光．软土地区基坑工程支护设计实例［M］．北京：中国建筑工业出版社，2001.

[2]　刘国彬，王卫东．基坑工程手册［M］．北京：中国建筑工业出版社，2009.

浅析混凝土试件制作对强度的影响

李代新

（江西九江大华管桩有限公司　江西九江　330300）

摘　要：混凝土试件的制作和养护对混凝土强度起着至关重要的作用，要想混凝土试件科学、公正、真实的评定混凝土强度，制作方法和养护条件必须满足相关标准的要求，才能提高混凝土试件抗压强度合格率，使其能真正反映混凝土结构的实体质量。

关键词：混凝土；强度；养护；制作

1　混凝土试件的重要性

混凝土是由胶凝材料、粗细骨料、水以及掺入的外加剂或掺和料按适当比例配合，拌和成型、硬化而成的一种人工石材料。混凝土试件是把混凝土倒进专门的试模里，经过振捣、成型、拆模等步骤制作而成的正立方体。混凝土试件质量的好坏直接反映施工部位的质量好坏。

2　混凝土试件的材料选取要求

混凝土试件的强度主要取决于水泥强度、骨料、掺和料、外加剂、水胶比、龄期、水化时的温度、湿度以及施工条件等方面的原因。

（1）水泥强度等级和水胶比是影响混凝土试件强度的主要因素之一。在其他条件相同时，水泥强度等级越高，则表示混凝土的强度也就越高。在一定的范围内，水胶比越小，混凝土的强度也就越高。相反，水胶比越大，则用水量越多，多余的游离水在水泥硬化后逐渐蒸发，使混凝土中留下许多微细小孔且不密实，使混凝土试件的强度大大降低。

（2）选择合适的骨料也是保证混凝土试件强度的主要因素之一。骨料的最大直径应该符合国家现行标准的规定，同时，对骨料应该按照批次进行检验，主要检验骨料的颗粒级配、含泥量，针片状颗粒含量。同时，骨料在生产、采集、运输与储存过程中，按照品种、规格分别堆放，不得混杂，禁止混入影响混凝土性能的有害物质。

（3）采用混凝土中的掺和料，应该符合现在

国家标准规定，当采用其他品种的掺和料，其烧失量、有害物质含量等质量指标应该经过检验确定对混凝土无有害影响，方能使用。

3　混凝土试件的制作步骤

把混凝土拌和物按厚度大致相等分两层装入试模。插捣时按螺旋方向由边缘向中心均匀地进行。插捣底层混凝土时，捣棒应达到模底。插捣上层时，捣棒应贯穿上层后插入下层 20～30mm；插捣时捣棒应保持垂直，不能倾斜，然后应用抹刀沿试模内壁插拔数次。每层插捣次数在 100cm² 截面积内不少于 12 次，试件抹面与试模边缘高差不得超过 0.5mm。试件成型后应立即用不透水的薄膜覆盖表面，采用标准的养护试件，应在温度为 20±5℃ 的环境中静置 1～2d，编号、拆模后立即放入温度为 20±2℃，相对湿度为 95％ 以上的标准养护室中养护。标准养护室内的试件应放置在支架上，彼此相隔 10～20mm，试件表面应保持潮湿，不得被水冲淋。

4　制作混凝土试件时易出现的问题及其处理方法

4.1　蜂窝

蜂窝是指混凝土结构局部出现疏松，水泥砂浆少，石子多，石子之间形成空隙，类似蜂窝状的窟窿。

产生原因：混凝土配合比不当，造成水泥，石子多了；混凝土搅拌时间不够，未搅拌均匀，和易性差，振捣不密实；下料不当或下料过高，造成石子与水泥砂浆离析；混凝土没有分层下料，

振捣不实或漏振或振捣时间不够；试模缝隙不严密，使水泥浆流失。

防治措施：认真设计，严格控制混凝土配合比，经常检查并且要做到计算准确，混凝土搅拌均匀，坍落度适合，混凝土在下料的时候，要分层下料，分层捣固，防止漏振。

处理方法：当出现较小蜂窝的时候，先把小蜂窝刮刷干净，然后用水泥砂浆抹平压实；当出现比较深的蜂窝时，则必须重新制作试件。

4.2 麻面

麻面是指混凝土局部表面出现的缺浆和许多的小凹坑、麻点，形成粗糙面。

产生的原因：试模表面粗糙或者水泥浆渣等未清理干净，拆模时混凝土表面粘坏；试模内部没有润滑油或涂刷量不够，混凝土表面的水分被吸收，混凝土失水过多，从而导致混凝土出现麻面；试模在拼装时不严密，形成的缝隙过大，以致产生局部漏浆；试模的润滑油涂刷的不均匀，或局部漏刷，混凝土表面试模黏形，形成麻面；混凝土振捣不密实，空气没有完全排出，停在表面形成麻面。

防治措施：试模内部表面要清理干净，不得粘有过硬的水泥砂浆等杂物，在浇筑混凝土之前，试模应涂刷保养性的润滑油，以确保试模内润滑和光滑，试模在组装后形成的缝隙，必须在规定允许的范围内。试模的润滑剂应用长期有效的润滑剂来涂刷，进行保养，不得漏刷。混凝土分层均匀振捣密实，并用木锤敲打试模外侧，使气泡排出为止。

处理方法：可在麻面局部浇水，待充分湿润后，用去掉石子后的水泥砂浆，将麻面抹平压光。

4.3 孔洞

孔洞是指混凝土结构内部有尺寸比较大的空隙，局部没有混凝土或者蜂窝特别大。

产生的原因：混凝土在下料的时候被杂物阻隔，未经振捣就继续倾倒混凝土；混凝土离析，砂浆分离，石子成堆、严重跑浆，未进行振捣；混凝土试模内掉入工具、木块、泥块等杂物。

防治措施及处理方法：采用细石混凝土浇筑，充满试模，分层振捣密实，亦可人工捣固，严防漏振。砂石中若混有黏土块、工具等杂物，应及时清除干净。

5 混凝土试件的养护

混凝土试件制作后，如气候炎热、空气干燥，

不及时进行养护，混凝土试件的水分会蒸发过快，出现脱水现象，使已经形成混胶体的水泥颗粒不能充分水化，不能转化为稳定的结果，缺乏足够的黏结力，从而在试件表面出现片状或粉状剥落，影响混凝土试件的强度。此外在混凝土尚未具备足够的强度时，水分过早的蒸发会产生较大的收缩变形，出现干缩裂纹，影响混凝土整体性和耐久性。因此混凝土试件在制作后初期阶段的养护就显得非常重要。

混凝土强度在一定的温度和湿度条件下，通过水泥水化作用逐步发展。在 5～40℃ 范围内，湿度越高，水泥水化作用越快，强度也就越高。相反，随着温度的降低，水泥的水化作用减慢，混凝土强度发展也就迟缓。当温度在 0℃ 以下的时候，水泥的水化作用就基本停止，同时因水结冰膨胀，使混凝土的强度降低。

5.1 混凝土试件养护的分类

混凝土试件的养护分自然养护、标准养护和同条件养护三种。

工地现场由于施工条件和场地等限制，大多为自然护理。混凝土试件的自然养护就是指在常温下用适当的保温材料把混凝土覆盖并且适量浇水，使混凝土在规定的时间内保持足够的湿润状态。

一般的混凝土在浇筑完毕 12h 以内应该养护，当气温在 12℃ 时，应在 6h 内浇水，有些试件，比如干燥性混凝土试件则应在制作完毕后立即进行养护。

硅酸盐、普通硅酸盐、矿渣硅酸盐水泥搅拌的混凝土浇水养护不得少于 14d。浇水次数应该使混凝土具备足够的湿润状态。养护初期浇水的次数要多，气温高的时候也应该适当增加浇水的次数。

5.2 标准养护

一般是指施工单位在工地设立专门的混凝土试件养护室，把所制作的混凝土试件放进养护室里进行养护；或者检测单位在做混凝土抽检或混凝土配合比的时候，把混凝土试件放进专门的养护室里进行养护。同条件养护，是指工地现场的养护，也就是施工部位的混凝土构件必须要与所制作的试件同时养护。比如构件要洒水，那么试件也要洒水。

6 结语

在混凝土结构施工中，混凝土施工质量以及

混凝土立方体试件抗压强度试验结果影响因素众多，但是只要按规范施工，把握好每一个环节，混凝土的质量还是有保证的。

参考文献

[1] 卢远芳，卢远兴. 混凝土试件质量检查 [J]. 混凝土技术，2011（6）.

[2] 李彦昌. 影响预拌混凝土质量若干问题的探讨 [J]. 2009（8）.

设备研究与制造

桩基础用大孔径潜孔锤的工作原理与设计

赵伟民[1] 安广山[1] 支越[2] 祖海英[1]

（东北石油大学）

摘 要：本文数据来自国家"十二五"重点科技支撑项目，潜孔锤是岩石地层常用的工具之一。由于施工时安装在钻具最下端，直接冲击岩土，因此与其他作业方式相比，效率高、噪声小。本文以高风压空压机为动力和排渣设备，设计潜孔锤的各个参数，并对结构进行了有限元分析。

关键词：大孔径潜孔锤；高压空压机；有限元分析

1 引言

根据施工区域的地质情况，多功能锚杆钻机常采用四种主要的钻孔方法，如图1所示。

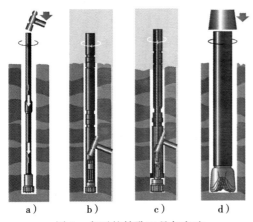

图1 主要的钻孔工具与方法

a—气动或液压驱动的旋转动力头与冲击设备结合，通过钻杆的顶部传输旋转和冲击能量，通过钻杆中的冲击波传递能量给钻头进行钻孔。仅限于小孔径和深度浅的作业，一般常用于采石场，建筑工地和地下采矿作业。

b—潜孔锤（以下简称DTH）位于钻柱的底部，压缩空气通过钻柱进入DTH，驱动活塞往复运动直接冲击钻头，向岩石传递冲击能量。系统功率损耗不大，特别适用于深孔、直孔和中硬岩石。

c—反循环（RC）钻孔是采用DTH从钻头面收集并输送岩石样品的一种形式，通过DTH的中心管将干燥和未被污染的岩屑装入样品收集装置，为地质分析作准备。

d—由液压或电动机驱动的齿轮箱形成旋转的动力头，通过钻架上上下移动的进给系统和厚壁钻杆产生下拉力给三牙轮钻头施加足够的进给力。用于较软岩石或强节理硬岩石。

2 DTH 的原理与特点

DTH钻进适用的地层几乎可包括所有火成岩和变质岩以及中硬以上的沉积岩。对于硬岩和坚硬岩层来说，使用DTH钻进更为有利。因为硬岩和坚硬岩层的脆性大，在冲击载荷作用下，除局部岩石直接粉碎外，在钻头齿刃接触部位岩石将产生破裂形成一个破碎区，并产生较大颗粒的岩屑，因而钻进速度大大高于单纯回转钻进。如图2所示的力学模型表明了冲击回转钻进过程中岩石所受到的各种载荷作用情况。

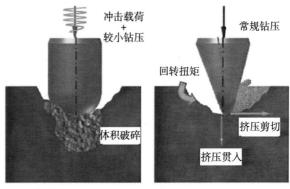

图2 冲击钻进与常规旋转钻进碎岩原理比较

基金项目："十二五"国家科技支撑计划重点项目，建筑施工装备关键技术研发与产业化（2011BAJ02B06－04）。

另外 DTH 对容易孔斜的岩层，如片理、层理发育，或者软硬不均匀以及多裂隙的岩层等，能有效防止或者减少孔斜，并且还能克服某些卵砾石层、漂砾层钻进困难。

DTH 钻进问世于 19 世纪末，至今已有百余年的历史。DTH 种类很多，但其共同特点是产生冲击作用的机构和钻头均潜入孔内，回转加冲击破碎岩石。生产中用于产生冲击作用的设备根据其驱动方式的不同可分为：气动、液动、油压、电动和机械等多种类型。由于冲击能量在传递过程中会有明显的损耗，而且会对被冲击的部分产生较强的破坏作用。在比较深的钻进施工过程中，通常要求该设备能够随同钻具一同进入井内，其输出的冲击力能直接作用在钻头或岩心管上，以减少能量传递产生消耗、提高能量利用率和减少孔内钻具事故。

气动 DTH，又称风动 DTH 冲击器，其结构类型很多，分类方法也各不相同。

（1）按压力等级：分为高压型、中压型和低压型。

（2）按整体结构：分为非贯通型和贯通型。

（3）按阀运行原理：分为控制阀型、自由阀型和混合阀型。

（4）按活塞结构：分为同径活塞型、异径活塞型和串联活塞型。

（5）按配气类型：可分为有阀式 DTH 和无阀式 DTH。其中有阀式 DTH 分为板状阀型、碟状阀型和筒状阀型；无阀式 DTH 分为中心杆排气型、活塞配气型和活塞、缸体和中心杆联合配气型。

（6）按洗孔排渣方式：可分为中心洗孔排渣型、前端洗孔排渣型和旁侧洗孔排渣型。

3 冲击器结构方案的确定

3.1 活塞自配气的无阀冲击器

这种冲击器主要借活塞自身的气道进行配气，因而活塞构造复杂，活塞体上布置了许多气道，削弱了活塞强度，降低了活塞使用寿命。但是，这种冲击器具有内、外缸合为一体的缸体结构，可使活塞的有效工作面积加大，相应提高了冲击器的冲击能量。

3.2 活塞和气缸联合配气的无阀冲击器

这种冲击器结构简单、加工方便、活塞寿命较长。因而国外广泛采用这种结构形式。该型冲击器在缸体与活塞上开通气孔。

3.3 中心管配气的无阀型冲击器

这种冲击器上下室的进气道都布置在一个圆管上，活塞在此管中滑动。除了要求制造精度高外，中心管寿命还较低。

3.4 旁侧排气冲击器

所谓旁侧排气是指排粉气路由缸体而不是由钎头中心通至孔底的。这类冲击器在缸体上有较多的进排气路，不仅缸体结构强度差，易于产生纵向疲劳裂纹，有较大的气压损失，而且排粉效果及钎头冷却都不够理想。

3.5 中心排气冲击器

这类冲击器是由钎头中心向孔底吹粉排气。压气直吹，不仅排粉效果好，能提高凿孔效率，而且还能更好地冷却钎头、提高钎头寿命。这种结构形式的内缸以环形槽取代了旁侧排气冲击器内缸为数甚多的纵向凹槽结构，大大地减少了内缸应力集中状况，是近年来广泛采用的一种结构形式。

3.6 串联活塞冲击器

串联活塞冲击器又称双活塞（头）冲击器。这种冲击器是用隔离环将气缸分成前后两个室，使之在同一缸径情况下，同时有两个活塞面在工作，相应有较大的冲击功，较高的冲击频率。与此相应的还有双重排气系统，有效的排除孔底岩粉。其主要弊病是结构复杂、机件需有较高的加工精度，例如活塞与其相关的零件有多达五个相配合的表面，使之应用与推广受到了限制。

通过上述介绍与分析，本次设计采用第二种方案，即活塞和气缸联合配气的无阀冲击器。

4 DTH 理论分析及相关计算

4.1 工作参数的选定

（1）锤体长度及重量：初步设计长度小于 4500mm，重量小于 2500kg。

（2）锤体直径：根据钻孔直径的大小确定适宜的锤体直径为 540mm。

（3）钻孔直径：即桩孔孔径，一般为 550～600mm。

（4）钻孔深度：根据桩孔设计需要，一般为数十米到 100m。

（5）钻具转速：DTH 钻进一般为低速回转，转速一般 7～25r/s。

（6）回转扭矩：本次设计最大扭矩为 150kN·m。

4.2 设计参数的计算

DTH 的设计参数，也可以说是 DTH 冲击设备的性能参数。在设计机器时，它是设计的依据，而对于制造出的设备，又是设备的性能参数。

1）冲击设备的设计压力 P

国内广泛选用 0.49MPa（近似为 5×10^5Pa）

作为气动冲击设备的标准设计。本设计的气动 DTH 为无阀冲击设备，并且钻孔直径大，活塞重量大，因此高风压更能显示其性能上的优势，而且现在高风压的空气压缩机使用越来越广泛，结合国际标准 ISO 5941－1979，选择设计压力为 1.6MPa。

2）冲击功

对钻大直径孔用的 DTH，其设计冲击能量的波动范围比较大，本设计冲击能量按下式计算：

$$A = 2.1K \frac{P}{P_p} e^{0.152D} \qquad (1)$$

式中　P——网络供气压力（Pa）；

　　　P_p——标准设计压力，$P_p = 5 \times 10^5$ Pa；

　　　K——调幅系数，K 在 1～1.17 范围内波动，取 $K=1.1$；

　　　e——自然对数的底，e≈2.72；

　　　D——钻孔直径（cm）。

取 $P = 1.6$MPa，钻孔直径 $D = 60$cm，将各项数据代入上式，得 $A = 67925$kg·m。

3）冲击频率

一般来说，在冲击能量一定的条件下增高冲击频率可以提高冲击器的输出功率，但是在气缸直径一定的情况下，要提高冲击频率就得减小活塞行程，这样就会使单次冲击功减小，当单次冲击功小到某一定限度时，无论怎样提高冲击频率都不会有良好的破岩效果。这就是说，冲击频率的选取，还要受到冲击功的约束。

气动 DTH 在设计压力为 0.5MPa 情况下，不大于 16.8Hz。由于 DTH 使用与设计压力为 0.5～2.5MPa，因而设备的冲击频率变化范围比较大，初选冲击器的频率按下式计算：

$$f = 10.4 + 7.6P \qquad (2)$$

式中　P——系统供气压力。

本次设计压力为 $P = 1.6$MPa，故 $f = 10.4 + 7.6 \times 1.6 = 22.5$Hz。

4.3　结构参数设计

DTH 的主要结构参数包括气缸缸径、活塞结构行程和活塞尺寸。增加气缸直径，可使冲击功和冲击频率提高，因此在结构尺寸允许的条件下，应尽量扩大气缸直径。一般情况下，DTH 外径与孔径之差，不应小于 15～20mm，而 DTH 外套与气缸不能太薄。因此，一般 DTH 气缸直径与钻孔直径的比值在 0.5 以上。

1）气缸工作直径与结构行程

气缸工作直径 D 可按下式计算：

$$D = KD_孔 = (0.57 - 0.68) D_孔 \qquad (3)$$

本次设计 $D_孔 = 600$mm，故 D 取 360mm。

结构行程 s 按经验可取 $s = 500$mm。

2）活塞质量

活塞的径向尺寸受缸体尺寸与结构形式的约束，可制成同径形或异径形活塞，其线性尺寸则取决于活塞的重量，而活塞的重量又涉及活塞撞击钻头时具有的速度。因此活塞结构尺寸的确定是 DTH 设计较为复杂的一项工作，DTH 活塞质量可按下式估算：

$$m = 0.0205D^{2.84} \qquad (4)$$

式中　m——活塞质量（kg）；

　　　D——气缸工作直径（cm）；

将 $D = 36$cm 代入上式得 $m = 540$kg。

DTH 主要由传扭结构和气动冲击机构组成。其中，传扭结构连接钻杆和 DTH，传递回转切削及回拉拉力；气动冲击机构产生冲击作用，给冲击钻头提供轴向动力。具体结构如图 3 所示。

传扭结构为连接钻杆和冲击器的上接头，上接头通过管螺纹与钻杆和冲击器连接，用管螺纹连接的主要目的是保证气体不泄漏，同时实现扭矩、拉力的传递，逆止阀的作用是防止岩浆水流入冲击器及钻杆，由弹簧控制。带有配气杆的进气座除了将压气引入缸体，还同缸体、活塞一起实现活塞运动的配气动作，实现联合配气。弹簧涨圈的作用是在更换钎头时可以防止活塞滑出缸体。

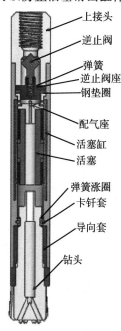

图 3　潜孔锤结构

5 DTH 钻头的有限元分析

DTH 钻头受到活塞的冲击力以及动力头提供的扭矩的作用，压气对活塞的作用力为

$$F = PS \qquad (5)$$

式中　P——系统压力（Pa）；

　　　S——活塞受力面面积（m^2）。

故

$$F = 1.6 \times 10^6 \times 0.084 = 134400 \text{ (N)} 。$$

因此钻头所受的冲击力为

$$F' = kF \qquad (6)$$

式中　k——冲击系数；

　　　F——压气对钻头的作用力（N）。

故

$$F' = 20 \times 134400 = 2688 \text{kN} 。$$

动力头对 DTH 钻头施加的扭矩为 $N = 150$kN。

将 $F' = 2688$kN 和 $N = 150$kN 加载到钻头上，固定钻头的下端面，材料选 QT500-7，屈服力为 320MPa 进行有限元分析。具体加载约束情况和网格划分情况分别如图 4 和图 5 所示。

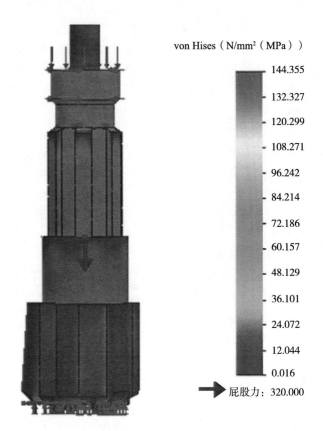

von Hises（N/mm²（MPa））

144.355
132.327
120.299
108.271
96.242
84.214
72.186
60.157
48.129
36.101
24.072
12.044
0.016

→ 屈股力：320.000

图 6　DTH 应力云图

有限元分析结果如图 6 所示，最大应力为 144.355MPa，小于 QT500-7 的屈服力 320MPa，满足要求。

6 结论

（1）通过分析，设计采用活塞和气缸联合配气的无阀冲击器方案；

（2）通过工作参数的选择，计算并确定了大孔径潜孔锤的运动参数、动力参数、结构参数；

（3）通过有限元分析，结构计算应力满足设计要求。

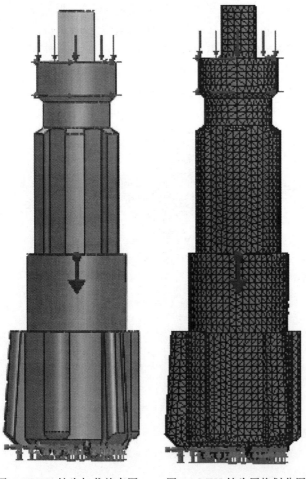

图 4　DTH 钻头加载约束图　　图 5　DTH 钻头网格划分图

多功能锚杆钻机施工微型桩的能力分析

关丽杰[1]　乔伊娜[1]　赵伟民[1]　张兴莲[2]

（1.东北石油大学；2.渤海装备辽河重工有限公司）

摘　要： 近年来，为了适应城市建设的需要，欧、美和日本等国家都研发了多功能锚杆钻机，我国随着现代化建设发展的需要，也着手研究开发。但了解并较好使用多功能锚杆钻机是当务之急。本论文结合黑龙江省教委科研课题，根据实际需求，总结国外的先进微型桩施工工法供专业参考。

关键词： 多功能锚杆钻机；微型桩；深基础；钻孔方式

1　微型桩的应用范围

微型桩指的是桩径小于300mm，在地面上钻孔，插入钢筋或钢管等加强材料，然后注入灰浆形成现场灌注桩和埋入桩等的总称。微型桩也称为根桩、支杆桩、mini桩等。微型桩是在20世纪50年代，以欧美为中心，对砖、石构筑的寺院、教堂等历史建筑修补、对其地基进行加强而产生的技术[1]。

近年来，为了进行现有建筑的维护、修整及地基的增强，防止地震或山体滑坡带来的地质灾害，人们研究了机动性良好的多功能锚杆钻机，同时也开发了适用于既有建筑基础或地基斜面的加固增强等，在狭窄的场地、低矮的空间也能施工各种微型桩的工法，引起行业内的注目。

多功能锚杆钻机主要的施工对象：岩石螺栓（高强钢杆等，直径在30mm，长度达100m以上）、土钉墙（钢绳束等，直径在150mm，长度为20m左右）、旋喷桩（直径达2m，深度达50m）、微型桩（内插异形钢或钢管等，直径为100～300mm，长度为50m）。由于多功能锚杆钻机的工作装置采用了组合式调整机构，操作动作灵活，角度方位任意，适用范围很大，如图1～图8所示。

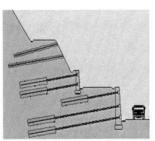

图1　斜面加强

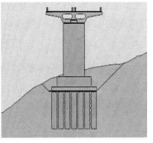

图2　桥墩基础

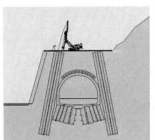

图3　隧道护围

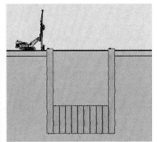

图4　竖井施工

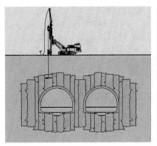

图5　地铁固化

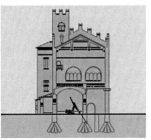

图6　基础加固

基金项目：黑龙江省教育厅科学技术研究项目：多功能锚杆钻机的研究开发（12541101）。

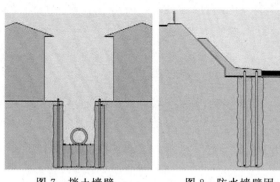

图7　挡土墙壁　　　图8　防水墙壁固

2　微型桩的成孔方式

一般情况下，微型桩的成孔方法如图9所示，仅回转钻孔的称为回转式；用回转和冲击钻孔的称为回转冲击式。与驱动装置、排渣方式、钻孔方式相关联的有回转钻孔式和螺旋钻孔式（图10、图11）；而回转冲击式分为顶锤钻孔式和潜孔锤钻孔式。另外，按钻孔时与排渣方式、使用稳定液（清水、泥水等）、孔壁防护等可分为湿式和干式及单管外返方式和双层管内返方式。

采用螺旋钻孔的特点如下。

（1）钻孔时不使用稳定液，不需要泥水处理设备，施工现场整洁；

（2）对应大深度钻孔（50m以上）时，适用钢管直径为100～300mm；

（3）回转钻孔时噪声、振动小，适用于黏性土、砂质土等。

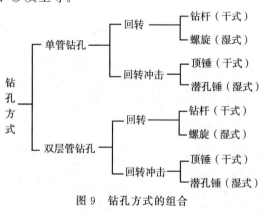

图9　钻孔方式的组合

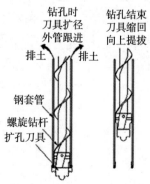

图10　采用螺旋钻孔的工序

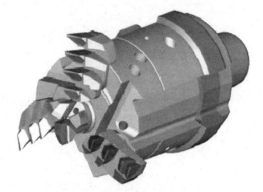

图11　螺旋钻孔时扩孔刀具

旋喷钻具的结构如图12所示；潜孔锤的结构与工序如图13所示。

回转冲击钻孔（潜孔锤钻孔）的特点如下。

采用潜孔锤方式回转冲击钻孔，将钻孔刀具直接安装在钻具本体上，通过钻杆输送的压缩空气，驱动缸体内的锤体活塞往复运动，直接打击前端的钻孔刀具。因此，能量损失少，钻孔的方向性良好。不仅是岩基，对于巨砾层、孤石、混有卵石的砂砾层等，甚至是在复杂的地基上钻孔性能都很高[2]。但对于输送岩屑来说，在锤的有效运动和清孔作业中，对应钻孔孔径、使用工具的空气量、空气压力、管内流速的设定以及对应施工环境的粉尘处理等都很重要。

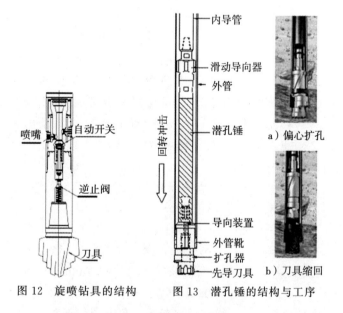

图12　旋喷钻具的结构　　图13　潜孔锤的结构与工序

图14为多功能锚杆钻机施工配置。

施工程序为：采用多功能锚杆钻机首先钻孔或旋喷水泥浆形成改良体并钻孔；然后插入带有凸节的钢管；再注入水泥浆使钢管与地基或改良体全面固定在一起。

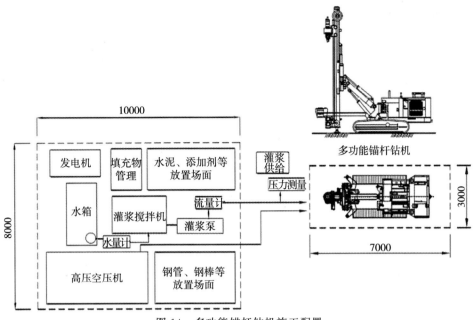

图 14　多功能锚杆钻机施工配置

3　微型桩基本结构

图 15 所示为微型桩的结构形式，其中：

（1）型微型桩使用的加强材料为异形钢筋，在地基中的固定方式为前面固定；

（2）型微型桩使用的加强材料为钢筋或钢管，在地基中的固定方式为下部固定；

（3）型微型桩使用的加强材料为钢管，在地基中的固定方式为全部固定；

（4）型微型桩使用的加强材料为钢管，在地基中的固定方式为全部固定。

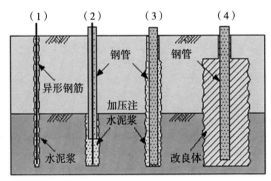

图 15　微型桩的结构形式

采用通常的微型桩加压注浆技术与高压旋喷搅拌地基改良技术相结合，增强材料采用焊有凸节的钢管所研发的高强微型桩（如图 16 和图 17 所示的Ⅰ型桩和Ⅱ型桩），对提高单桩承载力，扩大使用范围，推广多功能锚杆钻机的应用起到很大作用[3]。

Ⅰ型桩——将直径 300mm 以下的小口径钢管作为外管，钻孔打入地基中，在管外分段注入水泥浆，使钢管完全固定在地基中。这种桩适用于在受限制条件下的建筑基础桩；既有建筑基础桩的增强；斜面的增强等。作为需要水平支持力较大的斜桩也可行。

Ⅱ型桩——有高压旋喷搅拌工法在地基中形成改良桩，然后在其中插入直径 300mm 以下的小口径钢管，使带有凸节的钢管与旋喷桩一体化固定在地基中。这种桩即使采用小型桩机施工，也能获得很大的支持力。这种桩适用于在受限制条件下的需要大的支持力的建筑基础桩以及既有建筑基础桩的增强等。

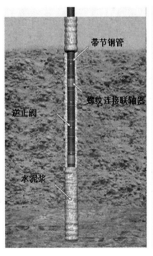

图 16　Ⅰ型桩　　　　图 17　Ⅱ型桩

综上所述，微型桩是一种灌注桩，由于施工振动噪声小，适用于公害受到严格控制的市区；

长细比大，单桩耗用材料少；采用加压注浆技术与高压旋喷搅拌地基改良技术相结合，增强材料采用焊有凸节的钢管所研发的高强微型桩，承载力较高。上述的微型桩施工已经有许多施工案例。

参考文献

［1］ 日本 NIJ 工法研究会 . Strong Tubfix Micro-pile. 2014.

［2］ 日本 NIJ 工法研究会 . STマィクロパィル工法 . 2014.

［3］ 日本 NIJ 工法研究会 . ST 微型桩工法设计施工手册 . 2013.

液电混合动力系统在 TRD-D 工法机上的应用

吴阁松

1 引言

TRD 工法机是用于地下连续墙建设的一种桩工机械，主要应用于建筑物的基础工程、地下道路及盾构的竖井、大型垃圾填埋场、地铁交叉口工作井、基础的挡土墙、止水墙、港湾及大型水库堤防的地基加固止水等施工工程。上海工程机械厂有限公司设计的 TRD-D 工法机，引入了油电混合动力系统这一先进理念，在节能、环保的同时，通过双动力系统保证设备施工的连续性及安全性。

2 TRD-D 混合动力的原理及特点

随着混合动力系统的发展越来越受到人们的重视，其燃油经济性能高、应对各种工况的灵活性强、支持无级变速等特点，都日益受到人们的青睐。通常所说的混合动力一般是指油电混合动力，即燃料（汽油，柴油）和电能的混合。根据动力源的连接方式，可分为串联、并联、混合三种方式。

TRD-D 工法机结合客户提出的施工安全性建议，自主设计了双动力系统，并为其设置了特有的并联式动力切换系统。主动力液压系统由 380kW 柴油机提供动力，通过变量柱塞泵输出的液压力，带动液压电动机驱动主动链轮进行 TRD-D 工法机的切削工作。副动力液压系统由 90kW 电动机提供动力，带动除切削机构以外的所有执行元件进行工作（包括提升油缸、横切油缸、斜撑油缸、支腿油缸、纵横步履油缸等），驱动设备实现整机走位、下钻拔钻、切削进给等动作。

在主副动力之间，配备了双动力切换系统（如图1），可以实现油→电、电→油的双向动力切换，通过手动切换并联油路上的插装阀（3），对前端驱动电动机（4）的动力源在柴油机（1）和电动机（2）之间进行切换。

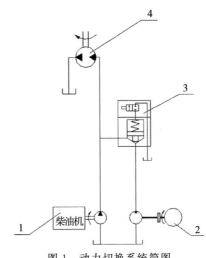

图 1　动力切换系统简图

该系统的主要作用有两个：一是通过动力源的切换，应对不同负载的工况，实现节能、环保的功效。二是应对施工过程中的突发状况，当柴油机动力源无法供给到驱动部时，切换至电动机继续工作，避免设备在无法停机的工况状态下长期停机，造成不可挽回的损失。

3 TRD-D 混合动力的节能环保实效

在党的十八大将生态文明建设列入未来工作的五个重点之一的背景下，分析人士指出，我国节能环保工程机械行业将面临重要机遇。根据中科院的调查分析，我国作为一个工程建设大国的同时，也是资源浪费最严重，施工设备排放最高的国家。工程机械行业作为内燃机产品除汽车行业之外的第二大使用行业，由于其排放密度大，排放指标又劣于汽车，因此对环境的污染更为严重。倡导节能环保，不仅能提高能源的利用率，降低尾气排放，保护大气环境，实践可持续发展战略；同时也有利于针对重视节能环保的海外市场的设备出口贸易。

在能源转换上，电能→机械能的电动机，相比化学能→热能→机械能的内燃机，少了一个环节，便少了一次能量损耗，具有先天性的节能优势。而在环保方面，电力作为一种绿色能源，对环境几乎毫无污染。配合静音技术，甚至可以使施工设备满足在城市居民区内部进行夜间施工的低噪声要求。

在 TRD-D 工法机问世之前，市面上的 TRD 工法设备根据动力源的形式主要分为两大类。一类为电动机驱动方式，另一类为柴油机驱动方式。前者由于 TRD 工法设备功率较大，纯电力驱动方式对施工项目区域的电网会造成较大的负担，适用面将会稍受制约，后者则是大多数进口传统 TRD 工法设备所采用的，单一的柴油机动力驱动方式。

根据 TRD 工法的施工原理，在长达 60m 的切削机构完成下钻后，往往要进行一段数十米至数百米不等的直线切割作业，历时最长可达数周。在这期间，整个切削机构都将埋在土壤之中进行工作，工作流程大体分为切削进给、搅拌成墙、养生修整这三大部分。而作为切削机构动力源的柴油机，处于大负载工作状态的工况阶段只有切削进给部分，该部分仅占总体工时的 25％～40％。在完成一次切削进给后，设备还要往复行走，同时进行喷浆搅拌，根据成墙的质量要求以及地层的成分不同，往复次数也不同，这一工序称作搅拌成墙，约占总体工时的 50％～65％。养生修整则主要指夜间停工期间，设备将退至充满膨润土浆液的养生区，进行修整待机的状态。在这期间，未免浆液固化，往往会需要间歇性地让切削机构进行空载转动。

在进行搅拌成墙和养生修整这两道工序时，TRD-D 工法机的切削机构基本处于低载甚至空载工作状态，显然开启柴油机进行工作不仅功耗过大，而且会造成空气和噪声污染。于是，为了迎合节能环保的行业发展趋势，并结合客户的需求，具备双动力系统的 TRD-D 工法机便应运而生了。根据设计计算，90kW 的电动机完全能满足这两道工序的功耗需求，经各项工程的实践证明，相比纯柴油机驱动的同类设备，在能源成本的开支上

能节省 10％～15％的费用，效果较为明显。而且电机的夜间静音效果，也在上海、天津等地的市区施工项目中得到证实。

4　TRD-D 混合动力的施工安全性

TRD-D 工法机双动力系统的另一大重要功能就是保障施工的连续性及安全性。在柴油机主动力由于突发状况陷入无法供给动力的状态时，作为备用动力的电动机可以将动力供给切换至切削机构，使其保持转动搅拌状态，或是对设备进行移位，退避至膨润土养生区，避免切削机构长时间地在混凝土浆液中处于静止状态，导致埋钻进而产生巨大的经济损失。

传统的电动机驱动式 TRD 工法设备，在进行超深 TRD 桩施工时，由于其施工时间长，切割箱推压力及刀头切削阻力大等原因，容易由于用电量不足、电压不稳等情况导致切割箱失去动力。因此作为应急预案，现场必须配有备用发电机组，在供电失常的情况下，可及时恢复供浆、压气、正常搅拌作业，避免延误时间造成埋钻事故。而在动力源突发故障时，无论是电动机驱动式还是柴油机驱动式的单一动力源 TRD 设备，都只能采取加大浆气泵排量，减缓墙体浆液凝固进程，为设备抢修争取时间这一较为消极的对应措施。

与之相比，TRD-D 工法机只需通过简便的模式切换操作，根据设备实际检修情况，选择原地搅拌或是移位退避，从而获得充分的抢修时间，完美地避免了埋钻风险。在售后服务方面，也无需在现场配备发电机组、动力部分的各种大型元件等，大幅地减轻了售后的物流仓储成本。

5　结语

综上所述，TRD-D 工法机的双动力系统，在顺应节能减排的行业发展大趋势的同时，通过简便的动力模式切换操作，便可完美地应对动力系统的突发状况，保证施工作业的连续性和安全性，为提高 TRD 工法的施工可靠性做出了巨大贡献。

TRD-D 工法机电气控制系统及纠偏功能

叶　恺

（上海工程机械厂有限公司　上海　200072）

摘　要：TRD 工法机具有切削能力强、结构强度高、适用范围广、行走灵活、运行平稳、操作简单、智能控制、维修方便等特点，适用于地下连续墙施工和地基改良施工，满足我国现有地下连续墙施工需求。本文对上海工程机械厂有限公司研发的 TRD-D 工法机电气控制系统各个组成部分以及自动纠偏功能进行逐一的介绍。

关键词：TRD 工法；地下连续墙；控制系统；自动纠偏

1　TRD 工法简述

TRD 工法由日本 20 世纪 90 年代初开发研制，是能在各类土层和砂砾石层中连续成墙的成套设备和施工方法。其基本原理是利用链锯式刀具箱竖直插入地层中，然后作水平横向运动，同时由链条带动刀具作上下的回转运动，搅拌混合原土并灌入水泥浆，形成一定厚度的墙体，以取代目前常用的高压喷射灌浆，单轴和多轴水泥土搅拌桩组成的柱列式地下连续墙。TRD 工法机主要应用于建筑物的基础工程、地下道路及盾构的竖井、大型垃圾填埋场、地铁交叉口工作井、基础的挡土墙、止水墙、港湾及大型水库堤防的地基加固止水等施工工程。

2　TRD-D 工法机电气控制系统

TRD-D 工法机电气控制系统由驾驶室操作控制台、辅助系统控制箱（含动力配电）、动力控制箱（含柴油机就地控制盘）、多组压力传感器、多组位移传感器、多组倾角传感器和操作手柄按钮指示仪表组成。

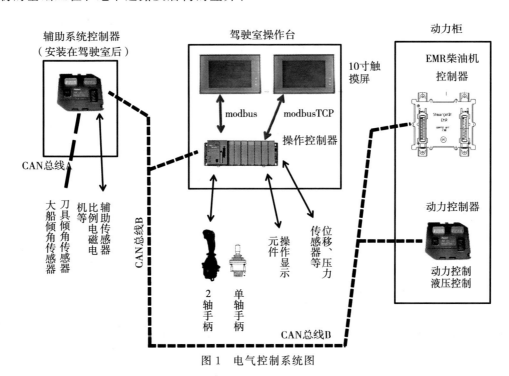

图 1　电气控制系统图

驾驶室操作控制台设置操作控制器、两台 10 英寸触摸显示操作屏、配置操作手柄按钮指示灯仪表，辅助系统控制箱配置辅助系统控制器、动力控制箱配置动力控制器、设置高防护就地控制盘、柴油机动力柜配置 EMR 柴油机控制器（柴油机配套）。驾驶室操作控制台安装在驾驶室前部，辅助系统控制箱安装在驾驶室后部，动力控制箱则安装在柴油机动力柜上。

2.1　控制器

操作控制器、辅助系统控制器、动力控制器则采用工程机械专用可编程控制器，工程控制器是专门针对行走机械控制而设计的控制器，能够适应行走机械的恶劣的工作环境如温度变化范围大、高振动、高冲击、强电磁干扰等。配置如下：

控制器编程符合 IEC61131-3，使用 CoDeSys 软件进行应用程序开发；

每台控制器具有 52 路特殊设计的 I/O 端口；

可承受高达 100G 的冲击和震动；

IP67 防护等级；

控制器有两个 CAN 口，CAN2.0A 和 CAN2.0B，任意一个 CAN 口可以设置为 CANOpen 协议。

2.2　控制网络

控制网络配置为 2 级，采用分布控制模式。

一级网络是操作控制器、辅助系统控制器、动力控制器、EMR 柴油机控制器通过 250KB/s CAN2.0A 工业现场总线互联；二级网络是辅助系统控制器通过独立 CANOPEN 现场总线和 6 组杆式倾角传感器、1 只安装于驱动部倾角传感器、1 只安装于平台倾角传感器、1 只安装于门型架倾角传感器互联。同时操作控制器分别通过 modbus、modbusTCP 和两台触摸操作显示屏连接。

2.3　触摸显示屏

触摸操作显示屏共配置 2 台。

主显示屏选用触摸显示屏，modbus 总线接口，专用于刀具、大船船体、动力头支架等倾角显示，如图 2 所示。

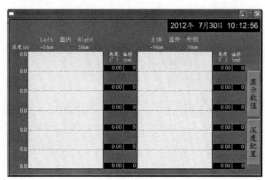

图 2　主显示屏界面

辅显示屏选用触摸显示屏，modbusTCP 总线接口，用于各压力、位移、开关状态显示和操作控制，如图 3 所示。

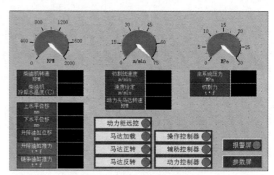

图 3　辅显示屏界面

2.4　驾驶室操作控制台

操作控制台分低位操作台和高位操作台，低位操作台用于 TRD-D 工法机驱动部和底盘行走操作，内置操作台控制器，台面设置触摸屏显示器；高位控制台则用于柴油机远程控制，如图 4 所示。

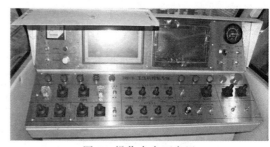

图 4　操作台台面布置

2.5　辅助系统控制柜

主控制柜安装在柴油机主泵动力集装箱内，包含控制器、主控电源回路配电、照明配电、接线端子、中间继电器等。主控制柜采用防尘结构，配钥匙门锁。

2.6　动力柜控制箱

动力柜控制箱是主控柜的补充，是远端 IO 扩展箱，用于动力柜的信号和执行器统一控制管理。动力操作盘如图 5 所示。

图 5　动力操作盘布置

2.6.1　驱动部水平缸控制

控制系统可实现上下两组水平缸的同步控制，控制方式可选择单动、交叉和同步。根据实时获得的水平缸作用力的数据，可实现作用力和位置控制的限制和切换，具有超载连锁保护、速度可调、故障自动退出等基本功能。控制系统采用位移压力闭环控制模式。

2.6.2　驱动部斜撑缸控制

通过驱动部倾角状态独立开关调整斜撑缸伸缩长度，符合施工工艺要求后自动液压锁定。

2.6.3　刀具电动机切削控制

通过主泵组流量控制压力比例阀，实现在功率曲线工作区域内的转速控制，当负载增加到接近曲线边缘时，系统自动减少流量输出，降低转速，反之亦然。

2.6.4　链条涨紧控制

链条涨紧控制采用涨紧液压油缸伸出后加压锁定方式，当涨紧压力低于设定值时，系统自动解锁补压。

2.6.5　切割箱倾角和切削深度监控

切割箱折线显示共有7段，每段设置XY轴倾角传感器，控制系统可模拟出X、Y方向上的切割箱空间曲线模型，进而计算出X、Y方向偏移量和切削深度数据（结合升降缸数据）。

2.6.6　步履行走控制

设计为步履纵移、横移单缸单控手动电比例阀，采用4片1组配置，操作台设置相应模拟式手柄，步履支腿顶升则采用电磁阀和同步电动机控制方式，控制信号进入主控制器。

2.6.7　报警及急停操作

主控柜和操作台均设置声光报警灯和急停开关。

2.7　操作手柄

驾驶室操作台配置5只霍尔型双轴主令无级操作手柄（用于大船纵移横移和斜撑油缸操作控制）及1只双轴无级调速手柄（配模式切换开关，用于机头水平速度操作控制），操作手柄采用0～5V标准信号接口方式，工作状态10％～50％～90％VDC电压输出。

2.8　传感器

控制系统配置压力、温度、磁致伸缩位移、拉线位移、编码器、倾角传感器多组，分别如下：

2.8.1　切割箱双轴倾角传感器

为满足切割箱工作环境和安装需要，双轴倾角传感器采用IP68特殊封装，即传感器封装在带导向空心金属连杆中，连杆通过上下端快速接头连接安装在切割箱中，起到定位和保护作用。传感器连接则采用5芯水下连接器互连。

倾角传感器测量范围⊥15°，分辨率0.01°，采用CANopen总线接口，数量6只。

2.8.2　驱动部倾角传感器、平台倾角传感器、门型架倾角传感器

该类型两轴倾角传感器仍采用IP68金属灌浆封装，为盒状带法兰结构，XY双轴倾角测量范围±15°，分辨率0.01°，采用CANopen总线接口，数量3只。

2.8.3　转速编码器

采用空心轴增量编码器，IP67防护等级，编码器在动力头电动机串联轴安装，用于动力头转速测量。

2.8.4　压力传感器

压力传感器分4MPa、40MPa两种规格，约18只，精度0.25，G1/4螺纹接口，4～20mA两线制信号接口。分别用于测量链条、主泵、顶升液压油缸、斜撑液压油缸、大泵小泵的压力。

2.8.5　磁致伸缩位移传感器

采用磁致伸缩位移传感器，测量范围分别为1050mm 2只，1250mm 2只，用于斜撑和横移油缸。

2.8.6　拉线位移传感器

TRD-D工法机驱动部升降位移测量采用电位器式拉线位移传感器一只，行程5.5m，0～5VDC信号接口，用于顶升油缸。

2.8.7　温度传感器

一体化温度传感器1只，4～20mA信号接口。用于液压油箱温度测量。

2.9　分线盒及电线电缆连接器

为简化现场安装维护和设备分解运输需要，设备设置2～4处防水分线盒，主分线盒设置多芯电缆连接器。控制电缆和动力电缆分类布置，倾角传感器配置专用船用电缆。

3　TRD-D工法机纠偏功能

TRD-D工法机驱动部测斜纠偏控制系统是一个基于CAN总线技术的自动纠偏控制系统。TRD-D工法机在施工过程中，驱动部会在纵向产生偏斜，该系统通过控制桅杆纵向偏移角度，使驱动部以及切割箱的纵向倾角达到符合工程预计

的角度要求。工法机驾驶员通过观察倾角显示屏显示的倾角读数调整左、右斜撑油缸的伸缩长度，使切割箱达到符合成墙要求的角度，此时控制器读取安装于左、右两侧斜撑油缸内的磁致伸缩位移传感器的数据，且将该数据记录保存为数值（显示于主显示屏参数屏界面），该数值代表 TRD-D 工法机切割箱达到成墙要求的纵向垂直角度时左右斜撑的伸缩位置。TRD-D 工法机工作时，如果左右斜撑油缸的伸缩位置发生改变导致驱动部以及切割箱角度产生偏移，则 CAN 控制器读取斜撑油缸内的磁致伸缩位移传感器，此时的数据显示于主显示屏参数屏界面，同时 CAN 控制器发送相应的控制指令给驱动电路，推动电液比例方向阀的开启/关闭，驱动调整左、右斜撑油缸伸出/收回，从而实现倾角的调节。

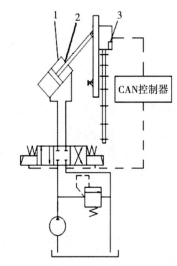

1—斜撑油缸；2—磁致伸缩卫衣传感器；3—驱动部

图 6　控制系统原理图

4　结语

　　TRD-D 工法机与各类 TRD 工法设备相比，具有数据监控更全面、精度更高、响应更快、显示界面清晰直观，操作更人性化等优势。驾驶室内部的显示屏采用双触控屏，通过触控切换，可以清晰地同时显示倾斜仪的实时曲线、驱动部和各油缸的实时负载变化、各个压力阀的负荷压力、主副油箱温度、发动机转速等各种数据指标。布置在提升油缸、链条涨紧油缸、斜撑油缸、横切油缸的压力及位移传感器，精确地显示出各机构的工作进给量、外界负载情况等工况参数，帮驾驶员判断实时状态，控制施工进度。自动纠偏功能则能简化驾驶员对于成墙纵向角度的操作量，提升工程质量。TRD-D 工法机作为一种符合地下施工发展趋势、具有显著高技术特点的新型水泥土搅拌墙施工设备，具有远大的发展前景。

参考文献

[1]　张鹏，吴阆松. 一种新型地下连续墙施工设备 TRD-D 工法机［C］//2014 第四届深基础工程发展论坛论文集. 北京：知识产权出版社，2014：199-205.

新一代振动桩锤系列 DZP500 免共振变频振动锤

曹荣夏

（上海振中机械制造有限公司 上海 201306）

振动桩锤属建筑工程中使用的桩基础施工机械，振动桩锤具有结构紧凑、使用方便、高效等优点。但传统振动锤同时也存在一些问题，其中最突出的就是：一是启动电流大，需要配置电源功率往往是电机功率的3倍以上，启动能耗大，特别对大功率的振动锤来说，往往由于电源功率不足导致振动锤启动不了；二是由于在启动、停止时都要经过共振区域而产生共振现象，除导致产生噪声污染外，还使机器承受额外载荷，影响振动锤本身及相关设备的有效工作寿命。

上世纪九十年代浙江振中工程机械股份有限公司和北京建筑机械化研究院、日本建调株式会社共同开发了EP系列免共振偏心力矩无级可调电振动锤。该系列振动锤既解决了启动问题，又解决了启动、停机过程共振问题，而且能实现振动锤振幅按需调节。但该系列产品结构较为复杂且制造成本高，目前主要出口日本等发达国家，在国内由于价格因素使用率还不高。

在当今的工程施工中，无论是桥梁、码头、还是风电工程，其桩基础越来越大，这就要求作为桩基施工的重要设备——振动桩锤，应有大型或超大型的产品来满足施工要求。DZP500免共振变频振动锤是上海振中机械制造有限公司为了满足未来市场对超大型施工的需求，自主研发的目前世界上单电机功率最大的电驱振动锤。

DZP系列振动锤变频、免共振的原理是：启动时，变频器输出电压驱动电机，振动锤开转转动，随着变频器频率提高，振动锤转速越来越快，此时变频器直流母线正负端连接制动单元，变频器直流母线正负端电压未达触发制动单元的设定

电压而不动作。当停机或降速时，在变频器频率（箭头为电机发电状态时的电流方向）

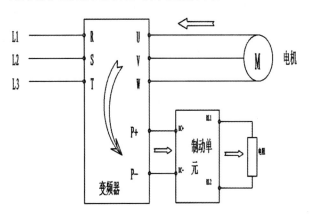

图1 停机过程能量转化系统接线图

减小的瞬间，电机的同步转速随之下降，而由于机械惯性的原因，电机转子转速未变，当同步转速小于转子转速时，转子电流的相位几乎改变了180°，电机从电动状态变为发电状态。同时电机轴上的转矩变成了制动转矩，使电机的转速迅速下降，电机处于再生制动状态，电机再生的电能经变频器内二极管全部整流后反馈到直流母线电路。由于直流电路的电能无法通过整流桥回馈到电网，仅靠变频器本身的吸收，虽然其他部分能消耗一部分电能，但电容仍有短时间的电荷堆积，形成"泵升电压"，使直流母线电压升高。这时，制动单元开启工作，将负载拖动电机所产生的再生电能传导并通过发热方式消耗在制动电阻上，以提高变频器的制动能力，确保电机能在设置的时间内快速停车。电机的快速停车，可以有效的避免振动锤机械端的共振，达到保护变频器、电机及相关机械部件和机械设备的作用。

DZP500 免共振变频振动锤主要参数

项目	电机功率	偏心力矩	振动频率	激振力	允许拔桩力	振动质量	总质量	空载加速度	外形尺寸（长宽高）
单位	kw	kgm	cpm	t	t	kg	kg	g	mm
参数	500	580	680	300	120	28300	35900	10.6	2580 * 2240 * 5190

DZP500 免共振变频振动锤与传统的大功率振动锤相比，显示出明显优势，主要有：

1）使用变频器变频启动，降低起动能耗；配置电源功率一般仅是振动锤电机功率的 2 倍以内，符合节能减排的要求。

2）使用变频器变频，能调节不同振动频率，满足针对不同地质条件选用不同最佳频率、以实现最佳施工频率的要求。

3）停机时通过能量转换系统，实现了转动动能快速转化为电能、电能再转化为热能释放出，使停机过程既快速又平稳，避免了共振的产生，防止了由共振产生的强烈噪声和对振动锤本身及相关设备破坏现象的发生。

4）采用的新型横梁式独立结构形式的减振器，并与激振器直接连接，使整机的高度大为降低，同时避免了大型锤采用悬挂式减振结构与电机相撞的情况出现；这种新型横梁式减振结构重量大，更有利于沉桩作业；新型横梁式独立结构形式的减振器与激振器连接或拆装简单，机器运输方便。

5）该机采用电机是具有自主知识产权的变频耐振单电机双出轴式，激振器前后皮带轮各安装十根传动皮带，使轴承受力分散、均匀，且减小对轴承压力，使轴承温升低而不易损坏；专用的耐振变频电机，与传统耐振电机相比使用寿命更长。

6）该机偏心力矩大、振动冲量大、克服端阻力能力强大，可用于大型海上挤密砂桩和沉拔大直径 PHC 混凝土管桩施工。

总之，DZP500 免共振变频振动锤除整体结构科学且合理外，还明显具有高效、节能、安全、环保等特点，是现有振动桩锤技术的一大突破。日前，天津港航工程有限公司曾使用 DZP500 免共振变频振动锤在江苏如东海上风电场（潮间带）100MW 示范项目 80MW 风电机组中进行打桩作业，其中，设计桩直径为 1720mm、桩长 50m、桩重 49t。DZP500 免共振变频振动锤首次成功应用于该项目中，从此打破了国外液压振动锤独占海上风电市场的不变定律，开创了国产电驱振动锤进入海上风电市场的先河。

图 3　DZP500 免共振变频振动锤沉海上风电桩
（桩直径为 1720mm、桩长 50m）

图 4　DZP500 免共振变频振动锤沉拔混凝土 PHC
预制管桩（桩直径为 1200mm、桩长 30m）

图 2　DZP500 免共振变频振动锤

基于 AMESim 的双轮铣槽机铣削装置液压系统仿真

赵伟民[1]　张西伟[1]　刘国莉[2]　苏金哲[3]

（1. 东北石油大学；2. 徐工基础工程机械公司；3. 渤海装备辽河热采机械公司）

摘　要：本文介绍了双轮铣槽机铣削装置的液压系统原理，并运用 AMESim 软件建立了整个铣轮液压系统仿真模型，并根据相关参数的设计要求，设置主阀口在 8 种不同开度，在高、低两种负载的外界输入条件下，分析铣轮电动机流量、泵口压力随时间的变化，为双轮铣槽机液压系统设计提供了参考和依据。

关键词：双轮铣槽机；铣削装置；液压系统；AMESim

随着地下连续墙在基础建设中的广泛应用，双轮铣槽机作为地下连续墙施工设备在基础施工中槽形规则、垂直精度高、防渗性好、安全环保，特别是复杂岩层条件下施工是首选的必要设备[1]。双轮铣槽机产品的核心技术之一是液压系统的设计，因此深入研究双轮铣槽机液压系统，提高成槽施工效率，具有重要的现实意义。

1　铣削装置的液压系统设计

铣削装置液压系统设计的要求是考虑满足铣轮铣削工作的工艺要求，即铣轮转矩和转速都能在较大范围内无级调节，并能单独正、反方向回转、功率损耗小。因此，铣削轮转矩和转速的调节，实际上是液压电动机的输出转矩和转速的调节。

铣槽机在进行工作时，左右两个铣轮电动机同时带动两个铣削轮工作，两个铣削轮电动机采用两个主泵单独供油。其液压原理图如图 1 所示。由图 1 可知，铣削轮和泥浆泵的液压系统中，主要由轴向柱塞变量泵、轴向柱塞变量电动机、溢流阀、多路阀、集成阀、平衡阀、梭阀、压力补偿法和蓄能器等组成的负载敏感系统。

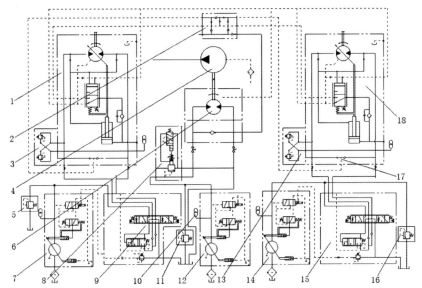

1，6，18—双向变量电动机；2—集流阀；3，13—平衡阀；4—泥浆泵；5，11，16—溢流阀；
7，12，14—变量泵；8—溢流压力平衡阀；9，15—多路阀；10—蓄能器；17—梭阀

图 1　铣削装置液压系统图

基金项目："十二五"国家科技支撑计划重点项目，建筑施工装备关键技术研发与产业化（2011BAJ02B06-04）。

铣削液压系统中采用三个变量泵分别为两个铣削轮和泥浆泵供油，变量泵 7 为左侧铣削轮供油，变量泵 12 为泥浆泵供油，变量泵 14 为右铣削轮供油。进行铣削工作时，液压变量电动机 1、18 的进油腔和变量泵 7、14 的排油腔相通，可通过调节溢流阀 5、16 的开启压力来调节系统的工作压力。

泥浆泵液压系统，变量泵 12 提供的高压油经溢流压力控制阀 8，直接流入泥浆泵电动机 6。安装在电动机外侧的单向阀并联在电动机进出油路上，当泥浆泵不供油时可实现平稳制动。通过改变变量泵 12 的流量来改变通过泥浆泵电动机 6 的流量，即改变泥浆泵电动机 6 的转速，从而改变泥浆泵 6 的流量。变量泵 12 提供的高压油经过 8 溢流压力平衡阀直接流入泥浆泵电动机 6。泥浆泵电动机同时又并联一个单向阀，可实现泥浆泵电动机的平稳制动和在泥浆泵供油充足或不工作时，流入泥浆泵的油液流向集成阀 2 为其他系统补油或供油。

2 基于 AMESim 铣削装置的液压仿真系统建立

根据铣削轮液压系统原理和系统内各元件的动态方程，建立铣削轮液压系统模型。利用 AMESim 软件中的机械、液压、信号控制以及 HCD 四个库，建立起铣削液压系统的 AMESim 仿真模型[2]。

两个铣削轮采用单独油泵独立供油，主油路独立，故只对单个铣削轮液压系统进行建模，根据图 1 铣削轮液压系统的原理图，在 AMESim 仿真软件草图模式下建立系统的模型，其仿真模型如图 2 所示。

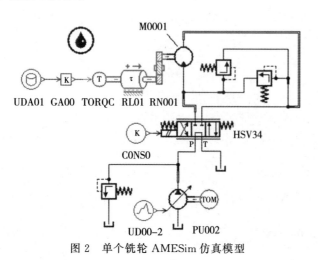

图 2　单个铣轮 AMESim 仿真模型

3 系统的仿真分析

在外负载条件相同的情况下，设定泵的排量最大，改变控制换向阀阀芯开度的信号大小，改变电动机的流量，如图 3 所示分析对比重载和轻载两种工况，对系统产生的影响。负载 1 变化范围为 0～35kN·m，负载 2 的变化范围为 35～75 kN·m，设定系统仿真时间为 10s。

换向阀输入信号 CONSO 具体数值如表 1 所示。输入的为电信号，该信号除以 40，得到一个在 −1 和 1 之间的数值，即表示阀口开度，极值表示阀口全开，正负号表示阀芯所在的位置。

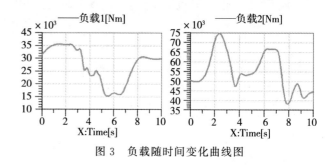

图 3　负载随时间变化曲线图

表 1　CONSO 数据

序号	1	2	3	4	5	6	7	8
阀体开度	0.125	0.25	0.375	0.5	0.625	0.75	0.875	1
输入数据	5	10	15	20	25	30	35	40

3.1 负载 1 仿真

发动机开始启动的瞬间，泵受到很大的冲击，此时泵的出口压力迅速增加如图 4 所示，受到负载的冲击，泵口压力也在波动，由此说明系统中泵的响应速度快。阀口开度在 12.5% 和 25% 时，即曲线 1 和曲线 2，系统压力达到设定的系统压力 300bar，当压力超过 300bar 时，溢流阀打开，开始泄油，保证系统压力不高于 300bar。而阀口开度在 100% 时，即曲线 8，系统压力不超过 250bar。

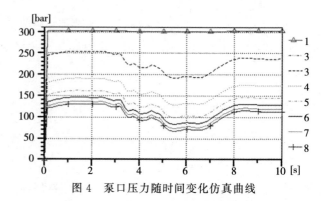

图 4　泵口压力随时间变化仿真曲线

电动机流量只有在阀芯开口为 12.5％和 25％时，流量发生小范围波动，当阀芯开口逐渐增加，电动机流量一致达到最大，接近 546L/min，相当于泵的流量，说明泵的流量损耗极少，发动机功率的利用率高，如图 5 所示。

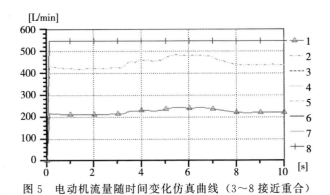

图 5　电动机流量随时间变化仿真曲线（3～8 接近重合）

3.2　负载 2 仿真

发动机开始启动的瞬间，泵受到很大的冲击，此时泵的出口压力迅速增加，受到负载的影响，泵口压力也在波动[3]。阀口开度在 12.5％、25％、37.5％时，达到设定的系统压力为 300bar，当压力超过 300bar 时，系统溢流阀打开，开始泄油，起到保护系统的作用。而阀口开度在 100％时，系统压力不超过 250bar。由图 6 泵口压力随时间变化仿真曲线可以看出，在阀芯开口较小时，对泵的冲击较大，泵长时间工作在这种环境下，会影响泵的寿命[4]。

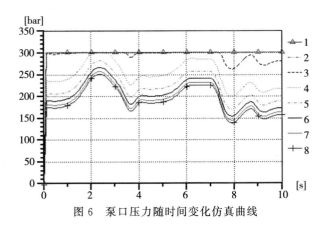

图 6　泵口压力随时间变化仿真曲线

由图 7 可以看出，阀芯开口在 12.5％、25％时，电动机流量远小于泵的流量，泵的排量除供给电动机外还有一部分直接流回油箱，造成能量的浪费[5]。

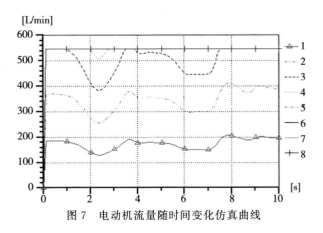

图 7　电动机流量随时间变化仿真曲线

4　结论

在高、低两种负载的外界输入条件下，确定系统压力 300bar，仿真时间 10s，对比主阀口在 8 种不同开度，铣轮电动机流量、泵口压力随时间的变化进行分析可知，铣削轮装置液压系统采用"变量泵-变量电动机"的调速方式，可实现铣削轮的转速控制、扭矩控制，实现功率大和功率变化范围宽，转速调节范围广的要求，同时可提高功率利用率。

参考文献

[1] ERIC S. Lindquist, John Morgan, Roberto A. Lopez. Construction of two microtunnel access shafts using the utter soil mix (csm) method in the san joaquin delta, California. Proceedings of the 35th Annual Conference on Deep Foundations. 2010.

[2] 王春华, 苏陈, 张璐薇, 赵伟民. 基于 AMESim 软件对双轮铣槽机起升系统的仿真分析 [J]. 机械研究与应用. 2014（2）.

[3] 郭凤, 张鑫, 赵伟民. 基于 AMESim 的双轮铣槽机软管随动系统模拟分析 [J]. 机械研究与应用. 2014（2）.

[4] 关丽杰, 刘会来, 郤云波. 基于 AMESim 软件对双轮铣槽机铣削头模拟分析 [J]. 机械研究与应用. 2014（3）.

[5] 赵伟民, 支跃. 基于 AMESim 软件的双轮铣槽机纠偏机构液压系统分析 [J]. 价值工程. 2014（17）.

旋挖钻机主卷扬系统和加压系统关系的研究

张继光 范强生 孙 余 张 杰

（徐州徐工基础工程机械有限公司 江苏徐州 221004）

摘 要：旋挖钻机主卷扬系统和加压系统是旋挖钻机中的关键部件，其参数决定着整机的竞争力。各旋挖钻机厂家都希望其参数最大化，但受整机稳定性限制，使得参数受约束，因此研究主卷扬提升力和加压系统的加压力、提升力之间的关系具有重要意义。本文通过采用一种新型控制系统来实现主卷扬提升力和加压系统的加压力与提升力的最大化。

关键词：旋挖钻机；主卷扬系统；加压系统

1 前言

本文以徐工入岩型旋挖钻机 XR320D 为例研究旋挖钻机主卷扬系统和加压系统之间的关系。XR320D 旋挖钻机主要由底盘行走机构、钻桅、变幅机构（大三角结构）、主卷扬、副卷扬、动力头、钻杆、钻头、转台、发动机系统、驾驶室、机棚、配重、液压系统、电器系统等部件组成，如图 1 所示。

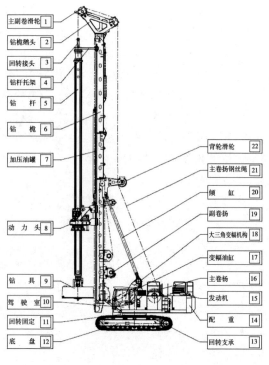

主副卷滑轮	1		
钻桅鹅头	2		
回转接头	3		
钻杆托架	4		
钻 杆	5		
钻 桅	6		
加压油罐	7	背轮滑轮	22
		主卷扬钢丝绳	21
		倾 缸	20
动 力 头	8	副卷扬	19
		大三角变幅机构	18
		变幅油缸	17
钻 具	9	主卷扬	16
驾 驶 室	10	发动机	15
回转固定	11	配 重	14
底 盘	12	回转支承	13

图 1 XR320D 旋挖钻机整机示意图

2 旋挖钻机主卷扬提升力的计算

旋挖钻机的主卷扬是在钻进过程中完成钻杆和钻头下放、提升等功能的机构。主卷扬的最大拉力由钻杆、钻斗、砂土的重量及起拔钻斗时的阻力决定，XR320D 旋挖钻机的钻杆重量约为 141kN，钻斗及砂土重量为 117.5kN，提升钻斗时的阻力为 0.5kN。XR320D 主卷扬至少需要提升力为 141kN＋117.5kN＋0.5kN＝259kN，为保证钻机正常工作，XR320D 主卷扬提升力设计为 280kN，即主卷扬使用率为 259/280×100％＝85.56％，满足使用要求。

3 旋挖钻机加压系统的加压力与提升力

旋挖钻机的加压机构有两种类型：油缸加压与卷扬加压。油缸加压是指通过钻桅上安装油缸与动力头相连，实现动力头的加压与提升；卷扬加压是指通过卷扬机上缠绕的钢丝绳与动力头上的滑轮相连，实现动力头的加压与提升。油缸加压与卷扬加压最大区别是油缸加压行程短，卷扬加压行程长。XR320D 旋挖钻机的加压力的计算方法是根据负载重量和钻杆的承受力计算得出的，其最大加压力为 330kN，最大提升力为 350kN。

4 旋挖钻机整机动态稳定性的计算

XR320D 旋挖钻机正常工作的状态是沿履带方向进行，幅度为 4500mm 时受倾覆力矩最大。其整机稳定性计算示意图如图 2 所示。

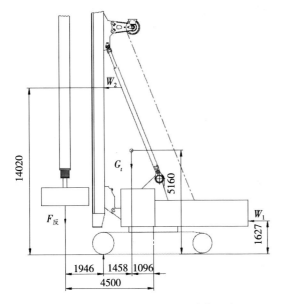

图 2　XR320D 旋挖钻机整机计算示意图

图 2 中 W_2 为钻机钻桅所受的风力，参数 14020 为钻桅所受风力的高度，$F_反$ 为主卷扬提升力、动力头提升力、钻杆重量合力的反作用力，参数 4500 为钻杆距回转中心距离，参数 1946 为钻杆距前引导轮中心距离，G_t 为整机重心，G_t 相对于回转中心和地面距离为 1096mm 和 5160mm。W_1 为钻机钻台所受的风力，1627 为钻台所受风力的高度。

动态稳定性的计算过程如下：

（1）根据动态稳定角公式：

$$\alpha_d = \arctan\ (X_t - \Delta x)\ /Y_t$$

式中　α_d——动态稳定角，要求 α_d 必须大于 7°，旋挖钻机才处于稳定状态；

X_t、Y_t——稳定参数，$X_t = 1458$，$Y_t = 5160$；

Δx——倾覆力引起的整机重心偏移量。

（2）倾覆力引起的整机重心偏移量的计算公式：

$$\triangle x = M_r/G_t$$

式中　G_t——整机重量，$G_t = 101053$kN；

M_r——倾翻总力矩。

（3）倾翻总力矩：

$$M_r = F_反 \times 1.946 + M_w$$

$$F_反 = F_1 + F_2 - G_{钻杆钻头}$$

式中　F_1——主卷扬提升力；

F_2——加压提升力；

$G_{钻杆钻头} = 141$kN$+117.5$kN（前文提及）；

M_w——导致倾覆的风力力矩。

（4）M_w 的计算公式为

$$M_w = W_1 \times 1.627 + W_2 \times 14.02 = 51.7\ kN \cdot m$$

式中　W_1——主机风载荷，取 2.538kN；

W_2——桅杆风载荷，取 4.283kN。

联合（1）、（2）、（3）、（4），可以得出 $F_1 + F_2 \leqslant 550$kN，才能满足 α_d 大于 7°，即主卷扬提升力与加压提升力之和必须小于 550kN，才能满足整机的动态稳定性。

5　主卷扬提升力与加压系统提升力之间的关系

主卷扬提升力与加压提升力之和必须小于 550kN，才能满足整机的动态稳定性。根据前面讲述 XR320D 旋挖钻机主卷扬提升力为 280kN，加压系统提升力为 350kN，两者之和为 630kN，远大于 550kN。两者不能同时达到最大，所以有些厂家在设计时采用同时减少主卷扬提升力与加压提升力的方法来设计整机，使得参数较低但满足整机稳定性。本文通过设计一种控制系统来避免主卷扬和加压系统同时出现最高值。

具体方式是在 XR320D 旋挖钻机上增加一种新型控制主卷扬与加压系统关系的机构，来实现两者之间关系的控制。该控制机构主要包括电源开关、蓄电池、测重销轴传感器、控制器、加压溢流阀。此种机构的控制思想是将测重销轴传感器安装在旋挖钻机鹅头主卷滑轮的销轴里面，主卷扬钢丝绳绕过主卷滑轮与钻杆相连。测重销轴传感器检测主卷扬钢丝绳的拉力，通过 CAN 口传输给控制器，控制器检测到主卷扬钢丝绳拉力到一定数值时，给控制加压系统的 M4 阀加压联 LS 口加压溢流阀一定电流，从而限制动力头的提升力，保证主卷扬提升力与加压提升力之和小于 550kN。从而保证了旋挖钻机的整机稳定性。示意图如图 3 所示。

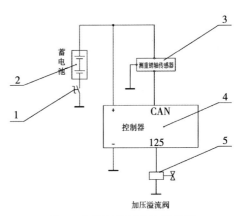

图 3　主卷扬控制连接示意图

在该控制系统中，蓄电池 2 的负极经过电源开关 1 接地，蓄电池 2 的正极接到测重销轴传感器 3 及控制器 4 的正极，测重销轴传感器 3 及控制器 4 的负极接地；测重销轴传感器 3 与控制器 4 传送信号，控制器 4 通过输出管脚控制加压溢流阀 5，加压溢流阀 P 口接在 M4 阀的加压联 LS 口，T 口接回液压油箱。加压系统控制示意图如图 4 所示。

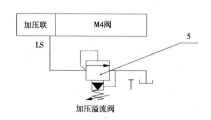

图 4 加压系统控制示意图

6 主卷扬提升力与加压系统加压力之间的关系

很多旋挖钻机设计者都认为旋挖钻机的主卷扬提升力与加压系统的加压力之间没有关系，其实不然。在旋挖钻机的某些工况下：在全套管施工下护套工况时，主卷扬钢丝绳吊着钻杆，钻杆处于悬空状态，此时动力头驱动套管进行旋转压护筒，同时动力头驱动钻杆空转，在动力头向下驱动钻杆时，动力头驱动键容易带动钻杆下压，此时用户如果不把主卷扬浮动开关打开，动力头的加压力加在钻杆上，作用在主卷扬钢丝绳上。此时主卷扬钢丝绳受到钻杆的重力和动力头的加压力，此合力远大于主卷扬钢丝绳的提升力，此时如果不限制动力头的加压力，主卷扬钢丝绳、主卷扬马达、主卷扬平衡阀、主卷扬减速机极其容易损坏。

用户在打孔施工过程中忘了把主卷扬浮动开关打开，或者主卷扬浮动开关失灵，此时用户继续使用动力头驱动钻杆往下加压，钻杆受到动力头的加压力。因主卷扬钢丝绳与钻杆相连，主卷扬受到钻杆的重力和动力头的加压力。此合力极容易使主卷扬减速机摩擦片失灵损坏，主卷扬马达吸空损坏，导致主卷扬掉杆，引发重大事故。

针对以上问题，也可用第 5 部分讲述的控制系统来实现主卷扬与加压系统加压力之间的控制。具体操作原理为测重销轴传感器检测主卷扬钢丝绳的拉力，通过 CAN 口传输给控制器，控制器检测到主卷扬钢丝绳拉力到一定数值时，给加压溢流阀供电，从而限制动力头的加压力，因为动力头的驱动套与钻杆相连接，钻杆与钢丝绳相连，故可限制动力头对钢丝绳的向下拉力，保证了主卷扬钢丝绳、主卷扬马达、主卷扬平衡阀、主卷扬减速机的安全性，保证了旋挖钻机的整机稳定性。

7 结束语

本文通过检测主卷扬钢丝绳拉力到一定数值时，控制加压系统加压力、提升力，从而保证了旋挖钻机的整机稳定性。也可通过主卷扬提升力和加压系统的加压力、提升力之间的需求关系，同时限制主卷扬提升力和加压系统的加压力，从而满足整机参数最大化和整机稳定性的要求。对旋挖钻机主卷扬系统和加压系统之间关系的研究，为我们提供了一种在旋挖钻机设计过程中，可尽量把主卷扬参数和加压系统参数做到最大化，既能满足整机稳定性，又使参数具备竞争力的方法。

螺杆桩施工机具的钻进理论研究

王春华[1]　王宪鑫[1]　苏　陈[2]　赵伟民[1]

（1. 东北石油大学；2. 徐工基础施工机械公司）

摘　要：螺杆钻具钻进过程中所受到的阻力是影响这一参数的主要因素。螺杆桩施工机具加压装置的加压力是影响成桩质量和施工效率的重要参数之一。本文为国家"十二五"科技支撑项目，通过理论分析，对螺杆钻具钻进过程中受到的阻力及加压机构能够提供的加压力进行理论计算并推导出计算公式，为螺杆桩施工机具加压装置的设计提供理论依据。

关键词：螺杆机具；加压控制系统；螺杆桩

1　引言

当前螺杆桩机研究的焦点是螺杆桩施工机具的实验研究与整机的相互结合。螺杆桩是挤土灌注桩，无须排土，在加压力和提升力下同步钻进和同步反向提钻而形成螺纹状桩孔。螺杆桩机成桩质量的好坏与加压力和提升力有着密切的关系，关系到桩孔螺纹成型的好坏，是螺杆桩机加压提升装置设计的重要参数之一。所以螺杆桩机在钻进过程中对螺杆钻具的加压力理论计算非常重要，也为螺杆桩机的加压提升装置设计提供重要参考。

2　垂直阻力的计算

螺杆钻具在钻进时，加压过程中需要克服的垂直阻力包括：钻具侧面的摩阻力在垂直上的分力 F_1；挤压过程中地基土层对钻具螺纹下底面正交压力与摩擦力合成的斜交压力垂直分力 P_v；钻具圆柱部分侧面的摩阻力在垂直上的分力 F_2；钻具总极限端阻力 Q_{pk}。螺杆钻具的参数示意如图1所示。

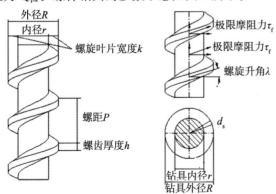

图1　螺杆钻具的参数示意　图2钻　具侧面的摩阻力分析

（1）钻具侧面的摩阻力在垂直方向上的分力 F_1 的计算，如图2所示。

i 土层凹螺纹的摩擦阻力垂直分量为

$$
\begin{aligned}
F_{i凹} &= \int_0^{\pi r} \tau_f \sin\lambda \cdot h_i d_s \\
&= h_i \tau_f \sin\lambda \int_0^{\pi r} d_s \\
&= \pi r h_i \tau_f \sin\lambda
\end{aligned}
\tag{1}
$$

式中　h_i——i 土层凹螺纹高度（m）；

　　　τ_f——i 土层单位面积极限摩阻力（MPa）；

　　　λ——螺纹升角。

i 土层凸螺纹的摩擦阻力垂直分量为

$$
\begin{aligned}
F_{i凸} &= \int_0^{\pi R} \tau_f \sin\lambda \cdot H_i d_s \\
&= H_i \tau_f \sin\lambda \int_0^{\pi R} d_s \\
&= \pi R H_i \tau_f \sin\lambda
\end{aligned}
\tag{2}
$$

式中　H_i——i 土层凸螺纹高度（m）。

所以

$$
\begin{aligned}
F_1 &= \sum F_{i凹} + \sum F_{i凸} \\
&= \sum \pi r h_i \tau_f \sin\lambda + \sum \pi R H_i \tau_f \sin\lambda \\
&= \pi \sin\lambda \sum \tau_f (r h_i + R H_i)
\end{aligned}
\tag{3}
$$

（2）挤压过程中地基土层对钻具螺纹下底面正交压力与摩擦力合成的斜交压力垂直分力 P_v 的计算为

将凸螺纹上顶面按升角 λ 展开成一斜条面，如图3所示，i 土层对桩壁凸螺纹下底面的正交压力为

$$F_{\mathrm{N}}=\frac{f_i}{\mu_i}=\frac{\tau_f l_i k}{\mu_i} \qquad (4)$$

式中　l_i——i 土层中凸螺纹长度（m）；

　　　　μ_i——i 土层与钻具螺纹表面的摩擦系数

　　　　（$\mu_i = \tan\alpha_i$，α_i 为摩擦角）；

　　　　k——螺齿宽度（m）。

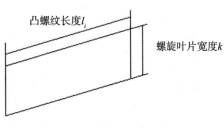

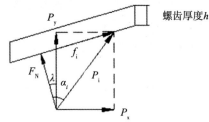

图 3　螺纹下顶面按升角 λ 展开成一斜条面

土壤对螺纹表面的正交压力 F_{N} 和摩擦力 f_i 合成的斜交压力为

$$P_i=\frac{F_{\mathrm{N}}}{\cos\alpha_i}=\frac{\tau_f l_i k}{\mu_i \cos\alpha_i} \qquad (5)$$

所以 $P_{\mathrm{y}}=P_i\cos(\alpha_i-\lambda)=\dfrac{\tau_f l_i k\cos(\alpha_i-\lambda)}{\mu_i \cos\alpha_i}$

$$\qquad (6)$$

则有斜交压力垂直分力为

$$P_{\mathrm{v}}=\sum P_{\mathrm{y}}=k\sum \frac{\tau_f l_i \cos(\alpha_i-\lambda)}{\mu_i \cos\alpha_i} \qquad (7)$$

（3）钻具极限端阻力 Q_{pk} 的计算为

$$Q_{\mathrm{pk}}=q_{\mathrm{pk}} \cdot A_{\mathrm{p}} \qquad (8)$$

式中　q_{pk}——钻具端阻力的极限标准值（kPa）；

　　　　A_{p}——钻头下表面面积（按垂直投影的平面面积之和计算）。

（d）钻具圆柱部分侧面的摩阻力在垂直上的分力 F_2 为

$$F_2=\pi r \cdot (L-L_{\mathrm{p}}-H) \cdot \tau_f \cdot \sin\lambda = \pi r\tau_f\sin\lambda(L-L_{\mathrm{p}}-H)$$

$$\qquad (9)$$

综上所述，得到螺杆钻具施工钻进时总的垂直阻力为

$$F=F_1+P_{\mathrm{v}}+F_2+Q_{\mathrm{pk}}$$

$$=\pi\sin\lambda\sum\tau_f(rh_i+RH_i)+k\sum\frac{\tau_f l_i\cos(\alpha_i-\lambda)}{\mu_i\cos\alpha_i}$$

$$+\pi r\tau_f\sin\lambda(L-L_{\mathrm{p}}-H)+q_{\mathrm{pk}}\cdot A_{\mathrm{p}} \qquad (10)$$

3　加压装置的总加压力计算

总加压力 F_{r} 包括加压系统对螺杆钻具的加压力 T、螺杆钻具和动力头总重量 G 和地基土层对钻具凸螺纹上顶面压力的垂直分量 P_{v}。

地基土层对钻具凸螺纹上顶面压力的垂直分量 P_{v} 的计算，将凸螺纹上顶面按升角 λ 展开成一斜条面，如图 4 所示。

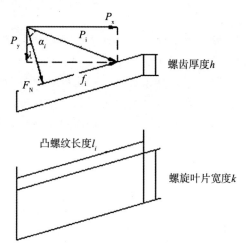

图 4　螺纹上顶面按升角 λ 展开成一斜条面

i 土层对桩壁凸螺纹上顶面的正交压力为

$$F_{\mathrm{N}}=\frac{f_i}{\mu_i}=\frac{\tau_f l_i k}{\mu_i} \qquad (11)$$

式中　l_i——i 土层中凸螺纹长度（m）；

　　　　μ_i——i 层土壤与钻具螺纹表面的摩擦系数

　　　　（$=\tan\alpha_i$，α_i 为摩擦角）；

　　　　k——螺齿宽度（m）。

正交压力 F_{N} 与摩擦力 f_i 合成斜交压力为

$$P_i=\frac{F_{\mathrm{N}}}{\cos\alpha_i}=\frac{\tau_f l_i k}{\mu_i \cos\alpha_i} \qquad (12)$$

所以，

$$P_{\mathrm{y}}=P_i\cos(\alpha_i+\lambda)=\frac{\tau_f l_i k\cos(\alpha_i+\lambda)}{\mu_i\cos\alpha_i} \qquad (13)$$

则有斜交压力垂直分力为

$$P_{\mathrm{v}}=\sum P_{\mathrm{y}}=k\sum\frac{\tau_f l_i\cos(\alpha_i+\lambda)}{\mu_i\cos\alpha_i} \qquad (14)$$

所以有总加压力为

$$F_{\mathrm{r}}=T+G+P_{\mathrm{v}}=T+G+k\sum\frac{\tau_f l_i\cos(\alpha_i+\lambda)}{\mu_i\cos\alpha_i}$$

$$\qquad (15)$$

式中　T——加压系统对螺杆钻具的加压力（kN）；

　　　　G——螺杆钻具、动力头总重量（kg）。

4 结论

螺杆钻具的钻进与木螺钉扭入木材的力学原理极为相似，螺杆桩钻具钻进地基土层的过程，可看成是地基土层相对桩壁螺纹表面和桩尖表面挤压滑动的过程。螺杆钻具在钻进时，加压过程中需要克服的垂直阻力和总加压力 F_r 可由上述推导公式计算，螺杆钻具旋进地基土层的力学条件应满足：$F_r > F$。这为加压装置的设计提供了理论依据。

施工参数可调整螺旋钻头的应用及分析

吴兆成　张振山　贾学强　马云龙

（徐州徐工基础工程机械有限公司　江苏徐州　221004）

摘　要： 本文介绍了一种一次钻孔进尺（深度）可改变，而成孔直径也会按照实际需求适当增大的螺旋钻头结构，以及成孔过程和施工效果的分析，经过兰州等地区的实践验证效果良好。可以推荐在地质条件，相近且使用螺旋钻头施工的工地借鉴与应用。

关键词： 徐工 XR280D 钻机；螺旋钻头结构；一次进尺深度可调；成孔直径可变

1　问题提出

目前，各种地基基础工程施工设备，在垂直于地面混凝土灌注桩的成孔作业过程中，根据施工地质实际构造的差异，经常会使用主要由中心管＋螺旋叶面＋斗齿或截齿结构组成的钻头，统称为螺旋钻头或简称为"螺旋钻"。无论是长螺旋还是短螺旋钻头或锥形螺旋钻头的结构，由于该类钻头中零部件结构简单、加工过程也并不复杂，相对而言其总成质量较轻，施工效率高，操作方便，因应用广泛而深受广大用户的欢迎。

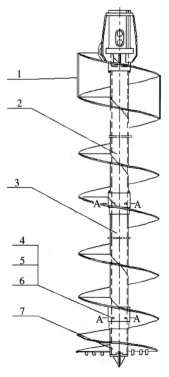

图 1　新型螺旋钻头结构简图

上述钻头的结构，一旦该部件总成的制造长度一定，在施工过程中一次性最大钻孔的深度大都无法再增加，该类钻头下端所焊接的斗齿位置及斗齿结构、成孔直径等诸多参数，同样也无法随实际施工要求的不同而随之变更。对于差异明显的地层结构、不同灌注桩直径以及复杂多变的施工工况，缺乏必要的适应能力。实际使用过程中为了确保该类钻头的作业效率，用户只有针对每一地基基础施工工程的具体要求和地质条件，对应购买与之相匹配的专用螺旋钻头。长期如此，用户的投入越来越大，钻具的库存也会逐步增多，经济效益受到严重影响。

2　设计研究

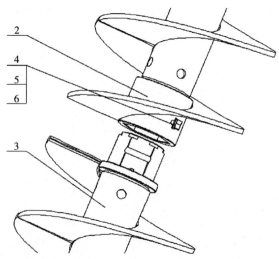

图 2　基础螺旋钻杆与中间螺旋钻杆连接示意图

在旋挖钻机所使用钻具系列产品开发过程中，徐州徐工基础工程机械公司，新近设计一种新型结构的螺旋钻头（图1），该结构由基础螺旋钻杆、中间螺旋钻杆、引导钻头、螺栓、防松垫圈等零部件组成，使用前将所述结构中间螺旋钻杆上端的凸台，插入基础螺旋钻杆下端内六方孔中，并通过螺栓、涨销实现紧固，随之安装引导钻头；根据实际钻孔深度的要求，还可以直接在基础螺旋钻杆下端连接引导钻头。其序1压板结构，2基础螺旋钻杆，3中间螺旋钻杆，4螺栓，5防松垫圈，6涨销，7引导钻头。

基础螺旋钻杆为结构件，其顶端含有方箱结构，该方箱下部的不同方向设计有多个圆孔，与其相连接的分别是中心管和螺旋叶片，在接近螺旋叶面顶端（最高的位置），位于最大回转直径外侧对应点的上下两叶片之间，分别设置两件直径方向可实现调整的压板结构，两者所处高度的位置之差，刚好是螺旋叶片导程的一半。基础螺旋钻杆的下端，含内六方和两个圆孔结构。

中间螺旋钻杆主要由中心管和螺旋叶片焊接而成，上端还带有外六方凸台及两个可供涨销安装的半圆孔结构，其下端的结构与基础螺旋钻杆下端完全一致，通过螺栓、涨销等零件并可分别实现与基础螺旋钻杆和引导钻头之间的可靠连接。

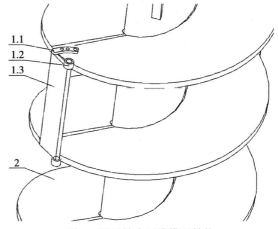

图4　引导钻头三维模型结构

引导钻头（图3）主要由7.1外六方凸台，7.2导渣叶片，7.4中心管，7.5支撑叶片，7.6斗齿或截齿，7.7定心叶板焊接而成，其上端的凸台结构与中间螺旋钻杆上端完全相同，斗齿或截齿焊接在对称分布的支撑叶片下端面上，导渣叶片仅为一件且较支撑叶片薄。为了确保引导钻头中导渣叶片在施工过程中准确相位角（位置）的安装要求，其上端部还设计有7.3定位销。并且无论基础螺旋钻杆、中间螺旋钻杆还是引导钻头，其中心均含无缝钢管的结构。根据结构设计的需要，引导钻头的长度为最短（约占基础螺旋钻杆的1/5），支撑叶片的下端可焊接普通宽扁结构的斗齿或高硬度的锥形截齿；还能够依据不同基础工程混凝土灌注桩直径的变化，在支撑叶片下部的回转外圆柱面上焊接相应规格的截齿，安装在基础螺旋钻杆上端部的压板结构（图4），同时可以选择不同的连接孔实现与螺旋页面之间固定、连接，实现改变该压板结构外缘的回转直径之目的，及时完成该螺旋钻头施工直径的改变。

图4中1.1定位弧形板与1.3压板焊接为一体，1.2套焊接在基础螺旋钻杆叶片上下两处对应的位置上，压板两端的凸缘分别置于两件1.2套零件的圆孔中，并可绕该套的轴线摆动。实际成孔最大直径，可以在螺旋页面基本回转直径的基础上有一定的扩大，并且，只能钻出比螺旋叶片回转直径大的孔径。当该钻头完成钻孔深度的作业后，大都需要随即配合相应直径清底孔钻头的使用，及时完成清除该孔底部渣土的作业。

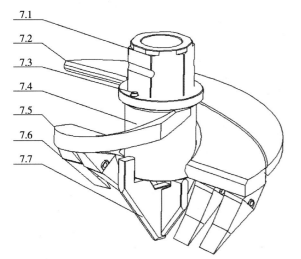

图3　压板结构与基础螺旋钻杆连接示意图

3 施工应用

图 5 兰州碧桂园民居工地施工效果照片

图 6 碧桂园工地普通捞沙斗施工孔壁效果照片

4 研究分析

西部的兰州地处黄土高原，周围的山大都是黄土结构，土质且多为湿陷性黄土，黄土层最厚的地方可达 410m，黄土沉积下来的时间已有 100 多万年的历史。碧桂园－兰州新城建设区块，属兰州市低丘缓坡荒山未利用闲置土地，综合开发示范区范围，现场施工场地开阔，极其适应旋挖钻机土层干孔作业，该民居工地基础桩深设计为60～72 米。2013 年 10 月至 2014 年 1 月期间，碧桂园民居工地地基工程建设过程中，徐工基础公司 XR280D 旋挖钻机，安装上述结构的螺旋钻头进行施工验证，因施工效率极佳、效果良好而深受用户的赞扬，实践证明该钻头的相关功能可靠、施工效果十分理想，推广价值极高。图 5 为螺旋钻头施工孔壁照片，图 6 则为同一工地采用普通捞砂斗钻孔效果照片，两种结构不同钻头相比，图 5 的效果优劣极为明显。该螺旋钻头零部件结构简单、组装方便，维护性能颇佳，通过及时增减中间螺旋钻杆的数量，同时局部增加摆动式的压板结构，以及改变引导钻头中切削斗齿的结构和焊接位置，使用一种回转直径的螺旋叶片，完成了 $\Phi 800 \sim 1000$ 不同直径混凝土灌注桩孔的施工。该螺旋钻头在每个桩孔施工过程中，最后一次的钻深范围（约为该螺旋钻头的长度），需要配合相应直径捞砂斗钻头，完成该深度范围内的成孔及清孔作业。由于所使用钻头一次作业的长（深）度得到有效增加，试验期间所使用的螺旋钻头长 6m（常见的长度仅为 3m 左右），其施工效率可得到大幅的提高。现场测试：60m 深直径 $\Phi 800$ 桩孔，不足 50 分钟可成孔一个。成孔精度高，基本杜绝了施工期间的超径现象，用户不用再为混凝土的超方而烦恼。图 1 中序 3 的安装数量可以分别为 0、1 或 1 个以上。

兰州新城建设区块－碧桂园，属于湿陷性黄土质地层，黏结性较差，可压缩性小，根据现场施工照片可以看出（图6），该地层成孔作业期间，孔壁不宜受到任何的扰动。否则，施工期间稍有不慎，孔壁表面不规整的局部剥落会成为常态，混凝土灌注期间，"超方"现象根本无法避免。一般的作业设备配合普通捞砂斗结构的钻头，均无法有效避免提升钻头期间，由于设备的震动、孔中心的偏斜等因素，而导致钻头底部周边频繁与孔壁的剐蹭、挤压现象的出现，从而也就可以得出这样的结论：捞砂斗钻头无法从根本上避免对孔壁频繁扰动，也更无法保证施工孔壁的完整，以及施工的经济性。

所述新型螺旋钻头的结构，刚好满足上述湿陷性黄土质地层施工对钻具的特殊要求。由于其结构的特殊性，呈现两端大、中部小的特征，而上端部压板结构的回转直径，比下端斗齿回转尺寸又略大。施工期间除钻头的上下两端短期内会与所形成的孔壁出现局部接触外，大部分钻头尤其是中间部分与孔壁没有接触的机会。其回转尺寸最大的压板结构，可绕相连接铰点做些摆动（调整最大回转直径），从理论上讲该压板结构的回转外缘与孔壁也只是线接触。在钻头提升与下放过程中，也只有该压板外缘与孔壁会出现线接触的可能。其压板结构在钻孔期间，起到孔中心的导向和辅助定位作用，同时也对所形成的孔及孔壁起到扩充、挤压和表面的"抹平"作用，该压板所经过孔壁表层黄土的密实程度会有所增加，其孔壁表层土壤随即产生相应的挤压应力，不但能够保持施工孔壁的圆滑整洁，还能够起到减轻或避免塌孔的作用，有效控制灌注混凝土的超方量。在该螺旋钻头施工期间，还需要恰当处理好，该螺旋钻头充满渣土提升期间，孔底部所形成的负压对孔壁产生附加扰动的影响，一旦这一问题得以解决，整个施工过程基本无任何后顾之忧。当混凝土灌注桩凝固后，随着时间的推移，孔壁表面土层中所残留的挤压应力会缓慢地释放，灌注桩四周土壤（层）对已经凝固桩体的表面所形成压力有所增加，从而又提高了该混凝土灌注桩的承载能力，尤其适用于地下水位较低，或丘陵地区无需使用泥浆护壁的地基基础工程，卵砾颗粒较小、较少的砂质或含有少量黏土的地质条件的施工。

地下连续墙液压抓斗施工防卡埋斗技术

张越胜

（北京城建五维市政工程有限公司岩土分公司　北京　100012）

摘　要： 随着地下空间工程的不断发展，地下连续墙的应用越来起多，施工的风险也越来越高，尤其是成槽施工时发生的卡埋斗事故让施工方胆战心惊而又束手无策。结合工程实践，对超深地下连续墙成槽施工中存在的卡埋斗事故进行分析、探讨，并提出相对应的新技术解决方案和开发专用打捞装备，地下连续墙液压抓斗成槽施工中卡埋斗事故是可以预防和快速简单处理的。

关键词： 地下连续墙；成槽；卡斗；埋斗；液压抓斗

1　引言

液压抓斗成槽施工过程中卡斗或塌槽埋斗事故时有发生，且事故的处理异常艰难。往往耗费大量人力物力后处理失败，造成巨大施工损失。如上海世纪大都会2－4地块超深地连墙项目共发生了8次卡斗事故，其中最严重的一次事故造成了WA1096号槽埋斗，事后经多种方法处理无效，最终损失巨大（约600万元）[1]。因此液压抓斗成槽施工中卡埋斗事故危害巨大，成为液压抓斗成槽施工的高风险环节，同时也成为施工单位的一个巨大心理负担。笔者通过多年卡埋斗事故处理实践和对液压抓斗成槽的研究，提出一个系统的液压抓斗成槽防卡埋斗技术，以抛出液压抓斗成槽施工预防和处理卡埋斗事故的一己之见，引来同行此方面的真知灼见，共同推动提高地下连续墙液压抓斗成槽施工安全度，降低卡埋斗事故风险。

2　卡埋斗的认定

2.1　卡斗

卡斗是指液压抓斗在抓取完成后关闭斗瓣提升斗的过程（或提升起始），由于外力作用改变了其运动轨迹（指与斗的下降运动轨迹不同）而使斗体肩部嵌入槽壁卡死。

2.2　埋斗

液压抓斗在抓槽时，斗瓣在闭合状态下，斗头的横断面积小于已成槽孔横断面积，出现一定的间隙。因此，提升斗时斗头下面不会产生真空吸力作用。如此间隙因塌槽、浮渣沉淀或地层缩径被填满，提升时斗体就受到底部的真空吸力作用，当真空吸力和斗与斗内土的重力超过液压抓斗的实际提升力，就出现了埋斗现象。

3　卡埋斗的原因及分析

3.1　卡斗有四大常见原因

3.1.1　槽壁缩径卡斗

这种情况常发生在软塑地层及实施三抓一槽的中间抓的抓槽时（因中间抓的土拱效应最差）。如果槽内的泥浆水头差压力不足以抵抗槽壁的土侧压力和地下水压力之和，槽壁缩径就会发生。且缩径变形的速度跟泥浆水头差大小、地层软塑程度有直接关系。在抓斗下放、抓土、提升一个单次来回时间内槽壁缩径的变形量大于斗体肩部与槽壁的间隙就产生卡斗。

3.1.2　提斗斜拉卡斗

常发生在坚硬地层中实施三抓一槽时的中间抓、两抓一槽的第二抓、成槽后清槽修槽工序的提斗过程中。如上海世纪大都会2－4地块超深地连墙项目一共发生8次卡埋斗，其中中间抓卡斗6次，占75%[1]。这是由于斗体与液压抓斗主机通过钢丝绳实现中心提拉式软连接，每抓槽壁的轴线不一定重合，沿轴线方向会产生台阶或折弯。如果提升时往左或往右斜拉，改变了斗体原来的运动轨迹，极易使斗体肩部挤入槽壁的台阶中，由于地层坚硬，越提越紧，发生卡斗。因此提斗斜拉是这种事故的起始原因。但现有液压抓斗（包括国外进口液压抓斗）并无特定的抓斗提升定位系统。操作人员主要是靠目测依据导墙（导墙内侧槽宽＝斗厚＋5cm）来确定斗体前后定位，依靠在导墙边摆放石头、钢筋条、木条等来确定左右中心定位。如果操作人员目测出现偏差或左右定位物有移动，提斗时极易发生斜拉卡斗。

3.1.3 硬物掉入卡斗

当一定尺寸的硬物（如卵石）掉入槽内，容易挤在斗体和槽壁之间或伸出的纠偏推板和斗体之间使纠偏推板不能收回，提斗时会改变斗体提升运动轨迹，使斗体肩部卡入槽壁。

3.1.4 斗体纠偏系统失效卡斗

抓斗在抓槽时经常会使用斗体纠偏功能，以确保槽孔垂直度保持在规范范围内。如纠偏系统失效会造成纠偏推板推出后不能复位，斗体始终处于偏斜状态，提斗时已经改变斗体提升运动轨迹，且造成推板挤住槽壁卡死。常见纠偏失效具体有以下几种情况：

（1）油污染造成电磁阀失灵，如污物堵塞油道、阀芯卡死、阀芯磨损等。由于常见纠偏系统液控部分电磁阀都采用滑阀机能，耐污染、抗磨损性能较差。

（2）闭斗油管爆裂，造成推板收回缺失动力源，推板推出后不能复位。由于斗体纠偏系统液控回路是采用闭斗油管压力油作为唯一动力源。

从以上卡斗原因分析，都是因故改变了斗体提升运动轨迹，使斗体部分挤入槽壁，会越提挤入越多越紧。常规处理方法是增加提升力，用大吨位吊车或拔管机通过单根钢丝绳挂钩斗体顶拔。这种处理方法有效提升力是由钢丝绳最小破断拉力决定的，而不是吊车和拔管机的提升能力，因此往往有效提升力不大。如果顶拔提升力方向偏斜或方向正但有效提升力不足以使斗体切掉嵌入的坚硬土体，加之处理时间过长又造成塌槽或浮渣沉淀埋斗，斗提升阻力会成倍增加。这样只能将钢丝绳拉断。因此确定斗体的下放中心，纠正提升方向，加大有效总提升力快速处理才是处理卡斗正确方案。

3.2 埋斗的三大原因

3.2.1 塌槽埋斗

由于成槽是在地基中挖出一条窄而深的长条槽壁，且没有任何固定支撑，因此容易发生塌槽埋斗。

成槽过程中槽壁稳定性与以下几个因素有关：（1）原地层的稳定性；（2）泥浆质量；（3）泥浆液面水头差；（4）槽壁土拱效应；（5）导墙边增加超大外载荷。如饱水弱黏性砂层在地下水位埋深不足2m极易塌槽，这是由于水头差过小，泥浆对槽壁的压力小于槽壁土压力和地下水压力之和[2]。又比如，7m长槽段比6m长槽段土拱效应要差，比6m槽段塌槽概率要大。当塌槽量填满斗头与槽壁之间的间隙后就产生埋斗现象。

3.2.2 浮渣沉淀埋斗

常发生在密实性粉细砂层，泥浆的含砂量大。当地层标贯值大于30击以上，抓斗抓取效率很低，单次一个抓取来回时间很长，泥浆中的浮渣沉淀很容易填满斗头与槽壁之间的间隙造成埋斗。如上海世纪大都会2－4地块超深地连墙项目工地一共发生8次卡埋斗，从地层统计看，卡埋斗主要发生在粉砂⑦2层，达6次占75%。据施工方调查液压抓斗司机在抓这一层时，抓取一斗一般耗时10～15min，最长达30min[1]。

3.2.3 软塑淤泥埋斗

软塑淤泥地层由于土体稳定性极差，很容易填满斗头与槽壁之间的间隙造成埋斗。

从以上埋斗原因分析，埋斗是由于斗体与槽壁间隙被填满，提斗时产生吸力，当吸力加斗自重和斗内土的重力大于液压抓斗提升力时液压抓斗提不动斗体。我们设定一埋斗工况，自重20t，1m厚的斗在40m深埋斗。其提升阻力计算为（忽略浮力和斗与槽壁摩擦力）：吸力＝1m×2.8m×0.4MPa（40m深大气压）＝112t，自重力＝20t，在忽略斗浮力、斗内土重力和提升摩擦力时，其提升阻力＝112＋20＝132（t）。远远超过液压抓斗主机主卷扬的40t提升力。

如果用直径26的钢芯钢丝绳作为拔管机的顶拔绳，最小破断拉力是52t，用两根绳挂住斗体上部左右两个吊环，利用拔管机顶拔，最佳情况是两根顶拔绳受力大小一样，该方案有效顶拔力是104t，不足以拔出埋斗。但往往实际操作中两根顶拔绳因长短不一，顶拔时受力不一样，造成受力大的绳先拉断。

因此埋斗越深、斗越厚吸力越大。埋斗最大阻力来自斗的吸力。

4 常见卡埋斗处理方案

4.1 常见卡埋斗处理措施

笔者经过多年的卡埋斗事故资料和信息的收

集整理，常见卡埋斗处理措施有：

（1）利用钢丝绳挂钩斗体上部两个吊环，用大吨位吊车或拔管机强顶。如2013年北京南水北调东干渠3标段一台金泰SG50液压抓斗发生卡埋斗事故，采用这种方案没有成功。

（2）在卡埋斗槽相邻处用另一台抓斗开挖，挖开卡埋斗一侧土体；如2013年广东佛山西站一台徐工XG450抓斗卡埋在31m深处的第一个处理方案，最终没有成功。带来事故处理后遗症。

（3）用大吨位吊车或拔管机通过钢丝绳挂钩拉住斗体，再采用水下局部爆破振松斗体。如2011年山东寿光双王城水库3标段一台意大利土力抓斗在25m处卡斗，采用这种方案成功拔出斗体，但槽也塌了。产生事故处理后遗症。

（4）打开挖取出斗体（埋深较浅且地下水位较低时可以考虑）。2010年北京地铁鼓楼站项目一台德国宝峨GB34抓斗在23m深处卡斗，采用各种措施处理失败后，等基坑开挖后才取出被卡斗体。后期处理费用巨大。

（5）用旋挖钻机在卡埋斗相邻处钻孔至斗体底部。如2013年广东佛山西站一台徐工XG450抓斗卡埋在31m深处采用的第二种方案成功拔出，但协助处理和后期处理费用巨大。

（6）如在提升过程中卡斗，斗不在槽底部，将抓斗主卷扬钢丝绳放松，用吊车吊重物（如接头管）将斗冲下去。挤卡时将卡物从原路径退回是非常有效的。2004年山东邹城水库，一台意大利土力BH-12抓斗提斗时卡在25m处，槽深已有34m。施工方用吊车吊接头管作重锤将斗锤下去，成功提出斗体。

4.2　不当处理的后果

不当处理引起卡埋斗因素重叠发生，处理难度更大。

（1）由于卡斗或埋斗是突发事件，施工方从定出方案、组织辅助机具到实施打捞，往往经过较长讨论和准备时间，这样单一原因卡斗会因塌槽或浮渣沉淀增加埋斗因素；单一原因的埋斗也会因斜拉顶拔产生新的卡斗因素。

（2）卡埋斗发生后，往往很难确定卡埋斗的原因，无法做出有针对性的处理措施。如在坚硬地层斜拉卡斗，附加顶升力还在同一个斜的方向，会越顶越紧。塌槽埋斗发生后，不计算真空吸力，斗体上部的土重，无法得出需要附加的顶升力。

（3）除了4.1中（6）方案直接拔出外，其他处理方案成功几率很低，且都会对卡埋斗槽段周边造成一定的破坏，即使处理成功也会对该槽段继续施工带来相应后遗症（后期处理费用巨大）。如大面积塌槽后回填重抓；混凝土超方量等。

（4）经笔者统计，目前超过40m深发生卡埋斗处理成功的几率很小。

5　防卡埋斗技术

系统的防卡埋斗技术，分预防措施和无后遗症的新型打捞装备两部分。

5.1　预防技术

预防是基础，首先只有从液压抓斗成槽施工工艺各细节入手，采用相应的防范技术措施，将卡埋斗的发生几率降至最低才是我们研究的目的。从以上分析卡埋斗原因看，笔者重点介绍预防技术中以下几个关键点：

5.1.1　规范抓槽操作

操作手在抓槽作业时操作不当会引起卡埋斗。因此本行业应制定一个《液压抓斗成槽机安全操作规程》，来培训和规范液压抓斗的作业。就应对卡埋斗这方面，笔者提出以下几点规范操作要求：

（1）严格按液压抓斗设置的光电提升定位系统指示提升抓斗斗体。固定并保护好定位反射装置。

（2）软弱地层抓槽时，每次下放斗完全打开斗瓣下放，形成一次修槽过程。确保斗体提升时斗体与槽壁间始终有一定间隙。

（3）密实粉细砂地层在槽底抓取时不超过1min就得提升斗。斗的开闭斗一个单次来回时间一般在15s，按经验抓取三四次就得提斗。如抓取效率低下，应考虑采取别的工艺和技术。如施行两钻一抓、冲击抓取、斗体大闭合力抓取等。

（4）施行正反抓槽。正反抓槽是指斗体能翻转180°，第一个抓取来回是正抓，第二个抓取来回将斗体翻转180°施行反抓。正反抓槽不仅能有效解决槽孔左右偏差的问题，而且在坚硬地层抓取还能增大斗体与槽壁的间隙。槽壁的断面形状跟斗张开后外形一致。（图1）

图1　非正反抓槽槽孔断面形状

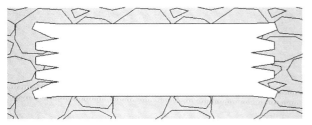

图 2　正反抓槽槽孔断面形状

（5）泥浆质量和水头差是稳定槽壁、减少塌槽埋斗和浮渣沉淀埋斗的关键因素。按经验泥浆比重在 1.05～1.3 较好，根据地层情况还可适时加碱、加 CMC、加防渗剂等。泥浆液面与地下水位水头差以保持在 2m 以上。

5.1.2　做好辅助措施

（1）预加固措施。在导墙两侧采用注浆方法加固软弱地层，然后再开挖地连墙。

（2）随挖随加固措施。在开挖软弱地层槽段时，在抓斗斗体两个侧面临时各安装一排若干特制的注浆口，并通过注浆管与地面注浆机相连。当软弱地层抓完后，可临时安装上注浆装置，开着斗瓣，按设定的速度边下放斗体边注浆，水泥浆经过特殊配方，能达到遇水快速凝固。斗体到底，注浆完成。提升斗体拆除注浆装置继续抓槽。这时槽壁会形成若干凝固的竖向水泥条，能起到临时支护作用。相比较常规预加固措施，这种措施节省成本，缩短工期，是一种挖槽加固不错的尝试。

（3）槽段划分以地层情况决定，软弱地层宜采用两抓一槽段。一般采用 5.6m 长为一槽段。

5.2　液压抓斗新型防卡技术

预防和处理卡埋斗成槽事故措施最终要借助于有针对性的设备技术改造上，因此设备技术的创新和改进是液压抓斗成槽预防卡埋斗事故最为有效和可靠的保障。

5.2.1　斗头中心安装减压钢管

通过钢管使斗瓣腔内与斗体相通，破除因塌槽或浮渣沉淀埋斗产生的负压（在沉渣不高于钢管上口高度时）。

5.2.2　设置抓斗中心定位装置

由于抓斗斗体与液压抓斗主机通过钢丝绳中心提拉方式连接的，因此在正常提升时液压抓斗主机的大臂中心是正对斗体中心的。如果出现偏差就产生提斗斜拉。本装置是采用现有成熟的光电定位技术集成于液压抓斗，使抓斗每次提升都借助大臂中安装的发射器自动发射的红光通过已定位的反射板反射到操作手眼睛上，来确保每次提升都处于同一个中心位置。本装置由两部分组成，光发射器固定在液压抓斗大臂中心；反射板按使用要求固定在抓斗正面的地面，起到抓斗左右定位的标杆作用。本定位装置还对发生卡埋斗后安装打捞装置起到非常关键的作用。

5.2.3　改进型液压纠偏控制装置

本装置液压控制阀都采用电磁球阀，提高了控制装置对油液耐抗污染能力和阀与阀座的磨损补偿性能；由于纠偏液压控制回路不是循环回路，易造成污染物沉积而导致阀芯卡阻，本装置新设置了自清洗回路，方便液压回路清洗；增加了闭斗管爆裂的推板复位功能。

5.2.4　加装斗体旋转装置

本装置采用摆动油缸来实现斗体 180°旋转，使液压抓斗能实现正反抓槽。斗体中心提拉轴与中央回转接头为一个整体，（不同于宝峨的 GV3 分体式旋转装置）高压油通过旋转体密封可靠。

5.3　高效打捞技术

综合了当前诸多卡埋斗事故打捞方案后，我们发现快速强力顶拔是不带处理后遗症的，而且应对多种因素重叠作用而发生卡埋斗通用高效的一种处理方案。该打捞技术分两部分：钢丝绳穿引机构；专用顶拔机。

5.3.1　钢丝绳穿引机构

该机构是在斗体两个吊环和液压抓斗主机通过穿引绳卷扬连接两根很细的穿引绳，穿引绳通过穿引绳卷扬随斗体上下而自动收放，并且随斗体 180°旋转自动换边。

5.3.2　专用顶拔机

专用顶拔机由四个顶拔绳卷扬机、两个主顶液压缸、两个加力液压缸、一根顶梁、四个多绳拉力平衡器、高强度机架和顶拔绳锁紧机构组成。

当卡埋斗发生时，先通过斗体提升中心定位装置确定专用顶拔机安装位置，安装就位后不管斗体肩部的吊环是否被塌方或沉渣埋住，都可以通过穿引绳一端连接顶拔绳一端，利用穿引绳卷扬与顶拔绳卷扬收放配合，快速拉出顶拔绳并锁紧在顶梁上，通过顶梁和四个顶拔绳卷扬配合，将四根钢丝绳实现预拉紧，再通过多绳拉力平衡器实现四绳拉力相等，实现四根顶拔钢丝绳许可总顶力最大化。斗体顶动以后，拉力大幅降低。这时可利用顶拔机或液压抓斗卷扬提升斗体，用顶拔绳卷扬自动收回顶拔绳。

因此，该打捞装置特点鲜明、简单高效、造价低廉。

（1）能快速形成强力垂直顶拔。在顶拔机就位后，按顶拔机设计能力计算穿绳连接并固定能在45min内完成。能很方便收放顶拔绳。顶拔机使用方便。

（2）由于是快速形成顶拔，卡埋斗因素重叠作用几率降低，有利于单因素卡埋斗顶拔的成功。

（3）垂直顶拔过程不会对已成槽壁产生新的破坏和别的后遗症。利于继续成槽施工。

（4）用户通过对卡埋斗阻力预估，顶拔机可以根据需要实现多级顶力灵活使用。

（5）该装置顶拔采用动滑轮原理，用较小油缸能达到较大顶力，造价低廉。

（6）因超深槽段需要，用户可以通过增加顶拔绳根数和更换加力缸实现顶拔机能力升级。

现介绍 DB400-80 顶拔机：理论最大顶拔力：416t；顶拔深度：80m；顶拔绳：4根 $\Phi 26 \times 160$m；主顶缸：$\Phi 140 \times 1000$；加力缸：$\Phi 150 \times 200$；系统压力：31.5MPa；适用槽宽：400、600、800、1000、1200；自重：8t。

6 结语

卡埋斗是地下连续墙液压抓斗成槽施工的一种偶发性事故，虽然不常发生，一旦发生危害巨大。因此，本文所叙防卡埋斗技术为解决这一问题，提供了一种方法上的尝试。随着防卡埋斗技术应用的推广，细节的不断完善，卡埋斗事故发生几率会大幅降低，处理会更简单便捷。

参考文献

[1] 韦正，王恩臣. 地下连续墙卡斗原因分析及处理措施——上海世纪大都会2—4地块项目超深地连墙施工实例分析 [J]. 中国高新技术企业，2010（10）：145-146.

[2] 丛蔼森. 地下连续墙的设计施工与应用 [M]. 中国水利水电出版社，2000：29-31.